Theory and Applications of Finite Element Method

유한요소법의 이론과 적용

조진래 지음

도서출판 동화기술

머리말

공학을 포함한 자연계의 모든 현상은 특정한 원리와 조건의 지배를 받으며 발생하기 때문에, 현상을 지배하는 원리와 조건을 동일하게 부여하면 그 현상을 재현할 수 있다. 지금까지 소개된 몇 가지 재현방법들 중에서 최근에는 수학적 근사화 기법을 컴퓨터 시뮬레이션으로 구현하는 수치해석적 방법이 가장 많이 사용되고 있다. 유한요소법(FEM: Finite Element Method)은 수학적 근사화 기법으로 널리 적용되고 있으며, 이 기법을 이용한 수치해석을 유한요소 해석(FEA: Finite Element Analysis)이라 부르고 있다.

이 책은 유한요소 해석 중에서 선형해석 영역에 관한 이론과 실무지식을 담고 있으며, 유한요소 해석 입문자와 실무 전문가 모두를 대상으로 한다. 저자는 텍사스 주립대학 대학원 과정에서 유한요소법을 전공하였으며, 그 이후 대학 강의와 산업체 특강을 통해 유한요소 해석에 관한 기초이론과 실무지식을 꾸준히 소개해 오고 있다. 이 책은 저자의 오랜 기간에 걸친 강의와 연구 경험을 바탕으로 하고 있으며, 저자가 ㈜마이다스아이티에 몸담고 있는 동안 초안이 집필되었다. 그리고 그 이후 몇 차례 수정보완을 거쳐 이렇게 초판을 출간하게 되었다.

이 책은 여섯 개의 장으로 구성되어 있으며, 예제 문제는 ㈜마이다스아이티에서 개발한 midas NFX로 해석하였다. 1장과 2장은 수치해석, 유한요소법 그리고 유한요소 해석에 관한 기초이론을 다루고 있으며, 도식을 활용하여 관련된 기초수학 그리고 기초역학을 가능한 한 이해하기 쉽도록 시술하였다. 3, 4 그리고 5장은 고체 및 구조역학, 열전달, 구조진동 그리고 시간 및 주파수 응답 문제에 대한 선형 유한요소 해석을 다루고 있으며, 예제를 통해 이론과 실무지식을 서술하였다. 마지막 6장은 유한요소 해석결과에 대한 신뢰성 평가에 관한 내용으로 신뢰성 평가와 관련된 지식과 신뢰성 향상을 위한 효과적인 방안들을 소개하고 있다.

이 책을 학부과정에서 1학기 동안 교재로 사용하고자 하실 경우에는 1, 2, 4장의 내용을 이론으로 강의하고, ㈜마이다스아이티에서 제공하는 midas NFX용 따라하기 예제(www.nfx.co.kr)를 실습으로 병행하면 효과적일 것입니다. 대학원생 그리고 실무 전문가들께는 이 책의 전체 내용이 학습하기에 큰 어려움이 없을 것으로 생각합니다. 경우에 따라서는 자신이 전공하는 분야를 우선적으로 학습하는 것도 효과적일 것으로 생각합니다. 수치해석과 유한요소법에 대한 이론 부분은 저자가 PPT로 요약 정리를 하였는데 **PPT 파일**은 도서출판 동화기술의 홈페이지(http://www.donghwapub.co.kr) 자료실에 업로드 되어 있어 다운로드가 가능합니다.

이 책이 완성되기까지 도서 집필을 위한 기회와 동기부여는 물론 경제적 지원을 아끼지 않으신 ㈜마이다스아이티 이형우 대표이사님께 머리 숙여 깊이 감사를 드립니다. 그리고 도서에 포함되어 있는 삽화 작업에 도움을 주신 박경근 씨와 출판을 위해 애써 주신 도서출판 동화기술 관계자 여러분들께도 감사를 드립니다.

마지막으로 책 내용 중에서 수정이 필요한 부분이나 문의 혹은 건의 사항을 저자에게 이메일(jrcho@hongik.ac.kr)로 보내주시면 앞으로의 개정에 큰 도움이 될 것입니다.

저자 조진래

목 차

Chapter 1

수치해석

자연계의 모든 현상은 특정한 원리와 조건의 지배를 받으며 발생하기 때문에, 현상을 지배하는 원리와 조건을 동일하게 부여하면 그 현상을 재현할 수 있다. 일반적으로 자연현상은 실험적인 방법으로 재현하거나 수학적으로 표현할 수 있으며, 이러한 과정을 자연현상의 모델링이라고 부른다. 한편, 자연계 현상에 대한 수학적 표현식에 대한 이론적인 해답은 거의 대부분 형상의 복잡성으로 구하기 힘들기 때문에, 컴퓨터를 활용한 수치해석적 방법이 보편화 되고 있다. 본 장에서는 자연현상을 수학적 표현식으로 모델링하는 방법과 이 수학적 표현식에 대한 수치 근사화 기법을 소개하고자 한다. 1장을 통해 수치 근사화의 개념과 자연현상이 어떠한 절차와 방법을 통해 수치적으로 재현되는지를 학습함으로써, 유한요소 해석을 필두로 하는 수치해석의 근간이 되는 원초적 개념을 이해하게 될 것이다.

1.1 자연현상의 재현(Reproduction of Natural Phenomena)

자연현상을 컴퓨터 시뮬레이션을 통해 화면상에 실제와 같이 생생하게 모사할 수 있는 것은 자연현상의 재현성 덕분이다. 우리 주위에서 흔히 발견할 수 있는 모든 자연현상은 임의대로 일어나는 것 같지만, 실상은 특정한 원리와 조건의 지배를 받고 있다. 여기서 원리는 자연현상을 지배하는 특정한 법칙을 말하며 조건은 자연현상을 공간적 그리고 시간적으로 구속하는 각종 상태를 의미한다. 예를 들어, 밀가루 반죽으로부터 국화빵이 만들어지는 과정은 밀가루 반죽이 열에 의해 그 재료가 변화는 원리에 의해서, 그리고 동일한 국화빵이 만들어지기 위해서는 빵을 굽는 틀의 형상, 굽기 위한 온도 그리고 밀가루 반죽상태가 동일해야 한다.

(a) (b)

그림 1.1.1 자연현상의 수치해석적 재현: (a) 주행 중인 자동차 주위의 공기흐름(출처: http://speedhunters.com), (b) 유한요소 해석

그리고 국화빵이 만들어지는 과정을 수치해석적으로 재현하기 위해서는 이러한 원리를 수학적으로 표현해야 하며, 이 수학적 표현들을 컴퓨터를 이용하여 계산할 수 있는 행렬방정식으로 전환시켜야 한다.

- **지배원리(governing law)** : 자연현상을 지배하는 법칙으로서 자연과학이나 공학분야에서 다루는 현상들에 대한 지배원리는 거의 대부분 규명되어 있으며,
- **수학적 표현식** : 현상을 지배하는 원리에 대한 수학적 표현식, 즉 지배방정식(governing equations) 역시 거의 대부분 유도되어 있다. 유체 흐름을 표현하는 나비어 - 스톡스(Navier-Stokes) 방정식 그리고 열전달 현상을 표현하는 푸리에(Fourier) 방정식을 예로 들 수 있다.
- **조건(condition)** : 자연현상을 일으키는 주체인 매질 혹은 재료의 기하학적 형상과 성질, 구성방정식(constitutive relation)이라 불리는 물리량 사이의 관계식, 시간적 측면에서 초기상태 그리고 외부로부터 가해지는 각종 구속조건을 의미한다. 매질 혹은 재료의 성질을 재료물성치라고 부르며, 시간적 그리고 공간적 구속조건을 각각 초기조건(initial condition) 그리고 경계조건(boundary condition)이라고 부른다.

1.1.1 자연현상

자연계에서 발생하는 현상은 외부와 끊임없이 에너지(energy) E를 주고받게 된다. 그 결과 외부로부터 받은 에너지는 대상이 되는 물체의 내부에너지로 축적되거나 일을 하게 하고, 역으로 물체는 외부에 에너지를 방출하기도 한다. 대상이 되는 물체 그리고 이 물체와 직접 접하고 있는 외부를 하나의 계(system)로 정의하기로 하자. 에너지가 교환되는 과정에는 에너지 손실이 전혀 발생하지 않는 보존계(conservative system)가 있고 그렇지 않고 에너지 손실이 수반되는 비보존계(non-conservative system)가 있다. 보존계는 이상적(ideal)인 계로서 지구상의 모든 계는 마찰이나 점성저항과 같이 항상 에너지 손실을 수반하게 되어 계의 총 에너지는 점차로 줄어드는 비보존계이다. 손실되는 에너지를 $-\Delta E$로 표현하면 특정한 계에 있어 $E+(-\Delta E)=C$로서 항상 일정한 값을 가지게 된다. 만약, 계가 초기에 아무런 에너지를 가지고 있지 않았다면 $C=0$인 상태인 유지하게 된다. 이러한 법칙을 자연현상에 대한 보존법칙(conservation law)이라고 부른다.

대부분의 자연현상은 두 가지 물리량으로 표현이 가능한데, 하나는 상태변수(state variable)라 불리는 1차 거동으로 $u(\boldsymbol{x})$로 표시되며 공간상의 위치 $\boldsymbol{x}$에 따라 변하는 값이다. 다른 하나는 공간상에서 이동하는 물리량으로서 플럭스(flux)라 불리는 2차 거동

으로 $\sigma(\boldsymbol{x})$로 표시된다. 하나의 자연현상에 있어서 이 두 가지 물리량은 독립적이지 않고 다음과 같이 서로 상관관계를 맺고 있다.

$$\sigma(\boldsymbol{x}) = -k(\boldsymbol{x})\nabla u(\boldsymbol{x}) \tag{1.1}$$

여기서 k는 대상이 되는 물체의 고유한 재료물성치이고 ∇u는 부록 A.1.3에 설명되어 있는 것과 같이 1차 거동 u의 각 방향으로의 변화율을 의미한다. 식 (1.1)을 자연현상에 대한 구성방정식이라고 부른다.

위에서 열거한 보존법칙, 1차 그리고 2차 거동, 그리고 구성방정식은 자연현상의 유형에 따라 그 명칭만 다르게 불릴 뿐, 모든 자연현상에 예외 없이 적용된다. 다음은 대표적인 공학문제에 대한 예를 제시한 것이다.

- **구조물의 변형** : 구조물에 작용하는 힘과 모멘트의 평형이 보존법칙에 해당되며, 1차 거동 u는 변위(displacement) 그리고 2차 거동인 플럭스 σ는 응력(stress)을 지칭한다. 그리고 k는 구조물의 영률(Young's modulus)과 프와송비(Poisson's ratio)를 나타내며, 식 (1.1)의 구성방정식은 다름 아닌 후크의 법칙(Hooke's law)이다.
- **열전달** : 열에너지의 보존이 보존법칙에 해당되며, 1차 거동은 온도 그리고 2차 거동인 플럭스는 열유속(heat flux)이 된다. 그리고 k는 열전달계수(heat conductivity) 그리고 구성방정식 (1.1)은 푸리에 법칙(Fourier law)이라 불린다.
- **비압축성 유동** : 유동의 선형 운동량(linear momentum) 보존이 보존법칙에 해당되고, 1차 거동은 유체의 속도 그리고 2차 거동은 유동의 전단응력(shear stress)이 된다. 그리고 k는 유체의 점성계수(viscosity)를 나타내며 구성방정식 (1.1)은 스톡스 법칙(Stokes' law)이라 불린다.

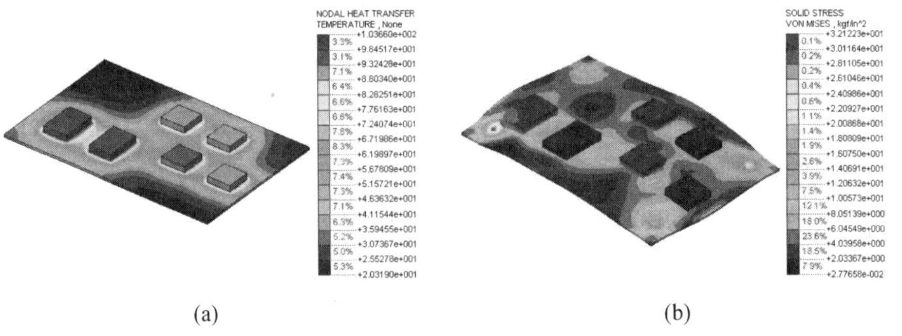

그림 1.1.2 PCB기판의 열전달: (a) 온도분포(1차 거동), (b) 열유속 응력(2차 거동)

보존법칙, 구성방정식 그리고 조건 외에 자연현상의 유형에 따라 추가적으로 만족해야 할 식들이 존재하게 된다. 구조물의 변형에 있어 변형양상이 반드시 만족해야 할 적합방정식(compatibility condition) 그리고 비압축성 물질이 만족해야 할 체적불변을 예로 들 수가 있다. 이와 같은 추가적인 조건식들은 자연현상의 유형에 따라 그 종류와 개수가 달라지기 때문에 여기서는 간단히 언급하는 정도로 그친다.

아래 그림 1.1.3은 공간상에서 체적 V를 가지는 영역을 통과하는 플럭스 σ를 도시하고 있다. 만약 계 내부에 플럭스를 증가(혹은 감소)시키는 소스(source) f (혹은 싱크(sink) $-f$)가 있다고 가정할 때, 이 계 내부에서 플럭스의 보존법칙은 다음과 같이 표현된다.

$$\int_A (\sigma \cdot \boldsymbol{n}) dS = \int_V f\, dV \tag{1.2}$$

다시 말해, 계의 표면에 수직하게 빠져나가는 플럭스 $\sigma \cdot \boldsymbol{n}$의 표면 전체에 걸친 합은 계 내부에 존재하는 단위체적당의 소스 f의 체적 전체에 대한 합과 같게 된다. 부록 A.1.1을 참고하여 진한 글씨체는 벡터(vector)를 나타내며, $\boldsymbol{n}$과 $\sigma \cdot \boldsymbol{n}$는 각각 영역 표면에서 외부로 수직한 방향을 나타내는 단위벡터(unit vector)를 그리고 플럭스와 단위벡터의 내적(inner product)을 의미한다.

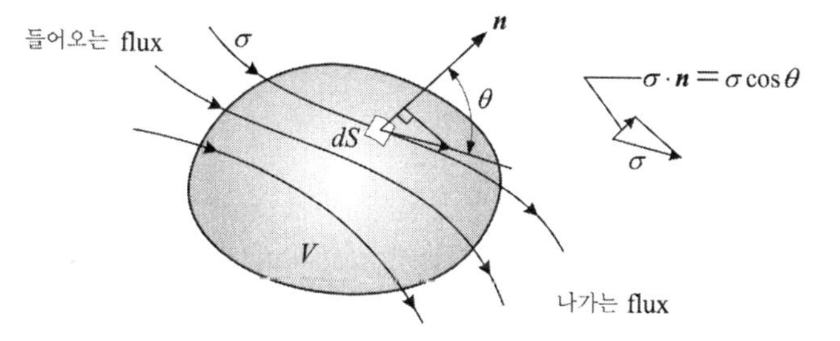

그림 1.1.3 임의 계(system)에 있어서의 보존법칙

식 (1.2)에 구성방정식 (1.1)을 도입하고 부록 속의 식 (A.1.11)의 그린의 정리(Green's theorem)를 적용하면

$$\begin{aligned}\int_A (-k\nabla u \cdot \boldsymbol{n}) dS &= \int_V \nabla \cdot (-k\nabla u) dV \\ &= \int_V f\, dV \end{aligned} \tag{1.3}$$

로 전환된다. 그리고 이 식의 우변을 좌변으로 이동시켜 하나의 체적적분으로 표현하면

다음과 같게 된다.

$$\int_V (\nabla \cdot (k\nabla u) + f) dV = 0 \tag{1.4}$$

위 식으로부터 내부에 단위체적당 소스 $f(\boldsymbol{x})$가 존재하고 1, 2차 거동이 식 (1.1)과 같이 관계를 맺는 자연현상의 거동 $u(\boldsymbol{x})$에 대한 수학적 표현식은 다음과 같이 유도된다.

$$\frac{d}{dx}\left(k\frac{du}{dx}\right) + f = 0 \tag{1.5}$$

따라서 모든 자연현상은 구성방정식과 보존법칙을 이용하여 수학적 표현식인 지배방정식을 유도할 수 있다.

앞서 언급한 바와 같이 모든 자연현상은 법칙과 조건의 지배하에 발생하기 때문에 지배법칙과 조건을 그대로 적용하면 얼마든지 재현이 가능한 재현성을 지니고 있다. 임의의 자연현상을 재현하는 방법에는 다음의 3가지가 있다.

- **실험적 방법** : 다음의 그림 1.1.4를 참조하여 대상이 되는 물체를 그대로 혹은 축소하여 모형을 제작하고 거동을 유발시키는 원동력을 무차원 해석(non-dimensional analysis)을 통해 계산한다. 무차원 해석을 수행하는 이유는 단순히 대상물체의 크기에 비례하여 원동력의 강도가 계산되지 않기 때문이다. 실험모형에 원동력을 제공하여 자연현상을 재현하고 관심이 되는 물리량을 계측장비를 이용하여 측정하게 된다.
- **이론적 방법** : 보존법칙과 구성방정식을 통하여 유도된 수학적 표현식에 대한 이론적인 해답을 연관된 조건식들을 대입하여 푸는 방법이다. 수치해석적 방법과의 가장 큰 차이는 수학적 표현식을 행렬방정식(matrix equations)으로 전환하여 근사적으로 풀지 않고 수학적 표현식의 정답을 직접 푼다는 점이다.
- **수치해석적 방법** : 수학적 표현식을 다음 절에서 소개하게 될 수치 근사화 기법을 적용하여 수치적 근사모델을 만들고, 이 근사모델을 행렬방정식으로 전환하여 자연현상에 대한 근사적인 거동을 계산하는 방법이다.

실험적 방법은 가장 오래 전부터 사용된 방법으로서 사람이 직접 자연현상을 눈으로 확인할 수 있다는 장점을 지니고 있다. 이러한 장점 때문에 사람들이 가장 신뢰하는 재현방법으로 알려져 있으며, 수학적 유도와 같은 난해한 과정을 필요로 하지 않는다. 하지만, 실험모형과 실험장비를 구축하기 위해 많은 경비와 시간이 소요되는 단점을 안고 있어, 신속하고 저가의 개발비로 제품을 개발해야 하는 지금과 같은 치열한 경쟁상황에서는 많은 제약조건이 따른다. 또한, 실험적 방법으로 재현이 불가능한 자연현상도 간혹 있기 때문에 그 적용에 한계가 있다.

반면, 이론적 방법은 수학적 표현식이 존재하는 자연현상이라고 할지라도 그 해답을 구할 수 있는 경우는 극히 드물다. 그 이유는 대상이 되는 물체의 기하학적 형상의 복잡성 때문이다. 하중이 작용하는 사무실 책상의 변형량을 이론적으로 계산할 수 있겠는가? 책상의 변형을 표현하는 수학적 표현식인 후크의 법칙은 존재하지만, 문제의 정의영역인 책상의 형상이 너무 복잡하기 때문이다. 이론적 방법은 직선, 사각형, 원 그리고 구와 같은 단순한 기하학적 영역에서 정의되는 수학적 표현식의 해답에만 한정되고, 실험이나 수치해석 결과의 참고해를 구하기 위해 사용된다.

이러한 이론적 방법의 한계성을 극복하기 위해 수치해석적 방법이 사용되며, 아무리 복잡한 기하학적 형상을 가진 자연현상에 대한 해답도 구할 수 있다. 수치해석적 방법에서는 수학적 표현식을 수치 근사화를 통해 행렬방정식으로 전환하여 컴퓨터를 이용하여 그 해답을 구하게 된다. 이론적 방법과는 달리 수치해석적 방법에서는 수치 근사화에 기인하여 정답이 아닌 근사해(approximate solution)를 제공한다는 특성을 지니고 있다.

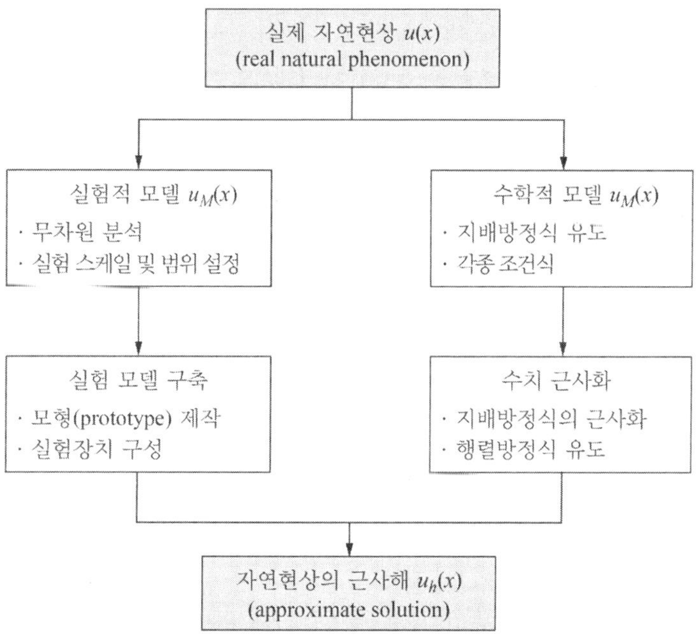

그림 1.1.4 자연현상에 대한 실험적 그리고 수치적 재현절차

그림 1.1.4는 실험적 그리고 수치해석적 방법을 이용하여 자연현상을 재현하는 절차를 도식적으로 보여주고 있다. 실제 자연현상에 대한 거동을 정확히 구할 수 없는 경우라고 하더라도, 실제 자연현상의 정확한 거동을 $u(\boldsymbol{x})$로 표기한다. 그리고 자연현상을 실험적 혹은 수학적으로 표현한 모델을 $u_M(\boldsymbol{x})$로 표기하고, 이 모델을 실험을 통해 재현하거나 수치 근사적으로 구한 결과를 $u_h(\boldsymbol{x})$로 표기하기로 한다. 만약 자연현상에 대한 모델을 구축하는 과정에서 아무런 오류가 없다면 u_M은 u와 정확히 일치하겠지만, 실제 상황에서는 항상 불확실성과 가정에 의해 오류가 발생하여 u_M과 u는 일치하지 않게 된다. 동일한 맥락으로 실험적 모델을 직접 실험하여 구한 실험 data나 수학적 모델을 수치 근사화를 통해 구한 근사모델의 해답은 실험과정에서의 오류나 수치 근사화 본연의 한계성으로 모델과는 차이가 발생하게 마련이다. 다시 말해, 모델의 정답 u_M과 최종 재현결과 u_h에는 차이가 발생하게 된다.

1.1.2 수학적 표현식

물체거동에 대한 수학적 표현식은 거의 대부분 거동의 변화율을 포함하는 미분방정식(differential equation) 형태를 지니고 있다. 미분방정식을 구분하는 기준에는 몇 가지가 있는데, 여기서는 대표적인 두 가지 기준을 소개하고자 한다. 아래 그림 1.1.5에 나타낸 것과 같이 미분방정식은 상미분방정식(ODE: ordinary differential equation)과 편미분방정식(PDE: partial differential equation)으로 구분되고, 각각의 미분방정식은 다시 경계치 문제(BVP: boundary value problem)와 초기치 문제(IVP: initial value problem)로 세분화 된다.

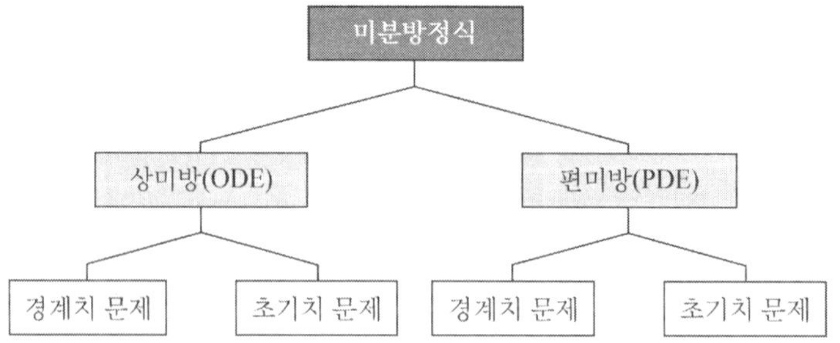

그림 1.1.5 미분방정식의 분류

상미분방정식은 물체의 거동 u에 영향을 미치는 변수가 한 개인 경우로서, 다음과 같은 형태로 표현된다.

$$a_2(x)\frac{d^2u(x)}{dx^2} + a_1(x)\frac{du(x)}{dx} + a_0(x)u(x) = f(x) \tag{1.6}$$

위 식에서 보듯이 물체거동 u, 계수 a_0, a_1, a_2 그리고 거동의 원동력이 되는 소스나 싱크 f 모두가 하나의 변수 x의 함수로 표현됨을 확인할 수 있다. 한편, 편미분방정식은 식 (1.7)과 같이 물체거동, 계수 그리고 소스/싱크가 하나 이상의 변수들의 함수로 표현된다.

$$a_5(x,y)\frac{\partial^2u(x,y)}{\partial x^2} + a_4(x,y)\frac{\partial^2u(x,y)}{\partial x\partial y} + a_3(x,y)\frac{\partial^2u(x,y)}{\partial y^2} \tag{1.7}$$

$$+ a_2(x,y)\frac{\partial u(x,y)}{\partial x} + a_1(x,y)\frac{\partial u(x,y)}{\partial y} + a_0(x,y)u(x,y) = f(x,\ y)$$

그림 1.1.6에 예시한 정상상태 열전달 문제에 있어 1차원 직선으로 표현되는 물체 내 온도분포 $T(x)$는 상미분방정식으로 표현되는 반면, 3차원 형상을 지닌 물체 내 온도분포 $T(x,\ y,\ z)$는 편미분방정식의 대표적인 예이다.

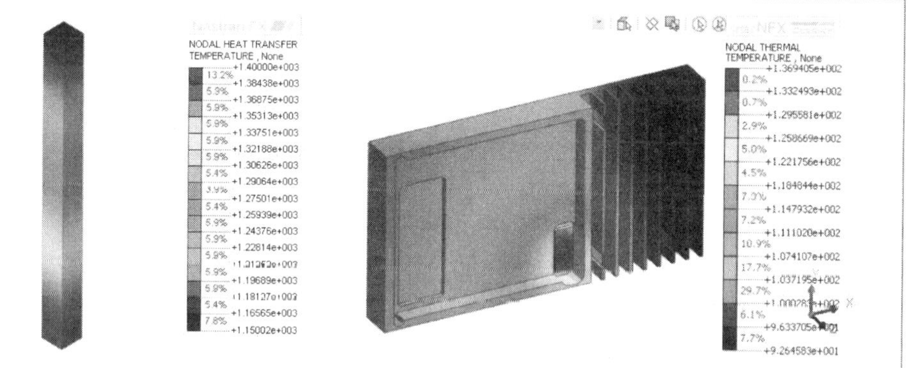

(a) (b)

그림 1.1.6 물체 내 정상상태 온도분포: (a) 1차원 문제, (b) 3차원 문제

자연계에서 발생하는 거의 대부분의 물체거동은 하나 이상의 변수들의 함수로서 편미분방정식으로 표현되고, 식 (1.6)과 (1.7)의 좌변에 포함되어 있는 계수 a_0, $\cdots$, a_5는 밀도(density), 비열(specific heat), 열전달계수(thermal conductivity)와 같은 대상 물체

의 고유한 성질인 재료물성치(material property)를 나타낸다.

한편, 경계치 그리고 초기치 문제는 물체거동을 표현하는 변수의 개수와는 별개로 물체의 거동을 특징짓는 조건의 유형에 의해서도 분류된다. 경계치 문제의 경우, 물체의 거동은 물체의 가장자리, 즉 경계(boundary)에 부과된 조건에 의해 특징지어 진다. 다시 말해, 특정 대상 물체에 있어 다른 모든 조건들이 동일할지라도 경계에 부과되는 경계조건(boundary condition)이 달라지면 물체의 거동 역시 현저히 달라지게 된다. 그림 1.1.7의 보의 처짐을 예로 들면, 보의 기하학적 형상, 재질 그리고 분포하중이 동일할지라도 보의 좌우 단에 부과되는 변위 경계조건에 따라 처짐의 형태가 판이하게 달라지게 된다. 또한, 보 내부에 발생하는 변형률(strain)과 응력(stress) 역시 서로 판이한 분포를 나타내게 된다. 물체의 거동이 물체 경계에 부과되는 경계조건에 의해 결정된다는 사실로부터 경계치 문제로 불리게 된 것이다.

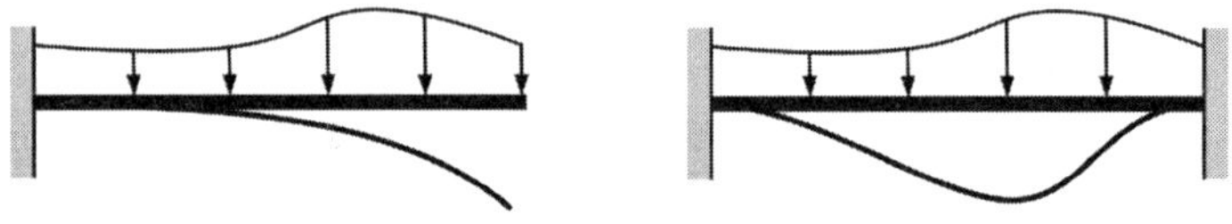

(a) (b)

그림 1.1.7 보의 처짐: (a) 외팔보, (b) 양단 고정

경계치 문제는 시간과 무관한 물체거동의 공간상의 분포를 다루는 반면, 초기치 문제는 임의 지점에서 물체거동의 시간에 따른 변동을 다루게 되며, 시간에 따른 물체거동의 변동은 초기시점(initial time)에서의 거동에 의해 좌우된다. 초기시점에서의 물체거동을 초기조건(initial condition)이라고 부르며, 이러한 관점에서 초기치 문제라고 명명하게 되었다.

다음 그림 1.1.8은 좌측 단이 고정되어 있고 우측 단에 서로 다른 초기 외란(initial excitation)이 작용하는 외팔보의 임의 한 지점에서의 처짐량을 시간에 따라 나타낸 것이다. 외팔보의 기하학적 형상, 재질 그리고 변위 구속조건은 모두 동일하지만, 물체에 가해지는 초기 외란이 임펄스(impulse)이냐 아니면 준정적 하중(quasi-static load)이냐에 따라 외팔보는 서로 다른 변위의 시간이력(time history)을 나타냄을 확인할 수 있다. 여기서 준정적 하중이란 시간에 따른 힘의 크기와 방향의 변화가 매우 작아서, 하중이 가해지는 전체 시간구간을 몇 개의 정하중(static load) 구간으로 가정할 수 있는 동하중의 일종이다.

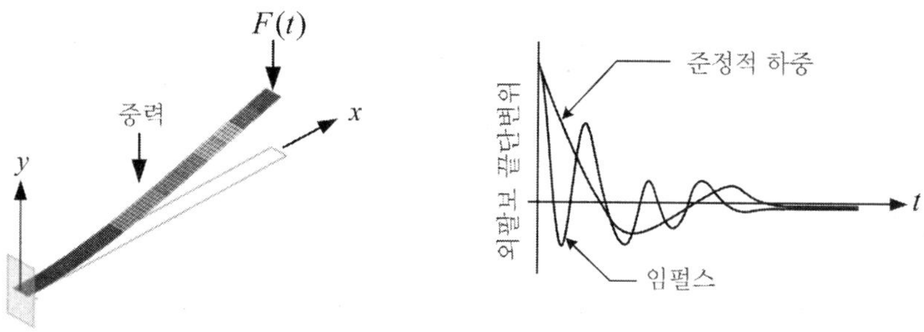

그림 1.1.8 외팔보 우측 단 처짐의 시간응답 (임펄스(impulse)가 작용할 경우와 준정적 하중이 작용할 경우)

자연계에서 발생하는 거의 대부분의 현상을 표현하는 편미분방정식에 대해 보다 상세히 살펴보기로 한다. 자연과학과 공학분야에서 다루는 모든 물체의 거동은 식 (1.8)과 같이 일반화 된 편미분방정식으로 표현할 수 있다. 식 (1.8)에서 A, B 그리고 C는 대상 물체의 고유한 성질인 재료물성치를 나타내고, 변수 x와 y는 공간 좌표를 포함한 임의 변수를 나타내는 상징적인 변수이다.

$$A\frac{\partial^2 u}{\partial x^2} + 2B\frac{\partial^2 u}{\partial x \partial y} + C\frac{\partial^2 u}{\partial y^2} = F(x,\ y) \qquad (1.8)$$

위 식에서 3개의 변수들로 계산되는 판별식 $D = B^2 - AC$의 값이 양수, 0 혹은 음수가 되느냐에 따라 편미분방정식을 아래와 같이 세 가지 유형으로 분류된다.

$$D = \begin{cases} > 0, & \text{hyperbolic(쌍곡선) 유형} \\ < 0, & \text{parabolic(포물선) 유형} \\ = 0, & \text{elliptic(타원형) 유형} \end{cases} \qquad (1.9)$$

이와 같이 편미분방정식을 분류하는 이유를 설명하면 다음과 같다. 첫째, 문제는 다를지라도 동일한 유형에 속하면 문제의 해답은 동일한 물리적 특성을 나타낸다. 둘째, 같은 유형에 속하는 문제에 대해서는 동일한 수치해석 기법을 이용하여 해석결과를 구할 수 있다.

다음으로 각 유형에 속하는 공학문제의 물리적 그리고 수치해석상의 특성을 대표적인 예제를 통하여 살펴보기로 한다.

- **Hyperbolic(쌍곡선) 유형** : 파동은 식 (1.10)과 같이 표현되며 식 속에 포함되어 있

는 계수로 판별식 $D = B^2 - AC$를 계산하면 양의 값을 가지게 된다. 따라서 파동 문제를 살펴봄으로써 쌍곡선 유형에 속하는 물체거동의 물리적 그리고 수치해석상의 특징을 파악할 수 있다.

$$a^2 \frac{\partial^2 u}{\partial x^2} = \frac{\partial^2 u}{\partial y^2} \tag{1.10}$$

이 유형에 속하는 물체의 거동은 충격이 가해지는 지점에서 파형이 시간과 더불어 주위로 전파해 나가는 특징을 지니고 있으며, 파동 이외에 고체 혹은 기체 속에서 충격에 의한 파의 전파는 모두 이 유형에 속하는 거동들이다. 아래 그림 1.1.9의 수면파와 판재 내 탄성파(elastic wave)의 전파를 참고하여 파가 진행하는 방향을 거동의 특성방향(characteristic direction)이라고 부르며, 이 방향의 탐색과 이 방향으로의 파의 진행을 얼마나 정확히 모사하느냐가 수치해석에 있어 관건이 된다. 따라서, 이 유형에 속하는 문제를 다루는 수치기법은 특성방향 탐색과 특성방향으로의 파의 진행을 정확히 모사하기 위해 특별한 알고리듬을 지니고 있다.

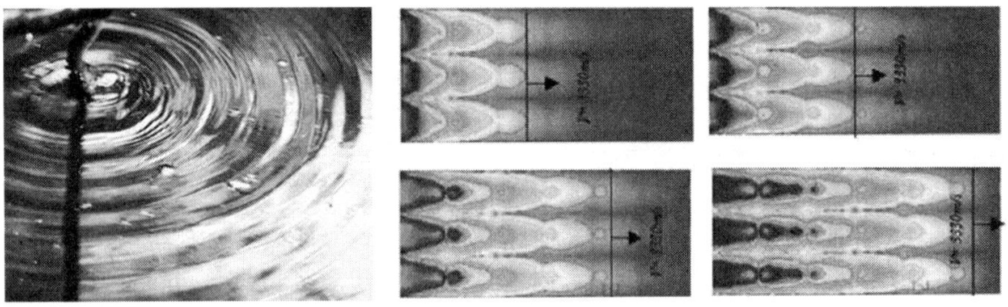

그림 1.1.9 쌍곡선 유형에 속하는 파동과 탄성파의 전파(elastic wave propagation)

- **Parabolic(포물선) 유형** : 이 유형에 속하는 편미분방정식은 공통적으로 시간에 대한 1차 미분항을 포함하고 있으며, 초기치 - 경계치 문제로도 불린다. 따라서, 물체의 거동은 물체 경계에서의 경계조건은 물론 초기시점에서의 초기조건에 지배를 받으며, 공간상에서뿐만 아니라 시간과 더불어 그 거동이 변한다. 식 (1.11)은 1차원 과도 열전달(transient heat transfer)을 나타내는 편미분방정식으로, ρ, c 그리고 κ는 밀도, 비열 그리고 열전달계수를 나타내고 $\dot{q}$은 열발생률을 의미한다. 재료물성치가 모두 양의 값을 가지므로 판별식 $D = B^2 - AC$가 음수가 됨을 확인할 수 있다.

$$\rho c \frac{\partial T}{\partial t} - \kappa \frac{\partial^2 T}{\partial x^2} = \dot{q} \tag{1.11}$$

포물선 유형으로 표현되는 물체의 거동은 그림 1.1.10과 같이 시간과 더불어 일정한 값으로 감소하는 쇠퇴(decay) 혹은 증가하는 포화(saturation) 거동을 나타낸다. 쇠퇴 혹은 포화 단계에 도달하기 전까지를 과도응답(transient response) 그리고 그 이후를 정상상태응답(steady state response)으로 구분한다. 정상상태응답에 비해 과도응답은 매우 요동이 심하고 불안정하기 때문에 수치해석적 모사가 힘들다. 따라서 포물선 유형의 문제를 다루는 수치기법에서는 이러한 요동이 심하고 불안정한 과도응답을 정확하게 모사하는 것이 주 관심사이다.

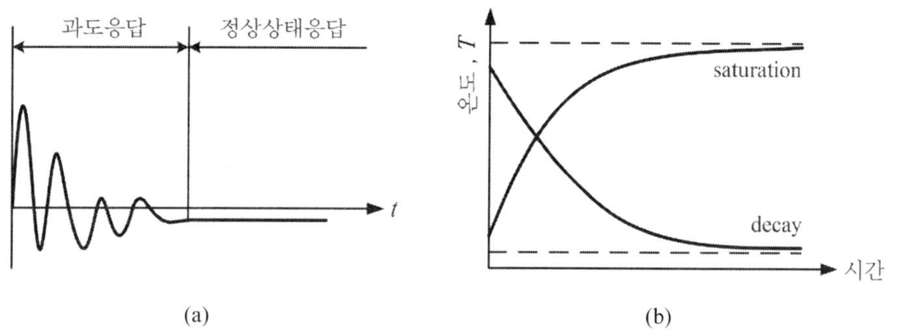

그림 1.1.10 포물선 유형으로 표현되는 과도열전달 응답과 쇠퇴/포화 거동

- **Elliptic(타원형) 유형** : 일반 구조해석과 같은 선형 정적해석은 모두 이 유형에 속하는데, 가장 뚜렷한 특징은 물체의 거동이 시간과는 무관하게 공간 좌표의 함수로 표현된다. 앞서 예를 든 그림 1.1.6(b)의 3차원 물체 내 정상상태 열전달도 이 유형에 속하며, 수학적으로는 아래 식 (1.12)와 같이 표현된다.

$$-\kappa \left(\frac{\partial^2 T}{\partial x^2} + \frac{\partial^2 T}{\partial y^2} + \frac{\partial^2 T}{\partial z^2} \right) = 0 \tag{1.12}$$

위 식을 보다 상세히 살펴보면, 우선 물체 내 온도분포는 $T(x,\ y,\ z)$로 물체 내 좌표값의 함수로만 표현되며, 미분방정식을 공간 좌표에 대해 적분함으로써 온도분포를 구할 수 있다. 적분에 따른 적분상수는 물체 경계에 주어진 온도 및 열전달량에 의해 결정되기 때문에 경계치 문제에 속한다. 다시 말해, 이 유형에 속하는 문제는 모두 경계치 문제에 해당된다.

1.1.3 수치해석 절차

앞서 언급한 바와 같이 물체의 거동에 대한 수학적 표현식은 물체의 복잡한 기하학적 형상 때문에 이론적으로 그 해답을 구하기가 어렵다. 수치해석(numerical analysis)이란 1.2절에서 설명하게 될 수치 근사화 기법에 따라 유도된 수학적 표현식에 대한 행렬방정식을 컴퓨터를 이용하여 물체거동 $u_M(x)$에 대한 근사해(approximate solution)를 계산하는 작업을 말한다. 여기서 근사해 $u_h(x)$란 물체의 정확한 거동과는 차이를 가지는 해답으로서, 본질적으로 식 (1.13)과 같이 무한급수(infinite series)로 표현되는 물체의 실제거동을 행렬방정식을 유도하기 위해 유한급수(finite series)로 제한하기 때문이다.

$$u_M(x) = a_0 + a_1 x + a_2 x^2 + \cdots = \sum_{n=0}^{\infty} a_n x^n \tag{1.13}$$

$$u_h(x) = a_0 + a_1 x + a_2 x^2 + \cdots + a_p x^p = \sum_{n=0}^{p} a_n x^n \tag{1.14}$$

계산기의 경우를 예로 들면, 사인함수(sine function)는 식 (1.15)와 같이 무한급수로 표현되지만 실제 계산기에서는 모든 급수항들을 계산할 수 없기 때문에 저 차의 몇 개 급수항들만을 계산하게 된다. 따라서, 계산기를 이용하여 계산한 사인함수의 값도 근사해의 일종이다.

$$\sin x = x - \frac{x^3}{3!} + \frac{x^5}{5!} - \frac{x^7}{7!} + \frac{x^9}{9!} - \cdots \tag{1.15}$$

물체거동에 대한 수학적 표현식은 앞서 예를 든 경우들에서 알 수 있듯이 거의 대부분 미분방정식으로 표현되기 때문에, 이론적인 해답은 적분을 통해 구해진다. 반면, 수치해석에서는 물체거동에 대한 근사해를 식 (1.14)와 같이 미리 유한한 급수함수로 가정하여 각 급수항의 계수 a_n을 계산하는 행렬방정식 (1.16)을 계산하게 된다.

$$[\boldsymbol{K}]\{\boldsymbol{a}\} = \{\boldsymbol{f}\} \tag{1.16}$$

위 행렬방정식에서 $[\boldsymbol{K}]$는 물체의 강한 정도를 나타내는 행렬, $\{\boldsymbol{f}\}$는 물체에 가해지는 외력의 크기를 나타내는 벡터, 그리고 $\{\boldsymbol{a}\}$는 급수항들의 계수를 나타내는 벡터이다. 여기서 벡터는 $\{\boldsymbol{a}\} = \{a_0\, a_1 \cdots a_n\}^T$와 같이 하나의 행으로 구성된 특수한 유형의 행렬을 의미한다.

식 (1.16)은 수치해석에 있어 하나의 특수한 행렬방정식 형태를 보여주는 것으로 행렬방정식은 수치해석 문제의 유형에 따라 다양한 형태를 지니게 된다. 그리고 행렬방정식의 크기는 수치해석 문제의 크기, 즉 3장에서 소개하게 될 요소망(finite element mesh)의 크기에 비례하여 증가한다.

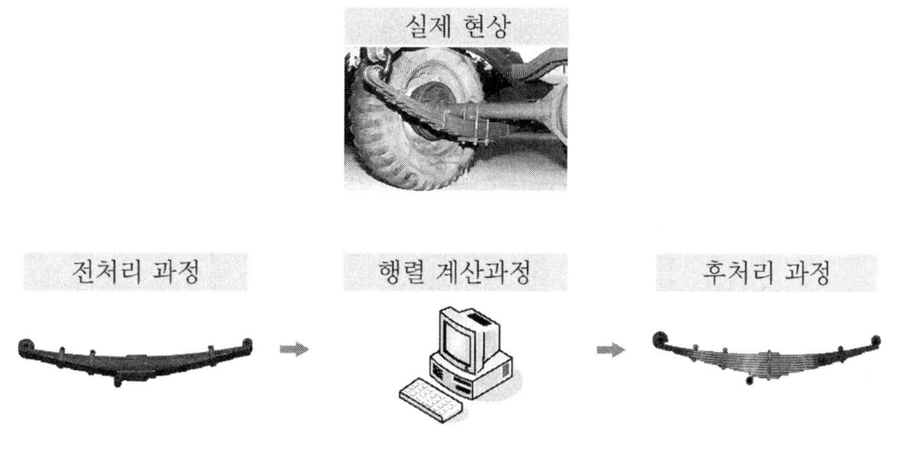

그림 1.1.11 전처리, 처리 그리고 후처리로 구성된 수치해석 절차

수치해석은 그림 1.1.11과 같이 전처리 작업(pre-processing), 처리작업(processing) 그리고 후처리 작업(post-processing) 순서로 수행된다. 그리고 시중에 판매되고 있는 거의 대부분의 상용 유한요소 해석 소프트웨어는 전처리기(pre-processor), 처리기(processor) 그리고 후처리기(post-processor)의 세 가지 모듈(module)로 구성되어 있다. 각 구성 모듈의 주요한 기능을 설명하면 다음과 같다.

- **전처리기(pre-processor)** : 수치해석 모델링 작업을 담당하는 부분으로서 대상 물체의 기하학적 형상을 생성하는 solid 모델링, 요소망을 생성하는 meshing 작업, 재료물성치와 하중 및 변위 경계조건 그리고 수치기법과 관련된 각종 파라메터(parameter)를 입력하게 된다. 전처리기는 수치해석에서 컴퓨터가 행렬방정식을 구성하기 위해 필요한 모든 선행작업을 담당하는 부분으로서, 거의 대부분의 작업이 해석자에 의해 직접 수행된다. 최근 시판되고 있는 거의 모든 유한요소 해석 소프트웨어는 호환성이 향상되어, solid 모델링 소프트웨어 혹은 다른 유한요소 해석 소프트웨어의 전처리기로 전처리 작업한 입력 파일을 불러 와서(import 기능이라 불림) 사용할 수도 있다.

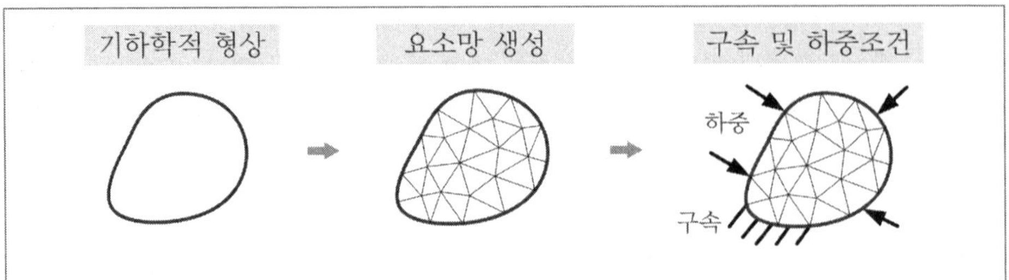

그림 1.1.12 전처리기를 통한 형상모델링, 요소망 생성 그리고 해석조건의 입력

- **처리기(processor)** : 수치해석 과정에 있어 핵심(core)에 해당하는 부분으로서 행렬방정식을 구축하고 행렬연산 작업을 수행하여 원하는 근사해를 구한다. 행렬연산을 통해 해석결과를 구한다는 측면에서 솔버(solver)라고 불리기도 한다. 이 작업은 전적으로 컴퓨터가 처리하기 때문에 해석자가 별도로 해야 할 일은 없다. 다만 행렬연산 과정에서 솔버가 컴퓨터 화면상에 출력하는 메시지를 확인하여 연산작업이 순조로이 진행되고 있는지, 혹은 경고(warning)나 오류 메시지(error message)가 발생하는지 주목할 필요가 있다.

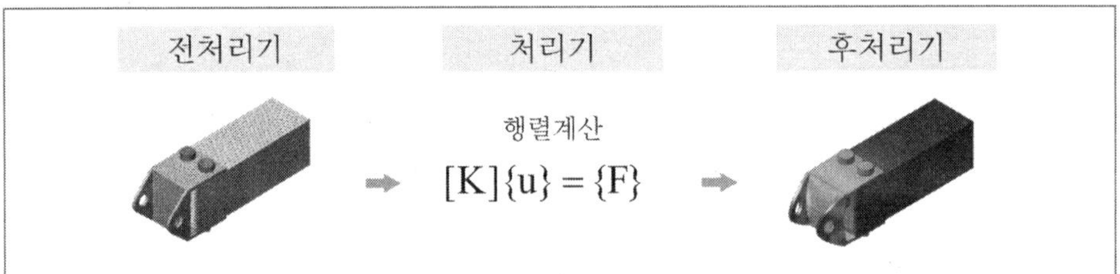

그림 1.1.13 처리기를 이용한 행렬방정식의 구축 및 연산

경고 메시지는 보다 나은 해석결과를 위해 해석자에게 제시하는 전처리 작업에 대한 보완사항으로서, 전처리 작업을 수정하지 않더라도 행렬연산은 성공적으로 수행된다. 하지만, 오류 메시지는 구축된 행렬방정식을 풀 수 없음을 알리는 메시지로서, 메시지 출력과 동시에 프로그램은 중단되어 행렬연산은 실패로 끝나게 된다. 따라서, 오류 메시지가 발생하게 되면 해석자는 반드시 그 원인을 파악하여 전처리 작업을 수정한 후 수치해석을 재차 수행해야 한다.

- **후처리기(post-processor)** : 처리기를 통해 계산한 해석결과는 숫자 형식으로 되어 있을뿐더러, 요소망 내 요소번호 그리고 절점번호 순으로 출력된다. 이러한 숫자 형식의 연산결과로는 요소 혹은 절점에 해당하는 물체 내 지점을 일일이 찾아

야 할뿐더러, 관심이 되는 거동의 물체 내 분포를 한눈에 파악하기가 매우 힘들다. 따라서, 숫자 형식의 연산결과를 칼라 혹은 흑백으로 물체의 거동분포를 가시화하거나 그래프 형식으로 출력하는 등의 일련의 해석결과 분석작업이 필요하게 된다. 이러한 해석결과의 총체적인 분석작업을 담당하는 부분을 후처리기라고 부르며, 최근 해석자 편의성이 강조되면서 전처리기는 물론 후처리기의 성능이 눈에 띄게 부각되고 있다. 공학분야에 있어 관심이 되는 대표적인 물체거동의 종류는 앞의 1.1.1절을 참고하기 바란다.

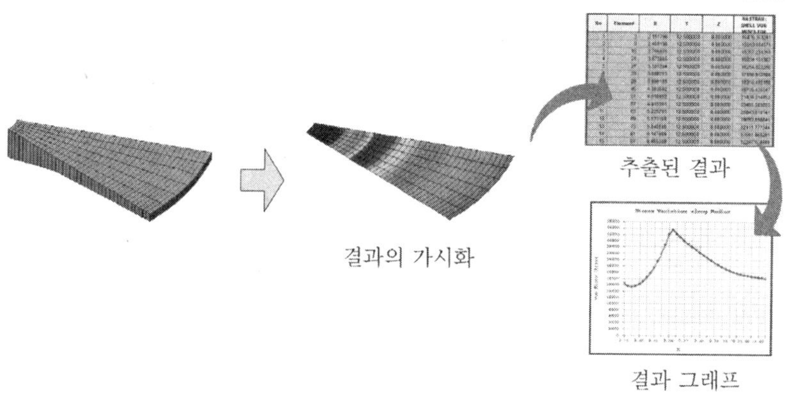

그림 1.1.14 후처리기를 이용한 해설결과의 가시화 및 결과분석

수치해석이 제품설계와 평가에 있어 퍼스트 툴(first tool)로서 자리매김하면서 가장 두드러지게 강조되는 사안이 해석결과에 대한 신뢰성(reliability)이다. 아무리 성능이 좋은 컴퓨터와 소프트웨어를 사용하여 장시간 심혈을 기울어 천연색의 해석결과를 구하였다 할지라도 신뢰성이 보장되지 않는다면 단지 의미 없는 한 장의 그림에 불과하다. 앞의 두 그림 1.1.4와 1.1.11을 참조하면 수치해석을 통한 자연현상의 재현은 모델링과 수치 근사화란 두 단계를 거치게 된다. 그리고 수치해석을 통해 구한 자연현상의 재현은 궁극적으로 실제 현상에 얼마나 근접한지가 신뢰성을 판단하는 척도가 된다.

수치해석결과의 신뢰성은 유효성과 정확성이란 두 가지 측면에서 평가되는데, 유효성(validation)이란 해석결과 그 자체가 의미를 가지는가에 대한 평가로서 실제거동에 대한 수학적 모델링 과정의 타당성을 판단하게 된다. 반면, 정확성(verification)은 수치 근사화과정에 대한 평가로서 일반적으로 전처리 작업과 행렬연산에 대한 해석자의 숙련도로 좌우된다. 두 가지 평가척도 중에서도 유효성이 만족되지 않으면 정확성이 아무리 높더라도 해석목적에 부합되는 결과가 될 수 없기 때문에 수치해석에 있어 모델링

작업의 타당성 확보는 핵심이 되는 요구조건이다.

예를 들어, 지진파에 의해 고층건물이 아래로 붕괴되는 현상의 원인을 수치해석적으로 규명하는 경우를 생각해 보자. 고층건물을 모델링하고 요소망을 생성한 후 지면에 지진파를 적용한 결과, 해석결과에서는 고층건물이 넘어지게 된다면 해석결과는 유효성이 없다. 이 경우, 수학적 모델을 수립하기 위해 적용한 공학이론이 맞지 않거나 반드시 포함되어야 할 공학이론들이 빠져 있었기 때문이다. 이 예는 누구라도 해석결과로부터 수학적 모델링에 문제가 있다는 사실을 쉽게 인지할 수 있다. 하지만, 실무에서 직면하게 되는 대부분의 해석문제는 실제거동을 사전에 모르기 때문에 수학적 모델링의 타당성을 입증하기가 쉽지 않다.

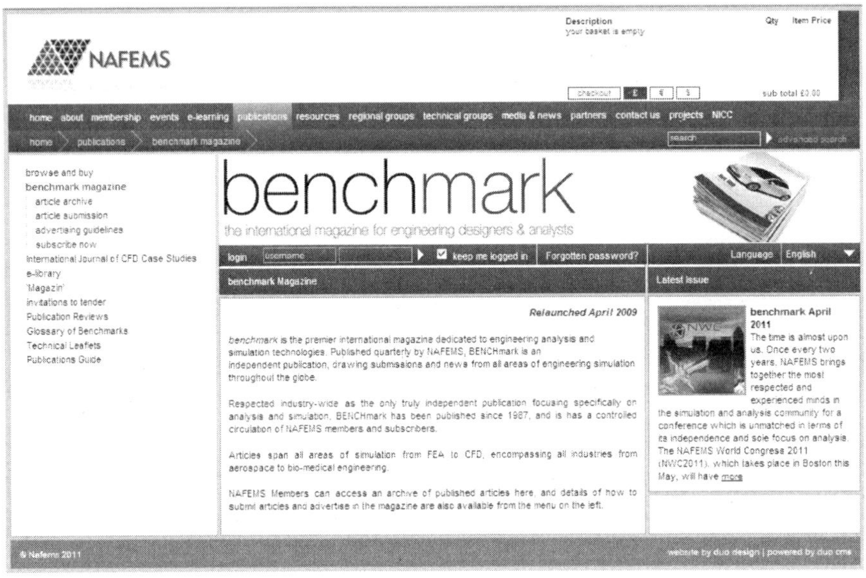

그림 1.1.15 NAFEMS에서 발간하는 벤치마크(benchmark)에 관한 잡지

이러한 경우, 수치해석 결과의 신뢰성은 벤치마크 테스트(benchmark test)를 통해 간접적으로 분석할 수 있다. 벤치마크 테스트란 해석자가 다루는 문제와 유사하면서도 이론적 그리고 실험적 해답이 존재하는 문제를 수치해석적으로 풀어 해석결과의 신뢰성을 평가하는 방법이다. 공학분야에서는 다수의 벤치마크 해석 예제가 제시되어 있으며, 1983년 영국에서 설립된 NAFEMS(National Agency for Finite Element Methods and Standards)가 벤치마크 예제와 신뢰성 분석 표준을 제공하는 대표적인 비영리 기관이다. 최근 들어 해석결과의 정확성 못지않게 수학적 모델링의 타당성이 전 세계적으로 강조되고 있으며, verification & validation이란 신생어는 이러한 세계적인 추세를 잘 반영하고 있다. 해석결과의 정확성(verification)은 요소망 생성과 행렬방정식을 푸는 수치기법에 관한 지식만 갖추고 있다면 누구라도 본인의 해석결과에 대한 신뢰성을 어느 정도 개략적으로 추정할 수 있다. 그러나 해석결과의 유효성(validation)은 요소망 생성이나 행렬연산 이전 단계인 수학적 모델링의 타당성을 평가하는 것이기 때문에, 해석의 대상이 되는 물리적 현상에 대한 통찰력이 필요하다. 따라서 물리적 현상과 관련된 충분한 공학이론이 뒷받침 되지 않고서는 타당성을 가진 수학적 모델링은 기대하기 어렵다.

1.2 수치 근사화(Numerical Approximation)

1.1절에서 수치해석은 물체거동에 대한 수학적 표현식을 행렬방정식으로 전환한 후 행렬연산을 통해 거동에 대한 근사해(approximate solution)를 구하는 것이라 설명하였다. 본 절에서는 미분방정식 형태의 수학적 표현식이 행렬방정식으로 전환되는 상세한 과정을 이해하게 될 것이다. 이러한 전환과정의 기초가 되는 물체거동의 급수함수로의 전개, 시도함수(trial function) 및 검증함수(test function)의 의미, 수치 근사화의 공통 원리 및 유형, 변분정식화(variational formulation)와 갤러킨 근사화(Galerkin approximation)를 학습하게 될 것이다. 또한, 한정된 차수로 물체의 거동을 급수로 전개할 경우, 필히 만족시켜야 할 차수 완결성(order completeness)과 2, 3차원 급수전개에 있어 급수함수의 차수를 파악하기 위한 파스칼의 삼각형(Pascal's triangle)에 대해서도 학습하게 될 것이다. 본 절을 학습함으로써 유한요소 해석 소프트웨어를 필두로 하는 CAE 소프트웨어의 두뇌에 해당되는 솔버가 어떠한 원리로 만들어지고 또한 구동되는지 파악하게 될 것이다.

1.2.1 급수전개

대부분의 물체거동은 공간상의 위치 혹은 시간에 따라 연속적으로 변하며, 공간상의 위치를 x 그리고 시간을 t로 표시하면 물체의 거동은 $f(x)$ 혹은 $f(t)$로 나타낼 수 있다. 이러한 연속함수는 다음 식 (1.17)과 같이 무한한 항들의 조합으로 전개할 수 있다. 이와 같이 특정한 항들의 조합으로 함수를 표현하는 것을 급수전개(series expansion)라고 부른다.

$$f(x+\Delta x) = f(x)+f'(x)\Delta x+\frac{1}{2!}f''(x)\Delta x^2+\cdots$$
$$= \sum_{n=0}^{\infty}\frac{1}{n!}f^{(n)}(x)\Delta x^n \quad (1.17)$$

위 식에서 $f^{(n)}$는 함수 f를 x에 대하여 n번 미분한 것을 의미한다. 참고로, 유한한 항들의 조합으로 표현되는 경우를 유한급수(finite series) 그리고 무한한 항들의 조합으로 표현되는 경우를 무한급수(infinite series)라고 부른다. 1.1.3절의 식 (1.15)와 같이 삼각함수의 급수전개는 대표적인 무한급수이며, 일반적인 다항식(polynomial)은 유한급수로 전개된다. 가장 대표적인 급수전개로는 테일러(Taylor) 급수전개와 푸리에(Fourier) 급수전개가 있으며, 전자는 연속함수 그리고 후자는 주기함수(periodic function)의 급수전개를 위해 사용된다.

테일러 급수전개는 식 (1.17)과 같이 함수의 미분값과 증분 Δx로 표현되며, 아래 그림 1.2.1을 참고하여 x는 급수전개의 기준이 되는 지점을 그리고 Δx는 기준점에서의 증분을 의미한다. 테일러 급수전개는 다음의 중요한 물리적 그리고 수치 근사적 의미를 지니고 있으며, 유한요소법을 위시한 모든 수치기법들은 이러한 물리적 의미에 기초하고 있다.

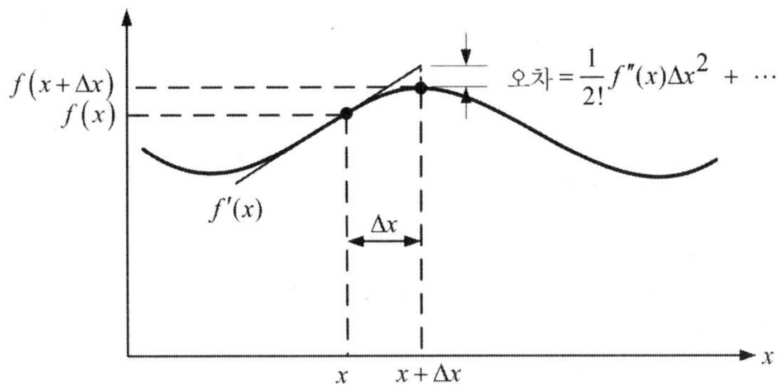

그림 1.2.1 테일러 급수전개의 도식적인 표현

- **물리적 의미** : 그림 1.2.1과 같이 만약 기준이 되는 지점 x에서 f는 물론 f의 모든 미분값을 알고 있다면, 이 값들을 테일러 급수전개에 대입하여 Δx만큼 떨어진 지점에서의 값 $f(x+\Delta x)$를 구할 수 있다. 경계치 문제나 초기치 문제에 대한 수치해석은 물체 경계에서의 경계조건 혹은 초기시점에서의 초기조건으로부터 물체 내

각 지점 혹은 각 시점에서의 거동값을 계산하게 된다. 따라서, 물체 경계 혹은 초기시점을 테일러 급수전개의 기준시점 x로 설정하고, Δx만큼 떨어진 지점을 물체 내 각 지점 혹은 시점으로 하면 테일러 급수전개를 이용하여 모든 지점 그리고 모든 시점에서의 거동값을 구할 수 있다.

- **수치근사적 의미** : 위 물리적 의미는 어디까지나 이론적으로 실제 계산에서는 무한한 항들을 포함시킬 수 없다. 따라서 대부분의 수치기법에서는 아래 식 (1.18)과 같이 1차 미분 항까지만 한정하여 근사적으로 전개하게 되며, 이와 같이 1차 미분 항까지 한정하여 표현하는 기법을 선형화(linearization)라고 부른다. 이에 따라 그림 1.2.1에 나타낸 것과 같이 지점 $(x+\Delta x)$에서 오차가 발생하게 되는데, 오차량은 식 (1.17)에서 $f''(x)\Delta x^2/2!$를 포함한 고차항들의 총합과 같다.

$$f(x+\Delta x) \cong f(x)+f'(x)\Delta x \tag{1.18}$$

만약 테일러 급수전개에서 고차항들을 보다 많이 포함시키게 되면 그만큼 오차는 줄어들게 될 것이다. 만약 모든 고차항들을 모두 포함시켜 급수를 전개하게 되면 단 한 번의 계산으로 지점 $(x+\Delta x)$에서 거동값을 정확히 구할 수 있다. 하지만, 선형화 기법으로는 단 한 번의 계산으로 오차가 너무 크기 때문에, Δx를 몇 개의 구간으로 나누어 각 구간에 식 (1.18)을 적용하여 거동값을 순차적으로 계산해야 오차를 최소화 시킬 수 있다. 유한요소 해석에 있어 대상 물체를 여러 개의 요소로 분할하거나 시간응답 해석을 위해 시간영역을 여러 개의 시점으로 나누는 이유가 바로 여기에 있다.

테일러 급수전개에 포함되어 있는 모든 항들은 그 크기(기여도)가 동일하지 않고, 미분차수가 높은 항일수록 그 기여도는 급진적으로 줄어든다. 만약, 그렇지 않다면 식 (1.18)과 같이 선형화 기법이나 앞서 예를 든 계산기의 계산방법은 엄청나게 큰 오차를 가지게 될 것이다. 임의 함수를 유한급수 전개를 통해 근사화 시킬 경우, 오차를 최소화 시키기 위해 반드시 만족시켜야 할 조건으로 차수 완결성(order completeness)이 있다. 이 조건은 급수전개에 있어 상수 항에서부터 연속되는 고차 항들이 하나도 누락되지 않고 포함되었을 때 가장 높은 차수를 의미한다. 아래 식 (1.19)를 예를 들면, 상수 항으로부터 p차 항 사이에 모든 차수들이 포함되어 있기 때문에 차수 완결성은 p가 된다.

$$f(x) \cong a_0 + a_1 x + a_2 x^2 + \cdots + a_p x^p \tag{1.19}$$

하지만 식 (1.20)로 표현되는 유한급수의 경우에는 2차 항이 누락되어 있기 때문에 차수 완결성은 1차 밖에 되지 못한다. 누락된 2차 항의 기여도가 그 다음 나머지 고차

항들보다 높기 때문에, 3차부터 p차 항을 포함시킨다고 하더라도 유한급수 전개의 오차는 2차 항에 의해 결정된다.

$$f(x) \cong a_0 + a_1 x + a_3 x^3 + \cdots + a_p x^p \tag{1.20}$$

여기서 누락시킨 항이란 테일러 급수전개에 따르면 계수 a_i가 0의 값을 가지지 않음에도 불구하고 강제로 포함시키지 않는 경우를 말한다. 앞의 식 (1.15)와 같이 사인함수의 경우에는 짝수 차수를 가지는 항들은 그 계수가 모두 0의 값을 가지기 때문이지 처음부터 강제로 누락시킨 항은 아니다.

지금까지는 하나의 변수로 표현되는 함수와 급수전개에 대해서 살펴보았는데, 하나 이상의 변수로 표현되는 경우에는 차수의 완결성을 판별하기가 쉽지 않다. 다음 식 (1.21)과 같이 2변수 급수전개를 예를 들어 보기로 하자.

$$f(x,\ y) = 3 - 2x + y + 7x^2 + 5xy \tag{1.21}$$

이 함수가 몇 차까지 완결성을 가지는지 그리고 우측에 포함되어 있는 각각의 항들은 차수적인 측면에서 순서가 어떠한지 구분할 수 있겠는가? 이 두 가지 질문에 대한 해답은 아래 그림 1.2.2의 파스칼의 삼각형(Pascal's triangle)으로부터 구할 수 있다.

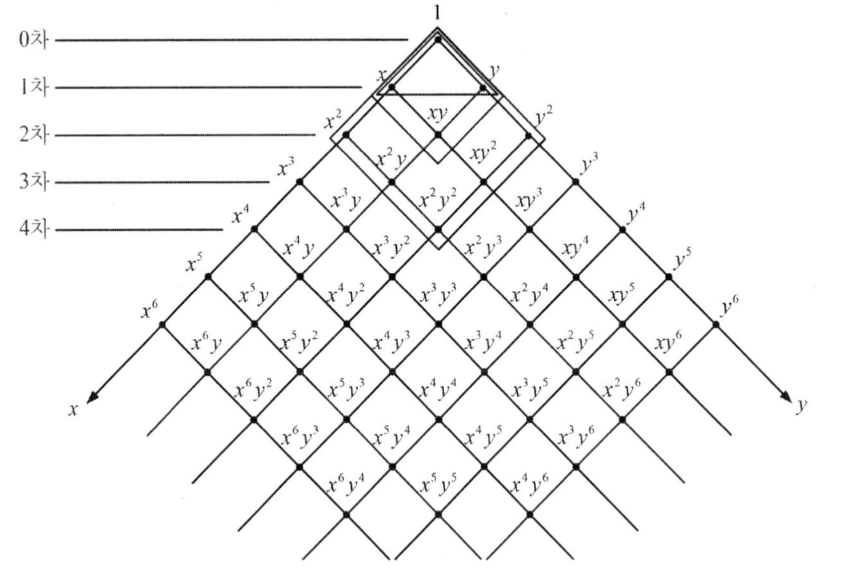

그림 1.2.2 2변수 함수를 위한 파스칼의 삼각형

2변수로 구성된 파스칼의 삼각형은 좌우측로 기울어진 사선들로 구성된 그물망에서, 두 개의 사선이 만나는 각각의 지점에 x와 y의 곱으로 이루어진 하나의 독립적인 항이 부여된다. 그림을 참고하여 맨 좌측 그리고 맨 우측 사선에는 각각 x와 y만의 1변수 급수항을 0차로부터 순차적으로 부여된다. 반면 내부에 속하는 모든 교차점에는 이 교차점에 해당되는 맨 좌우 측 두 사선 상에서의 x와 y의 항들을 곱이 부여된다.

파스칼의 삼각형에서 보듯이 가장 위쪽에 위치하는 하나의 교차점에는 1이 부여되어 있으며, 그 아래 동일 수평선 상에 놓여 있는 2개의 교차점에는 각각 x와 y가 부여되어 있다. 그리고 그 다음 수평선 상에 놓여 있는 3개의 교차점에는 좌로부터 각각 x^2, xy 그리고 y^2이 부여되어 있다. 파스칼의 삼각형은 다음의 세 가지 특성을 지니고 있다. 첫째, 동일 수평선 상에 놓여 있는 교차점의 개수는 아래로 한 층씩 내려갈수록 1개씩 증가하고 둘째, 동일 수평선 상에 놓여 있는 모든 항들의 x와 y 차수의 합은 일정하다. 마지막으로 2변수로 구성된 함수나 급수의 차수 완결성은 그림과 같이 상수 항 1개까지가 0차이고, 삼각형 속에 포함되어 있는 상수 항, x 그리고 y항까지가 1차로 정의된다. 참고로 사각형 속에 포함되어 있는 4개의 항은 xy라는 항이 추가되어 있지만 차수 완결성은 여전히 1밖에 되지 않는다.

그림 1.2.2의 2변수로 구성된 파스칼의 삼각형은 3변수로도 확장이 가능하며, 3변수 파스칼의 삼각형은 평면이 아닌 z축이 추가된 3차원 입체형상으로 표현된다. 파스칼의 삼각형은 2.1절에 소개되어 있는 유한요소(finite element)를 정의하는데 기초가 된다. 예를 들어, 그림 1.2.2에서 4개의 항을 포함하는 사각형은 2차원 4절점 요소 그리고 9개의 항을 포함하는 사각형은 2차원 9절점 요소를 정의하게 된다. 그리고 교차점은 2차원 4절점 그리고 9절점 요소의 각 절점(node)에 해당된다. 그림으로부터 확인할 수 있듯이 2차원 4절점 요소는 4개의 항을 포함하고 있음에도 불구하고 차수 완결성은 1이고, 2차원 9질점 요소도 9개의 항들을 포함하고 있지만 차수 완결성은 2에 불과하다.

1.2.2 수치 근사화 기법

수치 근사화는 물체의 정확한 거동 $u_{EX}(x)$에 가능한 한 가장 근접한 근사해(approximate solution) $u_h(x)$를 수치적으로 구하는 방법이다. 여기서, 가장 근접하다는 의미를 보다 상세히 살펴보기로 하자. 공간상에 존재하는 두 지점을 생각한다면 두 지점의 거리가 짧을수록 근접하다고 쉽게 말할 수 있다. 하지만, 물체의 거동은 일반적으로 한 점에서의 값이 아니라 일정한 공간상에 연속적으로 분포되어 있기 때문에 정확한 거동과 근접하다는 의미를 획일적으로 정의할 수 없다. 정확한 거동과 근사해 사이의 기하학적 면적으로 근접한 정도를 측정하는 하나의 기준이 될 수도 있지만, 이 외에도 다른 가능한 기준을 정의할 수 있다. 예를 들어, 기하학적 면적의 제곱이라든지 두 거동 사이의 가장 먼 수직거리도 기준으로 사용될 수 있다.

정확한 거동과 수치 근사화를 통해 구하고자 하는 근사해와의 차이, 즉 오차(error)를 수학적 용어로 잔여(residual)라고 부르며 $r(x,\ a_i)=u_{EX}(x)-u_h(x,\ a_i)$로 표현한다. 여기서, $u_h(x,\ a_i)$ 속에 포함되어 있는 a_i는 근사해가 1.2.1절의 식 (1.19)와 같이 유한 급수로 표현될 때 결정되어야 할 계수를 나타낸다. 위에서 설명한 근접한 정도를 측정하기 위하여 다음의 식 (1.22)와 같이 잔여와 가중치 함수(weighting function)라 불리는 $w(x)$의 곱을 모두 합한 값을 사용한다. 여기서 $\Re(w,\ a_i)$는 어떠한 가중치 함수를 적용하느냐에 따라 달라지는 실수값이다.

$$\Re(w,\ a_i)=\int_{\Omega}[r(x,\ a_i)\cdot w(x)]\,dx \tag{1.22}$$

식 (1.22)로 정의되는 잔여를 가중잔여(weighted residual)라고 불리며, 모든 수치기법은 이 가중잔여를 최소화 시키고자 하는 공통점을 지니고 있다. 그리고 가중잔여를 최소화 시켜 근사해를 구하는 모든 수치 근사화 기법을 특별히 가중잔여 기법(weighted residual method)으로 분류하고 있다. 가중잔여 기법에는 아래 표 1.1과 같이 다수의 수치 근사화 기법이 있으며, 각 기법은 그림 1.2.3에 도시한 가중치 함수 $w(x)$의 유형으로 구분된다.

표 1.1 대표적인 가중잔여 기법

근사화 기법	가중치 함수 $w(x)$	행렬방정식 유도를 위한 방정식
병치법 (collocation method)	$w(x)=\delta(x-x_i)$	$r(x_1,\ a_i)=0,\ \cdots,\ r(x_N,\ a_i)=0$
부영역법 (sub-domain method)	$w(x)=1/\Delta x_i$	$\frac{1}{\Delta x_1}\int_0^{\Delta x_1} r(x,\ a_i)dx=0,\ \cdots,\ \frac{1}{\Delta x_N}\int_{\Delta x_{N-1}}^{\Delta x_N} r(x,\ a_i)dx=0$
최소자승법 (least square method)	$w(x)=\frac{\partial r(x,\ a_i)}{\partial a_i}$	$\frac{\partial}{\partial a_1}\int_0^1 r^2(x,\ a_i)dx=0,\ \cdots,\ \frac{\partial}{\partial a_N}\int_0^1 r^2(x,\ a_i)dx=0$
갤러킨법 (Galerkin method)	$w(x)=\phi_i(x)$	$\int_0^1 r(x,\ a_i)\phi_1(x)dx=0,\ \cdots,\ \int_0^1 r(x,\ a_i)\phi_N(x)dx=0$

병치법에서는 델타함수(delta function)를 가중치 함수로 사용하고 있기 때문에 식 (1.22)에 대입하게 되면 표 1.1에 나타낸 바와 같이 $\Re(w,\ a_i)$는 해당 지점에서의 잔여

값 $r(x_1, a_i)$이 된다. 부영역법에서는 인접한 두 점 사이 거리의 역수 $1/\Delta x_i$를 가중치 함수로 사용하고 있다. 반면 최소자승법에서는 전체 구간에서 미지계수에 대한 잔여의 변화율 $\partial r/\partial a_i$를 그리고 갤러킨법에서는 임의의 연속함수 $\phi_i(x)$를 가중치 함수로 사용하고 있다.

만약 근사해 $u_h(x)$를 N개의 항으로 급수전개를 하게 되면 결정되어야 할 미지계수 a_i도 N개 된다. 따라서 N개의 미지계수를 결정짓기 위해서 N개의 방정식이 필요하게 되는데, 각 기법에서 이러한 방정식들을 유도하기 위한 조건식들을 표 1.1에 나타내었다. 이 조건식에 의해 유도된 N개의 연립방정식은 미지계수 a_i로 표현되며 이 연립방정식을 행렬식으로 표현하게 되면 아래 식 (1.23)과 같게 된다.

$$[\boldsymbol{A}]\{\boldsymbol{a}\} = \{\boldsymbol{0}\} \tag{1.23}$$

여기서 $\{\boldsymbol{a}\} = \{a_1, a_2, a_3, \cdots, a_N\}^T$이고 $[\boldsymbol{A}]$는 N개의 연립방정식들 속에 포함되어 있는 계수들로 구성된 크기가 $(N \times N)$인 행렬을 나타낸다.

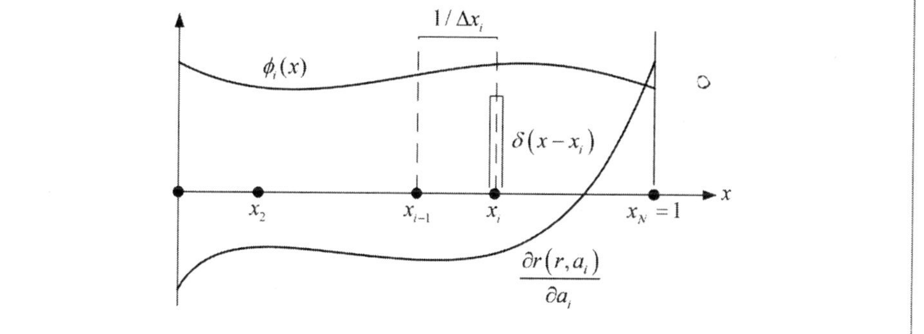

그림 1.2.3 1차원 문제에서 가중치 함수 $w(x)$의 형상

표 1.1에 소개한 4개의 가중잔여 기법으로 구한 근사해를 비교하기 위하여 구간 $1 \leq x \leq 2$에서 다음과 같이 표현되는 물체거동을 고려하기로 하자.

$$x\frac{d^2u}{dx^2} + \frac{du}{dx} = \frac{2}{x^2}, \quad x = 1\text{에서 } u = 2,$$

$$x = 2\text{에서 } -x\frac{du}{dx} = \frac{1}{2} \tag{1.24}$$

각각의 기법으로 수치 근사해 $u_h(x)$를 구하기 위해 동일하게 2개의 미지계수를 적용하였으며, 그 결과를 다음 그림 1.2.4에 나타내었다. 그림으로부터 병치법이 상대적으로 큰 차이를 나타내는 반면 나머지 세 기법들은 거의 유사한 결과를 보임을 확인할 수 있다.

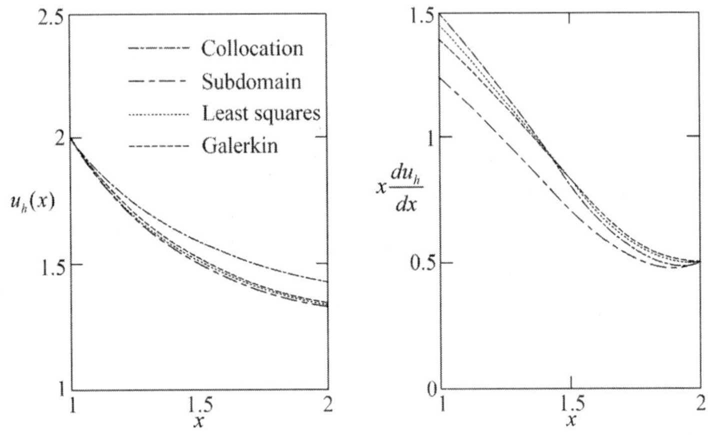

그림 1.2.4 식 (1.24)에 대한 수치 근사해의 비교 (D.S. Burnett 저, Addison-Wesley 1988)

식 (1.22) 속에 도입되어 있는 가중치 함수 $w(x)$를 전문적인 용어로 검증함수(test function)로 그리고 수치해석을 통해 구하고자 하는 근사해 $u_h(x)$를 시도함수(trial function)로 정의하고 있다. 이 두 함수를 이용하여 모든 수치기법의 공통적인 개념을 다시 정의하면 다음과 같다.

모든 가능한 검증함수 $w(x)$에 대하여 가중잔여 $\Re(w,\ a_i)$를 최소로 하는 시도함수 $u_h(x)$를 수치적으로 구하는 방법으로 수학적으로 다음과 같이 표현할 수 있다.

$$\begin{aligned}&\text{Find } u_h(x) = a_1\phi_1(x) + a_2\phi_2(x) + \cdots\ a_N\phi_N(x) \text{ such that}\\&\text{Minimize } \Re(w,\ a_i) = \int_\Omega [r(x,\ a_i)\cdot w(x)]\,dx, \quad \forall\, w(x)\end{aligned} \tag{1.25}$$

네 가지 수치 근사화 기법들 중에서 갤러킨법은 1.2.3절에 소개할 대표적인 수치 정식화(numerical formulation) 방법인 변분정식화(variational formulation)에 바탕을 두고 있으며, 유한요소법은 갤러킨법을 구체화 한 대표적인 실용화 기법이다.

임의 물체거동에 대한 변분정식화를 학습하기 전에 우선 외부하중을 받고 있는 대상 물체의 포텐셜에너지(potential energy) $\pi(u)$는 아래와 같이 물체의 변형 $u(x)$에 따라 내부에 축적되는 변형률에너지(strain energy) $E(x)$와 외부하중이 한 일(work) $W(x)$

의 차이로 정의된다.

$$\pi(u) = E(u) - W(u) \tag{1.26}$$

여기서, 에너지가 전혀 소실되지 않고 보존된다면 $\pi(u)$는 다음의 식 (1.27)과 같이 적분식으로 표현되는 포텐셜에너지 함수(potential energy functional)가 존재하고 대상 문제는 보존계(conservative system)에 속한다. 반면, 비보존계 문제는 미분방정식으로는 표현이 가능하나 적분 형태의 포텐셜에너지 함수를 가지지 않는다.

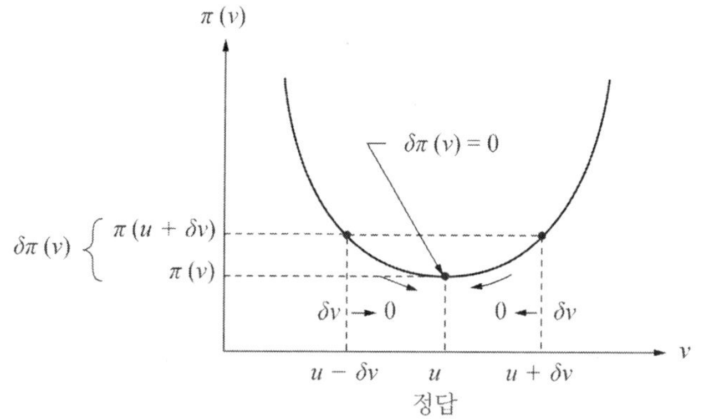

그림 1.2.5 아래로 볼록한 그래프로 표현되는 포텐셜에너지 함수

$$\pi(u) = \int_0^1 \left[\frac{1}{2} k u^2 + \frac{1}{2} EI \left(\frac{du}{dx} \right)^2 + qu \right] dx \tag{1.27}$$

보존되지 않는 일의 대표적인 예로는 점성에 의한 마찰 열, 고무와 같은 재료의 히스테리시스(hysteresis) 손실, 공기에 의한 마찰 일 등이 있다.

에너지 보존여부와 무관하게 자연계에서 발생하는 모든 현상의 포텐셜에너지는 그림 1.2.5와 같이 현상과 관련된 거동 $v(x)$에 대하여 아래로 볼록한 포텐셜에너지 변화를 나타낸다. 외부로부터 자극을 받는 물체는 포텐셜에너지가 최소가 되는 지점으로 거동하게 되며, 포텐셜에너지가 최소가 되는 지점에서 물체는 정적으로 안정상태(stable state)에 도달하게 된다. 정적 안정상태에 있는 물체의 거동을 정적 평형상태에서의 거동이라고 부르며, 정해석(static analysis)을 통해 구하고자 하는 정답 $u(x)$가 된다. 이해를 돕기 위해 그림 1.2.5와 같이 아래로 볼록한 쟁반 속에서 움직이는 구슬을 생각해 보면, 구슬은 쟁반의 가장 가운데 지점에서 정지하게 될 것이다. 왜냐하면 그 지점에서 구슬의 위치변화 $v(x)$에 따른 포텐셜에너지가 최소가 되기 때문이다. 또 다른 예로 무게를 지탱하고 있는 외팔보(cantilever beam)의 처짐의 경우, 정적인 평형은 외팔보의 처짐에 의해 외팔보 내부에 축적되는 변형률에너지(strain energy)와 처짐에 의해 무게가 한 일과의 차이인 포텐셜에너지가 최소가 되는 시점이다. 이 시점에서의 외팔보 처짐량 $u(x)$이 정해석으로 구하고자 하는 정답이 되며, 이 처짐량보다 크거나 작은 처짐에서의 포텐셜에너지는 그림 1.2.5에서 도시한 바와 같이 최소 포텐셜에너지보다 항상 큰 값을 가지게 된다.

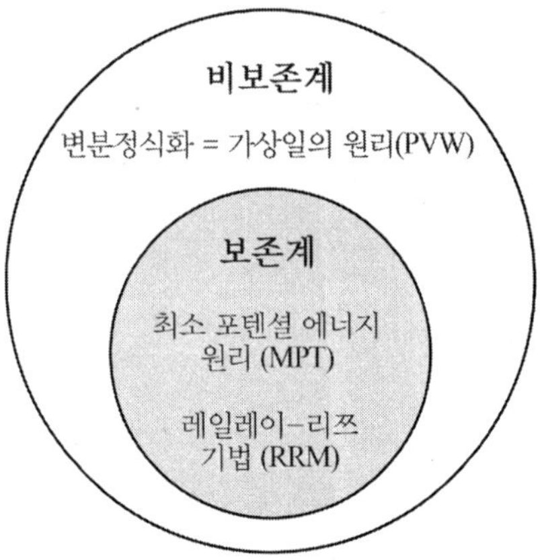

그림 1.2.6 보존계와 비보존계에서 사용되는 수치 정식화 기법

그림 1.2.6은 보존계와 비보존계 문제를 위해 사용되고 있는 수치 정식화 기법들을 나타내고 있다. 보존계에서는 모든 가능한 거동들 중에서 적분 형태의 포텐셜에너지를 최소로 만드는 거동을 해답으로 구하게 된다.

$$\text{Min } \pi(v) = \int_0^1 \left[\frac{1}{2}kv^2 + \frac{1}{2}EI\left(\frac{dv}{dx}\right)^2 + qv \right] dx \quad \Rightarrow \quad u(x) \qquad (1.28)$$

이처럼 보존계 문제의 거동은 포텐셜에너지를 최소화함으로서 구할 수 있다는 개념이 최소 포텐셜에너지 원리(MPT: minimum potential energy theorem)이다. 그리고 이 원리에 기초하여 거동을 유한급수로 전개하여 근사해 $u_h(x)$를 구하는 수치기법을 레일레이 - 리쯔(Rayleigh-Ritz) 기법이라고 부른다. 따라서, 레일레이 - 리쯔 기법은 에너지가 보존되는 문제에만 한정적으로 사용할 수 있는 수치기법이다.

반면, 비보존계 문제에도 적용이 가능한 유한요소법은 앞서 언급한 변분정식화에 기초를 두고 있다. 앞의 식 (1.26)과 그림 1.2.5를 참고하여 에너지의 변분이라 함은 거동의 미소한 변화(변분) δv에 따른 에너지의 변화량 $\delta\pi$를 의미한다.

$$\delta\pi(v) = \pi(u + \delta v) - \pi(u) \tag{1.29}$$

정적인 평형을 만족시키는 물체의 실제거동 $u(x)$는 미리 알지 못하는 미지의 함수이며, 모든 가능한 거동들 $v(x)$ 중에서 다음 조건을 만족시키는 $v(x)$가 정적 평형을 만족시키는 해답 $u(x)$가 된다.

$$\delta\pi(v) = 0 \quad \Rightarrow \quad u(x) \tag{1.30}$$

이러한 방법으로 물체의 거동을 구하는 원리를 변분정식화라고 부르며, 그림 1.2.5에서와 같이 에너지가 최소가 되는 지점을 찾아가게 된다. 이러한 측면에서 변분정식화는 비보존계로 확장된 최소 포텐셜에너지 원리라고 볼 수 있다.

1.2.3 변분정식화와 가상일의 원리

본 절에서는 유한요소법의 기초가 되는 변분정식화를 구체적으로 유도하는 과정을 보다 상세히 학습하기로 한다. 그리고 공학분야에서 유한요소 근사화를 위해 폭넓게 사용되고 있는 가상일의 원리(PVW: principle of virtual work)를 살펴보기로 한다. 두 가지 대표적인 수치 정식화 방법에 대한 학습으로 이 두 가지 기법이 기본적으로 동일함을 알게 될 것이다. 일반적으로 수학을 전공한 사람의 경우에는 변분정식화를 반면 공학자의 경우에는 가상일의 원리를 선호하고 있다. 수학을 전공한 사람들은 물체의 거동을 표현하는 수학적 표현식에 익숙하기 때문이고, 공학자는 물리학에 기초한 일과 에너지에 보다 익숙하기 때문이다.

앞 절에서 변분정식화에 대한 기본개념을 살펴보았기 때문에 여기서는 우선 가상일의 원리를 학습하고, 대표적인 공학문제를 대상으로 두 가지 기법을 적용하여 수치 정식화 표현식을 유도하는 과정을 학습하게 될 것이다. 그리고 유도된 최종 수치 근사화 표현식을 비교함으로써 두 기법이 근본적으로 동일함을 확인하게 될 것이다. 변분정식화에서는 그림 1.2.5에서와 같이 물체거동의 변화 δv를 변분(variation)이라 부르는 반면, 가상일의 원리에서는 이것을 가상변위(virtual displacement)라고 한다. 그리고 이 두 용어는 수치 근사화의 공통원리에서 소개하였던 검증함수의 변형된 명칭에 불과하다.

수치기법의 공통원리 검증함수 $w(x)$	=	변분정식화 변분 δv	=	가상일의 원리 가상변위 $v(x)$

그림 1.2.7 수치 정식화에서 사용되는 동일한 개념의 세 용어

앞에서 언급한 물체의 모든 가능한 거동 $v(x)$를 구조역학 분야에서는 가상변위(virtual displacement)라고 부르며, 실제거동 $u(x)$와 달리 물체가 움직였다고 가정한 가상적인 거동이다. 실제거동과 가상거동을 보다 상세히 비교하기 위해서 그림 1.2.8을 살펴보기로 하자. 물체는 외부로부터 하중을 받으면 정적인 평형을 만족하는 상태까지 그 형상이 변하게 되는데, 이러한 물체의 실제적인 형상 변화를 실제거동이라고 부르며 그림에서 $u(x)$로 표시되어 있다.

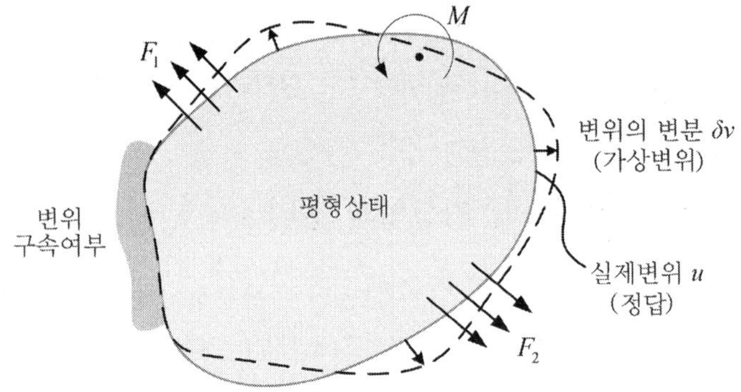

그림 1.2.8 정적 평형상태에 있는 임의 물체를 변분하기 위해 부과시키는 가상변위(virtual displacement)

반면, 가상변위는 정적인 평형상태를 만족하는 실제거동을 구하기 위해 임의로 물체가 변형되었다고 가정한 거동으로서 다음의 두 가지 조건을 반드시 만족시켜야 한다.

- **변위 구속조건의 만족** : 물체의 경계 중에서 변위가 구속되어 있는 부분에서는 가상변위 역시 주어진 변위 구속조건을 만족해야 한다. 예를 들어, 한 쪽만이 고정되어 있는 외팔보에 가상변위를 적용할 경우, 실제변위가 구속되어 있는 부분에서는 가상변위 역시 변위 구속조건을 만족해야 한다.
- **외력의 크기 및 방향의 불변** : 물체에 실제로 작용하고 있는 외력과 모멘트는 가상변위를 적용하여 물체가 가상적으로 변형할지라도 그 크기와 방향은 일정하게 유지되어야 한다.

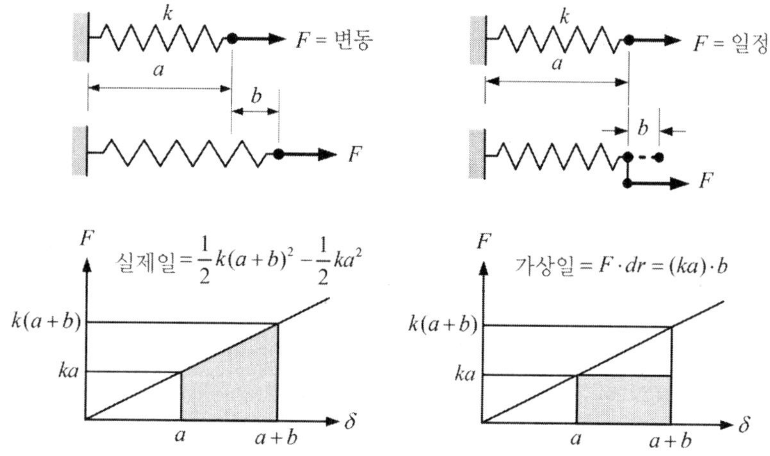

그림 1.2.9 스프링에 있어 실제변위가 한 일과 가상변위가 한 일

가상변위의 두 번째 조건으로부터 실제거동에 의해 물체가 한 일과 가상변위에 의한 물체의 가상일은 그 크기가 다르다. 그림 1.2.9의 스프링을 예로 들면, 스프링이 초기상태 a로부터 실제로 b만큼 늘어나게 되면 스프링 힘 역시 증가하게 된다. 그 결과, 스프링이 실제로 한 일은 그림에서 경사진 직선의 아래 면적에 해당된다. 하지만, 가상변위가 적용된 경우에는 스프링 힘은 Fa로 일정하게 유지되기 때문에 가상일은 직사각형의 면적과 같게 된다.

가상일의 원리란 그림 1.2.8을 참고하여 각종 하중과 모멘트를 받고 있는 물체에 다양한 형태의 가상변위 $v(x)$를 적용하였을 때, 다음 식 (1.31)을 만족시키는 가상변위가 바로 우리가 구하고자 하는 정적인 평형을 만족시키는 실제거동 $u(x)$가 된다는 원리이다. 공학분야에서 널리 사용되는 가상일의 원리는 수학분야에서 주로 사용되는 변분정식화와 개념적으로 동일하다. 왜냐하면 대상이 되는 거동에 가상일의 원리를 적용하여 수치 근사화를 유도하게 되면 변분정식화와 동일한 표현식에 도달하기 때문이다. 아래에 대표적인 구조해석 문제를 예로 들어 두 가지 방법으로 구한 수치 근사화 표현식을 통해 이 사실을 확인하게 될 것이다.

> 가상일(virtual work)
> = 물체 내부에 축적되는 가상 변형률에너지(virtual strain energy)

$$W_{가상}(v) = E_{가상}(v) \tag{1.31}$$

그림 1.2.10은 길이가 L이고 수직분포 하중 $q(x)$를 받아 아래로 처지는 사각단면 형상의 보로서, 처짐량(deflection) $w(x)$를 구하기 위한 대표적인 수학적 표현식은 식 (1.32)의 Euler-Bernoulli 보이론(beam theory)이다.

$$EI\frac{d^4w}{dx^4} = q(x), \quad 0 < x < L \tag{1.32}$$

여기서 E와 I는 각각 보의 탄성계수(elastic modulus) [혹은 영률(Young's modulus)]와 보 단면의 면적 관성모멘트(area moment of inertia)를 나타낸다. 공학분야에서는 두 계수의 곱인 EI를 유연 강성계수(flexural rigidity)로 정의하고 있다. 그리고 아래 그림에서 보의 좌측 단은 보의 처짐 w와 기울기 dw/dx가 구속되어 있는 반면, 우측 단은 전단력(shear force) V와 굽힘모멘트(bending moment) M이 작용하지 않는다.

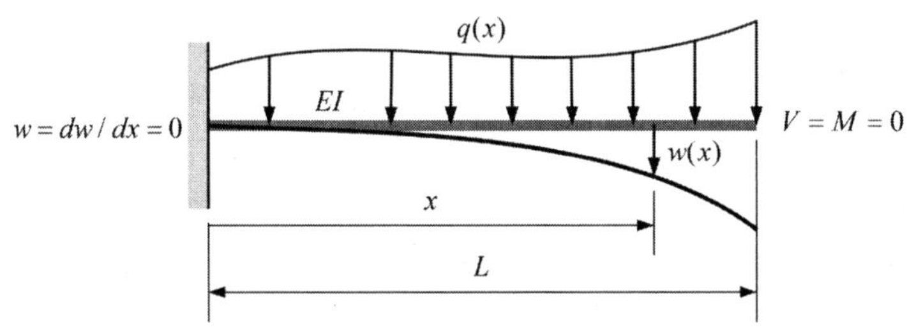

그림 1.2.10 Euler-Bernoulii 보의 처짐

Euler-Bernoulli 보이론은 보의 변형을 표현하는 이론들 중에서 가장 단순한 이론으로서, 보의 굽힘에 의한 변형률에너지만을 고려하고 있다. 참고로, 보는 굽힘뿐만 아니라 인장, 비틀림 그리고 전단변형을 일으키기 때문에 보의 정확한 거동을 예측하기 위해서는 이러한 모든 변형에 따른 변형률에너지를 포함시켜야 한다. 보이론에 대해서는 3장에서 보다 상세히 학습하기로 하고, 본 절에서는 Euler-Bernoulli 보이론의 굽힘 처짐량에 대한 수치 정식화를 다루기로 한다.

우선, 식 (1.32)로 표현되는 보의 처짐량에 대한 변분정식화를 유도하기로 하자. 변분정식화는 3단계로 구성되어 있으며, 각 단계를 소개하면 다음과 같다.

- **단계 1** : 수학적 표현식의 좌우 변에 변분(검증함수) $\delta v(x)$를 곱하고, 보의 전체 길이에 대해 적분을 취한다.

$$\int_0^L \left(EI\frac{d^4w}{dx^4} \right) \delta v \, dx = \int_0^L q(x) \delta v \, dx \tag{1.33}$$

- **단계 2** : 처짐 $w(x)$와 변분 $\delta v(x)$의 곱으로 되어 있는 항에 있어, 두 함수의 미분 차수가 동일하도록 부분적분(integration by parts)을 취한다.

$$\int_0^L EI\frac{d^2w}{dx^2}\frac{d^2\delta v}{dx^2} dx = \int_0^L q(x)\delta v \, dx + (EIw''')\delta v \Big|_0^L - (EIw'')\delta v' \Big|_0^L \tag{1.34}$$

우변의 두 항은 부분적분에 따른 적분상수로서 $(\cdot)|_0^L$은 보의 우측 단의 값 $(\cdot)_{x=L}$과 좌측 단에서의 값 $(\cdot)_{x=0}$과의 차이를 의미한다. 그리고 이러한 적분상수 항들을 경계항(boundary terms)이라 부르며 w''은 d^2w/dx^2을 나타낸다.

- **단계 3** : 3장에서 상세히 다루겠지만 전단력 V는 EIw'''에 해당되고 굽힘모멘트 M은 EIw''에 해당된다. 이러한 역학적 관계를 이용하여 식 (1.34)의 우변을 풀어서 정리하면 다음과 같다.

$$\begin{aligned} \int_0^L EI\frac{d^2w}{dx^2}\frac{d^2\delta v}{dx^2} dx = & \int_0^L q(x)\delta v \, dx + V(L)\delta v(L) - V(0)\delta v(0) \\ & - M(L)\delta v'(L) + M(0)\delta v'(0) \end{aligned} \tag{1.35}$$

그리고 이렇게 정리된 표현식에 주어진 문제의 경계조건(boundary condition)을 대입하면 변분정식화는 완성된다. 경계조건에 대해서는 3장에서 상세히 다루겠지만 그림 1.2.10에 나타낸 보의 좌우측 끝단에서의 경계조건을 식 (1.35)에 대입하면 다음의 변분정식화를 유도하게 된다.

> 모든 가능한 변분 $\delta v(x)$를 대입하였을 때 다음의 관계식 (1.36)을 만족하는 Euler-Bernoulli 보의 처짐 $w(x)$를 구하라.
>
> $$\int_0^L EI\frac{d^2w}{dx^2}\frac{d^2\delta v}{dx^2} dx = \int_0^L q(x)\delta v \, dx \tag{1.36}$$

다음으로 가상일의 원리를 이용하여 Euler-Bernoulli 보의 처짐에 대한 수치 근사화를 유도하기로 한다. 우선, 보의 가상처짐(virtual deflection) $v(x)$에 따라 균일 분포하중 $q(x)$가 한 가상일은 다음과 같이 표현된다.

$$W_{가상} = \int_0^L q(x)v(x) \, dx \tag{1.37}$$

체적이 V인 구조물의 경우, 실제 변형 $\boldsymbol{u}$에 따라 내부에 축적되는 변형률에너지 $E(\boldsymbol{u})$는 다음과 같이 응력 σ과 변형률 ϵ의 곱의 총 합으로 계산된다.

$$E(\boldsymbol{u}) = \frac{1}{2}\int_V \left[\sigma_{xx}\epsilon_{xx} + \sigma_{yy}\epsilon_{yy} + \sigma_{zz}\epsilon_{zz} + 2\left(\sigma_{xy}\epsilon_{xy} + \sigma_{yz}\epsilon_{yz} + \sigma_{zx}\epsilon_{zx}\right)\right] dV \tag{1.38}$$

하지만 앞서 설명한 바와 같이 가상변위가 작용할 경우에는 힘의 크기와 방향이 변하지 않으므로, 물체 내부에 발생하는 응력 역시 그 크기와 방향이 일정하게 유지된다. 그 결과 실제 변형량이 $\boldsymbol{u}$인 물체에 가상변위 $\boldsymbol{v}$를 추가로 작용시킬 경우, 물체 내부에 축적되는 가상 변형률에너지(virtual strain energy) $E(\boldsymbol{v})$는 실제 변형률에너지의 2배가 된다.

$$E_{가상}(\boldsymbol{v}) = 2E(\boldsymbol{u}) \tag{1.39}$$

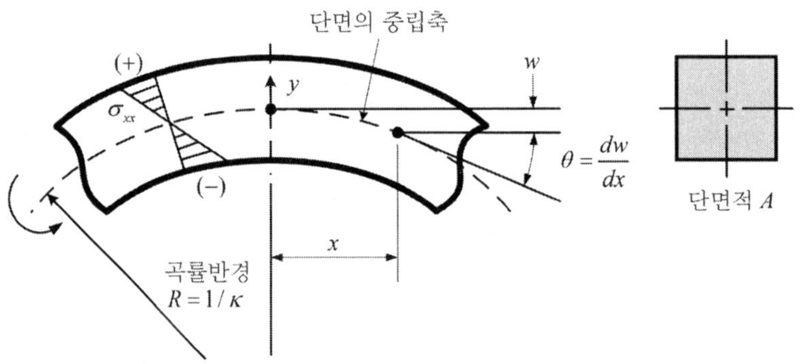

그림 1.2.11 굽힘을 받고 있는 보의 곡률과 단면상의 수직응력

굽힘변형만을 표현하는 Euler-Bernoulli 보의 경우에는 그림 1.2.11과 같이 굽힘변형에 따라 보 내부에 수직 축 변형률 ϵ_{xx}과 수직 축 응력 σ_{xx}만 발생하게 된다. 수직 축 변형률과 수직 축 응력은 각각 $\epsilon_{xx} = y\dfrac{d^2w}{dx^2}$과 $\sigma_{xx} = E\epsilon_{xx}$로 계산된다. 따라서 가상 처짐 δv에 의해 보 내부에 축적되는 가상 변형률에너지는 다음과 같이 계산된다. 아래 식에서 $\int_0^L y^2 dA$는 앞서 소개한 보 단면의 면적 관성모멘트 I를 의미한다.

$$E_{가상}(\boldsymbol{v}) = \int_0^L \int_A Ey^2 \frac{d^2w}{dx^2}\frac{d^2\delta v}{dx^2}\, dA\, dx$$

$$= \int_0^L E\left(\int_A y^2 dA\right) \frac{d^2 w}{dx^2}\frac{d^2 \delta v}{dx^2}\, dx = \int_0^L EI \frac{d^2 w}{dx^2}\frac{d^2 \delta v}{dx^2}\, dx \quad (1.40)$$

가상일의 원리에 따라 가상 변형률에너지 (1.40)과 가상일 (1.37)을 같게 두면 다음과 같이 앞의 변분정식화 (1.36)과 동일한 표현식에 도달하게 된다.

$$E_{가상}(\boldsymbol{v}) = \int_0^L EI \frac{d^2 w}{dx^2}\frac{d^2 \delta v}{dx^2}\, dx = \int_0^L q(x)\delta v\, dx = W_{가상}(\boldsymbol{v}) \quad (1.41)$$

위 예제와 달리 일반 3차원 구조물에는 여러 가지 유형의 변형률에너지가 존재하기 때문에, 해당 문제에서 포함시키고자 하는 서로 다른 유형의 가상 변형률에너지를 합쳐서 다음과 같이 표현해야 한다.

$$E_{가상} = E_{가상}(인장) + E_{가상}(굽힘) + E_{가상}(비틀림) + E_{가상}(전단) + \cdots \quad (1.42)$$

그리고 각각의 변형률에너지에 대한 정의와 계산방법은 구조해석과 관련된 전공도서에 상세히 설명되어 있다.

1.2.4 갤러킨 근사화

앞 절에서 학습한 수치 정식화는 물체거동에 대한 근사적인 해답을 구하기 위한 기본원리만을 제시하고 있기 때문에, 이 원리를 구체화하기 위한 실제적인 수치기법이 요구된다. 본 절에서 소개하게 될 갤러킨 근사화(Galerkin approximation)는 1.2.2절에서도 잠시 언급한 바와 같이, 이들 정식화를 토대로 근사해를 구하기 위한 구체적인 절차를 제시하는 대표적인 수치 근사화 기법이다.

다음 표 1.2에 요약한 바와 같이 수치 정식화를 통해 유도된 표현식의 답은 오차가 전혀 포함되어 있지 않은 정답이다. 물론, 수치 정식화 표현식으로부터 정답을 구할 수 없는 경우도 있겠지만, 개념적으로는 무한급수로 표현되는 정답에 해당된다. 반면, 수치 근사화는 수치 정식화를 근사적으로 푸는 수치해석적인 방법으로서, 구하고자 하는 근사해(approximate solution)를 유한급수로 표현하고 유한급수 속에 포함되어 있는 미지계수들을 행렬연산을 통해 계산하게 된다. 엄밀한 의미에서, 수치 정식화는 물체거동을 표현하는 미분방정식 형태의 수학적 표현식에 대한 적분식 형태의 수학적 표현식으로 생각할 수 있다.

표 1.2 수치 정식화와 수치 근사화의 비교

	수치 정식화	수치 근사화
기호	$u(x)$	$u^N(x)$
급수 표현	무한급수(∞개의 급수항)	유한급수(N개의 급수항)
거동의 정확도	정답	근사해

앞서 1.2.2절의 식 (1.25)로 표현되는 수치 근사화의 공통 원리에서 시도함수와 검증함수는 일반적으로 유한급수로 표현된다. 그 중에서 갤러킨 수치 근사화에서는 아래 식 (1.43)과 (1.44)와 같이 동일한 함수 $\phi_I(\boldsymbol{x})$를 사용하여 기저함수와 시도함수를 표현한다는 특징을 지니고 있다. 아래 표현식에서 상첨자 N은 N개의 급수항으로 함수를 표현한다는 의미도 있지만 갤러킨 근사화를 나타내는 상징적인 의미로 사용된다.

$$u^N(\boldsymbol{x}) = u_1\phi_1(\boldsymbol{x}) + u_2\phi_2(\boldsymbol{x}) + \cdots + u_N\phi_N(\boldsymbol{x}) = \sum_{I=1}^{N} u_I\phi_I(\boldsymbol{x}) \tag{1.43}$$

$$v^N(\boldsymbol{x}) = v_1\phi_1(\boldsymbol{x}) + v_2\phi_2(\boldsymbol{x}) + \cdots + v_N\phi_N(\boldsymbol{x}) = \sum_{J=1}^{N} v_J\phi_J(\boldsymbol{x}) \tag{1.44}$$

여기서 $\phi_I(\boldsymbol{x})$는 특정한 조건을 만족하는 미리 정해진 함수로서 수치 근사화의 근간을 이룬다는 의미에서 기저함수(basis function)라고 불린다.

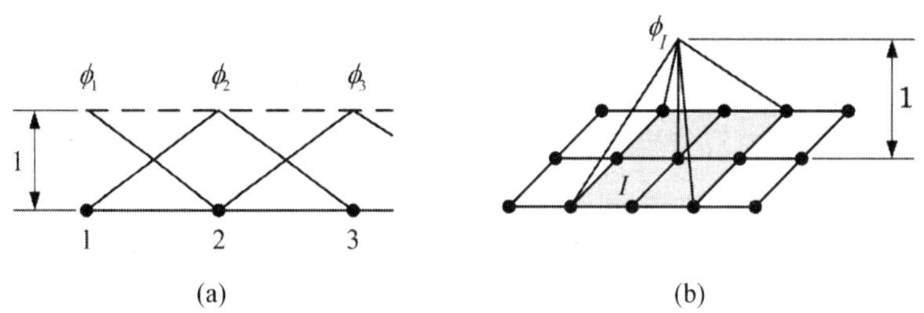

그림 1.2.12 **유한요소 해석에 사용되는 기저함수의 예:** (a) 1차원 기저함수, (b) 2차원 기저함수

앞서 1.2.2절에서 수치 근사화 기법은 정답과의 오차를 최소화 시킨다는 공통점을 지니고 있지만, 각각의 수치 근사화 기법은 서로 다른 기저함수를 사용하고 있음을 학습하였다. 그리고 표 1.1에 네 가지 대표적인 수치 근사화 기법에 사용되는 기저함수 (1.2.2절에서는 가중치 함수로 소개하였음)를 그림 1.2.3에 도시하였다. 그리고 위 그림 1.2.12는 유한요소 해석에 사용되는 1차원 그리고 2차원 기저함수의 일례를 보여주고

있다. 그림에서 검은색으로 표시된 점들은 2장에서 소개하게 될 요소망(mesh) 내 절점(node)을 나타내며 절점 옆의 숫자는 절점번호(node number)를 나타낸다.

다음으로 식 (1.43)과 (1.44)로 표현되는 유한급수를 1.2.3절에 소개한 수치 정식화에 대입하였을 때, 미지계수 u_I를 계산하기 위한 행렬방정식이 유도되는 과정을 학습하기로 한다. 이 과정은 유한요소 해석은 물론 모든 수치해석 기법을 이해하는데 핵심이 되는 부분으로, 이 과정을 학습함으로써 수학적 표현식으로 모델링되는 물체거동을 어떻게 컴퓨터를 이용하여 재현할 수 있는지를 명확히 알게 될 것이다.

행렬방정식을 유도하기 전에 우선 수치 정식화에 공통적으로 포함되어 있는 "모든 가능한 검증함수 $v^N(\boldsymbol{x})$"의 의미를 보다 상세히 살펴보기로 하자. 갤러킨 근사화에 있어 검증함수가 식 (1.44)와 같이 미리 주어진 N개의 기저함수 $\phi_I(\boldsymbol{x})$를 이용하여 한정적으로 표현될 경우, "모든 가능한 $v^N(\boldsymbol{x})$"는 "모든 가능한 미지계수 u_I"를 의미하게 된다. 다시 말해, $v^N(\boldsymbol{x})$ 속에 포함되어 있는 미지계수 u_J^N 중에 어느 하나를 변경하게 되면 $v^N(\boldsymbol{x})$은 다른 함수가 된다. 따라서, "모든 가능한 $v^N(\boldsymbol{x})$"은 아래와 같이 "모든 가능한 각각의 미지계수 v_J^N"를 의미하게 된다.

$$\text{모든 가능한 } v^N(\boldsymbol{x}) \ \Rightarrow \ \text{모든 가능한 각각의 } v_J \tag{1.45}$$

갤러킨 근사를 통해 행렬방정식이 유도되는 과정을 알아보기 위해 다음의 미분방정식으로 표현되는 물체의 거동을 고려하기로 한다.

$$\begin{aligned} -u'' + u' &= \delta\left(x - \frac{1}{2}\right), \quad 0 < x < 1 \\ u(0) &= u(1) = 0 \end{aligned} \tag{1.46}$$

위 식은 그림 1.2.13과 같이 양 끝이 벽에 고정되어 있고 중앙에 크기가 1인 단위하중(unit load)이 작용하는 팽팽한 실의 수직 처짐량을 표현한 것이다. 식에서 $\delta(x-1/2)$는 델타함수(delta function)로서 $x=1/2$인 지점에서 1의 크기를 가진다.

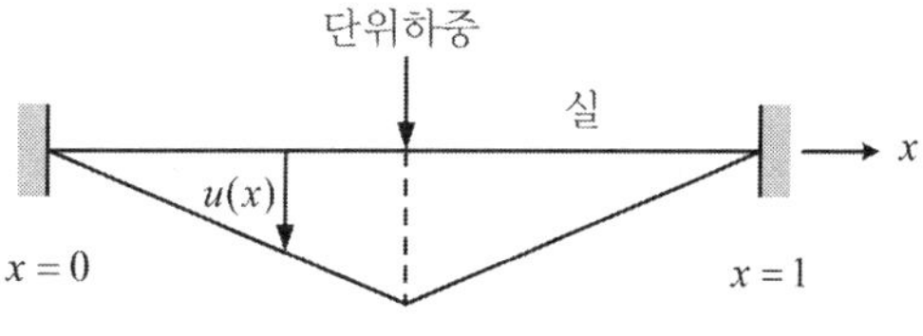

그림 1.2.13 중앙에 집중하중이 작용하는 팽팽한 실의 처짐

식 (1.46)에 대한 수치 정식화는 모든 가능한 검증함수 $v(\boldsymbol{x})$를 대입하여도 다음의 적분식을 만족하는 실의 처짐량 $u(\boldsymbol{x})$를 구하는 것이다.

$$\int_0^1 (u'v' + uv)dx = v\left(\frac{1}{2}\right) \tag{1.47}$$

위 식에서 우변의 $v(1/2)$는 $x = 1/2$에서의 v값을 나타내며, 델타함수의 적분에 따른 결과이다. 구하고자 하는 실의 처짐량 $u(\boldsymbol{x})$와 검증함수 $v(\boldsymbol{x})$를 갤러킨 근사화에 따라 식 (1.43)~(1.44)와 같이 유한급수로 가정하고 식 (1.47)에 대입하면 식 (1.48)과 같게 된다.

$$\sum_{J=1}^{N} v_J \sum_{I=1}^{N}\left[\int_0^1 (\phi_I'\phi_J' + \phi_I\phi_J)dx\right]u_I = \sum_{J=1}^{N} v_J\phi_J\left(\frac{1}{2}\right) \tag{1.48}$$

수식 표현의 복잡함을 피하기 위해 편의상 u_I와 v_J에 포함되어 있는 상첨자 N을 생략하기로 한다. 식 (1.48)의 우변을 좌변으로 이동시키고 좌변과 우변에 공통적으로 포함되어 있는 합산 기호 $\sum$를 기준으로 수식을 재정리하면 다음과 같다.

$$\sum_{J=1}^{N} v_J \left\{\sum_{I=1}^{N}\left[\int_0^1 (\phi_I'\phi_J' + \phi_I\phi_J)dx\right]u_I - \phi_J\left(\frac{1}{2}\right)\right\} = 0 \tag{1.49}$$

위 식을 가상변위에 포함되어 있는 미지계수 v_J^N 각각에 대하여 풀어서 표현하면 다음과 같다.

$$\begin{aligned} & v_1\left\{\sum_{I=1}^{N}\left[\int_0^1 (\phi_I'\phi_1' + \phi_I\phi_1)dx\right]u_I - \phi_1\left(\frac{1}{2}\right)\right\} \\ & + v_2\left\{\sum_{I=1}^{N}\left[\int_0^1 (\phi_I'\phi_2' + \phi_I\phi_2)dx\right]u_I - \phi_2\left(\frac{1}{2}\right)\right\} \\ & + \cdots + v_N\left\{\sum_{I=1}^{N}\left[\int_0^1 (\phi_I'\phi_N' + \phi_I\phi_N)dx\right]u_I - \phi_N\left(\frac{1}{2}\right)\right\} = 0 \end{aligned} \tag{1.50}$$

위 식은 다음과 같이 미지계수 v_J^N와 $\{\cdot\}$의 곱으로 표현되는 N개 항들의 조합으로 구성되어 있음을 알 수 있다.

$$v_1\{\cdot\} + v_2\{\cdot\} + \cdots + v_N\{\cdot\} = 0 \tag{1.51}$$

그리고 이들 N개 항들의 조합이 "모든 가능한 각각의 미지계수 v_J"을 대입하여도 그 합이 0이 되기 위해서는 각각의 $\{\cdot\}$이 0이 되어야 한다. 물론, 식 (1.51)을 만족시키는 미지계수 v_J의 특정한 조합은 찾을 수 있을지 모르지만, 미지계수 v_J의 모든 가능한 조합에 대해서 식 (1.51)이 만족되기 위해서는 각각의 $\{\cdot\}$이 0이 되어야 함을 이해할 수 있을 것이다. 따라서, 식 (1.50)으로 표현되는 갤러킨 근사는 결국 다음과 같이 N개의 연립방정식을 제공하게 된다.

$$\sum_{I=1}^{N}\left[\int_0^1 (\phi_I'\phi_1' + \phi_I\phi_1)dx\right]u_I = \phi_1\left(\frac{1}{2}\right)$$

$$\vdots$$

$$\sum_{I=1}^{N}\left[\int_0^1 (\phi_I'\phi_N' + \phi_I\phi_N)dx\right]u_I = \phi_N\left(\frac{1}{2}\right) \tag{1.52}$$

위 식의 좌변에 [ ]로 묶여 있는 내부에 있는 항들과 우변에 있는 항을 각각 다음과 같이 K_{IJ}와 F_J로 표기하기로 한다.

$$K_{IJ} = \int_0^1 (\phi_I'\phi_J' + \phi_I\phi_J)dx \tag{1.53}$$

$$F_J = \phi_J\left(\frac{1}{2}\right) \tag{1.54}$$

여기서 하첨자 IJ와 J는 각각 기저함수 ϕ_I와 ϕ_J의 번호와 일치한다. 위 정의를 이용하면 식 (1.52)는 아래와 같이 행렬방정식 형태로 표현된다.

$$\begin{bmatrix} K_{11} & K_{12} & \cdots & K_{1N} \\ K_{21} & K_{22} & \cdots & K_{2N} \\ \vdots & \vdots & \cdots & \vdots \\ K_{N1} & K_{N2} & \cdots & K_{NN} \end{bmatrix} \begin{Bmatrix} u_1 \\ u_2 \\ \vdots \\ u_N \end{Bmatrix} = \begin{Bmatrix} F_1 \\ F_2 \\ \vdots \\ F_N \end{Bmatrix} \tag{1.55}$$

그리고 위 식을 다음과 같이 보다 함축적인 행렬 형태로 표현할 수 있다.

$$[\boldsymbol{K}]\{\boldsymbol{u}\} = \{\boldsymbol{F}\} \tag{1.56}$$

유한요소 해석에 있어 $[\boldsymbol{K}]$와 $\{\boldsymbol{F}\}$를 강성행렬(stiffness matrix) 그리고 하중벡터(load vector)라고 불리며, $\{\boldsymbol{u}\}$는 절점 변위벡터(nodal displacement vector)로 불린다. 이렇게 불리게 된 배경은 다음 그림 1.2.14를 참고하면 쉽게 이해할 수 있다.

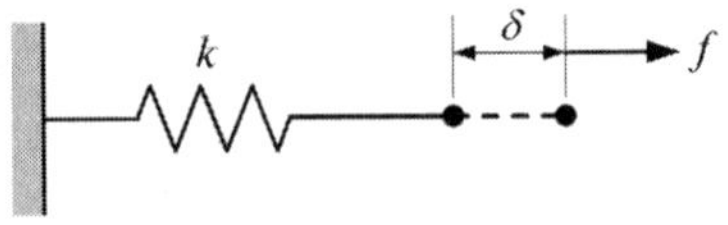

그림 1.2.14 스프링 상수, 스프링 하중 그리고 늘어난 길이

강성행렬 $[\boldsymbol{K}]$는 스프링의 강성을 나타내는 스프링 상수 k, 하중벡터 $\{\boldsymbol{F}\}$는 스프링에 가해지는 스프링 하중 f, 그리고 절점 변위벡터 $\{\boldsymbol{u}\}$는 스프링의 늘어난 길이 δ로 비유할 수 있다.

따라서, 하중벡터 $\{\boldsymbol{F}\}$의 크기가 일정할 경우 물체의 거동은 강성행렬 $[\boldsymbol{K}]$의 크기에 비례하여 줄어들게 되고, 강성행렬 $[\boldsymbol{K}]$의 크기가 일정할 경우 물체의 거동은 하중벡터 $\{\boldsymbol{F}\}$의 크기에 비례하여 증가하게 된다. 앞 절의 그림 1.2.10에 나타낸 Euler-Bernoulli 보의 경우, 하중벡터 $\{\boldsymbol{F}\}$의 크기는 보의 자중(self weight)과 보에 작용하는 하중의 크기에 비례하게 된다. 반면, 강성행렬 $[\boldsymbol{K}]$는 보의 면적 관성모멘트 I와 영률 E에 비례하여 그 크기가 증가한다.

1.2.5 가상일의 원리를 이용한 경우

앞 절에서는 물체거동을 나타내는 수학적 표현식으로부터 근사해를 구하기 위한 행렬방정식이 유도되는 과정을 학습하였다. 엄밀한 의미에서 앞 절에서 배운 갤러킨 근사화는 수치 근사화의 골자에 해당되는 부분으로, 수학적 표현식이 어떻게 행렬방정식으로 전환될 수 있는지를 명확히 설명해 준다. 모든 수치 근사화는 직·간접적으로 이러한 원리에 따라 근사해를 계산하기 위한 행렬방정식을 유도하고 있다.

시중에 소개되어 있는 거의 모든 상용 유한요소 해석 소프트웨어의 솔버(solver)는 물체거동에 대한 수학적 표현식에 갤러킨 근사화를 적용하여 행렬방정식을 유도하고 있다. 하지만, 가상일의 원리(principle of virtual work)에 갤러킨 근사화를 도입하는 것이 공학적 관점에서 이해가 빠르고 편리한 경우도 많기 때문에 이 접근방법을 사용하는 경우도 적지 않다.

다음 도식은 수학적 표현식 혹은 일과 에너지를 출발점으로 한두 가지 수치 정식화에 공통적으로 갤러킨 근사화를 적용하면 근사해를 구하기 위한 행렬방정식에 도달하게 됨을 보여주고 있다.

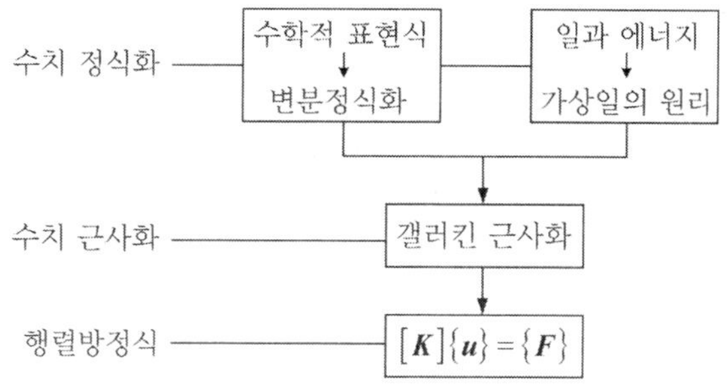

그림 1.2.15 가상일의 원리와 갈러킨 근사화

구조물의 경우, 구조물의 변형에 의해 내부에 축적되는 총 변형률에너지는 1.2.3절의 식 (1.31)과 같이 변형률과 응력의 곱을 구조물 전체 체적에 대해 적분한 값으로 정의된다. 하지만, 구조물의 변형률에너지는 구조물의 변형 형태에 따라 다음과 같이 세분화 하고 있다. 즉, 구조물의 인장 혹은 압축변형에 의한 신장 변형률에너지(extensional strain energy), 굽힘변형에 의한 굽힘 변형률에너지(bending strain energy), 비틀림변형에 의한 비틀림 변형률에너지(torsional strain energy) 그리고 전단변형에 의한 전단 변형률에너지(shear strain energy)로 구분된다.

본 절에서는 구조변형에 따른 변형률에너지를 대상으로, 가상일의 원리에 갈러킨 근사화를 적용하여 근사해를 구하기 위한 행렬방정식을 유도하는 과정을 학습하기로 한다.

다음 그림 1.2.16과 같이 단면적인 A인 사각막대에 축방향으로 균일 분포하중 P가 작용할 경우, 물체 내부에는 축방향으로 균일한 수직 응력 $\sigma_{xx}=T/A$과 수직 변형률 $\epsilon_{xx}=\sigma_{xx}/E$이 발생한다. 참고로 사각막대 내부에는 이 두 가지 형태 이외의 변형률과 응력 성분들도 발생한다. 이러한 인장변형에 의해 물체 내부에 축적되는 신장 변형률에너지는 식 (1.31)과 응력과 변형률이 단면 내에서 일정함에 따라 다음과 같이 계산된다.

$$E_{\text{신장}}(u)=\frac{1}{2}\int_0^L\int_A \epsilon_{xx}(u)\sigma_{xx}(u)dAdx=\int_0^L\frac{P^2}{2AE}dx$$

$$=\int_0^L\frac{AE}{2}\epsilon_{xx}^2(u)dx=\int_0^L\frac{AE}{2}\left(\frac{du_x}{dx}\right)^2dx \qquad (1.57)$$

위 식에서 $(\cdot)(u)$는 구조물의 변형 u_x에 의해 발생하는 변형률, 응력 그리고 변형률에너지를 각각 의미하고, 수직 변형률은 $\epsilon_{xx}=du_x/dx$로 계산된다.

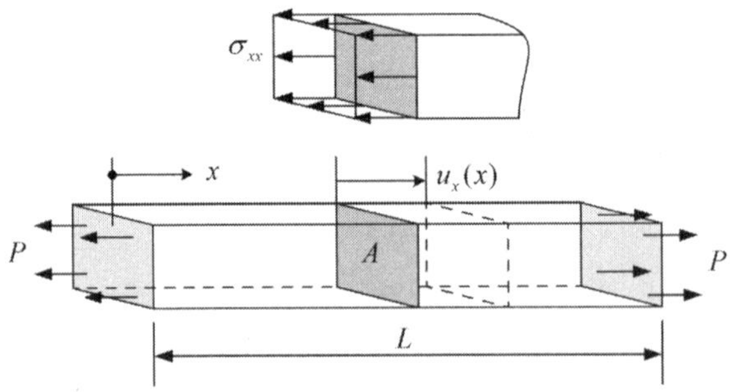

그림 1.2.16 균일 인장하중을 받는 사각단면 부재

만약 이 사각막대가 순수 굽힘하중을 받는다면 1.2.3절의 그림 1.2.11과 같이 일정한 곡률반경(radius of curvature)으로 휘게 된다. 그 결과, 축방향으로 변형이 전혀 발생하지 않는 보의 중립면(neutral plane)을 중심으로 인장 혹은 압축 수직응력이 발생하게 된다. 중립면에서 두께방향으로의 거리를 y라고 두면, 순수 굽힘변형 상태에 있는 보 단면에서의 수직 응력과 수직 변형률은 각각 $\sigma_{xx} = yM/I$ 그리고 $\epsilon_{xx} = yM/EI$가 된다.

$$E_{굽힘}(\theta) = \frac{1}{2}\int_0^L \int_A \epsilon_{xx}(\theta)\sigma_{xx}(\theta)dAdx = \int_0^L \int_A \frac{y^2}{2EI^2}M^2 dAdx$$
$$= \int_0^L \frac{M^2}{2EI}dx = \int_0^L \frac{EI}{2}\left(\frac{d^2w}{dx^2}\right)^2 dx = \int_0^L \frac{EI}{2}\left(\frac{d\theta}{dx}\right)^2 dx \quad (1.58)$$

위 식의 마지막 과정은 보의 굽힘모멘트와 보의 처짐과의 관계식 $M = EIw''$이 사용되었다. 여기서 dw/dx는 처진 상태에서 보의 중립축(neutral axis)과 수평선이 이루는 각도로 보의 기울기 θ를 의미한다.

다음으로 그림 1.2.17과 같이 순수 비틀림 하중을 받는 부재 내부에 축적되는 비틀림 변형률에너지를 살펴보기로 한다. 부재 내부에 발생하는 비틀림 응력(torsion stress) τ는 다음과 같이 원형단면 부재의 축 중심으로부터 반경 r에 비례하여 선형적으로 증가한다.

$$\tau = \frac{r}{GJ}T, \qquad J = \int_A r^2 dA \quad (1.59)$$

여기서 G와 J는 각각 재료의 전단 탄성계수(shear modulus)와 극관성모멘트(polar moment of inertia)를 나타낸다. 비틀림 응력은 전단응력이고 비틀림 변형률 γ는 $\gamma =$

τ/G로 정의되므로 비틀림 변형률에너지는 다음과 같이 계산된다.

$$E_{\text{비틀림}}(u) = \frac{1}{2}\int_0^L \int_A \epsilon_{xx}(u)\sigma_{xx}(u)dAdx = \int_0^L \int_A \frac{r^2}{2GJ^2}T^2 dAdx$$
$$= \int_0^L \frac{T^2}{2GJ}dx \tag{1.60}$$

위 식에 보의 비틀림 각(angle of twist) ψ와 비틀림 모멘트 T와의 관계식인 $\psi = TL/GJ$를 대입하면, 비틀림 변형률에너지는 보의 비틀림 각의 함수로 표현할 수 있다.

$$E_{\text{비틀림}}(\psi) = \int_0^L \frac{GJ}{2}\left(\frac{\psi}{L}\right)^2 dx \tag{1.61}$$

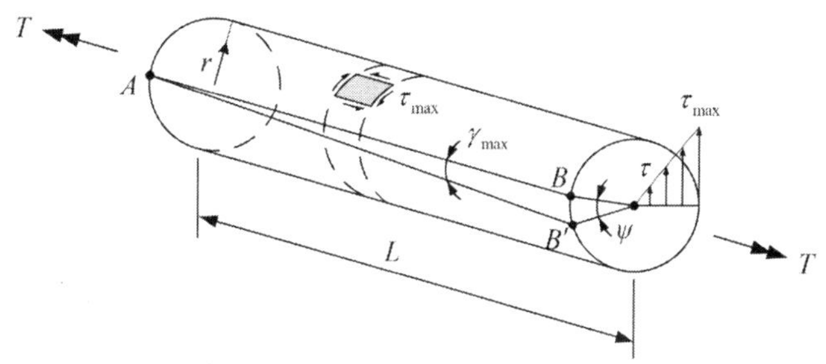

그림 1.2.17 비틀림 하중을 받는 원형단면의 부재

마지막으로 전단변형에 의해 부재 내부에 축적되는 변형률에너지를 유도하기 위해 다음 그림 1.2.18과 같이 순수 전단하중(pure shear force)을 받고 있는 사각단면 보를 살펴보기로 한다. 이 경우, 부재의 내부에는 전단응력 τ_{xy}가 발생하게 되고 이에 상응하는 전단 변형률은 $\gamma_{xy} = \tau_{xy}/G$로 계산된다. 보의 단면적을 A라고 하면 전단응력 $\tau_{xy} = V/A$가 되므로, 전단변형에 의한 변형률에너지는 다음과 같이 계산된다.

$$E_{\text{전단}}(\boldsymbol{u}) = \frac{1}{2}\int_0^L \int_A \gamma_{xy}(\boldsymbol{u})\tau_{xy}(\boldsymbol{u})dAdx = \int_0^L \int_A \frac{V^2}{2GA^2}dAdx$$
$$= \int_0^L \frac{V^2}{2GA}dx \tag{1.62}$$

전단 변형률 γ_{xy}는 부재의 길이방향 그리고 두께방향으로의 변위 u_x, u_y와의 관계식

$\gamma_{xy} = \partial u_x / \partial y + \partial u_y / \partial x$으로 계산되기 때문에 위 식은 아래와 같이 표현된다.

$$E_{전단}(\boldsymbol{u}) = \frac{1}{2}\int_0^L \int_A \gamma_{xx}(\boldsymbol{u})\tau_{xx}(\boldsymbol{u})dA dx = \int_0^L \frac{GA}{2}\left(\frac{\partial u_x}{\partial y} + \frac{\partial u_y}{\partial x}\right)^2 dx \tag{1.63}$$

위 식들에서 $\boldsymbol{u}$는 $u_x\boldsymbol{i} + u_y\boldsymbol{j}$를 나타내는 변위벡터(displacement vector)이다. 벡터에 대한 보다 상세한 설명은 부록 A.1을 참고하기 바란다.

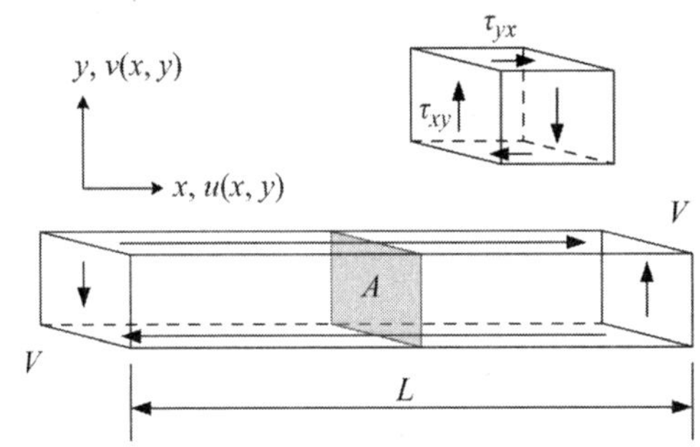

그림 1.2.18 순수 전단하중을 받는 사각단면의 보

식 (1.57)로부터 식 (1.62) 속에 포함되어 있는 인장하중 P, 굽힘모멘트 M, 비틀림 모멘트 T 그리고 전단하중 V는 부재의 길이방향으로 그 크기가 일정한 경우도 있지만, 많은 경우 그 크기가 변하기 때문에 부재의 길이방향으로의 좌표 x의 함수로 표현된다.

다음 표 1.3은 구조물의 변형 유형에 따라 근사해야 할 항목을 보여주고 있는데, 전단변형의 경우에는 근사해야 할 항목이 2개임을 알 수 있다. 일반적으로 단 하나의 변형률에너지만을 반영하는 경우는 거의 없으며, 하나 이상의 변형 유형을 혼합한 경우가 대부분이다. 예를 들어, 인장과 굽힘변형을 함께 고려한 경우, 혹은 인장, 굽힘 그리고 전단변형을 함께 고려한 경우, 혹은 4가지 변형을 모두 고려한 경우를 생각할 수 있다.

표 1.3 변형 유형에 따른 수치 근사화의 대상

항목	인장변형	굽힘변형	비틀림 변형	전단변형
근사의 대상	축방향 변위	중립면 기울기	비틀림 각	축, 두께방향 변위
기호	$u_x(x)$	$\theta(x)$	$\psi(x)$	$u_x(x)$, $u_y(x)$

본 절에서는 학습의 목적으로 인장, 굽힘 그리고 비틀림 변형을 고려한 경우, 그림 1.2.19의 원형단면 외팔보에 가상일의 원리에 갤러킨 근사화를 적용하여 근사해를 구하는 행렬방정식을 유도하는 과정을 배우기로 한다. 외팔보의 우측 단에 작용하는 인장하중, 굽힘 그리고 비틀림 모멘트에 의해 외팔보 내부에 축적되는 총 변형률에너지는 다음과 같이 계산된다.

$$E_{\text{총 변형률}}(u_x,\, \theta,\, \psi) = \int_0^L \frac{AE}{2}\left(\frac{du_x}{dx}\right)^2 dx + \int_0^L \frac{EI}{2}\left(\frac{d\theta}{dx}\right)^2 dx + \int_0^L \frac{GJ}{2}\left(\frac{\psi}{L}\right)^2 dx \tag{1.64}$$

한편, 외팔보의 우측 단에 작용하는 세 가지 유형의 하중이 한 일(work)은 다음과 같이 계산된다.

$$W_{\text{총 일}}(u_x,\, \theta,\, \psi) = Pu_x(L) + M\theta(L) + T\psi(L) \tag{1.65}$$

구해야 할 미지수 u_x, u_y, θ 그리고 ψ에 대하여 총 변형률에너지 $E_{\text{총 변형률}}$와 총 일의 변분을 취하게 되면 아래와 같다.

$$\delta E_{\text{총 변형률}}(u_x,\, \theta,\, \psi) = \int_0^L AE\left(\frac{du_x}{dx}\right)\delta\left(\frac{du_x}{dx}\right)dx + \int_0^L EI\left(\frac{d\theta}{dx}\right)\delta\left(\frac{d\theta}{dx}\right)dx + \int_0^L GJ\left(\frac{\psi}{L}\right)\delta\left(\frac{\psi}{L}\right)dx \tag{1.66}$$

$$\delta W_{\text{총 일}}(u_x,\, \theta,\, \psi) = P\delta u_x(L) + M\delta\theta(L) + T\delta\psi(L) \tag{1.67}$$

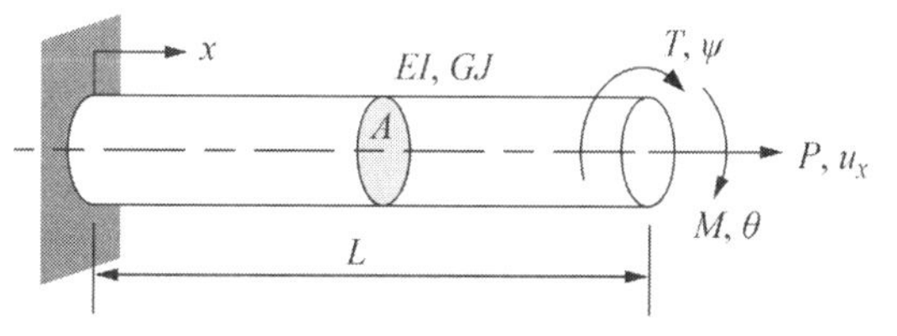

그림 1.2.19 인장력과 굽힘 그리고 비틀림 모멘트가 작용하는 원형단면 외팔보

앞의 변분정식화와 비교하면 위 식에서 δ가 붙은 항은 검증함수 그렇지 않은 항은 시도함수에 해당된다. 여기서 변분은 총 변형률에너지를 각각의 미지수로 미분한 것으로 생각하면 쉽게 이해할 수 있을 것이다. 갤러킨 근사화를 통해 구하고자 하는 3개의 시도함수 u_x, θ 그리고 ψ를 다음과 같이 표현한다.

$$u^N(x) = u_{x,1}\phi_1(x) + u_{x,2}\phi_2(x) + \cdots + u_{x,N}\phi_N(x) = \sum_{I=1}^{N} u_{x,I}\phi_I(x)$$

$$\theta^N(x) = \theta_1\phi_1(x) + \theta_2\phi_2(x) + \cdots + \theta_N\phi_N(x) = \sum_{I=1}^{N} \theta_I\phi_I(x)$$

$$\psi^N(x) = \psi_1\phi_1(x) + \psi_2\phi_2(x) + \cdots + \psi_N\phi_N(x) = \sum_{I=1}^{N} \psi_I\phi_I(x) \tag{1.68}$$

미지수에 대한 변분 δu_x, $\delta\theta$ 그리고 $\delta\psi$에 대해서도 1.2.4절의 식 (1.44)와 같이 표현하여 식 (1.66)과 (1.67)에 대입하고, 가상일의 원리에 따라 정리하면 다음과 같이 표현된다.

$$\begin{aligned}
&\sum_{J=1}^{N}\left\{\sum_{I=1}^{N}\left(\int_0^L AE\frac{d\phi_I}{dx}\frac{d\phi_J}{dx}dx\right)u_{x,I} - P\phi_J(L)\right\} \\
&\quad + \sum_{J=1}^{N}\left\{\sum_{I=1}^{N}\left(\int_0^L EI\frac{d\phi_I}{dx}\frac{d\phi_J}{dx}dx\right)\theta_I - M\phi_J(L)\right\} \\
&\quad + \sum_{J=1}^{N}\left\{\sum_{I=1}^{N}\left(\int_0^L \frac{GJ}{L^2}\phi_I\phi_J dx\right)\psi_I - T\phi_J(L)\right\} = 0
\end{aligned} \tag{1.69}$$

좌변의 첫 번째 괄호 속의 값을 $K_{IJ}^{인장}$, 두 번째 괄호 속의 값을 $K_{IJ}^{굽힘}$ 그리고 마지막 괄호 속의 값을 $K_{IJ}^{비틀림}$으로 표시하고, 우변의 괄호 속의 값을 각각 $F_J^{인장}$, $F_J^{굽힘}$ 그리고 $F_J^{비틀림}$으로 표시하기로 한다. 그러면 위 식 (1.69)으로부터 아래와 같이 3세트의 행렬방정식을 유도할 수 있다.

$$K_{IJ}^{인장} u_{x,J} = F_I^{인장} \tag{1.70a}$$

$$K_{IJ}^{굽힘} \theta_J = F_I^{굽힘} \tag{1.70b}$$

$$K_{IJ}^{비틀림} \psi_J = F_I^{비틀림} \tag{1.70c}$$

1.3 형상과 거동의 모델링(Modeling of Geometry and Behavior)

유한요소 해석에서는 대상이 되는 물체의 거동뿐만 아니라 대상 물체의 기하학적 형상도 생성하게 된다. 기하학적 복잡성에 기인하여 생성된 형상 모델은 거의 대부분 실제 형상과 일치하지 않으며, 이러한 측면에서 형상 모델링도 일종의 근사화(approximation) 작업에 해당된다. 본 절에서는 유한요소 해석에 필수적인 형상 모델링과 관련된 필수 사항들을 소개하고자 한다. 특히 요소망 생성에 문제점을 야기시키거나 솔버(solver)의 수치연산에 오류를 발생시키는 피해야 할 특이 형상(singular geometry)의 문제점을 학습하게 될 것이다. 본 절을 학습하게 되면 유한요소 해석을 위해 설계모델을 수정해야 하는 이유와 수정방법을 명확히 이해하게 될 것이다.

1.3.1 형상 모델링

인체 중에서 손가락 하나의 형상을 컴퓨터 화면상에 재현하는 경우를 생각해 보자. 간단한 작업이라고 생각할지 모르겠지만 손가락은 매우 복잡한 곡면을 지니고 있기 때문에, MRI 영상 data를 이용한다 할지라도 실제 형상을 정확히 재현하기 어렵다. 따라서, 유한요소 해석을 위해 화면상에 생성한 3차원 형상 모델이나 요소망은 실제 형상과 다른 근사화 된 형상이라는 점을 명심해야 한다.

아래 그림 1.3.1은 원통(cylinder)에 대한 유한요소 모델을 나타낸 것으로, 1차원 그리고 2차원 요소망을 비교하고 있다. 1차원 요소망은 원통이라기보다 다각형 형상을 보여주고 있다. 하지만 2차원 요소망은 거의 완전한 원통 형상에 근접함을 확인할 수 있다. 곡면은 고차 요소망을 사용하거나 혹은 저차 요소로 구성된 조밀한 요소망을 사용하면 실제 형상에 근접한 근사 모델을 구할 수 있다.

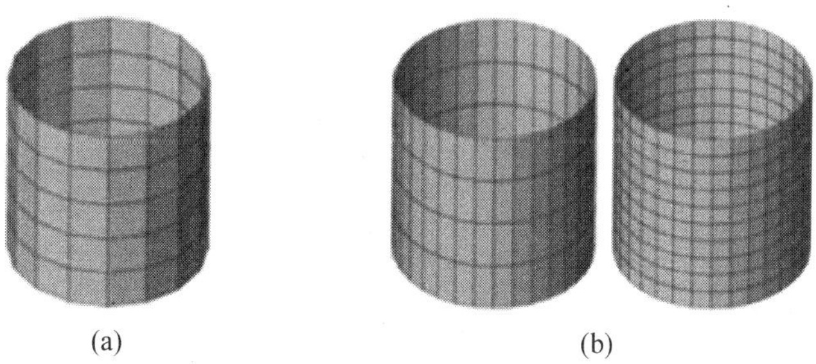

그림 1.3.1 원통의 형상 모델링: (a) 1차 요소망, (b) 2차 요소망과 저차 조밀 요소망

형상 모델링에는 여러 가지 방법이 사용되고 있는데, 대표적인 방법을 열거하면 다음과 같다.

- **직접 생성** : 도면을 보고 사용자가 형상의 구성요소 하나하나를 생성해서 모델을 완성시키는 방식이다. 형상의 기초가 되는 점들을 입력하여 선과 면 그리고 체적을 완성시키거나, 아니면 사각형, 원, 육면체, 구와 같은 기본 형상들을 활용하여 모델을 생성할 수 있다. 하나의 형상을 생성함에 있어 이 두 가지 방식을 혼합하는 것이 일반적이다. 다음의 그림 1.3.2는 midas NFX의 전처리기를 이용하여 사용자가 형상 data를 입력하여 형상 모델을 생성한 예를 보여주고 있다.
- **모델파일 임포트(import) 및 수정** : 또 다른 방법으로는 물체형상을 MRI 혹은 레이저 스캐너로 스캐닝(scanning)한 이미지 파일을 불러와서 필요한 부분을 수정하거나 보완하는 것이다. 최근 들어 이미지 스캐닝 기술이 급속히 발전하여 복잡한 형상을 손쉽게 모델링 할 수 있다. 하지만 이미지 형상을 불러 오는 과정에서 형상 data 일부가 빠지거나 형상 구성요소 연결부위가 손상되는 등의 문제가 발생하는 단점을 지니고 있다. 이러한 현상은 형상 data를 실제 생성한 소프트웨어와 불러오는 소프트웨어 사이에서 data 파일 형식에 차이가 있기 때문이다.

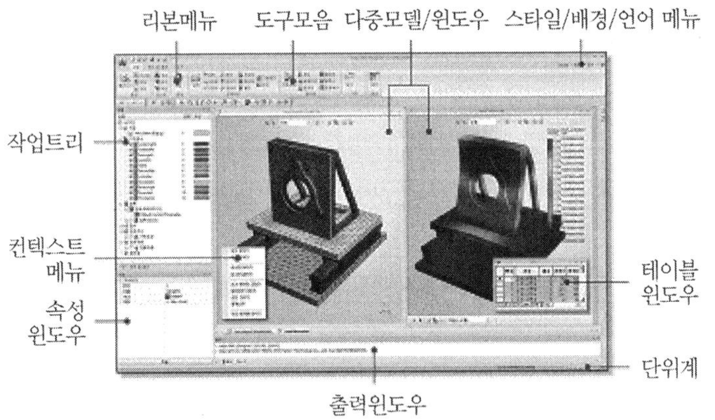

그림 1.3.2 형상 모델링 작업을 위한 midas NFX의 전처리 화면창

대상 물체의 형상 모델에 요소망을 생성하게 되면 특정한 부위에 과도하게 많은 요소가 생성되는 경우를 경험하게 된다. 해석의 정확도를 높이기 위해서는 필수적으로 요소 수를 증가시켜야 하지만, 물체 내 특정부위의 특이형상에 기인하여 요소 수가 과도하게 증가하는 일은 바람직하지 않다. 다음의 그림 1.3.3은 요소 수를 과도하게 생성시키는 대표적인 특이형상을 보여주고 있다. 이러한 특이형상은 해석결과에 영향을 미치지 않은 경우, 형상을 변경하여 요소 수의 과도한 증가를 방지해야 한다.

세장면(silver surface)은 폭이 지나치게 좁은 긴 면을 말하며 모따기나 필렛(fillet) 처리 그리고 형상들의 배치상의 문제로 발생하곤 한다. 자동 요소망에서는 각 변의 길이가 거의 일정하도록 요소를 생성시키기 때문에, 이러한 세장면에서는 폭을 기준으로 요소망을 생성하게 되어 요소 수가 과도하게 증가하게 된다. 물체 내 작은 구멍이 존재할 경우, 구멍의 테두리를 따라 매우 작은 요소들이 필요하기 때문에 요소 수 증가의 요인이 된다. 따라서 해석결과에 영향을 미치지 않을 경우 구멍을 삭제하거나, 해석결과에 영향을 미치는 경우에는 구멍을 적절한 구속조건으로 대체하는 것이 좋다. 그리고 형상과 형상이 접하는 경계에서 두 개의 형상이 정확하게 일치하지 않거나, 곡면과 곡면이 만나는 부분에서 두 곡면이 매끄럽게 연결되지 않을 경우에도 매우 작은 요소들이 필요하게 된다.

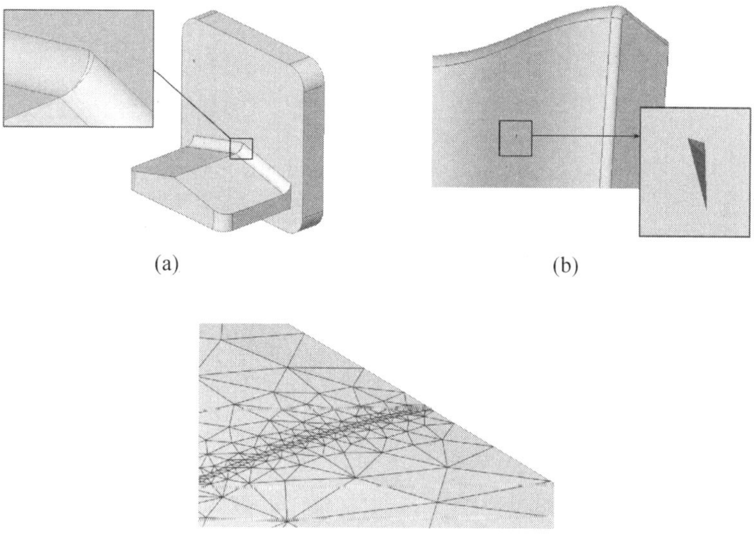

(a) (b) (c)

그림 1.3.3 요소 수를 과도하게 증가시키는 특이형상: (a) 세장면(silver surface), (b) 작은 틈새, (c) 형상의 불일치

이러한 특징형상은 요소 수의 증가로 유한요소 해석의 연산시간을 증가시키지만 행렬연산을 중단시키는 오류는 야기하지 않는다. 하지만, 요소 수는 증가시키지 않지만 솔버의 행렬연산을 중단시키는 요소형상도 있다. 다음 그림 1.3.4의 좌측 요소와 같이 형상이 과도하게 찌그러지게 되면 솔버의 행렬연산은 중단되고 만다. 그림에서 요소의

찌그러짐은 3으로 표시된 부분으로서 1로 표시된 지점으로 지나치게 가깝게 위치하기 때문이다.

이러한 요소는 물체의 코너 부분에서 종종 발생하게 되는데 가장 좋은 해결방법은 우측과 같이 두 개의 삼각형 요소로 분할하는 것이다. 유한요소 해석에서는 1.2절에서 소개한 행렬을 계산하기 위해 수치적분(numerical integration)을 사용한다. 2장에서 상세히 설명하겠지만 수치적분을 위해서는 실제 요소를 마스터 요소(master element)라 불리는 정규화 된 형상으로 좌표변화(geometry transformation) 하게 된다. 그런데 이 좌표변환 행렬이 부록 A.2.1에 소개한 양정치 행렬(positive definite matrix)이 되지 않으면 솔버가 행렬 연산을 완료하지 못한 채 중단되는 오류가 발생하게 된다. 이러한 유형의 오류를 "non-positive definite error", 즉 "비양정치 오류"라고 부르며 사용자는 반드시 요소망 내에 찌그러진 요소들을 수정해야 한다.

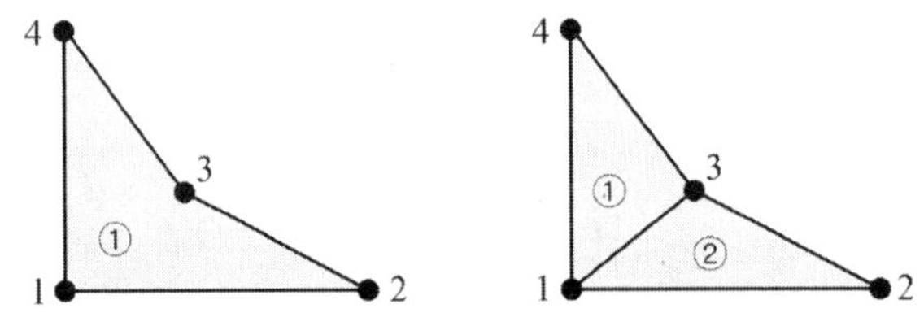

그림 1.3.4 솔버의 행렬연산을 중단시키는 과도하게 찌그러진 요소와 수정방안

앞서 살펴본 것과 같이 대상이 되는 물체의 기하학적 형상을 유한요소 해석에 그대로 적용하게 되면 과도한 요소 수와 비양정치 오류라는 문제에 직면할 수 있다. 따라서, 효과적이고 성공적인 유한요소 해석을 위해서 물체형상의 수정은 필연적이다. 제품 설계도면상의 형상은 제품의 기능 그리고 미적인 측면에서 세장면, 코너진 가장자리, 보강을 위한 리브(rib), 필렛 등과 같은 특이형상들이 다수 포함되어 있어, 이러한 설계모델을 그대로 유한요소 해석에 적용해서는 안 된다. 다시 말해, 해석 목적에 비추어 해석결과에 그다지 영향을 미치지 않는 특이형상들을 제거하여 해석모델을 생성해야 한다는 점이다.

그림 1.3.5는 설계모델의 특이형상을 제거(클린업)하여 해석모델로 수정한 간단한 예를 보여주고 있다. 요소 수를 과도하게 증가시키는 각종 구멍을 제거하고 필렛에 의해 형성된 세장면을 제거함으로써 보다 간략화 된 해석모델을 생성할 수 있다. 형상이 복잡한 설계모델의 경우 설계모델의 수정은 해석자에게 매우 번잡한 작업이 될 수 있지만, 위에서 설명한 문제점을 해결하기 위해서는 필수적이다. 최근의 상용 소프트웨어에서는 클린업 기능을 탑재하여 해석자의 편의성을 향상시키고 있다.

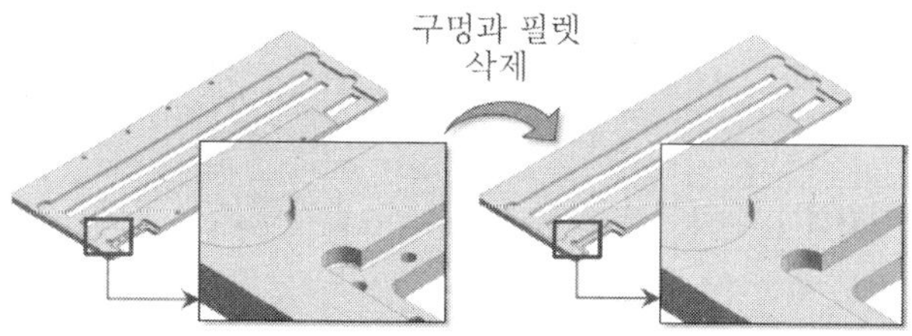

그림 1.3.5 설계모델의 특이형상을 클린업(clean up) 기능으로 해석모델로 수정

1.3.2 물체거동의 모델링

공학과 자연과학 문제를 유한요소 해석을 통해 시뮬레이션 하기 위해서는 대상 물체의 기하학적 형상뿐만 아니라 거동을 표현하기 위한 수학적 모델을 정의해야 한다. 자연계에서 일어나고 있는 모든 자연현상 속에는 하나 이상의 물리현상들이 존재하며 서로 복잡한 상호작용을 나타내고 있다. 단순한 예로 그림 1.3.6에 나타낸 전동기의 회전에는 전기의 흐름, 자기장의 발생, 회전체의 진동과 소음, 열발생과 같은 다양한 물리현상이 포함되어 있다.

대상이 되는 자연현상에서 고려해야 할 물리현상과 배제시킬 물리현상의 선택은 전적으로 해석목표에 의해 결정된다. 전동기의 회전에 있어 열해석만을 다룰 수도 있고 아니면 진동소음만을 다룰 수도 있다. 거의 대부분의 해석은 이와 같이 하나의 물리적 현상을 독립적으로 다루지만, 경우에 따라서는 하나 이상의 물리적 현상을 동시에 다루기도 하는데 이러한 해석을 연성 혹은 연계해석(coupled analysis)이라 부른다. 최근에 소개되고 있는 다중물리해석(multi-physics analysis)도 연계해석으로서 관련된 물리현상을 거의 대부분 포함하고자 하는 것이다.

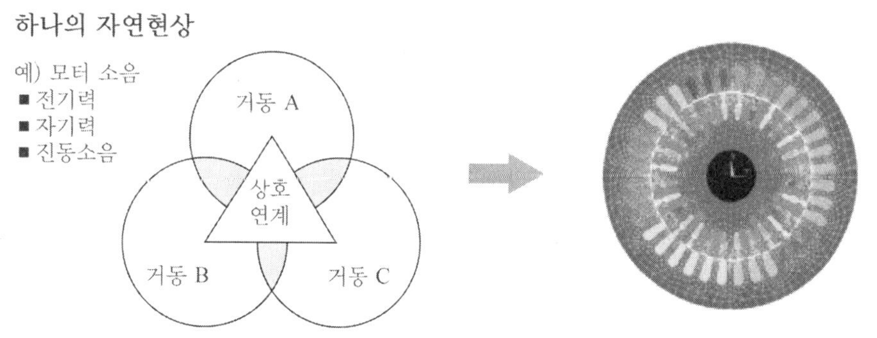

그림 1.3.6 하나 이상의 물리현상이 연계되어 있는 전동기의 회전

내포되어 있는 물리현상을 반영하는 정도를 기준으로 실제 자연현상과 수치해석모델의 특징을 요약하면 다음과 같다.

- **자연현상** : 자연현상은 하나 이상의 물리현상이 복잡하게 상호 영향을 미치는 다중 물리문제(multi-physics problem)이다.
- **해석모델** : 물리현상을 모두 반영하기란 어려울뿐더러 모든 물리현상이 똑같은 중요도를 가지지 않기 때문에 해석목표에 입각하여 하나 혹은 일부 물리현상만을 고려하게 된다.

하나 이상의 물리현상을 동시에 고려하는 연계해석은 각각의 물리현상에 대한 수학적 표현식을 갤러킨 근사화를 통해 유도한 행렬방정식을 어떻게 처리하느냐에 따라 집적법(monolithic method)과 시차제 반복법(staggered iteration method)으로 대별된다. 집적법에서는 두 가지 물리현상과 상호작용을 식 (1.71)과 같이 일체형 행렬방정식으로 유도하여 두 개의 물리현상을 한꺼번에 푸는 방법이다.

$$\begin{bmatrix} M_{AA} & M_{AB} \\ M_{BA} & M_{BB} \end{bmatrix} \begin{Bmatrix} \ddot{u}_A \\ \ddot{u}_B \end{Bmatrix} + \begin{bmatrix} K_{AA} & K_{AB} \\ K_{BA} & K_{BB} \end{bmatrix} \begin{Bmatrix} u_A \\ u_B \end{Bmatrix} = \begin{Bmatrix} F_A \\ F_B \end{Bmatrix} \tag{1.71}$$

위 식에서 M, K, F 그리고 u는 각각 질량행렬, 강성행렬, 하중벡터 그리고 구하고자 하는 거동을 나타낸다. 그리고 하첨자 AA, AB와 BA, BB는 각각 물리현상 A, 그리고 두 현상의 상호작용 그리고 물리현상 B에 의한 행렬을 나타낸다.

집적법에서는 두 물리현상의 상호작용이 M_{AB}, M_{BA}, K_{AB} 그리고 K_{BA}를 통해 반영된다. 식 (1.71)을 두 개의 행렬방정식으로 풀어서 정리하면 다음과 같다.

$$M_{AA}\ddot{u}_A + K_{AA}u_A = F_A - \left(M_{AB}\ddot{u}_B + K_{AB}u_B\right) \tag{1.72a}$$

$$M_{BB}\ddot{u}_B + K_{BB}u_B = F_B - \left(M_{BA}\ddot{u}_A + K_{BA}u_A\right) \tag{1.72b}$$

위 식에서 우변의 괄호 속에 있는 항들이 두 물리현상의 상호작용을 나타내는 것으로서, 식 (1.72a)의 우변 괄호는 거동 u_B가 거동 u_A에 그리고 식 (1.72b)의 우변 괄호는 거동 u_A가 거동 u_B에 미치는 영향을 각각 나타낸다.

만약 두 개의 행렬방정식을 따로 따로 푸는 경우를 상상해 보기로 하자. 두 식을 독립적으로 풀기 위해서는 M_{AB}, M_{BA}, K_{AB} 그리고 K_{BA}는 물론 미지수 u_A와 u_B도 결정되어 있어야 한다. 상호작용과 관련된 4개의 행렬요소는 사전에 계산할 수 있지만, 미지수 u_A와 u_B는 식 (1.72a)와 (1.72b)를 푼 후에야 알 수 있다. 결국, 위 두 식은 비선형 해석의 범주에 속하고 반복계산(iterative computation)을 하지 않으면 안 된다.

예를 들어, 미지수 u_B를 가정하여 식 (1.72a)의 우변에 대입하여 우변의 세 항을 계산하여 결정된 우변항 $\tilde{F}_A$를 가진 행렬방정식으로 미지수 u_A를 계산한다.

$$M_{AA}\ddot{u}_A + K_{AA}u_A = \tilde{F}_A \tag{1.73}$$

이 행렬방정식으로부터 구한 u_A를 식 (1.72b)의 우변에 대입하여 우변의 세 항을 계산하여 구한 우변 항 $\tilde{F}_B$를 가진 다음의 행렬방정식

$$M_{BB}\ddot{u}_B + K_{BB}u_B = \tilde{F}_B \tag{1.74}$$

으로 미지수 u_B를 계산한다. 구한 u_B를 다시 식 (1.72a)에 대입하여 식 (1.73)을 만든 후 다시 u_A를 계산하고, 이 값을 다시 식 (1.72b)에 대입하여 식 (1.74)를 만든 후 u_B를 계산한다. 이러한 지그재그(zigzag) 반복계산으로 두 거동 u_A와 u_B를 갱신해 나가면서 이전 단계에서 구한 값과의 차이가 원하는 오차 범위 내에 들게 되면 반복계산을 종료한다. 이러한 연계해석 기법을 시차제 반복법이라 부른다.

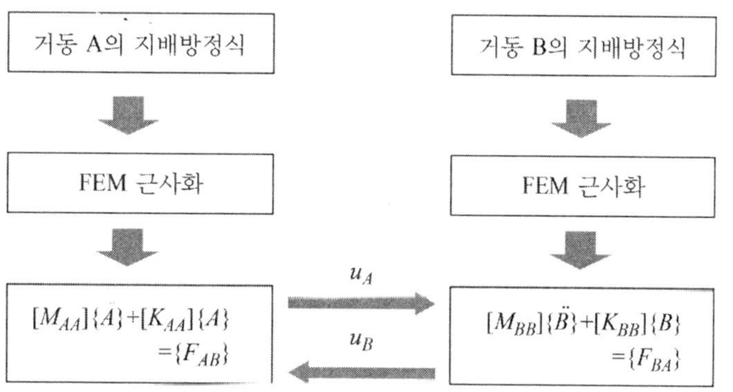

그림 1.3.7 시차제 반복법을 이용한 두 물리현상의 연계해석

한편, 하나의 물리현상에 대해서도 수치해석을 위해 사용하는 해석모델의 수준은 다를 수 있다. 여기서 수준이라 함은 물리현상 속에 포함된 각종 변형률에너지를 얼마나 충실히 반영하느냐로 판단된다. 앞서 1.2.5절에서 예를 든 구조물의 변형에는 신장, 굽힘, 비틀림 그리고 전단 변형률에너지가 포함되어 있다. 따라서 이 모든 변형률에너지를 정확히 반영한 해석모델이 최고 수준의 해석모델에 해당되고, 근사적으로 고려하거나 아니면 아예 고려하지 않는 변형률에너지가 많을수록 해석모델의 수준은 낮아지게

된다.

아래 표 1.4는 구조해석을 위해 사용되고 있는 대표적인 해석모델을 수준에 따라 나열한 것이다. 최고 수준의 해석모델은 3차원 솔리드가 되며 최저차 모델은 1차원 스프링이 될 수 있다. 보, 평판, 쉘(shell) 모델에 대해서는 3장에서 보다 상세히 학습하기로 한다. 수준이 다른 해석모델의 정의는 비단 구조해석에만 한정되지 않고 수치해석이 적용되는 모든 공학문제에 대해서 가능하다. 유동해석을 예로 들면, 최저차 모델은 압축성과 점성효과를 무시한 이상유동(ideal flow)을 표현하는 포텐셜 유동(potential flow)이 되고 최고차 모델은 이들 효과를 모두 반영한 나비어-스톡스 유동(Navier-Stokes flow)이 된다.

표 1.4 3차원 구조물에 대한 해석모델

1차원 모델		2차원 모델	3차원 모델
스프링(Cable, Bar)	Euler 및 Timoshenko 보	평판과 쉘	3-D 솔리드
▪ 중립축을 기준으로 한 1차원 형상  ▪ 인장 혹은 압축만을 나타내는 모델 - 스프링 : 인장과 압축 변형 고려 - Cable : 인장변형만 고려 - Bar 모델 : 인장과 압축만을 고려한 보 모델의 일종	▪ 중립축을 기준으로 한 1차원 형상 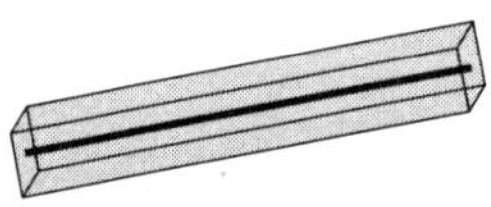 ▪ 부재에 대한 가장 단순한 모델 - Euler 보 : 전단변형을 고려하지 않음 - 티모센코 보 : 두께방향으로 일정한 전단변형률 가정	▪ 중립면을 기준으로 한 2차원 형상 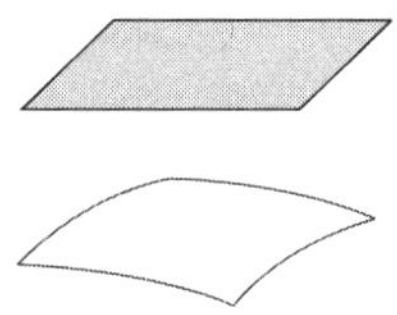 ▪ 보와 3-D 솔리드의 중간 수준 - 모든 변형률에너지 고려 - 두께방향으로 선형 혹은 일정한 변위/변형률/응력 가정	▪ 3차원 형상 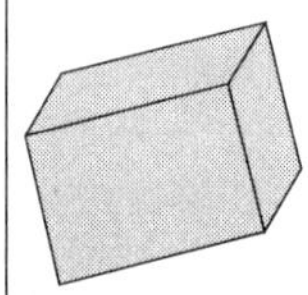 ▪ 최상위 모델 - 모든 변형률 에너지 고려

특정한 거동에 대한 유한요소 해석에 있어 어느 수준의 해석모델을 사용할 것인가는 전적으로 해석자의 주관적인 판단으로 결정되지만, 해석을 통해 분석하고자 하는 항목을 충실히 제공할 수 있어야 한다. 다음의 그림 1.3.8은 주물 가로 버팀대의 구조해석을 위한 두 해석모델을 비교하고 있다. 3-D 솔리드 모델은 버팀대의 상세한 형상을 반영하기 때문에 형상과 형상이 만나는 코너부에서의 변형률과 응력을 정확하게 모사할 수 있다. 하지만, 코너부의 특이형상 때문에 상대적으로 많은 요소 수로 구성된 거대한 요소망 생성이 불가피한 단점을 지니고 있다. 이에 반해, 버팀대의 중립면만을 대상으로 생성한 쉘 모델은 코너부의 상세한 형상정보가 전혀 반영되지 않기 때문에 버팀대

의 개략적인 변형, 변형률 그리고 응력분포만을 제공하게 된다. 하지만, 해석모델이 2차원 평면 요소망으로 구성되어 있기 때문에 형상 그리고 요소망 생성이 용이할뿐더러 현저히 적은 요소 수로도 해석이 가능한 장점을 지니고 있다.

따라서, 해석자는 해석모델을 생성하는데 소요되는 시간적 제약조건과 해석의 궁극적인 목표를 감안하여 최적의 해석모델을 선택해야 한다. 그리고 수준이 낮은 간략화된 해석모델을 사용할 경우, 해석모델의 간략화가 해석결과 분석에 미치게 되는 한계성과 미비점 등을 알고 있어야 할뿐더러 해석결과 고찰에 정량적으로 반영할 수 있어야 한다.

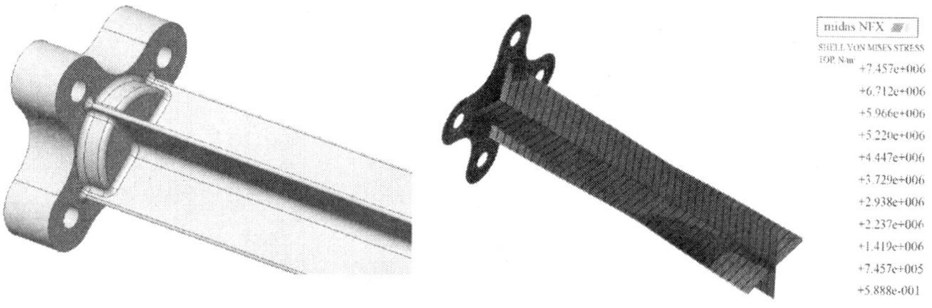

(a) (b)

그림 1.3.8 주물 가로 버팀대의 구조해석 모델: (a) 3-D 솔리드 모델, (b) 쉘 모델

Chapter 2

유한요소법

본 장에서는 수치해석을 위해 가장 많이 사용되고 있는 유한요소법에 대한 핵심 원리를 다루게 된다. 유한요소 해석을 위해 요소망을 생성하는 근본적인 이유와 요소망을 구성하는 유한요소의 유형과 특징을 소개한다. 그리고 강성행렬과 하중벡터 등을 실제 요소망이 아닌 정규화 된 마스터 요소를 이용하여 계산하는 이유와 이 둘 사이의 좌표 변환 관계를 학습하게 될 것이다. 아울러, 일반 수치적분과는 달리 강성행렬과 하중벡터 등의 계산에는 적분오차가 전혀 없는 완벽한 수치적분이 요구되는 이유와 완벽한 수치적분 방법을 소개하고자 한다. 한편, 대상이 되는 물체거동에 대한 경계조건을 정의하고 행렬방정식에 반영하는 방법을 익힘으로써 해석자는 어떠한 유형의 해석문제에 대해서도 원하는 해석결과를 구하게 될 것이다. 그리고 행렬방정식을 푸는 방법과 오류 발생 원인과 해결방안을 익힘으로써 유한요소 해석에서 종종 직면하게 될 어려움을 해결할 수 있을 것이다.

2.1 요소망(Mesh)과 유한요소(Finite Elements)

1장에서 수치해석을 위해서는 구하고자 하는 물체의 거동을 식 (2.1)과 같이 미리 N개의 항들로 구성된 유한급수(finite series)로 가정한다고 배웠다. 여기서 u_I는 행렬방정식 계산을 통해 결정해야 할 미지수이며 $\phi_I(x)$는 미리 정해진 근사함수(approximation function) [혹은 기저함수(basis function)]를 나타낸다.

$$u^N(x) = u_1\phi_1(x) + u_2\phi_2(x) + \cdots + u_N\phi_N(x) \tag{2.1}$$

그렇다면 이들 근사함수를 어떻게 정할 것인가를 생각해 보기로 하자. 만약 대상이 되는 물체의 형상이 단순하다면 어렵지 않겠지만 그렇지 않다면 정의가 거의 불가능할 것이다.

이해를 돕기 위하여 다음의 그림 2.1.1의 두 물체형상을 비교해서 살펴보기로 하자. 단순 1차원 직선 형상의 경우에는 근사함수를 직선, 2차 곡선, 3차 곡선 등과 같은 x의 함수를 이용하여 쉽게 정의할 수 있다. 하지만, 2차원 임의 형상의 경우에는 전체 형상을 x와 y의 영역으로 하는 2차원 근사함수 $\phi_I(x, y)$를 수학적으로 정의할 수 없다. 왜냐하면 x와 y의 하한과 상한이 명확하지 않기 때문에 영역 내에서 일정한 값을 갖는 2차원 함수조차 정의할 수 없기 때문이다.

원이나 사각형과 같이 경계가 잘 정의된 단순한 2차원 형상에 대해서는 2차원 근사함수를 어렵지 않게 정의할 수 있지만, 실무에서 다루는 물체는 복잡한 경계 형상을 지니고 있기 때문에 특별한 방법을 동원하지 않고서는 수치해석을 위한 근사함수를 정의할 수 없다.

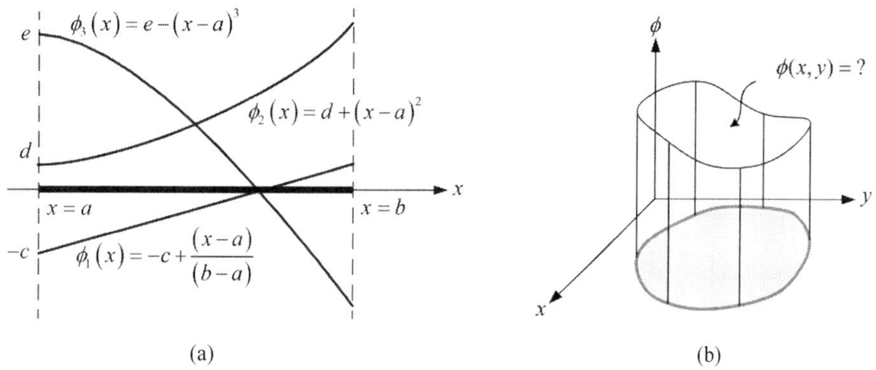

그림 2.1.1 근사함수의 형상: (a) 1차원 형상, (b) 2차원 임의 형상

2.1.1 요소망

임의 형상을 지닌 물체의 거동에 대한 근사함수 정의의 어려움을 해결할 수 있는 효과적인 방법은 복잡한 물체의 기하학적 형상을 삼각형이나 사각형과 같이 단순하고 잘 정의된 형상으로 세분화 하고, 세분화 된 각각의 단순한 형상 내에서 정의된 함수들로 전체 영역에 대한 근사함수 $\phi_I(x, y)$를 정의하는 것이다. 세분화 된 각각의 단순한 형상 내에서 정의되는 함수는 2.1.3절에서 소개되는 마스터 요소(master element)라 불리는 정규화 된 요소를 이용하면 쉽게 정의할 수 있다.

이와 같이 수치해석의 대상이 되는 기하학적 형상을 다수의 단순한 형상들로 세분화하여 근사함수 $\phi_I(x, y)$를 효과적이고 체계적으로 정의하는 것이 유한요소법(FEM: Finite Element Method)의 핵심에 해당된다. 그리고 이름 그 자체도 "유한(finite)개의 요소(element)로 세분화하여 근사함수를 정의하는 기법(method)"에서 명명되었다. 앞서 1장에서 모든 수치기법은 정확한 물체거동에 최대한 근접한 해석결과를 구한다는 공통점을 지니고 있는 반면, 각각의 수치기법은 가중치 함수(weighting function) $w(x, y)$의 유형에 따라 구분된다는 사실을 학습하였다. 이 가중치 함수가 유한요소법에서는 다름 아닌 근사함수 $\phi_I(x, y)$가 된다.

다음의 그림 2.1.2는 유한요소법에서 근사함수를 정의하는 절차를 도식적으로 보여주고 있다. 마스터 요소는 좌표값의 하한과 상한이 명확한 정규화 된 형상이기 때문에,

마스터 요소 내에서는 원하는 차수의 2차원 함수를 수학적으로 정의할 수 있다. 마스터 요소라는 용어는 형상이 각기 다르고 좌표값의 하한과 상한이 명확하지 않은 세분화 된 각각의 요소 내에서 사용될 함수를 정의하는 기본 틀이 된다는 점에서 붙여진 이름이다. 다시 말해 마스터 요소에서 정의된 함수 $\psi_k(\xi, \eta)$는 좌표변환(geometry transformation)을 통해 세분화 된 각각의 요소 내에서의 함수로 변환되게 된다.

마스터 요소 내에서 정의되는 각각의 함수 $\psi_k(\xi, \eta)$를 특별히 형상함수(shape function)라고 부르고, 이들 함수가 좌표변환을 통해 세분화 된 실제 형상 내로 변환된 함수를 기저함수(basis function) $\phi_I(x, y)$라고 부른다. 형상함수의 정의와 좌표변환에 대해서는 2.1.3절과 2.2.1절에서 상세히 다루기로 하고, 여기서는 유한요소법에서 근사함수를 정의하는 개념과 관련된 용어들만 소개하기로 한다. 그림 2.1.2를 참고하여 근사함수, 기저함수 그리고 형상함수는 각기 아래와 같이 구분된다.

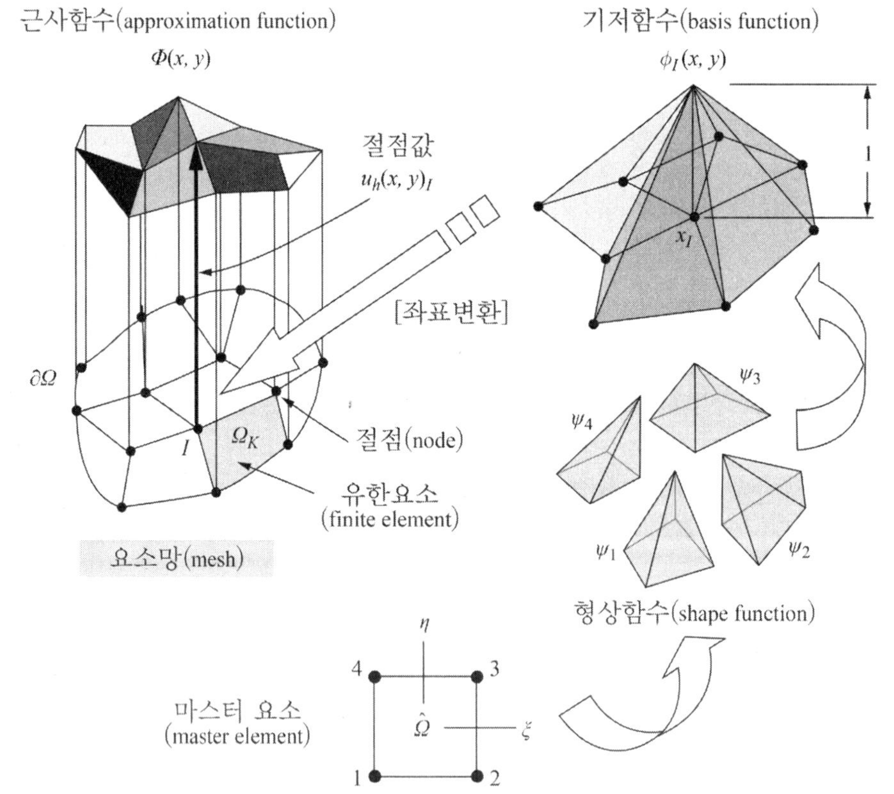

그림 2.1.2 복잡한 형상을 단순한 형상들로 세분화 하여 근사함수를 효과적이고 체계적으로 정의하는 유한요소법

- **형상함수(shape function)** : 마스터 요소 내에서 정의되는 함수로서, 상용 유한요소 해석 소프트웨어 매뉴얼(manual)에서 보여주고 있는 함수이다. 형상함수의 모양은 마스터 요소의 형상과 차수에 따라 달라진다. 형상함수를 정의하기만 하면 마스터 요소와 세분화 된 각 영역과의 좌표변환 관계식에 의해 기저함수는 자동으로 정의된다. 형상함수를 정의하는 방법은 2.1.3절에서 상세히 다루기로 한다.
- **기저함수(basis function)** : 마스터 요소에서 정의된 형상함수를 실제 요소망 내 세분화 된 각 영역으로 좌표 변환하여 보내진 함수들로 정의되는 각각의 함수를 일컫는다. 기저함수들이 모여서 물체의 전체 영역에 대한 하나의 근사함수가 최종적으로 정의된다. 기저함수들이 모여서 하나의 근사함수가 만들어 진다는 측면에서 근사함수의 기저(basis)를 구축한다고 말할 수 있다.
- **근사함수(approximation function)** : 기저함수를 근사함수라고 구분 없이 사용하고 있으나 엄밀하게 구분하면 근사함수는 요소망 내 모든 기저함수들을 합쳤을 때 정의되는 함수이다. 다시 말해, 근사함수 $\Phi(x, y)$는 다음과 같이 표현된다.

$$\Phi(x, y) = \phi_1(x, y) + \phi_2(x, y) + \cdots + \phi_N(x, y) \tag{2.2}$$

세분화 된 물체의 기하학적 영역 하나 하나를 유한요소(finite element)라고 부르며, 요소망(mesh)은 유한 개의 유한요소와 절점(node)으로 구성된 체눈 형상의 유기적인 네트워크(network)로 정의된다. 여기서 유기적인 네트워크란 각각의 요소와 절점은 인접하고 있는 다른 요소의 절점들과 독립적이지 않고 상호 밀접한 관계를 지니고 있다. 다시 말해, A라는 요소는 인접한 다른 요소들과 경계면을 공유하게 될뿐더러, 경계면 상에 공유하고 있는 절점을 통해 물체거동의 연속성을 유지하게 된다. 그 결과, 유한요소 해석을 통해 구한 근사해(approximate solution) $u_h(x, y)$는 요소망 내 모든 요소 경계면에서 항상 연속적인 분포를 나타내게 된다.

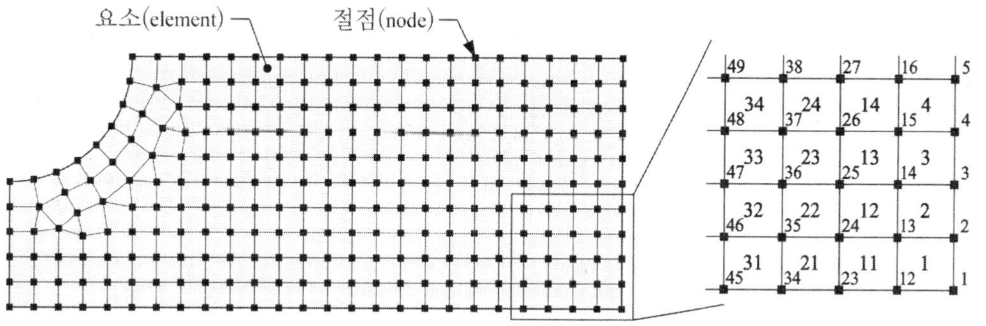

그림 2.1.3 2차원 요소망: 유한요소, 절점, 요소번호 및 절점번호

앞의 그림 2.1.3에 예로 든 2차원 요소망을 살펴보면, 요소망 내 모든 요소와 절점에는 각각 요소번호와 절점번호가 부여된다. 요소번호(element number)와 절점번호(node number)는 1부터 시작하여 중복됨이 없이 연속적으로 부여된다. 이 요소번호와 절점번호는 처리기인 솔버(solver)가 총 요소 수와 총 절점 수를 파악하게 될뿐더러 행렬방정식 연산에 필요한 컴퓨터 내 메모리 공간을 준비하게 된다. 또한, 1장에서 소개한 강성행렬(stiffness matrix)과 같은 행렬을 요소별로 계산하여 전체 행렬로 합치는 과정에서 더해져야 할 전체 행렬 속의 위치 정보를 제공하게 된다. 전체 행렬에 더해지는 과정은 2.2절에서 상세히 다루기로 한다. 또한, 솔버 계산과정에서 요소망으로 인한 오류가 발생할 때 어느 요소가 문제를 야기하는지 해석자에게 알려주기 위해 사용되기도 한다. 컴퓨터 화면상에 요소망을 출력하였을 때 요소번호와 절점번호는 기본적으로 나타나지 않는다. 하지만 필요한 경우에는 모든 요소번호와 절점번호를 요소망 상에 가시화 시키거나 마우스로 선택한 요소의 요소번호와 절점번호만을 조회할 수도 있다. 요소망이 크지 않을 경우에는 이들 번호를 출력하여도 분별이 가능하지만, 요소망의 크기가 어느 정도 이상이 되면 가시화 된 모든 요소번호와 절점번호를 분간하기가 어렵게 된다.

2.2절에서 상세히 다루겠지만 절점은 물체거동에 대한 유한급수 근사식 (2.1) 속의 미지수 u_1, u_2, $\cdots$, u_N의 값이 부여되는 지점을 말한다. 따라서 절점번호 1에는 미지수 u_1의 값이 절점번호 N에는 u_N의 값이 계산되어 부여된다. 따라서 유한급수 속의 미지수 수가 증가하게 되면 이에 비례하여 요소망 내 총 절점 수도 증가해야 하고 결국 총 요소 수도 증가하여 요소망은 조밀하게 된다. 절점번호에는 전역 절점번호(global node number)와 국부 절점번호(local node number)로 구분되어 있다. 전역 절점번호는 앞서 설명한 바와 같이 요소망 내 모든 절점을 대상으로 연속적으로 부여되는 번호인 반면, 국부 절점번호는 한 요소 내 절점들만을 대상으로 부여되는 번호이다.

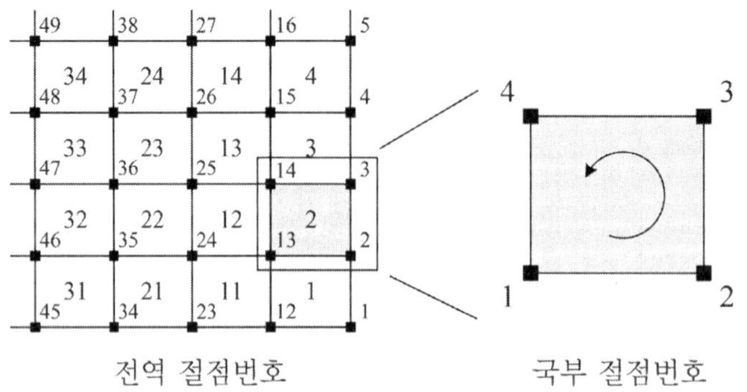

그림 2.1.4 전역 절점번호와 국부 절점번호

국부 절점번호는 그림 2.1.2에 나타낸 마스터 요소와 절점의 개수와 번호가 일치하며, 이 국부 절점번호를 이용하여 요소망 내 각 요소와 마스터 요소간의 좌표변환(geometry transformation)이 이루어지게 된다. 국부 절점번호를 기준으로 실제 요소의 절점 좌표값은 마스터 요소로 보내지며, 마스터 요소 상에서 정의되는 형상함수는 국부 절점번호 순서를 기준으로 실제 요소 상으로 변환된다. 그림 2.1.3과 2.1.4는 4개의 절점으로 구성된 사각형 요소를 보여주고 있지만, 한 요소 내 절점의 개수와 위치는 다음 절에서 알게 되듯이 요소의 형상과 요소의 차수에 따라 변한다.

요소번호와 절점번호는 어느 요소를 시작으로 어떤 순서로 부여해야 하는지에 대해 획일적이지 않다. 다만 한 요소 내에서 절점번호의 차이가 최소가 되는 것이 행렬방정식의 저장과 연산에 유리하기 때문에 가급적 그렇게 되도록 부여하고 있다. 아래 그림 2.1.5(a)는 반시계 방향으로 번호를 부여한 경우로서 24번 요소에서 최대 절점번호 차이 14를 가진다. 반면, 그림 2.1.5(b)는 방사선 방향으로 번호를 부여한 경우로서, 1, 2 그리고 3번 요소에서 동일하게 22란 최대 절점번호 차이를 나타낸다. 따라서, 반시계 방향 부여방식이 방사선 방향 부여방식보다 유리함을 알 수 있다. 절점번호 부여순서가 행렬특성에 미치는 영향은 2.2.3절에서 상세히 다루기로 한다.

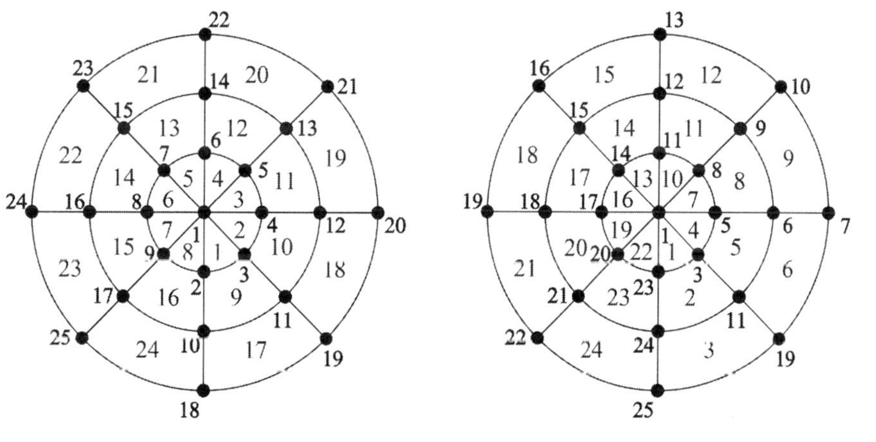

(a) (b)

그림 2.1.5 요소번호 및 절점번호 순서: (a)원주 방향, (b) 방사선 방향

요소망은 요소망을 생성하는 방법, 요소망 내 요소들의 균일성 그리고 인접한 요소들과의 결합성에 따라 분류된다. 소프트웨어가 자체적으로 생성한 경우를 자동 요소망(auto mesh) 그리고 해석자가 직접 생성한 경우를 수동 요소망(manual 혹은 mapped mesh)이라 부른다. 그리고 요소망 내 요소의 크기가 거의 일정한 경우를 균일 요소망

(uniform mesh)이라 하고 그렇지 않은 경우를 비균일 요소망(non-uniform mesh)이라 한다. 소프트웨어를 이용하여 생성한 요소망은 거의 대부분 비균일 자동 요소망에 해당되며, 그림 2.1.6은 비균일 자동 요소망과 균일 수동 요소망의 예를 보여주고 있다. 자동 요소망에서는 기본적으로 물체 전 영역에 걸쳐 해석자가 지정한 요소크기를 기준으로 요소망을 생성하지만, 6.2.2절에서 소개하는 특이거동을 보다 정확히 모사하기 위해 코너부와 구멍과 같은 특징형상 부위에는 요소크기가 작은 조밀 요소망(fine mesh)을 생성하게 된다. 반면 수동 요소망에서는 해석자가 일일이 물체의 가장자리를 원하는 간격으로 세분화 하여 전체 요소망을 생성하게 된다. 물체거동을 미리 예측할 수 있는 간단한 형상의 해석문제인 경우에는 수동 요소망이 유리할 수도 있지만, 형상이 복잡하고 물체거동을 미리 예측하기 어려운 경우에는 자동 요소망이 편리하다.

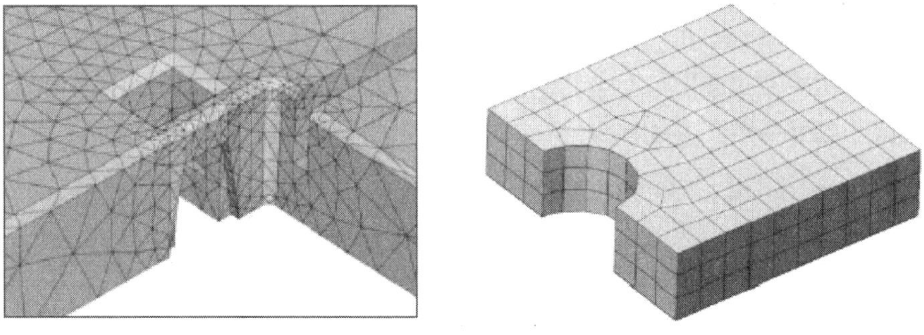

(a) (b)

그림 2.1.6 (a) 비균일 자동 요소망, (b) 균일 수동 요소망

정규/비정규 요소망은 한 요소망 내 인접한 요소들의 접합상태나 분리되어 있는 요소망들의 결합성에 따라 판단된다. 정규/비정규 요소망의 특성을 요약하면 다음과 같다.

- **정규 요소망(regular mesh)** : 보다 넓은 의미로 접합 요소망(compatible mesh)이라고도 불리며, 요소망 내 모든 요소는 반드시 하나의 요소와 접하고 있다. 그 결과 요소가 접하고 있는 공통 경계면에서 두 요소의 절점은 정확하게 겹치게(공유)된다. 만일 서로 분리되어 있는 둘 이상의 요소망의 경우, 특별한 기법을 사용하지 않더라도 합쳤을 때 경계면에서 요소들이 정확히 쌍을 이루면서 절점을 정확히 공유하게 된다면 정규 요소망에 해당된다. 그림 2.1.7(a)는 정규 요소망의 예를 보여주고 있다.

- **비정규 요소망(irregular mesh)** : 비정규 요소망의 가장 뚜렷한 특징은 인접한 요소가 1대 1로 접하지 않는다는 점이다. 한 요소와 접하는 요소 수는 제한적이지 않지만 1대 2로 접하는 경우가 가장 보편적이다. 그리고 분리되어 있는 두 요소망을 결합시켰을 때 그림 2.1.7(b)와 같이 요소들이 정확히 쌍을 이루지도 않을뿐더러 절점도 공유되지 않는다. 비정규 요소망에서는 로 표시되어 있는 공유되지 않는 절점들이 존재하기 때문에 접촉구속(contact constraint)과 같은 특별한 기법이 추가되지 않으면 해석으로 구한 물체거동은 요소망 내에서 불연속인 분포를 나타낸다. 접촉구속과 같은 추가적인 기법을 사용하지 않으면 요소망이 제대로 결합되지 않는 측면에서 비정규 요소망을 비접합 요소망(incompatible mesh)이라고도 한다.

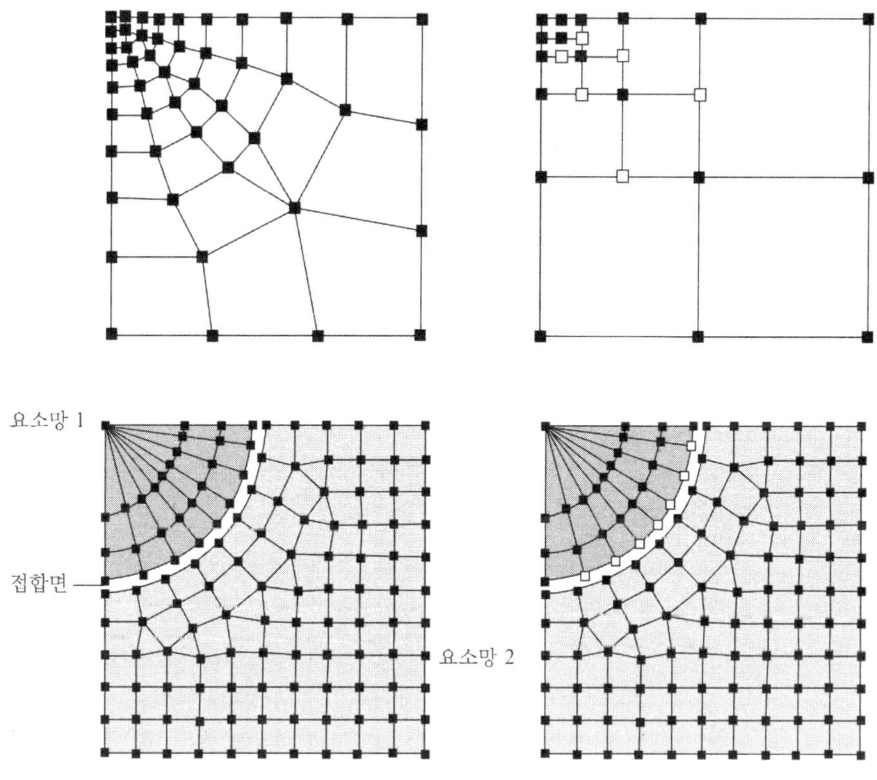

(a) (b)

그림 2.1.7 결합성에 따른 요소망의 분류: (a) 정규 요소망(접합 요소망), (b) 비정규 요소망(비접합 요소망)

서로 다른 요소의 절점들이 하나의 절점으로 공유된다는 것은 공유된 절점에서 각 요소는 동일한 거동값을 가짐을 의미한다. 따라서 그림 2.1.7(a)와 같은 경우에는 각 요소의 절점이 인접한 요소의 절점들과 공유되어 있기 때문에 물체의 거동은 요소망 내에서 완벽하게 연속적인 분포를 나타낸다. 하지만, 그림 2.1.7(b)와 같은 비정규 요소망의 경우 절점이 공유되지 않거나 공유되지 않는 절점이 존재하게 되면, 유한요소 해석을 아예 수행할 수 없거나 수행된다고 하더라도 요소망 내에서 불연속적인 물체거동을 구하게 된다.

따라서 비정규 요소망의 경우에는 공유되지 않는 절점을 강제적으로 공유시키는 특별한 수치기법을 사용해야 한다. 현재 가장 많이 사용되고 있는 방법에는 강체요소(rigid body element)를 이용한 요소망 결합, 접촉조건에 의한 물체거동의 구속 그리고 라그랑지 승수(Lagrange multiplier)를 이용한 물체거동의 연속성 구현이 있다. 세 가지 방법의 특성을 요약하면 다음과 같다.

- **강체요소(rigid body element) 연결방식** : 강체요소는 변형이 전혀 없는 강성이 무한대인 1차원 선요소(line element)이다. 다음의 그림 2.1.8(a)와 같이 두 개의 비접합 요소망의 경계면 상에 존재하는 절점들을 대상으로 각각 두 절점을 하나의 쌍으로 하여 강체요소로 연결하여 결합시킬 수 있다. 강체요소 자체는 변형이 없기 때문에 두 요소망의 거동은 경계면에서 연속적인 분포를 갖도록 구속되게 된다.
- **접촉조건(contact condition) 부여방식** : 두 물체의 접촉에는 본딩(bonding 혹은 welding)이라 불리는 완전 결합과 상대적인 미끄럼이 허용되는 슬라이딩(sliding)으로 구분된다. 슬라이딩 조건은 마찰력을 고려하는 마찰 슬라이딩(frictional sliding)과 마찰력을 무시한 무마찰 슬라이딩(frictionless sliding)으로 다시 세분화 된다. 따라서, 분리되어 있는 두 요소망의 결합상태에 맞도록 접촉조건을 부여함으로써 두 개의 비접합 요소망은 다양한 방식으로 결합될 수 있다. 접촉조건은 그림 2.1.8(b)의 상부와 같이 두 요소망을 스프링을 이용하여 결합하는 것으로서, 스프링 상수 k의 크기에 비례하여 구속력이 증가한다. 본딩은 수직 그리고 수평방향으로 스프링을 부착한 경우이고 슬라이딩은 수직방향으로만 스프링을 부착한 경우이다.
- **라그랑지 승수법(Lagrange multiplier method)** : 그림 2.1.8(b)의 하부에 도시한 바와 같이 연결시키고자 하는 두 절점을 하나의 절점을 추가하여 연결시키는 방법이다. 추가된 절점에는 하나의 미지수가 부여되는데 이 미지수를 라그랑지 승수라고 부른다. 접촉조건 부여방식은 결합상태에 어느 정도의 오차가 수반되는 반면, 라그랑지 승수법은 두 요소망을 완벽하게 결합시킨다는 장점을 지니고 있다. 하지

만 접촉조건 부여방식과는 달리 절점이 추가되기 때문에 풀어야 할 행렬방정식의 크기가 증가하는 단점을 지니고 있다.

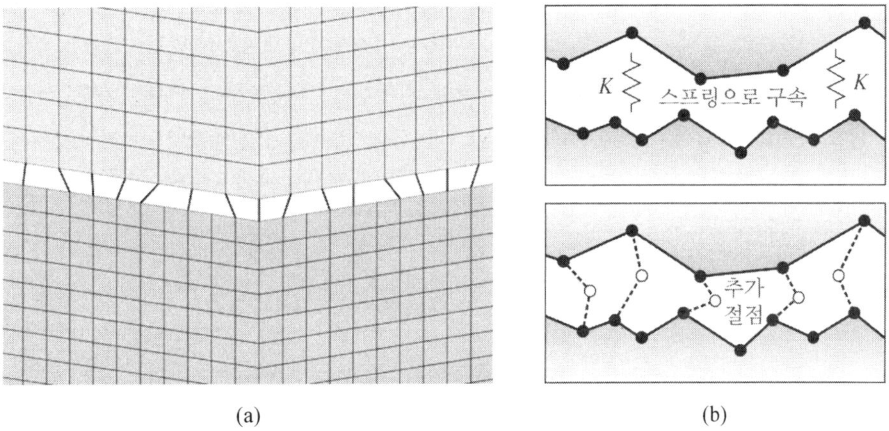

그림 2.1.8 비접합 요소망의 결합: (a) 강체요소를 이용한 요소망 합체, (b) 접촉조건과 라그랑지 승수법을 이용한 요소망 결합

접촉조건과 라그랑지 승수법은 강체요소를 추가하여 요소망을 결합하는 경우와 달리 유한요소 해석을 위한 행렬방정식을 수정하는 다소 수학적인 방법이다. 제1장의 1.2.4절에 소개한 식 (1.56)을 예로 들면, 행렬방정식은 접촉조건과 라그랑지 승수법에 따라 다음과 같이 수정된 형태로 바뀌게 된다.

$$[\boldsymbol{K}]\{\boldsymbol{u}\} = \{\boldsymbol{F}\} \quad \Rightarrow \quad [\widetilde{\boldsymbol{K}}]\{\widetilde{\boldsymbol{u}}\} = \{\widetilde{\boldsymbol{F}}\} \tag{2.3}$$

접촉조건을 부여한 경우에는 행렬과 미지수의 크기에는 변화가 없는 반면, 라그랑지 승수법을 적용하게 되면 미지수의 증가로 행렬의 크기가 라그랑지 승수의 개수만큼 증가하게 된다. 접촉기법과 라그랑지 승수법에 대해서는 2.3.2절에서 보다 상세히 다루기로 한다.

2.1.2 유한요소

물체의 형상을 세분화 하였을 때 각각의 작은 영역 하나 하나를 유한요소라고 소개하였다. 자연계에 존재하는 물체는 모두 3차원 형상을 지니고 있지만, 특정한 방향으로 물체의 형상이 상대적으로 작고 그 방향으로 물체거동의 변화가 미미한 경우가 종종 있다. 예를 들어 사각단면을 지닌 긴 막대는 축방향 길이에 비해 단면의 크기가 상대적으로 작아서 단면 내에서 물체거동의 변화는 무시할 수 있다. 또 다른 예로 평판은 두께가 평판의 크기에 비해 매우 작기 때문에 두께 방향으로 물체거동은 거의 일정하다. 이러한 물체의 기하학적 특징과 물체거동의 변화 특성에 착안하여 사각단면 막대를 1차원 직선으로 그리고 평판을 2차원 사각형으로 물체형상의 차원을 감소시킬 수 있다. 이러한 물체형상의 차원 축소는 1장의 1.3.2절에서 다룬 물체거동의 모델링 수준이 가장 낮은 경우에 해당된다. 표 1.4에 열거한 것과 같이 해석모델의 수준이 가장 낮을 경우, 사각막대와 평판은 그림 2.1.9와 같이 형상을 1차원 직선 그리고 2차원 사각형으로 단순화 시킬 수 있다. 이와 같이 요소망은 해석모델의 대상이 되는 형상을 대상으로 생성되게 된다.

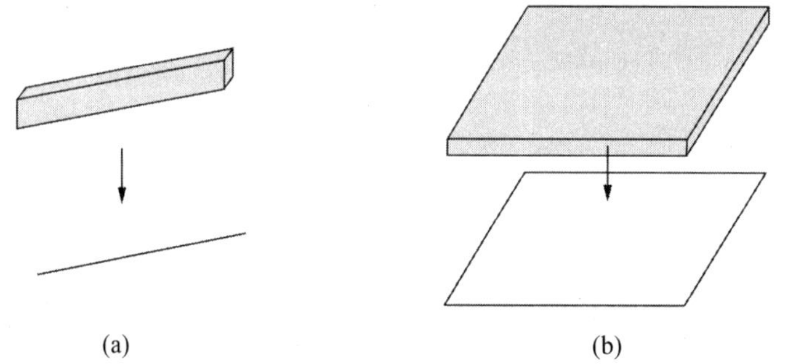

그림 2.1.9 물체형상의 차원 감소: (a) 1차원 형상으로, (b) 2차원 형상으로

유한요소를 분류하는 기준에는 몇 가지가 있다. 우선, 그림 2.1.10과 같이 차원에 따라 1, 2 그리고 3차원 요소로 분류할 수 있다. 1차원 요소에는 선요소(line element), 2차원 요소로는 삼각형(triangle)과 사각형 요소(quadrilateral element), 그리고 3차원 요소에는 사면체(tetrahedron), 오면체(pentahedron) 그리고 육면체 요소(hexahedron element)가 있다.

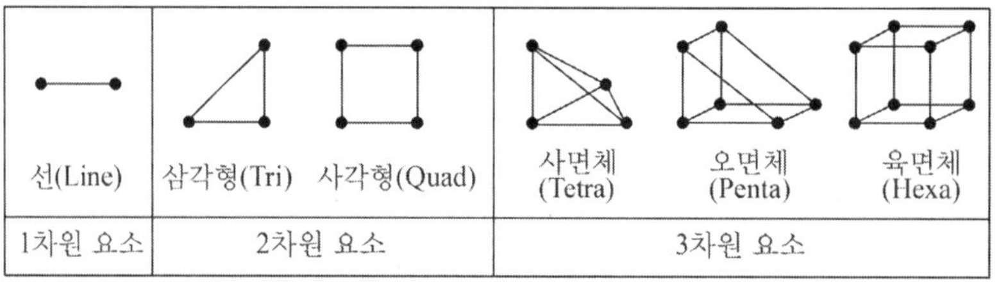

그림 2.1.10 차원에 따른 요소의 분류

다음으로 요소의 차수에 따라 분류하기도 하는데, 여기서 요소차수(element order)란 요소 내에서 정의되는 기저함수(basis function)의 차수를 의미한다. 기저함수의 차수에 따라 1, 2, ⋯, p차 요소로 분류할 수 있지만, 대부분의 상용 유한요소 해석 소프트웨어에서는 1차와 2차 요소만을 지원하고 있다. 1차 함수는 직선으로 표현되고 공간상에서 두 점이 주어지면 하나의 직선이 정의된다. 따라서 1차 요소는 요소 내 각 변의 양 끝점에 절점을 가지고 있다. 그림 2.1.10에 보여주고 있는 요소는 모두 1차 요소에 해당된다.

1차원 요소인 경우에는 위에서 설명한 것과 같이 한 요소 내 절점의 개수로 요소의 차수를 쉽게 분간할 수 있다. 2차 선요소인 경우에는 요소의 좌우 끝점과 요소의 중앙에 각각 절점이 위치하여 총 3개의 절점을 가지게 된다. 그리고 만약 3차 선요소라면 좌우 끝점과 가운데 두 지점을 포함하여 총 4개의 절점을 가지게 됨을 쉽게 알 수 있다. 하지만 2, 3차원 요소의 경우에는 요소의 차수를 파악하기가 용이하지 않다. 이러한 경우에는 앞서 1.2.1절의 그림 1.2.2에 소개한 파스칼의 삼각형(Pascal's triangle)을 활용하면 매우 효과적이다.

그림 2.1.10의 2, 3차원 요소의 각 변을 각각 1차원 직선요소라고 가정하면 요소의 차수가 증가함에 따라 각 변에는 등 간격으로 절점이 하나씩 추가되게 된다. 그림 2.1.11은 1~3차원 2차 요소를 보여주고 있다. 그런데, 요소의 각 변뿐만 아니라 내부에도 절점을 가지는 경우와 그렇지 않은 경우가 있음을 보게 된다. 내부에 존재하는 절점은 1.2.1절에서 소개한 파스칼의 삼각형에서 x 그리고 y축 상에 놓여 있지 않고 두 축이 이루는 교차점에 해당되는 절점이다. 내부에 절점을 가지는 경우와 그렇지 않은 경우를 각각 텐서곱(tensor product) 그리고 우연형(serendipity)으로 구분한다.

텐서곱 형태는 그림 2.1.11에서 알 수 있듯이 각 변의 가운데 위치한 절점에서 다른 변들과 나란한 선을 그었을 때 교차하는 지점마다 절점이 존재한다. 반면, 우연 형태는 텐서 유형에서 요소내부의 절점들이 빠져있는 요소를 의미한다. 1차원 요소와 2 그리고 3차원 1차 요소는 내부 절점을 갖지 않기 때문에 텐서곱과 우연형 요소는 동일하고, 2차 이상의 고차요소에서만 두 요소 유형은 차이를 나타낸다. 1.2.1절에서 살펴보았듯이 내부 절점의 존재 여부와는 무관하게 요소의 차수는 동일하다. 동일한 차수의 요소에 있어서 내부에 절점이 추가적으로 존재함으로써 해석 정확도는 다소 향상되는 것은 사실이지만, 한 차수 높은 요소의 정확도와 비교하면 비교가 되지 않은 수준이다. 텐서곱 형태는 다소 향상된 해석 정확도를 제공하는 반면, 그만큼 절점의 수와 자유도가 증가하여 행렬방정식의 크기와 유한요소 해석시간을 증가시키게 된다. 해석문제의 크기가 그다지 크지 않다면 텐서곱 유형이 유리한 반면 대형 해석문제에 대해서는 우연형 요소를 사용하는 것이 해석시간상 유리하다.

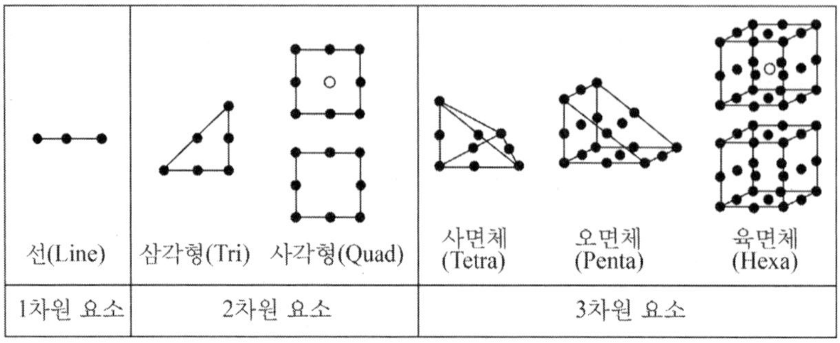

그림 2.1.11 차원별 2차 요소

세 번째 방법으로는 절점의 개수로서, 예를 들어 8절점 혹은 9절점 사각형 요소, 4절점 혹은 10절점 사면체 요소와 같은 방식으로 구분하고 있다. 이 경우, 절점의 숫자는 요소의 차수를 의미하고 xx형은 요소의 차원을 나타낸다. 요소의 차원과 차수에 대한 정보를 동시에 제공할 뿐더러 구체적인 절점 수를 파악할 수 있기 때문에, 실무에서 가장 보편적으로 사용되는 요소 구분방법이다.

마지막 방법은 용도에 따른 구분으로서, 매우 다양한 유형의 요소들이 소개되어 있다. 용도별 요소는 솔리드 요소(solid element), 부재 요소(member element) 그리고 특수용도 요소(special-purpose element)로 대별할 수 있다.

- **솔리드 요소** : 사면체, 오면체 그리고 육면체 요소를 말하며 일반 3차원 구조물의 변형해석을 위해 가장 광범위하게 사용되는 요소이다.
- **부재 요소** : 보, 아치(arch), 파이프, 케이블, 튜브(tube), 평판, 쉘(shell)과 같이 조립체를 구성하는 부재를 표현하기 위한 요소로서, 1차원 선요소나 2차원 삼각형 혹은 사각형 요소의 형상을 지니고 있다. 부재 요소의 가장 큰 특징은 3차원 물체를 중립축 혹은 중립면으로 간략화 시켰다는 점이다. 따라서 부재 요소를 이용하여 요소망을 생성하게 되면 그림 2.1.12와 같이 1차원 선이나 2차원 평면 혹은 곡면형상이 만들어지게 되고, 유한요소 해석 역시 중립축 혹은 중립면에서의 변위, 변형률 그리고 응력을 나타내게 된다.

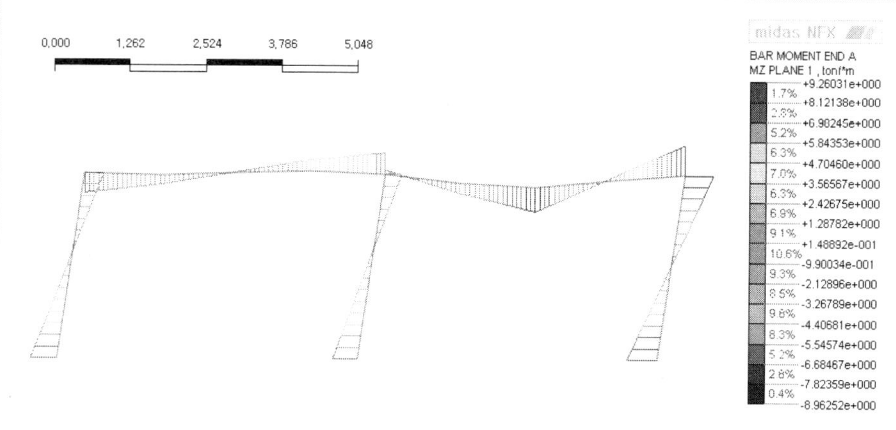

그림 2.1.12 보요소를 이용한 트러스 구조물의 유한요소 해석

하지만 중립축 혹은 중립면이 아닌 부재 단면 위치에서의 해석결과도 출력이 가능하며, 응력복구(stress recovery)와 같은 기능을 이용하여 해석결과가 필요한 단면위치를 선정할 수 있다. 보요소도 전단, 비틀림, 인장/압축 변형 등을 표현하는 정도에 따라 그 유형이 세분화 되어 있으며, 평판과 쉘요소는 중립면의 인장을 포함하는지 여부에 따라 구분된다. 평판요소는 쉘요소로도 구현이 가능하기 때문에 최근에는 두 요소를 별도로 구분하지 않고 쉘요소로 총칭하고 있다. 대표적인 부재요소의 특징에 대해서는 3.2절에서 상세히 다루기로 한다.

- **특수용도 요소** : 조립체 내 부재와 부재 사이의 구속관계나 서로 다른 물체와의 상대적인 운동 등을 효과적으로 표현하기 위해 고안된 요소로서, 매우 다양한 유형의 요소들이 소개되고 있다. 2.1.1절에서 소개한 강체요소도 특수용도 요소의 일종으로 부재와 부재 사이를 결합시키기 위한 목적으로 사용되고 있다. 이 외에도 특정한 방향으로의 인장과 압축을 표현하기 위한 스프링 요소(spring element), 인장력만을 표현하기 위한 케이블 요소(cable element), 간격을 유지하면서 상대운동을 하고 있는 두 물체 사이의 하중을 전달하기 위한 갭 요소(gap element), 그리고 두 물체 사이의 슬라이딩 운동을 구현하기 위한 슬라이드 라인요소(slide line element) 등이 소개되어 있다.

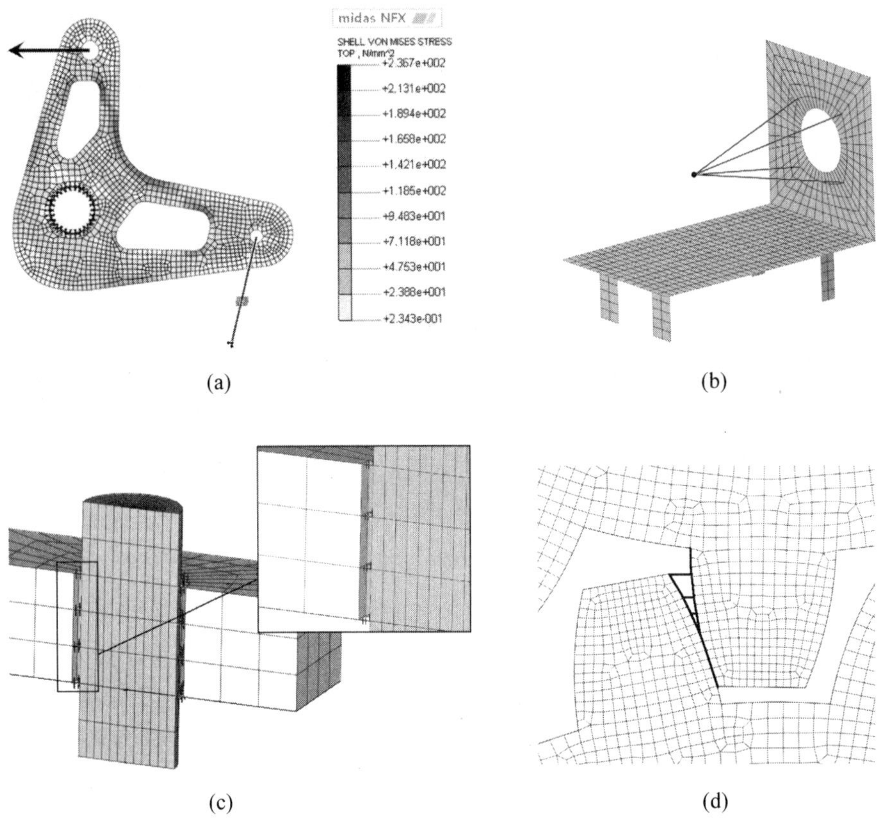

그림 2.1.13 대표적인 특별용도 요소: (a) 스프링 요소, (b) 강체요소를 통한 집중 질량요소와 쉘 요소망의 결합, (c) 갭 요소를 이용한 구멍과 축사이의 하중전달, (d) 슬라이드 라인요소를 이용한 기어접촉 구현

다음으로 한 요소 내 절점에 대해 살펴보기로 하자. 절점은 물체거동에 대한 근사적 표현, 즉 유한급수 속에 포함되어 있는 자유도(DOF: degree of freedom)라 불리는 미지계수의 값이 부여되는 점이다. 절점에 할당되는 미지계수의 값을 유한요소 해석에서는 절점값(nodal value) 혹은 절점 자유도(nodal degree of freedom)라고 부른다. 물체의 거동이 온도와 같이 스칼라 함수인 경우에는 하나의 절점에 하나의 자유도가 부여되지만, 속도나 변위와 같이 벡터량인 경우에는 하나 이상의 자유도가 부여된다. 따라서 한 절점에 부여되는 절점 자유도의 개수 DOF/Node는 다음과 같이 결정된다.

$$\text{DOF/Node} = \text{물체거동 성분의 개수} \tag{2.4}$$

요소망 내 절점의 총 수가 N개라고 가정하면, 요소망의 총 자유도 NDOF는 $N \times$ DOF/Node가 된다. 예를 들어, 3차원 구조해석에 있어 요소망 내 총 절점 수가 100개이면, 각 절점은 3방향으로의 변위 성분을 절점 자유도로 가지므로 요소망의 총 자유도는 300이 된다. 따라서 동일한 요소망을 사용할지라도 해석의 대상이 되는 물체거동의 유형에 따라 총 자유도는 달라지게 된다.

유한요소 해석을 통해 풀어야 할 행렬방정식의 크기는 요소망이 가지는 총 자유도로 결정되며, 총 자유도는 요소망내 절점의 총수와 절점 자유도의 곱으로 계산된다.

$$\text{행렬방정식의 크기} \propto NDOF = N \times \text{DOF/Node} \tag{2.5}$$

앞서 요소유형을 소개할 때 텐서곱보다 우연형이 해석시간 측면에서 유리하다고 소개하였는데, 그 이유는 동일한 요소차수에서 한 요소당 절점의 개수가 우연형이 상대적으로 작기 때문이고 결과적으로 풀어야 할 행렬방정식의 크기가 작아지기 때문이다.

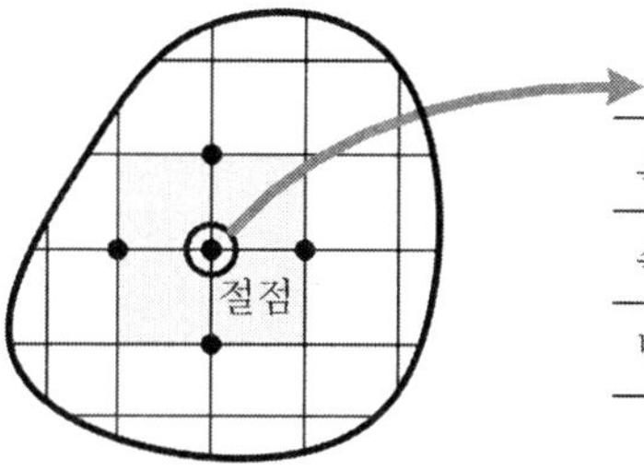

미지수	절점 자유도
온도 : T	1
속도 : v_x, v_y	2
변형 : u_x, u_y	2

그림 2.1.14 해석문제 유형에 따른 절점 자유도

한 요소 내에서 정의되는 절점들은 절점이 위치한 지점에 따라 그 명칭을 달리한다. 요소의 꼭짓점에 위치한 절점들을 꼭지 절점(vertex node)이라고 하고, 2차 그리고 3차 요소의 변에 위치한 질짐들을 변 질짐(side node)이라고 부른다. 그리고 3차 요소에서 각 면에 위치한 절점들을 표면 절점(surface node), 1～3차 요소에 있어 내부에 위치한 절점들을 내부 절점(internal node) 혹은 거품 절점(bubble node)이라고 부른다. 다음 그림 2.1.15에 나타낸 바와 같이 1차원 요소는 꼭지 절점과 내부 절점만을 가지며, 2차 요소는 꼭지 절점, 변 절점 그리고 내부 절점을, 그리고 3차 요소는 모든 유형의 절점들을 가지게 된다.

1차 요소인 경우에는 꼭지 절점만 가지게 되어 1차원 요소에서는 2개의 절점을, 2차원 삼각형 요소는 세 개의 절점 그리고 사각형 요소는 네 개의 절점을 가지게 된다. 한편 3차원 사면체 요소는 네 개의 절점을, 오면체는 6개의 절점을 그리고 육면체는 여덟 개의 절점을 각각 가지게 된다. 변 절점과 표면 절점 그리고 내부 절점은 2차 요소부터 존재하게 되며, 앞서 소개한 바와 같이 우연형 요소에서는 2차 이상일지라도 내부 절점을 가지지 않는 특징을 지니고 있다. 2차 요소 이상의 고차 요소(higher-order element)에 있어 절점의 위치와 개수는 1장에서 소개한 파스칼의 삼각형(Pascal's triangle)을 이용하면 쉽게 파악할 수 있다.

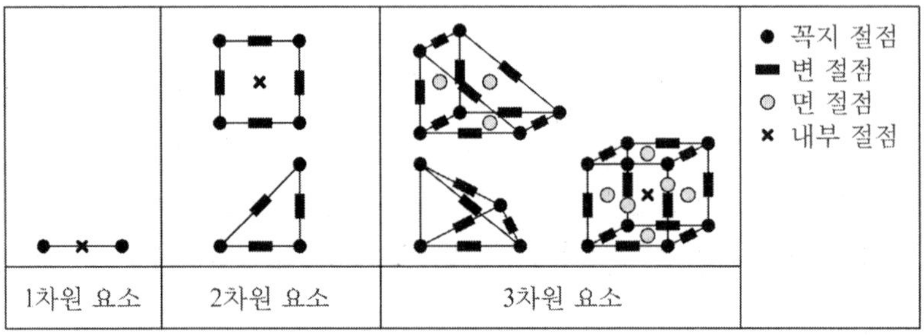

그림 2.1.15 요소 내 절점위치에 따른 절점의 분류(2차 요소의 경우)

요소의 크기는 해석결과의 신뢰도는 물론 총 요소 수(즉, 요소망의 밀도)와 직결된다. 요소크기(element size)가 줄어들수록 요소망의 밀도와 총 요소 수는 증가하게 되고 해석의 정확도는 향상된다. 한 요소의 크기는 거리가 가장 먼 두 꼭지 절점 사이의 거리로 정의되며, 요소크기를 나타내는 기호로 h가 사용된다. 6.3.2절의 오차평가(error estimation)에서 상세히 다루겠지만, 요소크기는 절대적인 크기를 사용하지 않고 대상물체의 특성길이(characteristic length) L에 대한 상대적인 크기로 정의된다.

다음의 그림 2.1.16은 2차원 그리고 3차원 요소에서의 절대적인 요소크기 h와 대상물체의 특성길이 L에 대한 상대적인 요소크기 h/L를 보여주고 있다. 절대적인 요소크기는 물체의 크기가 증가하면 비례적으로 증가하지만, 상대적인 요소크기는 항상 1보다 작은 값을 가지게 된다. 상대적인 요소크기를 사용하는 이유는 해석결과에 포함되어 있는 수치근사 오차(numerical approximation error)가 $(h)^p$ 혹은 $(h)^{p-1}$로 표현되기 때문이다. 여기서 p는 요소의 차수를 의미하며, 요소크기가 감소할수록 수치근사 오차가 감소하는 특성을 보이기 위해 h가 항상 1보다 작은 값이 되어야 한다.

상용 유한요소 해석 소프트웨어에 있어 요소망의 세밀한 정도는 요소크기 혹은 요소망 밀도(mesh density)로 조정된다. 요소크기는 당연히 대상물체의 특성길이에 대한 상대적인 크기를 의미한다. 요소망 밀도는 요소망 내 요소들의 조밀한 정도를 나타내는 값으로 요소밀도가 높을수록 요소망 내 총 요소 수는 증가하게 된다. 해석자가 직접 수동으로 요소망을 생성하는 경우에는 요소크기 혹은 총 요소 수를 통해 요소망 밀도를 조절할 수 있다. 반면 소프트웨어에서 제공하는 자동 요소망 기능을 이용할 경우에는 요소망 밀도를 통하여 총 요소 수를 조절할 수 있다.

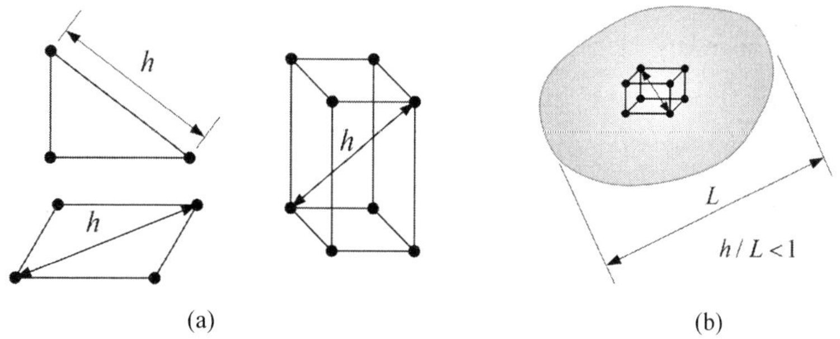

그림 2.1.16 요소의 크기: (a) 절대적 크기 h, (b) 상대적 크기 h/L

수치근사 오차에 영향을 미치는 요소의 또 다른 인자로 형상종횡비(aspect ratio)가 있다. 형상종횡비는 요소의 가장 짧은 변에 대한 가장 큰 변의 상대적인 비율로 정의되며($\text{AR} = b/a$), 이 비율이 커질수록 요소는 길쭉한 형상이 된다. 아래 그림 2.1.17을 참고하면, 형상종횡비는 요소 내접원(inscribed circle)의 반경과 매우 밀접한 관계를 지니고 있다. 형상종횡비가 1에 근접할수록 내접원의 반경은 증가하며, 형상종횡비가 1이 될 때 내접원의 반경은 최대가 된다.

일부 소프트웨어에서는 과도한 형상종횡비를 가진 요소를 제한하기 위하여 내접원의 반경을 사용하기도 한다. 예를 들어, 가장 짧은 변과 가장 큰 변의 내접원 반경에 대한 비율의 차이를 일정 범위로 제한함으로써 형상종횡비가 과도하게 커지는 것을 방지할 수 있다.

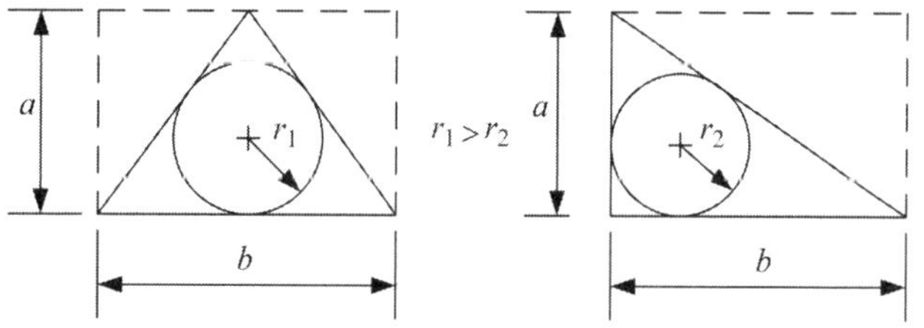

그림 2.1.17 형상종횡비와 내접원과의 관계

수학적 연구에 따르면 요소의 차수와 크기가 동일할 경우, 수치근사 오차는 형상종횡비가 1이 될 때 최소가 된다고 알려져 있다. 이러한 이론적 근거를 바탕으로 요소망 내에 과도하게 큰 형상종횡비를 가진 요소가 생성될 경우 해석자는 "과도한 형상종횡비(excessive aspect ratio)!!"라는 경고 메시지(warning message)를 받게 된다. 하지만

6.2.2절에서 소개할 특이거동을 효과적으로 모사하기 위한 형상종횡비가 매우 큰 경계요소(boundary element)와 같은 경우에는 적용되지 않는다. 왜냐하면 특이거동에 따른 수치근사 오차가 매우 크기 때문에 형상종횡비가 커짐으로 인한 수치근사 오차의 증가는 그에 비해 매우 미미하기 때문이다.

참고로 형상종횡비에 대한 경고 메시지는 유한요소 해석기술이 소개되기 시작한 초기에 소프트웨어에 도입되었기 때문에 유한요소법에 대한 기술이 진보된 지금에 이르러서는 그다지 신경 쓰지 않아도 무방하다. 더욱이, 특이거동이 존재하는 영역에는 형상종횡비가 큰 요소를 적용함으로써 작은 요소 수로도 수치근사 오차를 줄일 수 있기 때문에 오히려 권장하고 있다.

2.1.3 형상함수

앞의 2.1.1절의 그림 2.1.2에서 살펴본 바와 같이 형상함수(shape function)는 마스터 요소(master element)라 불리는 정규화 된 요소 상에서 정의되는 함수로서, 이 함수가 실제 요소망 내 요소로 변환되어 옮겨지면 기저함수(basis function)를 구성하게 된다. 그리고 각 요소 내에 기저함수들이 정의되면 근사해를 구하기 위해 필요한 요소망 전체 영역에 대한 근사함수(interpolation function)가 정의되게 된다.
형상함수의 정의와 유형 그리고 정의하는 방법을 학습하기 전에 우선 마스터 요소에 대하여 학습하기로 하자. 다음의 그림 1.2.17에 1~3차원 1차 마스터 요소의 형상을 보여주고 있다. 그림에서 알 수 있듯이 마스터 요소는 각 변의 길이가 동일한 정규화 된 요소이다. 1차원 선요소, 2차원 사각형 요소 그리고 3차원 육면체 요소는 각 방향으로 −1과 +1 사이의 좌표값을 가지며, 2차원 삼각형과 3차원 사면체와 오면체 요소는 직각한 두 방향으로 0과 +1 사이의 좌표값을 가진다. 2차 이상의 고차 마스터 요소의 경우에도 요소의 형상과 좌표값의 범위는 변화는 없으며, 다만 요소의 변과, 면 그리고 내부에 절점의 개수가 증가하게 된다.

요소망 내 각 요소에 대응되는 마스터 요소는 요소의 차원과 형상 그리고 요소의 차수와 절점 수가 정확히 일치해야 한다. 예를 들어, 요소망 내 3절점 삼각형 요소에 대응하는 마스터 요소는 그림 2.1.18의 2차원 삼각형 마스터 요소이며, 4절점 사각형 요소에 대응되는 마스터 요소는 그림 2.1.18의 2차원 사각형 마스터 요소이다. 차원과 형상 그리고 차수에 따른 마스터 요소의 형상과 좌표값의 범위 그리고 절점 수 및 절점의 위치는 사용하고 있는 상용 소프트웨어의 매뉴얼에 상세히 설명되어 있다. 해석자가 요소망을 생성한다는 것은 사용하고 있는 유한요소 해석 소프트웨어에서 지원하는 마스터 요소의 유형을 선택하고 요소망 밀도를 지정하여 대상물체의 기하학적 영역을 세분화 시키는 작업이다. 여기서, 마스터 요소를 선정한다는 것은 요소의 차원, 형상 그리고 차수를 동시에 선정하게 되는 것이다.

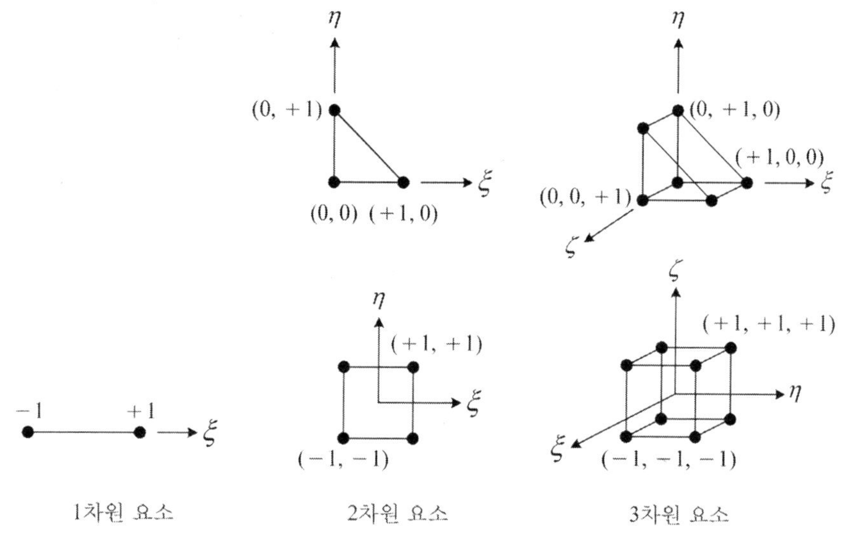

그림 2.1.18 1차 마스터 요소의 차원과 형상에 따른 분류

마스터 요소 내 절점들에는 국부 절점번호가 지정되어 있다. 국부 절점번호는 요소망 내 대응되는 실제 요소와의 좌표변환(geometry transformation) 혹은 사상(mapping)을 위한 기준이 된다. 다시 말해, 마스터 요소 내 각 절점과 형상함수는 국부 절점번호를 기준으로 실제 요소망 내 요소의 해당 절점과 대응된다. 마스터 요소 내 국부 절점은 꼭지 절점 → 변 절점 → 면 절점 → 내부 절점의 순으로 부여된다. 그리고 각 유형의 절점은 그림 2.1.19에 나타낸 바와 같이 각 좌표축의 −1 지점 혹은 좌표계의 원점에서부터 반시계 방향으로 번호가 부여된다.

다음 그림 2.1.19는 2차원 사각형 그리고 3차원 육면체 마스터 요소에 있어 국부 절점번호 부여순서를 보여주고 있다. 각각의 절점에는 하나씩의 형상함수가 지정되고 형상함수의 번호는 절점번호와 동일하게 부여된다. 예를 들어, 4절점 사각형 마스터 요소에는 4개의 형상함수가 지정되고 8절점 사각형 마스터 요소에는 8개의 형상함수가 각각 지정된다. 각 절점에 해당되는 형상함수를 정의하는 방법, 형상함수의 유형 그리고 특성에 대해서는 다음에 상세히 다루기로 한다. 그림에서 변 절점들은 마스터 요소 각 변에 균등한 간격으로 위치하며, 면과 내부 절점들은 변 절점에서 수직한 선을 그었을 때 교차하는 지점에 위치하게 된다.

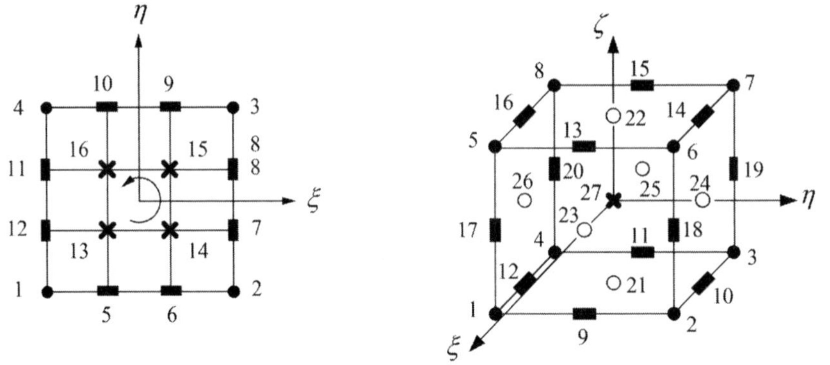

그림 2.1.19 마스터 요소 내 절점들의 국부 절점번호 부여순서

각 절점에 부과되는 형상함수는 함수를 정의하는 방법에 따라 크게 라그랑지(Lagrange) 형상함수, 계층적(hierarchical) 형상함수 그리고 우연형(serendipity) 형상함수의 3가지 형태로 분류된다. 이들 중에서 상용 유한요소 해석 소프트웨어에서는 라그랑지 그리고 우연형 형상함수가 주로 사용되고 있다. 한편, 2, 3차원 요소에 해당하는 형상함수를 정의하는 방식에는 텐서곱(tensor product)과 우연형(serendipity)이 있다.

- **라그랑지 형상함수** : 내부 절점을 가지고 있는 텐서곱(tensor product) 유형의 요소에는 라그랑지 형상함수가 적용된다. 절점번호가 I인 절점에 해당하는 형상함수를 ψ_I라고 표기하고 마스터 요소 상에서 I번째 절점의 좌표를 $\hat{\boldsymbol{x}}_I$로 표기하기로 한다. 1차원 요소에서는 $\hat{\boldsymbol{x}}_I = \xi_I$, 2차원 요소에서는 $\hat{\boldsymbol{x}}_I = (\xi_I, \eta_I)$ 그리고 3차원 요소에서는 $\hat{\boldsymbol{x}}_I = (\xi_I, \eta_I, \zeta_I)$를 의미한다.

  다음의 그림 2.1.20은 1차원 라그랑지 형상함수를 보여주고 있다. 1차 형상함수는 직선, 2차 형상함수는 2차 그리고 3차 형상함수는 3차 곡선으로 표현됨을 알 수 있다. 라그랑지 형상함수의 가장 독특한 특성은 자신의 번호와 일치하는 절점에서는 1의 값을 가지고 나머지 모든 절점에서는 0이 되는 것이다. 즉, 다음과 같은 델타함수(delta function) 특성을 지니고 있다.

$$\psi_I(\xi_J) = \delta_{IJ} = \begin{cases} 1, & I = J \\ 0, & I \neq J \end{cases} \tag{2.6}$$

라그랑지 형상함수의 델타함수 특성은 유한요소 해석에 있어 결과 분석에 편리함을 제공한다. 다름 아닌 그림 2.1.21에 나타낸 바와 같이 요소망 내에서 임의 절점에서의 절점 자유도가 바로 해당 절점에서 물체의 거동이 되기 때문이다. 왜냐하면 나머지 형상함수들은 이 절점에서 모두 0이 되기 때문에 다른 형상함수들이 가지는 절점 자유도를 계산할 필요가 전혀 없다. 이러한 델타함수 특성은 다음에 소개할 우연형 형상함수에서도 만족되지만, 계층적 형상함수는 이러한 특성을 만족하지 않는다. 따라서, 특수한 목적으로 개발된 해석 소프트웨어를 제외한 거의 대부분의 해석 소프트웨어는 계층적 형상함수를 채용하지 않고 있다.

1차 그리고 2차 형상함수의 수학적 표현식은 위 델타함수 특성 (2.6)을 이용하여 다음과 같이 쉽게 구할 수 있다. 즉, 다른 절점에서 0의 값을 만족시키도록 ( ) 속의 항들을 구성하고 자신의 절점에서 1의 값을 가지도록 계수를 정하면 된다.

$$\psi_1(\xi) = \frac{1}{2}(1-\xi), \quad \psi_2(\xi) = \frac{1}{2}(1+\xi) \tag{2.7a}$$

$$\psi_1(\xi) = -\frac{\xi}{2}(1-\xi), \quad \psi_2(\xi) = \frac{\xi}{2}(1+\xi), \quad \psi_3(\xi) = (1-\xi)(1+\xi) \tag{2.7b}$$

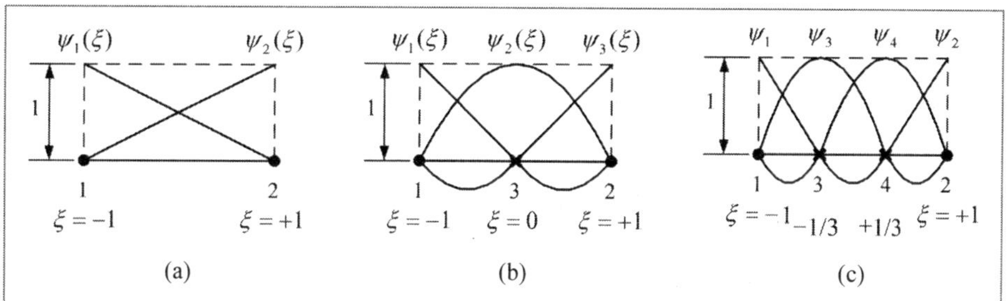

그림 2.1.20 1차원 라그랑지 형상함수: (a) 1차, (b) 2차, (c) 3차

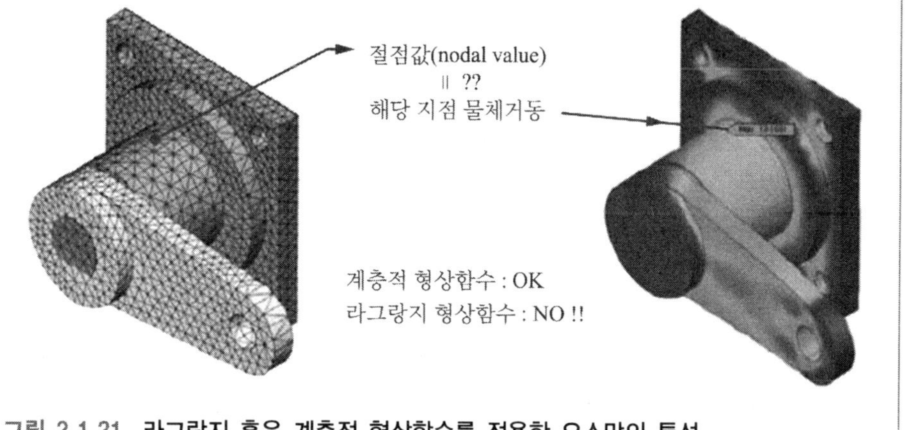

그림 2.1.21 라그랑지 혹은 계층적 형상함수를 적용한 요소망의 특성

그림 2.1.20에 나타낸 1차원 라그랑지 형상함수를 2차원 사각형 혹은 3차원 육면체 요소의 형상함수로 확대하는 것은 어렵지 않다. 그림 2.1.19의 2차원 사각형과 3차원 육면체 마스터 요소의 ξ, η 그리고 ζ축 각각에 그림 2.1.20의 1차원 라그랑지 형상함수를 정의하고, 각 축 상에 정의된 형상함수들을 단순히 곱하는 방식으로 2차원 그리고 3차원 형상함수를 정의할 수 있다. 예를 들어 2차 사각형(즉, 9절점) 그리고 2차 육면체 마스터 요소(즉, 27절점)에 대한 형상함수를 각각 $\psi_I(\xi, \eta)$ 그리고 $\psi_I(\xi, \eta, \zeta)$로 표기하면, 9절점 사각형 요소에 대한 형상함수는

$$\begin{aligned}(\psi_1(\xi),\ \psi_2(\xi),\ \psi_3(\xi))&\otimes(\psi_1(\eta),\ \psi_2(\eta),\ \psi_3(\eta))\\ &= \psi_1(\xi)\times\psi_1(\eta),\ \psi_1(\xi)\times\psi_2(\eta),\ \cdots,\ \psi_3(\xi)\times\psi_3(\eta)\\ &= \psi_1(\xi, \eta),\ \psi_2(\xi, \eta),\ \cdots,\ \psi_9(\xi, \eta)\end{aligned} \tag{2.8a}$$

과 같이 정의할 수 있고, 27절점 육면체 마스터 요소에 대한 형상함수는 다음과 같이 정의된다.

$$\begin{aligned}(\psi_1(\xi),\ \psi_2(\xi),\ \psi_3(\xi))&\otimes(\psi_1(\eta),\ \psi_2(\eta),\ \psi_3(\eta))\otimes(\psi_1(\zeta),\ \psi_2(\zeta),\ \psi_3(\zeta))\\ &= \psi_1(\xi)\times\psi_1(\eta)\times\psi_1(\zeta),\ \psi_1(\xi)\times\psi_1(\eta)\times\psi_2(\zeta),\ \cdots,\ \psi_3(\xi)\times\psi_3(\eta)\times\psi_3(\zeta)\\ &= \psi_1(\xi, \eta, \zeta),\ \psi_2(\xi, \eta, \zeta),\ \cdots,\ \psi_{27}(\xi, \eta, \zeta)\end{aligned} \tag{2.8b}$$

이와 같이 1차원 형상함수들을 대수적으로 곱하여 2차원 그리고 3차원 형상함수를 정의하는 방법을 텐서곱(tensor product) 방식이라고 한다. 9절점 사각형 요소 그리고 27절점 육면체요소와 같이 내부 절점을 가지는 요소를 텐서곱 유형의 요소라고 부르는 이유가 바로 여기에 있다. 텐서곱 유형의 요소에 있어 요소의 총 절점 수(Nnode/요소)와 형상함수의 개수(Nshape/요소)는 다음 공식을 이용하여 계산된다.

$$N\text{node/요소}(=N\text{shape/요소}) = (p_\xi+1)\times(p_\eta+1)\times(p_\zeta+1) \tag{2.9}$$

여기서 p_ξ, p_η 그리고 p_ζ는 각각 마스터 요소의 기준축 ξ, η 그리고 ζ축 방향으로 형상함수의 차수를 나타낸다.

요소의 차수는 두 축 혹은 세 축방향으로 서로 다르게 설정할 수 있지만, 일반적으로는 모두 동일한 차수를 갖도록 형상함수를 정의하고 있다. 다음 그림 2.1.22는 사각형 요소에 있어 각 축방향으로의 차수에 따라 마스터 요소 내에 생성되는 절점과 형상함수를 보여주고 있다. 우연형 요소에 있어서는 내부 절점이 존재하지 않기 때문에 그림 우측에 있는 요소의 경우, 텐서곱과 우연형은 2개의 절점과 형상함수의 차이가 발생한다.

텐서곱 방식에 있어 형상함수는 식 (2.8)을 이용하여 정의할 수 있는 반면, 우연형 방식은 이 공식을 적용할 수 없다. 그 이유는 우연형 형상함수에서 상세히 살펴보기로 하고, 여기서는 텐서곱 유형에서 2차원 형상함수의 수학적 표현식과 형상을 살펴보기로 한다. 좌측의 6절점 마스터 요소에 있어 형상함수의 수학적 표현식을 다음과 정의되고

$$\psi_1(\xi,\ \eta) = \psi_1(\xi)\times\psi_1(\eta) = -\frac{\xi}{2}(1-\xi)\times\frac{1}{2}(1-\eta)$$

$$= -\frac{\xi}{4}(1-\xi)(1-\eta) \tag{2.10a}$$

$$\vdots$$

$$\psi_6(\xi,\ \eta) = \psi_3(\xi)\times\psi_2(\eta) = (1-\xi)(1+\xi)\times\frac{1}{2}(1+\eta)$$

$$= \frac{1}{2}(1-\xi^2)(1+\eta) \tag{2.10b}$$

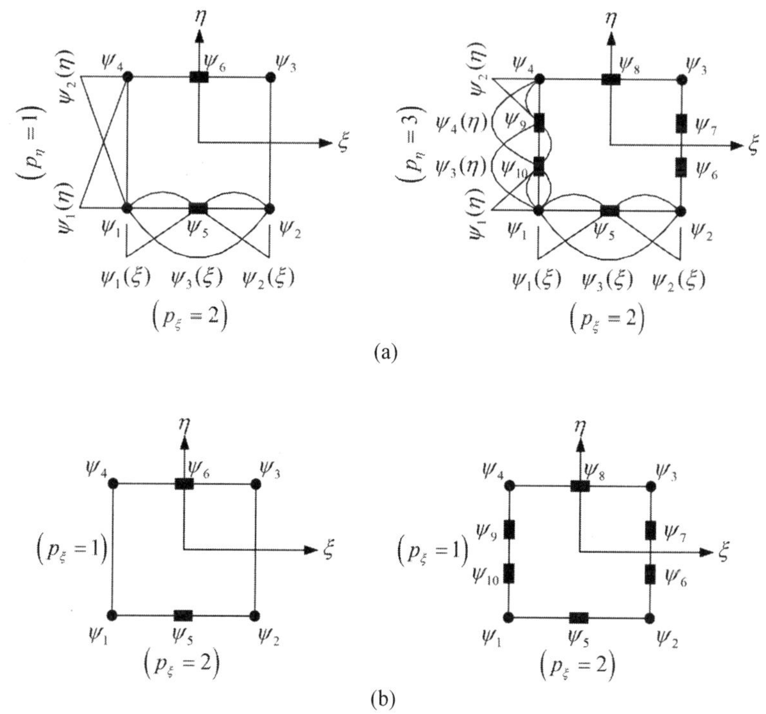

그림 2.1.22 두 축방향 차수에 따른 절점 및 형상함수: (a) 텐서곱(tensor product) 방식의 마스터 요소, (b) 우연형(serendipity) 방식의 마스터 요소

우측의 12절점 마스터 요소에 있어 형상함수의 수학적 표현식은 다음과 같다.

$$\begin{aligned}\psi_1(\xi,\ \eta) &= \psi_1(\xi)\times\psi_1(\eta)\\ &= -\frac{\xi}{2}(1-\xi)\times-\frac{9}{16}(1/3-\eta)(1/3+\eta)(1-\eta)\\ &= \frac{\xi}{32}(1-\xi)(1-\eta)(1-9\eta^2) \qquad (2.11a)\end{aligned}$$

$$\vdots$$

$$\begin{aligned}\psi_{12}(\xi,\ \eta) &= \psi_3(\xi)\times\psi_4(\eta)\\ &= (1-\xi)(1+\xi)\times\frac{27}{16}(1-\eta)(1/3+\eta)(1+\eta)\\ &= \frac{9}{16}(1-\xi^2)(1-\eta^2)(1+3\eta) \qquad (2.11b)\end{aligned}$$

아래 그림은 6절점 그리고 12절점 텐서곱 형상함수의 일부를 입체적으로 나타낸 것이다.

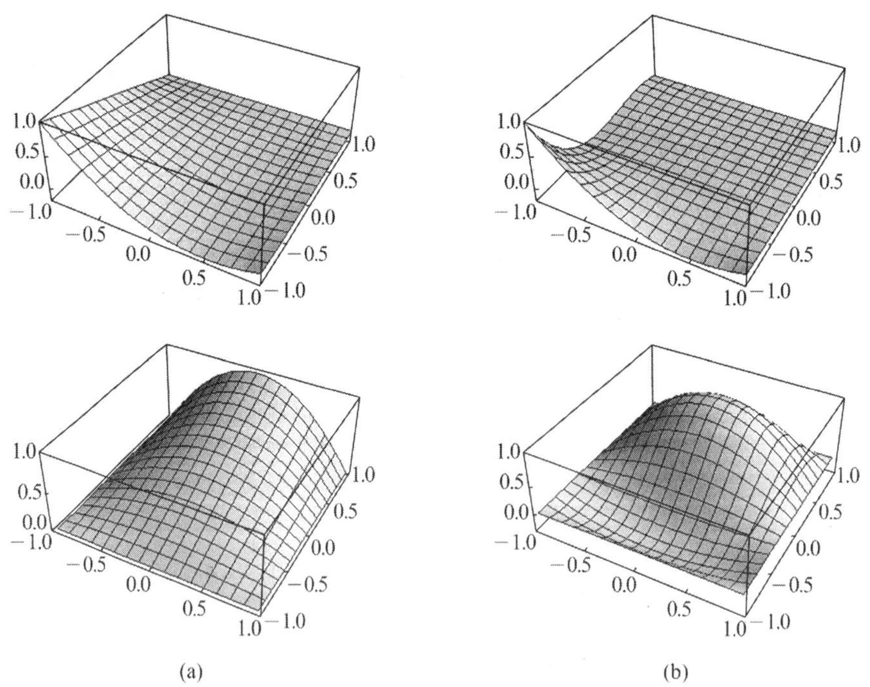

그림 2.1.23 텐서곱 방식으로 정의된 2차원 형상함수: (a) 6절점 사각형 요소(상: ψ_1, 하: ψ_6), (b) 12절점 사각형 요소(상: ψ_1, 하: ψ_{12})

- **우연형 형상함수** : 내부 절점이 빠져 있는 2, 3차원 우연형 요소에 해당하는 형상함수로 텐서곱 형상함수에서 내부 절점에 해당하는 형상함수만을 제외한 나머지 형상함수를 그대로 사용하면 될 것이라고 간단히 생각할 수 있다. 하지만 우연형 요소에 대한 형상함수는 이렇게 단순히 정의될 수 없으며, 그 이유는 라그랑지 형상함수의 델타함수 특성에 기인한다. 예를 들어 9절점 그리고 8절점 사각형 요소를 비교하기로 하자. 9절점 사각형 요소는 9개의 텐서곱 유형의 형상함수를 가지고 있으며 이들 형상함수를 단순히 선형적으로 합치면

$$\psi_1(\xi,\ \eta)+\psi_2(\xi,\ \eta)+\cdots+\psi_9(\xi,\ \eta)=1 \tag{2.12}$$

마스터 요소 내 모든 점에서 1의 값을 가지게 된다.
그런데, 내부 절점에 해당하는 9번째 형상함수를 제외한 나머지 8개 형상함수를 합친 결과는 그림 2.1.14(b)와 같이 내부 절점의 위치에서 0의 값을 나타내게 된다. 따라서, ψ_9를 제외한 8개 텐서형 형상함수를 가지고 해석을 수행하게 되면 내부 절점에 해당되는 위치에서 물체거동은 항상 0이 되는 엉터리 해석결과만 구하게 된다.

1차 요소에서는 내부 절점이 존재하지 않기 때문에 텐서곱이나 우연형 요소는 모두 동일한 형상함수를 가지게 된다. 하지만, 내부 절점이 존재하는 고차요소에 해당하는 2, 3차원 우연형 형상함수는 텐서곱 방식과는 다르게 정의된다. 우연형 형상함수도 라그랑지 형상함수의 일종으로 식 (2.6)의 델타함수 성질을 만족하도록 정의되며, 이 방법은 삼각형, 사면체 그리고 오면체와 같이 비정방형 요소의 형상함수 정의에도 사용된다.

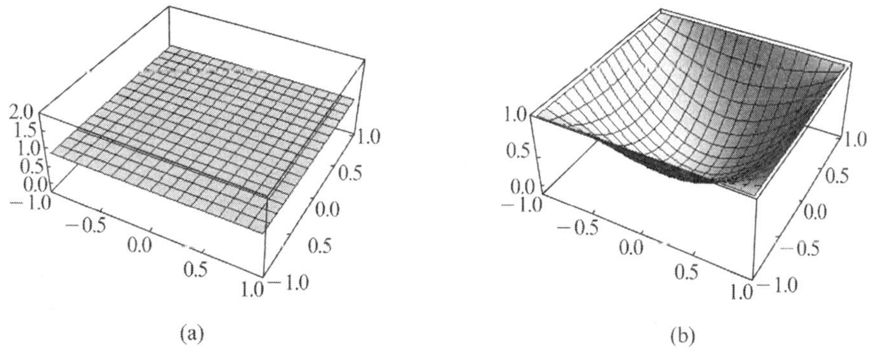

그림 2.1.24 9절점 텐서형 형상함수: (a) 9개 형상함수를 모두 합한 경우, (b) 내부 형상함수 ψ_9을 제외한 8개 형상함수를 합한 경우

우연형 형상함수와 삼각형, 사면체 그리고 오면체 요소에 해당하는 라그랑지형 형상함수는 마스터 요소 상에 위치한 절점을 통과하는 직선의 공식을 이용하여 정의된다. 참고로 삼각형, 사면체 그리고 오면체와 같이 정방형상이 아닌 요소의 경우에는 면 좌표계(area coordinate) 혹은 체적 좌표계(volume coordinate)를 이용하여 직선공식으로 표현하게 된다. 면 그리고 체적 좌표계에 대해서는 도형을 다루는 수학도서를 참고하기 바란다.

1번 절점에 해당되는 형상함수 ψ_1은 2, 4 그리고 7번 직선의 공식을 곱하고 절점 1에서 1의 값을 갖도록 계수를 곱하면 된다. 그리고 8번 절점에 해당되는 형상함수 ψ_8은 2, 3 그리고 4번 직선의 공식을 곱하고 절점 8에서 1의 값을 갖도록 계수를 곱하면 된다.

$$\psi_1(\xi, \eta) = -\frac{1}{4}(\xi-1)(\eta-1)(\xi+\eta+1) \tag{2.13a}$$

$$\vdots$$

$$\psi_8(\xi, \eta) = \frac{1}{2}(\xi-1)(\eta+1)(\eta-1) \tag{2.13b}$$

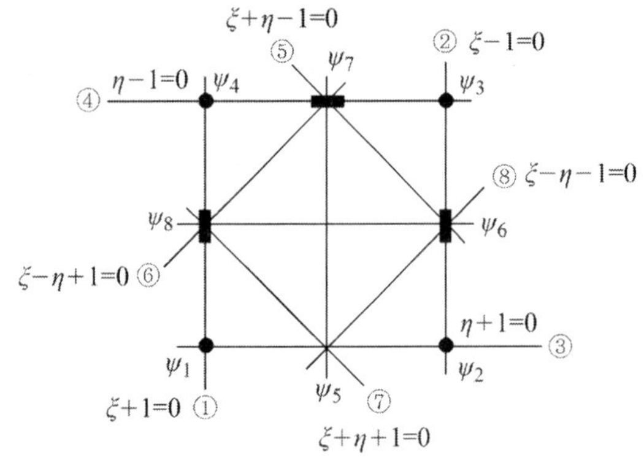

그림 2.1.25 8절점 우연형 사각형 요소의 형상함수

- **계층적 형상함수** : 계층적 요소(형상함수)는 두 가지 측면에서 라그랑지형 요소(형상함수)와 큰 차이가 있다. 첫째, 델타함수 특성을 만족하지 않으며 2차 이상 고차 요소는 차수와 무관하게 변, 면 그리고 내부에 한 개의 절점만을 가진다. 둘째, 라그랑지형 요소에서는 요소차수별로 형상함수를 별도로 정의해야 하는 반면, 계층적 형상함수는 요소차수가 증가하면 증가되는 차수에 해당되는 형상함수만 추가로

정의하면 된다. 아래 그림은 1차원 계층적 형상함수를 보여주고 있다. 계층적 형상함수의 2, 3차원 요소로의 확장은 텐서곱 방식으로만 가능하고, 우연형 방식으로는 확장이 불가능하다.

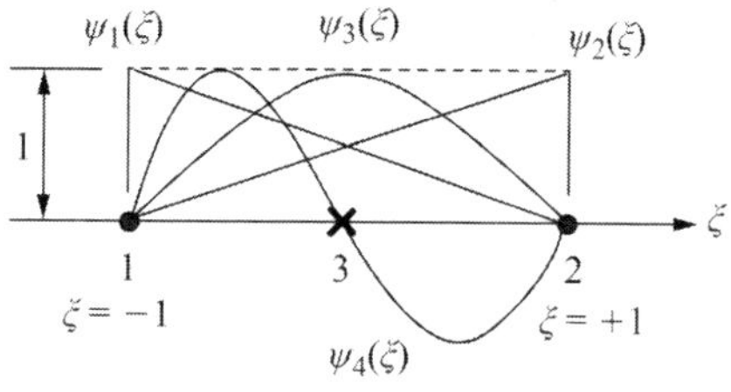

그림 2.1.26 계층적 형상함수

위 그림에서 알 수 있듯이 계층적 형상함수는 단항식의 차수를 증가시킴으로써 고차 형상함수를 쉽게 정의할 수 있다. 요소의 좌우 절점에서 물체의 거동 u_h는 각각 ψ_1과 ψ_2의 자유도와 일치하는 델타함수 성질을 만족한다. 하지만, 가운데 절점에서의 물체거동은 아래와 같이 모든 형상함수의 조합으로 계산된다.

$$u_h(\xi_3) = u_1\psi_1(\xi_3) + u_2\psi_2(\xi_3) + u_3\psi_3(\xi_3) + u_4\psi_4(\xi_3) \tag{2.14}$$

2.1.4 기저함수의 생성 및 특성

앞 절에서는 마스터 요소에서 정의되는 형상함수의 유형과 2차원 그리고 3차원으로의 확장에 대하여 살펴보았다. 이를 통해 해석자는 상용 소프트웨어를 이용한 해석작업에서 요소를 선택한다는 것은 형상함수의 유형과 차수를 선택한다는 사실을 알게 되었을 것이다. 본 절에서는 마스터 요소 상에서 정의된 형상함수가 실제 요소망 내 각 요소로 변환되었을 때 어떠한 모양의 함수가 되는지 살펴보기로 한다. 본 절의 학습을 통해 해석자는 자신이 생성한 요소망 속에서 어떠한 형태의 함수가 정의되었는지 머릿속으로 상상할 수 있을 것이다. 단지 요소로만 구성된 요소망이 아닌 그 속에 정의되어 있는 함수를 상상할 수 있다는 것은 원하는 해석결과를 구하는데 큰 도움을 줄 것이다. 앞 절의 그림 2.1.20에 나타낸 1차원 라그랑지 형상함수를 마스터 요소에서 실제 요소망으로 변환시켜 생성한 기저함수들은 다음 그림과 같게 된다.

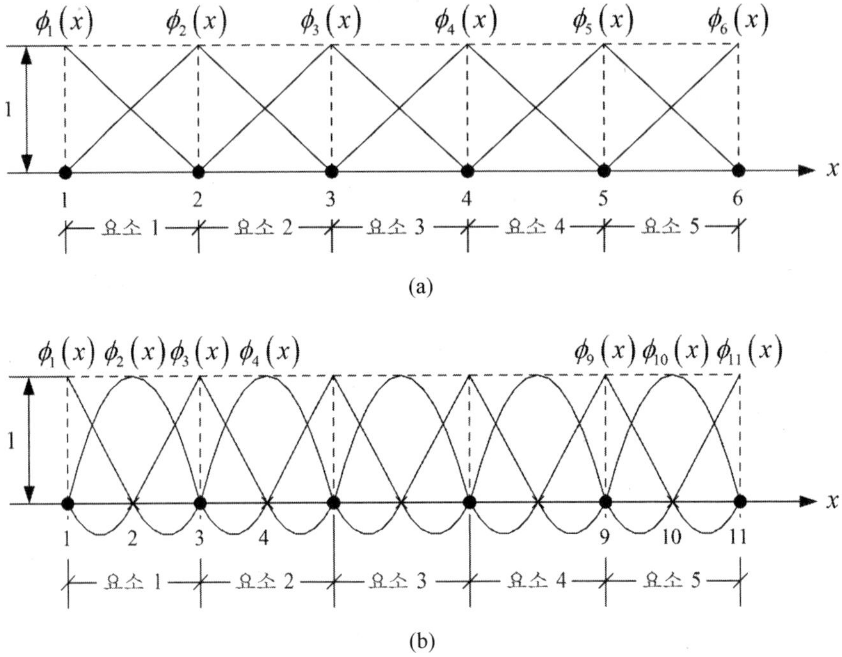

그림 2.1.27 1차원 라그랑지 형상함수의 실제 요소망으로의 변환: (a) 1차 함수, (b) 2차 함수

그리고 2차원 텐서곱 라그랑지 형상함수를 4절점 사각형 요소로 구성된 실제 요소망에 적용하였을 때의 함수형태는 다음의 그림 2.1.28과 같다. 앞서 언급한 바와 같이 기저함수의 번호는 절점의 번호로 결정되기 때문에, 요소망 내 모든 기저함수들은 1부터 연속적인 번호를 지니게 된다. 요소망의 가장자리에 위치한 절점에 해당되는 K번째 기저함수는 요소망 내에 위치한 절점의 기저함수와 달리 변에 수직하게 칼로 자른 듯한 단면을 나타냄을 알 수 있다.

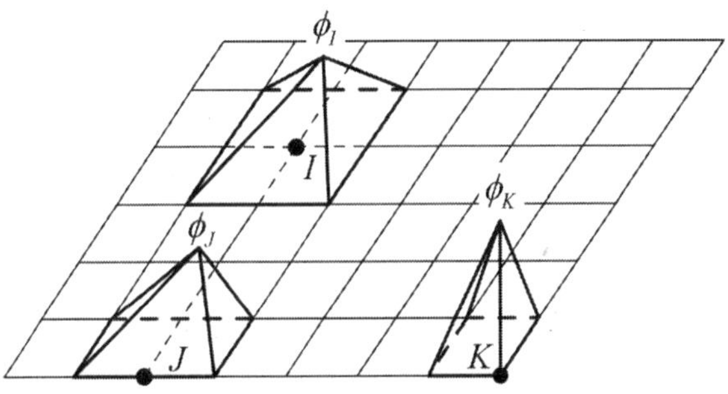

그림 2.1.28 2차원 텐서곱 라그랑지 1차 형상함수의 실제 요소망으로의 변환

이와 같이 형상함수를 실제 요소망으로 전환하였을 때 각 절점별로 정의되는 함수 ϕ_I를 기저함수(basis function)라고 부른다. 기저라는 용어는 어떤 대상을 표현하는데 있어 근본이 되는 기본요소로서, 근사해 u_h를 표현하기 위한 기본함수라는 의미를 지니고 있다. 3차원 공간상에서 특정한 위치를 나타내기 위해 사용되는 위치벡터(position vector) $\boldsymbol{r}=x\boldsymbol{i}+y\boldsymbol{j}+z\boldsymbol{k}$는 3개의 직교하는 단위벡터(unit vector) ($\boldsymbol{i}$, $\boldsymbol{j}$, $\boldsymbol{k}$)와 성분들 (x, y, z)로 구성된다. 그리고 차수가 k인 단항함수 $P_k(x)=a_0+a_1x+\cdots+a_kx^k$는 ($1$, x, $\cdots$, x^k)와 계수들 (a_0, a_1, $\cdots$, a_k)의 선형조합(linear combination)으로 표현된다. 따라서 ($\boldsymbol{i}$, $\boldsymbol{j}$, $\boldsymbol{k}$)와 (1, x, $\cdots$, x^k)는 각각 위치벡터 $\boldsymbol{r}$과 단항함수 $P_k(x)$를 표현하기 위한 기본요소 즉 기저가 된다.

요소망 내 모든 기저함수들을 선형적으로 합하게 되면 요소망 전체 영역 내에서 정의되는 하나의 함수가 정의되는데, 이 함수를 근사함수(interpolation function)라고 부른다. 형상함수, 기저함수 그리고 근사함수를 기호와 정의 영역 측면에서 구분하면 표 2.1과 같다.

표 2.1 형상함수, 기저함수 그리고 근사함수

	형상함수	기저함수	근사함수
기호	$\psi(\xi,\ \mu)$	$\phi(x,\ y)$	$\sum\phi_I(x,\ y)$
정의 영역	마스터 요소	실제 요소	실제 요소망

기저함수는 세 가지 중요한 특성을 지니고 있는데, 하나는 델타함수의 성질을 만족한다는 점과 다른 하나는 요소망 내에서 연속적인 근사해를 제공하지만 근사해의 미분은 요소와 요소 사이에서 불연속이 된다는 점이다. 그리고 마지막 특성은 인접한 기저함수들은 서로 겹치는 부분이 있지만 어느 정도 떨어져 있는 기저함수들과는 전혀 겹치지 않는다는 점이다. 각각의 특성을 보다 상세히 살펴보기로 한다.

- **델타함수 성질** : 그림 2.1.20과 2.1.22에서 확인할 수 있듯이 라그랑지 기반의 기저함수 역시 자신의 절점에서 1의 값을 가지고 나머지 절점들에서는 모두 0의 값을 가지게 된다. 기저함수는 마스터 요소 상에서 정의된 형상함수를 단순히 요소망 내 각 요소로 옮겨 놓은 것에 불과하기 때문에 형상함수의 델타함수 성질이 그대로 보존된다.
- **C^0 연속성** : 기저함수들의 선형적인 조합, 즉 $\phi_1+\phi_2+\cdots+\phi_N$는 앞에서도 확인하였듯이 요소망 내 모든 점에서 1의 값을 가지는 연속적인 분포를 나타낸다.

그리고 이러한 기저함수를 이용하여 구한 물체의 거동 역시 요소망 내에서 연속적인 분포를 나타내게 된다. 하지만, 물체거동의 공간상의 변화율, 즉 $du_h(x)/dx$는 각각의 요소 내에서는 연속적이지만 요소와 요소 사이에서는 불연속성을 나타낸다. 따라서 유한요소 해석으로 구한 물체거동 u_h는 요소망 내에서 연속적이지만 그 미분은 불연속적인 분포를 나타내게 되며, 함수의 이러한 특성을 C^0 연속성(C^0 continuity)이라고 부른다. C^0의 상첨자 "0"는 연속적인 분포를 나타내는 함수의 최대 미분차수를 나타내는 지수로서, 함수가 C^1 연속성을 가진다면 함수의 1차 미분도 연속적인 분포를 나타내게 된다.

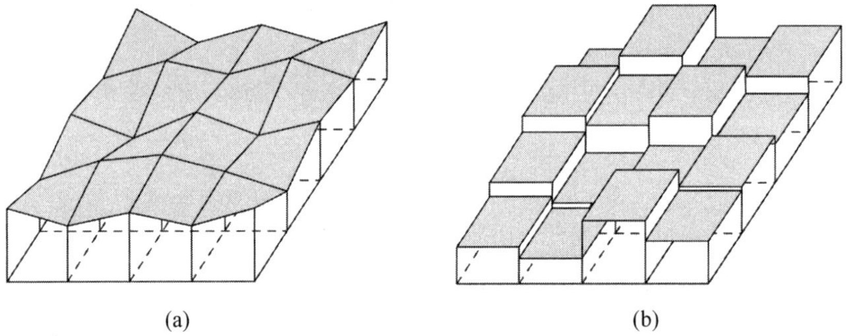

그림 2.1.29 기저함수의 연속성과 불연속성: (a) 거동 자체의 연속성, (b) 거동 미분의 불연속성

그림 2.1.29는 1차원 라그랑지형 기저함수로 구한 물체거동의 연속성과 그 미분의 불연속성을 보여주고 있다. 해석으로 구한 물체거동이 요소와 요소 사이에서 불연속적인 분포를 나타내는 것은 기저함수가 마스터 요소 상에서 정의된 형상함수를 이용하여 요소 단위로 정의되었기 때문이다. 구조해석의 경우, 물체거동은 구조물의 변형에 해당되고 거동의 미분은 변형률(strain)과 응력(stress)에 직결된다. 따라서 해석으로 구한 불연속적인 변형률과 응력을 그대로 사용하지 않고, 다음의 그림 2.1.30(b)와 같이 각 요소 내 수치 적분점들에서의 미분값들을 선형 혹은 고차함수로 연속적인 변형률과 응력분포로 보간(interpolation)하게 된다.

6장의 6.1.2절에서 상세히 다루겠지만 유한요소 해석결과의 미분값은 적분점(integration point)에서 보다 높은 정확도를 나타내기 때문에, 변형률과 응력값은 절점에서의 값이 아닌 적분점에서의 값을 이용하여 연속적인 분포로 보간하게 된다. 참고로 1차원 1차 기저함수의 경우에는 적분점은 하나이며 요소의 중앙지점에 해당된다.

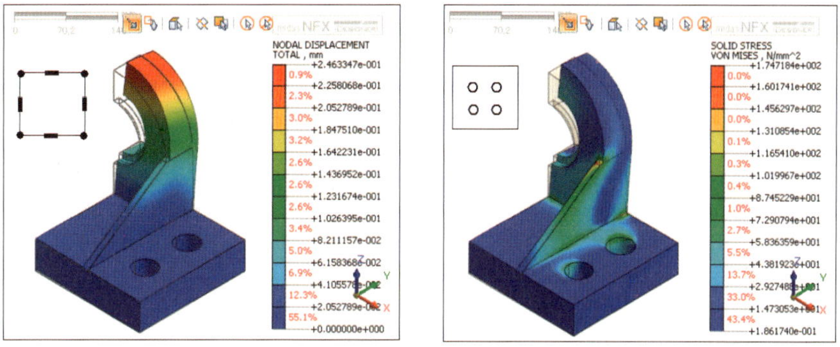

(a) (b)

그림 2.1.30 (a) 절점값으로 이용한 연속적인 변위분포, (b) 적분점(integration point)에서의 응력값을 보간(interpolation)한 연속적인 응력분포

- **오버랩(overlap) 성질** : 그림 2.1.20과 2.1.22에 나타낸 1차원 그리고 2차원 기저함수를 살펴보면 기저함수가 0이 아닌 값을 가지는 영역은 이웃한 몇 개의 요소에 국한되어 있다. 그 결과 임의 기저함수와 겹쳐지는 인접한 기저함수는 한정적이다. 그림 2.1.20의 1차 기저함수에서는 오버랩 되는 기저함수의 개수는 최대 3개이고, 2차 기저함수에서는 최대 5개임을 확인할 수 있다.

  1장 1.2.4절의 식 (1.53)에 소개한 강성행렬 $K_{IJ} = \int_0^1 (\phi_I'\phi_J' + \phi_I\phi_J)dx$는 ϕ_I와 ϕ_J의 대수적인 곱을 적분한 값으로 계산된다. 따라서 오버랩 되는 기저함수의 개수가 감소할수록 0이 되는 강성행렬의 행렬요소는 증가하게 된다. 일반적으로 오버랩 되는 기저힘수의 최대 개수는 $2p+1$로 계산된다. 여기서 p는 기저함수의 차수인 요소차수(element order)를 나타내며, 요소차수가 증가할수록 오버랩 되는 기저함수의 최대 개수는 비례적으로 증가하게 된다. 다음의 2.2.2절에서 소개되는 강성행렬의 행렬상의 특성과 밴드폭(band width)은 기저함수의 오버랩 특성에 크게 좌우된다.

2.2 유한요소 행렬방정식(Finite Element Matrix Equations)

해석의 대상이 되는 물체에 요소망 작업을 수행하면 요소망 내부에는 임의 형상을 지닌 요소들이 생성된다. 이러한 실제 요소들은 형상이 불규칙하기 때문에 각 요소에 해당하는 기하학적 영역의 하한(lower limit)과 상한(upper limit)을 특정한 상수값으로 지정할 수 없다. 아래 그림 2.2.1(a)에 나타낸 바와 같이 x축 그리고 y축 방향으로 요소 영역의 하한과 상한이 위치에 따라 변하는 것을 알 수 있다. 따라서 실제 요소망 내부에 정의되는 함수 $f(x,\ y)$를 실제 요소 상에서 수치적분(numerical integration)을 적용하기란 매우 어렵고 불편하다.

이러한 어려움을 해결할 수 있는 방법은 그림 2.2.1(b)에 나타낸 마스터 요소 $\hat{\Omega}$이라 불리는 정규화된 요소로 실제 요소의 형상과 함수 $f(x,\ y)$를 변환시키는 것이다. 마스터 요소는 기하학적 영역의 하한과 상한이 명확한 상수 값이기 때문에 수치적분이 쉬울뿐더러 실제 요소와 달리 그 형상과 크기가 일정하기 때문에 컴퓨터 프로그래밍(computer programming)이 가능하다.

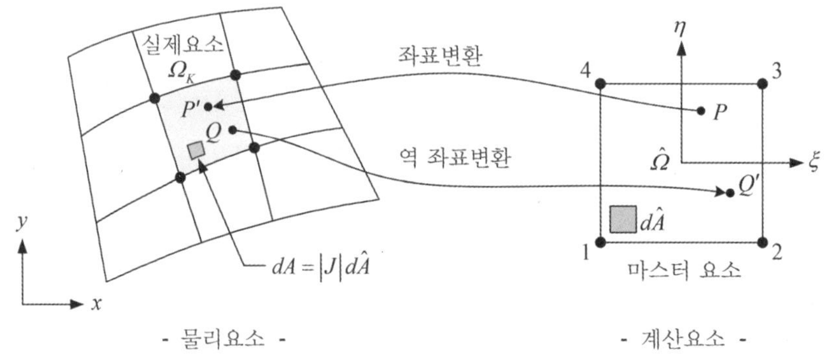

그림 2.2.1 물리요소라 불리는 실제 요소 Ω_K와 계산요소라 불리는 마스터 요소 $\hat{\Omega}$

유한요소법에서는 강성행렬과 하중벡터 계산에 필수적인 수치적분을 실제 요소가 아닌 마스터 요소 상에서 수행한다. 해석자는 컴퓨터 화면상에서 물체의 실제 형상을 모델링하고 요소를 생성할지라도, 솔버(solver)는 요소망 내 각 요소를 마스터 요소로 변환시켜 수치적분을 수행하고 행렬을 구성하여 해석결과를 계산하게 된다. 이러한 관점에서 요소망 내 실제 요소를 물리요소(physical element)라 부르고, 마스터 요소를 계산요소(computation element)라고 부른다. 또한, 실제 요소망 생성에 기준이 되는 실제 좌표 $(x,\ y)$를 물리좌표(physical coordinates)라고 부르고, 마스터 요소의 기준이 되는 국부 좌표 $(\xi,\ \eta)$를 계산좌표(computation coordinates)라고 부른다.

본 절에서는 실제 요소의 형상과 함수 $f(x,\ y)$를 마스터 요소로 변환하는 과정을 학습하고, 마스터 요소 상에서 강성행렬과 하중벡터를 수치적으로 적분하는 방법과 행렬의 특성을 소개하고자 한다. 본 절의 학습을 통해 해석자는 요소망 생성과 관련된 오류

(error)의 원인을 명확히 파악하고 대형 유한요소 해석 작업이 개인용 컴퓨터로 가능한 이유를 이해하게 될 것이다.

2.2.1 좌표변환

앞서 실제 요소 상에서 표현되는 물리량을 마스터 요소로 변환하여 계산하는 이유를 설명하였다. 본 절에서는 요소망 내 실제 요소와 마스터 요소 사이의 좌표변환(geometry transformation)을 학습하기로 한다. 좌표변환을 학습하기 전에 우선 요소망 내 실제 요소의 형상 근사화(geometry approximation)에 대하여 살펴보기로 하자. 유한요소 해석에서는 물체거동 $u(x, y)$은 물론 물체형상도 근사하게 된다.
물체의 형상 근사화는 요소망 내 각 요소의 형상 근사화를 통해 수행되며, 각 요소의 형상 근사화는 아래 식 (2.15)와 같이 요소 내 절점의 좌표값 (x_k, y_k)과 기저함수 $\phi_k(\xi, \eta)$의 선형조합으로 표현된다.

$$x(\xi, \eta) = x_1\phi_1(\xi, \eta) + x_2\phi_2(\xi, \eta) + \cdots + x_k\phi_k(\xi, \eta) \tag{2.15a}$$

$$y(\xi, \eta) = y_1\phi_1(\xi, \eta) + y_2\phi_2(\xi, \eta) + \cdots + y_k\phi_k(\xi, \eta) \tag{2.15b}$$

여기서 k는 요소의 절점번호를 의미한다.

형상 근사화는 물체거동 근사화를 위한 기저함수를 사용하지만, 차이점은 기저함수의 개수 즉, 요소의 차수 및 절점의 개수이다. 따라서, 다음의 그림 2.2.2를 참고하여 형상 근사화는 물체거동을 근사하기 위한 기저함수의 차수(요소차수 및 절점 수 N)를 기준으로 부매개(subparametric) 형상 근사화, 등매개(isoparametric) 형상 근사화 그리고 초매개(superparametric) 형상 근사화로 구분할 수 있다.

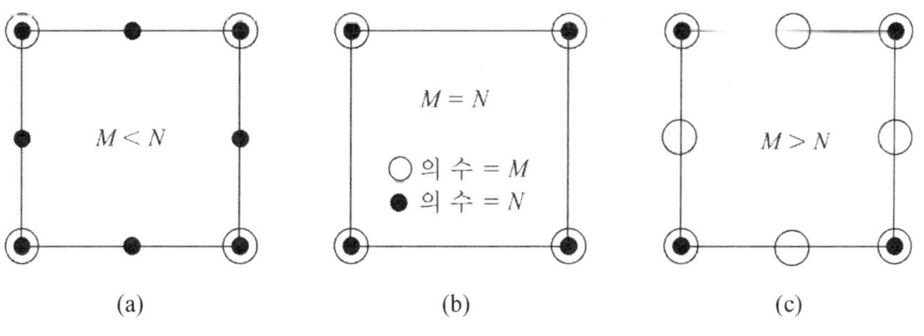

그림 2.2.2 형상 근사화의 분류(● : 물체거동 근사, ○ : 물체형상 근사): (a) 부매개 형상 근사화, (b) 등매개 형상 근사화, (c) 초매개 형상 근사화

- **부매개(subparametric) 형상 근사화($M<N$)** : 물체의 거동 $u(x, y)$을 근사 시키기 위한 요소의 차수보다 낮은 차수의 요소를 이용하여 물체의 형상을 근사하는 경우를 말한다. 형상 모델링의 정확도가 물체거동에 큰 영향을 미치지 않거나 물체의 형상에 곡선이 포함되어 있지 않고 직선과 같이 단순한 경우에 사용된다. 다음의 그림 2.2.3(a)와 같이 사각형 부재로 구성된 지지체는 1차 선형요소로도 물체 형상을 정확히 모델링 할 수 있다.

- **등매개(isoparametric) 형상 근사화($M=N$)** : 물체의 거동과 형상을 근사화 시키기 위해 동일한 차수의 요소를 사용하는 경우로서, 상용 소프트웨어를 이용한 거의 대부분의 해석은 여기에 속한다. 상용 소프트웨어에서 지원되는 요소의 차수가 1차 그리고 2차이기 때문에 굳이 물체의 거동과 형상 근사화를 위해 서로 다른 차수의 요소를 적용한다고 하더라도 큰 차이가 없기 때문이다. 다음의 그림 2.2.4는 구조물의 형상과 변형을 근사화 하기 위해 생성한 2차 등매개 요소망을 보여주고 있다.

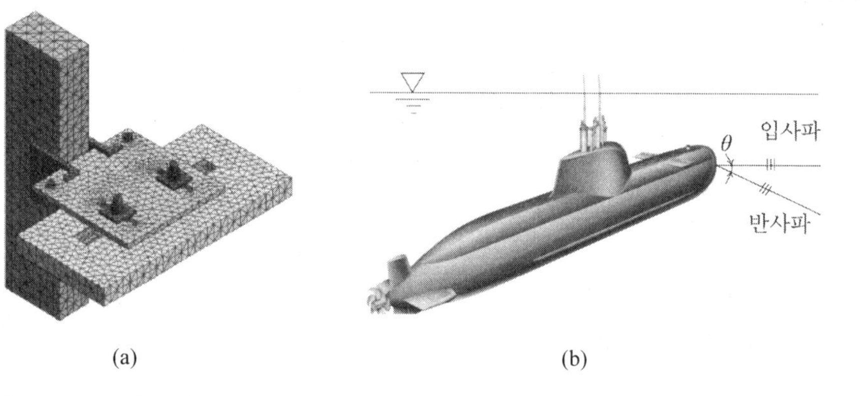

그림 2.2.3 물체의 형상 근사화: (a) 부매개 형상 근사화로 충분한 기계부품, (b) 초매개 형상 근사화가 요구되는 잠수함의 곡면 형상

- **초매개(superparametric) 형상 근사화($M>N$)** : 형상 모델링이 물체거동에 지대한 영향을 미치는 경우에는 높은 정확도의 형상 모델링이 요구된다. 예를 들어 그림 2.2.3(b)에 나타낸 수중 잠수함의 위치를 추적하는 음파해석(acoustic analysis)의 경우를 생각해 보자. 입사된 음파가 선체에 부딪혀 반사되는 각도는 선체의 곡면 형상에 매우 민감하기 때문에, 음파해석 자체의 정확도는 잠수함의 형상 모델링에 절대적으로 좌우된다. 이와 같은 경우에는 음파해석을 위한 요소차수보다 곡면 형상을 모델링하기 위한 요소차수가 높아야 한다.

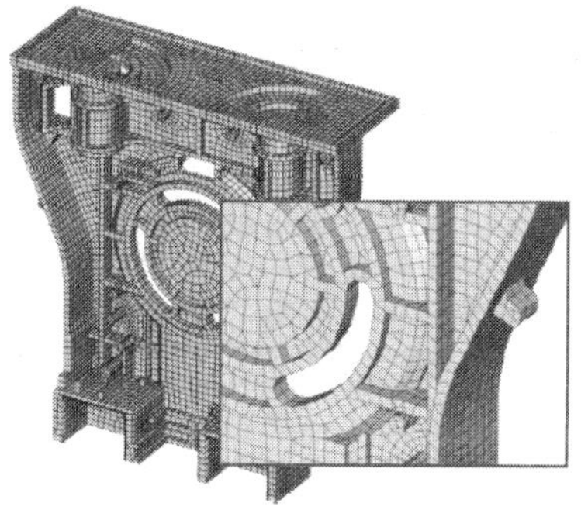

그림 2.2.4 midas NFX를 이용한 기계부품의 등매개 형상 근사화의 예

다음으로 그림 2.2.5에 나타낸 실제 4절점 1차 사각형 요소와 마스터 요소 사이의 좌표변환을 예로 들어 보기로 한다. 실제 요소의 4개 절점의 좌표값 $(x_k,\ y_k)$와 라그랑지 기저함수 $\phi_k(\xi,\ \eta)$를 이용하면, 실제 사각형 요소의 기하학적 형상은 앞의 식 (2.15)를 이용하여 다음과 같이 근사화 된다.

$$\begin{aligned} x &= 3\phi_2(\xi,\ \eta) + \phi_3(\xi,\ \eta) \\ &= \frac{3}{4}(1+\xi)(1-\eta) + \frac{1}{4}(1+\xi)(1+\eta) = \frac{1}{4}(1+\xi)(4-2\eta) \end{aligned} \tag{2.16a}$$

$$\begin{aligned} y &= \phi_3(\xi,\ \eta) + 4\phi_4(\xi,\ \eta) \\ &= \frac{1}{4}(1+\xi)(1+\eta) + \frac{4}{4}(1-\xi)(1+\eta) = \frac{1}{4}(5-3\xi)(1+\eta) \end{aligned} \tag{2.16b}$$

위 식은 실제 요소 상의 모든 점 $(x,\ y)$는 마스터 요소의 좌표값 $(\xi,\ \eta)$로 표현됨을 알 수 있다. 따라서, 앞의 그림 2.2.1에 나타낸 바와 같이 마스터 요소 상의 임의 점 P에 대응되는 점 P'가 실제 요소의 내부에 반드시 존재하게 된다. 따라서 식 (2.16)은 마스터 요소의 $(\xi,\ \eta)$ 좌표계로부터 실제 요소의 $(x,\ y)$ 좌표계로의 좌표변환에 해당된다. 만약, 식 (2.16)로 표현된 두 식의 역함수(inverse function)를 구하게 되면 다음 식과 같이 표현될 것이다.

$$\xi = \xi(x,\ y), \qquad \eta = \eta(x,\ y) \tag{2.17}$$

위 식은 마스터 요소 상의 모든 점 $(\xi,\ \eta)$는 실제 요소의 좌표값 $(x,\ y)$로 표현되고, 실제 요소 상의 임의 점 Q에 대응되는 점 Q'이 마스터 요소 내부에 반드시 존재함을 의미한다. 따라서 식 (2.17)은 실제 요소 $(x,\ y)$ 좌표계로부터 마스터 요소의 $(\xi,\ \eta)$ 좌표계로의 좌표변환에 해당된다. 식 (2.16)과 식 (2.17)로 표현된 두 좌표변환은 상호 역변환(inverse transformation) 관계에 있다. 다시 말해 식 (2.17)은 식 (2.16)의 역변환에 해당되고, 식 (2.16)은 식 (2.17)의 역변환에 해당된다.

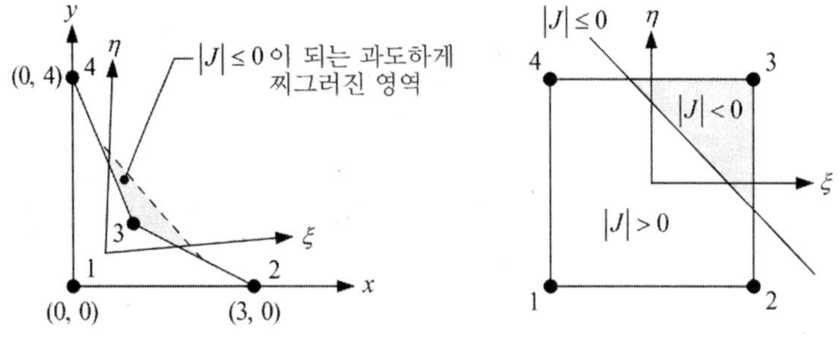

그림 2.2.5 사각형 요소와 마스터 요소간의 좌표변환

식 (2.15)의 좌표변환은 x와 y가 $(\xi,\ \eta)$의 함수로 표현되기 때문에, 마스터 요소 $\hat{\Omega}$ 내 ξ와 η의 변화에 따른 x와 y의 총 변화량(전미분(total differentiation)이라 불림) dx와 dy는 체인룰(chain rule)에 의해 다음과 같이 계산된다.

$$dx = \frac{\partial x}{\partial \xi} d\xi + \frac{\partial x}{\partial \eta} d\eta, \qquad dy = \frac{\partial y}{\partial \xi} d\xi + \frac{\partial y}{\partial \eta} d\eta \tag{2.18}$$

그리고 식 (2.17)의 역변환은 ξ와 η가 $(x,\ y)$의 함수로 표현되기 때문에, 실제 요소 Ω_K 내 x와 y의 변화에 따른 ξ와 η의 총 변화량 $d\xi$와 $d\eta$는

$$d\xi = \frac{\partial \xi}{\partial x} dx + \frac{\partial \xi}{\partial y} dy, \qquad d\eta = \frac{\partial \eta}{\partial x} dx + \frac{\partial \eta}{\partial y} dy \tag{2.19}$$

와 같이 계산된다.

행렬 표기법을 식 (2.18)과 (2.19)에 적용하면 아래 두 식과 같이 표현되고, $[\boldsymbol{J}]$와 $[\boldsymbol{J}]^{-1}$는 각각 자코비 행렬(Jacobi matrix) 그리고 역 자코비 행렬(inverse Jacobi matrix)이라고 불린다.

$$\begin{Bmatrix} dx \\ dy \end{Bmatrix} = \begin{bmatrix} \dfrac{\partial x}{\partial \xi} & \dfrac{\partial x}{\partial \eta} \\ \dfrac{\partial y}{\partial \xi} & \dfrac{\partial y}{\partial \eta} \end{bmatrix} \begin{Bmatrix} d\xi \\ d\eta \end{Bmatrix} = [\boldsymbol{J}] \begin{Bmatrix} d\xi \\ d\eta \end{Bmatrix} \tag{2.20}$$

$$\begin{Bmatrix} d\xi \\ d\eta \end{Bmatrix} = \begin{bmatrix} \dfrac{\partial \xi}{\partial x} & \dfrac{\partial \xi}{\partial y} \\ \dfrac{\partial \eta}{\partial x} & \dfrac{\partial \eta}{\partial y} \end{bmatrix} \begin{Bmatrix} dx \\ dy \end{Bmatrix} = [\boldsymbol{J}]^{-1} \begin{Bmatrix} dx \\ dy \end{Bmatrix}$$

$$= \frac{1}{\det([\boldsymbol{J}])} \begin{bmatrix} \dfrac{\partial y}{\partial \eta} & -\dfrac{\partial x}{\partial \eta} \\ -\dfrac{\partial y}{\partial \xi} & \dfrac{\partial x}{\partial \xi} \end{bmatrix} \begin{Bmatrix} dx \\ dy \end{Bmatrix} \tag{2.21}$$

식 (2.21)의 세 번째 항은 식 (2.20)에 역행렬 $[\boldsymbol{J}]^{-1}$을 좌우 변에 곱하여 유도된 것으로 $|\boldsymbol{J}| = \det([\boldsymbol{J}])$는 자코비언(Jacobian)이라고 불리는 물리량이다. 자코비언에 대한 상세한 설명은 부록 A.1.4를 참고하기 바란다.

$$|\boldsymbol{J}| = \det([\boldsymbol{J}]) = \frac{\partial x}{\partial \xi}\frac{\partial y}{\partial \eta} - \frac{\partial x}{\partial \eta}\frac{\partial y}{\partial \xi} \tag{2.22}$$

앞의 그림 2.2.1을 참고하면 마스터 요소 내 미소면적 $d\hat{A} = d\xi\, d\eta$은 실제 요소로 변환되었을 때 $dA = dxdy$ 크기의 미소면적으로 바뀌게 된다. 좌표변환에 있어 자코비언의 물리적 의미는 이 두 미소면적의 비를 의미하게 된다. 다시 말해, 다음과 같은 관계식으로 표현된다.

$$|\boldsymbol{J}| = dA / d\hat{A} \quad \rightarrow \quad dA = |\boldsymbol{J}|\, d\hat{A} \tag{2.23}$$

만약 자코비언이 0 혹은 음수가 되게 되면 마스터 요소 내 미소면적 $d\hat{A}$은 실제 요소로 변환되었을 때 0 혹은 음의 면적이 된다. 하지만, 면적은 0 혹은 음의 값을 가질 수가 없기 때문에 좌표변환에 따른 자코비 행렬 $[\boldsymbol{J}]$의 자코비언 $|\boldsymbol{J}| = \det([\boldsymbol{J}])$은 항상 0보다 큰 양의 값을 가져야 한다(즉, $|\boldsymbol{J}| > 0$을 만족시켜야 함).

그림 2.2.5의 사각형 요소의 좌표변환 관계식 (2.16)의 자코비 행렬 $[\boldsymbol{J}]$를 계산하면 다음과 같다.

$$[\boldsymbol{J}] = \begin{bmatrix} \dfrac{\partial x}{\partial \xi} & \dfrac{\partial x}{\partial \eta} \\ \dfrac{\partial y}{\partial \xi} & \dfrac{\partial y}{\partial \eta} \end{bmatrix} = \begin{bmatrix} \dfrac{1}{4}(4-2\eta) & -\dfrac{2}{4}(1+\xi) \\ -\dfrac{3}{4}(1+\eta) & \dfrac{1}{4}(5-3\xi) \end{bmatrix} \tag{2.24}$$

그리고 자코비언 $|\boldsymbol{J}| = \det([\boldsymbol{J}])$는 다음과 같이 계산된다.

$$|\boldsymbol{J}| = \det([\boldsymbol{J}]) = \frac{\partial x}{\partial \xi}\frac{\partial y}{\partial \eta} - \frac{\partial x}{\partial \eta}\frac{\partial y}{\partial \xi} = \frac{1}{8}(7-9\xi-8\eta) \tag{2.25}$$

식 (2.25)를 통해 알 수 있듯이 자코비언 $|\boldsymbol{J}|$ 즉, 마스터 요소 내 미소면적이 실제

요소로 변환되었을 때 미소면적과의 비율은 마스터 요소 내 각 지점에 따라 다른 값을 가지게 된다. 만약, 마스터 요소 내에서 자코비언이 0 혹은 음의 값을 가지는 지점이 있다면 마스터 요소 내 미소면적 $d\widehat{A} = d\xi d\eta$는 실제 요소로 변환되었을 때 미소면적 $dA = dxdy$가 0 혹은 음수가 되어 버린다. 이러한 일이 발생한다면 물리적으로나 수학적으로 문제를 야기한다. 우선 물리적으로 면적은 항상 양의 값을 가져야 하기 때문이고, 다음으로는 자코비언이 0이 되면 식 (2.21)에서 알 수 있듯이 역 자코비 행렬 $[\boldsymbol{J}]^{-1}$을 구할 수 없게 된다.

앞의 그림 2.2.5를 살펴보면 식 (2.25)의 직선 $7-9\xi-8\eta$는 마스터 요소를 통과하는 것을 알 수 있다. 따라서, 이 직선상에 있는 점들은 실제 요소로 좌표변환 시 $|\boldsymbol{J}|=0$이 되고 이 직선 상부에 있는 점들은 $|\boldsymbol{J}|<0$이 되어 버린다. 이 직선과 이 직선 상부에 해당하는 점들은 실제 요소로 변환 시 그림 2.2.5와 같이 절점 3 바깥에 음영 처리된 삼각형 영역으로 변환되어야만 $|\boldsymbol{J}|>0$을 만족한다. 다시 말해, 실제 요소의 절점 3이 과도하게 안으로 침입하여 형상이 찌그러짐으로써 자코비언이 0과 음의 값을 가지게 된 것이다.

다음 2.2.2절에서 소개할 요소행렬 계산에는 자코비언이 반드시 포함되게 되는데, 만약 자코비언이 양수가 되지 않으면 수치적분으로 계산한 요소행렬이 양정치 행렬(positive definite matrix)이 되지 않는다. 부록 A.2.1에 상세히 설명되어 있는 바와 같이 행렬이 양정치가 되지 않으면 역행렬이 존재하지 않게 된다. 유한요소 구조해석은 앞에서도 소개한 바와 같이 구조물의 변위 $\{\boldsymbol{u}\}$를 아래 식과 같이 강성행렬의 역행렬 $[\boldsymbol{K}]^{-1}$을 하중벡터 $\{\boldsymbol{F}\}$에 곱하여 구하게 된다.

$$\{\boldsymbol{u}\} = [\boldsymbol{K}]^{-1}\{\boldsymbol{F}\} \tag{2.26}$$

하지만 자코비언 오류(즉, $|\boldsymbol{J}| \le 0$)가 발생하게 되면 강성행렬의 역행렬이 존재하지 않아 구조물의 변위를 구할 수 없게 된다. 유한요소 해석을 수행하면서 직면하게 되는 "non-positive definite error!!"는 이와 같이 요소망 내 요소의 과도한 찌그러짐으로 인해 발생하게 된다. 이러한 문제는 찌그러짐을 야기시키는 절점을 이동하거나 두 개의 삼각형 요소로 분할함으로써 해결할 수 있다.

2.2.2 수치적분

강성행렬 $[\boldsymbol{K}]$와 하중벡터 $[\boldsymbol{F}]$ 등과 같이 유한요소 근사화에 따른 행렬과 벡터는 요소망 내 모든 요소 내에서 물체의 강성과 하중값을 수치적으로 적분하여 계산된다. 그리고 이러한 요소망 내 실제 요소 Ω_K상에서의 수치적분은 몇 가지 어려움으로 인해 마스터 요소 $\hat{\Omega}$로 변환하여 이루어진다는 사실을 앞 절에서 설명하였다. 요소망 내 실제 요소 Ω_K상에서 임의 함수 $f(x, y)$의 적분을 마스터 요소 $\hat{\Omega}$으로 변환하기 위해서는 적분식을 다음과 같이 수정해야 한다.

$$\int_{\Omega_K} f(x, y)dxdy = \int_{\hat{\Omega}} \hat{f}(\xi, \eta)|\boldsymbol{J}|d\xi d\eta \tag{2.27}$$

위 적분식의 변환을 위해서는 아래와 같이 함수 $f(x, y)$, 적분구간 그리고 미소면적의 변경이 필수적이다.

- **함수 $\boldsymbol{f(x, y)}$** : 물리 좌표계 상의 실제 요소 Ω_K내에서 정의되는 함수 $f(x, y)$를 좌표변환 $x = x(\xi, \eta)$ 그리고 $y = y(\xi, \eta)$를 이용하여 계산 좌표계 상의 마스터 요소 $\hat{\Omega}$내에서 정의되는 함수 $\hat{f}(\xi, \eta)$으로 변환시켜야 한다.
- **적분구간** : x와 y로 표현되는 실제 요소 Ω_K의 상한과 하한을 ξ와 η로 표현되는 마스터 요소 $\hat{\Omega}$의 상한과 하한으로 수정해야 한다. 예를 들어, 그림 2.2.5에서의 정사각형 마스터 요소의 하한과 상한은 각각 $(-1, -1)$과 $(+1, +1)$이 된다.
- **미소면적 $\boldsymbol{A = dxdy}$** : 앞 절의 그림 2.2.1과 부록 A.1.3에 상세히 설명되어 있는 것과 같이 실제 요소에서 마스터 요소로 좌표 변환하게 되면 미소면적의 크기는 $|\boldsymbol{J}|d\xi d\eta$로 바꾸어야 한다. 기억해야 할 사항은 자코비언 $|\boldsymbol{J}|$은 마스터 요소 내 위치에 따라 변하는 ξ와 η의 함수라는 점이다.

간단한 예로 구간 $2 \leq x \leq 5$ 상에서 정의되는 1차 함수 $3x + \sqrt{x}$의 적분을 실제 좌표계에서 수행하면 다음과 같다.

$$\begin{aligned} I &= \int_2^5 (3x + \sqrt{x})dx \\ &= \frac{3}{2}x^2 + \frac{2}{3}\sqrt[3]{x}\bigg|_2^5 = \frac{63}{2} + \frac{2}{3}(\sqrt[3]{5} - \sqrt[3]{2}) \end{aligned} \tag{2.28}$$

실제 좌표계에서의 적분을 그림 2.2.6에 나타낸 계산 좌표계 $-1 \leq \xi \leq 1$로 변환하여 계산하면 아래와 같다.

$$x = x(\xi):\ x = 2 + \frac{3}{2}(\xi + 1), \quad |\boldsymbol{J}| = \frac{dx}{d\xi} = \frac{3}{2} \tag{2.29a}$$

$$\begin{aligned}\hat{I} &= \int_2^5 (3x+\sqrt{x})dx = \int_{-1}^{+1}\left[3\left(2+\frac{3}{2}(\xi+1)\right)+\sqrt{2+\frac{3}{2}(\xi+1)}\right]|\boldsymbol{J}|\,d\xi \\ &= \left[6\xi+\frac{9}{2}\left(\frac{\xi^2}{2}+\xi\right)+\frac{4}{9}\sqrt[3]{2+\frac{3}{2}(\xi+1)}\right]\times\frac{3}{2}\,\Bigg\|_{-1}^{+1} \\ &= \frac{63}{2}+\frac{2}{3}(\sqrt[3]{5}-\sqrt[3]{2}) \qquad (2.29b)\end{aligned}$$

좌표변환 후 적분값이 좌표변환 전 실제 좌표계에서 계산한 적분값과 동일함을 확인할 수 있다. 위 예제의 경우, 적분공식을 이용한 이론적 방법으로 적분을 수행하였지만, 유한요소 해석에 있어서는 다음에 소개하게 될 수치적분(numerical integration)을 활용한 컴퓨터 계산으로 수행된다.

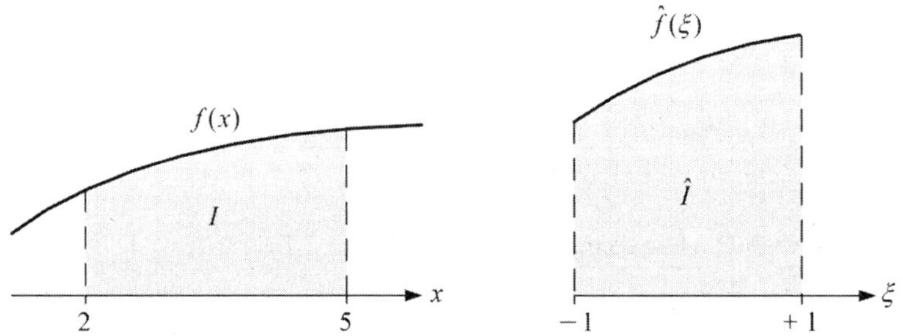

그림 2.2.6 1차원 함수에 대한 적분식의 변환

다음으로 유한요소법에서 채택하고 있는 특수한 수치적분법을 소개하고자 한다. 여기서 특수한 수치기법이란 우리가 익히 잘 알고 있는 일반적인 수치기법과는 개념이 전혀 다른 기법을 의미한다. 유한요소 해석은 물체거동에 대한 수학적 표현식을 수치근사화 기법을 통해 행렬방정식으로 전환하고, 이 행렬방정식을 풀어 물체거동의 근사해를 구하게 된다. 행렬방정식의 크기는 해석문제의 규모에 비례하여 증가하지만 최근 산업계에서 관심이 되는 해석문제의 크기는 거의 대부분 수십만 혹은 수백만 사이즈의 행렬방정식을 요구하고 있다.

수십만 혹은 수백만 크기의 행렬방정식을 풀기 위해서는 이보다 엄청나게 많은 횟수의 행과 열 사이의 연산작업(곱하기, 나누기, 더하기 그리고 빼기)이 요구된다. 그런데, 컴퓨터의 기억장치는 유효자릿수라고 불리는 저장 가능한 소수점 이하 최대 자리수의 한계가 있기 때문에 연산작업을 수행할 때마다 유효자릿수 이하의 숫자는 무시된다. 이러한 오차가 수십만 혹은 수백만 연산작업 동안 누적되면 무시할 수 없을 정도의 수치

근사 오차(numerical approximation error)를 유발하게 된다. 그런데 행렬요소 하나하나를 수치적분으로 계산하는 작업에 적분오차(integration error)가 포함된다고 상상해 보자. 각 행렬요소에 포함되어 있는 적분오차가 수십만 혹은 수백만 횟수의 연산작업을 수행하는 과정에서 누적되는 총 오차는 실로 상상을 초월할 것이다. 이러한 이유 때문에 유한요소법에서는 행렬요소 계산을 위해 적분오차가 전혀 없는 정확한 수치적분법을 채용하고 있다.

아래 그림 2.2.7은 우리가 잘 알고 있는 일반적인 수치기법을 보여주고 있다. 적분해야 할 면적을 다수개의 직사각형으로 분할하여 직선의 면적을 더하는 방식으로 수치적분이 이루어진다.

$$I_{근사} = \int_a^b f(x)dx = \sum_{k=1}^{N} f(x_k) \cdot \Delta x_k \tag{2.30}$$

여기서, x_k는 샘플링 지점(sampling point)으로서 직사각의 좌측, 우측 혹은 중앙지점 중 하나가 되는데, 정확도 측면에서 중앙지점이 유리하다. 그림에서 알 수 있듯이 이러한 전통적인 수치적분은 아무리 직사각형의 개수가 많을지라도 반드시 적분오차를 수반하게 된다.

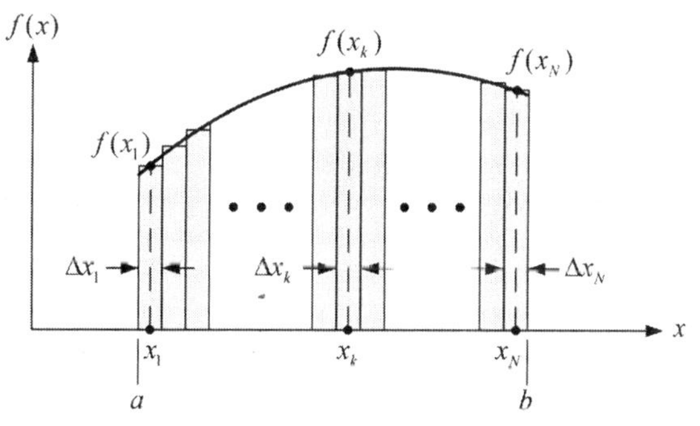

그림 2.2.7 적분오차를 수반하는 전통적인 수치기법

그림에서 알 수 있듯이 이러한 전통적인 수치적분은 직사각형의 개수가 증가할수록 정확도는 향상되지만 적분오차를 완전히 없앨 수는 없다.

적분오차가 전혀 없는 완벽한 수치적분은 가우스(Gauss) 적분법으로 가능하며, 가우스 적분법은 반드시 크기가 2인 대칭 적분구간 $-1 \leq \xi \leq 1$을 채택한다. 2차원 그리고 3차원인 경우에는 각각 $-1 \leq (\xi,\ \eta) \leq 1$인 정사각형 그리고 $-1 \leq (\xi,\ \eta,\ \zeta) \leq 1$인 정육면체를 적분구간으로 한다. 유한요소 해석에서 수치적분을 실제 요소가 아닌 이러한 마스터 요소에서 수행하는 이유가 바로 적분오차가 전혀 없는 가우스 적분법을 사용하기 위함이다.

다음 그림 2.2.8을 참고하면, 가우스 적분법에서는 샘플링 지점 x_k와 가중치(weight)는 이론적으로 계산된다. 샘플링 지점과 가중치는 샘플링 지점의 개수 N에 따라 다음의 규칙을 따른다.

- **N이 홀수인 경우** : 좌표의 원점 $\xi = 0$는 반드시 포함시키고 좌우로 대칭되게 $\pm\xi$로 샘플링 지점이 선택된다. 좌우 대칭되는 샘플링 지점에 대한 가중치는 동일하게 부여한다. 예를 들어, 샘플링 개수가 3인 경우에 있어 샘플링 지점과 가중치는 (0, w_1) 그리고 ($\pm\xi_2$, w_2)가 된다.
- **N이 짝수인 경우** : 좌표의 원점 $\xi = 0$는 포함시키지 않고 항상 좌우로 대칭되게 $\pm\xi$로 샘플링 지점이 선택되고, 좌우 대칭되는 샘플링 지점에 동일한 가중치가 부여된다. 예를 들어, 샘플링 지점이 4개인 경우에 있어 샘플링 지점과 가중치는 ($\pm\xi_1$, w_1) 그리고 ($\pm\xi_2$, w_2)가 된다.

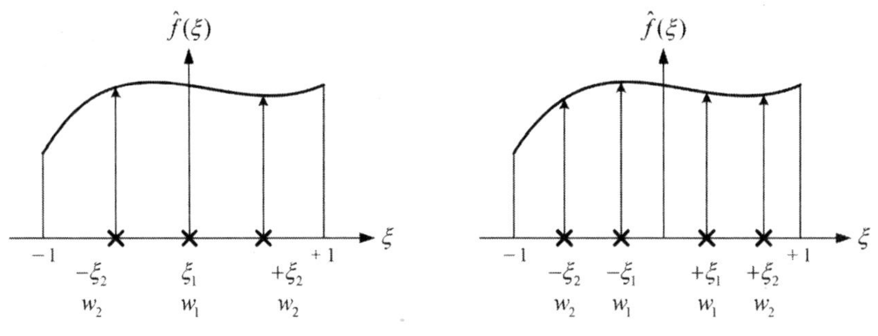

그림 2.2.8 가우스(Gauss) 적분법에서의 샘플링 지점과 가중치

그렇다면 이러한 크기가 2인 대칭 적분구간에서 적분오차가 전혀 없는 수치적분을 가능케 하는 샘플링 지점 ζ_ℓ과 가중치 w_ℓ은 어떻게 결정되는지를 5차 함수 $\hat{f}_5(\xi)$의 적분을 예를 들어 보기로 하자. 이론적인 방법에 의하면 정확한 적분결과는 아래와 같다.

$$I_{\text{이론}} = \int_{-1}^{+1} \hat{f}(\xi)d\xi = \int_{-1}^{+1} (a_0 + a_1\xi + a_2\xi^2 + a_3\xi^3 + a_4\xi^4 + a_5\xi^5)d\xi$$

$$= \left(a_0\xi + \frac{a_1}{2}\xi^2 + \frac{a_2}{3}\xi^3 + \frac{a_3}{4}\xi^4 + \frac{a_4}{5}\xi^5 + \frac{a_5}{6}\xi^6\right)\Bigg|_{-1}^{+1}$$

$$= 2a_0 + \frac{2}{3}a_2 + \frac{2}{5}a_4 \tag{2.31}$$

어떠한 5차 함수라 할지라도 위 식에 3개의 계수 a_0, a_2 그리고 a_4만 대입하면 정확한 적분값을 구할 수 있다. 그렇다면 이 3개의 계수에 착안하여 3개의 미지수를 계산하는 연립방정식을 세워 보기로 한다. 앞서 소개한 가우스 적분법의 샘플링 지점 선정기준에 따라 3개의 미지수를 포함하는 $(0, \pm\xi_2)$ 그리고 (w_1, w_2)을 선택하기로 한다.

$$\begin{aligned} I_{\text{가우스}} &= \hat{f}(0)w_1 + \left[\hat{f}(-\xi_2) + \hat{f}(+\xi_2)\right]w_2 \\ &= a_0 w_1 + \left[2a_0 + 2a_2\xi_2^2 + 2a_4\xi_2^4\right]w_2 \end{aligned} \tag{2.32}$$

가우스 적분법으로 계산한 적분값이 식 (2.31)과 동일해야 하기 때문에 두 식을 같다고 놓으면 세 개의 계수 a_0, a_2 그리고 a_4에 대하여 3개의 연립방정식을 세울 수 있다.

$$I_{\text{가우스}} = I_{\text{이론}} \quad \Rightarrow \quad \begin{aligned} a_0 &: \quad w_1 + 2w_2 = 2 \\ a_2 &: \quad 2\xi_2^2 w_2 = \frac{2}{3} \\ a_4 &: \quad 2\xi_2^4 w_2 = \frac{2}{5} \end{aligned} \tag{2.33}$$

아래 표 2.2는 위 연립방정식으로 구한 미지수 ξ_2, w_1 그리고 w_2를 보여주고 있다. 컴퓨터에서는 분수형태의 숫자를 저장하지 못하기 때문에 소수점 이하 몇 자리까지만 제한하여 저장하게 된다. 이러한 자릿수 한계에 따른 적분오차를 최소화시키기 위하여 유한요소법에서는 소수점 이하 16자릿수까지 저장하는 배정밀도(double precision)를 적용하고 있다.

표 2.2 가우스 적분을 위한 3점 샘플링 지점과 가중치

번호	샘플링 지점(sampling point)	가중치(weight)
1	$\xi = -\sqrt{3/5} = -0.77459667$	$w = 5/9 = 0.55555556$
2	$\xi = 0.0$	$w = 8/9 = 0.88888889$
3	$\xi = +\sqrt{3/5} = +0.77459667$	$w = 5/9 = 0.55555556$

식 (2.31)에 7차 함수를 적용하면 4개의 계수 a_0, a_2, a_4 그리고 a_6로 표현된 적분식이 나오게 된다. 따라서 샘플링 지점과 가중치가 미지수로서 모두 4개인 경우를 계산할 수 있다. 앞서 언급한 가우스 샘플링 지점의 규칙에 의하면 4개의 샘플링 지점과 이에 대응되는 가중치를 계산할 수 있다(즉, $\pm\xi_1$, $\pm\xi_2$ 그리고 w_1, w_2). 이러한 방법으로 적

분하고자 하는 함수 $\hat{f}(\xi)$를 상수로부터 차수를 증가시키면서 가우스 샘플링 지점과 가중치를 계산하면, 1점 샘플링 지점과 가중치로부터 원하는 개수의 샘플링 지점과 가중치를 모두 구해낼 수 있다.

그리고 적분하고자 하는 함수 $\hat{f}(\xi)$의 차수를 p라고 할 때, 이 함수의 적분값을 정확히 계산하기 위해 필요한 가우스 샘플링 지점의 개수 N은 다음 식으로 계산된다.

$$N \geq \frac{(1+p)}{2} \tag{2.34}$$

예를 들어, $\hat{f}(\xi)$가 1차 함수라면 2개의 샘플링 지점이 필요하고, 2차 함수이면 3개의 샘플링 지점이 요구된다. 식 (2.34)으로 계산한 샘플링 지점의 개수보다 적거나 많은 경우에는,

- ***N*보다 작은 경우** : 가우스 적분으로 계산한 적분값은 정확한 적분값보다 낮은 값을 제공한다. 3.2절에서 소개할 감차적분(reduced integration)은 박판 구조물의 해석 정확도를 향상시키기 위해서 전단 변형률에 해당하는 강성행렬을 필요한 적분점보다 작은 개수의 가우스 적분점을 적용하여, 정확한 적분값보다 낮은 수치적분값이 나오도록 하는 특별한 수치기법이다.
- ***N*보다 큰 경우** : 가우스 적분 결과에는 변화가 없이 적분오차가 없는 정확한 적분값을 제공한다. 왜냐하면 p차 함수 $\hat{f}_p(\xi)$는 p차 이상의 고차항들에 대한 계수 a_{p+1}, a_{p+2}, $\cdots$가 모두 0인 p차 보다 높은 고차함수로 생각할 수 있기 때문이다.

이렇게 계산된 가우스 샘플링 지점과 가중치는 DB형식으로 유한요소 해석 소프트웨어에 입력되어 있다. 그리고 유한요소 해석에 있어 적분해야 할 함수 $\hat{f}(\xi)$는 형상함수(shape function)와 대상물체의 재료물성치로 표현되기 때문에, 이들 함수의 차수가 정해지면 수치적분을 위한 가우스 샘플링 지점의 정확한 개수는 식 (2.34)을 통해 계산된다. 모든 유한요소 해석 소프트웨어에서는 사용자가 지정한 유한요소의 유형과 재료물성치를 토대로 수치적분을 위한 가우스 샘플링 지점과 가중치를 자동적으로 선정한다.

2차원 함수 $f(x, y)$ 그리고 3차원 함수 $f(x, y, z)$의 실제 요소 Ω_K 내에서의 적분을 사각형 그리고 정육면체 마스터 요소 $\hat{\Omega}$로 변환하게 되면 아래와 같이 표현된다.

$$I_{가우스} = \int_{-1}^{+1}\int_{-1}^{+1} \hat{f}(\xi, \eta)|\boldsymbol{J}(\xi, \eta)|\, d\xi\, d\eta \tag{2.35a}$$

$$I_{가우스} = \int_{-1}^{+1}\int_{-1}^{+1}\int_{-1}^{+1} \hat{f}(\xi,\ \eta,\ \zeta)|\boldsymbol{J}(\xi,\ \eta,\ \zeta)|\, d\xi\, d\eta\, d\zeta \tag{2.35b}$$

위 두 적분식을 가우스 적분법으로 수치 적분하게 되면 다음과 같이 2차원 그리고 3차원 샘플링 지점 $(\xi,\ \eta)_k$과 가중치 w_k의 곱으로 표현된다.

$$\begin{aligned} I_{가우스} &= \int_{-1}^{+1}\int_{-1}^{+1} \hat{f}(\xi,\ \eta)|\boldsymbol{J}(\xi,\ \eta)|\, d\xi\, d\eta \\ &= \sum_{k=1}^{N} \hat{f}(\xi,\ \eta)_k |\boldsymbol{J}(\xi,\ \eta)_k| \cdot w_k \end{aligned} \tag{2.36a}$$

$$\begin{aligned} I_{가우스} &= \int_{-1}^{+1}\int_{-1}^{+1}\int_{-1}^{+1} \hat{f}(\xi,\ \eta,\ \zeta)|\boldsymbol{J}(\xi,\ \eta,\ \zeta)|\, d\xi\, d\eta\, d\zeta \\ &= \sum_{k=1}^{N} \hat{f}(\xi,\ \eta,\ \zeta)_k |\boldsymbol{J}(\xi,\ \eta,\ \zeta)_k| \cdot w_k \end{aligned} \tag{2.36b}$$

위 식에서 가우스 샘플링 지점 $(\xi,\ \eta)_k$와 $(\xi,\ \eta,\ \zeta)_k$는 ξ축, η축 그리고 ζ축을 각각 1차원 좌표계로 생각하여, 각 축에 위에서 설명한 가우스 샘플링 지점을 적용하면 된다. 아래 그림 2.2.9는 ξ축과 η축 방향으로 각각 2개 그리고 3개 적분점으로 만들어진 4개 그리고 9개 가우스 적분점을 보여주고 있다. 그리고 각 적분점에서의 ξ 그리고 η 값은 표 2.3과 2.4에 나타내었다. 표를 통해서 가우스 적분점은 ξ축과 η축에 대하여 대칭적으로 배치되어 있음을 확인할 수 있다.

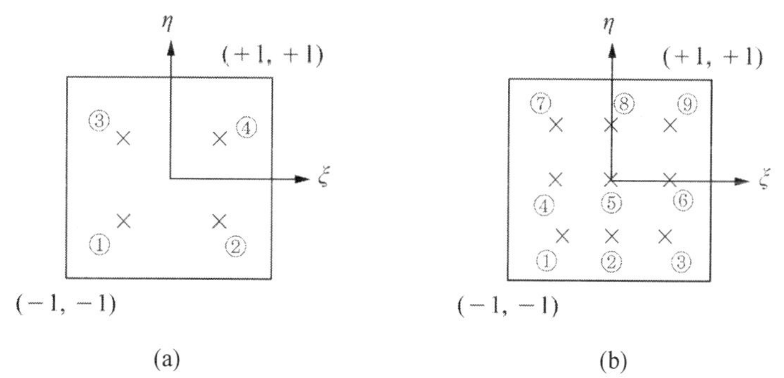

그림 2.2.9 2차원 사각형 마스터 요소에서의 적분점: (a) 4개 적분점, (b) 9개 적분점

표 2.3 4개 가우스 적분점의 샘플링 지점 $(\xi, \eta)_k$과 가중치 w_k

지점	①	②	③	④
ξ	$-\xi_1$	$+\xi_1$	$-\xi_1$	$+\xi_1$
η	$-\eta_1$	$-\eta_1$	$+\eta_1$	$+\eta_2$
w	$w_1 \times w_1$	$w_1 \times w_1$	$w_1 \times w_1$	$w_1 \times w_1$

* $(\xi_1 = \eta_1 = \sqrt{1/3},\ w_1 = 1.0)$

표 2.4 9개 가우스 적분점의 샘플링 지점 $(\xi, \eta)_k$과 가중치 w_k

지점	①	②	③	④	⑤	⑥	⑦	⑧	⑨
ξ	$-\xi_2$	ξ_1	$+\xi_2$	$-\xi_2$	ξ_1	$+\xi_2$	$-\xi_2$	ξ_1	$+\xi_2$
η	$-\eta_2$	$-\eta_2$	$-\eta_2$	η_1	η_1	η_1	$+\eta_2$	$+\eta_2$	$+\eta_2$
w	$w_2 \cdot w_2$	$w_1 \cdot w_2$	$w_2 \cdot w_2$	$w_2 \cdot w_1$	$w_1 \cdot w_1$	$w_2 \cdot w_1$	$w_2 \cdot w_2$	$w_1 \cdot w_2$	$w_2 \cdot w_2$

* $(\xi_1 = \eta_1 = 0.0,\ \xi_2 = \eta_2 = \sqrt{3/5},\ w_1 = 8/9,\ w_2 = 5/9)$

그리고, 가중치는 ξ축, η축 그리고 ζ축 방향으로의 가중치를 대수적으로 곱한 값으로 정의된다. 앞의 그림 2.2.7을 참고하면 1차원 함수에 있어 직사각형의 미소면적은 함수의 크기 $f(x_k)$에 직선 폭 Δx_k의 곱의 표현됨을 알 수 있다. 따라서 만약 2차원 함수로 확장되면 사각막대의 미소면적은 함수의 크기 $f(x_k,\ y_k)$에 막대 단면적 ΔA_k의 곱으로 계산됨을 쉽게 상상할 수 있을 것이다. 가중치에 해당되는 사각막대의 단면적은 직교하는 두 방향으로의 직선의 폭, 즉 두 방향으로의 가중치의 곱으로 계산된다($\Delta A_k = \Delta x_k \times \Delta y_k$). 이러한 수학적 원리를 3차원 함수로 확장시키면 가중치는 $w = w(\xi) \times w(\eta) \times w(\zeta)$와 같이 세 축 방향으로의 가중치 곱으로 계산됨을 쉽게 이해할 수 있을 것이다.

한편, 삼각형이나 사면체 그리고 오면체와 같이 ξ축, η축 그리고 ζ축에 대해 대칭성을 가지지 않는 마스터 요소 $\hat{\Omega}$에 대한 샘플링 지점 $(\xi, \eta)_k$과 가중치 w_k는 지금까지 설명한 가우스 기법으로 계산되지 않는다. 이러한 비대칭 마스터 요소에서의 수치적분을 위한 샘플링 지점과 가중치를 유도하는 과정은 수치적분에 관한 전문도서를 참고하기 바란다. 그림 2.2.10은 삼각형 마스터 요소에서의 샘플링 지점과 가중치를 보여주고 있다. 삼각형 요소에서는 요소 형상의 비대칭성에 기인하여 사각형 요소에서 사용하는 직교 좌표계 (ξ, η) 대신 면적 좌표계(area coordinate) $(\zeta_1, \zeta_2, \zeta_3)$를 사용한다. 그림 2.2.1(a)를 참고하여, 면적 좌표계는 삼각형의 각 변에서 마주보는 꼭짓점을 향하도록 설정되며 0과 1 사이의 값을 가지며, 세 개의 좌표값은 $\zeta_1 + \zeta_2 + \zeta_3 = 1$의 조건을 만족한다. 삼각형 마스터 요소 상에서의 수치 적분은 다음 식으로 계산된다.

$$\int_{\hat{\Omega}} \hat{f}(\xi,\ \eta)|\boldsymbol{J}(\xi,\ \eta)|\, d\xi\, d\eta = \int_{\hat{\Omega}} \hat{f}(\zeta_1,\ \zeta_2,\ \zeta_3)|\boldsymbol{J}(\zeta_1,\ \zeta_2,\ \zeta_3)|\, d\zeta_2\, d\zeta_3$$

$$= \frac{1}{2}\sum_{k=1}^{N} \hat{f}(\zeta_1,\ \zeta_2,\ \zeta_3)_k |\boldsymbol{J}(\zeta_1,\ \zeta_2,\ \zeta_3)|_k w_k \quad (2.37)$$

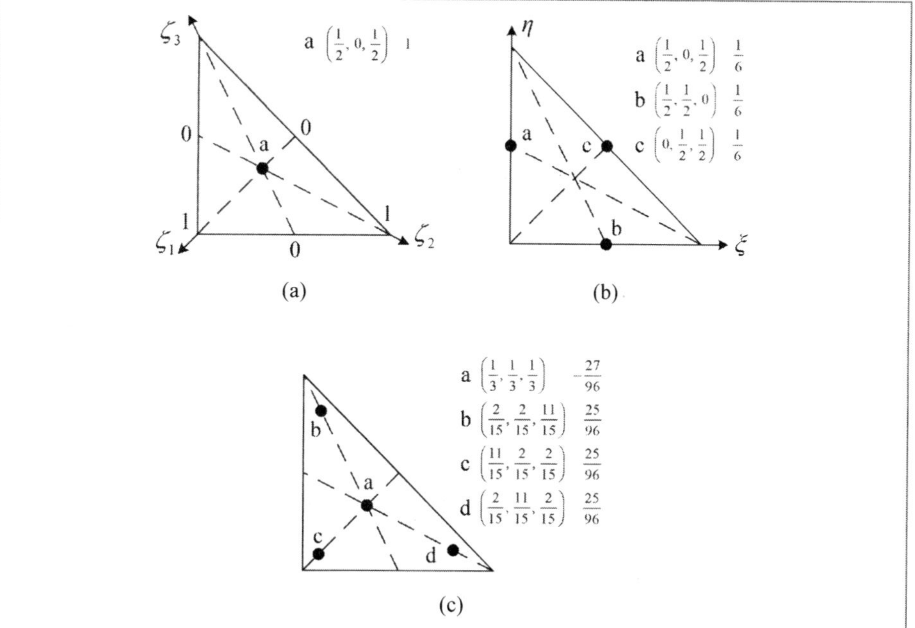

그림 2.2.10 2차원 삼각형 마스터 요소에서의 적분점: (a) 1개의 적분점, (b) 3개의 적분점, (c) 4개의 적분점

2.2.3 요소행렬, 전체행렬 및 행렬 특성

앞 절에서 실제 요소망 내 각 요소 상에서의 물체거동을 마스터 요소로 변환하여 마스터 요소 상에서 수치적분을 수행하는 과정을 학습하였다. 그리고 거대한 유한요소 행렬방정식을 계산하는 과정에서 누적되는 반올림 오차(round off error)를 최소화시키기 위해 적분오차가 전혀 없는 가우스 적분법을 소개하였다. 본 절에서는 물체가 지니고 있는 강성을 표현하는 강성행렬(stiffness matrix) $[\boldsymbol{K}]$과 물체에 작용하는 하중을 표현하는 하중벡터(load vector) $\{\boldsymbol{F}\}$를 유도하는 과정을 수학적인 예제와 공학적인 예제를 들어 학습하기로 한다.

강성행렬과 하중벡터를 유도하기 전에 우선 적분의 특징을 살펴보기로 하자. 만약 그림

2.2.11에 나타낸 M개로 세분화 된 2차원 요소망 Ω 상에서 정의되는 임의 함수 $f(x, y)$의 적분은 아래와 같이 각 요소별로 적분하여 합하면 된다.

$$I = \int_{\Omega} f(x,\ y)dxdy = \int_{\Omega_1} f(x,\ y)dxdy + \cdots + \int_{\Omega_M} f(x,\ y)dxdy$$

$$= \sum_{k=1}^{M} \int_{\Omega_k} f(x,\ y)dxdy = I_1 + \cdots + I_M = \sum_{k=1}^{M} I_k \tag{2.38}$$

위 식에서 $I_k = \int_{\Omega_k} f(x,\ y)dxdy$를 요소별 적분(element integration)이라고 부르고, 반면 $I = \int_{\Omega} f(x,\ y)dxdy$를 전역 적분(global integration)이라고 부른다.

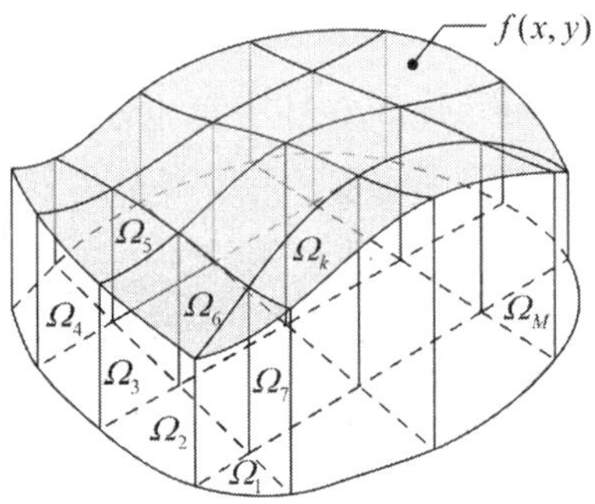

그림 2.2.11 M개의 유한요소로 구성된 2차원 요소망 내 함수 $f(x,\ y)$의 수치적분

유한요소 해석에서도 행렬방정식을 구성하는 각종 행렬과 벡터는 이와 같이 요소별로 적분하며, 요소별로 적분한 행렬과 벡터를 요소행렬(element matrix) 그리고 요소벡터(element vector)라고 부른다. 요소행렬과 요소벡터는 앞 절에서 설명한 바와 같이 마스터 요소 상에서 가우스 적분법을 이용하여 계산된다. 그리고 전체 요소망 내 모든 요소행렬과 요소벡터를 합치게 되면 전체 행렬(global matrix)과 전체 벡터(global vector)가 만들어지게 된다. 만약 행렬이 물체의 강성을 표현하는 것이라면 요소 강성행렬(element stiffness matrix) 그리고 전체 강성행렬(global stiffness matrix)이라고 불리며, 물체의 관성력을 표현하는 것이라면 요소 질량행렬(element mass matrix) 그리고 전체 질량행렬(global mass matrix)이라고 불린다.

다음으로 공학적 예제를 통해 요소 강성행렬 K_{IJ}^{e}을 계산하는 방법을 익히고 또한 주어진 요소망에 대한 전체 강성행렬 K_{IJ}로 합쳐지는 과정을 살펴보기로 한다. 그림

2.2.12는 축하중을 받아 축방향으로 늘어나는 1차원 막대(bar)를 보여주고 있으며, 축방향으로의 변형량 $u(x)$에 대한 수학적 표현식은 다음과 같다.

$$E\frac{d}{dx}\left(A\frac{du}{dx}\right) = 0 \tag{2.39}$$

여기서, E와 A는 막대기의 영률(Young's modulus)과 단면적을 의미한다. 그리고 1차원 기저함수 ϕ_I와 각 절점에서의 변위값 u_I를 7개로 구성된 선요소망에 적용하면 축방향으로의 변위는 다음과 같이 근사화 된다.

$$u_h(x) = u_1\phi_1(x) + u_2\phi_2(x) + \cdots + u_8\phi_8(x) \tag{2.40}$$

다음으로 식 (2.39)에 1.2.4절에서 소개한 갤러킨 근사화 기법을 적용하면 7개 선요소로 구성된 막대기에 대한 전체 강성행렬 K_{IJ}와 요소 강성행렬 K_{IJ}^e는 다음과 같이 계산된다.

$$K_{IJ} = \sum_{e=1}^{7} K_{IJ}^e, \qquad K_{IJ}^e = \int_{\Omega_e} EA\frac{d\phi_I}{dx}\frac{d\phi_J}{dx}dA \tag{2.41}$$

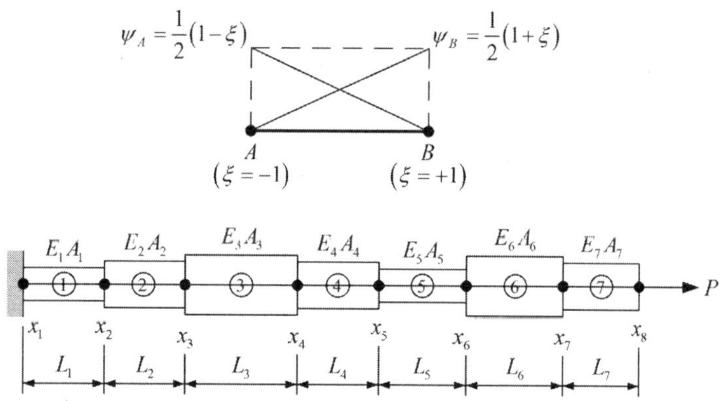

그림 2.2.12 축하중을 받는 1차원 막대(bar)의 구조해석

실제 선요소에서의 수치적분을 길이가 2인 마스터 요소로 변환하게 되면 아래와 같이 표현되고, 두 좌표계 x와 ξ 사이의 좌표변환 관계식, 형상함수의 미분 그리고 자코비언은 식 (2.43)과 (2.44)와 같이 계산된다.

$$K_{AB}^{e} = \int_{-1}^{+1} E_e A_e \left(\frac{d\psi_A}{d\xi} \frac{d\xi}{dx} \frac{d\psi_B}{d\xi} \frac{d\xi}{dx} \right) |\boldsymbol{J}(\xi)| \, d\xi \tag{2.42}$$

$$x = x_A^e + \frac{(x - x_A^e)}{2L_e}(\xi + 1), \qquad \frac{dx}{d\xi} = \frac{1}{2L_e} \quad \Rightarrow \quad |\boldsymbol{J}| = \frac{1}{2L_e} \tag{2.43}$$

$$\frac{d\psi_A}{d\xi} = -\frac{1}{2}, \qquad \frac{d\psi_B}{d\xi} = \frac{1}{2} \tag{2.44}$$

그리고 식 (2.42)로 표현되는 요소 강성행렬을 계산하면 다음과 같이 2×2 행렬이 되며, 선요소의 길이 L_e와 영률 그리고 단면적을 대입하면 요소망 내 7개 요소에 대한 모든 요소 강성행렬을 구할 수 있다.

$$K_{AB}^{e} = E_e A_e \begin{bmatrix} L_e^2 & -L_e^2 \\ -L_e^2 & L_e^2 \end{bmatrix} \tag{2.45}$$

두 번째 공학예제는 그림 2.2.13에 나타낸 2차원 정상상태 열전달해석으로서, 정상상태에서 평판의 온도분포 $T(x, y)$는 아래 식으로 표현된다.

$$\kappa \left(\frac{\partial^2 T}{\partial x^2} + \frac{\partial^2 T}{\partial y^2} \right) = 0 \tag{2.46}$$

여기서 κ는 열전도계수를 나타낸다. 요소망 내 온도분포를 N개의 기저함수 $\phi_I(x, y)$와 절점온도 T_I로 근사화 하고, 1.2.4절의 갤러킨 근사화를 식 (2.46)에 적용하면 식 (2.48)로 표현되는 전체 강성행렬 K_{IJ}와 요소 강성행렬 K_{IJ}^e를 유도할 수 있다.

$$T_h(x, y) = T_1\phi_1(x, y) + T_2\phi_2(x, y) + \cdots + T_N\phi_N(x, y) \tag{2.47}$$

$$K_{IJ} = \sum_{e=1}^{M} K_{IJ}^e, \qquad K_{IJ}^e = \int_{\Omega_e} \kappa \left(\frac{\partial\phi_I}{\partial x}\frac{\partial\phi_J}{\partial x} + \frac{\partial\phi_I}{\partial y}\frac{\partial\phi_J}{\partial y} \right) dx\, dy \tag{2.48}$$

실제 요소 상에서의 수치적분을 그림 2.2.13의 우측에 나타낸 4절점 마스터 요소로 변환하게 되면 아래와 같이 형상함수 $\psi_A(\xi, \eta)$와 자코비언 $|\boldsymbol{J}|$으로 표현되는 적분식으로 귀결된다.

$$K_{AB}^{e} = \int_{-1}^{+1}\int_{-1}^{+1} \kappa \left(\frac{\partial\psi_A}{\partial x}\frac{\partial\psi_B}{\partial x} + \frac{\partial\psi_A}{\partial y}\frac{\partial\psi_B}{\partial y} \right) |\boldsymbol{J}(\xi, \eta)| \, d\xi\, d\eta \tag{2.49}$$

위 식에서 $\partial\psi_A/\partial x$와 $\partial\psi_A/\partial y$는 체인률(chain rule)에 의해 다음과 같이 ξ와 η의 미

분식으로 전환된다.

$$\frac{\partial \psi_A(\xi,\,\eta)}{\partial x} = \frac{\partial \psi_A}{\partial \xi}\frac{\partial \xi}{\partial x} + \frac{\partial \psi_A}{\partial \eta}\frac{\partial \eta}{\partial x},$$
$$\frac{\partial \psi_A(\xi,\,\eta)}{\partial y} = \frac{\partial \psi_A}{\partial \xi}\frac{\partial \xi}{\partial y} + \frac{\partial \psi_A}{\partial \eta}\frac{\partial \eta}{\partial y} \qquad (2.50)$$

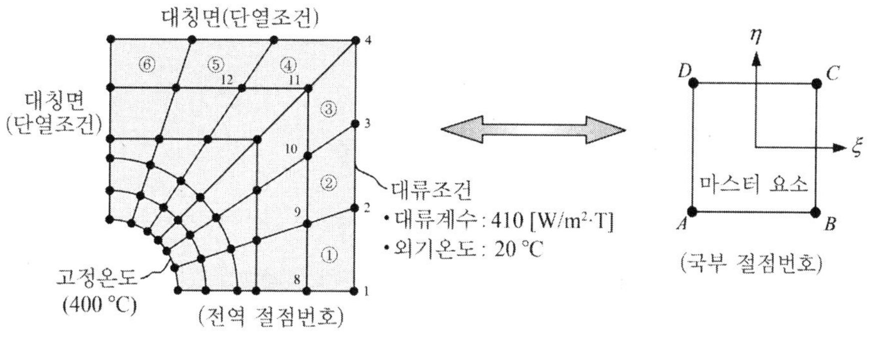

그림 2.2.13 2차원 정상상태 열전달해석의 예시

마스터 요소 상에서 계산한 요소 강성행렬은 표 2.5에 보여주고 있듯이 4×4 행렬로서, 행렬요소의 상첨자는 요소번호를 그리고 하첨자는 마스터 요소의 절점을 의미한다. 표에서 알 수 있듯이 마스터 요소 상에서 계산된 요소 강성행렬 속의 행렬요소는 요소번호와 무관하게 마스터 요소의 국부 절점번호인 $A \sim D$로 표시된다.

표 2.5 국부 및 진역 질짐번호 상관관계를 이용한 요소 강성행렬의 전체 강성행렬로의 변환 과정

요소 번호	요소 강성행렬 $[\boldsymbol{K}^e_{AB}]$	국부, 전역 절점번호 상관관계 $(A,\ B \rightarrow I,\ J)$	전체 강성행렬 $[\boldsymbol{K}_{IJ}]$
Ω_1	$\begin{bmatrix} K^1_{AA} & K^1_{AB} & K^1_{AC} & K^1_{AD} \\ K^1_{BA} & K^1_{BB} & K^1_{BC} & K^1_{BD} \\ K^1_{CA} & K^1_{CB} & K^1_{CC} & K^1_{CD} \\ K^1_{DA} & K^1_{DB} & K^1_{DC} & K^1_{DD} \end{bmatrix}$	$\begin{Bmatrix} A \\ B \\ C \\ D \end{Bmatrix} \Rightarrow \begin{Bmatrix} 8 \\ 1 \\ 2 \\ 9 \end{Bmatrix}$	$\begin{bmatrix} K_{88} & K_{81} & K_{82} & K_{89} \\ K_{18} & K_{11} & K_{12} & K_{19} \\ K_{28} & K_{21} & K_{22} & K_{29} \\ K_{98} & K_{91} & K_{92} & K_{99} \end{bmatrix}$
Ω_2	$\begin{bmatrix} K^2_{AA} & K^2_{AB} & K^2_{AC} & K^2_{AD} \\ K^2_{BA} & K^2_{BB} & K^2_{BC} & K^2_{BD} \\ K^2_{CA} & K^2_{CB} & K^2_{CC} & K^2_{CD} \\ K^2_{DA} & K^2_{DB} & K^2_{DC} & K^2_{DD} \end{bmatrix}$	$\begin{Bmatrix} A \\ B \\ C \\ D \end{Bmatrix} \Rightarrow \begin{Bmatrix} 9 \\ 2 \\ 3 \\ 10 \end{Bmatrix}$	$\begin{bmatrix} K_{99} & K_{92} & K_{93} & K_{910} \\ K_{29} & K_{22} & K_{23} & K_{210} \\ K_{39} & K_{32} & K_{33} & K_{310} \\ K_{109} & K_{102} & K_{103} & K_{1010} \end{bmatrix}$

한편 전체 강성행렬의 행렬요소는 전역 절점번호로 표시되며 전체 강성행렬의 크기는 그림 2.2.13에 나타낸 요소망의 총 절점 수에 의해 결정된다. 마스터 요소에서 계산된 4×4 요소 강성행렬을 전체 강성행렬로 보내기 위해서는 각 요소의 전역 절점번호(IJ)와 마스터 요소의 국부 절점번호(AB)와의 상관관계를 이용한다. 표 2.5의 두 번째 행은 이러한 상관관계를 나타내고 있으며, 이 상관관계에 의해 마스터 요소에서 계산된 요소 강성행렬의 행렬요소 번호 K_{AB}는 세 번째 행과 같이 전역 절점번호 K_{IJ}로 전환되게 된다.

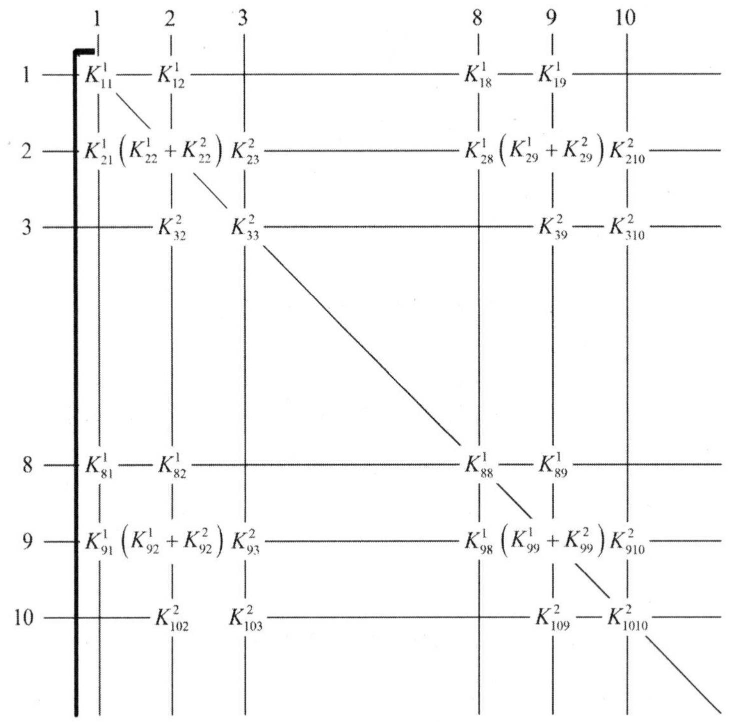

그림 2.2.14 전체 강성행렬에서의 요소 강성행렬 성분의 위치

앞의 표 2.5의 세 번째 행에 나타낸 전역 절점번호로 전환된 각 요소의 강성행렬을 전체 강성행렬 속의 해당 위치로 보내어 합하게 되면 전체 강성행렬이 완성되게 된다. 그림 2.2.14는 1번 그리고 2번 요소에 해당되는 요소 강성행렬을 합한 결과를 보여주고 있다. 유한요소 해석 소프트웨어에서는 이와 같이 마스터 요소에서 요소 강성행렬을 계산하고, 전역 절점번호와 국부 절점번호의 상관관계를 이용하여 전체 강성행렬을 계산하고 있다. 이와 같은 행렬생성 절차는 질량행렬(mass matrix)과 하중벡터(load vector)와 같이 여러 유형의 유한요소 해석을 위해 필요한 다른 모든 행렬에 대해서도 동일하게 적용된다.

유한요소법에서 만들어지는 강성행렬의 특징을 살펴보면 다음의 그림 2.2.15와 같이 행렬의 대각선 주위에만 0이 아닌 행렬요소가 밀집되어 있고 그 나머지는 모두 0인 행렬요소로 분포되게 된다. 이와 같은 행렬을 띠형상의 분산행렬(banded sparse matrix)이라고 부른다. 이와 같이 행렬의 대각선 주위에만 0이 아닌 행렬요소가 밀집되는 이유는 2.1.4절에서 소개하였고 다음에서 상세하게 설명하게 될 형상함수의 오버랩(overlap) 특성에 기인한다. 행렬의 또 다른 특성은 대칭성으로서 대각선을 중심으로 상하부에 위치한 행렬요소는 각각 동일한 값을 가진다.

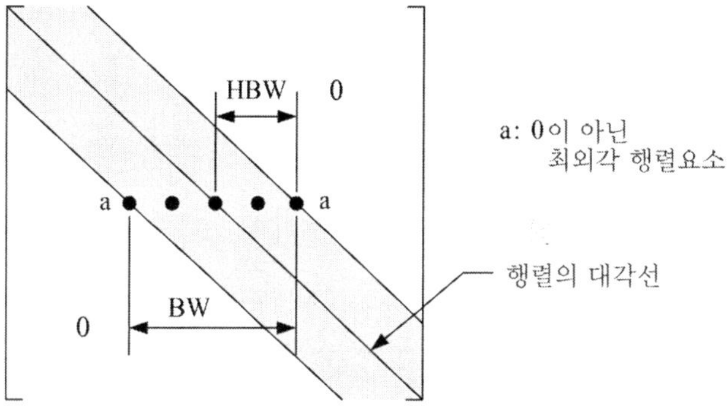

그림 2.2.15 유한요소법으로 생성된 띠형상의 대칭(symmetric) 분산행렬(sparse matrix)과 밴드폭(BW)

띠형상 분산행렬의 밀집도를 나타내는 지표로 밴드폭(band width) 혹은 절반 밴드폭(half band width)을 사용하고 있다. 그림 2.2.15에 나타낸 것과 같이 대각선에서 좌우로 가장 멀리 떨어져 있는 0이 아닌 행렬요소에 대각선과 평행한 두 선을 그었을 때, 두 대각선 사이에 놓여 있는 수평방향으로의 행렬요소의 개수를 의미한다. 위 그림의 경우, 밴드폭과 절반 밴드폭은 각각 5와 3이 된다. 밴드폭은 그림 2.2.16에 예를 든 것과 같이 기저함수의 오버랩 정도와 요소망 내 절점번호 부여순서에 의해 좌우된다.

그림 2.2.16(a)의 1차 기저함수의 경우, ϕ_3는 좌우에 접해 있는 ϕ_2 그리고 ϕ_4와 부분적으로 영역을 공유하고 있지만 나머지 기저함수와는 영역을 전혀 공유하지 않는다. 그리고 아래 2차 기저함수의 경우, ϕ_5는 좌우에 인접한 ϕ_3, ϕ_4, ϕ_6 그리고 ϕ_7과 부분적으로 영역을 공유하고 있다. 따라서 1차 그리고 2차 기저함수의 오버랩은 각각 3과 5가 되며, 기저함수의 차수가 증가할수록 오버랩은 비례적으로 증가하게 된다. 앞의 식

(2.41)과 (2.48)에 나와 있듯이 강성행렬(질량행렬도 동일) K_{IJ}는 두 기저함수 ϕ_I와 ϕ_J 곱의 적분으로 정의되기 때문에 오버랩 되지 않는 두 기저함수에 의한 강성행렬 요소는 모두 0이 된다. 따라서, 기저함수의 오버랩이 줄어들수록 강성행렬의 밴드폭이 감소함을 쉽게 상상할 수 있을 것이다.

1차원 요소망에 있어서는 절점번호가 좌측 혹은 우측에서 순차적으로 부여되기 때문에 강성행렬의 밴드폭은 기저함수의 오버랩 크기에만 영향을 받는다. 하지만, 그림 2.2.16(b)와 같이 2차원 그리고 3차원 요소망에서의 절점번호 부여는 순차적이지도 획일적이지도 않다. 따라서, 2차원 그리고 3차원 유한요소 해석에 있어 강성행렬의 밴드폭은 한 요소 내 절점번호의 최대차이에 의해 결정된다. 그림 2.2.16(b)의 경우 한 요소 내 절점번호의 최대차이가 음영 처리된 요소에서 발생한다고 가정하면, 강성행렬요소 $K_{2131} = K_{3121}$은 강성행렬의 대각선에서 가장 멀리 위치한 0이 되지 않는 행렬요소가 된다. 따라서, 강성행렬의 HBW는 두 절점번호의 차이인 10이 되고 BW는 19가 된다.

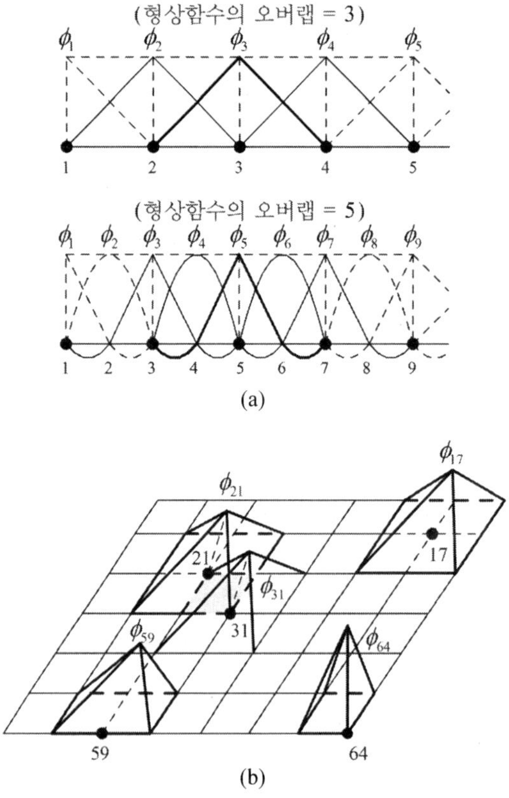

그림 2.2.16 밴드폭을 결정짓는 두 인자: (a) 형상함수의 오버랩(overlap), (b) 요소 내 절점번호 차이의 최댓값

그림 2.2.15에 나타낸 행렬을 밀집행렬(dense matrix)이라고 생각하기 쉽지만 밀집행렬과 분산행렬은 식 (2.51)에 정의된 행렬밀도(matrix density)에 의해 구분된다. MD 값이 1에 가까운 행렬을 밀집행렬이라고 부르고 0에 가까운 행렬을 분산행렬이라고 한다.

$$\text{MD(Matrix Density)} = \frac{\text{Non-zero 행렬요소의 총 개수}}{\text{행렬요소의 총 개수}} \tag{2.51}$$

유한요소법으로 생성되는 행렬의 대칭성과 띠형상의 분산성은 컴퓨터의 행렬저장과 행렬연산에 매우 유리한 장점을 제공한다. 수백만 자유도를 가지는 대형 유한요소 해석문제를 슈퍼컴이 아닌 개인용 컴퓨터로 수행할 수 있는 이유가 바로 행렬의 이러한 유리한 특성 때문이다. 다음의 2.3절에서 상세히 다루겠지만 대칭행렬이 되면 대각선을 중심으로 상부 혹은 하부 행렬요소만 저장해도 무방하다. 더욱이 띠형상의 분산행렬이 될 경우, 전체 강성행렬을 저장할 필요 없이 작업행렬(working matrix)이라 불리는 밴드(band) 내 소형 행렬만을 저장하여 계산해 나가는 작업을 대각선을 따라 순차적으로 진행하여도 행렬연산이 가능하다. 동해석이나 비선형 해석과 같은 특수한 경우를 제외한 선형 정적해석은 이러한 방법으로 유한요소 해석을 수행하기 때문에 동해석이나 비선형 해석에 비해 보다 큰 규모의 해석문제를 풀 수 있다.

2.3 선형행렬 연산(Solving of Linear Matrix Equations)

요소망 내 각 요소에 대한 강성행렬과 하중벡터를 합쳐서 전체 강성행렬과 전체 하중벡터를 생성하게 되면 행렬방정식을 풀어 각 절점에서의 미지수를 계산하게 된다. 해석의 대상이 되는 물체의 거동이 외부하중의 크기에 비례적인 관계에 있고, 또한 시간 응답이 아닌 경우를 선형 정적거동(linear static behavior)이라고 불린다. 선형 정적문제는 유한요소 근사화를 거쳐 행렬방정식으로 전환하게 되면 해석문제의 유형과 무관하게 $[\boldsymbol{K}]\{\boldsymbol{u}\}=\{\boldsymbol{F}\}$ 형태가 된다. 그리고 미지수에 해당하는 각 절점에서의 물체의 거동값인 $\{\boldsymbol{u}\}$는 수학적으로 강성행렬의 역행렬 $[\boldsymbol{K}]^{-1}$을 구하여 하중벡터 $\{\boldsymbol{F}\}$에 곱함으로써 계산할 수 있다. 참고로 $\{\boldsymbol{u}\}$는 구조물의 변위, 온도 그리고 전기장 등을 나타내는 상징적 의미의 미지수 벡터이다.

강성행렬의 크기가 매우 작은 경우에는 우리가 익히 잘 알고 있는 수학적 공식을 이용하여 역행렬을 간단히 계산할 수 있지만, 행렬의 크기가 작지 않은 경우에는 특별한 행렬연산 기법을 적용한 컴퓨터 계산이 요구된다. 본 절에서는 $[\boldsymbol{K}]\{\boldsymbol{u}\}=\{\boldsymbol{F}\}$로 표현되는 선형 연립방정식(linear simultaneous equations)을 풀기 위해 소개되어 있는 대표적인 연산기법을 살펴보기로 한다. 이를 통해 상용 유한요소 해석 소프트웨어에서 선형 정적해석에서 핵심이 되는 행렬연산이 어떻게 수행되는지 이해하게 될 것이다. 더 나아가 자신이 다루고 있는 선형 정적해석 문제를 보다 효과적으로 계산하기 위해 소프트웨어에서 제공하는 여러 가지 행렬연산 기법들 중에서 가장 적합한 방법을 선택할 수 있게 될 것이며, 행렬연산 과정에서 직면하게 되는 여러 가지 문제점들을 파악할 수 있는 능력을 확보하게 될 것이다.

2.3.1 선형행렬 연산기법

선형 정적해석 문제에 대한 행렬방정식 $[\boldsymbol{K}]\{\boldsymbol{u}\}=\{\boldsymbol{F}\}$는 하나 이상의 방정식이 상호 연관성을 가지고 있는 연립방정식이다. 다시 말해, 하나의 방정식 속에 포함되어 있는 미지수는 다른 방정식들 속에도 포함되어 있기 때문에, 각각의 방정식을 독립적으로 풀 수가 없다. 이와 같이 하나 이상의 방정식이 서로 연관성을 가지고 있는 선형 정적 행렬방정식 $[\boldsymbol{K}]\{\boldsymbol{u}\}=\{\boldsymbol{F}\}$를 푸는 행렬연산 기법은 크게 직접계산법(direct method)과 반복계산법(iterative method)으로 분류된다.

- **직접계산법(direct method)** : 한 차례의 행렬연산 과정을 거쳐 미지수 $\{\boldsymbol{u}\}$를 계산하는 기법으로서, 행렬의 행과 행 그리고 열과 열 사이의 연산을 통해 역행렬 $[\boldsymbol{K}]^{-1}$를 계산하는 가우스 소거법(Gauss elimination method)에 근간을 두고 있다. 다음의 그림 2.3.1에는 가장 보편적으로 사용되고 있는 직접계산법을 소개하고 있으며, 각각의 기법은 역행렬 $[\boldsymbol{K}]^{-1}$를 계산하기 위해 가우스 소거법을 실행하는 방법에 차이를 두고 있다. 본 절에서는 상용 유한요소 해석 소프트웨어에서 가장 많이 채택하고 있는 프론탈 솔버(frontal solver)에 대해 보다 상세히 살펴보기로 한다.
- **반복계산법(iterative method)** : 직접계산법과 달리 행렬방정식 $[\boldsymbol{K}]\{\boldsymbol{u}\}=\{\boldsymbol{F}\}$를 변형시켜 미지수 $\{\boldsymbol{u}\}$를 반복계산을 통해 계산하는 기법이다. 반복계산을 위해 행렬방정식을 변형하는 기본절차를 다음의 식 (2.54)에 소개하고 있으며, 미지수 $\{\boldsymbol{u}\}$에 임의 초기값을 대입하여 원하는 정확도를 만족할 때까지 행렬연산을 반복하게 된다.

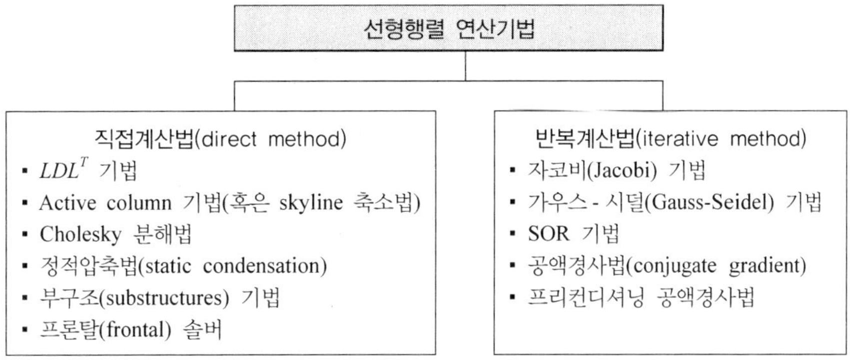

그림 2.3.1 선형행렬 연산기법의 분류

다음에 소개하게 될 식 (2.54)는 반복계산법의 기본형으로서 원하는 정확도를 만족시키는 미지수를 구하기까지 요구되는 행렬연산 반복횟수를 줄이기 위해 다수의 변형된 반복 계산식과 기법이 소개되어 있다. 따라서, 그림 2.3.1에 열거한 대표적인 반복계산법들은 반복계산의 수렴속도를 향상시키기 위해 기본형인 식 (2.54)를 변형한 것들이다. 이들 중에서 가장 많이 사용되고 있는 CG기법이라 불리는 공액경사법은 초기값 $\{\boldsymbol{u}\}^{(0)}$으로부터 최단거리로 정답을 찾아갈 수 있는 반복계산 행렬식을 제공하고 있다.

행렬의 반복계산에 있어 수렴과정의 안정성과 수렴속도에 영향을 미치는 인자로 조건수(condition number)라는 전문용어가 사용되고 있다. 선형 정적해석 문제에 해당하는 행렬방정식 $[\boldsymbol{K}]\{\boldsymbol{u}\}=\{\boldsymbol{F}\}$에 있어 우변의 하중벡터의 크기가 $\{\Delta\boldsymbol{F}\}$만큼 변동하게 될 경우 미지수 $\{\boldsymbol{u}\}$의 변동을 $\{\Delta\boldsymbol{u}\}$라고 가정하자. 그러면 하중변동에 대한 미지수의 변동의 민감도는 아래 식과 같이 강성행렬과 역 강성행렬 노옴의 곱에 영향을 받게 된다.

$$\frac{\|\Delta\boldsymbol{u}\|}{\|\boldsymbol{u}\|} \leq \|\boldsymbol{K}\|\ \|\boldsymbol{K}^{-1}\|\ \frac{\|\Delta\boldsymbol{F}\|}{\|\boldsymbol{F}\|},$$
$$\|\boldsymbol{K}\|\ \|\boldsymbol{K}^{-1}\| = \mathrm{cond}([\boldsymbol{K}]) \tag{2.52}$$

위 식에서 $\|\cdot\|$는 행렬 그리고 벡터의 크기를 나타내는 잣대(흔히 노옴(norm)이라고 불리는 양)로서, 예를 들어 모든 행렬요소 제곱의 합을 제곱근한 값 $\|\boldsymbol{K}\| = \sqrt{\sum K_{ij}^2}$을 잣대로 사용할 수 있다.

강성행렬과 역 강성행렬 노옴의 곱을 특별히 조건수라고 하며 이 조건수가 1보다 커지게 되면 하중벡터의 조그마한 변화에 대해서도 미지수의 변화는 크게 증폭된다. 다음에 소개될 식 (2.54)로 표현된 행렬의 반복계산에 있어 이전 단계의 미지수 $\{\boldsymbol{u}\}^{(n)}$에는 반드시 오차가 포함되어 있는데, 만약 조건수가 1보다 커지게 되면 다음 단계에서의 미지수 $\{\boldsymbol{u}\}^{(n+1)}$에 수반되는 오차는 반복계산 횟수와 더불어 증폭되게 된다. 그 결과, 원하는 정확도를 만족하는 미지수를 구하기까지 요구되는 반복계산 횟수가 늘어나게 되어 수렴속도가 나빠지고 수렴과정이 불안정하게 된다. 따라서 강성행렬 $[\boldsymbol{K}]$의 조건수를 가능한 한 1에 근접하도록 해야 하는데, 적절한 다른 행렬을 강성행렬에 곱하여 조건수를 줄이는 작업을 행렬의 프리컨디셔닝(preconditioning)이라고 부른다.

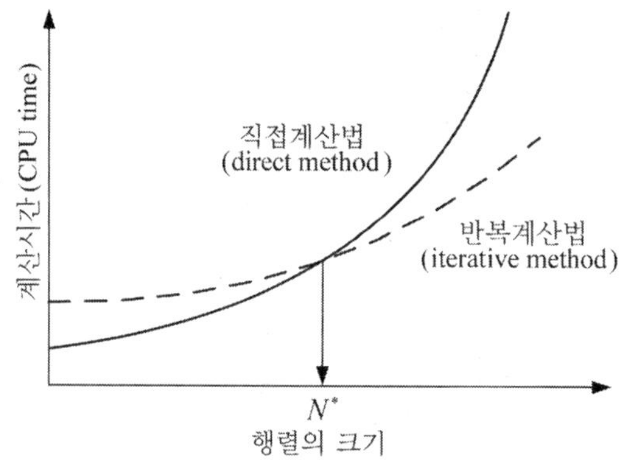

그림 2.3.2 행렬크기에 따른 직접법과 반복법의 효율성 비교

그림 2.3.2는 행렬연산에 소요되는 CPU시간을 행렬의 크기에 대하여 나타낸 것이다. 행렬의 크기가 작은 경우에는 직접계산이 반복계산에 비해 상대적으로 효율적이라는 사실은 누구나 쉽게 수긍할 것이다. 하지만, 행렬의 크기가 증가하게 되면 직접계산법에서의 행과 행 그리고 열과 열의 연산횟수가 기하급수적으로 증가하게 되어, 반복계산법보다 CPU시간이 눈에 띄게 증가하게 된다. 한편, 직접계산법이나 반복계산법을 통해 미지수를 구하기 위해서는 강성행렬 $[\boldsymbol{K}]$가 양정치 행렬(positive definite matrix)이 되어야 한다. 부록 A.2.1에 상세히 설명되어 있듯이 양정치 행렬이 되지 않으면 강성행렬의 역행렬 $[\boldsymbol{K}]^{-1}$이 존재하지 않기 때문이다. 자연계에서 발생하는 모든 현상을 유한요소 근사화를 거쳐 행렬방정식으로 전환하게 되면 강성행렬은 이론적으로 양정치 행렬이 된다. 하지만, 이론과는 달리 요소망을 생성하고 수치적분을 통해 행렬방정식을 생성하는 과정에서 수치적인 문제로 비양정치 행렬이 되어 오류가 발생하곤 한다.

아래 그림 2.3.3은 대칭행렬 $[\boldsymbol{K}]$의 역행렬을 계산하는 가우스 소거법의 개념을 나타내고 있다. 역행렬을 구할 대칭행렬 $[\boldsymbol{K}]$와 단위행렬(identity matrix) $[\boldsymbol{I}]$를 그림의 좌측과 같이 횡방향으로 합쳐서 $[\boldsymbol{K}|\boldsymbol{I}]$ 형태로 행렬을 확장시킨다. 이렇게 확장된 행렬에 대하여 행과 행 그리고 열과 열 연산작업을 거쳐 그림의 우측과 같이 확장행렬이 $[\boldsymbol{I}|\boldsymbol{K}^{-1}]$ 형태가 되도록 한다. 이렇게 확장된 행렬의 좌측이 단위행렬이 되었을 때, 처음 단위행렬이었던 우측행렬이 바로 대칭행렬 $[\boldsymbol{K}]$의 역행렬 $[\boldsymbol{K}]^{-1}$이 된다.

$$\begin{bmatrix} K_{11} & K_{12} & K_{13} & K_{14} & | & 1 & 0 & 0 & 0 \\ K_{21} & K_{22} & K_{23} & K_{24} & | & 0 & 1 & 0 & 0 \\ K_{31} & K_{32} & K_{33} & K_{34} & | & 0 & 0 & 1 & 0 \\ K_{41} & K_{42} & K_{43} & K_{44} & | & 0 & 0 & 0 & 1 \end{bmatrix} \Rightarrow \begin{bmatrix} 1 & 0 & 0 & 0 & | & K_{11}^{-1} & K_{12}^{-1} & K_{13}^{-1} & K_{14}^{-1} \\ 0 & 1 & 0 & 0 & | & K_{21}^{-1} & K_{22}^{-1} & K_{23}^{-1} & K_{24}^{-1} \\ 0 & 0 & 1 & 0 & | & K_{31}^{-1} & K_{32}^{-1} & K_{33}^{-1} & K_{34}^{-1} \\ 0 & 0 & 0 & 1 & | & K_{41}^{-1} & K_{42}^{-1} & K_{43}^{-1} & K_{44}^{-1} \end{bmatrix}$$

그림 2.3.3 가우스 소거법의 개념

앞서 언급한 것과 같이 직접계산법은 이러한 가우스 소거법의 원리에 기초하여 선형행렬방정식을 푸는 연산기법이지만, 가우스 소거법을 실제적으로 어떻게 적용하느냐에 따라 앞서 그림 2.3.1에 열거한 것과 같이 유형이 나뉘게 된다. 한편, 행렬이 행렬의 대각선 주위에만 0이 아닌 행렬요소를 가지는 띠형상의 분산행렬(banded sparse matrix)이 될 경우에는 다음의 그림 2.3.4에 나타낸 것과 같이 행렬방정식의 상호 연관성이 인접한 몇 개의 행렬식에만 국한된다. 그림에서 행렬방정식 $[\boldsymbol{K}]\{\boldsymbol{u}\}=\{\boldsymbol{F}\}$ 속의 첫 번째 방정식은 "A"로 표시한 영역 내에 있는 방정식들과는 상호 종속적인 관계에 있지만 이 영역 아래에 있는 방정식들과는 독립적이다. 따라서 이러한 띠형상 분산행렬의 특성을 이용하게 되면 매우 효과적으로 선형 행렬방정식을 풀 수가 있는데, 이러한 특성을 이용한 선형행렬 연산기법이 다름 아닌 프론탈 솔버(frontal solver)이다.

프론탈 솔버는 한꺼번에 행렬방정식 전체를 대상으로 행렬연산을 하지 않고 그림에 나타낸 것과 같이 맨 위 행렬식과 상호 종속적인 하위 방정식만을 대상으로 행렬연산을 수행하게 된다. 이 때, 상호 종속적인 최소한의 축소행렬을 작업행렬(working array)이라고 부르며, 이 작업행렬의 크기는 강성행렬 $[\boldsymbol{K}]$의 밴드폭(band width)에 의해 결정된다. 최초 작업행렬의 아랫부분에 위치하는 방정식들은 "B" 영역의 상부에 위치하는 방정식들과 상호 종속적인 관계에 있기 때문에 최초 작업행렬에 대한 연산작업으로 해당되는 미지수를 모두 풀 수는 없다. 이렇게 최초 작업행렬에 대한 연산작업에서 풀지 못한 미지수는 그 다음 작업행렬에서의 행렬연산을 통해 결정된다.

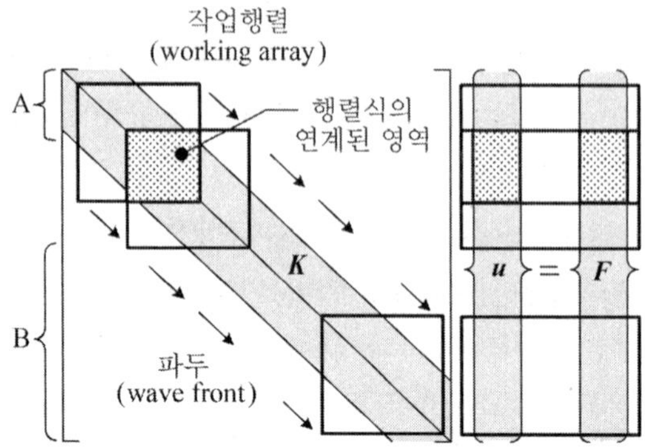

그림 2.3.4 프론탈 솔버의 개념

이와 같이 작업행렬을 전체 행렬의 최상부에서 대각선을 따라 점진적으로 이동시키면서 축소행렬식을 풀어나가게 되는데, 이러한 작업행렬의 이동이 흡사 해안가로 밀려오는 파도의 선단부와 같다 하여 프론탈 솔버라는 이름이 붙여졌다. 프론탈 솔버는 작업행렬에 해당하는 행렬 저장공간만 필요하기 때문에 대형(large-scale) 선형 정적해석에 매우 적합하며, 시판되고 있는 거의 대부분의 유한요소 해석 소프트웨어는 선형 정적해석을 위해 프론탈 솔버를 적용하고 있다.

최근에는 병렬연산(parallel computing)이 보편화 되면서 프론탈 솔버를 이용한 선형 행렬연산에 소요되는 CPU시간을 단축시키기 위하여 다중 프론탈 솔버(multi frontal solver)가 도입되고 있다. 다중 프론탈 솔버는 전체 행렬방정식 영역을 다수의 구획으로 분할하고 분할된 각 구획에 각기 하나씩의 작업행렬이 설정되어 동시에 행렬방정식을 풀어나가는 연산기법이다.

다음으로 선형 행렬방정식 $[\boldsymbol{K}]\{\boldsymbol{u}\}=\{\boldsymbol{F}\}$를 반복법으로 푸는 방법에 대해 상세히 살펴보기로 한다. 미지수가 $\{u_1,\ u_2,\ u_3\}$로 3개인 경우를 예로 들면 다음 식 (2.53)과 같이 3개의 선형 연립방정식을 풀어야 한다. 직접계산법과는 달리 반복계산법에서는 다음 식과 같이 우선 3개의 미지수를 좌변으로 하고 나머지는 모두 우변으로 이동시켜 연립방정식을 재구성하게 된다. 변형된 식을 살펴보면 우변에도 미지수가 포함되어 있어, 우변에 포함되어 있는 미지수 값이 주어지지 않으면 좌변의 미지수를 풀 수 없게 된다. 다시 말해, 선형 행렬방정식이 비선형 행렬방정식으로 전환된 것이다. 따라서 이렇게 변형된 연립방정식을 풀기 위해서는 우변에 포함되어 있는 미지수에 임의 값을 초기에 대입하여 좌변에 있는 미지수를 풀어야 한다.

$$K_{11}u_1 + K_{12}u_2 + K_{13}u_3 = F_1 \quad \rightarrow \quad u_1 = -\frac{K_{12}}{K_{11}}u_2 - \frac{K_{13}}{K_{11}}u_3 + \frac{F_1}{K_{11}} \tag{2.53a}$$

$$K_{21}u_1 + K_{22}u_2 + K_{23}u_3 = F_2 \quad \rightarrow \quad u_2 = -\frac{K_{21}}{K_{22}}u_1 - \frac{K_{23}}{K_{22}}u_3 + \frac{F_2}{K_{22}} \tag{2.53b}$$

$$K_{31}u_1 + K_{32}u_2 + K_{33}u_3 = F_3 \quad \rightarrow \quad u_3 = -\frac{K_{31}}{K_{33}}u_1 - \frac{K_{32}}{K_{33}}u_2 + \frac{F_3}{K_{33}} \tag{2.53c}$$

그리고 이렇게 푼 좌변의 미지수를 다시 우변에 포함되어 있는 미지수에 대입하여 재차 좌변의 미지수를 계산하는 과정을 반복하게 된다. 강성행렬 $[\boldsymbol{K}]$가 양정치 행렬(positive definite matrix)이라면 반복계산에 따라 미지수는 특정한 값으로 접근하는 수렴성(convergence)을 나타낸다. 식 (2.53)을 행렬형태로 전환하면 식 (2.54)와 같이 표현되며, 상첨자 "(n), $(n+1)$"은 반복계산 단계 혹은 반복계산 횟수를 의미한다. 반복계산에 따라 미지수는 일정한 값으로 수렴하지만 이전 단계와 현 단계에서 구한 미지수들 사이의 차이는 완전히 0이 되지는 않기 때문에 특정한 조건이 부과되지 않으면 반복계산은 무한히 지속될 수밖에 없다.

$$\begin{Bmatrix} u_1 \\ u_2 \\ u_3 \end{Bmatrix}^{(n+1)} = -\begin{bmatrix} 0 & \dfrac{K_{12}}{K_{11}} & \dfrac{K_{13}}{K_{11}} \\ \dfrac{K_{21}}{K_{22}} & 0 & \dfrac{K_{23}}{K_{22}} \\ \dfrac{K_{31}}{K_{33}} & \dfrac{K_{32}}{K_{33}} & 0 \end{bmatrix} \begin{Bmatrix} u_1 \\ u_2 \\ u_3 \end{Bmatrix}^{(n)} + \begin{Bmatrix} \dfrac{F_1}{K_{11}} \\ \dfrac{F_2}{K_{22}} \\ \dfrac{F_3}{K_{33}} \end{Bmatrix},$$

$$n = 0,\ 1,\ 2,\ \cdots \tag{2.54}$$

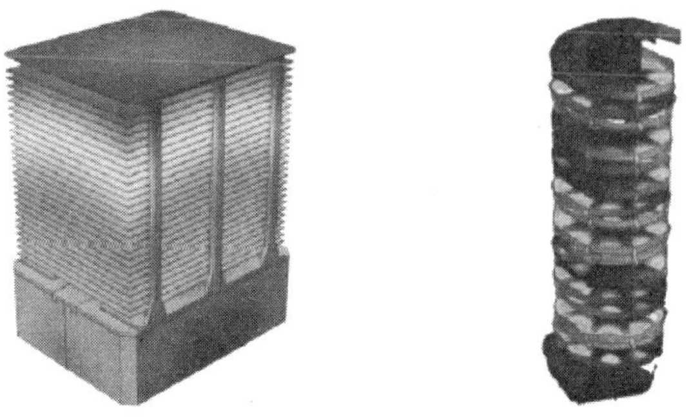

(a) (b)

그림 2.3.5 멀티 프론탈 솔버가 탑재된 midas NFX: (a) 대형 복합 구조물의 선형 정적해석 및 (b) 모달해석

반복계산을 종료시키기 위해 부과되는 조건을 수렴조건(convergence criterion)이라고 하며, 현 단계와 이전 단계에서 구한 미지수들 사이의 차이와 허용오차(allowable tolerance)로 정의된다. 식 (2.55)는 수렴조건으로 사용되는 하나의 예를 보여주고 있는데, 식의 좌변에 있는 반복계산에 따른 미지수의 감소를 측정하는 방법은 해석의 목적에 부합되도록 해석자가 설정하면 된다.

$$\max \left| u_I^{(n)} - u_I^{(n-1)} \right| \le \epsilon \tag{2.55}$$

2.3.2 변위 경계조건 반영

4장 4.1절에서 상세히 다루게 되겠지만 경계치 문제(boundary value problem)에 해당되는 선형 정적해석에서는 반드시 물체에 하중과 변위 경계조건(boundary condition)이 부과된다. 하중조건을 유한요소 근사화 과정에서 하중벡터(load vector) $\{\boldsymbol{F}\}$에 포함되지만, 변위 경계조건은 기저함수를 정의하는 과정에서 반영되거나 아니면 행렬방정식 $[\boldsymbol{K}]\{\boldsymbol{u}\} = \{\boldsymbol{F}\}$을 통해 반영된다. 기저함수를 정의하는 단계에서 변위 경계조건을 반영하는 예를 아래 그림 2.3.6에서 보여주고 있다. 만약 $u_1 = 0$인 변위 경계조건이 주어지게 되면 절점 1에 해당하는 기저함수 ϕ_1는 기저함수에서 제외된다. 한편, 절점 3에 $u_3 = \overline{u}_3$라는 변위 경계조건이 부과되면 기저함수 ϕ_3의 크기는 $\overline{u}_3$로 미리 결정되기 때문에 u_3는 행렬방정식 $[\boldsymbol{K}]\{\boldsymbol{u}\} = \{\boldsymbol{F}\}$에서 더 이상 미지수로 포함되지 않는다. 결국, 두 경우 모두 변위 경계조건이 부과된 절점의 개수만큼 미지수가 감소되어 행렬방정식의 크기가 그 만큼 줄어들게 된다.

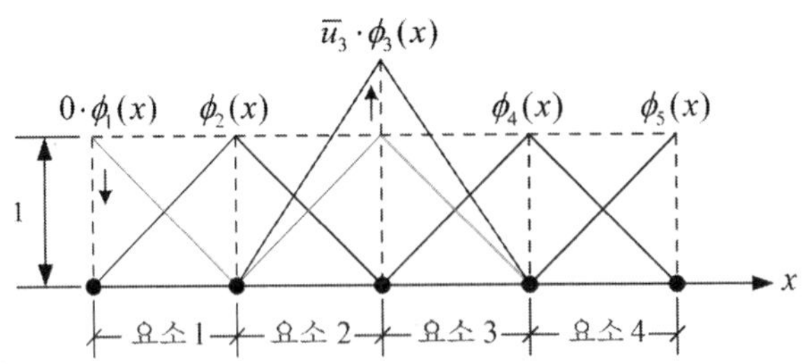

그림 2.3.6 변위 경계조건이 반영된 기저함수($u_1 = 0$, $u_3 = \overline{u}_3$)

하지만, 이처럼 기저함수를 정의하는 단계에서 변위 경계조건을 반영하는 방법은 유한요소 프로그램을 개발하는 입장에서는 바람직하지 않다. 왜냐하면 변위 경계조건이 부여되는 요소와 절점이 해석문제에 따라 달라지기 때문에 이렇게 해석문제별로 달라지는 상황에 따라 기저함수를 제각기 정의하는 것은 매우 번거로운 작업이 되기 때문이다. 따라서, 상용 유한요소 해석 소프트웨어에서는 행렬방정식 $[\boldsymbol{K}]\{\boldsymbol{u}\}=\{\boldsymbol{F}\}$를 생성하기 단계까지는 변위 경계조건을 고려하지 않는다.

행렬방정식 $[\boldsymbol{K}]\{\boldsymbol{u}\}=\{\boldsymbol{F}\}$이 완성된 후 아래에 소개하는 방법에 따라 변위 경계조건을 행렬방정식에 반영하게 된다. 방법으로는 행렬축소법(matrix reduction), 행렬수정법(matrix modification method), 벌칙기법(penalty method) 그리고 라그랑지 승수법(Lagrange multiplier method)의 네 가지 유형이 사용되고 있다. 첫 번째 방법인 행렬축소법을 설명하기 위해 5개의 절점으로 구성된 요소망에 있어 절점 3에 $u_3=\overline{u}_3$라는 변위 경계조건이 주어진 경우를 다루기로 한다.

변위 경계조건이 주어지지 않은 상태에서의 행렬방정식 $[\boldsymbol{K}]\{\boldsymbol{u}\}=\{\boldsymbol{F}\}$는 아래 식 (2.56a)와 같이 5개의 선형 연립방정식으로 구성되어 있다. 하지만, 이 식들 중에서 세 번째 식은 $u_3=\overline{u}_3$로 이미 그 값이 주어졌기 때문에 더 이상 필요하지 않게 된다. 따라서 세 번째 식을 제거하고 또한 나머지 식들은 u_3와 곱해지는 항들을 우변의 하중벡터로 넘겨서 식 (2.56b)와 같이 4×4 행렬식으로 축소된다.

$$\begin{bmatrix} K_{11} & K_{12} & K_{13} & K_{14} & K_{15} \\ K_{21} & K_{22} & K_{23} & K_{24} & K_{25} \\ K_{31} & K_{32} & K_{33} & K_{34} & K_{35} \\ K_{41} & K_{42} & K_{43} & K_{44} & K_{45} \\ K_{51} & K_{52} & K_{53} & K_{54} & K_{55} \end{bmatrix} \begin{Bmatrix} u_1 \\ u_2 \\ u_3 \\ u_4 \\ u_5 \end{Bmatrix} = \begin{Bmatrix} F_1 \\ F_2 \\ F_3 \\ F_4 \\ F_5 \end{Bmatrix} \tag{2.56a}$$

$$\begin{bmatrix} K_{11} & K_{12} & K_{14} & K_{15} \\ K_{21} & K_{22} & K_{24} & K_{25} \\ K_{41} & K_{42} & K_{44} & K_{45} \\ K_{51} & K_{52} & K_{54} & K_{55} \end{bmatrix} \begin{Bmatrix} u_1 \\ u_2 \\ u_4 \\ u_5 \end{Bmatrix} = \begin{Bmatrix} F_1 - K_{13}\overline{u}_3 \\ F_2 - K_{23}\overline{u}_3 \\ F_4 - K_{43}\overline{u}_3 \\ F_5 - K_{53}\overline{u}_3 \end{Bmatrix} \tag{2.56b}$$

행렬축소법의 특징은 우선 행렬방정식의 크기가 변위 경계조건의 개수만큼 줄어든다는 점이고, 그 다음으로는 우변의 하중벡터가 수정된다는 점이다. 변위 경계조건이 정확히 반영된다는 장점이 있지만, 행렬방정식의 축소에 따라 행렬요소의 번호를 재구성해야 하는 단점을 지니고 있다. 따라서, 고유치 해석을 제외하고는 이 방법을 사용하지 않고 있다. 고유치 해석에서는 반드시 행렬축소법을 사용해야 하는 이유는 5.1절에서 상세히 다루기로 한다.

변위 경계조건을 반영하는 또 다른 방법인 행렬수정법을 살펴보기로 한다. 식 (2.57)은 절점 2와 4의 변위값 u_2 그리고 u_5가 경계조건으로 지정된 경우에 있어서 수정된 행렬방정식을 보여주고 있다. 두 번째 그리고 다섯 번째 행과 열을 살펴보면 대각선에 위치한 행렬요소는 1의 값으로 그리고 나머지 행렬요소는 모두 0으로 대체되어 있다. 그리고 우변의 하중벡터 $\{\boldsymbol{F}\}$의 경우는 두 번째 그리고 다섯 번째는 지정된 변위값으로 대체되고, 나머지는 좌변 강성행렬에서 0으로 대체된 행렬요소와 지정된 변위값의 곱으로 수정되어 있다. 행렬방정식의 두 번째 그리고 다섯 번째 식으로부터 $u_2 = \overline{u}_2$ 그리고 $u_5 = \overline{u}_5$가 정확하게 계산됨을 확인할 수 있다.

$$\begin{bmatrix} K_{11} & 0 & K_{13} & K_{14} & 0 & K_{16} \\ 0 & 1 & 0 & 0 & 0 & 0 \\ K_{31} & 0 & K_{33} & K_{34} & 0 & K_{36} \\ K_{41} & 0 & K_{43} & K_{44} & 0 & K_{46} \\ 0 & 0 & 0 & 0 & 1 & 0 \\ K_{61} & 0 & K_{63} & K_{64} & 0 & K_{66} \end{bmatrix} \begin{Bmatrix} u_1 \\ u_2 \\ u_3 \\ u_4 \\ u_5 \\ u_6 \end{Bmatrix} = \begin{Bmatrix} F_1 - (K_{12}\overline{u}_2 + K_{15}\overline{u}_5) \\ \overline{u}_2 \\ F_3 - (K_{32}\overline{u}_2 + K_{35}\overline{u}_5) \\ F_4 - (K_{42}\overline{u}_2 + K_{45}\overline{u}_5) \\ \overline{u}_5 \\ F_6 - (K_{62}\overline{u}_2 + K_{65}\overline{u}_5) \end{Bmatrix} \tag{2.57}$$

행렬수정법의 특징은 우선 행렬방정식의 크기가 그대로 유지되면서도 변위 경계조건이 정확히 반영된다는 점이다. 따라서 행렬축소법과는 달리 행렬요소의 번호를 재구성할 필요는 없다. 하지만 여전히 강성행렬 일부와 하중벡터 전체를 수정해야 하는 불편함을 안고 있다.

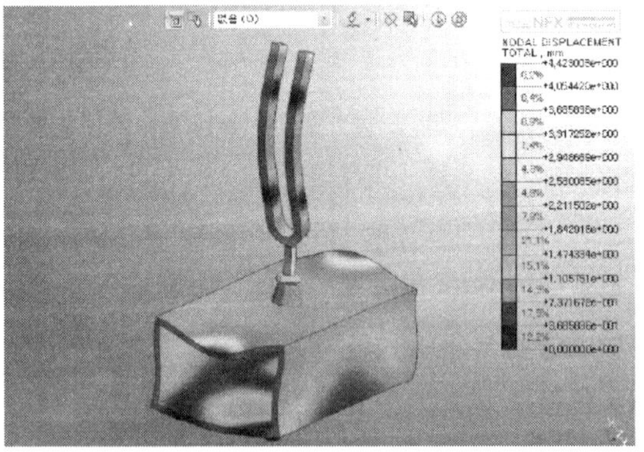

그림 2.3.7 변위 경계조건이 행렬축소법으로 처리되어야 하는 고유치해석(modal analysis)

행렬수정법의 단점을 보완한 방법으로 벌칙기법이 널리 사용되고 있다. 다음 식 (2.58)은 벌칙기법으로 변위 경계조건 $u_2 = \overline{u}_2$ 그리고 $u_5 = \overline{u}_5$를 반영한 경우를 보여주고 있다. 식으로부터 알 수 있듯이 강성행렬의 경우에는 두 번째 그리고 다섯 번째 열의 대각선상에 위치하는 행렬요소를 단순히 "Big"으로 대체하고, 하중벡터의 경우에는 "Big변위값"으로 대체하였다. 따라서, 식 (2.57)과 같이 관련된 강성행렬 요소들을 "0"으로 대체하고 하중벡터 전체를 수정할 필요가 전혀 없다.

$$\begin{bmatrix} K_{11} & K_{12} & K_{13} & K_{14} & K_{15} & K_{16} \\ K_{21} & \text{Big} & K_{23} & K_{24} & K_{25} & K_{26} \\ K_{31} & K_{32} & K_{33} & K_{34} & K_{35} & K_{36} \\ K_{41} & K_{42} & K_{43} & K_{44} & K_{45} & K_{46} \\ K_{51} & K_{52} & K_{53} & K_{54} & \text{Big} & K_{56} \\ K_{61} & K_{62} & K_{63} & K_{64} & K_{65} & K_{66} \end{bmatrix} \begin{Bmatrix} u_1 \\ u_2 \\ u_3 \\ u_4 \\ u_5 \\ u_6 \end{Bmatrix} = \begin{Bmatrix} F_1 \\ \text{Big} \times \bar{u}_2 \\ F_3 \\ F_4 \\ \text{Big} \times \bar{u}_5 \\ F_6 \end{Bmatrix} \tag{2.58}$$

행렬방정식의 두 번째 식을 풀어서 정리하면 아래 식 (2.59)와 같이 표현된다. 이 식에서 만약 "Big"값이 나머지 강성행렬 요소 K_{ij}와 미지수 u_i보다 현저히 큰 값이라고 가정하면 식과 같이 Big$\times u_2$를 제외한 나머지 항들은 무시할 수 있다. 그 결과, 미지수 u_2는 만족시켜야 할 값인 $\bar{u}_2$에 근접하게 된다.

$$K_{21}u_1 + \text{Big} \times u_2 + K_{23}u_3 + K_{24}u_4 + K_{25}u_5 + K_{26}u_6 \cong \text{Big}\, u_2 = \text{Big} \times \bar{u}_2$$
$$\Rightarrow \quad u_2 \cong \bar{u}_2 \tag{2.59}$$

하지만 u_2는 정확하게는 $\bar{u}_2$가 되지 않고 소수점 이하 몇 자리부터는 차이를 나타낸다. 그리고 정확한 값과 차이를 나타내는 소수점 이하 자릿수는 "Big" 값과 강성행렬 요소의 최댓값 $\max|K_{ij}|$과의 상대적인 크기로 결정된다. "벌칙"이란 용어는 변위 경계조건이 다소간 부정확하게 반영되는 벌금을 물고 행렬방정식 수정에 편리함을 취하겠다는 의미에서 붙여지게 되었다. 공학분야에서는 소수점 이하 3~4자리수의 정확도를 요구하기 때문에 "Big" 값은 아래 식과 같이 결정된다.

$$\text{Big} \geq \max|K_{ij}| \times 10^4 \tag{2.60}$$

벌칙기법의 물리적인 의미를 다음 그림 2.3.8에서 보여주고 있다. 구조물의 우측 하단이 고정되어 있는 변위 경계조건 $u_x = u_y = 0$를 두 개의 스프링으로 대체하여 구조물 영역에 스프링을 포함시킨다. 다시 말해, 스프링의 변위와 변형률에너지(strain energy)도 구조물에 포함된다. 이렇게 스프링을 포함한 확장된 구조물이 원래 우측 하단이 고정된 구조물의 변위와 변형률에너지로 근접하기 위해서는 스프링 상수가 커져야 한다. 스프링 상수가 증가하면 할수록 구조물의 우측 하단의 변위는 0으로 접근하게 되고 또한 스프링의 변형률에너지 역시 줄어들게 될 것이다. 이 스프링 상수가 위에서 말한 "Big" 값에 해당되며, 이 값을 특별히 벌칙상수(penalty constant)라고 부른다.

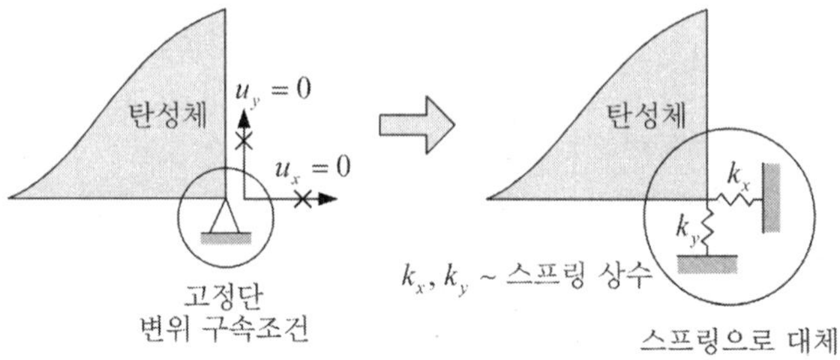

그림 2.3.8 스프링 지지로 비유되는 벌칙기법

라그랑지 승수법은 벌칙기법과 달리 구속조건이 정확히 반영되는 반면, 구속조건의 개수만큼 미지수가 증가하게 된다. 다음의 그림 2.3.9는 라그랑지 승수법을 도식적으로 나타낸 것으로서, 벌칙기법에서의 스프링 상수 k_x와 k_y가 라그랑지 승수 λ_1과 λ_2로 대체된다. 그리고 이 승수들은 벌칙상수와 같이 해석자가 설정해 주는 입력값이 아닌 미지수이기 때문에 그림에서와 같이 행렬방정식 $[\boldsymbol{K}]\{\boldsymbol{u}\}=\{\boldsymbol{F}\}$의 크기가 증가하게 된다. 따라서 라그랑지 승수법은 구속조건의 개수가 많은 경우에는 해석시간의 증가를 초래하게 되어, 구속조건의 개수가 그다지 많지 않거나 구속조건이 반드시 정확히 반영되어야 하는 경우에만 사용되고 있다.

라그랑지 승수법은 1.2.2절의 수치 근사화 기법에서 다루었던 포텐셜에너지 $\pi(u)$를 정의할 때 아래 식 (2.61)과 같이 구속조건과 라그랑지 승수의 곱을 물체의 변형률에너지 $E(u)$에 포함시키게 된다. 벌칙기법에서 스프링의 변형에 따른 탄성에너지 $k(u-\overline{u})^2/2$가 물체의 변형률에너지에 포함되는 것과 유사한 개념이다.

$$\pi(u) = E(u) + \lambda_1(u_x - \overline{u}_x) + \lambda_2(u_y - \overline{u}_y) - W(u) \tag{2.61}$$

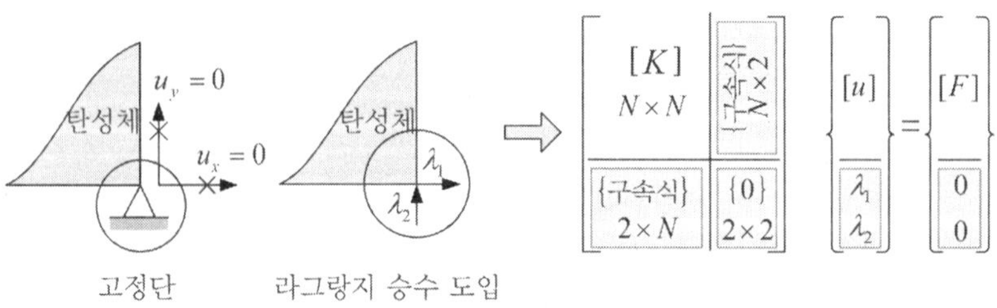

그림 2.3.9 라그랑지 승수 λ가 미지수로 추가되는 라그랑지 승수법

Chapter 3

고체 및 구조역학

유한요소 해석에서 가장 많이 다루게 되는 구조해석은 외부하중을 받거나 지지하고 있는 구조물의 변형량과 변형률 그리고 응력의 크기를 예측하여 구조적 안전성을 평가하게 된다. 따라서 대상이 되는 구조물의 설계와 안전성 평가의 성공여부는 구조해석 결과의 타당성과 신뢰성에 절대적으로 좌우된다. 앞서 1장과 2장에서 살펴본 바와 같이 유한요소 해석은 물체거동에 대한 수학적 표현식을 수치 근사화를 통해 행렬방정식으로 전환하여 근사적인 해답을 구하는 것으로서, 실제 물체거동과는 항상 차이가 있기 마련이다. 이러한 차이를 줄이기 위해서는 유한요소법에 대한 충분한 이해와 더불어 구조물의 거동에 미치는 인자와 거동을 평가하는 물리량에 대한 역학적 지식이 뒷받침 되어야 한다. 본 절에서는 구조물의 변형에 따라 내부에 발생하는 변형률과 응력의 물리적인 개념과 그 크기를 측정하는 방법을 학습함으로써 유한요소 해석으로 구한 해석결과를 해석목적에 부합하도록 평가할 수 있게 될 것이다. 그리고 구조물을 구성하는 재료의 유형과 특징을 학습함으로써 다양한 유형의 물체를 다루는 구조해석의 적용에 있어 보다 합리적이고 효과적인 해석모델을 생성할 수 있을 것이다. 또한, 구조물에 부과되는 변위 경계조건에 대한 물리적인 이해와 해석모델에 적용하는 방법을 학습함으로써 해석문제에 적합한 경계조건을 선정하고 수치적 오류를 방지할 수 있게 될 것이다.

3.1 고체역학(Solid Mechanics)

거시적 관점에서 물질은 고체(solid), 액체(liquid) 그리고 기체(gas)로 구분되며, 뉴턴의 운동법칙에 입각한 전통적인 역학에 한정할 경우 이들은 연속체(continuum body)로 간주된다. 연속체라 함은 물체를 구성하는 매질이 공간상에 연속적으로 분포되어 있어, 매질의 고유한 물성을 그대로 유지한 채 무한히 작은 영역으로 나눌 수 있는 물체를 의미한다. 본 절에서는 일반 기계부품이나 건축물을 구성하는 구조물로 대표되는 고체의 변형(deformation)과 변형률(strain) 그리고 응력(stress)에 대해 살펴보기로 한다.

구조물은 다양한 유형의 하중을 받게 되고 그 결과 형상이 변하는 변형이 발생하게 되는데, 경우에 따라서는 균열(crack)이 발생하거나 심한 경우에는 아예 파단에 이르기도 한다. 균열이나 파단과 같은 거동이 발생하게 되면 이 물체를 더 이상 연속체라고 말할 수 없으며, 이러한 물체의 거동은 연속체 역학의 범주를 벗어나며 파괴역학과 같은 비연속체 역학을 다루는 학문분야의 대상이 된다. 해석자가 보편적으로 수행하는 구조해석은 거의 대부분 물체를 연속체라고 가정하고 있으며, 연속체의 변형과 변형률 그리고 응력 값을 바탕으로 균열이나 파단과 같은 비연속체적인 거동의 발생 가능성을 예측하게 된다. 그리고 만약, 이러한 비연속체적 거동이 예측되면 파괴역학에 기초한 공학적 지식과 전문 소프트웨어를 이용하여 물체의 거동을 분석해야 한다.

본 도서는 연속체 역학에 한정하여 집필되었으며, 구조물의 변형 $\boldsymbol{u}$는 그림 3.1.1과 같이 분리되거나 다른 위치로 나뉘는 일이 없이 항상 연속성을 만족하게 된다. 수학적인 표현을 도입하면, 연속체는 변형 시 변형에 따른 변형률에너지(strain energy) $U(\boldsymbol{u})$는 항상 유한한 값을 가지게 된다.

$$U(\boldsymbol{u}) = \frac{1}{2}\int_{\Omega} \epsilon(\boldsymbol{u}) : \sigma(\boldsymbol{u}) dV < +\infty \tag{3.1}$$

위 식에서는 $\epsilon(\boldsymbol{u}) : \sigma(\boldsymbol{u})$는 변형률 $\epsilon(\boldsymbol{u})$과 응력 $\sigma(\boldsymbol{u})$의 곱을 나타내며, $\epsilon(\boldsymbol{u}) : \sigma(\boldsymbol{u})/2$은 다름 아닌 단위체적당 변형률에너지를 나타내는 변형률에너지 밀도(strain energy density)이다. 변형률에너지에 대해서는 3.1.2절에서 상세히 다루기로 한다.

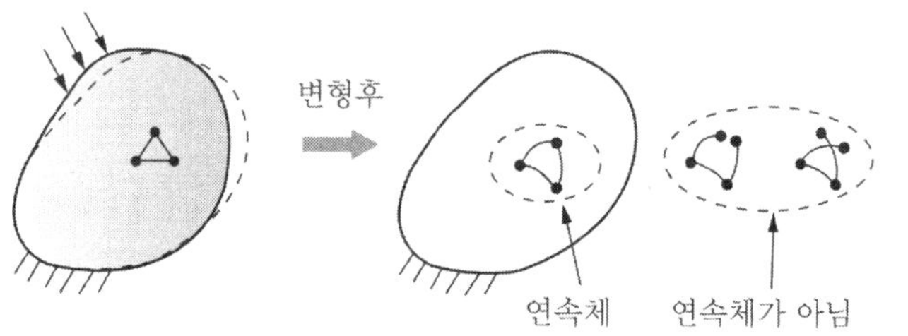

그림 3.1.1 연속체와 비연속체의 변형 후 형상

3.1.1 변위와 변형률

물체에 외력이 가해지면 일반적으로 물체의 공간상의 위치와 형상이 변하게 된다. 다음의 그림 3.1.2는 물체의 변형 전 형상과 변형 후 형상을 보여주고 있으며, 수학적인 표현을 위해 원점이 O이고 단위벡터(unit vector)가 $\boldsymbol{e}_1$, $\boldsymbol{e}_2$ 그리고 $\boldsymbol{e}_3$인 두 개의 직교 좌표계를 사용하기로 한다. 좌표계 $\{X_1, X_2, X_3\}$은 변형 전 물체의 위치와 형상을 나타내며, 좌표계 $\{x_1, x_2, x_3\}$는 변형 후 물체의 위치와 형상을 나타내기 위해 사용하기로 한다.

변형 전 초기형상상의 임의 지점 P의 공간상의 위치는 좌표계 $\{X_1, X_2, X_3\}$를 기준으로 위치벡터(position vector) $\boldsymbol{X} = X_1\boldsymbol{e}_1 + X_2\boldsymbol{e}_2 + X_3\boldsymbol{e}_3$로 표현된다. 그리고 지점

P와 거리 $d\boldsymbol{X}$만큼 떨어져 있는 또 다른 지점 Q의 위치벡터는 $\boldsymbol{X}+d\boldsymbol{X}$로 표현할 수 있다. 그리고 변형 후 이동된 두 지점의 새로운 위치 P'과 Q'의 위치벡터는 좌표계 $\{x_1, x_2, x_3\}$ 상에서 각각 $\boldsymbol{x}$와 $d\boldsymbol{x}$로 표현된다. 연속체 내 임의 지점의 위치변화, 즉 변형 후의 위치벡터와 변형 전의 위치벡터의 차이를 변위(displacement) 혹은 변위벡터(displacement vector)라고 부르며, 두 지점 P와 Q의 변위벡터는 식 (3.2)와 (3.3)과 같이 계산된다.

$$\boldsymbol{u}(\boldsymbol{X}) = \boldsymbol{x} - \boldsymbol{X} \tag{3.2}$$

$$\begin{aligned}\boldsymbol{u}(\boldsymbol{X}+d\boldsymbol{X}) &= (\boldsymbol{x}+d\boldsymbol{x}) - (\boldsymbol{X}+d\boldsymbol{X}) \\ &= (\boldsymbol{x}-\boldsymbol{X}) + d(\boldsymbol{x}-\boldsymbol{X}) = \boldsymbol{u}(\boldsymbol{X}) + d\boldsymbol{u}\end{aligned} \tag{3.3}$$

식 (3.3)으로부터 지점 Q의 변위는 지점 P의 변위와 두 지점 사이 상대거리의 변화량의 합으로 계산됨을 알 수 있다.

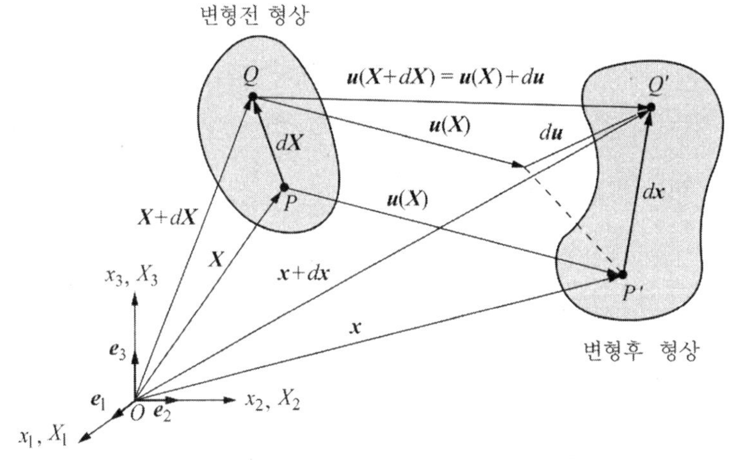

그림 3.1.2 연속체 내 임의 지점의 위치벡터와 변위벡터

구조물이 외부로부터 하중을 받아 초기위치나 형상이 변하는 것을 총칭하여 구조물의 거동이라고 부르며, 엄밀한 의미에서 변위와 변형은 아래와 같은 차이점을 갖고 있다.

- **변위(displacement)** : 구조물의 공간상의 위치변화를 총칭하여 변위라고 부른다. 하지만 변위는 변형을 반드시 수반하는 것은 아니며 가장 대표적인 예가 강체운동(rigid body motion)이다. 강체운동은 물체 내 두 지점 사이의 상대거리 변화는 전

혀 일으키지 않으면서 물체가 공간상에서 병진(translation)과 회전(rotation)을 통해 위치가 변하는 거동을 일컫는다.

- **변형(deformation)** : 구조물의 외관상 형상이 변하는 것을 의미하며, 변형이 발생하면 물체 내 모든 지점 혹은 일부 지점을 제외한 나머지 지점들은 반드시 변위를 수반하며 두 지점 사이의 상대거리가 변하게 된다.

일반적으로 변위와 변형은 구별 없이 사용되고 있지만, 위에서 설명한 바와 같이 엄연한 차이를 지니고 있으며, 변위가 보다 포괄적인 의미를 지니고 있다. 변위와 변형은 벡터(vector)량으로서 크기뿐만 아니라 방향성을 지니고 있다. 따라서 3차원 물체의 경우, 변위는 아래 식과 같이 각 방향의 성분을 지닌 3차원 벡터로 표현된다. 만약 직교좌표 $(x,\ y,\ z)$를 사용할 경우, 단위벡터 $\boldsymbol{i}$, $\boldsymbol{j}$ 그리고 $\boldsymbol{k}$ 방향으로의 변위 성분은 각각 u_x, u_y 그리고 u_z로 표현된다.

$$\begin{aligned} \boldsymbol{u} &= u_1\boldsymbol{e}_1 + u_2\boldsymbol{e}_2 + u_3\boldsymbol{e}_3 \\ &= u_x\boldsymbol{i} + u_y\boldsymbol{j} + u_z\boldsymbol{k} \end{aligned} \tag{3.4}$$

따라서 변위는 설정한 단위벡터 방향을 기준으로 양(+) 혹은 음(−)의 값을 가질 수 있으며, 음의 변위란 크기가 음수란 의미가 아니라 변위의 방향이 설정한 좌표계의 방향과 반대방향이라는 의미이다. 한편, 변위 혹은 변형의 크기는 아래 식과 같이 변위성분의 제곱을 모두 합한 값의 제곱근으로 계산된다.

$$|\boldsymbol{u}| = \sqrt{u_x^2 + u_y^2 + u_z^2} \tag{3.5}$$

유한요소 해석 소프트웨어의 전처리기에서는 기본적으로 직교 좌표계를 사용하여 해석의 대상이 되는 물체의 초기형상을 생성하게 된다. 따라서, 기준좌표계의 원점으로부터 물체의 각 지점까지의 거리, 즉 위치벡터가 자동적으로 정의된다. 따라서 해석 소프트웨어의 핵심 모듈인 솔버로 계산된 거동 $\boldsymbol{u}$는 다름 아닌 물체의 변위에 해당된다. 앞의 그림 3.1.2를 참고하면 변형 후 물체 내 각 지점의 위치 $\boldsymbol{x}$는 초기위치 $\boldsymbol{X}$와 변위 $\boldsymbol{u}$의 합으로 계산된다.

$$\boldsymbol{x} = \boldsymbol{X} + \boldsymbol{u} \tag{3.6}$$

이렇게 계산된 변형 후 물체의 새로운 위치를 해석 소프트웨어의 후처리기로 화면에 출력하게 되면 물체의 변형된 형상을 가시화 할 수 있다. 다음의 그림 3.1.3은 초기형상과 변형 후 형상을 화면상에 겹쳐서 나타낸 것으로서, 해석자는 대상물체가 하중을 받아 어떠한 방향으로 얼마의 변위를 일으키는지 쉽게 파악할 수 있다.

유한요소 해석 소프트웨어의 후처리기에서는 변위를 각 성분별로 그리고 절대적인 크기로 모두 표현이 가능하다. 따라서, 이러한 후처리 과정을 통해 해석자는 해석의 목적에 따라 적합한 변위성분 혹은 절대적인 변위 값을 선택하여 출력할 수 있다. 그리고 변위를 화면상에 출력하는 방법에는 다음의 6.1.2절에서 소개할 것과 같이 윤곽출력(contour plot), 벡터출력(vector plot), 등위선 출력(iso-line plot) 그리고 등위면 출력(iso-surface plot)의 옵션이 있다. 그리고 각각의 출력은 컬러(color) 혹은 그레이(gray) 스케일로 표현이 가능하며, 아래 그림 3.1.3은 변위의 절대크기를 흑백으로 윤곽 출력한 경우이다.

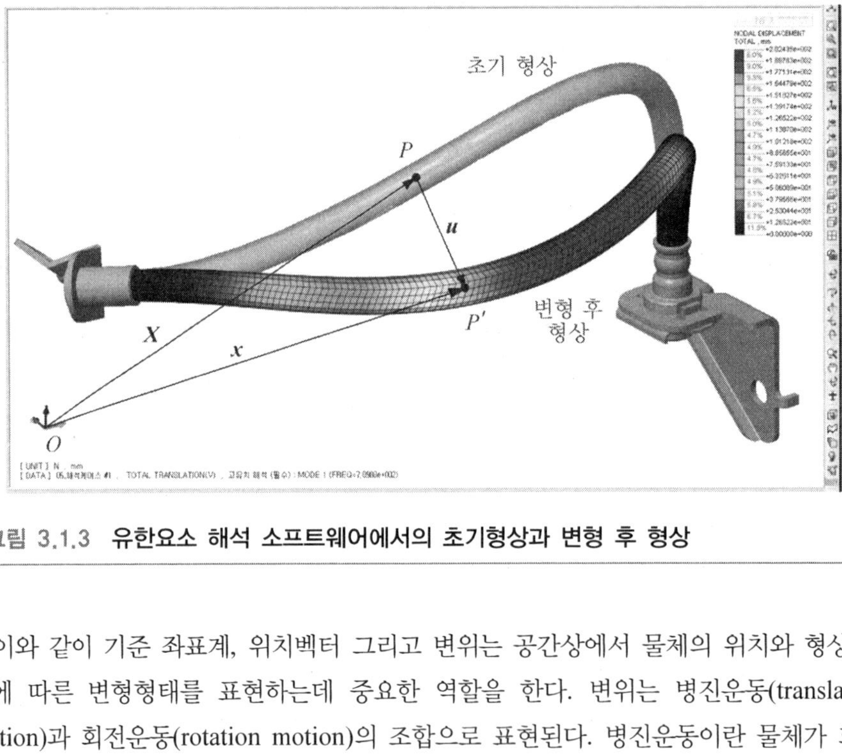

그림 3.1.3 유한요소 해석 소프트웨어에서의 초기형상과 변형 후 형상

이와 같이 기준 좌표계, 위치벡터 그리고 변위는 공간상에서 물체의 위치와 형상 변화에 따른 변형형태를 표현하는데 중요한 역할을 한다. 변위는 병진운동(translation motion)과 회전운동(rotation motion)의 조합으로 표현된다. 병진운동이란 물체가 회전하지 않고 일정한 방향으로 이동하는 움직임을 의미하는 반면, 회전운동은 특정한 지점을 중심으로 물체가 회전하는 것을 일컫는다. 이러한 사실을 보다 명확히 이해하기 위해 다음의 그림 3.1.4에 나타낸 강체운동을 살펴보기로 한다.

초기상태에서 강체 내 두 지점 A와 B가 강체운동 후 A' 그리고 B'으로 이동하였다고 가정하자. 두 지점의 변위는 그림에서와 같이 병진운동과 회전중심 O'을 중심으로 한 강체 회전운동의 조합으로 표현된다. 우선, 병진운동을 살펴보면 물체가 강체이기 때문에 두 지점 사이 상대거리의 변화는 전혀 발생하지 않기 때문에 물체 내 모든 지점의 병진운동의 크기와 방향은 동일하다. 따라서 두 지점의 병진운동을 $\bar{\boldsymbol{u}}_A$ 그리고 $\bar{\boldsymbol{u}}_B$로 표시하면 $\bar{\boldsymbol{u}}_A = \bar{\boldsymbol{u}}_B$가 된다. 다음으로 회전중심 O'을 중심으로 강체회전 $\boldsymbol{\theta}$에 의해 발생하는 변위는 회전중심과 지점과의 상대거리 $\boldsymbol{r}_{O'A}$와 $\boldsymbol{\theta}$의 곱의 크기를 가지며 $\boldsymbol{r}_{O'A}$에 수직한 방향이 된다.

강체운동에 의한 두 지점의 변위 $\boldsymbol{u}_A$와 $\boldsymbol{u}_B$를 수식으로 표현하면 아래 식과 같이 표현된다.

$$\boldsymbol{u}_A = \bar{\boldsymbol{u}}_A + \boldsymbol{r}_{O'A} \times \boldsymbol{\theta} \tag{3.7a}$$

$$\boldsymbol{u}_B = \bar{\boldsymbol{u}}_B + \boldsymbol{r}_{O'B} \times \boldsymbol{\theta} \tag{3.7b}$$

그리고 이러한 강체운동에 의한 변위의 특성은 일반 탄성체에도 그대로 적용된다. 다만 강체와 유연체(flexible body)와의 차이점은 물체 내 각 지점에 있어 병진운동의 크기와 방향 그리고 회전중심 O'과 회전각도 $\boldsymbol{\theta}$가 일정하지 않다는 점이다.

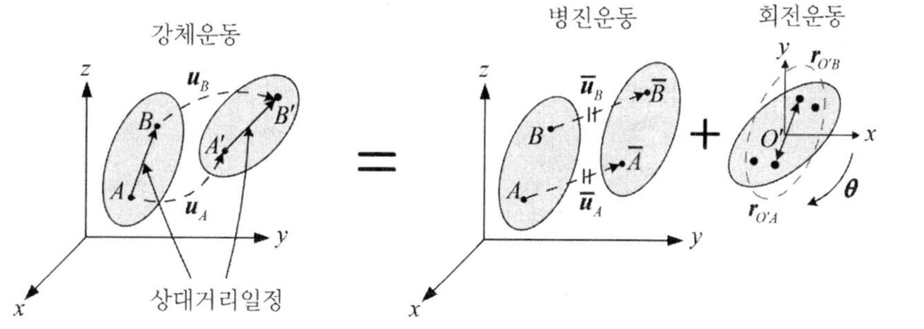

그림 3.1.4 병진운동과 회전운동의 조합으로 표현되는 물체의 강체운동

앞에서 설명한 변위와 변형의 차이를 강체운동을 이용하여 표현하면 아래 식과 같이 변형은 물체의 변위에 강체운동을 제거한 양으로 정의된다.

$$\text{변형(deformation)} = \text{변위(displacement)} - \text{강체운동(rigid body motion)} \tag{3.8}$$

그리고 물체변형의 정도를 측정하는 물리량으로 변형률(strain)이 사용되고 있다. 변형률은 물체의 변형이 물체 내 위치에 따라 변화하는 변화율을 나타내는 양으로서, 인접한 지점들의 변형이 큰 차이를 나타낸다면 이에 비례하여 변형률도 높게 된다. 앞서 살펴본 강체운동에서는 모든 지점에서 변형이 모두 0이기 때문에 모든 지점에서 변형률은 0이 된다. 변형률의 정의를 위 식 (3.8)에 도입하면

$$변형의\ 변화율 = 변위의\ 변화율 - 0 \tag{3.9}$$

과 같이 변형의 변화율은 변위의 변화율과 같게 된다. 따라서 변형률을 측정하기 위해서는 굳이 변형량과 변위량을 구분할 필요는 없다.

변형률에는 크게 수직변형률(normal strain)과 전단변형률(shear strain)로 구분된다. 전자는 물체가 특정한 방향으로 늘어나거나 아니면 줄어드는 정도를 나타내는 반면, 후자는 물체의 찌그러짐 정도를 나타내는 양이다. 두 유형의 변형률에 대한 명확한 물리적 이해를 돕기 위하여 다음의 그림 3.1.5에 나타낸 1차원 원형봉과 2차원 사각형 물체를 살펴보기로 하자. 1차원 원형봉을 축방향으로 잡아당기면 단면이 가늘어지면서 길이방향으로 늘어나게 된다. 이 경우, 축방향으로 늘어난 길이를 원형봉의 원래 길이로 나눈 상대비율을 원형봉의 수직변형률 혹은 단순히 변형률이라고 부른다. 원형봉을 1차원 물체로 한정하였기 때문에 축방향 변형률 성분밖에 존재하지 않고, 또한 전단변형률은 정의되지 않는다.

$$\epsilon = \frac{(a+b)}{l} \tag{3.10}$$

위 식으로부터 알 수 있듯이 변형률은 길이 단위를 길이 단위로 나눈 값이기 때문에 단위를 가지지 않는 무차원 양이다.

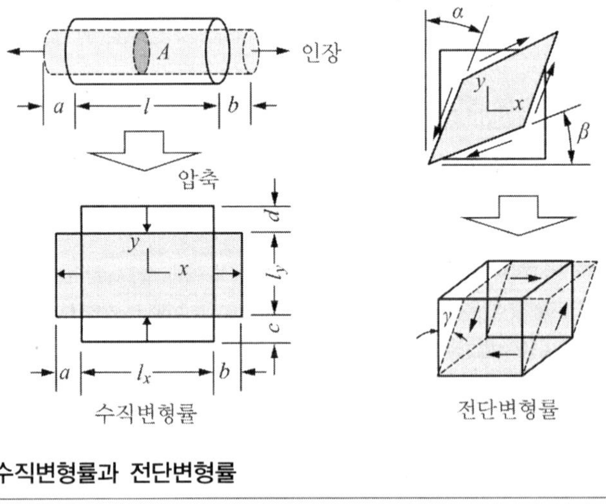

그림 3.1.5 수직변형률과 전단변형률

한편, 2차원 사각형 부재에 수평방향으로 인장력을 가하면 수평방향으로는 늘어나는 반면 수직방향으로는 줄어들게 된다. 그리고 수평방향으로의 인장력이 아닌 전단력을 사각형 부재에 가하게 되면, 부재는 대각선 방향으로 인장 그리고 압축되면서 사각형 형상이 마름모꼴로 찌그러지게 된다. 따라서, 2차원 물체는 면에 수직으로 작용하는 하중은 수직변형률을 발생시키고 면에 평행하게 작용하는 하중은 전단변형률을 유발시킨다. 사각형 부재의 x 그리고 y방향으로의 수직변형률은 다음과 같이 계산되고, 음의 변형률은 압축상태를 나타낸다.

$$\epsilon_{xx} = \frac{(a+b)}{l_x}, \quad \epsilon_{yy} = -\frac{(c+d)}{l_y} \tag{3.11}$$

전단변형률은 직각을 이루는 두 변이 90°로부터 감소한 각도로 정의되며, 각도는 라디안(radian) 단위로 측정된다. 아래 식에서 하첨자 xy는 전단변형률을 측정할 두 변의 방향을 나타내며, γ_{xy}는 공학 전단변형률(engineering shear strain)이라고 불린다. 반면, 이 값을 절반으로 나눈 값을 전단변형률로 정의하며 ϵ_{xy}로 표기한다.

$$\gamma_{xy} = \alpha + \beta, \quad \epsilon_{xy} = \frac{\gamma_{xy}}{2} \tag{3.12}$$

공학 전단변형률은 실무에서 거의 사용되지 않으며 이 값의 절반으로 정의되는 전단변형률이 보편적으로 사용되고 있다. 만약 공학 전단변형률을 사용하고자 하면 이것과 부합되는 전단응력(shear stress)을 적용해야 한다. 전단응력에 대한 상세한 설명은 다음의 3.1.2절에서 다루기로 한다.

앞서 그림 3.1.5에서 물체를 한 방향으로 잡아당기면 다른 방향으로는 줄어드는 현상을 볼 수 있었다. 거의 대부분의 연속체는 변형에 따라 물체의 체적이 변하게 되지만, 그 변화량은 눈에 띌 만큼 현저하지 않고 미소하다. 더욱이 고무와 같은 재질은 체적변화가 전혀 없는 비압축성(incomprcssibility)을 나타낸다. 결과적으로, 물체는 변형 후에도 어느 수준까지 전체 체적이 일정해야 하기 때문에, 한 방향으로 늘어나게 되면 다른 두 방향으로는 줄어들어야 한다. 다음 그림 3.1.6은 사각단면을 지닌 막대를 수평으로 인장시켰을 때, 두께방향으로 줄어드는 현상을 보여주고 있다.

물체변형과 연관된 이러한 현상을 프와송효과(Poisson's effect)라고 부르며, 프와송효과의 크기는 식 (3.13)으로 정의되는 프와송비(Poisson's ratio)로 측정된다.

$$\nu = -\frac{\epsilon_{yy}}{\epsilon_{xx}} = -\frac{\epsilon_{zz}}{\epsilon_{xx}} \tag{3.13}$$

위 식에서 x축은 인장 혹은 압축하중이 작용하는 방향을 그리고 y와 z축은 하중이 작용하지 않은 상태에서 프와송효과에 의해 압축 또는 인장되는 방향을 나타낸다.

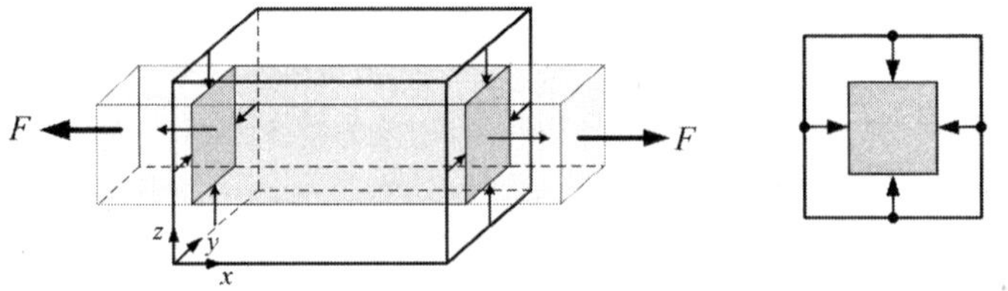

그림 3.1.6 프와송효과에 의한 나머지 두 방향으로의 압축

프와송비는 물체의 고유한 재료물성치로서 고무와 같은 비압축성 재질이 0.5의 최댓값을 가지며, 나머지 물체는 이보다 낮은 값을 가지고 있다. 금속의 경우는 0.3 전후의 값을 가지며 콘크리트의 프와송비는 0.14~0.25의 범위이다. 프와송비가 높을수록 물체는 인장 혹은 압축에 대한 저항력이 낮아 형상의 변화가 커지게 된다.

앞에서 1차원 그리고 2차원 단순 형상을 이용하여 소개한 변형률을 3차원 연속체로 확장하여 일반화 시키면 변형률은 다음과 같은 특성을 지닌 물리량으로 요약할 수 있다.

- **변형률 성분의 대칭성** : 변형률은 정의 그 자체가 변위의 공간상의 변화율이기 때문에 크기뿐만 아니라 방향성을 가지고 있다. 3차원 물체의 변위는 공간상에서 3차원 벡터로 표현되기 때문에 3개의 변위성분에 대한 수직변형률과 전단변형률이 존재하게 된다. 다음의 그림 3.1.7은 임의 지점에서의 3차원 변형률 상태를 보여주고 있다. 변형률 성분을 나타내는 기호 속에 포함되어 있는 방향을 나타내는 두 개의 하첨자는 다음의 규칙을 따른다.

$$\epsilon_{IJ} \rightarrow \quad I : \text{면의 수직한 방향}, \; J : \text{변형률 성분의 방향} \tag{3.14}$$

  그림에서 육면체의 각 면에 하나의 수직변형률과 2개의 전단변형률이 정의되기 때문에 총 18개의 변형률 성분이 존재한다. 이들 중에서 육면체의 기하학적 대칭조건에 의해 독립적인 변형률 성분의 개수는 9개이다. 그리고 9개의 변형률 성분들 중에서 6개의 전단변형률은 다음의 조건을 만족한다.

$$\epsilon_{xy} = \epsilon_{yx}, \quad \epsilon_{yz} = \epsilon_{zy}, \quad \epsilon_{zx} = \epsilon_{xz} \tag{3.15}$$

  전단변형률의 이러한 대칭조건은 그림 3.1.5와 식 (3.12)의 정의로부터 쉽게 이해할 수 있을 것이다. 따라서 임의 지점에서의 3차원 변형률 상태는 통상적으로 다음 식과 같이 (3×3) 대칭행렬 혹은 (1×6)의 벡터로 표현한다.

$$[\epsilon] = \begin{bmatrix} \epsilon_{xx} & \epsilon_{xy} & \epsilon_{xz} \\ \epsilon_{yx} & \epsilon_{yy} & \epsilon_{yz} \\ \epsilon_{zx} & \epsilon_{zy} & \epsilon_{zz} \end{bmatrix} \quad \text{혹은} \quad \{\epsilon\} = \begin{Bmatrix} \epsilon_{xx} \\ \epsilon_{yy} \\ \epsilon_{zz} \\ \epsilon_{xy} \\ \epsilon_{yz} \\ \epsilon_{zx} \end{Bmatrix} \tag{3.16}$$

- **위치와 좌표 의존성** : 변형률의 크기는 물체 내 위치에 따라 변하고, 또한 각 변형률 성분의 방향과 크기는 측정의 기준이 되는 좌표계의 방향에 따라 달라진다. 이러한 특성에 대해서는 3.1.3절에서 상세히 다루기로 한다. 따라서, 각 성분별 변형률의 크기로는 물체의 변형상태를 정확히 파악하기가 어렵고, 3.1.3절에 다루는 몇 가지 변형률 측정기준으로 계산한 크기를 사용할 필요가 있다.
- **주변형률과 불변량** : 임의 지점에서 변형률 성분의 방향과 크기는 좌표계에 따라 변하지만, 그 지점의 변형률 상태를 특징적으로 나타내는 물리량으로 주변형률(principal strains)과 주축(principal axes)이 사용된다. 그리고 변형률 성분들의 특정한 조합은 좌표계와 무관하게 항상 일정한 값을 유지하게 되는데 이렇게 좌표계와 무관한 물리량을 변형률 불변량(strain invariants)이라고 부른다. 이러한 물리량에 대해서는 3.1.3절에서 상세히 다루기로 한다.

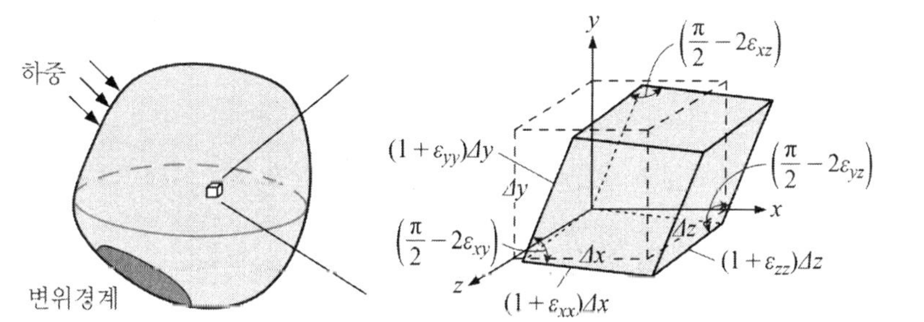

그림 3.1.7 연속체 내 임의 지점에서의 변형률 상태(state of strain)

일반적으로 사용되는 변형률 외에 편차 변형률(deviatoric strain)이라 불리는 물리량이 소성역학(plasticity) 분야에서 사용되고 있다. 편차 변형률을 e_{IJ}라고 표기하면 다음과 같이 정의된다.

$$\begin{bmatrix} e_{xx} & e_{xy} & e_{xz} \\ e_{yx} & e_{yy} & e_{yz} \\ e_{zx} & e_{zy} & e_{zz} \end{bmatrix} = \begin{bmatrix} \epsilon_{xx} & \epsilon_{xy} & \epsilon_{xz} \\ \epsilon_{yx} & \epsilon_{yy} & \epsilon_{yz} \\ \epsilon_{zx} & \epsilon_{zy} & \epsilon_{zz} \end{bmatrix} - \begin{bmatrix} \Delta/3 & 0 & 0 \\ 0 & \Delta/3 & 0 \\ 0 & 0 & \Delta/3 \end{bmatrix} \tag{3.17}$$

혹은 부록 A.1.2의 색인기호(indicial notation)를 이용하여 다음과 같이 간단히 표현할 수 있다.

$$e_{ij} = \epsilon_{ij} - \frac{\Delta}{3}\delta_{ij}, \qquad \Delta = \epsilon_{xx} + \epsilon_{yy} + \epsilon_{zz} \tag{3.18}$$

여기서 Δ는 물체의 단위체적당 팽창률(dilatation)을 나타내며 이 값의 1/3을 평균 변형률(mean strain)이라고 부른다. 식 (3.17) 우변의 두번째 항은 물체의 순수 팽창 혹은 압축과 관련된 변형률이고 첫 번째 항은 물체의 찌그러짐과 관련된 변형률이다.

표 3.1 물리적으로 짝을 이루는 물리량

변형률 ϵ_{ij}	편차 변형률 e_{ij}	단위 팽창률 Δ	평균 변형률 $\bar{\epsilon}$
응력 σ_{ij}	편차 응력 s_{ij}	정수압 p	평균 응력 $\bar{\sigma}$

단위체적당 팽창률과 평균 변형률은 다음 절에서 소개하게 될 정수압(hydrodynamic pressure)과 평균 응력과 각각 짝을 이루는 물리량이다. 여기서 물리적으로 짝을 이룬다는 것은 두 물리량을 곱했을 때 일(work) 혹은 에너지(energy) 단위를 가진 물리량이 되는 것을 의미한다. 표 3.1은 변형률과 다음 절에서 소개하게 될 응력에 있어 물리적으로 짝을 이루는 양들을 보여주고 있다.

유한요소법에서 변형률을 근사화 하는 과정에 대해서는 4.1.4절에서 상세히 살펴보기로 한다. 다음 그림 3.1.8은 고무제품에 대한 변형해석으로 구한 주변형률 분포를 보여주고 있다. 변형해석으로부터 변형률 분포를 분석하는 방법에는 각 변형률 성분의 분포를 분석하는 방법과 주변형률 혹은 등가변형률(effective or equivalent strain)을 분석하는 방법이 있다. 물체 내 임의 지점에서의 변형률 특성은 각 성분의 크기만으로는 충분하지 않기 때문에, 변형률의 절대적인 크기와 변형의 주도적인 방향을 분석해야 할 경우도 발생한다. 따라서 해석자는 해석목적에 따라 적절한 방법을 선택해야 하며, 이러한 내용에 대해서는 3.1.3절에서 상세히 다루기로 한다.

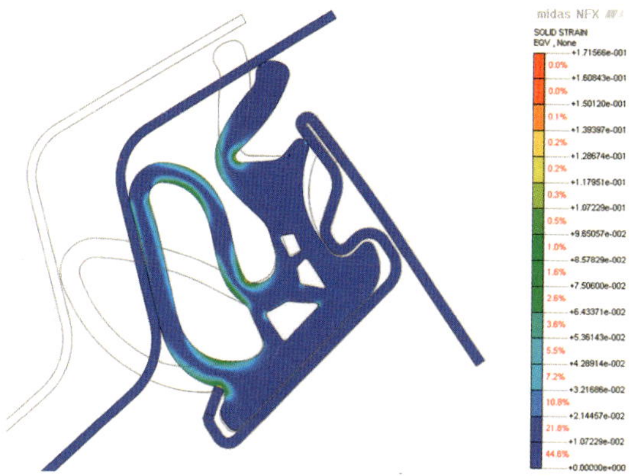

그림 3.1.8 자동차 웨더스트립(weather strip)의 주변형률 해석결과

3.1.2 응력

물체에 외력이 작용하면 그 위치와 형상이 변함과 동시에 내부에는 외력에 저항하려는 내력(internal force)이 발생하게 된다. 다음의 그림 3.1.9를 참고하여 물체를 임의 위치에서 두 개로 절단하면, 절단된 물체의 두 영역 역시 외력에 대하여 정적인 평형(static equilibrium)을 만족해야 한다. 물체 전체를 대상으로 할 경우, 정적인 평형은 잘 아는 바와 같이 물체에 작용하는 모든 힘과 모멘트는 각 방향별로 그 합이 0이 되어야 한다.

$$\sum \boldsymbol{F} = 0 \tag{3.19a}$$

$$\sum \boldsymbol{M}_o - 0 \tag{3.19b}$$

식 (3.19b)에서 하첨자 "o"는 모멘트를 계산하는 기준이 되는 지점을 의미하며 공간상에 어느 점이라도 기준이 될 수 있다.

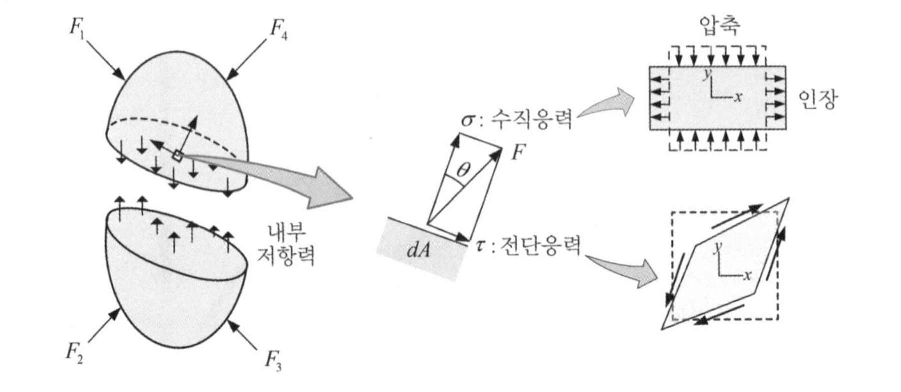

그림 3.1.9 응력의 정의와 수직응력과 전단응력 성분

위 그림에서 절단된 단면에 발생하는 내력의 총합 $\boldsymbol{F}$는 정적인 평형을 만족해야 하기 때문에 절단된 물체에 작용하는 외력의 총합과 크기가 같으며 방향은 반대가 된다. 응력(stress)이란 단위면적당의 내력을 의미하며 수학적으로

$$\text{응력} = \lim_{A \to 0} \frac{\boldsymbol{F}}{A} \tag{3.20}$$

로 정의된다. 내력이 크기뿐만 아니라 방향성을 가진 벡터량이기 때문에 응력 또한 크기와 방향을 가진 물리량으로 정의된다. 이러한 응력의 특성은 앞 절에서 살펴본 변형률과 유사하며, 그림 3.1.9에서 면에 수직한 응력과 평행한 응력성분으로 분해할 수 있다. 응력의 수직한 성분을 수직응력(normal stress) 그리고 평행한 성분을 전단응력(shear stress)이라고 부른다.

응력은 변형률과 물리적으로 짝(pair)을 이루는 물리량으로서 응력과 변형률의 곱은 일(work) 혹은 에너지(energy)의 단위를 갖는다. 따라서, 물체에 작용하는 외력이 물체의 변형에 의해 일을 하게 되는 반면(외력이 한 일 = 외력 × 물체의 변형), 물체 내부에는 응력과 변형률이 발생하여 변형에 따른 에너지가 축적되게 된다. 수직응력은 물체가 팽창 혹은 압축되는 수직변형률을 발생시키는 반면, 전단응력은 물체를 찌그러뜨리는 전단변형률을 발생시키게 된다.

앞 절에서 살펴본 바와 같이 변형률은 항상 변형 전 물체의 초기형상을 기준으로 계산된다. 하지만 응력의 경우에는 초기단면적 A_0 혹은 변형된 현 시점에서의 단면적 A를 선택할 수 있다. 다음의 그림 3.1.10은 축방향으로 인장력 F를 받아 늘어나는 원형봉에 있어 축방향으로의 수직변형률과 수직응력의 변화를 그래프로 보여주고 있다. 물체의 초기단면적을 기준으로 측정한 응력을 공칭응력(nominal stress)이라고 부르고 변형에 의해 줄어든 현 시점에서의 단면적을 기준으로 측정한 응력을 진응력(true stress)이라고 부른다.

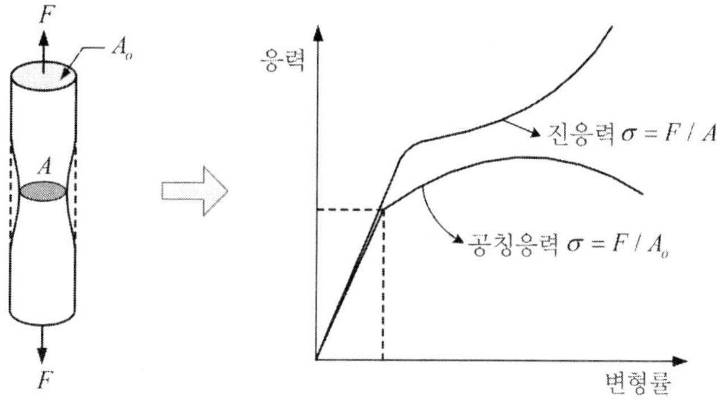

그림 3.1.10 진응력(true stress)과 공칭응력(nominal stress)

진응력의 경우에는 변형된 현 시점의 단면적으로 계산되기 때문에 변형률이 증가할수록 공칭응력과의 차이가 커지게 된다. 따라서, 변형률이 큰 물체에 있어서는 진응력을 사용해야 함을 확인할 수 있다. 하지만, 변형률이 미소한 경우에는 진응력과 공칭응력은 거의 비슷하기 때문에 초기형상을 기준으로 응력을 계산하여도 무방하다. 대변형 해석이 아닌 일반 구조해석에 있어서는 초기형상을 기준으로 계산되는 공칭응력을 사용하고 있다.

응력 역시 앞 절에서 소개한 변형률의 3가지 특성을 그대로 나타낸다. 즉, 응력성분의 대칭성, 응력의 위치와 좌표에 대한 의존성, 그리고 주응력과 응력 불변량이 변형률과 같이 적용된다. 다음의 그림 3.1.11에 나타낸 바와 같이 임의 지점의 미소 정육면체에는 18개의 응력성분이 존재한다. 그런데, 마주보는 면에 작용하는 응력은 작용 반작용의 원리에 따라 대칭이 되기 때문에 실제로는 9개의 응력성분이 존재하게 된다. 변형률 성분을 표시하는 방법과 동일하게 각 응력성분의 하첨자는 다음과 같이 응력성분이 작용하는 면의 수직방향과 응력방향을 각각 나타낸다.

$$\sigma_{IJ} \quad \rightarrow \quad I : \text{면의 수직한 방향},\ J : \text{변형률 성분의 방향} \tag{3.21}$$

그런데 9개의 응력성분들 중에서 6개의 전단응력 성분들은 아래 식과 같이 서로 대칭성을 만족하게 된다.

$$\sigma_{xy} = \sigma_{yx}, \quad \sigma_{yz} = \sigma_{zy}, \quad \sigma_{zx} = \sigma_{xz} \tag{3.22}$$

이 대칭성은 모멘트 평형조건 (3.19b)를 미소 정육면체에 적용하여 유도된 관계식으로서, 그림 3.1.11에 나타낸 정육면체의 정 가운데 지점을 중심으로 모멘트를 계산하면 쉽게 유도할 수 있다. 따라서, 3차원 물체에 있어 각 지점에서의 응력상태는 6개의 독립된 응력성분들을 가지게 되며, 아래 식과 같이 (3×3) 행렬과 (6×1) 벡터로 표현된다.

$$[\sigma] = \begin{bmatrix} \sigma_{xx} & \sigma_{xy} & \sigma_{xz} \\ \sigma_{yx} & \sigma_{yy} & \sigma_{yz} \\ \sigma_{zx} & \sigma_{zy} & \sigma_{zz} \end{bmatrix} \quad \text{혹은} \quad \{\sigma\} = \begin{Bmatrix} \sigma_{xx} \\ \sigma_{yy} \\ \sigma_{zz} \\ \sigma_{xy} \\ \sigma_{yz} \\ \sigma_{zx} \end{Bmatrix} \tag{3.23}$$

앞 절에서 공학 전단변형률 γ_{xy}을 소개하였는데, 만약 전단변형률로 이 값을 사용할 경우에는 전단응력은 σ_{xy}가 아닌 τ_{xy}로 표기하는 것이 관례적이다. 왜냐하면 σ_{xy}는 전단변형률인 ϵ_{xy}와 짝을 이루는 값인 반면, τ_{xy}는 ϵ_{xy}의 2배인 γ_{xy}와 짝이 된다는 사실을 나타내기 위함이다.

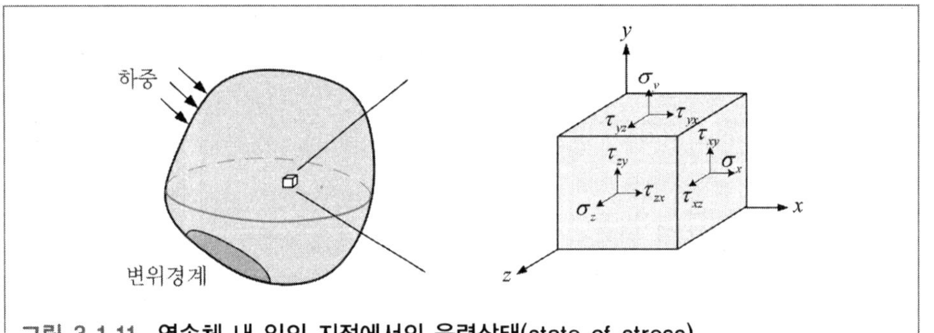

그림 3.1.11 연속체 내 임의 지점에서의 응력상태(state of stress)

한 지점의 응력상태는 다음과 같이 평균 응력(mean stress) $\bar{\sigma}$와 편차 응력(deviatoric stress) s_{ij}로 분해할 수 있다.

$$\begin{bmatrix} \sigma_{xx} & \sigma_{xy} & \sigma_{xz} \\ \sigma_{yx} & \sigma_{yy} & \sigma_{yz} \\ \sigma_{zx} & \sigma_{zy} & \sigma_{zz} \end{bmatrix} = \begin{bmatrix} \bar{\sigma} & 0 & 0 \\ 0 & \bar{\sigma} & 0 \\ 0 & 0 & \bar{\sigma} \end{bmatrix} + \begin{bmatrix} s_{xx} & s_{xy} & s_{xz} \\ s_{yx} & s_{yy} & s_{yz} \\ s_{zx} & s_{zy} & s_{zz} \end{bmatrix} \tag{3.24}$$

평균 응력은 다음 식과 같이 3축 방향으로의 수직응력의 평균값을 의미하며 정수압(hydrostatic pressure) p와 크기는 같고 방향이 반대인 값으로 정의된다.

$$\bar{\sigma}(=-p)=\frac{\sigma_{xx}+\sigma_{yy}+\sigma_{zz}}{3}=\frac{I_1}{3} \tag{3.25}$$

정수압은 물체가 물속에 잠겼을 때 작용하는 수압을 의미하고 I_1은 다음 절에서 상세히 다루게 될 응력 불변량의 하나로서 특별히 제1 응력불변량(fist stress invariant)이라고 불린다.

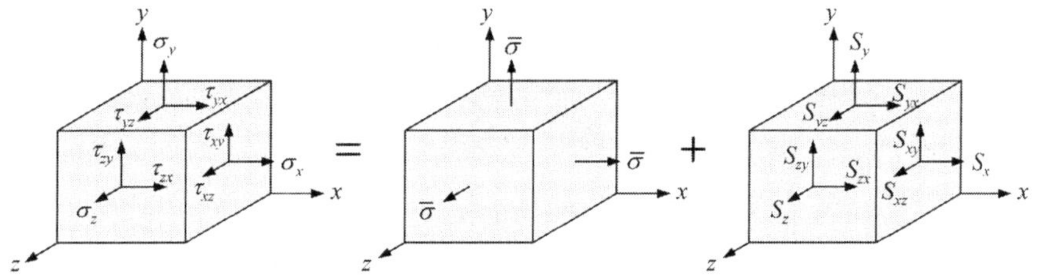

그림 3.1.12 한 지점에서의 응력상태를 정수압 응력과 편차 응력으로의 분해

위 그림을 참고하면 응력의 정수압 성분은 물체의 모양을 변화시키지 않고 순수하게 팽창 혹은 압축시키는 역할을 한다. 반면 편차 응력은 물체의 모양을 변화시키는 역할을 한다. 물속에 잠겨있는 물체는 편차 응력은 전혀 없이 모든 방향으로 크기가 일정한 수직응력 즉, 정수압 응력만 발생되기 때문에 물체는 형상을 그대로 유지한 채 전체적으로 체적이 줄어들게 된다. 따라서 형상변형이 대부분인 소성변형(plastic deformation)은 정수압과는 무관하며 오로지 편차 응력에 의해서만 발생된다. 이러한 물리적 특성으로 소성역학에서는 응력보다는 편차 응력을 사용하고 있다.

외력에 의해 내부에 응력이 존재하는 물체를 다음 그림 3.1.13과 같이 절단하였다고 가정하자. 단면의 방향은 단면에 수식한 방향벡터 $\boldsymbol{n}=\{n_x,\ n_y,\ n_z\}^T$에 의해 표현되는데, 각 성분은 다음과 같이 $\boldsymbol{n}$과 좌표축이 이루는 각의 내적으로 계산된다.

$$n_x=\boldsymbol{i}\cdot\boldsymbol{n}=\cos\theta_x,\quad n_y=\boldsymbol{j}\cdot\boldsymbol{n}=\cos\theta_y,\quad n_z=\boldsymbol{k}\cdot\boldsymbol{n}=\cos\theta_z \tag{3.26}$$

단면상에 위치한 임의 지점 P에서의 응력상태에 의해 단면에 발생하는 표면력(traction) $\boldsymbol{t}$의 하중성분들은 다음의 행렬연산으로 계산된다.

$$\begin{Bmatrix} t_x \\ t_y \\ t_z \end{Bmatrix} = \begin{bmatrix} \sigma_{xx} & \sigma_{xy} & \sigma_{xz} \\ \sigma_{yx} & \sigma_{yy} & \sigma_{yz} \\ \sigma_{zx} & \sigma_{zy} & \sigma_{zz} \end{bmatrix} \begin{Bmatrix} n_x \\ n_y \\ n_z \end{Bmatrix} \tag{3.27a}$$

위 행렬계산식을 부록 A.1.2의 색인기호(indicial notation)을 적용하면 다음과 같이 간단히 표현할 수 있다.

$$t_i = \sigma_{ij} n_j \tag{3.27b}$$

위 식은 한 지점에서의 응력과 이 응력에 의한 방향벡터 $\boldsymbol{n}$방향으로의 단면에 발생하게 되는 표면력과의 관계를 나타낸다. 여기서 표면력이란 물체의 표면에 작용하는 단위면적당의 하중을 의미하는 것으로 중력이나 원심력과 같이 물체 전체에 걸쳐 분포하는 단위체적당의 체적력(body force)과 구분되는 하중이다.

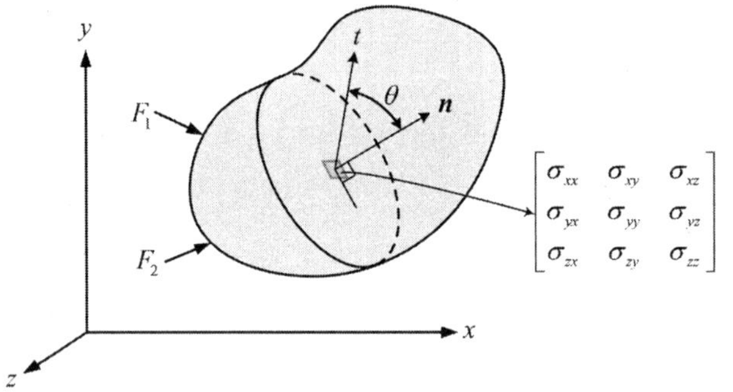

그림 3.1.13 응력에 의해 물체 단면에 발생하는 표면력(traction)

다음 그림 3.1.14는 응력과 관련하여 매우 유용하게 사용되고 있는 상베낭트(Saint Venant) 원리를 도식적으로 나타내고 있다. 이 원리는 외력에 의해 물체 내에 발생하는 응력분포는 이 외력과 정적으로 등가(statically equivalent)인 다른 형태의 하중에 의해 동일한 물체 내에 발생하는 응력분포와 차이를 보이지만 하중 작용점에서 먼 영역에서는 거의 같게 된다는 것이다. 서로 다른 형태의 두 하중이 정적으로 등가가 되기 위해서는 하중의 전체 크기와 작용방향이 동일해야 한다.

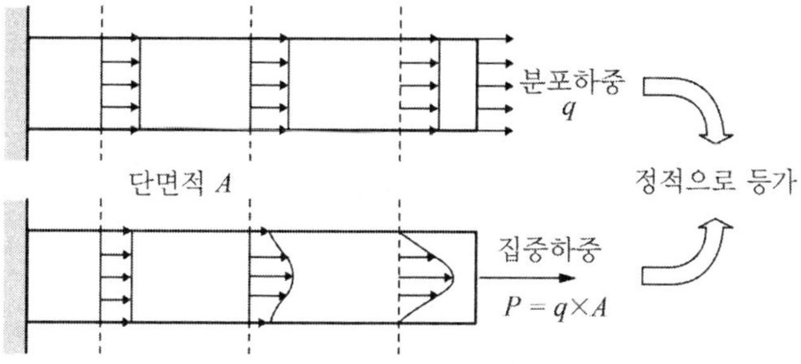

그림 3.1.14 상베낭트 원리를 보여주는 외팔보 내 응력분포

상베낭트 원리는 유한요소 해석에 매우 유용하게 활용할 수 있는데, 가장 대표적인 두 가지를 열거하면 다음과 같다.

- **복잡한 하중 경계조건의 단순화** : 만약 관심의 대상이 되는 물체의 거동이 하중 작용점에서 어느 정도 떨어져 있다면, 복잡한 형태의 외력을 정적으로 등가인 집중하중으로 단순화 시킬 수 있다.
- **복잡한 변위 경계조건의 단순화** : 물체 경계에 매우 복잡한 형태의 변위 경계조건이 부과되어 있을 경우, 이 변위조건을 그대로 반영하기가 어려울 경우에 상베낭트 원리를 활용할 수 있다. 하지만 이 경우에는 정적으로 등가인 변위조건을 정의할 수 없다는 어려움을 안고 있어, 단순화 된 변위 경계조건의 타당성 검증이 필요하다.

다음의 그림 3.1.15에 나타낸 외팔보 지지단의 구속조건을 살펴보기로 하자. 볼트로 고정한 경우, 용접으로 부착한 경우 그리고 홈을 만들어 억지끼움 한 경우는 서로 다른 유형의 변위 경계조건에 해당된다. 따라서, 이러한 복잡한 변위 경계조건을 그대로 3차원 모델링하여 해석을 수행하면 지지단에 인접한 영역에서의 응력분포는 각기 다르다. 하지만 지지단에서 어느 정도 떨어진 위치에서의 응력분포는 거의 동일하게 된다. 우측단 역시 세 경우 모두 유사한 처짐량과 응력값을 나타내게 된다. 다라서, 1차원 보요소 모델에서는 좌측 지지단의 변위 경계조건으로 처짐량과 기울기를 0으로 단순화 하고, 2차원 솔리드 모델에서는 수평 그리고 수직방향 변위를 0으로 구속하여 단순화 시키고 있다.

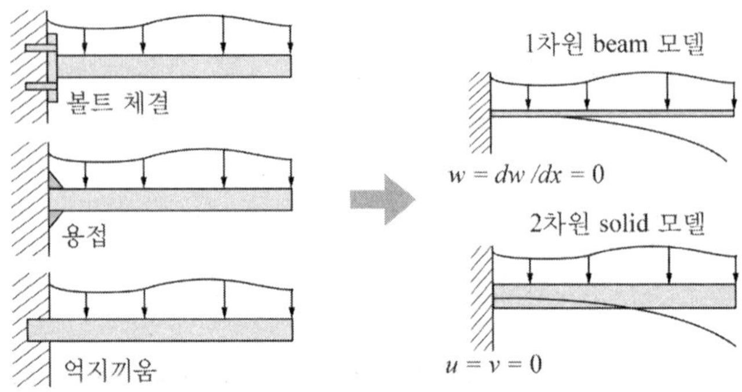

그림 3.1.15 외팔보 지지단 변위 경계조건의 단순화

3.1.3 방향성과 크기

앞서 두 절에서 연속체 내 임의 지점에서의 변형률과 응력은 기준이 되는 좌표축의 방향에 따라 각 성분들의 크기가 변한다는 사실을 배웠다. 본 절에서는 변형률과 응력의 좌표축 방향에 따른 크기 변화를 살펴보기로 한다. 본 절에서 다루는 내용들은 변형률과 응력 모두 동일하기 때문에 특별한 언급이 없는 한 기본적으로 응력을 대상으로 설명하기로 한다. 아래 그림 3.1.16은 연속체 내 임의 지점 P에서 좌표축의 회전각도 θ에 따른 응력성분 σ_x, σ_y 그리고 τ_{xy}의 크기변화를 모어원도(Mohr's circle)로 보여주고 있다.

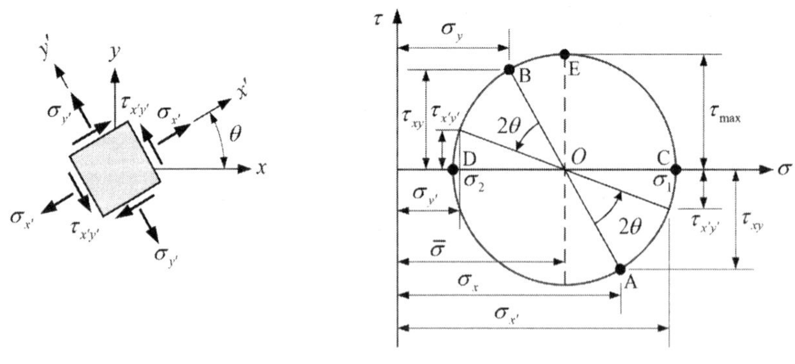

그림 3.1.16 2차원 응력의 방향성과 모어원도(Mohr's circle)

모어원도의 수평축은 수직응력 σ_x와 σ_y의 크기를 그리고 수직축은 전단응력 τ_{xy}의 크기를 나타낸다. 모어원도는 초기 좌표축 xy를 기준으로 측정된 응력 σ_x, σ_y 그리고 τ_{xy}값에 해당되는 두 지점 A와 B를 연결하는 직선을 그리게 된다. 이 직선과 수평축이 만나는 지점 O는 수직응력 σ_x와 σ_y의 평균 응력 $\bar{\sigma}$를 나타낸다.

$$\bar{\sigma} = \frac{\sigma_x + \sigma_y}{2} \tag{3.28}$$

중심점 O를 중심으로 두 지점 A와 B를 통과하는 원을 그리게 되면 지점 P에서의 응력변화를 도식적으로 나타내는 모어원도가 완성된다.

그림으로부터 초기좌표축으로부터 θ만큼 반시계방향으로 회전한 새로운 좌표축 $x'y'$상에서의 수직응력 $\sigma_{x'}$과 $\sigma_{y'}$ 그리고 전단응력 $\tau_{x'y'}$는 다음과 같이 계산된다.

$$\sigma_{x'},\ \sigma_{y'} = \bar{\sigma} \pm \frac{(\sigma_x - \sigma_y)}{2}\cos 2\theta \pm \tau_{xy}\sin 2\theta \tag{3.29a}$$

$$\tau_{x'y'} = -\frac{(\sigma_x - \sigma_y)}{2}\sin 2\theta + \tau_{xy}\cos 2\theta \tag{3.29b}$$

그리고 모어원도상의 지점 C, D 그리고 E는 각각 최대 수직응력 σ_1, 최소 수직응력 σ_2, 그리고 최대 전단응력 τ_{max}를 나타낸다. 이 값들은 모어원도의 중심점과 반경으로부터 다음과 같이 계산된다.

$$\sigma_1,\ \sigma_2 = \bar{\sigma} \pm \sqrt{[(\sigma_x - \sigma_y)/2]^2 + \tau_{xy}^2} \tag{3.30a}$$

$$\tau_{max},\ \tau_{min} = \pm\sqrt{(\sigma_x - \sigma_y)^2 + \tau_{xy}^2} \tag{3.30b}$$

그림 3.1.16에서 원과 수평축이 만나는 두 지점 C와 D에서는 전단응력이 0이 되고, 원의 최상부와 최하단부에서는 전단응력이 최대가 된다. 전단응력이 0이 되는 단면 방향을 주축(principal axes)이라고 부르며, 2차원인 경우에는 서로 직각을 이루는 두 주축이 존재한다. 두 주축과 수직한 단면에서의 응력을 주응력(principal stress)이라고 부르며, 크기 순서로 σ_1 그리고 σ_2로 표기한다.

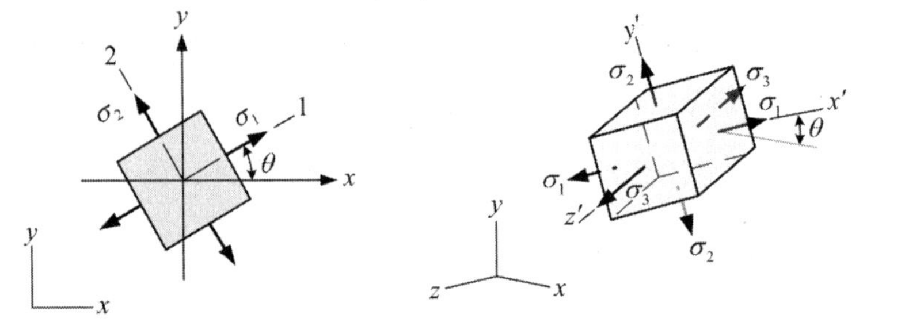

그림 3.1.17 2차원 그리고 3차원 응력상태에서의 주축과 주응력

그림 3.1.17은 2차원 그리고 3차원 응력상태에서 전단응력이 0이 되는 주축방향과 주응력을 보여주고 있다. 3차원의 경우, 세 개의 주응력은 그 크기순으로 다음과 같이 $\sigma_1 > \sigma_2 > \sigma_3$ 표기하게 된다. 주축과 일치하도록 좌표축을 설정하게 되면 응력을 나타내는 행렬은 아래 식과 같이 대각행렬이 된다.

$$[\sigma]_P = \begin{bmatrix} \sigma_{xx} & \sigma_{xy} & \sigma_{xz} \\ \sigma_{yx} & \sigma_{yy} & \sigma_{yz} \\ \sigma_{zx} & \sigma_{zy} & \sigma_{zz} \end{bmatrix} \rightarrow [\sigma]_{주축} = \begin{bmatrix} \sigma_1 & 0 & 0 \\ 0 & \sigma_2 & 0 \\ 0 & 0 & \sigma_3 \end{bmatrix} \tag{3.31}$$

주축과 주응력은 임의 지점 P에서의 응력상태를 파악하는데 다음과 같은 주요한 정보를 제공하게 된다.

- **주축** : 수직응력과 전단응력이 복합적으로 작용하는 경우와 달리 순수 인장 혹은 압축응력이 작용하는 방향을 한 눈에 파악할 수 있다. 그리고 인장응력이 작용하는 방향과 압축응력이 작용하는 방향을 구별할 수 있다.
- **주응력 크기의 차이** : 주응력의 차이로부터 해당 지점의 응력상태를 보다 명확히 파악할 수 있다. 주응력의 크기에 큰 차이가 있다면 가장 큰 주응력 방향으로 응력이 주도적이고, 그렇지 않고 크기 차이가 심하지 않으면 세 방향으로 응력이 확산되어 작용하고 있음을 나타낸다.

2차원 문제에 있어서 임의 지점 P에서 주축과 주응력은 앞선 그림 3.1.16에 나타낸 모어원도를 이용한 도식적 방법으로 쉽게 구할 수 있다. 하지만 3차원 문제에 있어서는 모어원도를 이용한 도식적 방법은 매우 복잡하기 때문에 행렬방정식을 이용하는 것이 편리하다. 앞의 그림 3.1.13을 참고하면 방향벡터 $\boldsymbol{n}$으로 기울어진 단면이 주축방향이 되기 위해서는 응력에 의한 표면력(traction) $\boldsymbol{t}$의 방향은 방향벡터(direction vector) $\boldsymbol{n}$

과 일치해야 한다. 왜냐하면 주축방향으로 기울어진 단면에서는 전단응력은 0이고 수직응력만 존재하기 때문이다. 이러한 조건을 표면력과 응력과의 관계식 (3.25b)를 적용하면 다음의 관계식으로 표현되게 된다.

$$\boldsymbol{t} = \lambda \boldsymbol{n} \quad \rightarrow \quad \sigma_{ij} n_j = \lambda n_i \quad \text{혹은} \quad (\sigma_{ij} - \lambda \delta_{ij}) n_j = 0 \tag{3.32}$$

위 식에서 λ와 $\boldsymbol{n}$은 각각 주응력과 주축을 나타내는 방향벡터이고 δ_{ij}는 델타함수(delta function)이다. 위 식을 행렬로 풀어서 전개하면 아래 식과 같이 표현된다.

$$\begin{bmatrix} \sigma_{xx} & \sigma_{xy} & \sigma_{xz} \\ \sigma_{yx} & \sigma_{yy} & \sigma_{yz} \\ \sigma_{zx} & \sigma_{zy} & \sigma_{zz} \end{bmatrix} \begin{Bmatrix} n_x \\ n_y \\ n_z \end{Bmatrix} = \lambda \begin{Bmatrix} n_x \\ n_y \\ n_z \end{Bmatrix} \tag{3.33}$$

위 식은 고유치(eigen value)를 계산하는 방정식 $A\boldsymbol{x} = \lambda \boldsymbol{x}$(혹은 $(A - \lambda I)\boldsymbol{x} = 0$)와 동일하다. 여기서 I는 항등행렬(identity matrix)를 그리고 λ와 $\boldsymbol{x}$는 각각 행렬 A의 고유치 그리고 고유벡터(eigen vector)를 나타낸다. 따라서, 주축과 주응력은 연속체 내임의 지점에서의 응력상태의 고유한 특성을 나타내는 고유치 그리고 고유벡터의 의미를 지니고 있다.

주축과 주응력의 계산은 일반 고유치 연산과 같이 아래 행렬식(determinant)를 전개하여 λ에 대한 3차 방정식을 풀면 3개의 λ값을 구할 수 있으며, 크기순서로 정렬하였을 때 세 개의 주응력은 $\sigma_1 = \lambda_1$, $\sigma_2 = \lambda_2$ 그리고 $\sigma_3 = \lambda_3$과 같이 결정된다.

$$\det \begin{bmatrix} \sigma_{xx} - \lambda & \sigma_{xy} & \sigma_{xz} \\ \sigma_{yx} & \sigma_{yy} - \lambda & \sigma_{yz} \\ \sigma_{zx} & \sigma_{zy} & \sigma_{zz} - \lambda \end{bmatrix} = 0 \tag{3.34}$$

그리고 각각의 λ값을 식 (3.32) 혹은 (3.33)에 대입하여 고유벡터를 계산하게 되면 해당되는 주축의 방향벡터 $\boldsymbol{n}_1$, $\boldsymbol{n}_2$ 그리고 $\boldsymbol{n}_3$를 구할 수 있다. 변형률에 대해서도 주축과 주변형률 ϵ_1, ϵ_2 그리고 ϵ_3는 응력과 동일한 방법으로 계산할 수 있는데, 중요한 사항은 동일한 지점이라 할지라도 변형률의 주축과 응력의 주축은 거의 일치하지 않는다는 점이다. 즉,

$$\{\boldsymbol{n}_1, \boldsymbol{n}_2, \boldsymbol{n}_3\}_{\text{응력}} \neq \{\boldsymbol{n}_1, \boldsymbol{n}_2, \boldsymbol{n}_3\}_{\text{변형률}} \tag{3.35}$$

다음으로 응력, 변형률, 편차 응력 그리고 편차 변형률의 좌표계의 방향성과 무관한 불변량(invariants)을 살펴보기로 한다. 3차원 물체에 있어 이 네 가지 물리량은 모두 3×3 행렬로 표현되고, 이 행렬로부터 3개의 불변량들을 계산할 수 있다. 하지만, 편차

변형률에 대한 불변량은 사용되는 경우가 거의 없다.

- **제1 불변량(first invariant)** : 행렬의 대각선상에 존재하는 행렬요소의 합으로 정의되는 량으로서 응력과 변형률의 경우에는 I_1 그리고 편차 응력의 경우에는 J_1으로 표기된다. 편차 응력의 정의 식 (3.24)로부터 $J_1 = 0$가 됨을 쉽게 이해할 수 있고, 비압축성 소재의 경우에는 변형률의 제1 불변량 I_1는 0이 된다.

$$I_1 = \sigma_{xx} + \sigma_{yy} + \sigma_{zz} = \sigma_1 + \sigma_2 + \sigma_3 \tag{3.36}$$

- **제2 불변량(second invariant)** : 부록 A.2.1의 행렬의 주 마이너 행렬식(principal의 minor determinant)의 합으로 정의되는 양으로 응력과 변형률의 경우에는 I_2 그리고 편차 응력의 경우에는 J_2로 표기된다. 특히, J_2는 등가응력(equivalent stress) 그리고 등가변형률(equivalent strain)과 연관이 있으며, 주로 물체의 소성변형을 판단하기 위한 기준으로 사용되고 있다.

$$\begin{aligned} I_2 &= \sigma_{xx}\sigma_{yy} + \sigma_{yy}\sigma_{zz} + \sigma_{zz}\sigma_{xx} - \sigma_{xy}^2 - \sigma_{yz}^2 - \sigma_{zx}^2 \\ &= \sigma_1\sigma_2 + \sigma_2\sigma_3 + \sigma_3\sigma_1 \end{aligned} \tag{3.37}$$

J_2에 대한 계산식은 편차 응력의 정의로부터 유도하거나 아니면 고체역학 전문도서를 참고하기 바란다.

- **제3 불변량(third invariant)** : 행렬식으로 정의되는 양으로 응력과 변형률의 경우에는 I_3 그리고 편차 응력의 경우에는 J_3로 표기된다.

$$\begin{aligned} I_3 &= \sigma_{xx}\sigma_{yy}\sigma_{zz} + 2\sigma_{xy}\sigma_{yz}\sigma_{zx} + \sigma_{zz}\sigma_{xx} - \sigma_{xy}^2\sigma_{yy} - \sigma_{yz}^2\sigma_{zz} - \sigma_{zx}^2\sigma_{xx} \\ &= \sigma_1\sigma_2\sigma_3 \end{aligned} \tag{3.38}$$

위 식들에서는 불변량 계산식을 응력으로 표현하였지만 변형률에 대해서도 동일하게 적용된다. 다음의 그림 3.1.18과 3.1.19는 각각 포클레인 손과 용기에 발생하는 세 개의 주응력 그리고 주변형률 분포를 보여주고 있다. 일반적으로 금속이나 콘크리트 등과 같은 재질에 대해서는 주응력 분포를, 반면 고무와 같은 중합체에 대해서는 주변형률 분포를 해석결과 분석에 사용하게 된다. 그림으로부터 세 개의 물리량은 각기 다른 분포양상을 보여주고 있으며, 이를 통해 물체에 발생하는 응력 혹은 변형률 분포의 특성을 쉽게 파악할 수 있다.

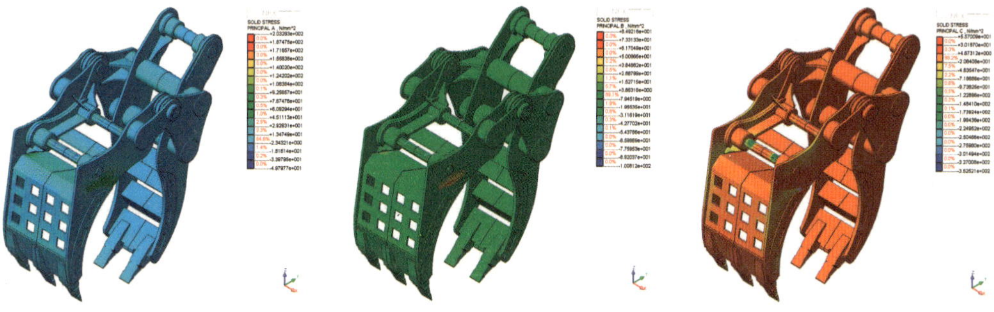

(a) (b) (c)

그림 3.1.18 3차원 구조물의 주응력 분포: (a) 첫 번째 주응력 σ_1, (b) 두 번째 주응력 σ_2, (c) 세 번째 주응력 σ_3

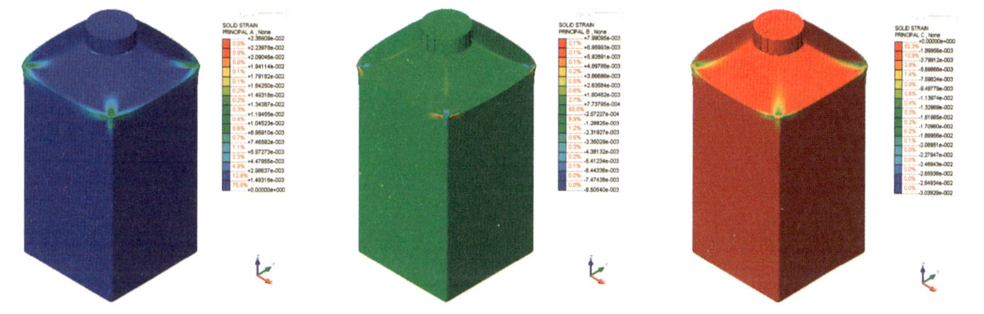

(a) (b) (c)

그림 3.1.19 3차원 구조물의 주변형률 분포: (a) 첫 번째 주변형률 ϵ_1, (b) 두 번째 주변형률 ϵ_2, (c) 세 번째 주변형률 ϵ_3

주응력과 주변형률은 주축 방향별 크기를 파악하고자 할 경우에 유용하게 사용되지만 물체 내 각 지점에서의 응력 그리고 변형률의 절대적인 크기는 제공하지 못한다. 임의 지점에서 응력 그리고 변형률의 절대적인 크기를 제공하는 물리량으로 등가응력(equivalent stress)과 등가변형률(equivalent strain)이 가장 광범위하게 사용되고 있다. 여기서 절대적인 크기란 이 값으로 물체가 구조적으로 안전한 범위에 있는지 혹은 그렇지 않는지를 판단할 수 있다는 의미를 나타낸다.

등가응력은 본 마이제스(von Mises) 응력이라고도 불리는데 다음 식 (3.39)와 같이 응력 성분 혹은 주응력으로 계산된다.

$$\sigma_e = \frac{1}{\sqrt{2}}\sqrt{\left[(\sigma_{xx}-\sigma_{yy})^2+(\sigma_{yy}-\sigma_{zz})^2+(\sigma_{zz}-\sigma_{xx})^2+6(\sigma_{xy}^2+\sigma_{yz}^2+\sigma_{zx}^2)\right]}$$

$$= \frac{1}{\sqrt{2}}\sqrt{\left[(\sigma_1-\sigma_2)^2+(\sigma_2-\sigma_3)^2+(\sigma_3-\sigma_1)^2\right]} \tag{3.39}$$

이 등가응력은 다음과 같은 주요한 특징을 지니고 있으며, 항복에 따른 구조물의 안전성 여부를 판단하는데 중요한 역할을 한다. 아래 그림 3.1.20은 그림 3.1.18에 나타낸 물체에 작용하는 등가응력 분포를 보여주고 있으며, 세 개의 주응력 분포와 다소 상이함을 확인할 수 있다.

- **주응력과의 관계** : 식 (3.39)로부터 확인할 수 있듯이 등가응력은 최대 주응력 σ_1보다 그 크기가 작을 수도 있다. 따라서, 실무에서는 물체의 구조적 안전성을 판단하기 위해 주응력과 등가응력 중 어떤 값을 사용할 것인지를 판단해야 한다.
- **소성변형 여부의 판단** : 4.2절의 구조적 안전성에서 상세히 다루겠지만 등가응력은 구조물의 항복(yielding)여부를 판단하기 위해 최대 전단응력(maximum shear stress)과 더불어 가장 널리 사용되고 있다.

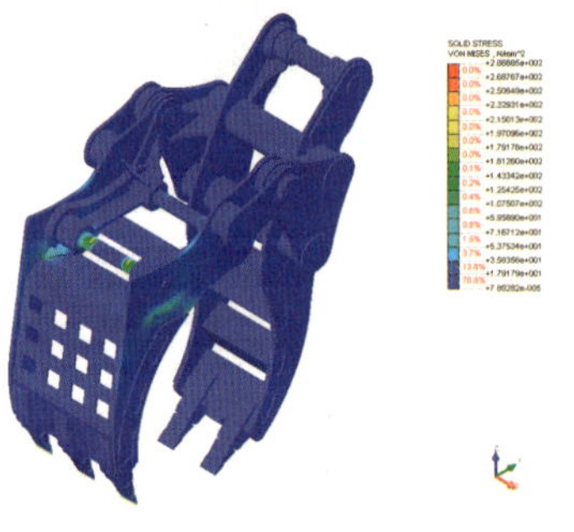

그림 3.1.20 등가응력으로 그림 3.1.18의 해석결과를 나타낸 경우

한편 등가변형률은 다음 식과 같이 계산되며 등가응력과 형태는 동일하지만 계수에 차이가 있다.

$$\epsilon_e = \frac{\sqrt{2}}{3}\sqrt{\left[(\epsilon_{xx}-\epsilon_{yy})^2+(\epsilon_{yy}-\epsilon_{zz})^2+(\epsilon_{zz}-\epsilon_{xx})^2+6(\epsilon_{xy}^2+\epsilon_{yz}^2+\epsilon_{zx}^2)\right]}$$

$$= \frac{\sqrt{2}}{3}\sqrt{\left[(\epsilon_1-\epsilon_2)^2+(\epsilon_2-\epsilon_3)^2+(\epsilon_3-\epsilon_1)^2\right]} \tag{3.40}$$

다음 그림은 그림 3.1.19에 나타낸 용기에 작용하는 등가변형률 분포를 보여주고 있으며, 첫 번째 주변형률과 동일한 분포를 나타냄을 확인할 수 있다. 이처럼 등가응력과 등가변형률은 물체에 형상과 물체에 작용하는 하중의 형태에 따라 그 분포가 주응력 혹은 주변형률 분포와 유사할 수도 있고 그렇지 않을 수도 있다.

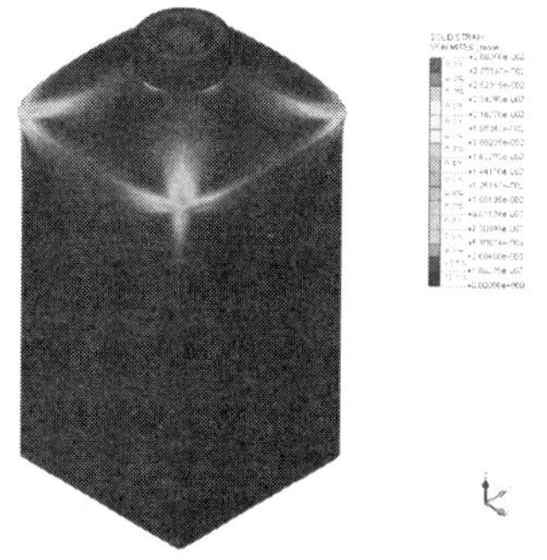

그림 3.1.21 등가변형률로 그림 3.1.19의 해석결과를 나타낸 경우

등가응력은 산업 전반에 걸쳐 거의 모든 물체의 구조 안전성을 평가하기 위해 사용되는 반면, 등가변형률은 고무나 폼재 그리고 플라스틱 부품과 같이 고분자 소재로 구성된 물체의 구조 안전성 평가에 사용된다. 그 이유는 다음 절에서도 설명하겠지만 금속 등은 재료물성치를 평가할 때 하중을 제어하여 응력값으로부터 변형률을 유도하는 반면, 고분자 소재의 경우에는 시편 실험에서 변위를 제어하면서 변형률 값으로부터 응력을 유도한다. 특히, 고분자 소재의 경우에는 응력 - 변형률 관계가 매우 복잡한 비선형성을 나타내기 때문에 변형률로부터 유도된 응력값의 정확도는 변형률보다 항상 낮기 때문이다.

3.1.4 재료의 분류와 구성방정식

앞서 소개한 변형률과 응력은 재료물성치(material property)라 불리는 고유한 성질에 의해 상호 연관성을 지니게 된다. 재료물성치로 표현되는 변형률과 응력 사이의 상호 관계식을 구성방정식(constitutive relation)이라고 부른다. 재료물성치는 재료의 유형에 따라 달라질 뿐만 아니라 동일한 재료에서도 위치나 방향에 따라 달라질 수도 있다. 뿐만 아니라, 재료물성치는 온도와 같은 주위 환경조건과 물체의 변형량에 따라 변하기도 한다. 따라서 재료물성치의 정확한 입력은 유한요소 해석결과의 신뢰성과 직결된다. 하지만, 유한요소 해석의 대상이 되는 재료의 유형은 매우 다양할뿐더러 환경과

작동조건 역시 일정하지 않기 때문에 재료물성치의 정확한 규명은 쉬운 작업이 아니다. 본 절에서는 산업체에서 많이 사용되고 있는 재료를 구분하는 방법과 대표적인 재료들에 있어 변형률과 응력 사이의 구성방정식을 학습하기로 한다. 본론에 앞서 재료의 물성치는 그림 3.1.22에 나타낸 바와 같이 특별히 제작된 재료의 시편(specimen)을 1축 인장시험기(uni-axial tension test)를 이용하여 측정하게 된다. 인장시험기의 인장하중을 서서히 증가시키면서 시편의 변형률과 응력을 측정하여 그래프로 나타낸 것을 응력 - 변형률 선도(stress-strain diagram)라고 한다.

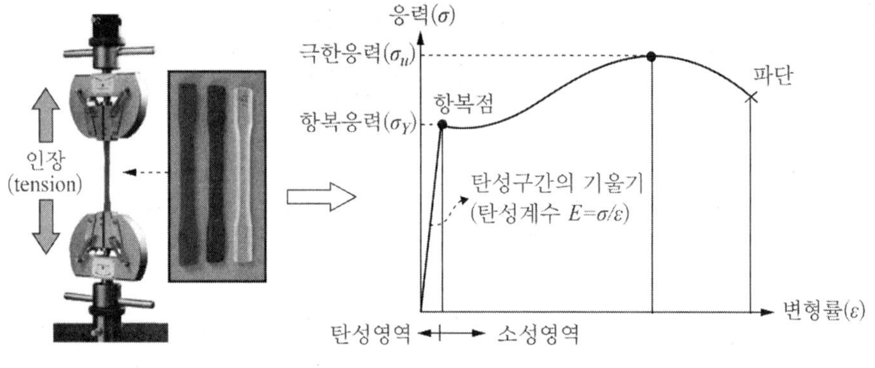

그림 3.1.22 1축 인장시험과 응력 – 변형률 선도의 예

위 그림은 금속의 전형적인 응력 - 변형률 선도를 보여주고 있으며, 선도로부터 선형적인 증가를 보이는 구간과 항복응력(yield stress), 최고 응력지점인 극한응력(ultimate stress) 그리고 파단이 발생하는 파단응력(breaking stress)을 분석하게 된다. 응력 - 변형률 그래프와 특징적인 지점은 재료의 유형에 따라 판이하게 달라지며 경우에 따라서는 선형적인 구간이 전혀 없거나 극한응력 지점을 나타내지 않기도 한다. 항복응력, 극한응력 그리고 파단응력의 특징을 요약하면 다음과 같다.

- **항복응력(yield stress)** : 선도상에서 판단할 때 응력과 변형률이 선형적인 관계를 나타내는 탄성영역의 한계로서, 재료의 거동적인 측면에서 소성변형(plastic deformation)이 시작되는 지점이기도 하다. 이 지점을 중심으로 재료의 거동을 선형 그리고 비선형으로 구분한다. 일반 구조해석은 거의 대부분 항복응력을 넘어서지 않기 때문에 선형해석에 해당되고, 성형(forming)과 같은 금속가공은 모두 항복응력을 초과한 비선형해석을 요구하게 된다.
- **극한응력(ultimate stress)** : 선도에서 확인할 수 있듯이 재료가 지탱할 수 있는

최대 응력을 의미하며 재료의 극한강도(ultimate strength)라고 불리기도 한다. 이 지점을 초과하게 되면 재료의 강도는 급격히 감소하게 된다. 항복응력이 소성변형에 따른 구조물의 안전성을 판단하는 기준이라면 극한응력은 구조물의 직접적인 파단을 평가하는 기준으로 사용되고 있다.

- **파단응력**(breaking stress) : 시편이 두 조각으로 절단되는 시점에서의 응력을 의미한다. 시편의 가운데 지점의 단면적은 하중의 증가와 더불어 감소하게 되고 극한하중을 초과하게 되면 급속도로 감소하는 네킹현상(necking phenomenon)을 나타내게 된다. 그리고 파단응력 지점에 도달하게 되면 하중을 더 이상 지탱하지 못하고 두 조각으로 파단 된다.

재료를 분류하는 첫 번째 방법으로 재료물성치의 균질성(homogeneity)이 있다. 동일한 재료 내에서 재료물성치가 지점과 상관없이 일정한 경우를 균질하다고 하고 그렇지 않은 경우를 비균질(inhomgeneous) 재료라고 부른다. 아래 그림 3.1.23은 재료의 균질성과 비균질성을 도식적으로 비교하고 있다. 재료를 현미경으로 관찰하는 미시적(microscopic) 관점에서 본다면 지구상의 모든 물체는 비균질 재료이지만, 재료역학에서는 물체의 역학적 거동, 즉 거시적(macroscopic) 관점에서 균질성과 비균질성을 판단하고 있다.

철강과 알루미늄과 같은 금속류는 거의 대부분 균질한 재료에 해당되고, 나무나 콘크리트 그리고 복합재와 같은 재료는 대표적인 비균질 재료이다. 비균질 재료는 재료물성치가 지점에 따라 변하기 때문에 다음에서 상세히 다루게 될 균질화기법(homogenization method)을 적용하지 않고서는 수치해석이 용이하지 않다. 따라서, 거의 모든 유한요소해석에 있어 비균질 재료의 물성치는 등가의 균질 재료로 치환한 재료물성치를 적용하고 있다.

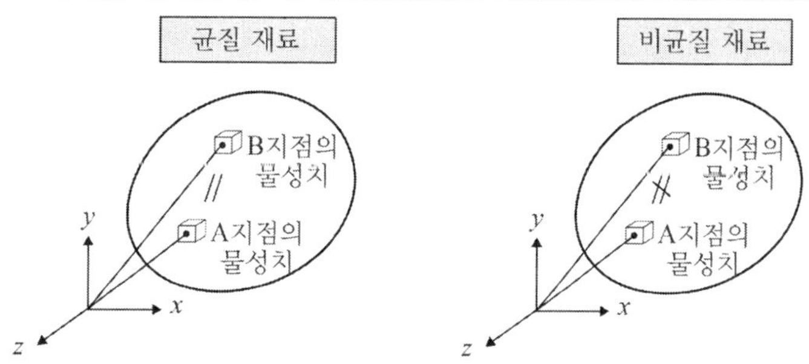

그림 3.1.23 균질 재료와 비균질 재료의 구분

재료물성치의 지점에 따른 변화 여부로 재료를 구분하는 방법과 달리 방향에 따른 변화 여부로 재료를 구분하는 방법이 있다. 재료 내 임의 지점에서 재료물성치가 모든 방향으로 동일하다면 등방성(isotropic) 재료라고 하고, 그렇지 않고 방향에 따라 변하는 경우를 이방성(anisotropic) 재료라고 한다. 이방성과 균질성은 판단기준이 서로 다를 뿐만 아니라 이방성 재료와 균질 재료 사이에도 특별한 상관관계가 존재하지 않는다. 하지만, 일반적으로 등방성 재료는 균질 재료에 속하는 경우가 많다.

그림 3.1.24는 등방성 재료의 개념을 도식적으로 보여주는 것으로서, 시편을 각기 다른 세 방향에서 추출하여 인장시험기로 재료물성치를 측정한 경우이다. 시편의 길이방향을 1로 표시하고 두께방향을 2로 표시하였을 때, 인장시험으로 측정한 영률 E_1과 프와송비 ν_{12}가 3개의 시편에서 모두 동일하다면 등방성 재료에 해당된다. 만약 어느 하나의 시편에서 구한 영률 혹은 프와송비가 나머지 두 시편의 측정치와 다르다면 이방성 재료에 해당된다. 시편을 추출하는 방향의 기준이 되는 좌표축은 재료를 기준으로 어느 방향으로 설정하여도 무방하다.

재료물성치가 방향성에 따라 변화가 심할수록 변형률과 응력 사이의 관계식, 즉 구성방정식을 표현하기 위해 사용되는 물성치의 개수가 비례적으로 증가하게 된다. 등방성인 경우는 하나의 영률(Young's modulus) E와 하나의 프와송비 ν만으로 구성방정식을 표현할 수 있지만, 그렇지 않은 경우에는 각 축방향으로의 영률들과 프와송비들이 필요하게 된다.

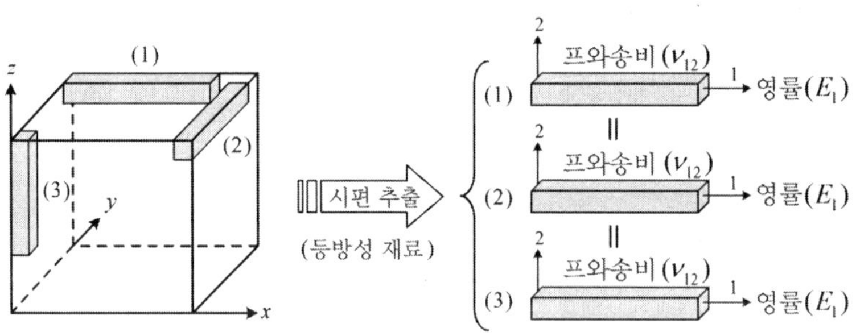

그림 3.1.24 등방성 재료에 있어 재료물성치의 방향 불변성

재료를 분류하는 또 다른 방법으로 변형률의 크기에 따라 연성재료(ductile material)와 취성재료(brittle material)로 구분하기도 한다. 앞의 그림 3.1.22에 나타낸 금속의 응력 - 변형률 선도는 하중의 증가와 더불어 뚜렷한 변형률의 변화를 나타낸다. 이러한 변형특성을 나타내는 재료를 연성재료라고 부르며 산업체에서 사용되고 있는 금속소재는 거의 대부분 이 재료 군에 속한다. 연성재료는 가장 큰 특징은 재료가 파단되기까지 상당한 변형률을 나타낸다는 점과 소성변형을 지니고 있다는 점이다. 만약, 연성재료가 소성변형을 일으키지 않는다면 자동차 차체와 같은 형상을 굽힘가공으로 제작할 수 없을 것이다.

연성재료와 달리 하중이 증가하여도 변형률이 거의 발생하지 않으면서 파괴에 이르는 소재를 취성재료라고 부른다. 그림 3.1.25는 대표적인 취성재료인 유리의 응력 - 변형률 선도를 보여주고 있으며, 거의 무한대에 가까운 탄성계수(elastic modulus)를 지니고 있다. 이러한 재료는 변형률이 거의 발생하지 않기 때문에 형상을 변경시킬 수 없고 요구되는 크기로 절단하여 사용할 수밖에 없다. 유리 외에 도자기, 크리스털, 액정과 같은 제품들은 이 소재군에 속하며 재료물성치를 정의하기가 쉽지 않은 단점을 지니고 있다.

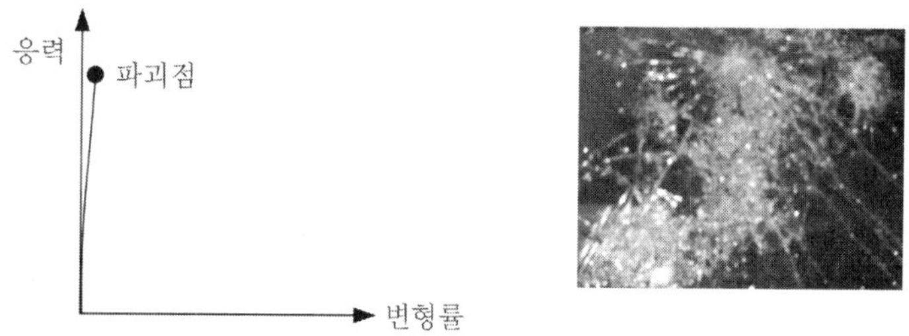

그림 3.1.25 취성재료의 응력 – 변형률 선도와 유리의 파괴

유한요소 해석 측면에서 연성재료와 취성재료를 비교하면 다음과 같은 장단점을 지니고 있다.

- **해석의 용이성** : 구조해석을 위해서 응력 - 변형률 선도, 즉 탄성계수와 프와송비를 입력해야 하며, 해석을 통해 구한 물체의 변형분포를 토대로 변형률과 응력을 구성방정식을 이용하여 계산하게 된다. 연성재료의 경우에는 탄성계수와 프와송비를 정확히 측정할 수 있는 반면, 취성재료는 측정이 쉽지 않고 명확하지 않기 때문에 해석이 힘들뿐만 아니라 해석결과에 대한 신뢰성도 보장하기 힘들다.
- **구조 안전성 판단기준** : 연성재료의 응력 - 변형률 선도는 변형률 값의 크기에 따라 선도를 변형 특성에 따라 몇 개의 구간으로 구분할 수 있으며, 구조적 안전성을 판단하는 방법과 기준도 다양하다. 하지만, 취성재료의 경우에는 변형률이 거의 0에 가깝기 때문에 구조안전성은 파괴여부 단 한가지로 판단되며, 평가방법도 다양하지 않다. 이 부분에 대해서는 4.2절에서 보다 상세히 다루기로 한다.

변형률과 응력 사이의 상관관계는 구성방정식을 통해 정의된다고 위에서 간단히 언급하였는데, 여기서 상세히 살펴보기로 한다. 그림 3.1.26은 물체 내 임의 지점 P에서의 변형률이 알려지면 재료물성치로 표현된 재료상수 행렬(material constant matrix) $[\boldsymbol{C}]$를 곱함으로써 응력을 계산할 수 있다. 3차원 물체 내 임의 지점에서의 변형률과 응력은 각기 9개의 성분으로 표현됨을 학습하였다. 따라서 응력과 변형률을 (9×1) 행렬로 표현하면 재료상수 행렬 $[\boldsymbol{C}]$는 식 (3.41)과 같이 (9×9) 행렬이 된다. 식에서 하첨자 1, 2 그리고 3은 각기 x, y 그리고 z를 나타낸다.

$$\begin{Bmatrix} \sigma_{11} \\ \sigma_{12} \\ \sigma_{13} \\ \sigma_{21} \\ \sigma_{22} \\ \sigma_{23} \\ \sigma_{31} \\ \sigma_{32} \\ \sigma_{33} \end{Bmatrix} = \begin{bmatrix} C_{1111} & C_{1112} & C_{1113} & C_{1121} & C_{1122} & C_{1123} & C_{1131} & C_{1132} & C_{1133} \\ C_{1211} & C_{1212} & C_{1213} & C_{1221} & C_{1222} & C_{1223} & C_{1231} & C_{1232} & C_{1233} \\ C_{1311} & C_{1312} & C_{1313} & C_{1321} & C_{1322} & C_{1323} & C_{1331} & C_{1332} & C_{1333} \\ C_{2111} & C_{2112} & C_{2113} & C_{2121} & C_{2122} & C_{2123} & C_{2131} & C_{2132} & C_{2133} \\ C_{2211} & C_{2212} & C_{2213} & C_{2221} & C_{2222} & C_{2223} & C_{2231} & C_{2232} & C_{2233} \\ C_{2311} & C_{2312} & C_{2313} & C_{2321} & C_{2322} & C_{2323} & C_{2331} & C_{2332} & C_{2333} \\ C_{3111} & C_{3112} & C_{3113} & C_{3121} & C_{3122} & C_{3123} & C_{3131} & C_{3132} & C_{3133} \\ C_{3211} & C_{3212} & C_{3213} & C_{3221} & C_{3222} & C_{3223} & C_{3231} & C_{3232} & C_{3233} \\ C_{3311} & C_{3312} & C_{3313} & C_{3321} & C_{3322} & C_{3323} & C_{3331} & C_{3332} & C_{3333} \end{bmatrix} \begin{Bmatrix} \epsilon_{11} \\ \epsilon_{12} \\ \epsilon_{13} \\ \epsilon_{21} \\ \epsilon_{22} \\ \epsilon_{23} \\ \epsilon_{31} \\ \epsilon_{32} \\ \epsilon_{33} \end{Bmatrix} \tag{3.41}$$

그런데 81개의 재료상수가 모두 독립적인 값이 될 수 없는데 그 이유는 앞서 설명한 응력과 변형률 각각의 대칭성, 즉

$$\epsilon_{kl} = \epsilon_{lk}, \quad \sigma_{ij} = \sigma_{ji}, \quad i,\ j,\ k = x,\ y,\ z \tag{3.42}$$

에 의해 식 (3.41)은 아래 행렬식과 같이 6개 변형률 성분과 응력 성분으로 축소된 행렬식으로 표현되어 독립적인 재료상수는 36개로 줄어들게 된다.

$$\begin{Bmatrix} \sigma_{11} \\ \sigma_{22} \\ \sigma_{33} \\ \sigma_{12} \\ \sigma_{23} \\ \sigma_{31} \end{Bmatrix} = \begin{bmatrix} C_{1111} & C_{1122} & C_{1133} & C_{1112} & C_{1123} & C_{1131} \\ C_{2211} & C_{2222} & C_{2233} & C_{2212} & C_{2223} & C_{2231} \\ C_{3311} & C_{3322} & C_{3333} & C_{3312} & C_{3323} & C_{3331} \\ C_{1211} & C_{1222} & C_{1233} & C_{1212} & C_{1223} & C_{1231} \\ C_{2311} & C_{2322} & C_{2333} & C_{2312} & C_{2323} & C_{2331} \\ C_{3111} & C_{3122} & C_{3133} & C_{3112} & C_{3123} & C_{3131} \end{bmatrix} \begin{Bmatrix} \epsilon_{11} \\ \epsilon_{22} \\ \epsilon_{33} \\ \epsilon_{12} \\ \epsilon_{23} \\ \epsilon_{31} \end{Bmatrix} \tag{3.43}$$

여기에 재료상수 행렬 자체의 대칭성에 의해 3차원 물체의 독립적인 재료상수는 최종적으로 21개가 된다. 그리고 21개의 재료상수는 재료가 모든 방향으로 재료물성치가 다른 가장 극단적인 경우에 대한 것으로서, 실제로는 등방성 성질에 의해 독립적인 재료상수의 개수는 이보다 줄어들게 된다.

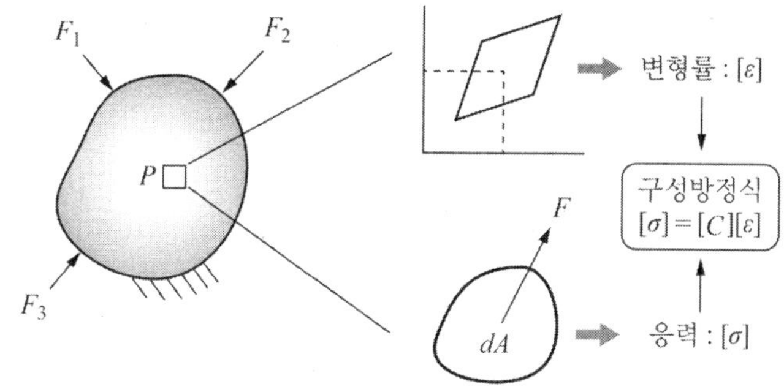

그림 3.1.26 응력과 변형률 사이의 구성방정식

재료상수 행렬 $[\boldsymbol{C}]$는 다음 절에서 다루게 될 대표적인 재료를 통해 구체적인 재료 물성치로 표현됨을 확인할 수 있다. 여기서는 이 재료상수 행렬의 특성을 살펴보는 것으로 설명을 압축하기로 한다.

- **균질성** : 만약 소재가 균질한 재료라고 한다면 재료상수 행렬은 물체 내 모든 지점에서 동일한 값을 가지게 된다. 따라서 유한요소 해석 시 재료별로 해당되는 재료 물성치를 입력하기만 하면 된다. 반면, 소재가 비균질 재료라고 하면 재료상수 행렬은 위치에 따라 변하는 함수, 즉 $[\boldsymbol{C}(\boldsymbol{x})]$가 되기 때문에 설정한 좌표계를 기준으로 함수형태로 재료물성치를 입력하든지 아니면 소프트웨어에서 제공하는 특수한 물성치 입력방법으로 지점별 재료물성치를 입력해야 한다. 가장 대표적인 소재로 복합재를 들 수 있다.
- **등방성** : 재료가 등방성을 만족하게 되면 독립된 재료상수의 개수는 21개에서 줄어들게 된다. 그리고 줄어드는 개수는 등방성의 유형에 따라 달라지며 모든 방향으로 등방성이 만족되는 경우에는 재료상수는 영률 E와 프와송비 ν 두 개로 표현이 가능하다. 부분적으로 등방성이 만족되는 횡등방성 소재(transversely isotropic material)와 직교이방성 소재(orthotropic material)의 경우에는 21개보다는 작지만 2개 이상의 독립된 재료물성치가 필요하다. 그림 3.1.27은 재료물성치의 좌표축 의존도에 따라 소재를 분류한 것으로서, 등방성이 가장 단순한 소재에 해당됨을 보여주고 있다.

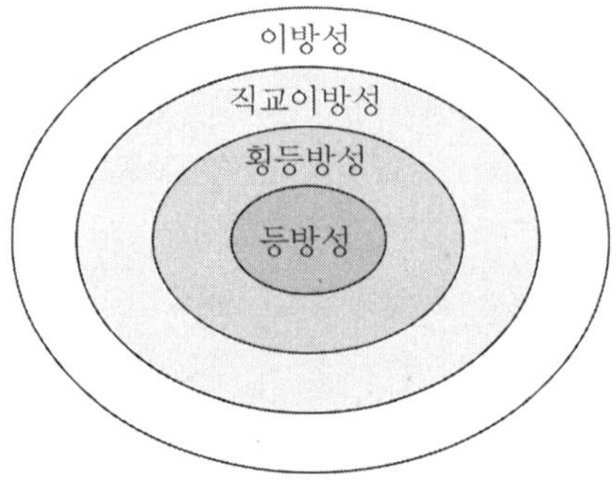

그림 3.1.27 재료물성치의 방향의존도에 따른 소재의 분류

식 (3.41)과 같이 변형률로부터 응력을 계산하기 사용되는 재료상수 행렬 $[\boldsymbol{C}]$를 강성계수 행렬(stiffness coefficient matrix)이라고 부른다. 반면에 응력으로부터 변형률을 계산하기 위해 사용되는 행렬 $[\boldsymbol{C}]$의 역행렬 $[\boldsymbol{C}]^{-1}$를 유연계수 행렬(flexibility coefficient matrix)로 정의하고 있다. 따라서, 유연계수 행렬을 이용한 변형률 - 응력 관계식은 아래와 같다.

$$\{\epsilon\} = [\boldsymbol{C}]^{-1}\{\sigma\} \tag{3.44}$$

재료상수 행렬 $[\boldsymbol{C}]$와 유연계수 행렬 $[\boldsymbol{C}]^{-1}$는 등방성에서 이방성으로 갈수록 표현식이 복잡해진다.

3.1.5 대표적인 재료모델

재료의 응력 - 변형률 선도는 선형영역과 소성영역으로 구분되며, 선형영역에서의 응력 - 변형률 관계식을 탄성 재료모델(elastic material model) 반면 소성영역에서의 관계식을 소성 재료모델(plastic material model)이라고 부른다. 탄성 재료모델의 가장 큰 특징은 응력과 변형률이 선형관계를 가지며 재료물성치가 변형률에 무관하게 일정하다는 점이다. 이와는 달리 소성 재료모델은 응력과 변형률이 비선형적 관계를 나타내며 재료물성치는 변형률에 따라 변한다.

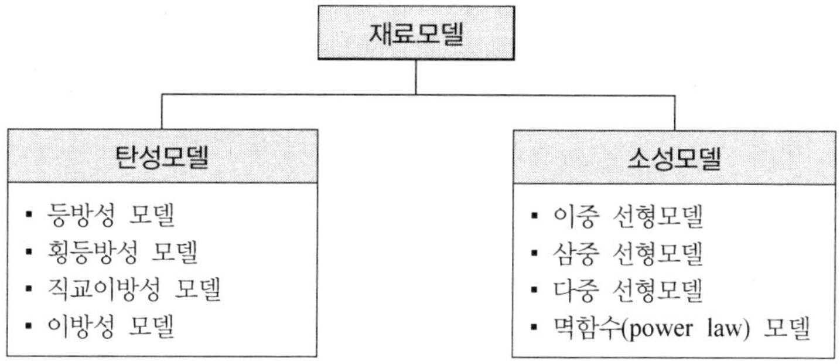

그림 3.1.28 응력-변형률 관계를 표현하는 재료모델의 분류

등방성 재료는 재료물성치가 모든 방향으로 동일한 가장 단순하면서도 보편적인 모델이다. 금속류는 거의 대부분 이 부류에 속하며 응력-변형률 관계가 간단히 표현된다. 횡등방성은 다음의 그림 3.1.29와 같이 일축 방향으로 보강재가 삽입된 섬유복합재(unidirectional composite)와 같이 보강재와 수직한 단면에서는 재료물성치가 등방성을 나타낸다. 그리고 보강재 방향과 수직단면과는 재료물성치가 이방성을 나타낸다. 이러한 재료를 표현하기 위해서 필요한 재료물성치는 5개로서, 수직단면 상에서의 영률과 프와송비, 보강재 방향으로의 영률, 그리고 두 축 사이의 프와송비와 전단 탄성계수가 필요하다.

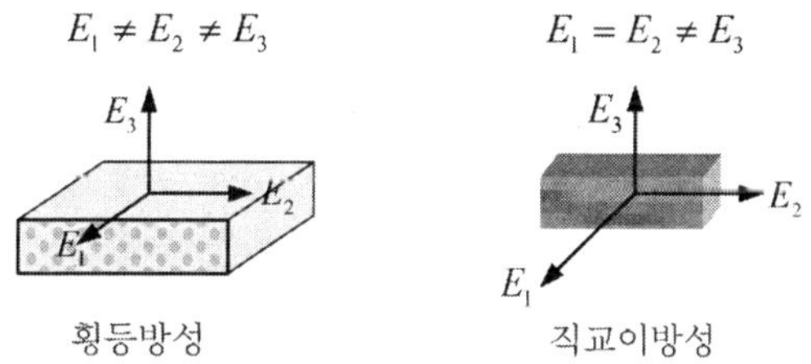

그림 3.1.29 일축 방향 섬유복합재(횡등방성)와 목재(직교이방성)

직교이방성 재료는 목재나 섬유강화 플라스틱(fiber-reinforced plastic)과 같이 재료물성치가 3개의 좌표축 방향으로 서로 다른 재료들을 의미한다. 이 재료의 응력-변형률 관계를 표현하기 위해서는 각 축방향으로의 3개의 영률과 축과 축 사이의 3개의 프와송비 그리고 3개의 전단 탄성계수로 총 9개의 독립된 재료물성치가 필요하다. 직교이방성 재료에 있어 변형률과 응력은 식 (3.45)와 같이 표현되며, 독립된 3개의 프와송비 이외 나머지 3개의 프와송비는 다음과 같이 계산할 수 있다: $E_1\nu_{21} = E_2\nu_{12}$, $E_1\nu_{31}$

$= E_3\nu_{13}$ 그리고 $E_3\nu_{23} = E_2\nu_{32}$.

$$\begin{Bmatrix} \sigma_1 \\ \sigma_2 \\ \sigma_3 \\ \tau_{23} \\ \tau_{31} \\ \tau_{12} \end{Bmatrix} = \begin{bmatrix} \dfrac{1-\nu_{23}\nu_{32}}{E_2E_3\Delta} & \dfrac{\nu_{21}+\nu_{31}\nu_{23}}{E_2E_3\Delta} & \dfrac{\nu_{31}+\nu_{21}\nu_{32}}{E_2E_3\Delta} & 0 & 0 & 0 \\ \dfrac{\nu_{12}+\nu_{13}\nu_{32}}{E_3E_1\Delta} & \dfrac{1-\nu_{31}\nu_{13}}{E_3E_1\Delta} & \dfrac{\nu_{32}+\nu_{31}\nu_{12}}{E_3E_1\Delta} & 0 & 0 & 0 \\ \dfrac{\nu_{13}+\nu_{12}\nu_{23}}{E_1E_2\Delta} & \dfrac{\nu_{23}+\nu_{13}\nu_{21}}{E_1E_2\Delta} & \dfrac{1-\nu_{12}\nu_{21}}{E_1E_2\Delta} & 0 & 0 & 0 \\ 0 & 0 & 0 & G_{23} & 0 & 0 \\ 0 & 0 & 0 & 0 & G_{31} & 0 \\ 0 & 0 & 0 & 0 & 0 & G_{12} \end{bmatrix} \begin{Bmatrix} \epsilon_1 \\ \epsilon_2 \\ \epsilon_3 \\ \gamma_{23} \\ \gamma_{31} \\ \gamma_{12} \end{Bmatrix} \tag{3.45}$$

위 식에서 Δ는 다음과 같이 영률과 프와송비로 계산되는 상수이다.

$$\Delta = \frac{1-\nu_{12}\nu_{21}-\nu_{23}\nu_{32}-\nu_{31}\nu_{13}-2\nu_{12}\nu_{23}\nu_{31}}{E_1E_2E_3} \tag{3.46}$$

다음 그림은 직교이방성 재료의 선형 구조해석을 위해 필요한 재료물성치를 입력하기 위한 유한요소 해석 소프트웨어의 입력창(input dialog)의 예를 보여주고 있다. 해석자가 소재의 유형을 선택하게 되면 각 유형에 필수적으로 입력해야 할 재료물성치 항목을 입력하기 위한 입력창이 화면에 나타나게 된다. 등방성 재료와 달리 이방성 재료에는 입력해야 할 재료물성치의 개수가 많기 때문에 물성치 입력에 각별히 주의를 기울어야 한다.

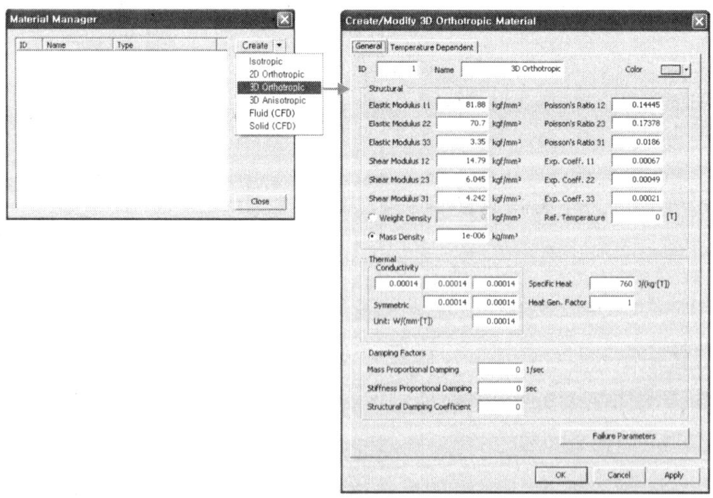

그림 3.1.30 직교이방성 재료의 선형 구조해석을 위한 재료물성치 입력창

모든 방향으로 재료물성치가 동일한 등방성 재료에 대한 구성방정식은 다음과 같이 표현되며, 흔히 일반화 된 후크의 법칙(generalized Hooke's law)으로 불린다.

$$\begin{Bmatrix} \sigma_{xx} \\ \sigma_{yy} \\ \sigma_{zz} \\ \sigma_{xy} \\ \sigma_{yz} \\ \sigma_{zx} \end{Bmatrix} = \begin{bmatrix} 2G+\lambda & \lambda & \lambda & 0 & 0 & 0 \\ \lambda & 2G+\lambda & \lambda & 0 & 0 & 0 \\ \lambda & \lambda & 2G+\lambda & 0 & 0 & 0 \\ 0 & 0 & 0 & 2G & 0 & 0 \\ 0 & 0 & 0 & 0 & 2G & 0 \\ 0 & 0 & 0 & 0 & 0 & 2G \end{bmatrix} \begin{Bmatrix} \epsilon_{xx} \\ \epsilon_{yy} \\ \epsilon_{zz} \\ \epsilon_{xy} \\ \epsilon_{yz} \\ \epsilon_{zx} \end{Bmatrix} \tag{3.47}$$

위 식에서 전단 탄성계수(shear modulus) G와 λ는 각각 다음과 같이 영률(Young's modulus) E와 프와송비(Poisson's ratio) ν로 표현되는 물성치이다.

$$G = \frac{E}{2(1+\nu)}, \qquad \lambda = \frac{\nu E}{(1+\nu)(1-2\nu)} \tag{3.48}$$

식 (3.45)에서 강성계수 행렬 $[\boldsymbol{C}]$의 역행렬인 유연계수 행렬 $[\boldsymbol{C}]^{-1}$을 이용하여 표현하면 다음과 같이 응력으로부터 변형률을 계산하는 행렬식을 유도할 수 있다.

$$\begin{Bmatrix} \epsilon_{xx} \\ \epsilon_{yy} \\ \epsilon_{zz} \\ \epsilon_{xy} \\ \epsilon_{yz} \\ \epsilon_{zx} \end{Bmatrix} = \begin{bmatrix} 1/E & -\nu/E & -\nu/E & 0 & 0 & 0 \\ -\nu/E & 1/E & -\nu/E & 0 & 0 & 0 \\ -\nu/E & -\nu/E & 1/E & 0 & 0 & 0 \\ 0 & 0 & 0 & 1/2G & 0 & 0 \\ 0 & 0 & 0 & 0 & 1/2G & 0 \\ 0 & 0 & 0 & 0 & 0 & 1/2G \end{bmatrix} \begin{Bmatrix} \sigma_{xx} \\ \sigma_{yy} \\ \sigma_{zz} \\ \sigma_{xy} \\ \sigma_{yz} \\ \sigma_{zx} \end{Bmatrix} \tag{3.49}$$

따라서, 등방성 재료에 대한 선형 구조해석을 위해 필요한 두 개의 재료물성치는 영률이라 불리는 탄성계수 E와 프와송비 ν이다. 나음 그림 3.1.31은 등방성 재료의 선형 구조해석을 위한 재료물성치 입력창을 보여주고 있다. 물체의 자중을 고려할 필요가 있을 경우에는 밀도(density) 혹은 비중량(specific weight)을 입력해야 한다. 나머지 물성치는 선형 구조해석에는 영향을 미치지 않기 때문에 어떠한 값을 입력하여도 해석결과에는 아무런 영향을 미치지 않는다. 재료물성치 입력창의 형식은 소프트웨어에 따라 다르며 입력항목도 각기 다르게 구성되어 있다. 어떤 소프트웨어에서는 해석의 유형과 무관하게 필요한 모든 재료물성치 항목을 입력창에 나열하거나, 또 다른 소프트웨어에서는 해석유형과 소재의 유형별로 필요한 재료물성치만 입력창에 나열하기도 한다. 하지만 최근 들어 해석자 편의성이 강조되면서 그림 3.1.31과 같이 해석유형을 선택하면 해석을 수행할 물체의 소재를 선택하는 창이 별도로 제공되고 소재별로 필요한 재료물성치를 입력하는 창이 최종적으로 화면에 나타나게 된다.

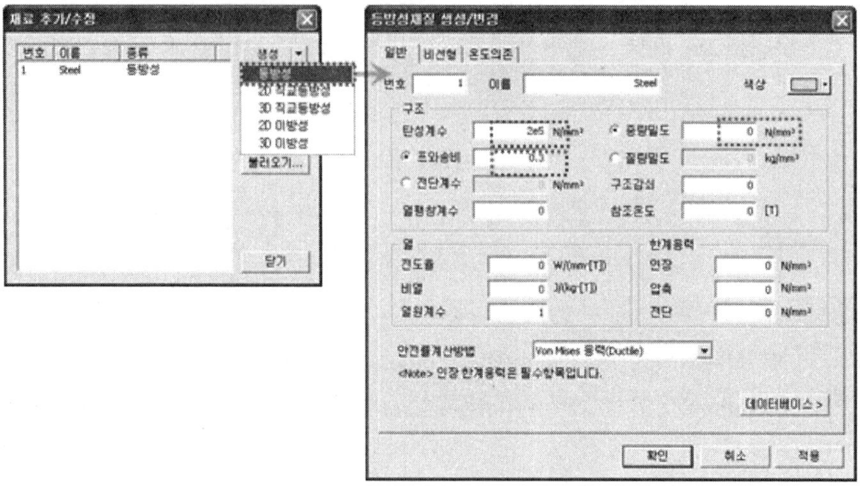

그림 3.1.31 등방성 재료의 선형 구조해석을 위한 재료물성치 입력창

소성모델(plastic model)은 비선형 해석에 사용되기 때문에 본 도서에서는 대표적인 재료모델만 간략히 소개하기로 한다. 앞의 그림 3.1.10의 철의 응력 - 변형률 선도에서 확인할 수 있듯이 소성영역에서 응력은 변형률에 대해 곡선적인 관계를 보인다. 따라서 이 곡선형태의 관계식을 표현하기 위해서 몇 가지 방법이 사용되고 있다. 첫 번째 방법은 실험으로 구한 응력 - 변형률 그래프를 data 형식으로 바로 입력하는 것으로서, 실측 data가 있는 경우에만 사용할 수 있다. 두 번째는 그림 3.1.32(a)와 같이 곡선형태의 그래프를 하나 이상의 직선으로 단순화 시켜 각 직선구간에 대한 변형률의 범위, 영률 그리고 프와송비를 입력하는 방법으로, 곡선이 완만한 경우에 효과적으로 적용할 수 있다. 마지막 방법은 그림 3.1.32(b)와 같이 멱함수(power law function)라 불리는 수학적 공식으로 표현하는 것이다. 멱함수는 식 (3.50)과 같이 정의되며 식 속에 포함되어 있는 미지수는 실험을 통해 결정된다.

$$\sigma = A + K(\epsilon)^n \tag{3.50}$$

여기서 상수 A와 K 그리고 지수 n은 소재의 고유한 재료상수로서 응력 - 변형률에 대한 실험 그래프로부터 곡선맞춤 기법(curve fitting technique)으로 결정된다.

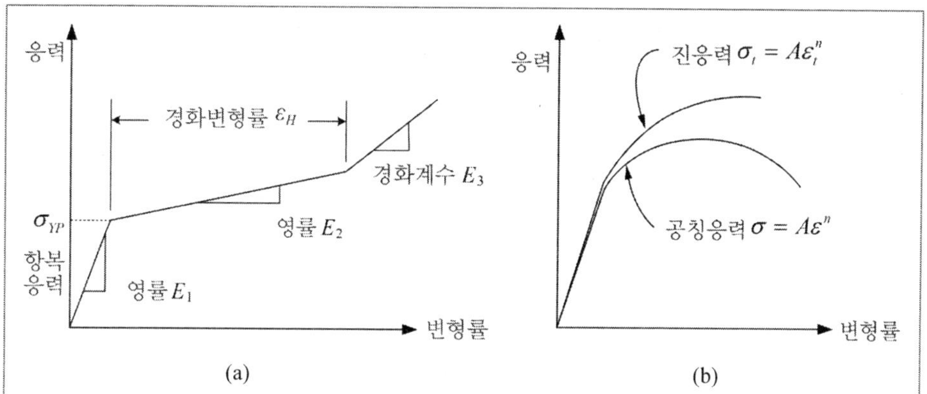

그림 3.1.32 소성모델의 예: (a) 삼중 선형모델, (b) 멱함수 모델(power law model)

복합재는 대표적인 비균질 이방성 소재로서 재료모델의 정의가 까다롭기 때문에 유한요소 해석을 위해 전문적인 지식이 요구된다. 복합재는 구성입자를 혼합하는 방식에 따라 크게 세 가지 유형으로 분류하고 있다. 적층복합재는 각각의 층이 균질 등방성 재료이기 때문에 각각의 층을 별도로 구분하여 3차원 모델을 생성하면 재료물성치를 쉽게 정의할 수 있다. 하지만, 각각의 층을 구분하지 않고 보요소(beam element)로 모델링하게 되면, 모든 층의 재료물성치를 대표할 수 있는 등가물성치(effective material property)를 유도해야 하는 어려움이 있다. 등가물성치를 유도하는 방법에 대해서는 뒷부분에서 자세히 다루기로 한다.

섬유강화 복합재(fiber reinforced composite)는 앞서 소개한 바와 같이 대표적인 횡등방성 소재로서, 섬유강화재와 모재를 하나의 균질화된 횡등방성 재료로 모델링 할 수 있나. 횡등싱 모델을 표현히기 위해 필요한 5개의 재료물성치(2개의 영률, 2개의 프와송비 그리고 1개의 전단 탄성계수)는 다음에서 소개하게 될 균질화기법으로 계산된다. 최근에는 컴퓨터 성능과 모델링 기술의 향상으로 섬유강화재의 형상을 있는 그대로 반영한 상세모델을 생성하는 사례가 증가하고 있다. 상세모델을 생성하는 경우에는 균질화기법을 사용하지 않고 모재와 보강재의 재료물성치를 그대로 적용할 수 있기 때문에 해석결과의 신뢰성이 높을뿐더러, 모재와 보강재의 경계면에서의 응력집중 현상을 재현할 수 있는 장점이 있다.

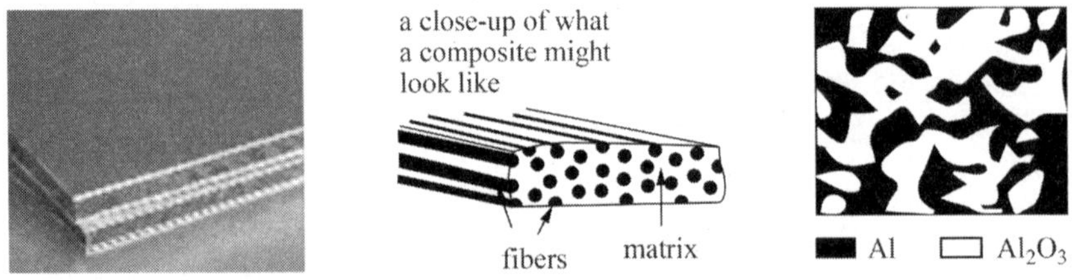

그림 3.1.33 산업체에서 주로 사용되고 있는 대표적인 복합재

균질화기법(homogenization method)은 복합재의 구조가 공간상에서 주기성(periodicity)을 나타낼 경우에만 적용이 가능하다. 만약 그렇지 않고 복합재 내 구조가 비규칙적이어서 주기성을 나타내지 않는다면 균질화기법을 적용하기가 어렵다. 균질화기법은 주기성을 나타내는 최소한의 복합재 영역, 일명 대표체적요소(RVE: representative volume element) 혹은 대표물질요소(RME: representative material element)를 등가의 균질한 소재로 치환하여 등가물성치를 유도하는 방법이다. 대표체적요소는 일반적으로 정사각형 혹은 정육면체 형상으로 정의되며, 이 형상을 단위셀(unit cell)이라고 부른다.

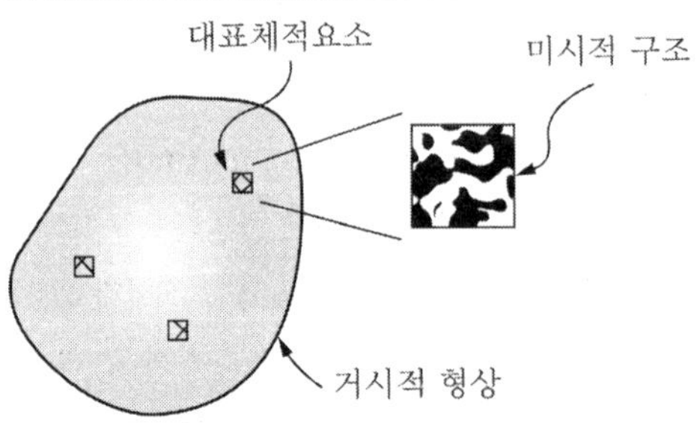

그림 3.1.34 대표체적요소(RVE: representative volume element)

그림 3.1.34는 금속과 세라믹 입자로 구성된 입자복합재에 있어 정사각형 형상의 단위셀로 정의되는 대표체적요소를 보여주고 있다. 대표체적요소를 대상으로 등가의 균질화 된 소재의 재료물성치를 유도하게 되면, 이 등가물성치를 복합재 전 영역에 적용하여 복합재 전체를 하나의 균질 재료로 치환하게 된다. 균질화기법에 대한 연구는 수십 년 전부터 진행되어 오고 있으며, 그 결과로 수많은 균질화기법들이 소개되어 있다. 지금까지 소개되어 있는 균질화기법들은 크게 두 가지 유형으로 분류할 수 있다.

- **이론적 기법** : 균질화 된 소재의 등가물성치를 미시역학(micromechanics) 이론에 기초하여 유도한 것으로서, 구성입자의 물성치와 체적비를 미지수로 하는 수식형태의 표현식이다. 그림 3.1.35는 가장 단순한 이론적 기법인 선형혼합법칙(linear rule of mixtures)의 원리를 도식적으로 보여주고 있다. 이 기법은 각 구성입자의 물성치와 체적비의 곱을 모두 합함으로써 등가물성치를 계산할 수 있기 때문에 누구라도 쉽게 사용할 수 있지만, 신뢰성이 다소 낮다는 단점을 지니고 있다.

$$E_{eff} = \frac{E_1 V_1}{V} + \frac{E_2 V_2}{V} \tag{3.51}$$

위 식에서 V_1과 V_2는 단위셀에서 입자 1과 2가 차지하는 체적을 나타내며, V는 단위셀의 전체 체적을 의미한다.

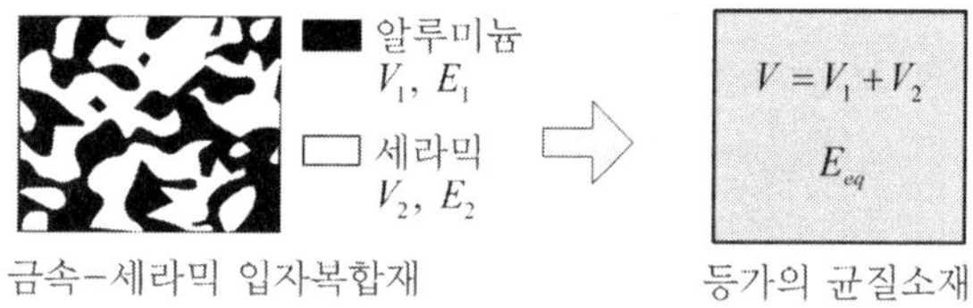

그림 3.1.35 선형혼합법칙에 따른 입자복합재 단위셀의 균질화

- **수치해석적 기법** : 복합재 단위셀의 상세형상을 최대한 반영한 유한요소 모델을 생성하고 유한요소 해석을 수행하여 단위셀에 발생하는 변형률과 반력을 이용하여 등가물성치를 계산하게 된다. 이 기법은 구성요소의 체적비는 물론, 구성입자의 크기와 배열 그리고 복합재 미세구조가 등가물성치에 미치는 영향력을 반영할 수 있기 때문에 최근 들어 이 기법에 대한 선호도가 증가하고 있는 추세이다.

  복합재의 등가물성치를 유도하기 위한 균질화기법에 대해 보다 상세한 내용은 복합재에 관한 전문도서와 연구문헌을 참고하기 바란다.

하중을 받아 물체가 변형하게 되면 물체 내부에는 변형률과 응력이 발생하게 되며, 응력과 변형률은 물체 내부에 에너지를 축적하게 된다. 물체 변형에 의해 물체 내부에 축적되는 에너지를 변형률에너지(strain energy)라고 한다. 그리고 물체의 단위체적당 축적되는 변형률에너지를 변형률에너지 밀도(strain energy density)라고 정의한다. 이해를 돕기 위해 일축방향으로 인장하중을 받고 있는 막대를 고려하기로 하자. 그러면 막대 내부에는 단축 인장변형률 ϵ와 단축 인장응력 σ가 발생하게 되며, 두 물리량은 하중 F의 증가와 더불어 그림에서와 같은 응력 - 변형률 선도를 그리게 된다. 막대가 초기상태에서 ϵ^*의 변형률까지 인장되었다고 가정하면, 막대 내부 임의 지점에서의 변형률에너지 밀도 U_0는 다음과 같이 계산된다.

$$\begin{aligned} U_0 &= \int_0^{\epsilon^*} \sigma \, d\epsilon = \int_0^{\epsilon^*} E\epsilon \, d\epsilon \\ &= \frac{1}{2}E(\epsilon^*)^2 = \frac{1}{2}\sigma^* \epsilon^* \end{aligned} \tag{3.52}$$

그리고 변형률에너지 밀도 U_0를 막대 전체에 걸쳐 적분하게 되면 막대의 총 변형률에너지 U가 계산된다.

$$U = \int_V U_0 \, dV = \frac{A}{2}\int_0^L \sigma^*(x)\epsilon^*(x)\, dx \tag{3.53}$$

여기서 A와 L은 각각 막대의 단면적과 길이를 나타낸다.

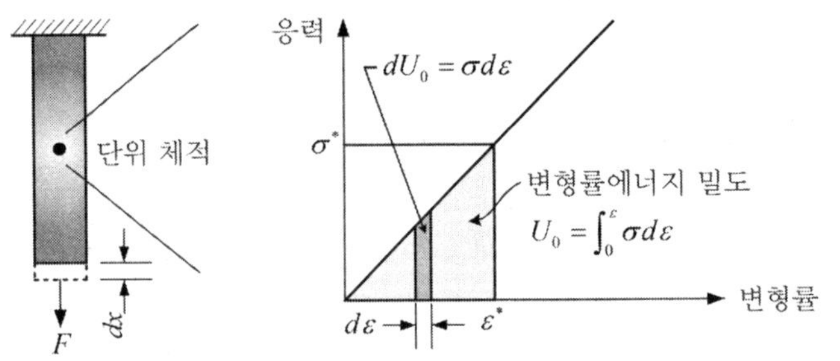

그림 3.1.36 인장되는 막대 내부에 축적되는 변형률에너지 밀도

단축 하중이 아닌 일반 3차원 응력상태에 있는 물체의 변형률에너지 밀도는 6개의 변형률 성분과 6개의 응력 성분의 곱으로서 다음과 같이 계산된다.

$$\begin{aligned} U_0 &= \frac{1}{2}(\sigma_{xx}\epsilon_{xx} + \sigma_{yy}\epsilon_{yy} + \sigma_{zz}\epsilon_{zz} + 2\sigma_{xy}\epsilon_{xy} + 2\sigma_{yz}\epsilon_{yz} + 2\sigma_{zx}\epsilon_{zx}) \\ &= \frac{1}{2}(\sigma_{xx}\epsilon_{xx} + \sigma_{yy}\epsilon_{yy} + \sigma_{zz}\epsilon_{zz} + \tau_{xy}\gamma_{xy} + \tau_{yz}\gamma_{yz} + \tau_{zx}\gamma_{zx}) \end{aligned} \tag{3.54}$$

위 식에서 $\tau_{xy} = \sigma_{xy}$와 $\gamma_{xy} = 2\epsilon_{xy}$는 각각 공학 전단응력(engineering shear stress)과 공학 전단변형률(engineering shear strain)을 나타낸다. 3.1.5절에서의 변형률 그리고

응력벡터의 표현식을 사용하면, 식 (3.54)는 다음과 같이 행렬연산으로 표현할 수 있다.

$$U_0 = \frac{1}{2}\{\epsilon\}^T\{\sigma\} \tag{3.55}$$

그리고 3차원 물체내부에 축적되는 총 변형률에너지 U는 물체 내 모든 지점에서의 변형률에너지 밀도를 합산함으로써 계산할 수 있다.

$$U = \frac{1}{2}\iiint_V \{\epsilon\}^T\{\sigma\}\, dx\, dy\, dz \tag{3.56}$$

수치적분을 적용하고 있는 유한요소 해석에서는 변형률에너지를 다음의 두 가지 방법으로 계산하고 있다.

- **요소별 적분** : 요소망 내 각 요소에 있어 적분점(integration point)에서의 변형률과 응력값으로 요소별 변형률에너지 U_e를 계산한다. 그리고 각 요소별 변형률에너지를 모두 합함으로써 물체의 총 변형률에너지를 구할 수 있다.

$$U = \sum_{e=1}^{M} U_e \tag{3.57}$$

- **행렬을 이용한 계산** : 마찰이나 감쇠와 같은 에너지 손실 요인이 없는 보존계에 있어서는 물체에 작용하는 힘과 모멘트가 한 총 일량(work)은 물체내부에 축적되는 총 변형률에너지와 같다. 따라서, 일의 양을 계산함으로써 총 변형률에너지를 간접적으로 구할 수 있다. 선형 정적해석을 위한 행렬방정식 $[\boldsymbol{K}]\{\overline{\boldsymbol{u}}\} = \{\boldsymbol{F}\}$으로부터 물체에 작용하는 총 변형률에너지는 다음과 같이 계산할 수 있다.

$$U = \frac{1}{2}\{\overline{\boldsymbol{u}}\}^T\{\boldsymbol{F}\} = \frac{1}{2}\{\overline{\boldsymbol{u}}\}^T[\boldsymbol{K}]\{\overline{\boldsymbol{u}}\} \tag{3.58}$$

위 식에서 $\{\overline{\boldsymbol{u}}\}$, $[\boldsymbol{K}]$ 그리고 $\{\boldsymbol{F}\}$는 각각 절점변위 벡터(nodal displacement vector), 강성행렬(stiffness matrix) 그리고 하중벡터(load vector)를 의미한다.

고무와 같은 초탄성재료(hyperelastic material)의 가장 큰 특징은 다음의 그림 3.1.37(a)에 나타낸 것과 같이 응력 - 변형률 선도가 완전히 곡선이라는 점이다. 따라서 일반 금속과 같은 재료와는 달리 탄성계수 E가 일정한 값이 아니고 변형률에 따라 계속해서 변하게 된다. 따라서, 유한요소 해석에 필요한 재료물성치를 특별한 방법으로 입력하게 된다. 첫 번째로는 고무시편을 이용하여 실험으로 측정한 응력 - 변형률 선도를 data형식으로 입력하는 방법이다. 그리고 다른 하나의 방법은 문니 - 리블린 모델(Mooney-Rivlin model)과 같은 초탄성재료 모델을 이용하는 것이다.

문니 - 리블린 모델과 같은 초탄성재료 모델(hyperelastic material model)은 다름 아닌 초탄성재료의 변형률에너지 밀도를 변형률 불변량(strain invariants) I_1, I_2 그리고 I_3의 함수로 표현한 것이다. 아래 식은 3차 문니 - 리블린 모델을 예로 보여주고 있다.

$$W(I_1,\ I_2,\ I_3) = C_{10}(I_1-3)+C_{01}(I_2-3)+C_{11}(I_1-3)(I_2-3) + C_{20}(I_1-3)^2+C_{30}(I_3-3)^3+\frac{1}{2\kappa}(I_3-1)^2 \tag{3.59}$$

위 식에서 C_{ij}는 문니 - 리블린 상수(Mooney-Rivlin constants)로서, 해당 초탄성소재의 응력 - 변형률 선도로부터 곡선맞춤(curve fitting)하여 결정되는 고유한 상수이다. 그리고 식 (3.59)의 우변 마지막 항은 고무의 비압축성(incompressibility) 조건을 만족시키기 위한 것으로서, κ값이 증가할수록 비압축성 조건을 잘 만족시키게 된다. 하지만 과도하게 큰 값을 설정하게 되면 비선형 해석 오류, 보다 상세하게는 반복계산 시 수렴이 되지 않는 문제점을 야기한다.

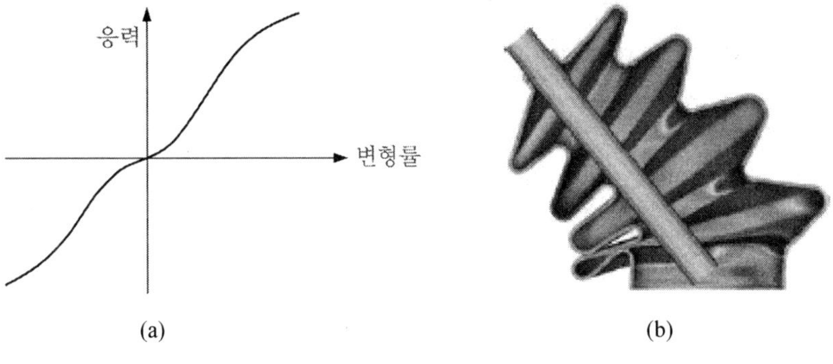

그림 3.1.37 초탄성재료: (a) 응력 – 변형률 선도, (b) 고무해석 결과

문니 - 리블린 모델 외 대표적인 초탄성재료 모델로는 오그던 모델(Ogden model), 다항함수 모델(polynomial model), 그리고 폼재(foam)와 같은 초탄성재료를 위한 블라츠코 모델(Blatz-Ko model)이 있다. 이들에 대한 상세한 설명은 비선형재료를 다루는 전공도서를 참고하기 바란다. 그림 3.1.37(b)는 가운데 금속 조인트의 운동에 따라 변형되는 고무로 된 부트실의 거동을 문니 - 리블린 모델을 적용하여 해석한 사례를 보여주고 있다. 그림에서 해석결과는 고무의 등가변형률(effective strain) 분포를 나타내고 있다.

3.2 박판 구조물 해석(Analysis of Thin-walled Structures)

두께가 상대적으로 작은 보(beam)나 평판(plate) 그리고 쉘(shell) 형상의 박판 구조물은 그렇지 않은 구조물에 비해 유한요소 해석이 용이하다고 쉽게 생각한다. 두께가 얇아 두께방향으로의 거동변화를 무시할 수 있고 2차원 요소망을 적용할 수 있기 때문에 상대적으로 적은 양의 요소 수로 효과적으로 해석을 수행할 수 있는 장점을 제공하는 것은 분명한 사실이다. 하지만, 실제로는 신뢰성 있는 해석결과를 도출하기 위해서 박판 구조물이 보다 어려우며 주의를 기울이지 않으면 오차가 매우 많은 해석결과에 도달할 수 있다. 본 절에서는 박판 구조물의 기하학적 특성을 이용한 보, 평판 그리고 쉘이론을 학습하고, 이러한 이론에 기초한 유한요소 유형들을 살펴보기로 한다. 그리고, 박판 구조물 해석 시 문제가 되는 잠김현상(locking phenomenon)과 경계층 효과(boundary layer effect)의 정의와 발생원인 그리고 이러한 문제점을 해결하기 위한 방안들을 학습하게 될 것이다. 본 절을 학습함으로써 해석자는 박판 구조물의 역학적 특성을 이해하고 이를 토대로 당면한 문제를 효과적으로 그리고 신뢰성 있게 해석할 수 있는 기교를 배양하게 될 것이다.

3.2.1 박판 구조물

박판 구조물의 가장 뚜렷한 기하학적 특징은 구조물의 두께를 명확히 정의할 수 있을뿐더러 두께가 나머지 두 방향으로의 크기보다 상대적으로 작다는 점이다. 일반 구조물의 경우에는 두께를 정의하기가 애매할 정도로 각 방향으로 물체의 크기에 상대적인 차이가 심하지 않다. 다음 그림 3.2.1은 대표적인 박판 구조물인 보 그리고 평판과 같은 형상의 구조물을 보여주고 있다. 여기서 무엇과 같은 형상이라 함은 보나 평판은 실제로 존재하지 않는, 다시 말해 보이론 그리고 평판이론에 따른 가상적인 수학적 구조 모델과 구별하기 위함이다.

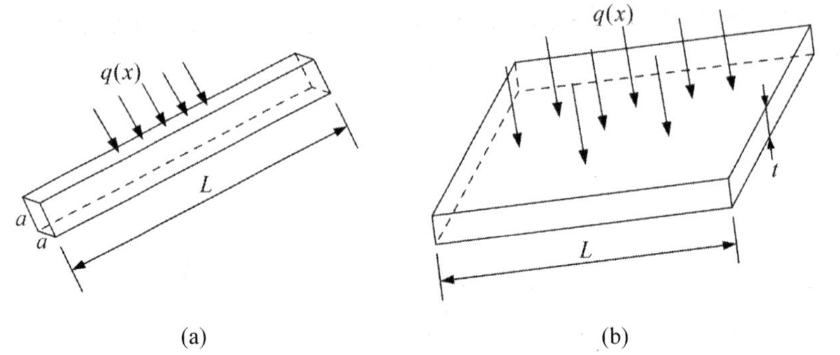

그림 3.2.1 박판 구조물: (a) 보 형상, (b) 평판 형상

보와 평판 형상의 구조물은 아치(arch)와 쉘 형상 구조물의 특수한 경우로서 곡률반경이 무한대인 경우이다. 아래 그림 3.2.2는 아치와 쉘 형상의 구조물을 보여주고 있다. 봉이라 불리는 구조물은 단면이 사각형상이 아닌 원형인 박판 구조물로서 만약 하중이 봉의 축방향과 나란하게 작용하는 경우에는 기둥(column)으로 분류되며, 기둥은 박판 구조물로 취급되지 않는다.

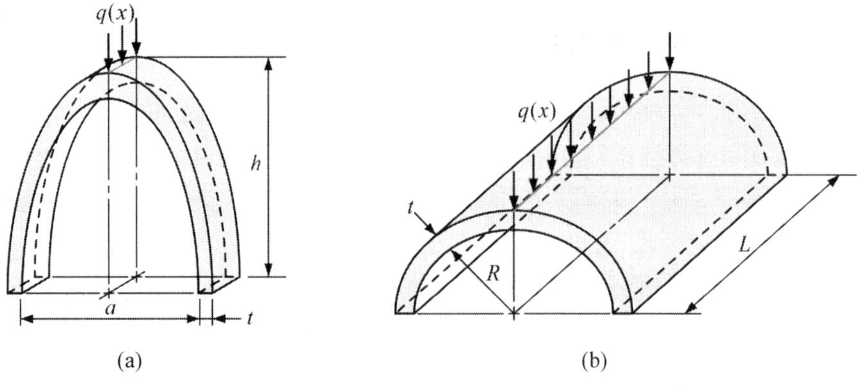

그림 3.2.2 곡률반경이 유한한 박판 구조물: (a) 아치 형상, (b) 쉘 형상

다음의 그림 3.2.3을 참고하여 박판 구조물의 기하학적 영역 Ω은 기준면(reference surface)이라 불리는 가운데 면 ω와 두께 t에 의해 정의된다.

$$\Omega = \omega \times \left[-\frac{t}{2},\ +\frac{t}{2}\right] \tag{3.60}$$

박판 구조물을 언급할 때에는 기준면 외에도 중앙면(mid-surface) 그리고 중립면(neutral surface)이 있다, 중앙면은 구조물의 두께를 정확하게 절반으로 나누는 면을 의미하는 반면, 중립면은 순수굽힘(pure bending) 하에서 늘어나거나 줄어듦이 전혀 발생하지 않는 면을 의미한다. 단일 재질로 구성되어 있는 경우에는 거의 대부분 중립면은 중앙면과 일치하지만, 이종 재질로 구성된 복합재 구조물의 경우에는 중립면은 중앙면과 일치하지 않는다.

다음 절에서 상세히 다루겠지만 박판 구조물의 거동을 표현하기 위해 기준이 되는 기준면 ω로 중앙면을 주고 사용하지만, 윗면과 아랫면을 기준면으로 정의하여도 전혀 문제가 되지 않는다. 기준면은 박판 구조물의 변위를 표현함에 있어 두께방향으로 변위 변동의 기준이 되는 원점에 해당된다. 중앙면이 기준면이 될 경우에는 두께방향 좌표값은 $[-t/2,\ t/2]$이 되는 반면, 윗면 그리고 아랫면이 기준면으로 설정될 경우에 두께방향 좌표값은 각각 $[-t,\ 0]$ 그리고 $[0,\ t]$가 된다.

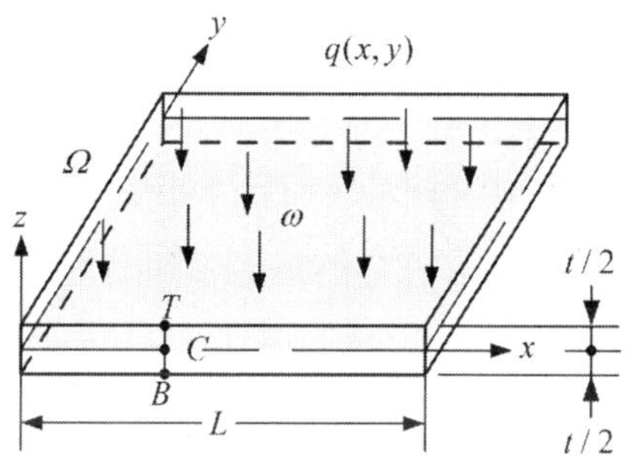

그림 3.2.3 평판 구조물의 기하학적 정의

그리고 박판 구조물을 정의하기 위한 기준 좌표계는 두께방향으로의 하나의 축과 두께방향에 수직한 중립면 상의 나머지 두 축으로 정의된다. 위에서 설명한 내용을 종합적으로 정리하면, 아래 두 가지 조건을 만족하는 구조물을 박판 구조물로 정의하고 있다.

- **조건 1** : 구조물의 두께가 명확히 정의될뿐더러 두께치수가 다른 두 방향으로의 치수에 비해 현저히 작아야 한다. 구조물의 두께를 t 그리고 중립면의 특성길이(characteristic length)를 L로 표기하였을 때, 구조물의 상대두께비의 역수(L/t)가 $L/t \geq 20$가 되어야 한다.
- **조건 2** : 두께방향으로 구조물의 윗면과 아랫면, 즉 중립면을 두께방향으로 위아래로 이동시킨 두 면에 하중이 작용하는 경우라야 한다. 앞서 설명한 기둥의 경우는

조건 1은 만족하지만, 하중이 작용하는 면이 중립면과 수직인 봉의 상하 단면에 작용하고 있다.

박판 구조물은 두께 t가 기준면 ω의 크기보다 상대적으로 작기 때문에 두께방향으로의 변위, 변형률 그리고 응력의 변화가 그다지 심하지 않다. 다시 말해, 그림 3.2.3에서 두께방향으로 세 지점 B, C 그리고 T에서의 변형량은 거의 직선적으로 변한다고 가정할 수 있다. 박판 구조물의 이러한 기하학적 특성에 기초하여 킥컵가설(Kirchhoff postulates)이 매우 오래 전에 소개되었다. 킥컵가설은 아래 세 가지 주요한 가정을 포함하고 있으며 보, 평판 그리고 쉘이론과 같은 전통적인 박판이론의 기초를 제공하였다.

- **가설 1** : 두께방향으로의 변형률은 거의 무시할 수 있다. 즉, 직선 BT의 길이는 변형 후에도 거의 변화가 없어서 $\epsilon_{BT} \cong 0$로 가정할 수 있다.
- **가설 2** : 중립면 ω에 수직한 단면은 변형 후에도 평면을 유지한다. 따라서 직선 BT는 변형 후에도 곡선이 아닌 직선을 유지한다.
- **가설 3** : 중립면 ω에 수직한 단면은 변형 후에도 중립면에 대해 수직을 유지한다. 즉, 직선 BT는 변형 후에도 중립면에 대하여 직각을 유지한다.

아래 그림은 굽힘하중을 받고 있고 보 형상 구조물의 변위성분 u_x와 u_z 그리고 변형 전후의 형상을 보여주고 있다.

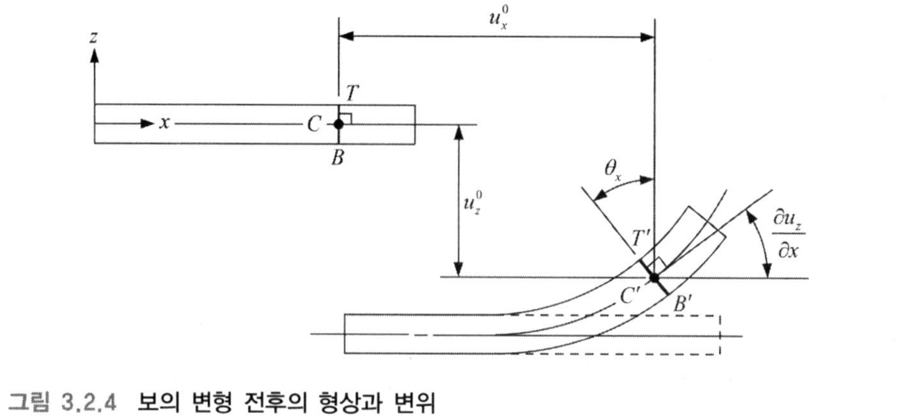

그림 3.2.4 보의 변형 전후의 형상과 변위

중립면에서 z만큼 떨어진 지점 P의 x 그리고 z방향으로의 변위는 다음과 같이 표현할 수 있다. 아래와 같이 변위장을 표현할 수 있는 것은 킥컵가설 1과 2에 따른 것이다.

$$u_x = u_x^0 - \theta_x z \tag{3.61a}$$

$$u_z = u_z^0 \tag{3.61b}$$

위 식에서 θ_x는 직선 BT의 회전(rotation)을 나타내는데, 만약 킥컵가설 3이 성립하기 위해서는 중립면의 기울기와 다음의 관계식을 만족해야 한다.

$$\theta_x = \frac{\partial u_z}{\partial x} \quad \rightarrow \quad \theta_x - \frac{\partial u_z}{\partial x} = 0 \tag{3.62}$$

위 조건식을 킥컵 구속식(Kirchhoff constraint)이라 불리며, 박판 구조물의 거동에 대단히 중요한 의미를 제공한다. 첫째로 이 구속식은 구조물의 두께방향으로의 면외 전단변형률(transversely shear strain)과 면외 전단응력(transversely shear stress)을 0가 되게 한다. 식 (3.61)과 (3.62)로부터 면외 전단변형률 γ_{xz}와 면외 전단응력 τ_{xz}를 계산하면 다음과 같게 된다.

$$\gamma_{xz} = \frac{\partial u_x}{\partial z} + \frac{\partial u_z}{\partial x} = -\theta_x + \frac{\partial u_z}{\partial x} = 0 \quad \rightarrow \quad \tau_{xz} = G\gamma_{xz} = 0 \tag{3.63}$$

하지만, 실제 박판 구조물에 있어 면외 전단변형률과 전단응력은 아래 그림 3.2.5와 같이 두께방향으로 타원형 분포를 나타낸다. 뒤에서 설명하겠지만, 이러한 전단응력 분포를 보완하기 위해 제안된 보이론이 바로 라이스너 - 민들린(Reissner-Mindlin) 이론이다. 간략히 R/M이론이라 불리는 이 박판 구조물 이론에서는 실제 타원형 분포를 직선 형태의 분포로 가정하고 전단보정계수(shear correction factor) κ를 도입하여 실제 전단응력 분포와 그 면적이 동일하도록 보정하고 있다.

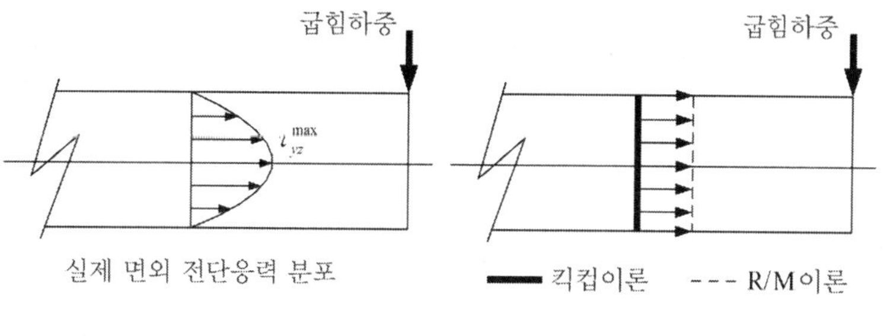

그림 3.2.5 박판 구조물에 발생하는 면외 전단응력의 실제 분포와 킥컵이론 그리고 R/M이론에 따른 분포

두 번째로 킥컵 구속조건은 구조물의 두께가 0으로 접근할 경우, 모든 구조물이 만족시켜야 할 필수조건에 해당된다. 그림 3.2.5에서 두께가 줄어듦에 따라 면외 전단응력의 크기도 점진적으로 감소하여 결국에는 0으로 수렴하게 됨을 알 수 있다. 따라서, 모든 구조물은 두께가 줄어들게 되면 면외 전단응력이 0인 킥컵 구속조건을 만족시켜야 한다. 이러한 구속조건은 3.2.3절에서 소개하게 될 잠김현상(locking phenomenon)을 야기시키는 원인이 된다.

킥컵가설에 기초한 박판 구조물 이론은 나머지 모든 박판 구조물 이론의 극한모델(limit model)에 해당된다. 다시 말해, 3차원 솔리드 모델이나 라이스너 - 민들린 모델 등은 두께가 감소하게 되면 킥컵이론으로 접근하게 된다. 다음의 그림 3.2.6은 상대두께비(a/t)에 따른 구조물의 중앙 처짐량의 변화를 보여주고 있다. 그림에서 구조물의 두께가 감소할수록 조정된 중앙처짐량(calibrated central deflection) $w_c D/qa^4$는 일정한 값 0.00126으로 수렴함을 확인할 수 있다. 여기서 w_c는 평판 중앙에서의 처짐량, $D = Et^3/12(1-\nu^2)$는 유연강성계수(flexural rigidity), q는 수직 분포하중 그리고 a는 평판의 폭을 나타낸다. 앞서 박판 구조물은 상대두께비(a/t)가 20 이상일 때라고 언급하였는데, 그림에서 보듯이 20 이상이 되면 두 처짐곡선의 차이가 거의 없음을 확인할 수 있다.

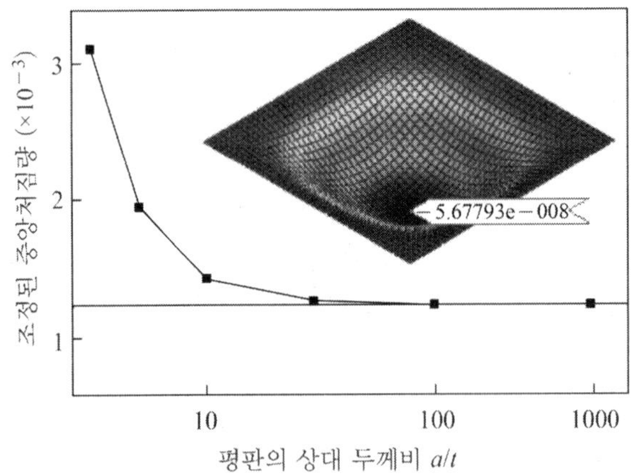

그림 3.2.6 상대두께비(a/t)에 따른 박판 구조물의 조정된 중앙 처짐량의 변화

킥컵가설에 기초한 보, 평판 그리고 쉘이론을 전통적인 이론(classical theory)이라고 불린다. 킥컵이론을 3차원 박판 구조물로 확장하였을 경우, 변위장은 다음과 같이 표현된다.

$$u_x(x,\ y,\ z) = u_x^0(x,\ y) - \frac{\partial u_z}{\partial x} z \tag{3.64a}$$

$$u_y(x,\ y,\ z) = u_y^0(x,\ y) - \frac{\partial u_z}{\partial y} z \tag{3.64b}$$

$$u_z(x,\ y,\ z) = u_z^0(x,\ y) \tag{3.64c}$$

이 이론을 유한요소 해석에 적용하기 위해서는 허밋(Hermite) 형태의 연속성이 보다 높은 형상함수를 요구하기 때문에 특수한 경우가 아니면 잘 사용되지 않는다. 대신, 수학적 이론해를 구하기 위해 자주 사용되며 수치해석 결과의 신뢰성을 입증하기 위한 참고해(reference solution)를 구하는데 사용된다. 식 (3.64)에서 우변 첫 번째 세 개의 항 (u_x^0, u_y^0, u_z^0)는 중립면의 병진(translation) 자유도를 그리고 두 번째 2개의 항 ($\partial u_z/\partial x$, $\partial u_z/\partial y$)는 중립면의 회전(rotation) 자유도에 해당된다.

킥컵이론에 기초한 전통적인 이론은 그림 3.2.6에서 보듯이 면외 전단응력을 고려하지 않기 때문에 구조물의 두께가 상당히 작지 않은 경우에는 그 정확성이 떨어진다. 따라서, 이러한 문제점을 보완하여 면외 전단응력을 앞서 그림 3.2.5와 같이 직사각형 분포가 되도록 보완한 이론이 등장하게 되었다. 이 보완된 박판 구조물 이론을 라이스너 - 민들린 혹은 간단히 R/M이론이라고 부른다.

그림 3.2.7(a)는 R/M이론에 있어 중립면에 수직한 직선 BT의 변형된 형상을 보여주고 있다. 킥컵이론과 달리 직선 BT는 변형 후에 중립면과 수직을 이루지 않으며, 식 (3.62)의 킥컵 구속식(Kirchhoff constraint)을 만족하지 않는다.

$$\theta_x \neq \frac{\partial u_z}{\partial x} \quad \rightarrow \quad \theta_x - \frac{\partial u_z}{\partial x} \neq 0 \tag{3.65}$$

따라서, R/M이론에서는 면외 전단응력을 부여하기 위하여 킥컵가설 중에서 세 번째 조건을 해제시킨 것에 해당된다. 그리고 R/M이론에 따른 박판 구조물의 변위장은 다음과 같이 표현된다.

$$u_x(x,\ y,\ z) = u_x^0(x,\ y) - \theta_x z \tag{3.66a}$$

$$u_y(x,\ y,\ z) = u_y^0(x,\ y) - \theta_y z \tag{3.66b}$$

$$u_z(x,\ y,\ z) = u_z^0(x,\ y) \tag{3.66c}$$

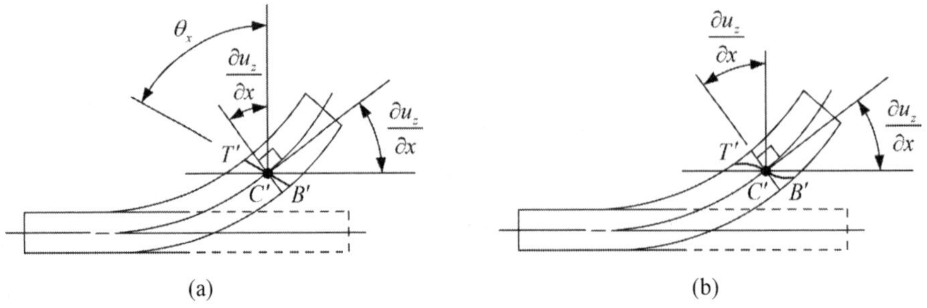

그림 3.2.7 두께방향으로 변위의 변화: (a) R/M이론, (b) 고차이론

R/M이론의 변위장으로부터 면외 전단변형률과 면외 전단응력을 계산하면 다음과 같이 두께방향으로 일정한 값을 가짐을 확인할 수 있다. R/M이론에서의 면외 전단응력 분포는 앞서 보여준 그림 3.2.5에 나타나 있으며, 면외 전단응력을 반영하기 때문에 어느 정도 신뢰성 있는 해석결과를 제공한다. 이러한 장점을 지니고 있어, 박판 구조물 해석에서는 킥캅이론이 아닌 R/M이론을 사용하고 있다. 다음 3.2.2절에서 소개할 박판 구조물을 위한 유한요소는 거의 대부분 R/M이론을 적용한 것들이다.

$$\gamma_{xz} = \frac{\partial u_x}{\partial z} + \frac{\partial u_z}{\partial x} = -\theta_x + \frac{\partial u_z^0}{\partial x} \neq 0 \rightarrow \tau_{xz} = \kappa G\left(\frac{\partial u_z^0}{\partial x} - \theta_x\right) = \text{일정} \quad (3.67a)$$

$$\gamma_{yz} = \frac{\partial u_y}{\partial z} + \frac{\partial u_z}{\partial y} = -\theta_y + \frac{\partial u_z^0}{\partial y} \neq 0 \rightarrow \tau_{yz} = \kappa G\left(\frac{\partial u_z^0}{\partial y} - \theta_y\right) = \text{일정} \quad (3.67b)$$

위 식에서 κ는 박판 구조물에 발생하는 실제 면외 전단력과의 크기를 맞추기 위해 도입된 전단 보정계수이다. 전단 보정계수의 값으로는 $\kappa = 5/6$가 일반적으로 많이 사용되지 있지만, 보다 정확히는 구조물의 단면적 A_{mid}와 두께 t의 함수로 아래와 같이 계산된다.

$$\frac{1}{\kappa} = \max\left[1.2,\ \left(1 + \frac{A_{mid}}{125t^2}\right)\right] \quad (3.68)$$

그리고 R/M이론에 따른 구조물의 응력과 변형률 관계식은 아래와 같이 두 개의 면외 전단응력 σ_{yz}와 σ_{zx}를 계산하는 부분에 들어가는 전단 탄성계수 G에 전단 보정계수 κ를 곱한 형태로 표현된다.

$$\begin{Bmatrix} \sigma_{xx} \\ \sigma_{yy} \\ \sigma_{zz} \\ \sigma_{xy} \\ \sigma_{yz} \\ \sigma_{zx} \end{Bmatrix} = \begin{bmatrix} 2G+\lambda & \lambda & \lambda & 0 & 0 & 0 \\ \lambda & 2G+\lambda & \lambda & 0 & 0 & 0 \\ \lambda & \lambda & 2G+\lambda & 0 & 0 & 0 \\ 0 & 0 & 0 & 2G & 0 & 0 \\ 0 & 0 & 0 & 0 & 2\kappa G & 0 \\ 0 & 0 & 0 & 0 & 0 & 2\kappa G \end{bmatrix} \begin{Bmatrix} \epsilon_{xx} \\ \epsilon_{yy} \\ \epsilon_{zz} \\ \epsilon_{xy} \\ \epsilon_{yz} \\ \epsilon_{zx} \end{Bmatrix} \tag{3.69}$$

지금까지 소개한 킥컵 그리고 R/M이론은 구조물 두께방향으로 변위가 직선적으로 변하는 1차 모델에 해당된다. 그리고 이러한 1차 모델들은 0 혹은 일정한 면외 전단응력을 허용하기 때문에 구조물의 두께가 커질수록 그 정확도가 낮아지게 된다. 박판 구조물의 해석결과를 향상시키기 위하여 변위장의 두께방향으로의 변화를 1차 함수가 아닌 고차함수로 표현한 이론을 고차이론(higher-order theory)이라고 부른다. 즉, 식 (3.66)으로 표현된 박판 구조물의 변위장에 있어 z의 차수를 1차 이상으로 높인 것이다. 그림 3.2.7(b)에 나타낸 것과 같이 고차이론에서는 면외 전단변형률과 면외 전단응력이 두께방향으로 곡선분포를 나타내게 되어, 구조물의 실제 면외 전단응력에 근접하게 되어 해석결과의 정확도가 향상된다.

하지만, 상용 소프트웨어에서 제공하는 보, 판 그리고 쉘요소는 R/M이론에 기초하고 있기 때문에 고차이론을 지원하지 못한다. 따라서, 고차이론에 근접한 해석결과를 얻기 위해서는 아래 그림 3.2.8과 같이 구조물을 3차원 솔리드로 모델링하고 두께방향으로 여러 개의 2차 솔리드 요소로 분할하면 된다. 이렇게 하면 변위장은 두께방향으로 2차 함수로 표현되어 2차 고차이론에 해당하는 결과를 제공하게 된다. 그림 3.2.8은 평판 그리고 3차원 솔리드로 모델링 하여 구한 면외 전단응력 분포를 비교하고 있다. 해석결과로부터 3-D 솔리드 모델이 보다 타당한 면외 전단응력 분포를 제공함을 확인할 수 있다.

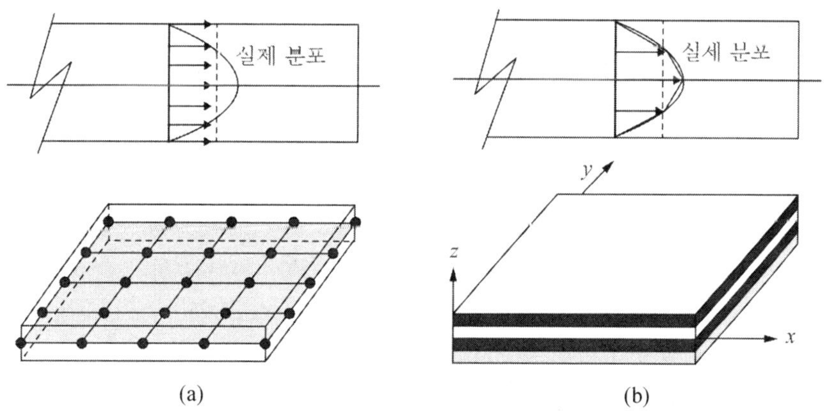

그림 3.2.8 면외 전단응력 분포: (a) 평판 모델링, (b) 3-D 솔리드 모델링

박판 구조물 내에 발생하는 응력은 일반 3차원 솔리드 구조물과는 달리 그림 3.2.9와 같이 중립면 상에 합력 그리고 합모멘트로 표현하는 경우가 관례적이다. 여기서 합력과 합모멘트는 두께방향으로의 응력분포가 발생시키는 힘과 모멘트의 총 합을 의미하며, 수학적으로 해당되는 응력성분을 두께방향으로 적분한 값으로 정의된다. 합력은 면내 합력(in-plane force resultants) $\{N_x, N_y, N_{xy}\}$과 면외 합력(out-of-plane force resultants) $\{Q_x, Q_y\}$로 나뉘며, 후자는 면외 전단응력의 합력으로서 전단력(shear forces)이라고도 불린다.

$$\{N_x, N_y, N_{xy}\} = \int_{-t/2}^{+t/2} \{\sigma_x, \sigma_y, \sigma_{xy}\} dz \tag{3.70a}$$

$$\{Q_x, Q_y\} = \int_{-t/2}^{+t/2} \{\sigma_{xz}, \sigma_{yz}\} dz \tag{3.70b}$$

$$\{M_x, M_y, M_{xy}\} = \int_{-t/2}^{+t/2} \{\sigma_x, \sigma_y, \sigma_{xy}\} z\, dz \tag{3.70c}$$

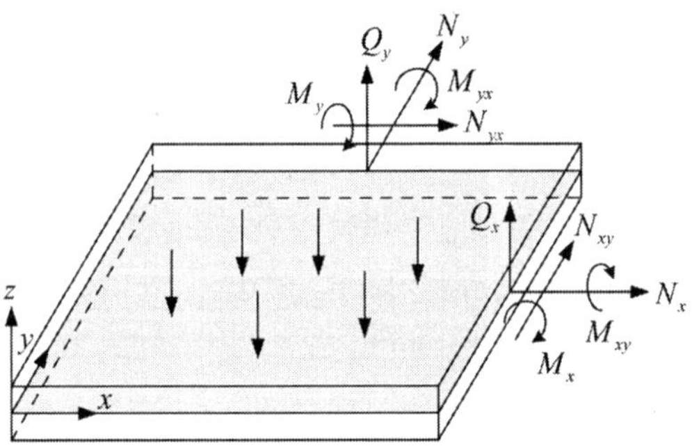

그림 3.2.9 평판의 중립면에서 정의되는 합력과 합모멘트

박판 구조물은 두께가 상대적으로 작기 때문에 평판 구조물 전체의 정적 그리고 동적 평형방정식(equilibrium equations)은 이들 합력과 합모멘트로 표현하는 경우가 많다. 상용 유한요소 해석 소프트웨어에서는 합력과 합모멘트를 제공할 뿐만 아니라 해석자가 지정한 중립면 상에 놓여 있지 않은 임의 지점에서의 응력값도 제공해 준다. 중립면 상에 놓여 있지 않은 임의 지점에서의 응력값을 출력하는 기능을 특별히 응력복원(stress recovery)이라고 부른다. 다음 절에서 소개할 박판해석용 유한요소들은 모두 중립면 상에서 정의되는 두께를 가지지 않는 2차원 요소들로서, 요소망 자체에서 보여주는 응력값들은 모두 중립면에서의 값들이다. 따라서, 중립면 상에 놓여 있지 않은 지점에서의 응력은 중립면에서의 변위값을 앞의 식 (3.66)으로 표현되는 변위장에 대입하여 이론적으로 계산해야 하며, 이러한 맥락에서 응력복원이란 용어가 붙여지게 되었다.

아래 그림 3.2.10은 쉘형상 구조물의 기하학적인 정의와 중립면에서 정의되는 합력과 합모멘트를 보여주고 있다. 쉘형상 구조물의 기하학적 정의는 평판 구조물과 유사하지만, 가장 큰 차이점은 중립면이 평탄하지 않다는 점이다. 쉘형상 구조물의 중립면 ω는 두 개의 곡선좌표축(curvilinear coordinates) θ_1과 θ_2로 정의되며, 곡선좌표축은 중립면의 주 곡률방향(directions of principal curvatures)으로 정의된다. 예를 들어, 원통형 캔의 중립면은 캔의 축방향과 원주방향이 주 곡률방향이 되며, 축방향으로는 무한대의 곡률반경을 그리고 원주방향은 유한한 곡률반경(radius of curvature)을 가지고 있다. 한편 구의 경우에는 위도와 경도방향이 주 곡률방향이 되며 두 축은 유한한 곡률반경을 가진다.

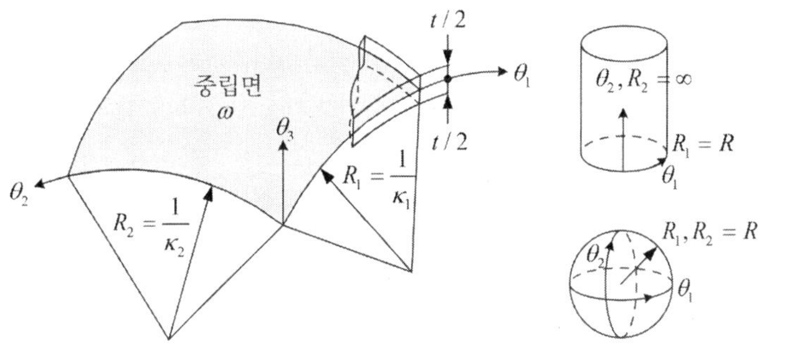

그림 3.2.10 쉘 구조물의 기하학적 정의와 주 곡률방향

쉘형상 구조물에 있어 중립면의 구부러짐과 뒤틀림 정도를 나타내는 계수로 제1 기본계수(first fundamental coefficients)가 사용된다. 이 계수는 아래 식 (3.71)과 같이 4개의 계수로 구성되어 있으며, b_{11}과 b_{22}는 각각 축 θ_1과 θ_1방향으로의 곡률을 나타낸다. 그리고 b_{12}와 b_{21}는 각각 중립면의 뒤틀림 정도를 나타내는 계수로서 원통형 캔과 같은 경우에는 모두 0의 값이 되며, 전시관의 지붕과 같이 특별히 유연한 곡면으로 되어 있는 쉘형상 구조물에 있어서만 0이 아닌 값을 가진다.

$$[\boldsymbol{b}] = \begin{bmatrix} b_{11} & b_{12} \\ b_{21} & b_{22} \end{bmatrix} \tag{3.71}$$

쉘형상과 평판 구조물의 대표적인 차이점은 다음과 같이 곡률과 중립면의 인장/압축변형의 여부에 있다.

- **곡률을 지님** : 평판은 쉘형상 구조물의 특수한 경우로서 곡률이 0(즉, 곡률반경이 무한대)인 쉘형상 구조물이다. 하지만, 쉘형상 구조물에 있어 중립면은 유한한 곡률반경(즉, 곡률이 0이 아님)을 가진다. 유한요소 해석에 있어 평판 구조물을 위한 요소망을 생성할 경우 쉘요소(shell element)를 적용하는 이유도 평판이 쉘형상 구조물의 특수한 경우에 해당되기 때문이다. 즉, 평판요소나 쉘요소는 동일한 유형의 유한요소이다.
- **중립면의 인장 혹은 압축** : 평판 구조물의 경우에는 특별한 구속조건 하에서만 중립면이 인장 혹은 압축 변형을 일으킨다. 예를 들어, 외팔보 형식의 평판에 굽힘하중이 작용하게 되면 중립면은 늘어나거나 혹은 줄어들지 않는다. 하지만, 쉘형상의 구조물은 거의 모든 구속조건과 하중상태에서 중립면이 인장 혹은 압축 변형을 나타낸다.

유한요소 해석에서는 곡률을 가지는 쉘형상 구조물에 대한 형상 모델링을 정확히 구현할 수 없다. 그 이유는 상용 프로그램에서 제공하는 쉘요소는 차수가 1차 그리고 2차로 제한되어 있기 때문이다. 특히, 1차 요소를 사용하게 되면, 곡면이 다각형 형상으로 모델링 되어 실제 형상과는 차이를 나타내게 된다. 만일 곡면이 해석결과에 미치는 영향을 무시할 수 없을 경우에는 요소 수를 증가시키든지 아니면 2차 요소를 사용해야 한다.

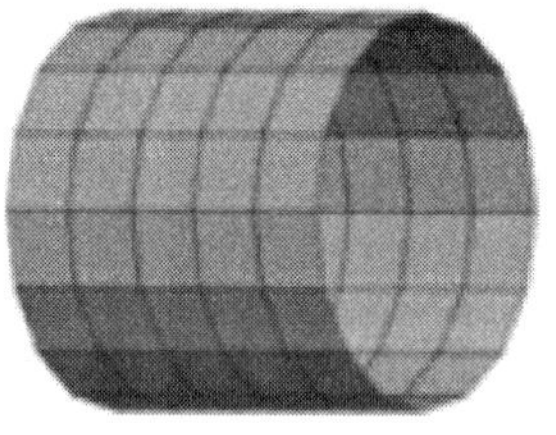

(a)

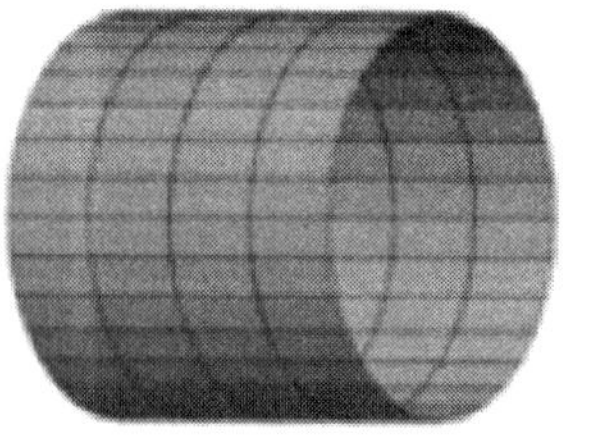

(b)

그림 3.2.11 쉘형상 구조물의 형상모델링: (a) 1차 요소망, (b) 2차 요소망

그림 3.2.11은 원통형 쉘형상 구조물을 1차 그리고 2차 쉘요소를 이용하여 모델링한 경우로서 1차 요소의 경우에는 다각형으로 실제 형상과 큰 차이를 나타낸다.

3.2.2 보, 판 그리고 쉘요소

보요소(beam element)는 가느다란 선으로 표현되는 선요소(line element)로서 아래 표와 같이 기초가 되는 역학적 이론과 절점 자유도의 변위 성분의 차원에 따라 분류할 수 있다. 아래 그림 3.2.12에서와 같이 보요소는 보 구조물의 중립축(neutral axis)을 따라 정의되는 직선으로서, 요소의 길이방향을 x축으로 하고 나머지 두 축 y와 z는 길이 방향에 수직하게 정의된다. 1차 보요소의 경우에는 좌우에 각각 하나의 절점(node)을 가지며, 요소차수(element order)가 한 차수씩 증가함에 따라 요소 내부에 절점이 하나씩 추가되게 된다. 그리고 각 절점에 있어 자유도의 종류와 개수는 요소의 유형에 따라 좌우되며 보요소를 구분하는 잣대가 된다.

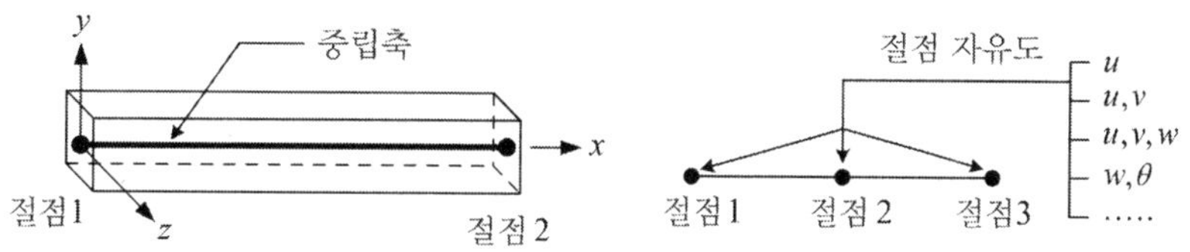

그림 3.2.12 보요소의 기하학적 형상과 좌표 축, 절점 그리고 절점 자유도

아래 표는 보요소를 분류한 것으로서 오일러(Euler) 보요소와 티모센코(Timoshenko) 보요소는 면외 전단응력을 반영하는지의 여부로 구분된다. 오일러 보는 앞 절에서 소개한 킥컵이론에 기초하고 있는 반면, 티모센코 보는 R/M이론에 기초하고 있다. 오일러 보요소는 앞 절의 식 (3.64)로 표현되는 변위장을 구하기 때문에, 각 절점에서 병진 자유도만을 가지고 있나.

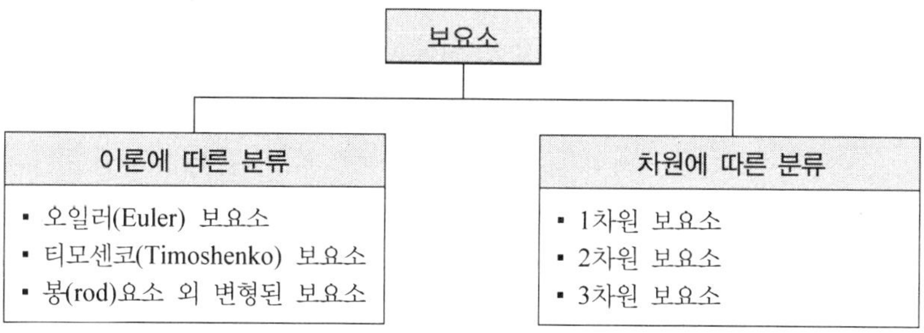

오일러 보요소의 역학적 그리고 수학적 측면에서의 특성을 요약하면 다음과 같다.

- **역학적 측면** : 중립면에 수직한 단면은 변형 후에도 중립면에 수직을 유지하기 때문에 면외 전단응력이 0이 된다. 따라서, 두께가 매우 작지 않는 보 구조물에는 정확도가 낮아 적용할 수 없다.
- **수학적 측면** : 2.1절에서 설명하였듯이 요소망 내에서 정의되는 기저함수는 유한한 변형률에너지를 나타내기 위해 요소와 요소 사이에서 변위장은 연속성을 만족해야 한다. 그런데 앞의 식 (3.64)를 살펴보면 u_x와 u_y는 u_z의 1차 미분을 포함하고 있기 때문에 오일러 보요소를 위한 기저함수는 변위의 기울기도 요소와 요소 사이에서 연속성을 만족시켜야 한다. 거의 대부분의 유한요소에서는 변위 자체만 연속성(전문용어로 C^0 연속성이라 불림)을 만족하면 되는 반면, 오일러 보요소에 사용되는 기저함수는 1차 미분까지 연속성(전문용어로 C^1 연속성이라 불림)을 만족해야 하며, 이러한 유형의 기저함수를 허밋(Hermit) 기저함수라고 부른다. 이러한 수학적인 어려움으로 오일러 보요소는 실무에서 거의 사용되지 않고, 연구의 목적으로 일부 제한적으로 사용되고 있다.

오일러 보요소와 달리 티모센코 보요소는 중립면에 수직한 단면은 변형 후에 중립면과 수직을 유지하지 않기 때문에 두께방향으로 일정한 값의 면외 전단응력을 허용한다. 그리고 변위장도 식 (3.65)와 같이 병진 그리고 회전 자유도로 표현이 되어 각 절점에서 병진 그리고 회전 자유도를 가지고 있다. 따라서, 병진 그리고 회전 자유도에 해당하는 기저함수는 일반적으로 요구되는 C^0 연속성만 만족하면 되기 때문에 실무에서 가장 보편적으로 사용되고 있다.

한편, 봉(rod)요소는 티모센코 보요소의 변형된 형태로서 회전 자유도를 가지지 않고 다만 병진 자유도만을 가지고 있다. 다시 말해, 봉요소는 굽힘에 대한 저항이 없고 다만 축방향으로의 인장과 압축만을 표현할 수 있다. 따라서, 봉요소는 트러스 구조물이나 자전거 바퀴 내 강선(steel rod)과 같이 인장 혹은 압축하중만 받는 이력부재(two-force member)의 유한요소 해석을 위해 사용된다.

봉요소 외에도 실무에서 직면하게 되는 변위 구속조건이나 접촉 그리고 연결상태 등을 표현하기 위해 다양한 유형의 변형된 보요소들이 사용되고 있다. 스프링 요소(spring element)는 축방향으로 인장과 압축력을 전달하기 위해 사용되며, RB요소라 불리는 스프링 상수가 무한대인 강체요소(rigid body element)는 부재와 부재 사이의 변위 구속을 위해 사용되고 있다. 그리고 인장하중만을 표현하는 케이블 요소(cable element)는 현수교 그리고 엘리베이터 로프 등의 지지부재나 전동요소의 구조해석을 위해 사용되고 있다. 또한 두 물체간의 무마찰 혹은 마찰접촉을 구현하기 위한 접촉요소도 변형된 보요소의 일종이다. 이러한 변형된 보요소의 특징은 1차원 선요소라는 점과 좌우 끝단에 각각 하나씩의 절점을 가지고 있다는 점이다. 그리고 요소에 부과되어야 할 물성치는 실제 구조물의 재료물성치가 아닌 가상적인 값으로서, 구현하고자 하는 목적에 합당하도록 그리고 수치적으로 오류를 발생하지 않도록 해석자가 경험과 노하우를 바탕으로 적절히 입력해야 한다.

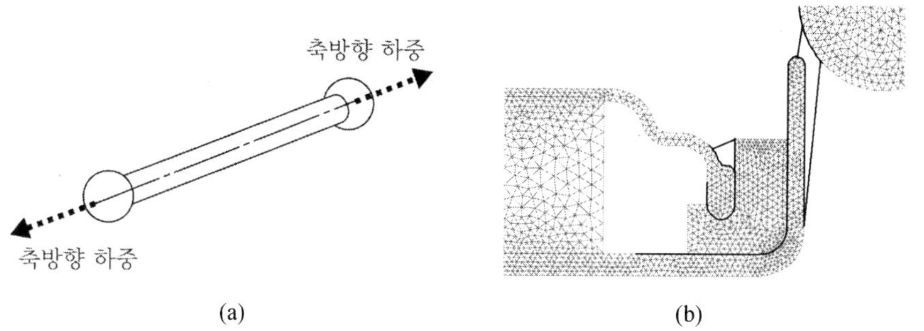

그림 3.2.13 변형된 보요소: (a) 이력부재 해석을 위한 봉요소, (b) 케이블 요소

보요소는 보 혹은 아치형 구조물의 중립선을 따라 정의되는 1차원 선요소인 반면, 다음에 소개하는 평판 그리고 쉘요소는 구조물의 중립면(혹은 중앙면)을 따라 정의되는 2차원 요소이다.

역학적 측면에서 평판과 쉘요소도 보요소와 같이 킥컵가설에 기초해서 정의하거나 R/M이론에 기초하여 정의할 수 있다. 하지만 킥컵이론에 기초하여 정의하게 되면 면외 전단응력을 표현할 수 없을 뿐만 아니라 C^1 연속성을 만족시키는 기저함수가 필요하기 때문에 실무에서는 거의 사용되지 않는다. 따라서, 상용 유한요소 해석 소프트웨어에서 제공하는 평판과 쉘요소는 거의 대부분 R/M이론에 기초하고 있다.

평판 그리고 쉘요소의 두 번째 특징은 요소 내부에 절점이 존재하느냐 그렇지 않느냐로 구분된다는 점이다. 다음의 그림 3.2.14는 2차 8절점 그리고 9절점 평판요소를 비교하고 있다. 2.1.2절에서 설명한 바와 같이 내부 절점이 존재하는 요소를 텐서곱(tensor product) 유형이라고 부르고 그렇지 않는 경우를 우연형(serendipity type) 요소라고 부른다. 해석의 정확도 측면에서 9절점이 다소 유리하기는 하지만, 절점수의 증가를 감안한다면 그다지 효과적이지 못하기 때문에 대형 해석문제를 위해서는 우연형 8절점 요소가 많이 사용되고 있다.

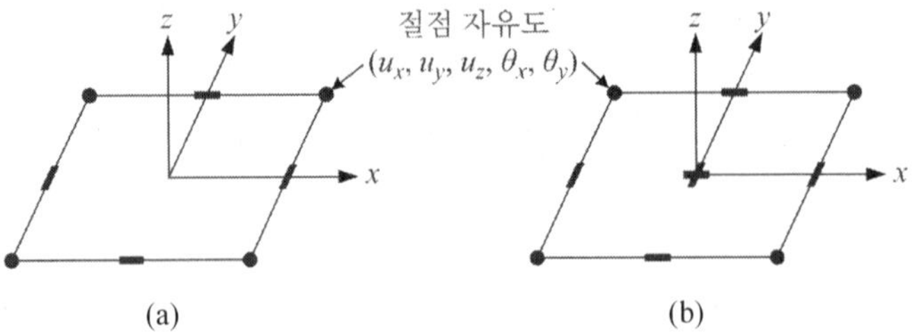

그림 3.2.14 **2차(second order) 평판요소:** (a) 8절점, (b) 9절점

평판 그리고 쉘요소의 세 번째 특징은 면내(in-plane) 병진 자유도 (u_x, u_y)의 값에 있다. 순수굽힘 상태에 있는 평판 구조물의 경우에는 중립면은 전혀 늘어나거나 줄어들지 않으므로 이 두 자유도는 0이 된다. 따라서, 순수 굽힘하중만 받는 평판 구조물 해석을 위한 평판요소는 3개의 절점 자유도 (u_z, θ_x, θ_y)만으로 정의가 가능하다. 하지만 쉘요소는 순수 굽힘하중만 작용하더라고 유한한 곡률에 의하여 중립면은 인장 혹은 압축변형을 일으킨다. 따라서, 쉘형상 구조물은 순수굽힘 상태에 있다 할지라도 5개의 절점 자유도가 모두 있어야 한다.

평판 그리고 쉘요소에서 두 개의 회전 자유도 (θ_x, θ_y)가 없는 특수한 경우를 멤브레인 요소(membrane element)라고 하며, 보요소의 특수한 경우인 케이블 요소(cable element)와 같이 인장변형만 받는 구조물의 해석을 위해 사용된다. 예를 들어, 자동차 타이어 해석에 있어 타이어 내부에 얇은 두께로 입혀져 있는 고무막과 같은 부재는 굽힘하중을 거의 지탱하지 못하고 순수하게 인장하중에만 저항하게 된다. 이러한 부재를 위해서는 멤브레인 요소를 사용해야 한다.

3.2.3 잠김현상과 경계층 효과

앞서 설명한 바와 같이 박판 구조물은 모든 방향으로 치수가 비슷한 솔리드 형상의 구조해석에 비해 정확한 결과를 도출하기가 어렵다. 그 주요한 원인은 본 절에서 소개하는 잠김현상(locking phenomenon)과 경계층 효과(boundary layer effect)가 박판 구조물에서 발생할 수 있기 때문이다. 두꺼운 구조물의 유한요소 해석결과가 순수하게 요소망의 조밀도와 요소의 차수에 따른 수치근사 오차에 영향을 받는 반면, 박판 구조물은 이것에 추가하여 두 가지 현상에 기인한 오차가 추가될 수 있다. 따라서 박판 구조물 해석결과의 총 오차는 다음과 같이 세 가지 요인의 총합으로 표현된다.

$$\text{수치근사 오차} + \text{잠김현상에 따른 오차} + \text{경계층 효과에 따른 오차} \quad (3.72)$$

잠김현상이란 다음의 그림 3.2.15와 같이 요소크기 h를 감소시키거나 혹은 요소차수 p를 증가시켜도 유한요소 해석결과 u_h가 정답 u_{EX}로 접근하지 않고 거의 0에 가까운 값을 나타내는 현상을 일컫는다. 그리고 보다 엄격한 의미에서는 두 가지 해석인자 h와 p의 변화에 따른 수치근사 오차의 수렴률(convergence rate)이 정상적인 수렴률보다 눈에 띄게 낮은 경우도 이에 해당된다.

잠김현상이 발생하지 않는 정상적인 경우에서는 요소크기 h를 줄이거나 요소차수 p를 증가시키면 물체의 변위 u_h는 그림 3.2.15(a)와 같이 낮은 값에서 정답 u_{EX}로 접근하게 된다. 그리고 고유진동수의 경우에는 높은 값에서부터 정답으로 접근하게 된다. 그 이유는 요소망이 엉성하거나 요소차수가 낮아질수록 물체의 강성(stiffness)이 높게 근사되기 때문이다.

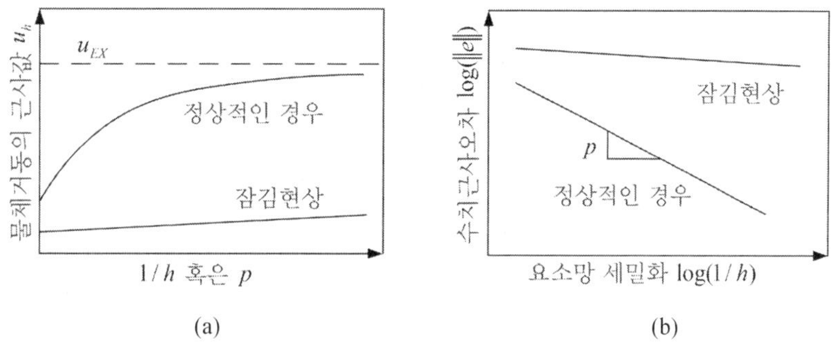

그림 3.2.15 잠김현상 발생 시 수치근사 오차의 특성: (a) 근사해, (b) 수렴률

한편, 두 해석인자 h와 p의 변화에 따른 수치근사 오차 $\|\mathbf{e}\|$의 변화를 그림 3.2.15(b)와 같이 log-log 그래프로 표현하면, 오차는 일정한 기울기로 감소해야 한다. 그리고 수렴률이라 불리는 이 기울기는 수학적 유도에 의하면 요소차수 p로 결정된다. 보다 상세한 설명은 6.3절에서 다루기로 한다. 그런데, 잠김현상이 발생하게 되면 요소망을 조밀하게 세분화 시켜도 오차의 감소율이 눈에 띄게 둔화된다.

그림 3.2.15와 같이 해석결과와 수치근사 오차를 해석인자의 변화에 따라 그래프로 표현하면 잠김현상의 발생여부를 명확히 파악할 수 있지만, 실무해석에 있어서는 이러한 그래프를 분석하는 경우가 거의 없기 때문에 해석결과에 잠김현상이 발생하였는지를 분간하기가 쉽지 않다. 따라서, 본 절에서는 잠김현상의 원인을 살펴보고 어떠한 경우에 이 현상이 발생할 수 있는지를 설명하고자 한다. 그리고 잠김현상을 효과적으로 해결할 수 있는 방안을 학습함으로써 해석자는 박판 구조물 해석에 있어 원하는 신뢰성을 만족하는 해석결과를 구할 수 있게 될 것이다.

잠김현상은 시뮬레이션 하고자 하는 해석문제에 반드시 만족되어야 할 구속조건(constraint)이 포함되어 있을 경우에 발생할 수 있다. 예를 들어, 앞서 학습한 박판 구조물의 킥컵가설 중에서 두께가 줄어들면 중립면에 수직만 단면은 변형 후에도 중립면과 직각을 유지하게 된다는 구속조건을 생각해 보자. 구조물의 두께 감소에 따른 이 구속조건은 변형 후 중립면에 수직한 단면의 회전량 θ_x는 중립면의 기울기 du_z/dx와 같아지도록 요구하며 수학적으로 다음과 같이 표현할 수 있다.

$$\theta_x - \frac{du_z}{dx} \to 0 \quad \text{만약 } t \to 0 \tag{3.73}$$

만약, 구조물의 변형을 이론적으로 계산할 경우에는 식 (3.73)을 정확하게 반영하여 이론적인 해답을 구할 수 있다. 하지만, 유한요소법에서 구조물의 굽힘변형을 행렬방정식을 전환하게 되면 다음과 같이 표현된다.

$$\left([\boldsymbol{K}_b] + \frac{1}{t^2}[\boldsymbol{K}_s]\right)\{\boldsymbol{u}\} = [\boldsymbol{F}] \tag{3.74}$$

강성행렬(stiffness matrix)을 굽힘변형에 의한 $[\boldsymbol{K}_b]$와 면외 전단변형에 의한 $[\boldsymbol{K}_s]$로 분리하면, 위 식과 같이 $[\boldsymbol{K}_s]$에는 $1/t^2$이 곱해진 형태가 된다. 그리고 유한요소 해석을 통해 구조물 변형에 대한 근사해 $\{\boldsymbol{u}\}$를 구한다는 것은 식 (3.74)의 좌변과 우변을 같게 하는 $\{\boldsymbol{u}\}$를 찾는 것이다.

그런데 위 식을 분석해 보면, 우변은 물체에 작용하는 하중으로서 일정한 크기의 유한한 값이기 때문에 좌변 역시 일정한 크기의 유한한 값이 되어야 한다. 그런데 두께 t가 0으로 줄어들게 되면 $[\boldsymbol{K}_s]\{\boldsymbol{u}\}$는 앞서 말한 유한한 크기의 물리량을 만족시키기 위해 0으로 줄어들어야 한다. 하지만, 유한요소 해석에서 좌변의 $[\boldsymbol{K}_s]\{\boldsymbol{u}\}$가 0으로 줄어드는 방법에는 두 가지가 있을 수 있다.

- **정상적인 경우** : 식 (3.73)으로 표현된 구속식에서 θ_x와 du_z/dx의 크기가 동일하게 됨으로써 $[\boldsymbol{K}_s]\{\boldsymbol{u}\}$가 0으로 줄어듦.
- **비정상적인 경우** : 식 (3.73)으로 표현된 구속식에서 θ_x와 du_z/dx의 크기가 각기 0으로 줄어들어 $[\boldsymbol{K}_s]\{\boldsymbol{u}\}$가 0으로 줄어듦.

정상적인 경우에는 유한요소 해석을 통해 구한 구조물의 변형은 식 (3.73)을 만족하면서도 잠김현상을 나타내지 않지만, 비정상적인 경우에는 식 (3.73)은 만족시키지만 구조물의 변형값을 거의 0에 가까운 엉터리 결과로 만들어 버린다.

유한요소 해석에 있어서 구속조건의 비정상적인 처리는 요소망의 밀도와 차수가 충분치 않은 경우에 발생하게 된다. 그리고 이러한 현상은 굽힘변형이 지배적인 경우에만 발생하고, 막변형(membrane deformation)이 지배적인 구조물에서는 발생하지 않는다는 특징을 지니고 있다. 굽힘변형 그리고 막변형이 지배적인 구조물에 대한 정의와 유형에 대해서는 뒷부분에서 보다 상세히 다루기로 한다.

표 3.2 대표적인 잠김현상 유형과 잠김현상 방지를 위한 최소 요소차수

해석문제 유형	잠김현상 유형	관련 인자	구속조건	요소차수
보, 평판 굽힘	Shear locking	$t \to 0$	면외 전단응력 → 0	$p \geq 3$
쉘구조물 굽힘	Shear & membrane locking	$t \to 0$	면외 전단응력 → 0 면내 인장응력 → 0	$p \geq 4$
비압축성 소재	Poisson's locking	$\nu \to 1/2$	체적변화 → 0	$p \geq 4$

표 3.2는 공학문제의 유한요소 해석 시 발생할 수 있는 대표적인 잠김현상을 열거하고 있다. 쉘형상 구조물에 있어서는 두께가 감소하게 되면 면내 인장변형률(in-plane strain)이 0의 값을 갖게 되어야 하는 멤브레인 록킹(membrane locking)이 추가적으로 발생하게 된다. 그 결과, 쉘형상 구조물은 평판 구조물에 비해 잠김현상의 강도가 높다. 따라서 두께가 어느 정도 얇은 평판 구조물의 굽힘해석을 위해 1~2차 유한요소를 사용하게 되면 잠김현상이 발생한다고 염두에 두어야 한다. 그리고 두께가 어느 정도 얇은 쉘형상 구조물의 굽힘해석에서 1~3차 유한요소를 사용하면 역시 잠김현상이 발생하여 거의 신뢰할 수 없는 해석결과에 도달하게 된다.

그림 3.2.16은 평판 그리고 쉘형상 구조물의 굽힘변형에 대한 유한요소 해석결과를 각각 보여주고 있다. 그림에서 상대두께 a/t 그리고 R/t는 구조물의 특성길이 a를 두께 t로 나눈 상대적인 비를 나타낸다. 그리고 조정된 처짐량(calibrated deflection)이란 두께와 하중이 변하더라도 처짐량이 일정한 값이 되도록 조정계수가 곱해진 처짐량을 말한다. 이와 같이 처짐량을 조정하는 것은 실제 처짐량은 물체의 기하학적 크기, 재질 그리고 하중값에 따라 변하기 때문에 잠김현상을 명확히 판단하기 어렵기 때문이다. 그림으로부터 평판 구조물은 1차 요소에서 상대두께비가 10 이상 그리고 2, 3차 요소에서는 상대두께비가 100 이상에서 잠김현상이 현저해 지고, 반면 쉘형상 구조물에서는 1, 2차 요소에서는 상대두께비가 5 이상 그리고 3차 요소에서는 10 이상에서 잠김현상이 두드러짐을 확인할 수 있다. 그리고 구조물 두께와 요소차수가 동일한 경우, 쉘형상 구조물이 보다 심한 잠김현상을 나타냄을 확인할 수 있다. 하지만, 4차 요소는 구

조물의 두께가 아무리 작아져도 잠김현상을 전혀 발생시키지 않는다. 하지만, 상용 유한요소 해석 소프트웨어를 사용하는 실무해석에 있어서는 1, 2차 유한요소만 지원되기 때문에 상대두께비가 평판 구조물에서는 100 이하 그리고 쉘구조물에서는 5 이하인 굽힘변형해석을 위해 2차 요소를 사용하면 심각한 잠김현상은 방지할 수 있다. 하지만, 상대두께비가 이보다 큰 경우에는 다음에서 설명하는 특별한 수치기법이나 특수요소를 적용해야 한다. 그리고 이러한 잠김현상 방지용 수치해석기법과 특수요소는 거의 대부분의 상용 유한요소 해석 소프트웨어에서 지원하고 있다.

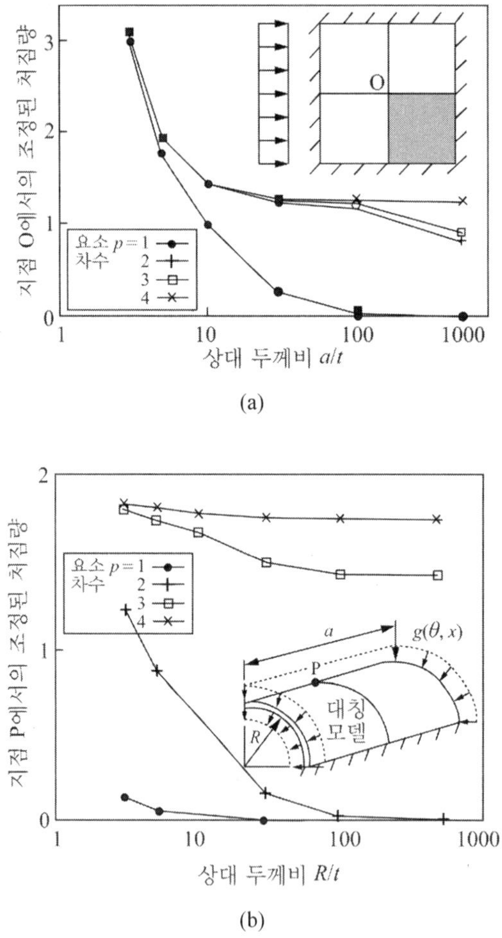

그림 3.2.16 굽힘지배형 박판 구조물 해석에서의 잠김현상: (a) 평판 구조물에서의 shear locking, (b) 쉘형상 구조물에서의 shear membrane locking

다음의 그림 3.2.17은 수평방향으로 인장력을 받는 가운데 구멍을 가진 고무로 된 사각판을 1차 요소로 구조 해석할 경우에 있어 수치근사 오차를 보여주고 있다. 그리고 수치근사 오차를 총 자유도에 대하여 log-log 스케일로 표현하고 있는데, 프와송비가 낮은 경우에는 1차 요소의 수렴률인 기울기 1로 수치근사 오차가 감소한다. 하지만, 프와송비가 0.5에 매우 근접하게 되면 오차감소율이 눈에 띄게 둔화되는 것을 확인할 수 있다. 프와송비가 0.5가 되면 물체가 변형하여도 체적변화는 전형 발생하지 않으며, 이러한 구속조건을 비압축성 조건(incompressibility condition)이라고 부른다. 비압축성 조건은 고무와 같은 초탄성재료(hyperelastic material)에서는 필수적이며, 소성가공이나 비압축성 유체유동에서도 만족시켜야 할 구속조건이다.

이러한 구속조건을 가진 현상을 1차 요소를 이용하여 해석하게 되면 그림 3.2.17과 같은 오차수렴률 둔화현상이 발생하게 되어, 해석결과의 정확도 향상에 한계를 직면하게 된다. 이와 같은 잠김현상을 특별히 프와송 록킹(Poisson's locking)이라고 부른다. 2.1절에서 학습하였듯이 1차 요소는 요소 내 물체의 거동이 선형적으로만 변할 수 있도록 제한된다. 그 결과, 요소 내 변형률은 거의 균일한 분포를 나타내게 되고, 이러한 변형률 분포에 비압축성 조건(즉, 수직변형률의 합)이 부과되게 되면 해석결과는 정답과 차이를 보이면서 이 조건을 만족시키게 된다. 해석결과의 이러한 특이한 특성이 프와송 록킹을 유발시키는 원인이 된다. 하지만, 요소차수가 2차 이상이 되면 비압축성 조건에 기인한 프와송 록킹은 전혀 발생하지 않기 때문에, 고무소재와 같이 비압축성 조건이 수반되는 해석문제에서는 2차 요소를 사용하는 것이 바람직하다.

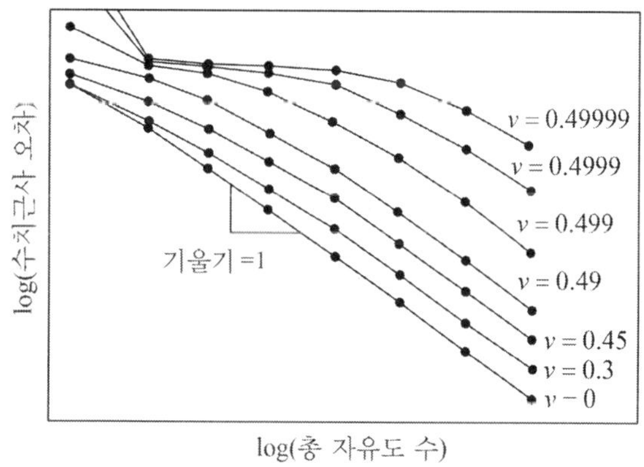

그림 3.2.17 고무로 된 부재의 구조해석에 있어 프와송비에 따른 오차수렴률

아래 표는 잠김현상을 해결할 수 있는 방법을 수치기법적인 측면과 유한요소 측면에서 분리하여 열거하고 있다. 하지만 어떠한 방법을 적용할지라도 잠김현상을 100% 완전히 방지할 수는 없다는 사실을 기억할 필요가 있다. 잠김현상을 최대한 억제시키기 위해서 해석자는 해석문제에서 발생될 수 있는 잠김현상의 유형과 표에 제시한 방법들 중에서 어떠한 방법이 효과적인지 판단하여 선택할 수 있어야 한다. 그렇게 하기 위해서 해석자는 표에 열거된 각 방법에 대해 충분한 지식을 습득하고 있어야 한다.

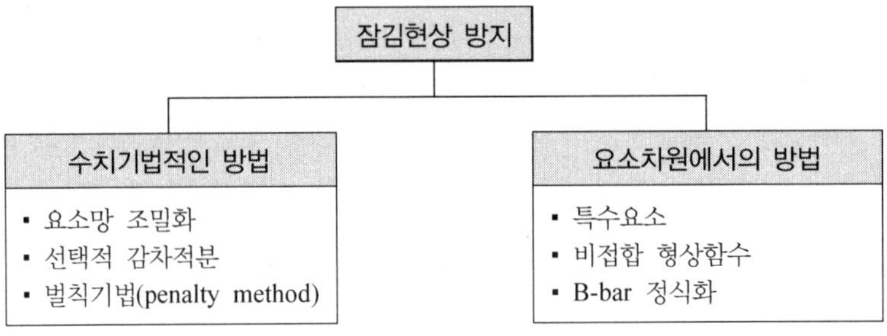

우선 수치기법적인 방법들을 소개하면 아래와 같다.

- **요소망 세밀화(mesh refinement)** : 해석모델 전체에 걸쳐 균일하게 요소크기 h를 줄여 조밀한 요소망을 생성하여 잠김현상을 저감하는 방법이다. 소프트웨어에서 제공하는 자동요소망 생성기능을 사용하면 된다는 장점이 있지만, 요소크기를 얼마나 줄여야 하는지에 대한 명확한 판단기준이 없고 요소 수가 지나칠 정도로 증가하는 단점이 있다.

- **선택적 감차적분(selectively reduced integration)** : 2.2.2절에서 유한요소 행렬방정식을 수치적으로 정확하게 적분하기 위해서 필요한 샘플링 포인트(sampling point)와 가중치(weight)의 개수는 적분할 함수의 차수 p에 따라 결정됨을 학습하였다. 한편 감차적분이란 적분할 함수의 차수 p를 $(p-1)$로 가정하고 $(p-1)$차 함수를 정확하게 적분하기 위해 필요한 샘플링 포인트 개수와 가중치로 p차 함수를 수치적분하는 방법을 일컫는다. 이와 같이 유한요소 행렬을 감차적분하게 되면 행렬값은 정확한 수치적분 값보다 작게 된다.

  잠김현상은 식 (3.74)로 표현되는 박판 구조물의 유한요소 행렬방정식에서 구조물의 두께 $1/t^2$이 곱해진 면외 전단변형에 의한 강성행렬 $[\boldsymbol{K}_s]$이 실제 구조물의 전단강성보다 높게 평가되기 때문이다. 따라서 $[\boldsymbol{K}_b]$는 정확하게 수치적분하고 $[\boldsymbol{K}_s]$는 감차적분으로 실제보다 낮은 행렬값을 갖도록 함으로서, 구조물 두께가 감소됨에 따라 $[\boldsymbol{K}_b]$가 높게 평가되지 않도록 하여 잠김현상을 억제시킬 수 있다.

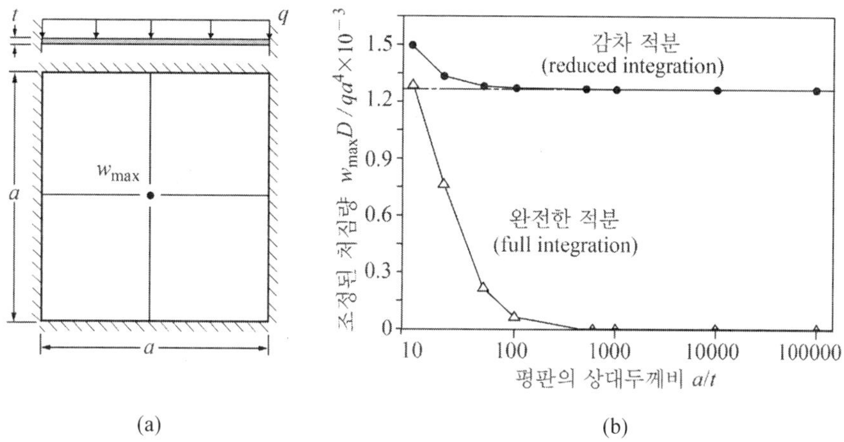

그림 3.2.18 감차적분의 예: (a) 정사각형 평판의 굽힘해석, (b) 해석결과

이 기법을 적용하기 위해서는 구조물의 강성행렬을 식 (3.75)와 같이 굽힘변형과 면외 전단변형에 의한 행렬로 분리시켜야 한다. 현재 시판되고 있는 거의 대부분의 상용 유한요소 해석 소프트웨어는 이 기능을 제공하고 있으며, 그림 3.2.18은 감차적분을 정사각형 평판의 굽힘해석에 적용한 결과를 보여주고 있다. 해석결과 평판 중앙에서의 조정된 처짐량 wD/qa^4이 0.00126으로 잠김현상이 거의 발생하지 않았음을 확인할 수 있다.

- **벌칙기법(penalty method)** : 물체의 거동이 반드시 만족해야 할 구속조건을 $G(\boldsymbol{u})$라고 수학적으로 표현하였을 경우, 이 구속조건식을 아래 식 (3.75)와 같이 물체의 변형률에너지에 추가하여 총 변형률에너지로 정의한다. 그리고 이 총 변형률에너지가 최소가 되는 물체의 거동 $\boldsymbol{u}$를 수치해석적으로 구하는 방법이다.

$$\text{총 변형률에너지} = \text{변형률에너지} + \frac{1}{2}\kappa(G(\boldsymbol{u}))^2 \tag{3.75}$$

위 식에서 κ는 벌칙상수(penalty parameter)라고 불리는 값으로서, 이 값이 증가할수록 구속조건은 보다 정확히 만족되지만 행렬연산이 불안정해지는 문제점을 안고 있다. 상용 소프트웨어에서는 벌칙상수의 기본값을 설정해 두었지만, 해석 수행 시 문제가 발생하면 해석자가 이 값을 수정할 수 있도록 되어 있다. 2.3.2절에 상세히 다룬 바와 같이 가장 적합한 벌칙상수의 크기는 강성행렬 요소 중에서 가장 큰 값의 1,000배 정도가 무난한 것으로 알려져 있다.

- **특수요소, 비접합 형상함수, B-bar 정식화** : 2.1절에서 유한요소 해석에 사용되는 각종 유한요소에 대하여 학습하였는데, 유한요소를 정의하는데 있어 핵심이 되는 형상함수(shape function)를 적절히 수정함으로써 잠김현상을 해결할 수 있다. MIT대학 등에서 소개한 각종 특수요소(special element)는 형상함수의 유형을 변경하여 정의한 것이며, 비접합 형상함수는 내부절점에 해당되는 형상함수만을 적절히 이용하여 잠김현상을 억제시키는 방법이다. 반면, B-bar 정식화는 잠김현상을 야기시키는 변형률 성분이 제거되도록 형상함수의 미분값을 계산하는 부분을 적절히 수정하는 기법이다. 현재 시판되고 있는 상용 유한요소 해석 소프트웨어에서는 B-bar 정식화 기법이 가장 많이 사용되고 있다. 이 기법은 잠김현상이 예상되는 문제에는 자동적으로 적용되도록 설정되어 있기 때문에 해석자가 해석 시 별도로 취해야 작업은 없다.

다음으로 박판 구조물 해석에 있어 해석결과의 정확도에 영향을 미치는 경계층 효과(boundary layer effect)에 대하여 학습하기로 한다. 하늘을 날고 있는 항공기 날개 주위의 공기흐름에 경계층 효과가 발생하는 것과 같이, 박판 구조물에 있어서도 응력은 물체의 경계에서 매우 급작스런 변화를 나타낸다. 그림 3.2.19는 수직 분포하중을 받고 있는 사각평판에 있어 경계에서 급격한 응력값의 증가를 예시적으로 보여주고 있다. 경계층 효과란 물체 경계의 매우 좁은 영역 안에서 경계에 수직한 방향으로 거동, 특히 회전 자유도의 급격한 변화를 일컫는다. 회전 자유도의 급격한 변화는 결국 변형률과 응력의 급격한 변화를 발생시키게 된다. 그림을 참고하여, 이러한 거동의 급격한 변화는 경계에 수직한 방향으로만 발생하고 접선방향으로는 발생하지 않는 특징을 지니고 있다. 그리고 경계층 효과의 강도(intensity)는 아래 식과 같이 물체내부로 갈수록 기하급수적으로 감소하게 된다.

$$\text{회전 자유도 내 경계층 효과} \propto e^{-(a/t)\rho} \tag{3.76}$$

위 식에서 a, t 그리고 ρ는 각각 물체의 특성길이, 두께 그리고 경계에서 물체내부 방향으로 수직한 거리를 나타낸다.

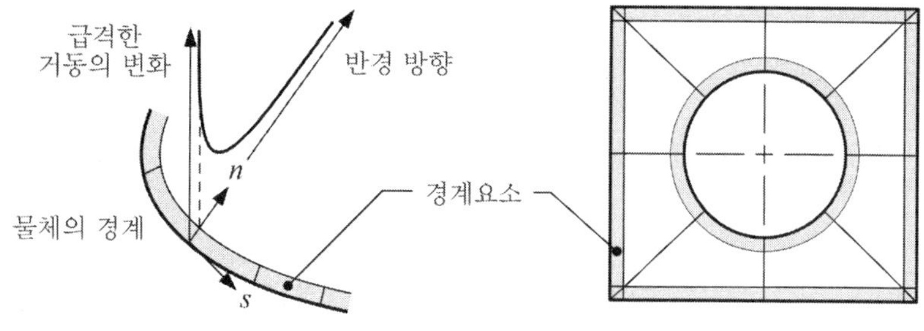

그림 3.2.19 경계층 효과를 효과적으로 해석하기 위한 경계요소

경계층 효과는 6.2절에서 다루게 될 물체거동의 특이성(singularity)의 한 유형에 속하며 굽힘변형이 지배적인 박판 구조물에서 발생하는 현상이다. 경계층 효과는 매우 좁은 경계영역 내에서 수직방향으로 거동의 급격한 변화를 나타내기 때문에, 수직방향으로 폭이 매우 좁은 요소를 사용하는 것이 효과적이다. 그림 3.2.19의 우측에 나타낸 가운데 구멍이 있는 사각평판은 바깥 가장자리와 가운데 구멍 주위로 경계층 효과를 나타내게 되며, 그림과 같이 폭이 매우 좁은 요소를 경계를 따라 배치하게 되면 비교적 정확하게 경계층 효과를 재현할 수 있다.

이러한 요소를 특별히 경계요소(boundary element)라고 부르는데, 요소의 형상종횡비(aspect ratio)가 과도하여 해석프로그램에서 종종 경고 메시지를 유발시키곤 한다. 하지만, 중요한 사실은 형상종횡비가 과도하여 발생하는 수치근사 오차에 비해 경계층 효과를 보다 정확히 그리고 효과적으로 재현할 수 있다는 장점이 더 우세하기 때문에 해석자는 경고 메시지에 신경 쓸 필요가 없다.

다음에 소개하는 공학예제를 통해 경계층 효과가 해석결과에 미치는 영향과 요소망의 중요성을 명확히 이해할 수 있을 것이다. 다음의 그림 3.2.20은 수평방향으로 길이가 무한대인 띠형상의 얇은 금속판에 수직분포하중이 작용할 경우, 금속판의 구속되어 있는 경계에 발생하는 합력(resultant forces)을 구하는 해석문제이다. 이 공학문제는 수평방향으로는 거동의 변화가 없기 때문에 폭방향으로 물체의 거동을 구하는 1차원 문제로 이론적으로도 처짐량이나 응력분포 그리고 경계에서의 합력을 구할 수 있다. 그렇기 때문에 해석자는 이 문제가 단순한 해석문제로 쉽게 생각할 수 있지만, 실상은 주의를 기울이지 않으면 정확도가 매우 낮은 해석결과에 도달하는 매우 까다로운 문제이다. 폭방향으로의 대칭성과 수평방향으로의 불변성을 이용하여 다음 그림과 같이 검은 사각형 영역만 떼어서 요소망을 생성하면 된다. 요소망의 영향을 분석하기 위하여 3가지 서로 다른 요소망(4절점 사각형 요소 적용)으로 해석을 수행하였다. 요소망 1은 균일 요소망을 그리고 요소망 2와 3은 경계에 하나의 경계요소를 배치한 경우이다. 우측 그림은 면외 전단응력을 금속판 두께방향으로 합산한 면외 전단력의 분포를 보여주고 있다. 균일 요소망은 매우 변화가 심하고 경계에서 엄청나게 큰 전단력의 변동을 나타낸다. 하지만 이러한 극심한 요동은 경계요소를 적용함으로써 현저하게 줄어들어 요소망 3에서는 경계에서도 요동을 확인하기 어렵다.

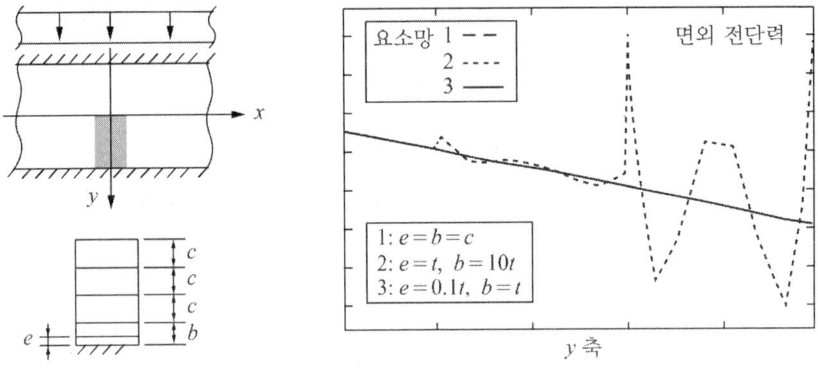

그림 3.2.20 수평으로 크기가 무한대인 얇은 금속판에서의 경계층 효과와 요소망

'경계층 효과에 따른 거동의 급격한 변화를 정확히 재현하기 위해 필요한 경계요소의 크기는 얼마인가'에 대한 정확한 계산식은 없지만, 일반적으로 구조물의 두께 이하로 설정하는 것을 권하고 있다. 그리고 이러한 경계층 효과와 앞서 소개한 잠김현상은 굽힘변형이 지배적인 박판 구조물에서만 발생한다. 물속에 잠겨 있는 얇은 구조물에서는 막변형이 지배적이기 때문에 잠김현상과 경계층 효과가 전혀 발생하지 않는다. 굽힘변형 지배형과 막변형 지배형 구조물에 대해서는 다음 장의 4.1.3절에서 상세히 다루기로 한다.

Chapter 4

선형 정적해석

자연계에서 발생하는 모든 현상들은 본질적으로 비선형 문제로서 대상물체의 기하학적 형상과 크기, 재료물성치, 하중 및 구속조건 등이 현상의 크기와 더불어 변하게 된다. 또한, 많은 경우에 자연현상은 시간의 경과와 더불어 지속적으로 변한다. 이러한 측면에서 자연현상을 크게 두 가지 기준에 따라 분류할 수 있다. 우선 현상의 비선형성을 해석에 고려하느냐 그렇지 않느냐에 따라 비선형(nonlinear) 혹은 선형(linear) 문제로 분류한다. 다음으로, 해석의 관심이 현상의 시간에 따른 변동에 있느냐 아니면 정상상태(steady state)에 있느냐에 따라 정해석(static analysis) 혹은 동해석(dynamic analysis)으로 분류된다. 본 장에서는 유한요소 해석에 있어 가장 기초가 되는 선형 정적해석에 필수적인 내용을 다루고, 선형 동해석에 대해서는 5장에서 학습하기로 한다. 선형 정해석은 물체 경계에 부과되어 있는 경계조건(boundary condition)에 절대적으로 영향을 받기 때문에 경계조건에 대해서 상세히 학습하게 될 것이다. 그리고 대표적인 선형 정적해석인 선형 구조해석과 선형 열전달해석을 위해 꼭 알아야 할 사항들을 다루고자 한다. 본 장을 학습함으로 해석자는 선형 정적해석에 필요한 전반적인 지식을 습득할 수 있고 또한 정확한 해석결과를 효과적으로 구할 수 있는 능력을 갖추게 될 것이다.

4.1 구조 및 열전달해석(Structural and Heat Transfer Analysis)

4.1절에서는 경계조건의 정의와 수학적 표현식으로부터 경계조건이 유도되는 절차를 소개하고자 한다. 그리고 선형 구조해석 중에서 평면응력과 평면변형률 그리고 축대칭과 같은 특성을 이용하여 효과적으로 해석을 수행하는 방법을 다루고자 한다. 마지막으로 열전달해석에 대한 기초이론과 열응력이 구해지는 과정을 공학예제를 통해 학습하게 될 것이다.

4.1.1 경계조건

선형 정적해석에서 있어 문제 유형별로 필요로 하는 경계조건의 개수와 형태를 정확히 알고 있는 경우는 많지 않으며, 대부분의 경우 기초역학으로 배운 지식이나 타인으로부터 전수받은 노하우에 의존하여 경계조건을 판단하고 해석 프로그램에 입력하게 된다. 하지만, 경계조건은 직관적으로 결정할 수 있는 것이 아니라 자연현상에 대한 수학적 모델이 만들어지면 명확하게 정의되는 물리량이다. 따라서, 동일한 구조물에 대한 구조해석일지라도 3차원 솔리드 모델에서의 경계조건과 1차원 보모델에 해당하는 경계조건은 달라지게 된다.

따라서 해석자는 해석을 위해 선택한 수학적 모델에 해당하는 경계조건의 개수와 입력해야 할 경계조건 값을 정확히 알고 있어야 한다. 만약, 그렇지 않고 직관적인 판단에 따라 적합하지 않은 경계조건을 입력하게 되면 정답과는 거리가 먼 전혀 엉뚱한 해석결과에 도달하게 된다. 경계조건의 특성을 요약하면 아래와 같으며, 본 절에서 각각의 특징에 대하여 상세히 학습하기로 한다.

(특성 1) 미분방정식으로 표현되는 수학적 모델에 해당하는 경계조건은 1.2.3절에서 학습한 변분정식화를 통해 유도된다. 수학적 표현식의 최고차 미분차수를 N이라고 할 때, 경계조건은 $N/2$개의 쌍(pair)으로 구성되며 각 경계조건의 쌍은 변위 경계조건(displacement 혹은 essential boundary condition)과 하중 경계조건(traction 혹은 natural boundary condition)으로 구성된다.

(특성 2) 자연현상에 대한 수학적 표현식은 하나의 모델로서 자연현상 속의 불확실성과 수학적 표현식을 유도하는 과정에서의 각종 가정(assumption)이 내포되어 있다. 따라서 수학적 표현식과 자연현상 사이에는 모델링 오차가 존재한다. 이와 마찬가지로 수학적 모델에 해당하는 경계조건도 실제 자연현상에서의 정확한 경계조건과는 차이가 있는 하나의 모델링에 해당된다.

(특성 3) 동일한 해석모델에 있어 해석결과는 경계조건에 따라 판이하게 달라진다. 그리고 변위 경계조건이 주어지면 하중 경계조건은 미지수가 되고 반면, 하중 경계조건이 주어지면 변위 경계조건이 미지수가 된다.

우선, (특성 1)에 대해 상세히 학습하기 위해 1.2.3절의 그림 1.2.10의 오일러 보(Euler beam) 모델에 대한 경계조건을 유도하기로 한다. 오일러 보는 수직하중을 받는 일정한 단면을 가진 3차원 보형상 구조물의 굽힘변형에 대한 가장 단순한 수학적 모델로서 보형상 구조물의 중립축(neutral axis)에서의 처짐량 $w(x)$는 다음의 4차 미분방정식으로 표현된다.

$$EI\frac{d^4w}{dx^4} = q(x), \qquad 0 < x < L \tag{4.1}$$

위 식에서 E와 I는 구조물의 영률과 단면 관성모멘트(area moment of inertia), 그리고 q와 L은 수직 분포하중과 보의 길이를 나타낸다. 위 식에 보의 가상처짐(virtual deflection) $v(x)$를 곱하고 1.2.4절에서 학습한 변분정식화를 유도하면 다음의 적분식을 유도할 수 있다.

$$\int_0^L EIw''v''dx = \int_0^L q(x)v\,dx + (EIw''')_{x=L}v(L) - (EIw''')_{x=0}v(0)$$
$$- (EIw'')_{x=L}v'(L) + (EIw'')_{x=0}v'(0) \tag{4.2}$$

위 식의 우측에 있는 4개의 항들 중에서 처짐량의 1차 미분 w'은 보의 기울기 θ를, 그리고 처짐량의 미분값과 EI의 곱으로 표현된 물리량은 다름 아닌 보의 전단력(shear force) V와 굽힘모멘트(bending moment) M에 해당된다.

$$\frac{dw}{dx} = \theta, \quad EI\frac{d^3w}{dx^3} = V, \quad EI\frac{d^2w}{dx^2} = M \tag{4.3}$$

따라서 식 (4.2)의 우측에 있는 4개의 항들을 전단력과 굽힘모멘트로 다시 표현하면 아래와 같고, 이들 항들이 다름 아닌 오일러 보 모델의 경계조건에 해당된다.

$$V(L)v(L) - V(0)v(0) - M(L)\theta(L) + M(0)\theta(0) \tag{4.4}$$

식 (4.4)는 보의 경계, 즉 좌단 $x=0$과 우단 $x=L$에 부과되어야 할 변위와 하중조건을 나타내는 경계항(boundary terms)들로서, 이 항들을 풀어서 표현하면 다음과 같은 의미를 지니고 있다.

- **좌측 단** $(x=0)$
  ① 전단력 V가 주어지든지 아니면 처짐량 w가 주어짐
  ② 모멘트 M이 주어지든지 아니면 기울기 θ가 주어짐
- **우측 단** $(x=L)$
  ① 전단력 V가 주어지든지 아니면 처짐량 w가 주어짐
  ② 모멘트 M이 주어지든지 아니면 기울기 θ가 주어짐

위 구속조건을 도식적으로 표현하면 다음 그림 4.1.1과 같으며, 그림으로부터 보의 좌우 단에는 두 쌍의 경계조건이 부과됨을 확인할 수 있다. 그리고 각 경계조건 쌍에는 두 유형의 경계조건이 존재하며, 두 유형 중에선 어느 하나가 경계조건으로 부여되고 다른 하나는 미지수로서 해석을 통해 구해야 하는 물리량이 된다(특성 3).

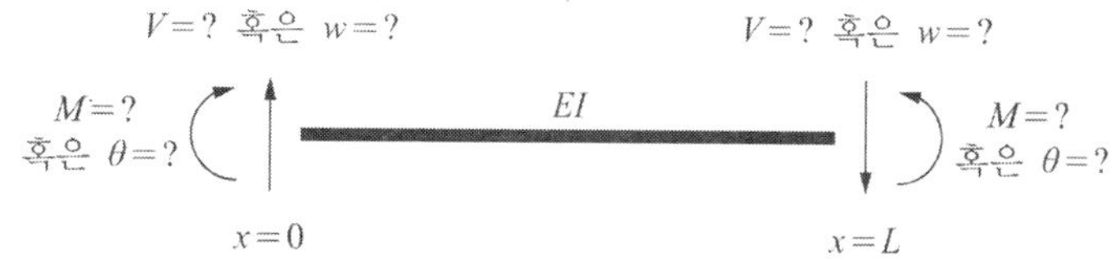

그림 4.1.1 좌우 단에 각각 두 쌍의 경계조건을 가지는 오일러 보 모델

4차 미분방정식으로 표현되는 오일러 보 모델에서 수학적 표현식의 최고 미분차수 N은 4이므로 경계조건 쌍의 개수는 $N/2=2$가 됨을 확인할 수 있다. 오일러 보 모델의 예를 일반적인 자연현상 문제로 확장하면 경계조건의 정의와 유형을 정의할 수 있다. 자연계에서 발생하는 모든 자연현상을 수학적인 미분방정식으로 표현하면 모든 표현식들은 다음의 중요한 두 가지 특성을 만족하게 된다.

첫째, 수학적 표현식 속에 포함되어 있는 항들 중에서 미분차수가 짝수인 항들은 포텐셜 함수를 가지는 에너지가 보존되는 물리량이다. 반면에 홀수 항들은 포텐셜 함수가 존재하지 않는 에너지 손실을 수반한다.

둘째, 모든 자연현상을 수학적인 표현식으로 모델링하면 수학적 표현식의 최고차 미분차수는 반드시 짝수가 된다.

이 내용을 보다 명확히 이해하기 위해 스프링 상수가 k인 스프링과 감쇠계수가 c인 댐퍼로 연결되어 있는 질량이 m인 물체에 동하중 f가 작용하는 경우를 생각해 보기로 한다. 이 물체는 동하중에 의해 일직선상에서 진동한다고 가정할 때, 물체의 동변위 (dynamic displacement) u는 다음의 2차 미분방정식으로 표현되는 운동방정식으로 구할 수 있다.

$$m\frac{d^2u}{dt^2} - c\frac{du}{dt} + kx = f \tag{4.5}$$

위 식에서 미분차수가 짝수인 mu''와 kx는 각각 물체의 운동에너지(kinetic energy) $E_K = m\dot{u}^2/2$와 스프링에너지 $E_S = kx^2/2$를 가진다. 하지만, 미분차수가 홀수인 $c\dot{u}$ ($\dot{u} \sim u$의 시간변화율, 즉 속도)은 보존되지 않고 손실되는 물리량으로서 포텐셜 함수가 정의되지 않는다.

위 예는 이해를 돕기 위해 제시한 것으로 이해하기 바란다. 왜냐하면 식 (4.5)는 물리량의 시간변화에 대한 초기치 문제(initial value problem)로서 본 절에서 다루는 경계치 문제(boundary value problem)는 아니기 때문이다. 하지만, 앞서 설명한 내용은 초기치 혹은 경계치 문제와 무관하게 일관성을 가지고 적용되는 사실이다.

최고 미분차수가 N인 미분방정식으로 표현되는 일반 자연현상에 있어 $N/2$개의 경계조건은 다음의 표 4.1과 같이 정리할 수 있다. 경계조건의 각 쌍에 있어서 미분차수가 높은 항들을 하중 경계조건으로 정의되는 반면 미분차수가 낮은 항들은 변위 경계조건으로 정의된다. 그리고 각 쌍에 있어 하중 그리고 변위 경계조건의 미분차수들을 합하면 공히 $N-1$이 됨을 확인할 수 있다.

앞서 예를 든 오일러 보의 경우를 표 4.1의 규칙에 따라 경계조건을 정리하면 첫 번째 쌍은 $(w,\ V)$가 되고 두 번째 쌍은 $(\theta,\ M)$이 된다. 그리고 각 쌍에 있어 미분차수가 낮은 w와 θ는 변위 경계조건, 반면 미분차수가 높은 V와 M은 하중 경계조건으로 정의된다.

표 4.1 경계조건 쌍(pair)과 하중/변위 경계조건의 구분

경계조건의 쌍(pair)		Pair 1	Pair I	Pair $N/2$
하중 경계조건	미분차수	$(N-1)$	$(N-I)$	$(N/2)$
	물리량	하중 1	하중 I	하중 $N/2$
변위 경계조건	미분차수	0	$(I-1)$	$(N/2-1)$
	물리량	변위 1	변위 I	변위 $N/2$

각 경계조건 쌍 내에서 하중 경계조건과 변위 경계조건을 곱하면 그 결과는 물리적으로 일(work)에 해당된다. 이러한 맥락에서 하중 경계조건과 변위 경계조건은 물리적으로도 쌍을 이루며, 어떠한 공학문제라 할지라도 하중 경계조건과 이에 대응되는 변위 경계조건을 곱하면 그 결과는 일의 단위를 가져야 한다. 만약, 유한요소 해석을 위해 입력하게 되는 하중 경계조건과 변위 경계조건이 이러한 물리적 요구조건을 만족하지 않는다면 경계조건을 잘못 정의한 결과이다. 아래 그림 4.1.2는 하중 경계조건과 변위 경계조건의 이러한 물리적 관계를 도식적으로 표현하고 있다.

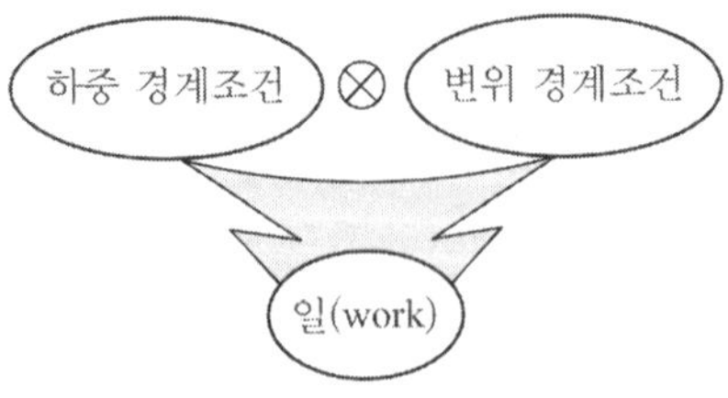

그림 4.1.2 하중과 변위 경계조건으로 구성된 쌍의 물리적 의미

다음으로 특성 2에 대하여 살펴보기로 한다. 특정한 자연현상에 대한 수학적 모델은 오직 하나만 존재하는 것이 아니라 모델의 수준에 따라 하나 이상 존재하게 된다. 유체유동의 경우를 예로 들면, 점성(viscosity), 압축성(compressibility) 그리고 유체입자의 회전(rotation)을 고려하느냐 그렇지 않느냐에 따라 다수의 유동모델(flow model)이 정의되어 있다. 이들 효과를 모두 무시한 가장 단순한 수학적 모델인 이상유동(ideal flow), 점성을 고려한 나비어 - 스톡스(Navier Stokes) 방정식, 압축성을 고려한 압축성 유동 등을 들 수 있다. 동일한 유체유동이란 자연현상에 있어 수준이 서로 다른 수학적 모델들은 그 표현식들 역시 서로 다르기 때문에 변분정식화 (4.2)도 다른 형태로 표현된다. 따라서, 변분정식화에 따른 경계항들이 달라지게 되고 결국 경계조건 역시 달라지게 된다.

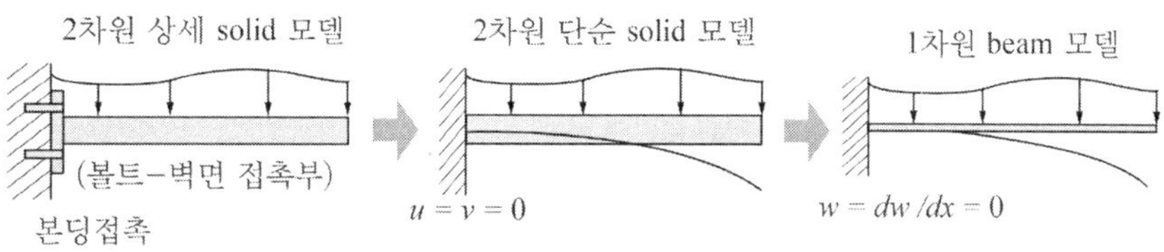

그림 4.1.3 하중 지지대에 대한 해석모델과 이에 따른 경계조건

그림 4.1.3에 나타낸 볼트로 벽면에 체결된 하중 지지대에 대한 경계조건은 해석모델의 수준에 따라 달라짐을 확인할 수 있다. 볼트와 벽면 체결부위를 상세하게 반영한 2차원 상세 솔리드 모델의 경우에는 볼트와 벽면 접촉부위에 본딩 접촉(bonding contact)이 경계조건에 해당된다. 하지만 볼트 체결부를 단순화 시킨 2차원 솔리드 모델에 있어서는 벽면과 접하는 보의 좌측 단의 수평 그리고 수직변위 u, v를 0으로 설정하는 것이 경계조건이 된다. 그리고 2차원 보를 1차원 보로 단순화 시킨 해석모델에서는 보의 좌측 단의 처짐 w과 기울기 dw/dx를 0으로 설정하는 것이 경계조건이 된다.

마지막으로 특성 3에 대해 학습하기로 한다. 그림 4.1.3과 같은 단순한 공학문제에 대해서는 어렵지 않게 경계조건을 부여할 수 있지만, 산업체에서 직면하게 되는 실무 해석문제에 대해서는 쉽지 않은 일이다. 왜냐하면 여러 부품들이 상호 연관성을 유지하면서 조립되어 있을 뿐만 아니라, 열, 기계, 유체, 전자기적 하중과 같은 매우 다양한 환경 속에서 제품이 작동되기 때문이다. 따라서, 실제 상황에 적합한 경계조건을 결정하고 해석에 반영할 수 있는 능력은 유한요소 해석에 있어 하나의 핵심기술에 해당된다.

동일한 해석문제일지라도 경계조건이 달라지면 해석결과는 판이하게 달라지기 때문에, 경계조건의 중요성은 아무리 강조하여도 지나치지 않다. 그림 4.1.4는 히치 조립체(hitch assembly)의 변형된 후 형상을 등고선(isoline) 출력으로 보여주고 있다. 두 부품이 접촉되는 경계면에 일체거동(bonding) 접촉조건과 미끄럼 접촉조건(sliding contact)을 각각 설정하여 해석하게 되면, 변형형상이 눈에 띄게 달라짐을 확인할 수 있다. 실무에서 경계면을 일체거동으로 설정할 것인지 아니면 슬라이딩 접촉으로 설정할 것인지를 결정하기란 쉽지 않다. 따라서, 해석자는 가능한 경계조건들에 대하여 해석을 수행하여 물체거동을 가장 잘 모사하는 경계조건을 선택해야 한다.

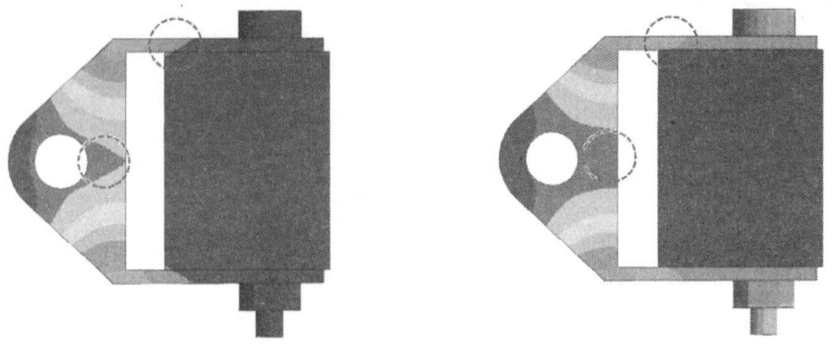

(a) (b)

그림 4.1.4 히치 조립체의 변형형상: (a) 일체거동 접촉조건, (b) 미끄럼 접촉조건

표 4.1에 나타낸 각 경계조건 쌍에 있어 둘 중 어느 하나는 반드시 경계조건으로 주어지고, 나머지 하나는 유한요소 해석을 통해 구해야 하는 미지수가 된다. 그림 4.1.5(a)의 외팔보에 있어 좌측 단에서의 처짐량 w와 기울기 θ는 0으로 구속되어 있지만 전단력 V와 굽힘모멘트 M은 미지수에 해당된다. 이와는 정반대로 우측 단에서는 전단력과 굽힘모멘트가 0이고 이에 대응되는 처짐량 w와 기울기 θ는 미지수가 된다. 그림 4.1.5(b)의 고정단 - 단순지지의 경우에 있어서는 외팔보의 경우와 상황이 달라지게 된다. 좌측 단에서는 처짐량 w와 굽힘모멘트 M이 0으로 구속되고 전단력 V와 기울기 θ가 미지수가 된다. 우측 단 역시 좌측 단과 동일한 구속조건과 미지수를 가지게 된다. 이와 같이 물체가 경계에서 어떻게 구속되느냐에 따라서 경계조건들 중에서 실제로 부여되는 것들과 해석으로 풀어야 하는 것들은 달라지게 된다.

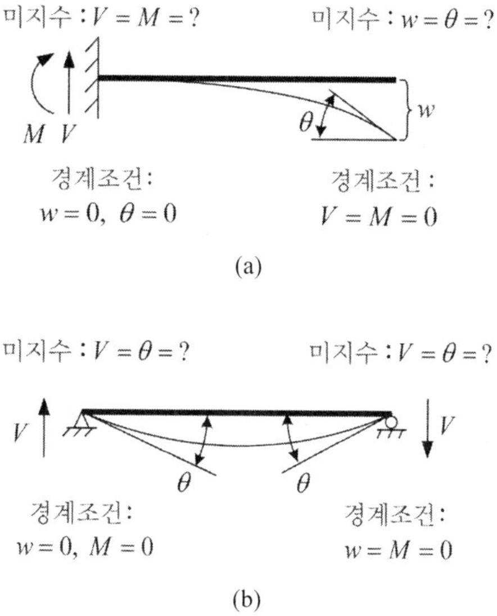

그림 4.1.5 경계조건 쌍에서 지정된 조건과 해석으로 구해야 하는 미지수: (a) 외팔보, (b) 고정단 – 단순지지(simply supported)

선형 정적 구조해석을 위해 경계조건을 부여하는 과정에서 반드시 만족시켜야 할 조건으로 해석모델의 정적평형이 있다. 정적평형은 3.1.2절에서 학습한 바와 같이 물체에 작용하는 하중과 모멘트의 총합은 반드시 0이 되어야 하는 조건이다. 만약 이 조건을 만족시키지 않으면 해석모델은 정지상태에 있는 것이 아니라 아래 식과 같이 가속도 $\boldsymbol{a}$와 각가속도(angular acceleration) α로 운동 중에 있게 된다.

$$\sum \boldsymbol{F} = m\boldsymbol{a}, \qquad \sum \boldsymbol{M} = I\boldsymbol{\alpha} \tag{4.6}$$

위 식에서 I는 모멘트 계산의 기준점에 대한 물체의 극관성모멘트(polar moment of inertia)를 나타낸다.

선형 정적 구조해석 분제를 유한요소 근사화 과정을 거치게 되면 $[\boldsymbol{K}]\{\overline{\boldsymbol{u}}\} = \{\boldsymbol{F}\}$이란 행렬방정식으로 전환됨을 1.2.4절에서 학습하였다. 그런데 이러한 행렬방정식 상에서 물체가 정적평형을 만족하기 위해서는 식 (4.7)과 같이 하중벡터 $\{\boldsymbol{F}\}$ 속이 모든 요소의 합이 정확이 0이 되어야 한다. 만약 물체에 작용하는 하중과 모멘트의 총 합이 정확히 0을 만족한다면, 이론적으로는 아래 식 (4.7)이 성립하게 된다.

$$\{\boldsymbol{F}\} = \begin{Bmatrix} F_1 \\ \vdots \\ F_N \end{Bmatrix} \quad \Rightarrow \quad F_1 + \cdots + F_N = 0 \tag{4.7}$$

하지만, 2.2.2절에서 소개한 바와 같이 유한요소 해석을 위한 행렬방정식 속의 모든 행렬요소들은 수치적분(numerical integration)으로 계산되기 때문에, 컴퓨터 기억 자릿수 한계로 인한 반올림 오차(round off error)가 필연적으로 수반된다. 그 결과, 이론상으로는 정적평형을 만족하는 해석문제일지라도 유한요소 행렬방정식 상에서는 정적평형을 만족하지 않게 된다.

강체운동은 3방향으로의 병진운동과 3축을 중심으로 한 회전운동, 즉 6개의 성분으로 구성된다. 따라서, 3차원 물체의 강체운동을 방지하기 위해서는 이들 6개 강체운동 성분들을 모두 구속시켜야 한다. 만약 구속되지 않은 어느 한 성분이라도 존재하게 되면 물체는 공간상에서 정적평형 상태에 있지 않고 해당되는 방향으로 병진 혹은 회전운동을 하게 된다.

다음의 그림 4.1.6은 1차원, 2차원 그리고 3차원 공간에 있어서 강체운동 성분을 비교하고 있다. 1차원 공간에서는 일직선상으로의 병진운동 1성분, 그리고 2차원 공간에서는 두 축방향으로의 병진운동과 한 축을 중심으로 한 회전운동으로 3개의 강체운동 성분이 존재한다. 따라서 해석모델의 차원에 따라 구속시켜야 할 강체운동 성분의 수는 달라지게 된다. 만약 변위 경계조건으로 이들 강체운동 성분들을 구속하지 못하게 되면 선형 정적 구조해석은 아래와 같은 결과에 도달하게 된다.

- **비양정치 오류** : 강체운동이 허락되면 선형 정적 구조해석 행렬방정식 $[\boldsymbol{K}]\{\boldsymbol{u}\} = \{\boldsymbol{F}\}$를 계산하기 위해 필수적인 역행렬 $[\boldsymbol{K}]^{-1}$이 정의되지 않아 소프트웨어 내 솔버는 행렬연산을 더 이상 진행하지 못하고 해석작업은 중단된다.
- **엉터리 해석결과** : 다행히 연산작업이 중단되지 않고 해석이 완료되더라도 그 결과는 신뢰할 수 없는 엉터리 결과일 뿐이다.

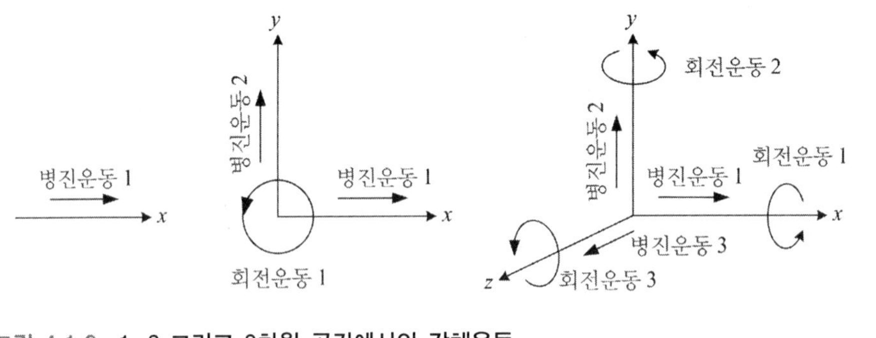

그림 4.1.6 1, 2 그리고 3차원 공간에서의 강체운동

다음의 그림 4.1.7은 강체운동이 구속되지 않은 경우들을 보여주고 있다. 좌측의 경우는 수직방향과 회전운동은 구속되어 있지만 수평방향으로는 구속되어 있지 않고 다만 수평방향으로 힘은 균형을 이루고 있다. 앞서 설명한 바와 같이 수평방향으로의 힘의 균형은 행렬방정식에서는 성립되지 않기 때문에 수평방향으로의 운동을 저지시키기 위해 물체 내 임의 지점에서 수평방향으로의 변위를 구속시켜야 한다. 변위를 구속시킬 때 유의해야 할 점은 변위구속이 물체 내부에 변형률과 응력을 유발시키지 않아야 한다는 점이다. 만약 강체운동을 저지하기 위해 부과한 변위구속이 변형률과 응력을 유발시키게 된다면, 변위구속으로 인해 해석문제 자체가 달라지는 결과를 초래한다.

물리적인 관점에서 살펴보면, 좌측의 물체는 수평방향으로는 어떠한 위치에 있어도 무방한 유형의 문제이다. 따라서, 물체 내 특정한 지점에 수평방향으로의 변위를 부여한다고 해서 문제의 본질이 변하는 것은 아니다. 하지만, 물체 내 하나 이상의 지점에 수평방향으로의 변위를 구속하게 되면 내부에 추가적인 변형률과 응력을 야기시켜 본질적으로 문제의 유형이 달라지게 된다. 한편, 우측에 있는 물체는 병진운동은 완전히 구속되어 있지만, 회전운동이 구속되어 있지 않다. 실무적인 측면에서 병진운동을 구속하는 것은 어렵지 않지만, 회전운동을 구속하는 것은 공학적 지식과 경험이 요구된다. 왜냐하면 회전운동을 구속하기 위해 물체 내 특정한 지점들에 변위를 구속하는 과정에서 과도구속(over constraint)을 초래하여 해석문제의 본질이 바뀔 수 있기 때문이다. 따라서, 과도구속을 유발시키지 않으면서 회전운동을 구속시킬 수 있는 물체 내 지점과 변위성분을 결정해야 한다.

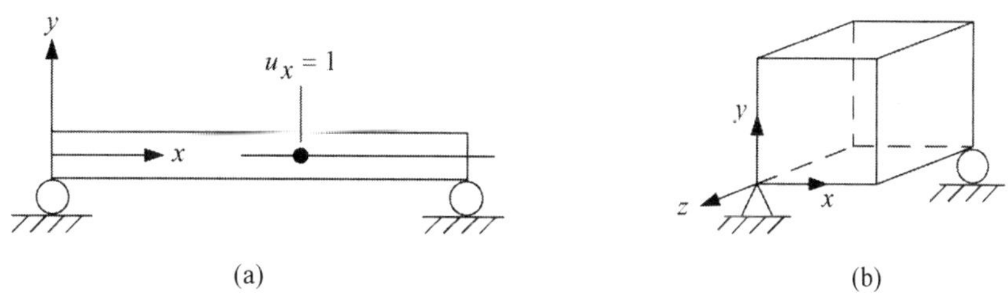

그림 4.1.7 강체운동이 예상되는 해석문제: (a) 병진 강체운동, (b) 회전 강체운동

강체운동을 구속하는 과정에서 과다구속에 따라 물체 내부에 원하지 않는 추가적인 변형률과 응력이 발생하는 것을 방지할 수 있는 하나의 효과적인 방법으로 강성이 매우 낮은 스프링 요소를 활용하는 것이다. 다음 그림 4.1.8은 그 일례를 보여주는 것으로서, 강성이 매우 낮은 스프링 요소를 원주상에 부착함으로써 강체운동뿐만 아니라 과다구속에 따른 추가적인 변형률과 응력발생을 최소화 시킬 수 있다. 과다구속에 따라

물체 내부에 원하지 않는 변형률과 응력이 발생하긴 하지만, 스프링 강성이 매우 낮기 때문에 변형률과 응력의 증가를 무시할 수 있다. 이 기법은 벌칙기법(penalty method)의 일종으로서, 스프링 강성은 강체운동을 방지할 수 있는 최솟값으로 설정하는 것이 바람직하다.

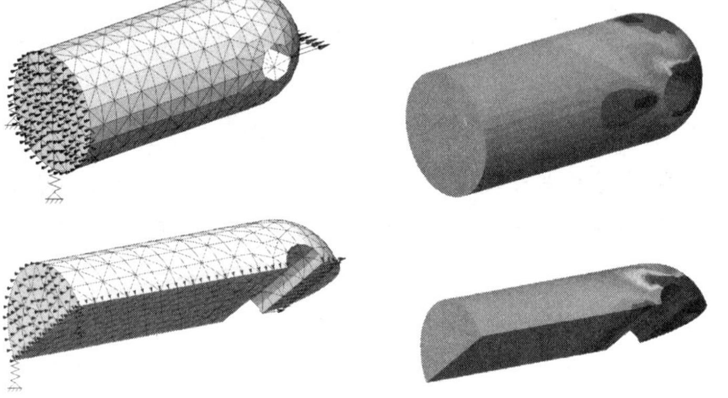

그림 4.1.8 강성이 매우 낮은 스프링 요소를 이용한 강체운동 구속

경계조건에 대한 설명을 마무리 하면서 마지막으로 언급하고 싶은 사항은 물체 경계의 모든 지점에는 반드시 경계조건이 부여되어야 한다는 점이다. 예를 들어, 다음의 그림 4.1.9에 나타낸 2차원 보를 생각해 보기로 하자. 보의 좌측 단은 x, y방향으로의 변위 u_x 그리고 u_y가 구속되는 변위 경계영역이다. 그리고 보의 상부 일부에는 수직 분포하중 t_y가 부여되어 있는 하중 경계영역이다. 그렇다면 나머지 경계영역에 대해서는 어떻게 말할 것인가? 거의 대부분의 해석자는 경계조건이 주어지지 않은 경계영역이라고 말할 것이다. 하지만 그렇게 생각하는 것은 잘못된 것이다. 나머지 경계영역은 크기가 0인 하중값이 부여되어 있는 하중 경계영역이라고 해야 정확한 표현이다. 종합하면 크기가 0인 하중조건도 분명 경계조건에 해당되며, 경계조건을 가지지 않는 경계영역은 없다는 점을 명심하기 바란다.

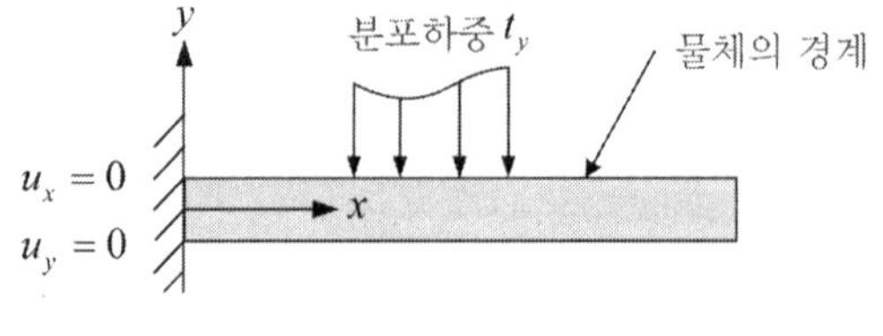

그림 4.1.9 2차원 보 경계에서의 경계조건

4.1.2 구조해석 문제의 간략화

물체의 거동은 특정한 점, 선 혹은 면에 대하여 대칭성(symmetry) 혹은 불변성(invariant)을 나타내는 경우가 있다. 불변성이란 물체의 거동이 특정한 방향으로 변하지 않거나 변하더라도 변화의 정도가 극히 미미한 경우를 의미한다. 이러한 거동의 특성을 보이는 해석문제에 대해서는 물체의 전체 영역이 아닌 일부 영역만을 해석모델로 선정할 수 있다. 아래 그림 4.1.10은 대칭성과 방향 불변성을 이용하여 해석모델을 간략화 시킬 수 있는 모델들을 열거하고 있다.

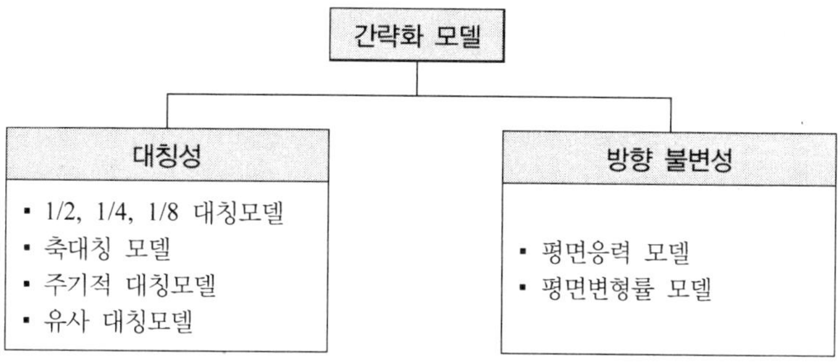

그림 4.1.10 대칭성과 방향 불변성을 이용한 구조해석 모델의 간략화

우선 대칭성(symmetry)에 따른 구조해석 모델의 간략화에 대하여 학습하기로 하자. 물체의 거동이 특정 선이나 면에 대하여 대칭이 되기 위해서는 물체의 기하학적 형상, 재료물성치, 구속조건 그리고 하중조건과 같은 물체거동에 영향을 미치는 제반 조건들이 대칭이 되어야 한다. 만약 이들 조건들 중에서 어느 하나라도 대칭이 되지 않는다면 물체의 거동 역시 대칭이 되지 않는다. 물체의 거동이 대칭성을 나타내게 되면 대칭이 되는 나머지 영역에 대해서는 해석을 수행하지 않아도 되기 때문에 해석모델의 크기를 축소시킬 수 있다.

이해를 돕기 위하여 다음 그림 4.1.11에 나타낸 양단이 구속된 2차원 보를 예로 들어 보기로 하자. 기하학적 측면에서 보의 두께, 영률 그리고 포와송비는 균일하고 또한 보의 윗면에 작용하는 분포하중의 크기는 일정하다고 가정한다. 이러한 조건하에서 2차원 보는 중앙 단면을 중심으로 좌우가 정확히 대칭이 된다. 그 결과 보의 처짐, 변형률 그리고 응력분포는 중앙의 대칭선에 대해 좌우가 동일하게 된다. 따라서, 해석자는 2차원 보 전체가 아닌 대칭이 되는 좌측 혹은 우측만 해석모델로 정의하면 된다.

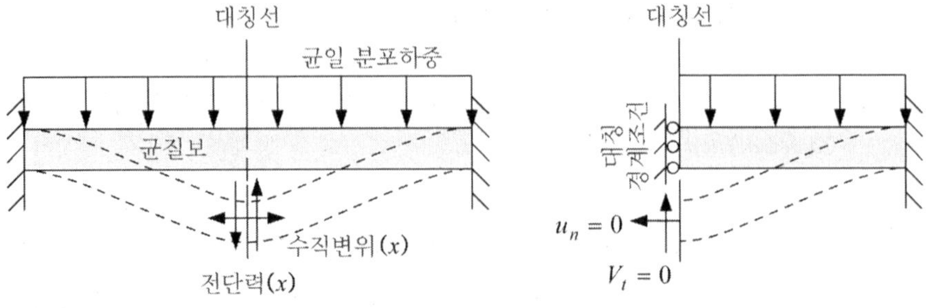

그림 4.1.11 좌우가 대칭이 되는 양단 지지된 2차원 보

대칭모델을 사용할 경우, 대칭 절단면에 반드시 대칭 경계조건(symmetric boundary condition)이 부과되어야 한다. 위 그림에서 대칭이 되는 보의 중앙 단면은 다음의 두 가지 물리적 특성을 지니고 있다.

- **변위 경계조건** : 보의 좌우측이 서로 대칭적인 변형을 나타내기 위해서 대칭이 되는 단면은 좌측 혹은 우측방향으로 이동할 수 없다. 즉, 대칭이 되는 단면에 수직한 방향으로의 변위 u_n은 발생하지 않는다($u_n = 0$).
- **하중 경계조건** : 대칭이 되는 보의 단면에 만약 접선방향으로 전단력이 존재하게 되면 보의 처짐은 중앙에서 기울기가 0이 되지 않고 사인(sine) 혹은 코사인(cosine) 형태로 뒤틀어지게 될 것이다. 왜냐하면 전단력이 존재하게 되면 절단된 두 단면에는 작용 반작용에 의해 위 그림과 같이 위 아래로 향하는 크기가 같은 전단력이 작용하기 때문이다. 따라서 대칭 절단면에 접선한 방향으로는 하중이 작용하지 않는다($V_t = 0$).

그림 4.1.11의 우측에는 1/2모델의 대칭 절단면에 경계조건을 부과한 모습을 보여주고 있다. 대칭 경계조건에서 하중 경계조건 $V_t = 0$는 물체에 아무런 영향을 미치지 않으므로 대칭모델에 추가적으로 부과할 필요는 없다. 다만, 대칭 절단면에 수직한 방향으로 변위가 0이 되어야 하는 변위구속 $u_n = 0$만 추가적으로 부과하기만 하면 된다. 이러한 대칭 경계조건은 그림과 같이 절단면이 마찰력이 없는 롤러(roller)로 지지되는 것으로 도식화 된다.

대칭모델로 해석을 수행한 후 대칭성을 이용하여 전체 모델의 해석결과로 확장시킬 수 있다. 다음 그림 4.1.12는 1/2 대칭모델로 필러(pillar)를 해석한 후 그 결과를 복사하여 합체시킨 결과를 보여주고 있다. 이와 같이 대칭성을 이용하면 해석모델의 크기를 줄일 수 있고 그 결과 해석시간을 단축시킬 수 있다. 또한, 물체거동이 대칭성을 나타내기 때문에 대칭모델의 해석결과로 전체 모델의 해석결과를 후처리를 통해 만들어낼 수 있다.

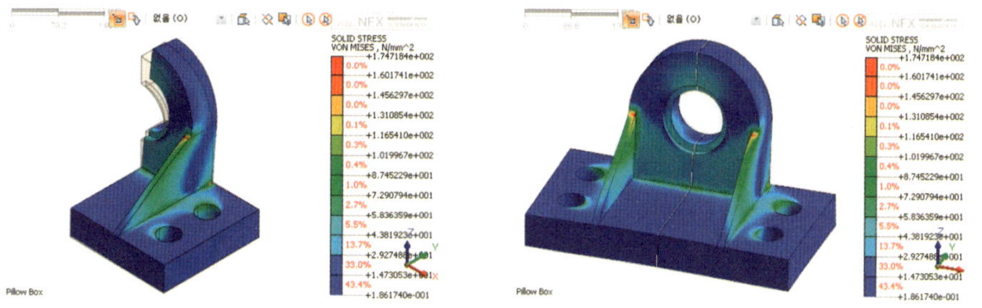

그림 4.1.12 1/2모델 해석결과를 합체한 경우(midas NFX)

지금까지는 1/2 대칭모델을 예로 들었지만 1/4 심지어 1/8 대칭모델까지 해석모델을 간략화 시킬 수 있다. 다음의 그림 4.1.13은 박판 플랜지(flange)의 1/4 대칭모델과 3차원 돔형상의 압력용기 구조해석을 위한 1/8 대칭모델을 각각 보여주고 있다. 두 경우에 있어서도 1/2 대칭모델과 동일하게 대칭 절단면에는 대칭 경계조건을 부과시켜야 한다. 그리고 대칭모델로 해석을 수행한 후 대칭이 되는 나머지 영역으로 해석결과를 복사하여 합체시키면 전체 모델에 대한 해석결과를 완성시킬 수 있다.

참고로 우측의 돔형상 압력용기는 다음에서 설명하게 될 2차원 축대칭모델(axisymmetric model)로도 간략화가 가능하다. 산업체에서 사용되고 있는 각종 기계부품과 구조물들은 제작상의 편의성을 위하여 대칭적인 형상으로 만들어지기 때문에 물체에 작용하는 하중과 구속조건이 대칭성을 만족하게 되면 대칭모델로 구조해석을 효과적으로 수행할 수 있다.

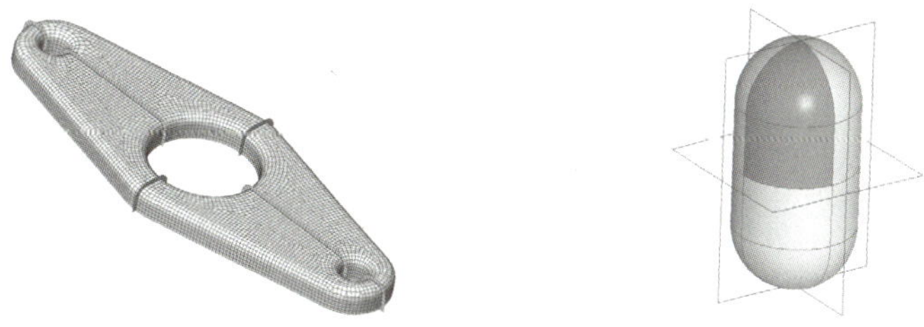

(a) (b)

그림 4.1.13 대칭성이 높은 대칭모델: (a) 1/4 대칭모델, (b) 1/8 대칭모델

대칭성의 또 다른 유형으로 주기적 대칭성(periodic symmetry)이 있다. 아래 그림 4.1.14에 예를 든 플라이휠(fly wheel), 압력용기 커버 그리고 터빈 블레이드(turbine blade)는 모두 원주방향으로 주기적(periodic)인 기하학적 형상을 지니고 있다. 따라서, 한 주기에 해당되는 영역만 해석모델로 지정하여 해석시간을 현저히 단축시킬 수 있다. 명심해야 할 점은 우선, 재질과 하중조건 그리고 구속조건 역시 원주방향으로 주기적이어야 한다. 다음으로는 주기적 모델의 절단면에 대칭 경계조건을 부과해야 하는데, 기준 좌표축을 직교 좌표축(Cartesian coordinates)이 아닌 원통 좌표계(cylindrical coordinates)를 사용해야 한다. 원통 좌표축 내에서 절단면에 $u_\theta = 0$라는 변위구속을 부과해야만 원주방향으로 주기적으로 대칭이 된다.

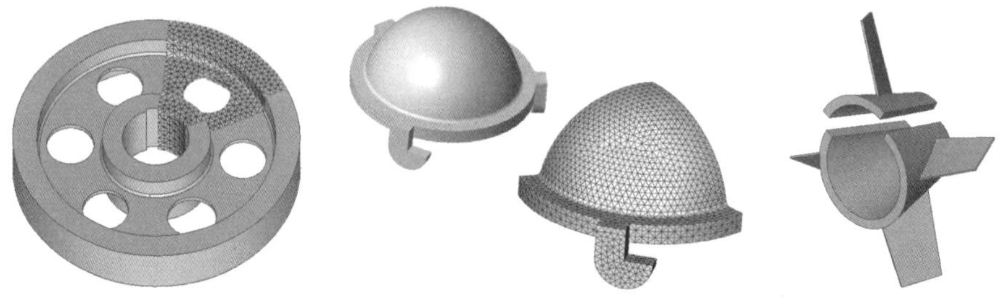

그림 4.1.14 주기적 대칭모델이 가능한 구조해석 문제

만약, 원통 좌표계가 아닌 직교 좌표계를 사용하여 대칭 경계조건을 부과하게 되면 대칭모델은 전혀 엉뚱한 결과를 초래하게 된다. 그림 4.1.14의 플라이휠의 경우를 예로 들면, 한 주기에 해당되는 영역의 절단면에 수직한 방향으로의 변위 성분을 구속하게 되면, 원주방향으로 주기성을 표현하는 것이 아니라 일직선상으로 무한히 반복되는 해석모델로 간주된다. 따라서, 해석자는 원주방향으로 주기적일 경우는 원통 좌표계를, 일직선상에서 주기적인 경우에는 직교 좌표계를 사용해야 한다.

대칭모델을 적용할 수 있는 또 다른 하나는 다음 그림 4.1.15와 같이 물체 내 일부 부분을 제외하고는 대칭성을 보이는 경우이다. 플랜지 내부에 존재하는 구멍이 없다면 이 구조해석 문제는 1/2 혹은 1/4 대칭모델을 사용할 수 있다. 구조역학적 측면에서 구멍이 있게 되면 구조물의 강도는 저하된다. 따라서, 플랜지 구조강도의 안전율(safety factor)을 감안하면, 내부에 존재하는 구멍을 무시하고 해석을 수행하여 구조강도를 평가하면 안전율이 높은 결과에 도달하게 된다. 이러한 경우, 구멍이 없다고 가정하고 1/2 혹은 1/4 대칭모델로 구조해석을 수행할 수 있다. 하지만, 구멍 주위의 국부적인 변형이나 응력분포가 관심의 대상이 될 경우에는 반대로 구멍이 대칭적으로 4개가 존재한다고 가정하여 1/2 혹은 1/4 대칭모델을 사용해야 한다. 결국, 유사 대칭모델의 생성은 해석목적에 부합되도록 해석자의 주관적인 판단에 따라 생성해야 한다.

그림 4.1.15 유사 대칭모델이 가능한 구멍이 있는 플랜지

대칭성을 이용한 또 다른 간략화 모델인 축대칭 모델(axisymmetric model)은 음료수 캔과 같이 2차원 단면 형상을 원주방향으로 회전시켜 설계한 물체에 많이 적용된다. 원주방향으로 형상과 재질이 동일하고 하중 그리고 구속조건이 동일한 물체는 2차원 축대칭 모델을 이용하여 해석모델의 크기를 대폭적으로 감소시킬 수 있다. 다음의 그림 4.1.16에 나타낸 바와 같이 2차원 축대칭 모델은 물체형상의 기본이 되는 2차원 단면으로 생성되며, 앞서 소개한 대칭모델과 달리 대칭 경계조건을 필요로 하지 않는다.

축대칭을 나타내는 물체에 대해서는 그림 4.1.16과 같이 회전 중심축을 z축 그리고 회전방향을 θ축으로 하는 원통좌표계 $(r,\ \theta,\ z)$ 혹은 구좌표계(spherical co-ordinates) $(r,\ \theta,\ \phi)$를 사용하면 편리하다. 앞서 설명한 바와 같이 축대칭 모델은 기초가 되는 물체의 2차원 단면을 회전축을 중심으로 원주방향으로 형상, 재질, 하중 그리고 구속조건이 불변이기 때문에, 식 (4.8)과 같이 물체의 거동 역시 불변이다.

$$\frac{\partial}{\partial \theta}(\quad) = 0 \quad \Rightarrow \quad \text{회전방향으로 거동의 불변성} \tag{4.8}$$

따라서 그림 4.1.16과 같이 기초가 되는 2차원 단면 혹은 단면의 중심선을 해석모델로 간략화 시킬 수 있다. 그리고 각 절점에서의 변위는 반경방향 성분 u_r과 축방향 성분 u_z로 구성되며, u_θ는 대칭성에 의해 물체 내 모든 지점에서 자동적으로 0이 된다. 앞서 보여준 그림 4.1.11에서 대칭 절단면에 부과되는 대칭 경계조건으로 대칭 절단면에 수직한 변위성분 u_n은 0이 됨을 학습하였다. 이러한 대칭 절단면에서의 구속조건으로부터 축대칭 모델은 원주방향으로 어떠한 각도에서의 단면도 대칭 절단면이 됨을 확인할 수 있다.

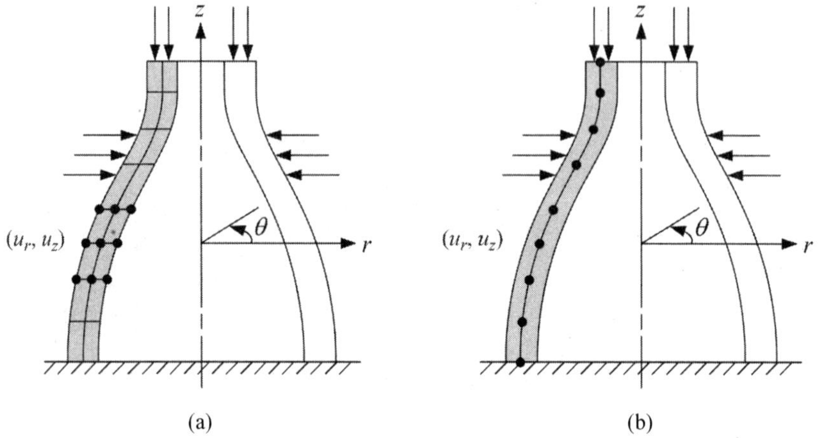

그림 4.1.16 축대칭 모델: (a) 2차원 단면요소, (b) 1차원 선요소

축대칭 모델에 있어 원주방향으로의 변위성분 u_θ는 모든 지점에서 0이 되지만, 변형률과 응력은 0이 되지 않는다. 원통좌표계에 있어 축대칭 모델의 변형률은 다음과 같이 계산되며,

$$\epsilon_r = \frac{\partial u_r}{\partial r}, \quad \epsilon_\theta = \frac{u_r}{r} + \frac{1}{r}\frac{\partial u_\theta}{\partial \theta} = \frac{u_r}{r}, \quad \epsilon_z = \frac{\partial u_z}{\partial z}$$

$$\gamma_{rz} = \frac{\partial u_r}{\partial z} + \frac{\partial u_z}{\partial r}, \quad \gamma_{r\theta} = \frac{1}{r}\frac{\partial u_r}{\partial \theta} + \frac{\partial u_\theta}{\partial r} - \frac{u_\theta}{r} = 0,$$

$$\gamma_{\theta z} = \frac{1}{r}\frac{\partial u_z}{\partial \theta} + \frac{\partial u_\theta}{\partial z} = 0 \tag{4.9}$$

0이 되지 않는 변형률 성분은 원주방향으로 3개의 면내 변형률(in-plane strain) (ϵ_r, ϵ_z, ϵ_{rz})와 1개의 면외 변형률(out-of-plane strain) ϵ_θ이 된다. 따라서, 축대칭 모델이 원주방향으로 변위성분을 가지지 않을지라도 수직변형률 ϵ_θ과 수직응력 σ_θ는 발생함을 알 수 있다.

참고로, 축대칭 모델에 있어 강성행렬(stiffness matrix) $[\boldsymbol{K}]$는 두 개의 변위성분 u_r과 u_z를 근사식으로 표현하고 식 (4.9)에서 0이 되지 않는 4개의 변형률과 응력으로 계산된다. 그림 4.1.16의 우측에 있는 단면의 중심선을 따라 생성된 1차원 축대칭 모델의 경우에는 두 개의 변위성분은 단면 중심선에서의 변위에 해당되고, 두께방향으로 변위의 변화는 선형함수 $\phi(t)$로 근사된다.

$$u_r = u_r^0(r,\ \theta)\phi(t) \tag{4.10a}$$

$$u_\theta = u_\theta^0(r,\ \theta)\phi(t) \tag{4.10b}$$

그리고 강성행렬 $[\boldsymbol{K}]$를 구하기 위한 2차원 단면상에서의 적분에 있어 두께방향으로의 적분은 수치적분(numerical integration)이 아닌 이론적인 방법으로 처리된다.

다음으로 물체거동이 특정한 방향으로 변화가 전혀 없거나 거의 무시할 수 있는 경우에 대하여 학습하기로 한다. 첫째로 평면응력(plane stress) 문제는 구조물의 두께가 특성길이에 비해 현저하게 작고 또한 외부하중이 구조물의 두께방향으로 작용하는 경우에 해당한다. 그림 4.1.17(a)와 같이 굽힘하중을 받고 있는 평판 그리고 쉘형상의 박판 구조물이 대표적인 평면응력 문제에 속한다. 평면응력의 가장 뚜렷한 물리적 특성은 식 (4.11)과 같이 면외 응력(out-of plane stress) 성분들의 크기가 거의 무시할 정도의 크기를 가진다는 점이다.

$$\text{면외 응력 : } \sigma_{zz} = \sigma_{zx} = \sigma_{zy} = 0 \tag{4.11}$$

그리고 ϵ_{zz}를 제외한 두 개의 면외 변형률 역시 무시된다.

$$\text{면외 변형률 : } \epsilon_{zx} = \epsilon_{zy} = 0, \quad \epsilon_{zz} \neq 0 \tag{4.12}$$

또 다른 물리적인 특성은 구조물의 두께가 특성길이에 비해 상대적으로 작기 때문에 두께방향으로 물체의 거동변화가 작다는 점이다. 이러한 물리적 특성은 3.2.1절에서 소개한 박판 구조물에 대한 설명으로 충분히 이해할 수 있을 것이라 생각한다.

평면응력 문제의 이러한 두 가지 물리적 특성에 따라, 평판 그리고 쉘형상 구조물의 역학적 모델은 중립면 상에서 정의되는 면내(in-plane) 응력과 면내 변형률만으로 표현된다. 따라서, 평면응력 문제는 그림 4.1.17(b)와 같이 중립면 상에서 정의되는 2차원 문제로 간략화 시킬 수 있다. 평면응력 문제의 응력 - 변형률 관계식은 식 (4.13)과 같이 표현되는데, 이 구성방정식은 식 (4.11)과 (4.12)를 일반 3차원 선형 탄성체(3-D linear elastic body)의 구성방정식 (3.48)에 대입하여 유도된 것이다.

$$\sigma_{xx} = \frac{E}{(1-\nu^2)}\left[\epsilon_{xx} + \nu\epsilon_{yy}\right]$$

$$\sigma_{yy} = \frac{E}{(1-\nu^2)}\left[\epsilon_{yy} + \nu\epsilon_{xx}\right]$$

$$\sigma_{xy} = 2G\epsilon_{xy} \tag{4.13}$$

그리고 0이 되지 않는 면외 수직변형률 ϵ_{zz}는 다음 식으로 계산할 수 있다.

$$\epsilon_{zz} = -\frac{\nu}{E}(\sigma_{xx} + \sigma_{yy}) \tag{4.14}$$

평면응력 문제는 박판 구조물에서 발생하기 때문에 3.2.2절에서 소개한 박판 구조물을 위한 킥컵(Kirchhoff)이론, 라이스너 - 민들린(Reissner-Mindlin) 이론 그리고 고차(higher-order)이론을 적용할 수 있다. 이들 중에서 킥컵이론은 구조물의 처짐뿐만 아니라 처짐의 기울기까지 요소망 내에서 연속적인 허밋(Hermite) 유형의 유한요소를 필요로 하기 때문에 실무에서는 사용되지 않고 수치해석 결과의 비교를 위한 이론해를 구하기 위해 사용된다. 한편 고차이론은 구조물의 두께방향으로 1차 이상의 고차함수로 표현되기 때문에 요소망 내 각 절점에서의 자유도 개수는 함수의 차수에 비례하여 증가한다.

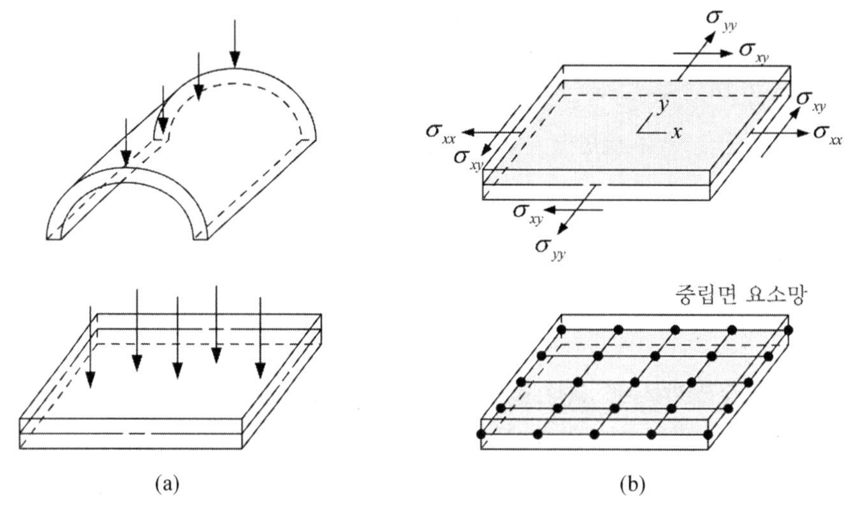

그림 4.1.17 평면응력 문제: (a) 굽힘하중 상태에 있는 평판 그리고 쉘형상 구조물, (b) 중립면에 정의되는 2차원 해석모델과 요소망

킥컵이론과 고차이론의 이러한 특성 때문에 상용 유한요소 해석 소프트웨어에서는 주로 라이스너 - 민들린 이론을 적용하고 있다. 다음 표 4.2는 세 가지 구조이론을 평면응력 모델에 적용할 경우, 유한요소의 유형과 절점에서의 자유도를 비교하고 있다. 라이스너 - 민들린 이론의 경우, 평판요소는 쉘요소에 비해 면내 인장(in-plane extension)

2자유도가 빠져 있는데, 이것은 평판의 굽힘변형에서는 면내인장은 거의 무시할 수 있을 정도로 작기 때문이다. 평판요소는 절점 자유도와 기하학적 형상 측면에서 쉘요소의 특수한 경우에 해당되기 때문에, 실무에선 평판요소와 쉘요소를 구분하지 않고 쉘요소를 사용하는 것이 일반적이다. 하지만, 명확히 평판요소를 적용할 수 있는 경우라면 평판요소를 사용하는 것이 총 자유도 측면에서 유리하다.

표 4.2 2차원 평면응력 해석모델에서의 절점 자유도

구조이론	요소 유형	절점 자유도
Kirchhoff	변위, 변위미분 연속형(Hermite 함수)	w, dw/dx
Reissner-Mindlin	변위 연속형(C^0 함수)	평판요소 : w, θ_x, θ_y 쉘요소 : u, v, w, θ_x, θ_y
고차이론	변위 연속형(C^0 함수)	u^0, v^0, w^0, $\cdots$, u^{p-1}, v^{p-1}, w^{p-1}

중립면에서의 2차원 요소망으로 유한요소 해석을 수행하게 되면, 기본적으로 중립면의 변형, 변형률 그리고 응력분포만이 출력된다. 하지만, 중립면이 아닌 지점에서의 해석결과도 응력복원(stress recovery) 기능을 이용하면 출력이 가능하다. 평면응력 모델은 전처리기에서 박판 구조물의 기하학적인 단면특성을 입력할 때 지정할 수 있다. 그림 4.1.18의 보 모델의 경우를 예로 들면, 대부분의 해석프로그램은 최대 4개의 응력복원점을 지원하며, 일반적으로 보 단면을 둘러싸는 직사각형의 4개 꼭짓점들이다. 따라서 이 지점 이외의 위치에서의 해석결과가 필요할 경우에는 전처리 작업 과정에서 응력복원점을 추가해야 한다. 인장응력과 압축응력은 전체 보에 대해 계산되지만, 굽힘응력과 비틀림 응력은 지정한 응력복원점에서의 값만 제공된다.

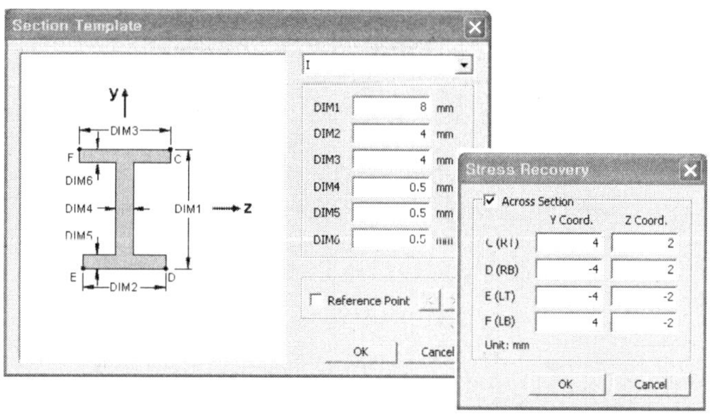

그림 4.1.18 I형 단면을 지닌 평면응력 보 모델에서의 응력복원점 설정

다음으로 평면변형률(plane strain) 상태는 평면응력 상태와는 정반대의 특성을 나타낸다. 기하학적인 측면에서 해석모델이 어느 한 방향으로 현저히 길고 또한 그 방향으로 물체형상과 재료물성치 그리고 하중과 변위구속조건의 변화가 없다. 그림 4.1.19에 나타낸 수압을 받고 있는 직선형태의 댐과 상부 지층의 하중을 지탱하는 직선형태의 터널이 대표적인 사례이다. 댐과 터널은 길이가 단면치수에 비해 상대적으로 크고 또한 단면형상과 재료물성치 그리고 하중과 변위구속이 길이방향으로 일정하기 때문에 구조거동은 길이방향으로 거의 일정한 평면변형률 상태를 나타낸다.

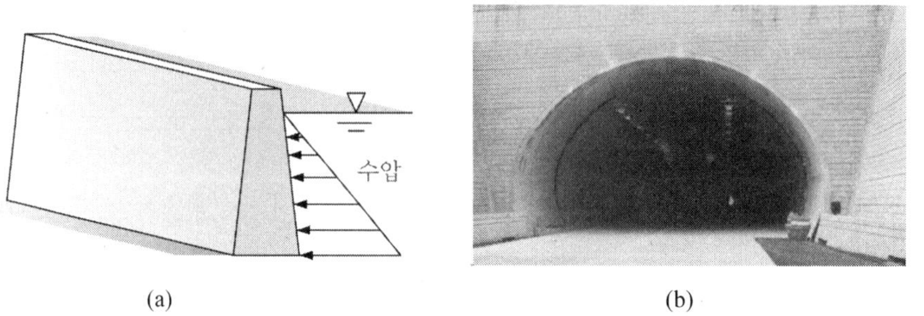

그림 4.1.19 평면변형률 문제의 예: (a) 직선형태 댐(dam), (b) 직선형태 터널

길이방향을 z축 그리고 단면을 x와 y축으로 설정하면 평면변형률 문제에서는 길이방향으로 면외 수직변형률과 면외 전단변형률이 무시된다.

$$\text{면외 변형률} : \epsilon_{zz} = \epsilon_{zx} = \epsilon_{zy} = 0 \tag{4.15}$$

그리고 σ_{zz}를 제외한 두 개의 면외 전단응력 역시 무시된다.

$$\text{면외 응력} : \sigma_{zx} = \sigma_{zy} = 0, \quad \sigma_{zz} \neq 0 \tag{4.16}$$

평면변형률 문제의 이러한 역학적 특성은 앞서 소개한 평면응력 문제와 대조적인 반면 축대칭 문제와는 유사하다. 축대칭 문제에서 원주방향을 평면변형률 문제의 길이방향으로 그리고 대칭단면을 평면변형률 문제의 단면으로 놓으면 동일한 물리적 거동을 나타내며 식 (4.15)와 (4.16)이 축대칭 문제에도 동일하게 적용된다. 평면변형률 문제의 응력-변형률 관계식은 식 (4.17)과 같이 표현되는데, 이 구성방정식은 식 (4.15)와 (4.16)을 일반 3차원 선형 탄성체(3-D linear elastic body)의 구성방정식인 식 (3.50)에 대입하여 유도된 것이다.

$$\epsilon_{xx} = \frac{1}{E}[\sigma_{xx} - \nu\sigma_{yy}]$$

$$\epsilon_{yy} = \frac{1}{E}[\sigma_{yy} - \nu\sigma_{xx}]$$

$$\epsilon_{xy} = \frac{1}{2G}\sigma_{xy} \tag{4.17}$$

그리고 0이 되지 않는 면외 수직응력 σ_{zz}는 다음 식으로 계산된다.

$$\sigma_{zz} = \nu(\sigma_{xx} + \sigma_{yy}) \tag{4.18}$$

하지만, 평면응력 그리고 축대칭 문제와는 달리 평면변형률 문제에서는 2차원 해석 모델을 적용할 수 없고, 길이방향으로 축소된 3차원 대칭모델을 사용해야 한다. 다음의 그림 4.1.20과 같이 길이방향으로 임의 크기로 절단하고 절단된 좌우의 단면에 대칭 경계조건(symmetric boundary condition)을 부여하여 평면변형률 문제를 해석할 수 있다. 축소된 3차원 대칭모델을 생성하기 위해 길이방향으로의 요소망 분할개수는 해석결과에 아무런 영향을 미치지 않는다. 따라서, 좌우 단면에 대칭 경계조건이 부과되어야 한다는 점을 감안하여 아래 그림과 같이 길이방향으로 2개의 요소가 생성되도록 분할하면 충분하다.

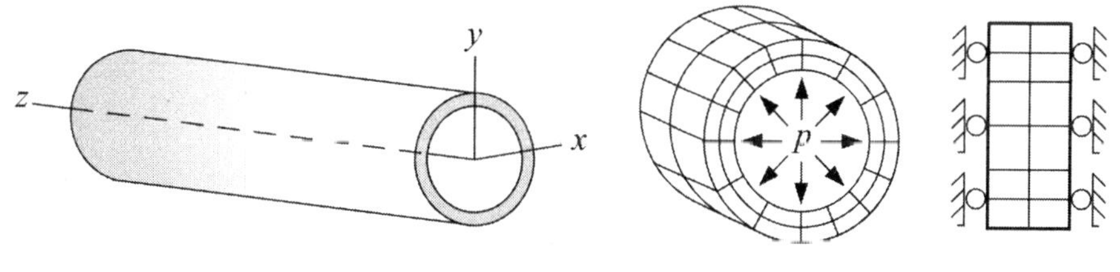

그림 4.1.20 평면변형률 문제의 간략화 된 3차원 대칭모델

4.1.3 3차원 구조해석

실무에서 다루는 선형 구조해석은 하나 이상의 부품으로 구성된 조립체를 대상으로 하는 경우가 보편적이다. 단일 부품에 비해 조립체의 유한요소 모델링은 여러 가지 고려해야 할 사항들이 많다. 다음 그림 4.1.21에 요약한 것과 같이 서로 다른 차원과 서

로 다른 절점 자유도로 생성된 부품단위의 요소망을 결합하는 작업과, 서로 다른 좌표계를 기준으로 정의된 재료물성치 그리고 경계조건을 효과적으로 부여하기 위한 기법들에 대한 이해는 3차원 구조해석을 원활히 수행하기 위해 필수적이다.

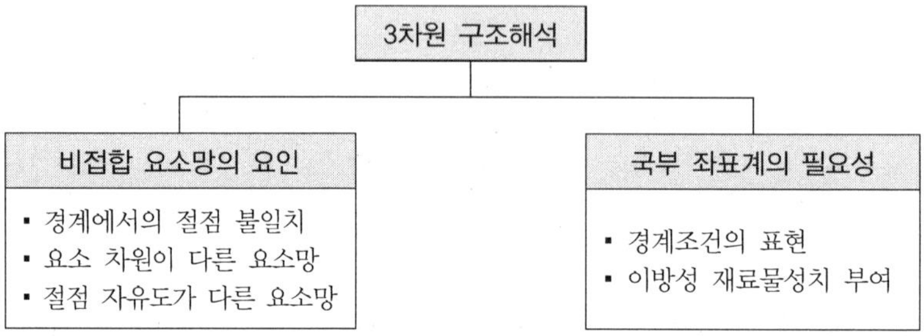

그림 4.1.21 3차원 구조해석에서의 비접합 요소망의 요인과 국부 좌표계의 필요성

2.1.1절에서 간략히 소개한 바와 같이 하나 이상의 요소망을 결합하고자 할 때, 결합할 경계면에서 두 요소망의 절점과 절점 자유도가 정확히 일치하는 경우와 그렇지 않은 경우로 구분할 수 있다. 전자의 경우에 있어 두 요소망을 접합 요소망(compatible mesh)이라고 하고, 후자의 경우에 있어 두 요소망을 비접합 요소망(incompatible mesh)이라고 정의하였다. 접합 요소망들을 결합할 경우에는 절점과 자유도가 정확히 공유되기 때문에 별도의 추가적인 기법이 필요치 않다. 하지만, 절점이 공유되지 않거나 절점 자유도가 서로 다른 경우에는 요소망 결합을 위해 추가적인 기법을 사용해야 한다.

비접합 요소망이 발생하는 요인으로는 접합 경계면 상에서 두 요소망의 절점위치가 다르거나 절점수가 달라서 절점과 절점이 정확히 1대 1로 결합되지 못하는 경우를 들 수 있다. 다음으로는 절점위치와 절점수는 정확히 일치하지만 요소의 차원 혹은 유형이 달라서 절점 자유도가 일치하지 않는 경우이다. 예를 들어 3차원 솔리드 요소망과 1차원 보 혹은 2차원 쉘 요소망을 결합하는 경우와 동일한 3차원 요소망이라도 1차 그리고 2차 요소로 구성된 요소망을 결합하는 경우가 이 경우에 해당된다. 다음 그림은 비접합 요소망의 예를 보여주고 있다.

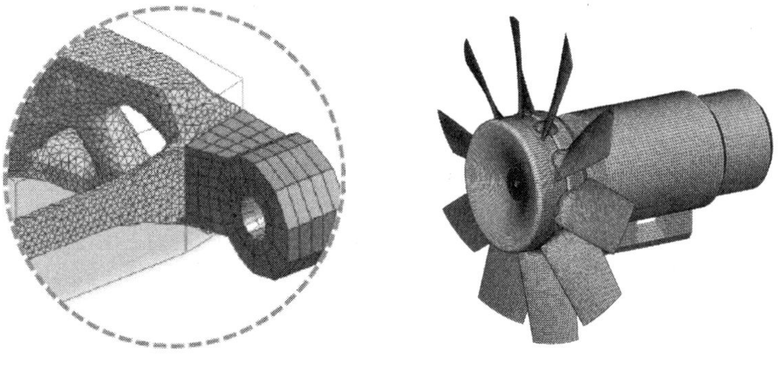

(a) (b)

그림 4.1.22 비접합 요소망 결합의 예: (a) 서로 다른 절점 분포, (b) 서로 다른 유형의 요소로 구성된 요소망

실무에서 다루는 조립체 구조해석의 경우에는 앞서 설명한 비접합 요소망의 요인들이 하나 이상 복합적으로 발생하는 것이 일반적이다. 따라서, 본 절에서는 이러한 비접합 요소망들을 결합하기 위해 소개되어 있는 결합방식들을 학습하기로 한다.

조립체 구조해석에 있어 또 다른 고려사항은 좌표계(coordinate system)의 효율적인 사용이다. 단일 부품의 경우에는 재료물성치 그리고 경계조건을 부여하기 위해 하나의 기준 좌표계로도 충분하다. 하지만, 하나 이상의 부품으로 구성되어 있을 뿐만 아니라 복합재와 같은 이방성 재료(anisotropic material)가 혼합되어 있는 경우에는 기준 좌표계 하나만으로는 충분하지 않은 경우가 많다. 단일 부품이라 할지라도 하나 이상의 좌표계를 필요로 하는 경우가 종종 발생하곤 한다.

다음의 그림 4.1.23은 이러한 경우에 대한 단편적인 예를 보여주고 있다. 섬유 보강 복합재(fiber reinforced composite)에 있어, 재료물성치를 정의하기 위해서는 섬유 코드 방향으로 정렬된 좌표계를 사용하는 것이 일반적이다. 하지만, 조립체 모델에 있어 기준이 되는 좌표계와 다른 방향으로 섬유코드가 정렬되어 있는 것이 일반적이기 때문에, 기준 좌표계와 달리 추가적인 국부 좌표계(local coordinate system)를 사용해야 한다. 또 다른 사례로, 기준 좌표계로 직교 좌표계를 사용할 경우 축과 구멍 사이의 회전 슬라이딩(rotation sliding) 조건을 부여하기가 곤란하다. 이 경우에는 극좌표계(polar coordinate system)를 추가하여 반경방향 변위만을 구속하는 것이 효과적이다.

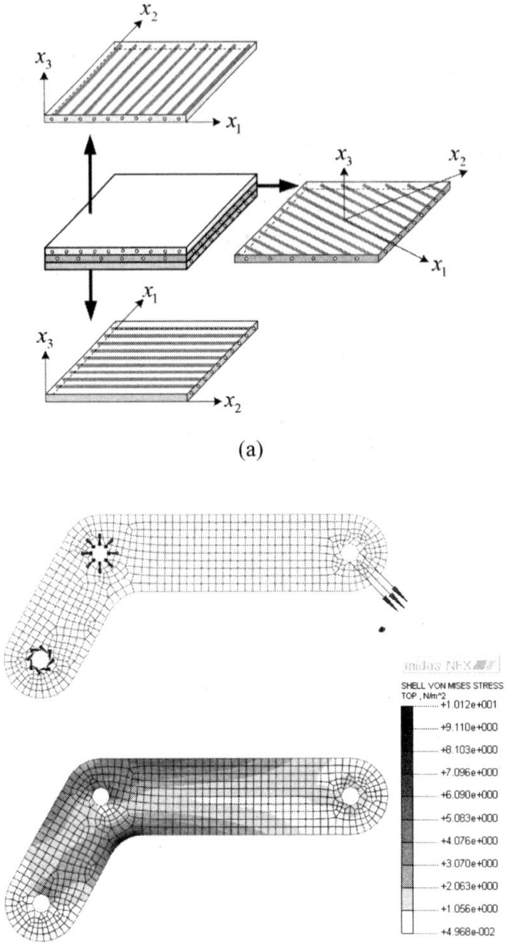

(a)

(b)

그림 4.1.23 추가적인 국부 좌표계가 필요한 경우: (a) 섬유보강 복합재 재료물성치 정의, (b) 구멍과 축사이의 회전 슬라이딩 구속

조립체 내 국부적인 영역에서 재료물성치와 경계조건을 효과적으로 부여하기 위한 국부 좌표계의 사용과 더불어 조립체 구조해석을 위해 효과적으로 사용되고 있는 기법들을 학습하기로 한다. 본 절의 학습을 통해 해석자는 조립체 요소망을 생성하고 각종 입력 data를 효과적으로 처리할 수 있는 기법들을 익힘으로써, 매우 복잡한 조립체 구조해석의 전문가가 될 수 있을 것이다.

다음의 표 4.3은 비접합 요소망을 결합하기 위해 사용되고 있는 수치기법들을 요약하고 있다. 비접합 요소망의 결합에 근본이 되는 이론은 크게 세 가지로서, 2.3.2절에서 소개한 벌칙기법(penalty method)과 라그랑지 승수법(Lagrange multiplier method) 그리고 본 절에서 소개하게 될 피라미드 요소(pyramid element)와 같은 하이브리드 요소(hybrid element)로 구분할 수 있다. 다음의 그림 4.1.24는 피라미드 그리고 삼각기둥 요소를 이용하여 비접합 요소망을 결합시킨 하이브리드 요소망을 보여주고 있다. 피라미드 그리고 삼각기둥 요소는 지금까지의 정형화된 표준요소들 사이의 결합을 위하여 개발된 일종의 변형요소로 생각할 수 있다. 피라미드 요소는 그림과 같이 경사진 면에는 사면체요소와 결합되고 바닥면은 육면체요소와 결합될 수 있도록 기저함수(basis function)를 변형시킨 것이다. 이러한 하이브리드 요소는 요소 절점 사이의 변위를 구속방정식으로 구현하는 벌칙기법이나 라그랑지 승수법과는 구별되는 방법이다.

표 4.3 비접합 요소망을 결합하기 위한 방법

바탕 이론	접합방식	구현기법
▪ 벌칙기법 ▪ 라그랑지 승수법 ▪ 하이브리드 요소 (피라미드 요소, 삼각기둥 요소)	▪ 절점-대-절점 연결 (node-to-node tying)	▪ 강체요소(RBE) ▪ 다중점 구속(MPC) ▪ 보요소
	▪ 면-대-면 연결 (surface-to-surface tying)	▪ 미끄럼(sliding) 접촉 ▪ 본딩(bonding) 접촉 ▪ 천이(transient) 요소망

비접합 요소망을 결합시키는 방식에는 절점과 절점을 연결시키는 방식과 접합 경계면 전체를 연결시키는 방식으로 구분된다. 전자는 결합시킬 두 요소망 내 절점과 절점을 강체요소(rigid body element), 다중점 구속(multi-point constrain) 혹은 보요소를 이용하여 변위를 연결시키는 방식이다. 여기서 다중점 구속은 하나 이상의 절점들을 다수의 강체요소를 이용하여 결합시키는 방식을 말한다. 보요소를 이용하게 되면 보요소의 강성(stiffness)을 조절함으로써 두 요소망 사이의 상대변위를 조절할 수 있는 특징을 지니고 있다.

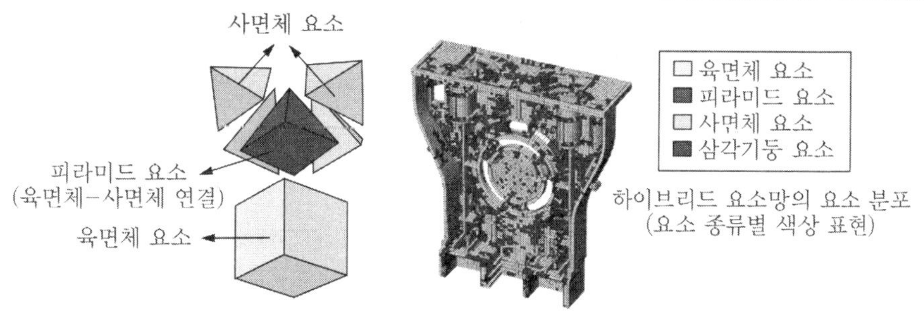

그림 4.1.24 피라미드 그리고 삼각기둥 요소를 이용한 하이브리드 요소망

다음의 그림 4.1.25는 강체요소를 이용한 비접합 요소망을 결합시킨 예들을 보여주고 있다. 앞서 언급한 것과 같이 절점이 일치하지 않은 요소망의 결합 그리고 차원과 유형이 서로 다른 요소들로 구성된 요소망들은 강체요소를 이용하여 효과적으로 구현할 수 있다. 하지만 강체요소는 조립체에 비해 강성이 상대적으로 매우 크기 때문에 강성행렬(stiffness matrix)의 조건수(condition number)를 증가시키기 때문에 과도하게 많은 수의 강체요소를 사용하게 되면 행렬연산에 문제점을 초래할 수도 있다. 강체요소 연결방식은 일종의 벌칙기법으로서 강체요소의 강성은 벌칙상수(penalty constant)에 해당되고, 강성이 증가할수록 두 요소망 사이의 변위 연속성은 높아진다. 하지만 강성이 증가할수록 행렬연산에 문제점을 초래할 수도 있기 때문에, 변위 연속성이 조금 떨어지더라도 무방한 경우에는 강성을 낮추거나 상대적으로 강성이 낮은 보요소를 이용하는 것도 대안이 될 수 있다.

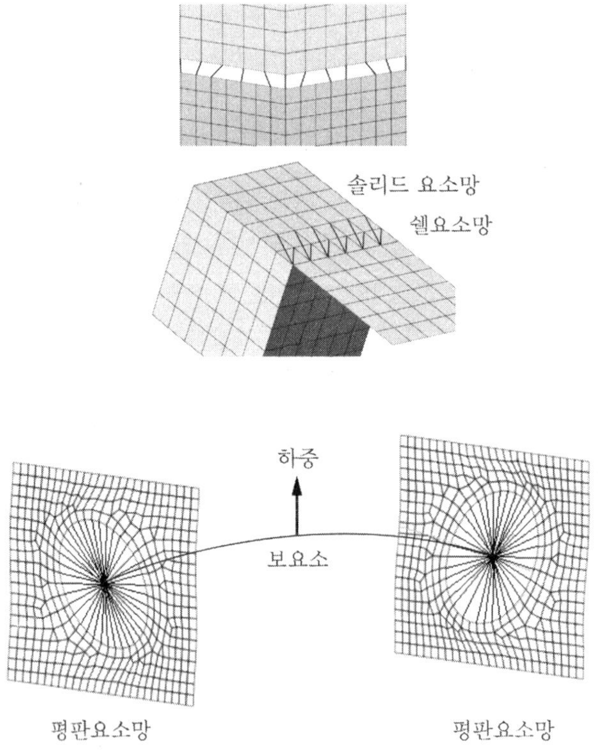

그림 4.1.25 강체요소를 이용한 비접합 요소망을 결합시킨 예

비접합 요소망을 결합하기 위해 최근 들어 가장 많이 사용하는 기법은 접촉(contact)이다. 원래 접촉은 비선형 해석에서 두 물체 사이의 동적인 접촉(dynamic contact) 상태를 구현하기 위해 고안된 수치기법이다. 하지만, 최근에는 이러한 특수한 비선형 해석뿐만 아니라 조립체 내 구성부품 사이의 결합을 위해 보다 폭넓은 의미로 사용되고 있다.

표 4.4에 요약되어 있는 바와 같이 접촉에는 크게 본딩 접촉(bonding contact), 슬라이딩 접촉(sliding contact) 그리고 일반접촉(general contact)으로 분류된다. 본딩 접촉은 두 물체를 완전히 결합된 상태로 처리하는 것으로 접촉 경계면에서 두 물체의 접선(tangent) 그리고 법선(normal)방향으로의 상대변위를 허용하지 않는다. 반면에 슬라이딩 접촉은 접촉 경계면에서 법선방향으로의 상대변위, 즉 침투(penetration)나 격리(separation)는 허용하지 않고 접선방향으로의 상대변위는 구속하지 않는다. 그리고 슬라이딩에 따른 마찰력은 무시하게 된다. 마지막으로 슬라이딩에 따른 마찰력을 고려한 경우가 일반접촉으로서 정해석으로는 구현할 수 없고 비선형 해석에 의한 반복계산으로 구현이 가능하다.

표 4.4 접촉기법의 분류

본딩 접촉 (bonding contact)	슬라이딩 접촉 (sliding contact)	일반접촉 (general contact)
▪ 두 물체의 완전 결합	▪ 접선방향 상대변위 허용 ▪ 법선방향 상대변위 구속	▪ 마찰을 고려한 슬라이딩 접촉

다음 그림 4.1.26(a)는 레일과 공작기계 지지대로 구성된 조립체의 슬라이딩 접촉조건을 적용한 선형 정적해석을 보여주고 있다. 레일과 지지대 접촉면 사이에 무마찰 슬라이딩(frictionless sliding) 접촉조건이 부여됨에 따라 상부 지지대가 외부하중에 의해 오른쪽으로 밀려난 것을 확인할 수 있다. 상부 지지대와 하부 레일은 비접합 요소망으로 되어 있으며, 슬라이딩을 반영한 선형 정적해석을 효과적으로 재현할 수 있음을 보여주고 있다. 한편, 그림 4.1.26(b)는 회전축을 클램핑(clamping)하는 장치로서 일정한 토크를 받고 있는 회전축을 클램핑하였을 때 마찰 접촉력을 계산하는 문제이다. 축과 클램핑 장치의 접촉 경계면에 일반접촉 조건을 부여하여 시뮬레이션 한 결과를 보여주고 있으며, 결과로부터 클램핑 장치 속에서 축이 토크에 의해 회전한 것을 확인할 수 있다.

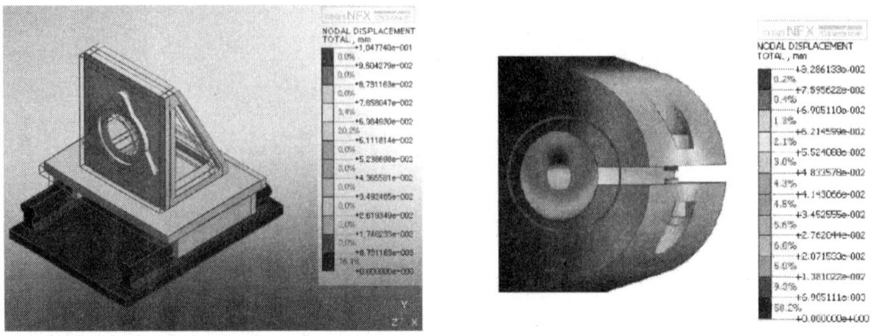

(a) (b)

그림 4.1.26 접촉을 이용한 비접합 요소망의 결합: (a) 슬라이딩 접촉, (b) 일반접촉

극히 제한적으로 사용되고 있긴 하지만, 비접합 요소망을 결합하는 또 다른 하나의 방법으로 천이요소망(transit mesh)을 생성하는 것이다. 천이요소망은 원래 국부적으로 조밀한 요소망과 엉성한 요소망 사이의 영역에 요소밀도(mesh density)를 점진적으로 변화시키기 위해 사용되었다. 하지만, 천이요소망은 뚜렷한 요소밀도 차이를 보이는 두 개의 비접합 요소망을 결합시키기 위해서도 효과적으로 사용될 수 있다. 아래 그림 4.1.27은 요소밀도가 서로 다른 두 요소망을 천이요소망으로 결합시킨 경우로서, 두 요소망과 접하는 천이요소망의 경계에는 두 요소망의 절점과 정확히 일치하도록 절점을 생성시킨 후, 천이요소망 내부에는 점진적으로 요소밀도가 증가 혹은 감소하도록 요소망을 생성시킨 것이다.

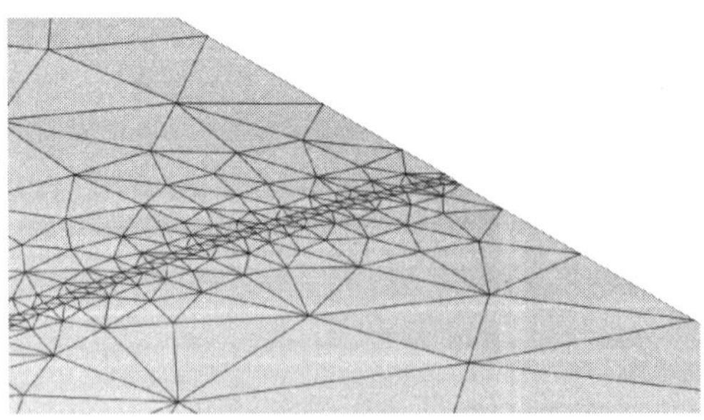

그림 4.1.27 조밀 요소망과 성긴 요소망을 천이요소망으로 결합시킨 경우

다음으로 경계조건 영역을 설정하는 경계패치(boundary patch), 요소망 내 일부 영역을 강제적으로 변형시키기 위한 강제변위(forced displacement) 그리고 하중조건만 다

른 다수의 해석문제를 효과적으로 처리하기 위한 다중해석 케이스(multi analysis case)에 대해 살펴보기로 한다. 3차원 조립체는 그 형상이 단순하지 않기 때문에 거의 대부분 자동요소망(auto mesh) 기능으로 생성하게 된다. 이렇게 자동으로 요소망을 생성하게 되면 물체의 특정 영역에 경계조건을 부여하거나 요소망 밀도를 조절하는 등의 작업이 수동요소망(mapped mesh)에 비해 어렵게 된다. 이러한 특정 국부영역 작업을 위해서는 패치(patch)기능을 사용하면 편리하다.

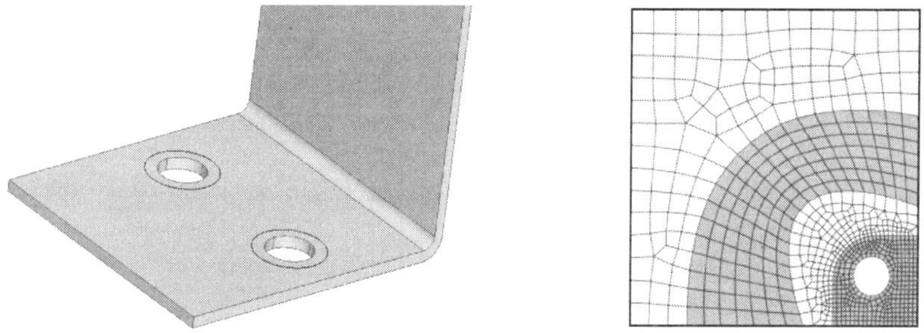

(a) (b)

그림 4.1.28 특정한 영역을 패치로 구분: (a) 경계조건부여, (b) 요소망 밀도 조절

패치기능은 그림 4.1.28과 같이 해석모델의 특정영역을 구분하는데 사용된다. 그림 4.1.28(a)는 나사머리 혹은 와셔(washer)의 체결력을 분포하중으로 부여하기 위한 국부 원형영역을 패치로 설정한 경우를 나타내며, 그림 4.1.28(b)는 4개의 서로 다른 요소밀도를 가진 비균일 요소망을 생성하기 위해 패치기능으로 물체의 영역을 구분한 예를 보여주고 있다. 이 외에도 해석을 수행한 후 특정한 국부 영역에서의 해석결과만을 출력하거나 합산하기 위해서도 패치기능을 적용할 수 있다. 예를 들어 스크류와 접촉하는 물체영역에 작용하는 반력은 스크류와 접촉하는 영역만을 패치로 설정하여 패치 내 절점하중을 합산하면 쉽게 계산할 수 있다. 국부 패치영역은 요소망을 생성하기 전에 물체의 솔리드 모델 상에서 설정하거나 아니면 요소망을 생성한 후 요소망 상에서 설정할 수도 있다.

또한, 다음 그림 4.1.29와 같이 볼트(bolt) 체결력에 의한 물체의 변형을 구현하기 위해 볼트머리와 접촉하는 원형 영역을 패치로 지정하여 강제변위를 부과시킬 수도 있다. 직접 볼트를 모델링하여 볼트체결 과정을 시간이 많이 소요되는 복잡한 비선형 접촉해석으로 구현하기보다 볼트체결에 따른 접촉면의 이동량을 변위로 구속함으로써 물체 내 응력을 효과적으로 계산할 수 있다.

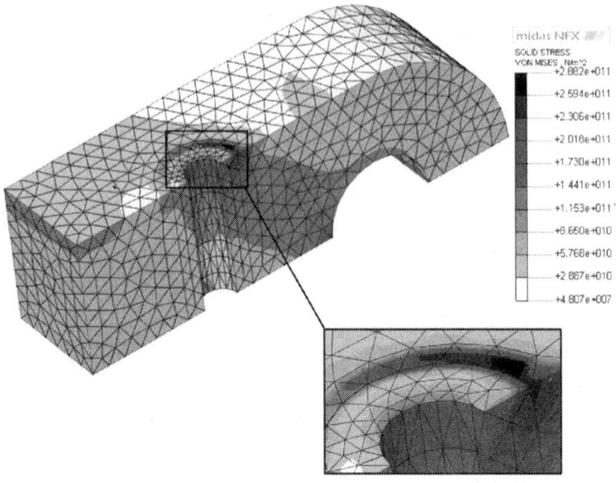

그림 4.1.29 볼트 체결력을 강제변위로 구현하기 위한 원형영역 패치

다음으로는 선형 정적해석에서 자주 발생할 수 있는 다중하중 케이스에 대하여 살펴보기로 한다. 다중하중 케이스란 그림 4.1.30과 같이 외부 하중조건만 다른 동일 선형 정적해석 케이스들을 일컫는다. 다시 말해, 물체의 형상, 재질 그리고 요소망은 동일하지만 외부하중이 달라지게 됨에 따라 물체의 거동이 어떻게 변하는지 알고자 할 경우, 외부하중 조건의 개수만큼 선형 정적 문제가 정의된다. 이러한 경우, 각각의 하중조건에 대하여 선형 정적해석을 처음부터 끝까지 여러 번 반복 수행하지 않고 효과적으로 처리할 수 있는 방법으로 다중하중 케이스가 있다.

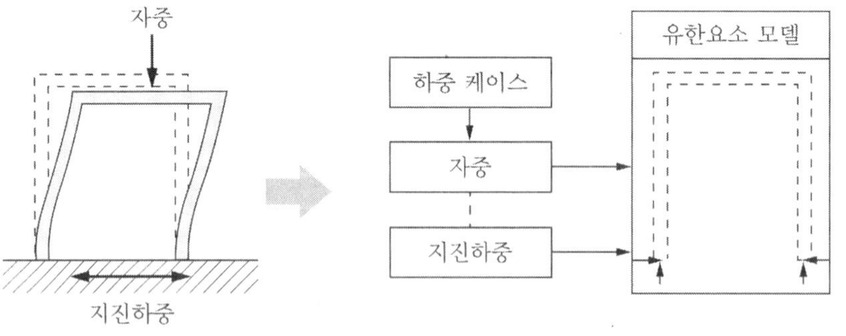

그림 4.1.30 하중조건만 다른(자중 그리고 지진하중) 다중해석 케이스

다중하중 케이스의 경우에는 대상물체의 형상과 재료물성치 그리고 구속조건이 동일하기 때문에 강성행렬 $[\boldsymbol{K}]$는 일정하다. 다만 우변의 하중벡터 $\{\boldsymbol{F}\}$는 케이스별로 다르며 하중케이스의 개수만큼의 하중벡터가 계산된다. 예를 들어, 하중케이스가 3개인 경우에는 아래 식과 같이 동일한 강성행렬에 대해 서로 다른 3개의 하중벡터로 구성되는 행렬방정식이 만들어지게 된다. 본질적으로 서로 다른 3가지 선형 정적해석 문제이기 때문에 각각의 하중벡터에 대하여 3개의 독립된 유한요소 해석을 수행하여 해석결과를 구해야 한다. 하지만, 다중하중 케이스 기능을 이용하게 되면, 단 한 번의 전처리 작업만으로 3개의 하중케이스에 대한 해석결과를 동시에 구할 수 있다.

$$\begin{bmatrix} K_{11} & K_{12} & \cdot & \cdot & K_{1N} \\ K_{21} & K_{22} & \cdot & \cdot & K_{2N} \\ K_{31} & K_{32} & \cdot & \cdot & K_{3N} \\ \cdot & \cdot & \cdot & \cdot & \cdot \\ K_{N1} & K_{N2} & \cdot & \cdot & K_{NN} \end{bmatrix} \begin{Bmatrix} u_1 \\ u_2 \\ \cdot \\ \cdot \\ u_N \end{Bmatrix} = \begin{Bmatrix} F_1^A & F_1^B & F_1^C \\ F_2^A & F_2^B & F_2^C \\ \cdot & \cdot & \cdot \\ \cdot & \cdot & \cdot \\ F_N^A & F_N^B & F_N^C \end{Bmatrix} \tag{4.19}$$

수학적인 측면에서 식 (4.19)의 좌변 강성행렬의 역행렬 $[\boldsymbol{K}]^{-1}$을 구하여 우변의 하중벡터에 곱하게 되면 $(N \times 3)$의 해석결과 $[\boldsymbol{u}]$를 구할 수 있다. 그리고 이 해석결과 행렬 속의 각 행(column)이 바로 각 하중케이스에 대한 해석결과가 된다. 각각의 하중케이스를 A, B 그리고 C라고 표시할 때, 각 하중케이스에 대한 해석결과는 아래 식과 같이 구분할 수 있다. 이처럼 하중조건만 다른 다중하중 케이스는 실무에서 효과적으로 활용될 수 있다. 특히, 설계중인 부품의 구조강도를 평가할 경우, 몇 가지 하중 시나리오에 대한 부품의 최대 변형, 변형률 그리고 응력 추이를 다중하중 케이스 기능을 이용하여 빠른 시간 내에 효과적으로 파악할 수 있다.

$$\text{하중케이스 } A\text{의 해석결과 : } \left\{u_1^A,\ u_2^A,\ \cdots,\ u_N^A\right\} \tag{4.20a}$$

$$\text{하중케이스 } B\text{의 해석결과 : } \left\{u_1^B,\ u_2^B,\ \cdots,\ u_N^B\right\} \tag{4.20b}$$

$$\text{하중케이스 } C\text{의 해석결과 : } \left\{u_1^C,\ u_2^C,\ \cdots,\ u_N^C\right\} \tag{4.20c}$$

다음의 그림 4.1.31은 3가지 선형 정적해석 문제를 다중하중 케이스 기능으로 설정한 예를 보여주고 있다. 동일한 요소망에 대해 구속조건과 하중조건이 서로 다른 3개의 케이스를 지정한 후 각 케이스에 해당하는 경계조건과 하중조건을 직접 요소망에 부과하여 해석케이스를 정의하게 된다. 이렇게 3가지 서로 다른 해석문제를 정의한 후 선형 정적해석을 수행하게 되면 솔버에서는 동시에 3가지 해석케이스를 풀어서 각 해석케이스에 대한 해석결과를 해석자에게 제공한다.

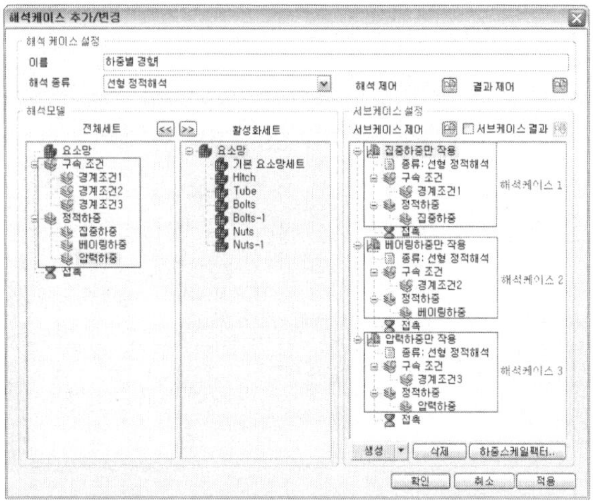

그림 4.1.31 midas NFX에서의 다중해석 케이스 설정 메뉴

4.1.4 정상상태 열전달해석

물체에 열하중이 가해지게 되면 물체 내 온도분포가 변하게 되고, 열하중이 가열인 경우에는 온도가 상승하는 반면 냉각인 경우에는 반대로 온도가 하강하게 된다. 열하중은 물체 외부에 존재하는 열원으로부터 전도(conduction), 대류(convection) 혹은 복사(radiation)를 통해 전달되거나, 다른 물체와의 마찰이나 물체 자체의 변형률에너지(strain energy)에 의한 물체 내부의 열원으로부터 주어질 수 있다. 열전달해석은 이러한 열하중에 의해 변하게 되는 물체 내 온도분포를 계산하기 위한 것으로서, 표 4.5와 같이 열하중 작용 초기에 시간과 더불어 온도변화가 심한 과도응답(transient response) 해석과 일정시간이 지난 후 온도변화가 거의 없는 정상상태(steady state) 해석으로 구분할 수 있다.

표 4.5 열전달해석의 시간 그리고 연계성에 따른 구분

구분	시간응답 고려 여부		연계 여부	
	과도응답	정상상태 응답	열해석	열+구조해석
관심 거동	온도, 온도구배, 열변형, 열응력 등의 시간에 따른 변동	정상상태에서의 온도, 온도구배, 열변형 그리고 열응력 분포	물체 내 온도 그리고 온도구배에 대한 과도응답과 정상상태 응답	온도, 온도구배, 열변형, 열응력 등의 과도응답과 정상상태 응답

시간에 따른 온도변화 여부와는 별도로, 열전달해석은 물체의 다른 거동, 즉 변형이나 유동과 같은 물리량과의 연관성을 함께 고려하여 해석하는 경우와 그렇지 않은 경우로 구분할 수도 있다. 후자의 경우를 순수 열전달해석(heat transfer analysis)이라고 부르고, 전자를 열변형(thermal deformation) 혹은 열유동(thermal flow)과 같이 온도변화에 기인한 연계해석(coupled analysis)이라고 부른다. 따라서, 표 4.5에 요약한 바와 같이 열전달해석은 온도분포의 시간변동 그리고 다른 물리량과의 연계여부를 고려하느냐 그렇지 않느냐로 구분할 수 있다.

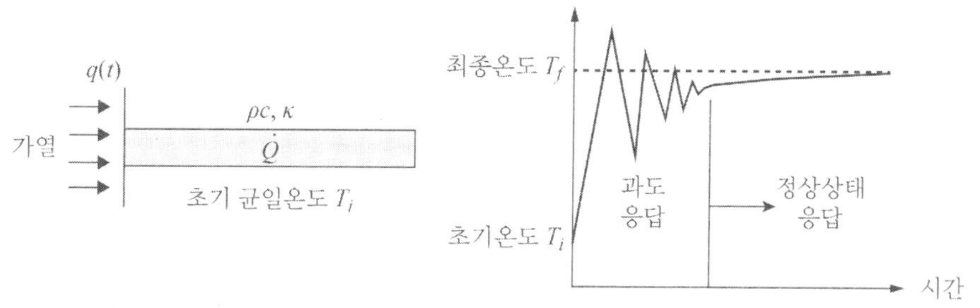

그림 4.1.32 보 구조물에서의 1차원 열전달에 따른 온도 – 시간응답

그림 4.1.32는 단위체적당 열발생률 $\dot{Q}$에 의한 보 구조물 내 임의 지점에서의 온도 상승을 예시적으로 보여주고 있다. 그림으로부터 초기에는 온도변화가 심한 시간응답(time response)을 나타내고, 일정한 시점 이후부터는 온도가 거의 일정한 값으로 수렴하는 것을 알 수 있다. 초기 과도응답과 일정시간 후 정상상태 응답을 명확히 구분할 수 있나. 보 구조물의 밀도, 비열(specific heat) 그리고 열전달계수(thermal conductivity)를 각각 ρ, c 그리고 κ로 표시하면, 보 구조물의 시간에 따른 온도변화 $T(x, t)$는 아래 식과 같이 표현된다.

$$\rho c \frac{\partial T}{\partial t} - \kappa \frac{\partial^2 T}{\partial x^2} = \dot{Q} \tag{4.21}$$

위 식은 1.1.4절의 내용을 참고하면 시간 t와 위치 x의 변화율로 표현되는 초기치 - 경계치 문제(initial value-boundary value problem)에 해당된다. 따라서 이 수학적 표현식으로부터 온도를 구하기 위해서는 초기값(initial value)이라 불리는 초기시점에서의 온도분포 $T(x, 0)$와 물체 경계에서의 경계조건(boundary condition)인 온도값 T 그리고 열유속(heat flux) $q(t) = -\kappa dT/dx$이 주어져야 한다. 2.3.1절의 내용을 참고하여 식 (4.21)은 위치에 따른 2차 미분방정식이기 때문에 한 쌍의 경계조건을 가짐을 알 수 있으며, 초기조건과 경계조건을 정리하면 아래와 같다.

- **초기조건(initial condition)**
  초기시점($t=0$)에서의 물체 내 모든 지점에서의 온도분포 $T_0(x)$
- **경계조건(boundary condition)**
  물체 경계에서 변위 경계조건 $T(t)$ 혹은 하중 경계조건 $q(t)=-\kappa dT/dx$ 중의 어느 하나가 주어져야 함

온도 - 시간응답이 정상상태에 도달하게 되면 식 (4.21)의 좌변 첫 번째 항은 사라지게 되고 또한 우변의 열발생률도 일정한 값이 되는 전형적인 경계치 문제로 축소된다. 정상상태 열전달 문제를 1차원 그리고 2차원 영역에서 수학적으로 표현하면 다음과 같이 공간좌표에 대한 2차 미분방정식이 된다.

$$-\kappa\frac{d^2T}{dx^2}=\dot{Q}(x)\ \text{(1차원)}\quad \text{혹은}\quad -\kappa\left(\frac{\partial^2T}{\partial x^2}+\frac{\partial^2T}{\partial y^2}\right)=\dot{Q}(x,\ y)\ \text{(2차원)} \tag{4.22}$$

위 식은 일반 선형 정적 구조해석과 동일한 특성을 지니고 있기 때문에 온도 T를 구조물의 변위 $u(x)$로 그리고 열유속 $q=-\kappa dT/dx$을 표면력 $\boldsymbol{t}=\sigma\cdot\boldsymbol{n}$로 치환하게 되면 구조해석 문제로 귀착된다. 여기서 σ와 $\boldsymbol{n}$은 응력(stress)과 경계에서 수직한 단위벡터(unit normal vector)를 의미한다. 이러한 이유로 정상상태 열전달해석은 정적 구조해석으로 간주하고 있으며, 구속조건이나 하중조건의 부과 그리고 해석결과의 고찰 등도 동일한 방법으로 처리할 수 있다.

표 4.6 정상상태 열전달해석과 선형 구조해석과의 유사성

해석유형	구하고자 하는 물리량	경계조건	
		변위 경계조건	하중 경계조건
정적 구조해석	변위 $u(x)$	변위 $u(x)$	표면력 $\boldsymbol{t}=\sigma\cdot\boldsymbol{n}$
정상상태 열전달	온도 $T(x)$	온도 $T(x)$	열유속 $q=-\kappa dT/dx$

그리고 정상상태 열전달해석을 유한요소 행렬방정식으로 표현하면 정적 구조해석과 유사하게 아래와 같이 표현된다.

$$[\boldsymbol{K}]\{\boldsymbol{T}\}=\{\boldsymbol{F}\} \tag{4.23}$$

위 식에서 강성행렬 $[\boldsymbol{K}]$는 물체의 열전달계수로 표현되며 하중벡터 $\{\boldsymbol{F}\}$는 물체 내부 전체 영역에서의 열발생과 물체 경계에서의 열유속으로 표현된다. 구조해석에 있어 강성행렬이 물체의 탄성계수(elastic modulus) E로 하중벡터가 자중과 외력으로 표현되는 것과 비교하면, 식 (4.23)의 물리적 의미를 쉽게 이해할 수 있을 것이다. 즉, 일정한 열하중에 대해 물체의 온도증가는 물체의 열전달계수 κ에 비례하여 커지며, 동일한 물체에 있어서는 열하중이 커질수록 온도증가가 비례적으로 커지게 된다.

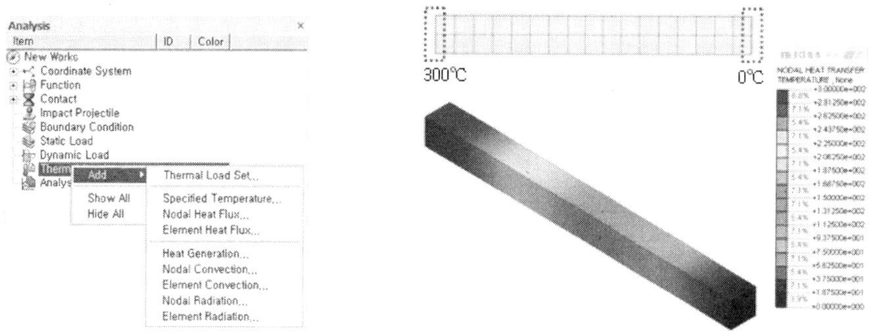

(a) (b)

그림 4.1.33 정상상태 열전달해석: (a) 경계조건 설정, (b) 물체 내 온도분포

외부에 존재하는 열원으로부터 물체에 열이 전달되는 방법은 표 4.7에 요약한 바와 같이 전도, 대류 그리고 복사로 구분한다. 첫째로 전도는 금속과 같은 고체(solid body) 내부에서 위치에 따른 온도 차이로 열이 전달되게 되며, 단위면적당 전달되는 열전달률 q는 표에 나와 있는 바와 같이 두 지점(A지점: 고온, B지점: 저온)과의 온도 차이와 물체의 고유한 열전달계수 κ의 곱으로 계산된다. 열전달계수는 재질마다 다르며 금속은 높은 열전달계수를 나타내는 반면 나무, 유체, 콘크리트 등과 같은 비금속 소재는 상대적으로 매우 낮은 열전달계수를 지니고 있다.

대류는 유체나 기체를 통한 열전달로서, 강제적인 유동이 없는 가운데 열이 전달되는 자연대류(natural convection)와 강제적인 유동에 편승되어 열이 전달되는 강제대류(forced convection)로 구분된다. 물체와 접하고 있는 유체나 기체의 대류로 물체로부터 열이 방출되거나 물체로 유입되는 단위면적당 열전달률 q는 표 4.7에 나와 있듯이 물체 주위의 대류온도 T_∞와 물체 표면온도 T_w과의 차이($T_w - T_\infty$)와 대류계수(convection coefficient) h_c와의 곱으로 계산된다. 주위온도가 물체 표면온도보다 높은 경우에는 열이 물체로 유입되고, 반대로 주위온도가 낮은 경우에는 물체 표면으로부터 열이 방출되게 된다.

표 4.7 전도, 대류 그리고 복사에 의한 열전달

전달방식	전도 (conduction)	대류 (convection)		복사 (radiation)
		자연대류	강제대류	
전달경로	금속과 같은 고체 내부를 통한 전달	물이나 공기와 같은 유체나 기체를 통한 전달		완전 진공상태에서 온도 차이에 의한 전자기적인 열전달
열전달률	$q=\kappa(T_A-T_B)$	$q=h_c(T_w-T_\infty)$		$q=\epsilon\sigma(T_1^4-T_2^4)$

자연대류에서는 온도가 높은 액체나 기체는 밀도가 낮아져 위로 상승하고 반면 밀도가 상대적으로 높은 상부의 액체나 기체가 아래로 하강하는 일련의 흐름이 형성된다. 이러한 자연대류에서의 유동은 바람이나 유체유동과 같은 강제적인 유동과는 구별되는 밀도 차이에 따른 자연적인 상하로의 순환흐름이다. 자연대류의 경우 대류계수는 매질의 점성(viscosity)과 밀도, 비열 그리고 열전달계수에만 영향을 받는다. 다시 말해, 매질이 정해지면 자연대류계수는 열전달 도서에서 그 값을 찾을 수 있다.

하지만, 강제대류의 경우에는, 이 외에도 물체 표면이 주위 유동방향과 이루는 각도와 유동속도에 따라 대류계수의 값이 달라진다. 달구어진 금속판에 수직으로 공기가 흐르는 경우와 수평으로 공기가 흐르는 경우에 있어 열이 방출되는 속도는 다르다는 것을 쉽게 이해할 수 있을 것이다. 강제대류에 있어 대류계수는 유동의 레이놀즈 수(Reynolds Number) Re, 프란틀 수 (Prandtl Number) Pr 그리고 너셀 수(Nusselt Number) Nu로 계산되며, 이 값들은 앞서 언급한 유동의 점성, 밀도, 비열, 열전달계수, 유동속도 그리고 물체 표면과 유동방향이 이루는 각도로 결정된다. 강제대류에 있어 대류계수를 결정하는 방법에 대한 구체적인 내용은 열전달 도서를 참고하기 바란다.

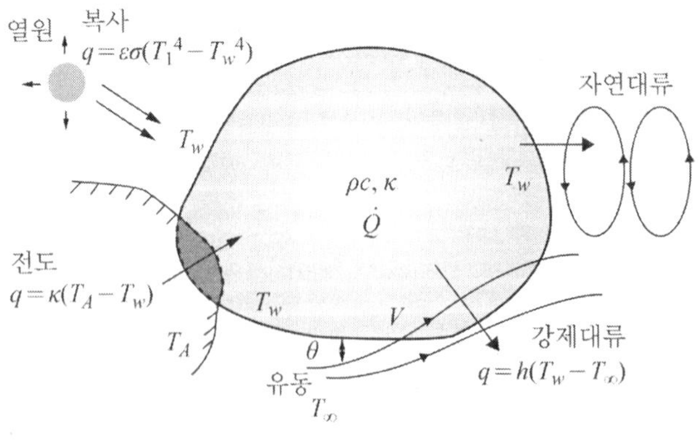

그림 4.1.34 대류, 전도 그리고 복사에 따른 열전달

마지막으로 복사는 매질이 없는 완전 진공상태에서 두 물체 사이의 온도 차이에 따른 전자기(electromagnetic)적인 열전달로서, 물체 단위면적당 전달되는 열전달률 q는 표 4.7에 나타나 있다. 여기서 T_1과 T_2는 두 물체의 온도를 나타내고 ϵ과 σ는 각각 emissivity와 Stefan-Boltzmann상수를 의미한다. 일반 공학분야에 있어서 특별한 경우를 제외하고는 복사에 의한 열전달은 거의 미미하기 때문에 고려하지 않고 있다.

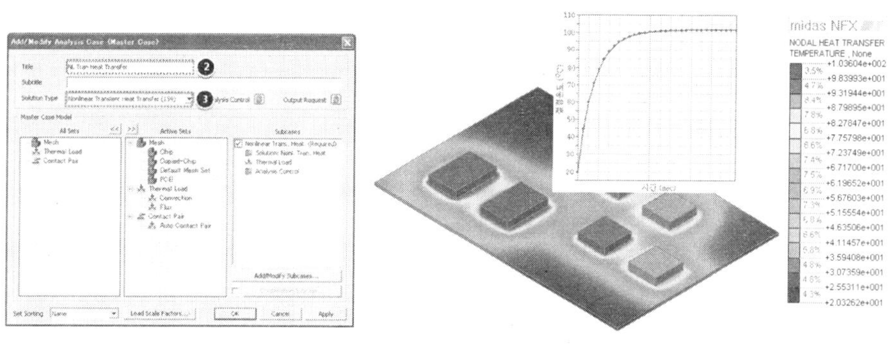

(a) (b)

그림 4.1.35 비정상상태 열전달해석: (a) 해석조건 설정, (b) 온도 시간이력

다음으로 온도장과 다른 물리량과의 연계성에 대하여 학습하기로 한다. 가장 단순한 예로 구조물 내 온도변화로 구조물이 변형을 일으키는 열변형(thermal deformation)을 들 수 있다. 이러한 경우에는 열전달해석으로 구조물 내 온도분포를 구하고, 온도변화를 구조물에 열하중으로 적용하여 구조변형 해석을 순차적으로 수행하면 된다. 구조물이 구속되이 있지 않고 구조물 내 온도분포가 균일한 경우에는 구조물이 자유팽창 혹은 자유수축 되어 열변형은 발생하지 않는다. 하지만, 균일 온도변화일지라도 구조물이 구속되어 있거나 아니면 구속되지 않더라도 온도분포가 불균일한 경우에는 열변형이 발생하게 된다. 이러한 단순한 열변형해석은 단일방향(one-directional) 연계해석(coupled analysis)으로서 구조물의 변형이 열전달해석에 미치는 영향은 없고 단지 온도변화가 구조물의 변형을 발생시킬 뿐이다.

열 연계해석

단일방향(열해석 → 타 해석)

- 열해석 → 타 물리량의 열하중 혹은 재료물성치값 결정에 사용

대표적인 공학예제

- 자유팽창 혹은 수축해석
- 선형, 비선형 열변형해석
- 온도의존성 파라메터 계산

양방향(열해석 ↔ 타 해석)

- 온도변화는 물성치나 열하중 등으로 타 해석에 적용
- 타 해석은 열해석의 영역, 열원, 경계조건 등을 변화

대표적인 공학예제

- 구조마찰 열전달해석
- 열유동(thermal flow)해석
- 열전자기해석

그림 4.1.36 열과 연관된 연계해석 문제의 분류

열과 관련된 연계해석을 그림 4.1.36에 분류하였는데, 상호작용 여부에 따라 일방향 혹은 양방향 연계해석으로 나눌 수 있다. 단일방향 연계해석은 앞서 설명한 바와 같이 열해석 결과로 단순히 타 해석을 수행하는 것을 의미하는 반면, 양방향 연계해석은 열해석 결과가 타 해석에 영향을 끼침과 동시에 타 해석의 결과도 열해석에 영향을 미치는 상호작용(mutual interaction)을 반영하는 경우이다. 예를 들어, 점탄성 구조물은 전단변형에 의해 히스테리시스 손실(hysteretic loss)을 일으키고 이 손실은 구조물 내부의 열발생률로 전환된다. 그리고 열발생에 따라 구조물의 온도가 상승하고 구조물의 재료물성치를 변화시키게 된다. 이러한 경우에는 구조물의 온도와 변형이 상호작용성을 나타내며 양방향 열변형 연계해석(coupled thermal deformation analysis)을 수행해야 한다.

다음 그림 4.1.37(a)는 지지되고 있는 강철 평판이 온도증가로 팽창하여 지지축이 변형되는 현상을 단일방향 연계해석으로 구한 결과를 보여주고 있다. 우선 강철 평판의 온도증가를 정상상태 열전달해석으로 구하고, 구한 온도증가를 열하중으로 구조체에 적용하여 구조변형을 선형 정적해석으로 구한 것이다. 그림 4.1.37(b)는 내부유동으로 원형실린더를 냉각시키는 공냉시스템 냉각장치를 양방향 열유동해석으로 구한 결과를 보여주고 있다. 원형실린더 열전달해석에 내부유동에 의한 강제대류를 반영하여 온도감소를 해석하고, 하강된 원형실린더 벽면의 온도조건을 부과하여 내부 열유동을 해석하게 된다. 이러한 양방향 연계해석은 원형실린더의 온도가 일정한 값으로 수렴할 때까지 반복적으로 수행되게 된다.

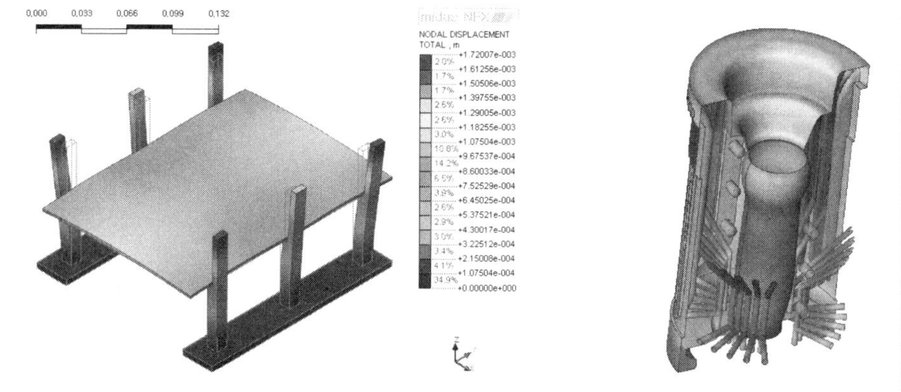

(a) (b)

그림 4.1.37 열과 관련된 연계해석: (a) 열변형 해석, (b) 열유동 해석

양방향 연계해석을 처리하는 수치기법에 대해서는 1.3.2절에서 학습한 바가 있는데, 집적법(monolithic method)과 시차제 반복법(staggered iterative method)으로 크게 구분된다. 전자는 각각의 현상에 대한 수학적 표현식을 하나의 행렬방정식으로 전환하여 각각의 현상에 대한 근사해를 하나의 행렬방정식을 한꺼번에 풀어서 구하는 방법이다. 반면 후자는 각각의 현상에 수학적 표현식을 분리된 행렬방정식으로 전환하고 지그재그(zig zag) 방식으로 행렬을 순차적으로 반복해서 풀어가는 방법이다.

열하중을 받고 있는 물체가 구속되어 있거나 온도분포가 불균일한 경우에는 물체 내부에 열응력(thermal stress)이 발생하게 된다. 균질 등방성(isotropic) 재질에 있어 온도 증가 ΔT에 따른 열응력은 아래 식 (4.24)의 우변 두 번째 항으로 계산된다. 즉, 온도 증가와 열팽창계수 α 그리고 탄성계수 E의 곱으로 계산되며, 온도가 증가하게 되면 압축응력을 받고 온도가 감소하게 되면 인장응력을 받게 된다. 등방성이 아닌 이방성(anisotropic) 재질의 경우에는 아래 구성방정식이 복잡한 형태가 되고 또한 열팽창계수도 방향별로 서로 다른 값을 가지게 된다.

$$\begin{Bmatrix} \sigma_{xx} \\ \sigma_{yy} \\ \sigma_{zz} \\ \sigma_{xy} \\ \sigma_{yz} \\ \sigma_{zx} \end{Bmatrix} = \begin{bmatrix} 2G+\lambda & \lambda & \lambda & 0 & 0 & 0 \\ \lambda & 2G+\lambda & \lambda & 0 & 0 & 0 \\ \lambda & \lambda & 2G+\lambda & 0 & 0 & 0 \\ 0 & 0 & 0 & 2G & 0 & 0 \\ 0 & 0 & 0 & 0 & 2G & 0 \\ 0 & 0 & 0 & 0 & 0 & 2G \end{bmatrix} \begin{Bmatrix} \epsilon_{xx} \\ \epsilon_{yy} \\ \epsilon_{zz} \\ \epsilon_{xy} \\ \epsilon_{yz} \\ \epsilon_{zx} \end{Bmatrix} - E\alpha \begin{Bmatrix} 1 \\ 1 \\ 1 \\ 0 \\ 0 \\ 0 \end{Bmatrix} \Delta T \tag{4.24}$$

만일 열전달해석과 구조해석을 위해 사용되는 요소망과 요소유형이 일치할 경우에는 열전달해석으로부터 구한 절점온도(nodal temperature)를 구조해석에서 절점온도로 부과시킴으로써 간단히 단일방향 연계해석을 수행할 수 있다. 그렇지 않고 열전달해석과 구조해석을 위해 각기 다른 요소망을 사용할 경우에는 열전달해석에서 구한 절점온도 data를 구조해석용 모델로 불러와서 보간(interpolation)하는 방식으로 열하중을 부과하게 된다.

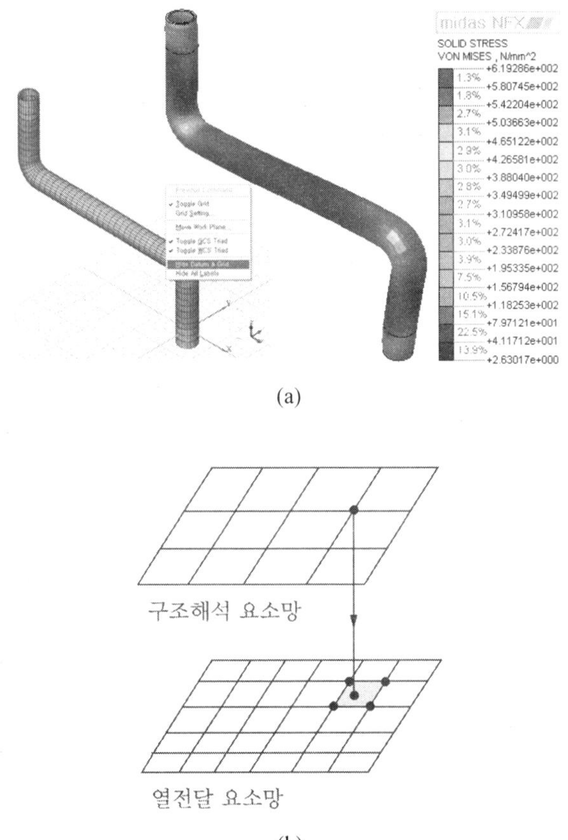

그림 4.1.38 열변형해석: (a) 동일 요소망을 적용한 경우, (b) 열전달과 구조해석용 요소망이 서로 다른 경우

그림 4.1.38(a)는 열전달해석과 구조해석을 동일한 요소망과 요소유형을 사용한 경우를 보여주고 있다. 반면 그림 4.1.38(b)는 서로 다른 요소망을 적용하여 해석한 예를 보여주고 있다. 구조 요소망의 각 절점에 부과될 온도값은 해당 절점을 열전달해석용 요

소망 내에 위치시켰을 때 이 절점을 둘러싸고 있는 열전달 요소망의 절점들에서의 온도값을 선형보간(linear interpolation)하여 계산한다.

초기 온도응답을 계산하기 위한 과도 열전달(transient heat transfer)해석은 5.2절에서 상세히 다루기로 한다. 정상상태이든지 아니면 과도응답이든 간에 열전달해석에 있어서도 선형해석과 비선형해석으로 구분할 수 있다. 정도의 차이는 있을지라도 열전달 문제 역시 본질적으로 비선형 현상에 속한다. 온도변화에 따라 재료의 물성치는 물론, 물체의 기하학적 형상과 크기 등은 변하기 마련이다. 만약 온도변화에 따른 이러한 값들의 변화를 무시할 수 없을 경우에는 비선형해석을 수행해야 한다.

비선형해석과 시간응답 해석은 선형 정적해석을 위한 행렬방정식 $[\boldsymbol{K}]\{\boldsymbol{u}\}=\{\boldsymbol{F}\}$를 원하는 수렴한도 혹은 시점까지 반복해서 계산하기 때문에 해석시간이 엄청나게 증가된다. 선형 정적해석을 위해 소요되는 행렬 연산시간에 반복횟수만큼 곱하게 되면 비선형해석 혹은 시간응답 해석에 소요되는 연산시간을 개략적으로 추정할 수 있다. 만약 해석문제가 비선형 시간응답 문제라면 연산시간은 기하급수적으로 증가하게 됨을 쉽게 알 수 있을 것이다. 비선형해석은 본 도서의 범주를 벗어나기 때문에 비선형해석에 관한 전문도서를 참고하기 바란다.

4.2 구조의 안전성 평가(Evaluation of Structural Safety)

구조해석을 하는 목적은 각종 하중상태에서 구조물이 원하는 기간 동안 그 기능을 제대로 발휘하느냐 여부를 예측하기 위함이다. 제품마다 그 기능이 다르기 때문에 예측을 위한 잣대가 획일적일 수는 없다. 매우 엄밀한 의미에서 제품의 기능 저하에서부터 광범위한 의미에서의 제품 기능상실에 이르기까지 그 기준이 되는 잣대는 제품의 유형 그리고 대상이 되는 소비자가 누구냐에 따라 달라지게 마련이다. 예를 들어, 정교한 속도비로 회전해야 하는 제지장치의 경우에는 전동장치의 마모에 의해 속도비가 규정이상으로 달라지게 되면 제지장치가 부서지지는 않을지라도 그 성능은 현저히 떨어지게 된다. 본 절에서는 기능의 저하를 발생시키는 현상이 아닌 제품이 더 이상 그 기능을 발휘할 수 없도록 만드는 구조적 파괴에 대하여 학습하기로 한다. 다음 표 4.8에 열거되어 있는 바와 같이 구조물의 파괴는 크게 6가지 유형으로 구분할 수 있다.

표 4.8 구조물 파괴모드(failure mode)의 유형과 특징

파괴모드	특징
항복 (yielding)	연성재질에 있어 항복응력을 초과하여 영구변형에 의하거나 취성재료에 있어 파괴점을 초과하여 파괴되는 현상
좌굴 (buckling)	단면 대비 길이가 긴 구조물이 압축하중에 의해 갑작스럽게 측면방향으로 과도한 변형이 발생하는 현상
공진 (resonance)	구조물이 지닌 고유진동수에 매우 근접한 주파수를 가진 외란이 작용할 경우 과도한 동변위가 발생하여 파괴되는 현상
피로 (fatigue)	항복응력을 발생시킬 만큼 큰 하중은 아니지만 물체 내 반복적인 응력변동을 야기시킬 경우 물체 내부에 균열이 발생하여 파괴되는 현상
크립 (creep)	플라스틱과 같은 중합체의 경우 하중이 일정하게 유지되거나 제거된 후에도 변형률이 지속적으로 증가하여 파괴되는 현상
부식/마모 (erosion/wear)	금속이 기체나 액체와 접촉/비접촉을 반복하면서 녹이 발생하거나 다른 물체와의 마찰접촉에 의해 재료가 깎여나가 파괴되는 현상

본 절에서는 구조해석으로 예측이 가능한 연성 항복, 좌굴 그리고 피로파괴에 대하여 보다 상세히 다루기로 한다. 공진의 경우에는 6.2절의 주파수응답 해석(frequency response analysis)에서 상세히 다루기로 한다. 한편, 크립(creep)현상은 비선형해석 범주에 속하고, 부식과 마모는 실험적 data를 토대로 부식 그리고 마모 예측모델(prediction model)을 구축한 후 실험적 방법이나 유한요소 해석을 활용하여 매우 복잡한 절차를 통해서 예측이 가능하다. 마지막 세 가지 현상에 대해서는 보다 전문적인 문헌을 참고하기 바란다.

4.2.1 연성 그리고 취성 파괴이론

3.1.4절에서 재료의 응력 - 변형률 선도의 특성에 따라 연성(ductile)재료와 취성(brittle)재료로 구분하였다. 연성재료는 구조물이 부서지는 파괴가 발생하기 전에 항복(yielding)이라는 소성변형(plastic deformation)이 먼저 발생하게 된다. 하지만, 취성재료는 항복이 발생하지 않고 곧바로 파괴에 도달하게 된다. 따라서, 연성재료와 취성재료의 파괴양상에는 큰 차이가 있다. 이로 인해, 연성재료와 취성재료가 외부하중을 받아 재료내부에 발생하는 응력에 의해 파괴되는 현상을 연성 혹은 취성파괴로 구분한다.

연성재료는 파괴에 도달하기 전에 항복에 의해 현저한 변형을 일으키며 이러한 성질은 각종 금속 박판의 성형에 유용하게 사용된다. 항복점을 초과하여 하중을 작용시키면 하

중을 제거하더라도 재료 내부에 잔류응력이 남게 된다. 이 잔류응력에 의해 하중을 재차 같은 방향으로 가하게 되면 탄성범위가 확장되어 항복점이 높아지고, 반면 하중을 반대 방향으로 가하게 되면 탄성범위가 축소되어 항복점이 낮아지는 바우싱거(Bauschinger) 효과가 나타난다. 연성재료에서 파괴는 현저한 소성변형 이후에 발생하기 때문에 파괴기준을 항복점이나 파단점 중에서 선택하게 된다.

우선, 연성재료의 내부응력에 의한 파괴를 판단하는 기준이 되는 연성 파괴이론에는 아래에 열거한 바와 같이 크게 최대 수직응력(maximum normal stress)이론, 트레스카(Tresca)이론이라 불리는 최대 전단응력(maximum shear stress)이론 그리고 본 마이제스(von-Mises)이론이라 불리는 최대 비틀림에너지(maximum distortion energy)이론 세 가지가 사용되고 있다.

- **최대 수직응력이론** : 인장상태에서 최대 주응력 σ_1 또는 압축상태에서 최소 주응력 σ_3가 재료의 파괴강도에 도달할 때 파괴가 발생한다고 예측한다. 파괴강도로는 응력 - 변형률 선도에서 항복응력과 극한강도 중에서 선택된다.
- **최대 전단응력(Tresca)이론** : 최대 전단응력 $\tau_{\max} = (\sigma_1 - \sigma_3)/2$가 항복응력 σ_Y의 1/2에 도달할 때 항복이 시작된다고 예측한다. 모어원도에서 최대 전단응력은 최대 주응력 σ_1과 최소 주응력 σ_3이 발생하는 방향과 45°를 이루기 때문에 순수 인장 혹은 순수 압축을 받는 부재에 있어 하중방향과 45°를 이루는 면에서 파괴가 발생한다. 이 이론은 항복이 재료 입자 사이의 미끄러짐에 의해 발생한다는 사실에 근거하고 있다.
- **최대 비틀림에너지(von Mises)이론** : 재료 내 임의 지점에서의 응력 크기로 가장 많이 사용되는 von Mises 혹은 유효응력(effective stress)이 재료의 항복강도에 도달할 때 항복에 의한 파괴가 발생한다고 판단한다. 유효응력(effective stress)은 등가응력(equivalent stress) σ_{eff}으로도 불리며 다음 식과 같이 계산된다.

$$\sigma_{eff} = \left[\frac{(\sigma_1 - \sigma_2)^2 + (\sigma_2 - \sigma_3)^2 + (\sigma_1 - \sigma_3)^2}{2} \right]^{1/2} \tag{4.25}$$

그림 4.2.1은 2차원 응력 상태에서 3가지 연성 파괴이론을 도식적으로 비교한 것이다. 정사각형과 다이아몬드 형상은 각각 최대 수직응력이론과 최대 전단응력이론을 나타내며, 다이아몬드 다각형으로 둘러싸인 영역은 비틀림에너지이론에 의해 안전하다고 판단하는 응력 영역이다. 그림으로부터 최대 전단응력이 최대 비틀림에너지이론보다

파괴기준이 엄격하고, 최대 수직응력이론은 1, 3사분 면에서는 최대 전단응력이론과 동일한 반면, 2 그리고 4사분 면에서는 파괴기준이 가장 관대함을 볼 수 있다. 최대 수직응력이론은 2, 4사분 면에서 나머지 두 가지 이론과 큰 차이를 나타내며 안전한 응력범위가 과도하기 때문에 실무 적용에 있어 주의를 요한다. 실무적인 측면에서 최대 비틀림에너지이론이 가장 많이 사용되고 있는데 그 이유는 이 이론이 실험결과와 가장 잘 일치하기 때문이다.

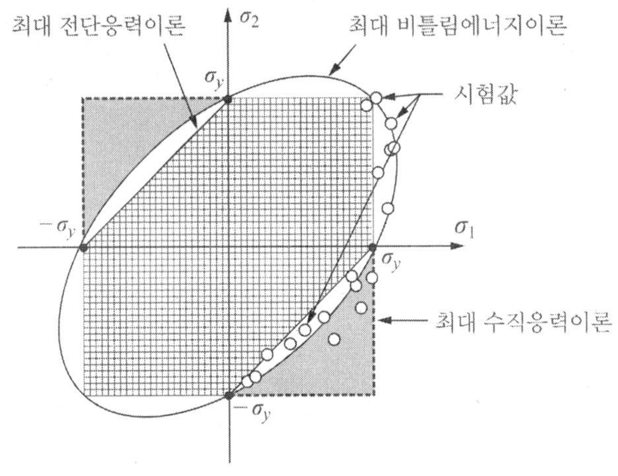

그림 4.2.1 2차원 응력상태에서 세 가지 연성 파괴이론의 도식적인 비교

하중증가와 더불어 뚜렷한 변형률 변화를 보이는 연성재료와 달리 취성재료는 부서지기 전까지는 변형률 변화가 거의 없어 파괴여부를 예측하기가 매우 어렵다. 이러한 특성 때문에 취성재료에서는 최대 인장응력이 극한 인장강도에 도달할 때 발생하는 인장파괴나, 최대 압축응력이 극한 압축강도에 도달할 때 발생하는 전단파괴로 예측하게 된다. 취성재료의 파괴를 판단하기 위해 사용되고 있는 기준으로는 최대 수직응력이론, 쿨롱 - 모어(Coulomb-Mohr) 이론 그리고 모어(Mohr) 수정이론이 있다.

- **최대 수직응력이론** : 연성재료의 경우와 유사하게 파괴는 최대 수직응력이 항복강도가 아닌 극한강도에 도달할 때 발생한다고 판단한다.
- **Coulomb–Mohr 이론** : 극한 인장강도 및 극한 압축강도를 각각 S_{ut}와 S_{uc}로 표시할 때, 최대 주응력 σ_1과 최소 주응력 σ_3이 다음 조건 식을 만족할 때 파괴가 발생한다고 예측한다.

$$\frac{\sigma_1}{S_{ut}} - \frac{\sigma_3}{S_{uc}} \geq 1 \tag{4.26}$$

여기서 최소 주응력 σ_3와 극한 압축강도 S_{uc}는 압축상태에 있으며 항상 음수이다. 이 이론은 연성재료에도 적용할 수도 있지만 이론의 신뢰성은 압축응력이 인장응력보다 우세하면($\sigma_c \gg \sigma_t$) 높아진다. 따라서, 압축응력에 더 강한 취성재료에 보다 적합하다.

- **Mohr 수정이론** : 그림 4.2.2에서 σ_1이 압축상태이고 σ_2가 인장상태인 2사분 면과 σ_1이 인장상태이고 σ_2가 압축상태인 4사분 면을 제외하면, Coulomb-Mohr 이론과 일치한다. 하지만 2사분 면과 4사분 면에서는 Coulomb-Mohr 이론보다 파괴예측이 다소 관대함을 알 수 있다.

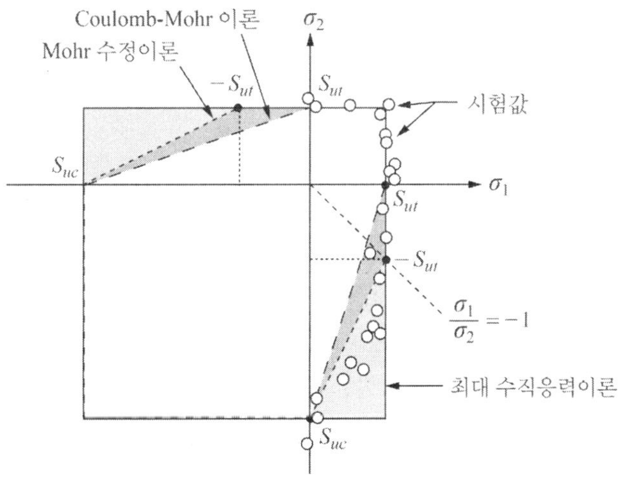

그림 4.2.2 세 가지 취성 파괴이론의 도식적인 비교

그림 4.2.2는 취성재료를 위한 세 가지 파괴이론을 2차원 주응력 좌표 영역 상에서 도식직으로 비교하고 있다. 시험 결과와 가장 잘 일치하는 이론은 Mohr 수성이론이며, 최대 수직응력이론은 가장 큰 차이를 보여준다. 한편, 실무에서는 Mohr 수정이론보다 다소 관대한 Coulomb-Mohr 이론이 주로 사용되고 있다.

4.2.2 선형 좌굴해석

단면적에 비해 길이가 상대적으로 긴 기둥이나 파이프 혹은 다이어프램(diaphragm)과 같은 얇은 횡격막 등은 압축하중의 크기가 특정 임계값을 넘어서는 순간 급작스럽게 큰 변형을 일으키게 된다. 이러한 현상을 좌굴(buckling)이라고 부르며, 그림 4.2.3에는 대표적인 좌굴유형을 보여주고 있다. 수직 압축하중에 의한 기둥의 휨좌굴(bending buckling), 비틀림 좌굴, 물체 내 일부 영역이 찌그러지는 국부좌굴(local buckling) 그리고 얇은 횡격막이 뒤집어지는 스냅 - 스루(snap-through) 현상들이 대표적인 경우이다. 좌굴은 구조물의 일반적인 변형과는 구분되는 독특한 특성을 지니고 있다.

- **불완전성(imperfection)** : 좌굴은 구조물의 불완전성에 기인하여 발생한다. 그림 4.2.3에 나타낸 기둥의 휨좌굴을 생각해 보자. 압축하중이 정확이 봉 단면의 정 중앙에 작용하고 봉의 재질과 형상이 길이방향으로 정확히 축대칭이며 하부 구속조건 역시 봉 단면에 걸쳐 균일하다면 좌굴은 발생하지 않는다. 이러한 완전한 상태라면 봉은 측면으로 휘지 않고 축방향으로 압축되어야 한다. 하지만, 실제 상황에서는 압축하중의 작용 위치, 봉의 재질과 동심도 그리고 하부 구속조건의 균일성은 완전하지 못하며, 이러한 여러 가지 불완전성 때문에 좌굴이 발생하게 된다.
- **급작스런 과도 변형** : 일반 구조변형에서는 구조물이 하중의 증가와 더불어 점진적인 변형의 증가를 나타낸다. 하지만 좌굴에서는 하중의 크기가 특정한 임계값에 도달하기 전까지는 변형이 거의 발생하지 않는다. 일단 하중이 임계값에 도달하게 되면 구조물은 순간적으로 과도한 변형을 일으키며, 이러한 급작스럽고 과도한 변형은 구조물의 파괴로 이어지는 경우가 대부분이다. 이 임계하중의 크기를 임계 좌굴하중(critical buckling load)라고 부른다.
- **기본 고유모드와의 동일성** : 좌굴모드(buckling mode)라고 불리는 좌굴된 구조물의 형상은 5장에서 다루게 될 구조물의 고유한 동적 특성인 기본 고유모드(fundamental natural mode)와 동일하다. 기본 고유모드나 좌굴모드는 둘 다 구조물이 가장 쉽게 변형될 수 있는 형상을 나타내기 때문에 고유모드해석(modal analysis)을 통해서도 구조물이 좌굴될 형상을 예측할 수 있다. 단지, 고유모드해석으로는 임계 좌굴하중을 알 수 없기 때문에 좌굴해석을 수행해야 한다.

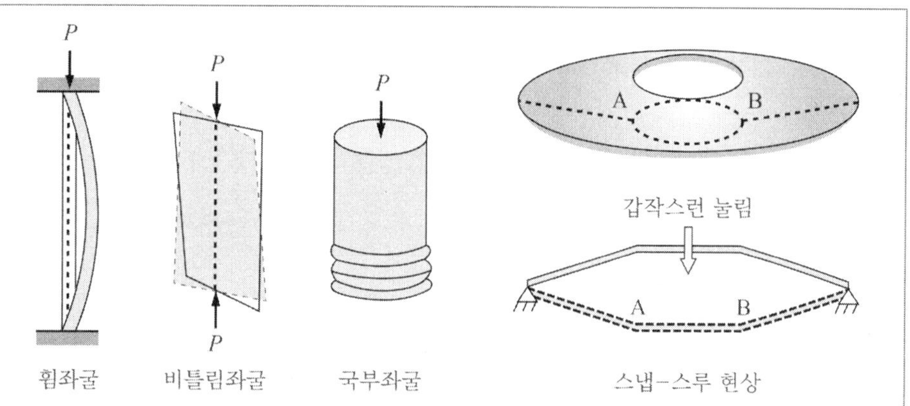

그림 4.2.3 좌굴의 대표적인 유형: 휨, 비틀림, 국부좌굴 그리고 스냅-스루 현상

위에서는 좌굴을 변형되는 형태에 따라 구분하였는데, 좌굴은 또한 좌굴이 발생하는 영역에 따라 구분 짓기도 한다. 아래 표 4.9는 좌굴이 탄성영역 내에서 물체 전체에 걸쳐 발생하는 오일러(Euler) 좌굴, 탄성영역을 벗어난 물체 전체에 걸친 비오일러 좌굴 그리고 물체 내 일부 영역에만 국한되어 발생하는 국부좌굴의 특성을 요약하고 있다. 국부좌굴 역시 탄성영역 내에서 발생하는 경우와 탄성영역을 초과하는 경우로 구분할 수 있다. 그림 4.2.3에 있어 휨, 비틀림 그리고 스냅-스루 좌굴은 물체 내 최대 응력값이 항복점 이하인지 아니면 이상인지에 따라 오일러 혹은 비오일러 좌굴 범주에 속한다. 반면 가운데에 있는 중공의 실린더는 국부좌굴의 대표적인 예이다. 오일러 좌굴은 다음에서 설명하는 바와 같이 이론적으로 그 형상과 임계 좌굴하중을 계산할 수 있는 반면, 국부좌굴은 좌굴이 발생할 위치와 형상 그리고 임계 좌굴하중을 이론적으로 예측할 수가 없다.

표 4.9 오일러(Euler) 좌굴과 국부좌굴의 특성

구분	종류	특성
좌굴	오일러 좌굴 (Euler buckling)	보, 판 그리고 중공 실린더와 같은 단순 형상 구조물 전체의 탄성영역 내 좌굴로서 이론적으로 임계하중과 좌굴모드를 계산할 수 있다. 좌굴에 의한 응력값이 항복점을 초과하는 경우를 비오일러 좌굴이라고 부른다.
	국부좌굴 (local buckling)	조립체에서 국부적으로 발생하는 좌굴로서, 이론적으로 임계하중 계산이 불가능하며 좌굴해석을 필요로 한다. 국부좌굴 역시 탄성영역 내 좌굴과 탄성영역을 초과하는 좌굴로 구분된다.

오일러 좌굴에 있어, 임계 좌굴하중 P_{cr} 물체가 변형된 상태에서 탄성평형이 불안정하게 되는 시점에서의 압축력으로 정의되며, 이 임계하중 이상으로 하중이 증가하면 물

체는 탄성적으로 붕괴된다. 오일러 좌굴을 발생시키는 임계하중을 계산하는 공식을 오일러 공식(Euler formula)이라고 부르며, 보의 처짐과 굽힘모멘트와의 관계식 $M/EI = d^2w/dx^2$ 으로부터 이론적으로 유도할 수 있다. 앞의 그림 4.2.3에서 균일단면 직선기둥의 임계 좌굴하중 P_{cr}에 대한 오일러 식은 다음과 같다.

$$P_{cr} = \frac{\pi^2 EI}{L_{eff}^2} \tag{4.27}$$

여기서, E는 기둥재료의 탄성계수이고 I는 단면적의 관성모멘트, L_{eff}는 기둥의 유효길이다. 기둥의 유효길이 L_{eff}는 실제 길이 L에 유효길이 계수 K를 곱함으로써 계산되며, K는 아래 그림 4.2.4와 같이 기둥 끝단에서의 구속조건에 좌우된다.

오일러 좌굴과 관련된 공식을 유도하기 위해 기둥의 단면적 A를 최소 회전반경(radius of rotation) $r = \sqrt{I/A}$ 로 대체하는 것이 편리하다. 회전반경의 정의를 앞의 식 (4.27)에 대입하여 정리하면 다음과 같이 임계 좌굴응력 σ_{cr}을 계산할 수 있다.

$$\sigma_{cr} = \frac{\pi^2 E}{(L_{eff}/r)^2} \tag{4.28}$$

기둥의 가느다란 정도를 나타내는 형상종횡비(slenderness ratio) L_{eff}/r를 이용하여 오일러 좌굴의 역학적 공식을 표현할 수도 있다. 이 계수가 식 (4.27)을 만족하면 오일러 좌굴이 발생한 것으로 간주할 수 있으므로 임계하중을 계산할 수 있고, 또한 좌굴이 재료의 항복응력 σ_Y 이하에서 발생해야 할 아래 조건식도 구할 수 있다.

$$\frac{L_{eff}}{r} > \sqrt{\frac{\pi^2 E}{\sigma_Y}} \tag{4.29}$$

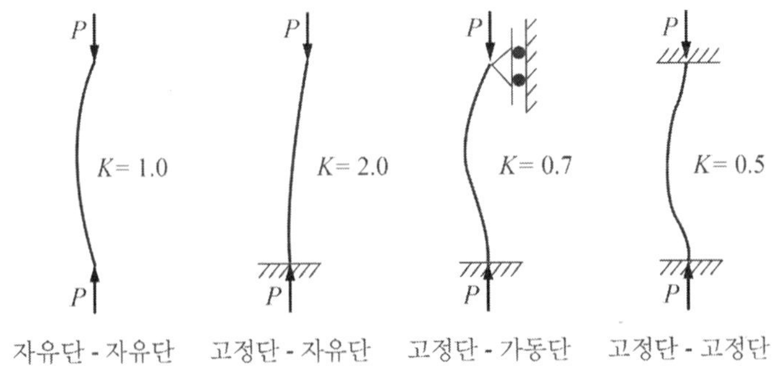

그림 4.2.4 집중하중을 받는 기둥에 있어 구속조건에 따른 유효길이 계수 K

반면 탄성영역을 벗어난 비오일러 좌굴에 있어서는 임계 좌굴응력은 탄성계수 E 대신 접선계수(tangent modulus) E_t를 대입하여 계산된다.

$$\sigma_{cr} = \frac{\pi^2 E_t}{(L_{eff}/r)^2} \tag{4.30}$$

접선계수는 응력 - 변형률 선도 상에서 해당되는 변형률 지점에서 접선 기울기로 정의된다.

그림 4.2.5는 형상종횡비 L_{eff}/r에 따른 임계응력 σ_{cr}의 변동을 나타내고 있으며, 오일러 이론으로 예측한 가느다란 점선과 실제 실험결과(굵은 검정선으로 표시)는 비례한도까지만 정확하게 일치한다. 비례한도 이상의 불일치하는 영역을 비오일러 곡선 영역이라고 하며, 좌굴하중을 제거하여도 원래 형상으로 복원되지 않은 비보존적(nonconservative) 영역이 된다. 그러므로 좌굴해석을 위하여 선형 유한요소 해석 프로그램을 사용할 경우, 식 (4.29)를 만족하지 않는 보통 혹은 짧은 기둥에 대해서는 오차가 발생함을 명심해야 한다. 그리고 이러한 경우, 보다 정확한 결과를 위해서는 비선형 좌굴해석을 수행해야 한다.

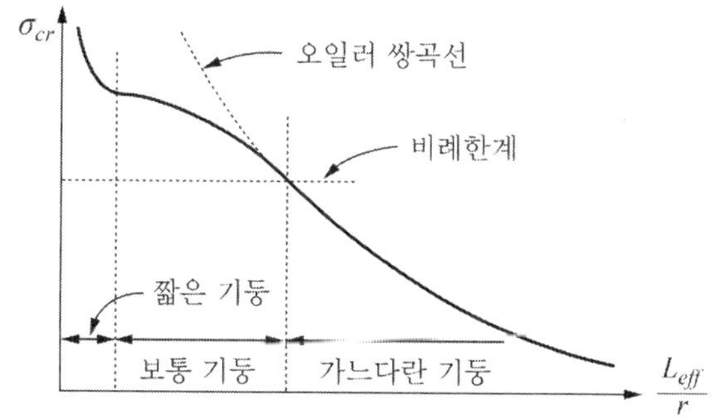

그림 4.2.5 형상종횡비에 따른 임계응력의 변동

완전히 직선인 기둥은 실제로 존재하지 않으므로, 그림 4.2.6과 같이 축 중심에서 e 만큼 떨어진 곳에서 편심하중을 받는 기둥이 좌굴없이 시탱할 수 있는 최대 축하중을 구하는 식이 요구된다. 이러한 기둥이 좌굴 전에 어느 정도의 축하중을 지탱할 수 있다는 사실만은 분명하지만, 정확한 임계응력의 유도는 매우 복잡하고 어렵다. 파괴는 압축상태에서 재료의 항복을 발생시킨다고 가정할 때, 편심하중을 받는 기둥이 지지할 수 있는 최대 단위하중 P/A는 다음 식과 같이 계산된다.

$$P/A = S_{yc}\left[1+\frac{ec}{r^2}\sec\left(\frac{L_{eff}}{r}\sqrt{\frac{P}{4AE}}\right)\right]^{-1} \tag{4.31}$$

여기서 c는 중립축으로부터 압축응력 상태에 있는 기둥 표면까지의 거리이다. 참고로 식 (4.31)은 이론적으로 풀 수 없기 때문에, 일반적으로 P/A는 도해법(graphical solution)이 많이 사용된다. 그림 4.2.6은 단위하중 P/A의 전형적인 변동을 나타내고 있으며, 형상종횡비 L_{eff}/r가 증가하거나 편심량 e가 감소하면 이 곡선들은 오일러 쌍곡선에 근접함을 확인할 수 있다.

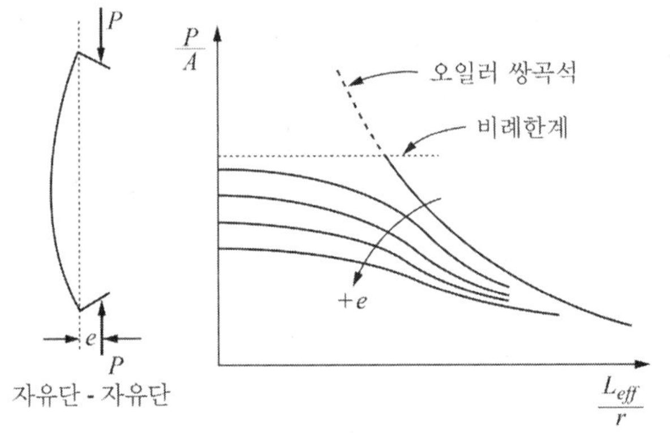

그림 4.2.6 편심하중을 받는 기둥의 형상종횡비에 따른 최대 지지하중의 변동

다음으로 이론적인 계산이 아닌 유한요소 해석으로 좌굴여부, 임계 좌굴하중 그리고 좌굴모드를 구하는 좌굴해석의 원리를 학습하기로 한다. 좌굴현상은 본질적으로 대변형이 수반된 기하 비선형문제이다. 하지만, 변형에 따른 기하학적 형상변화를 무시하고 선형해석으로 좌굴거동을 예측할 수도 있고, 형상변화를 반영하여 비선형 해석으로 좌굴거동을 분석할 수도 있다. 전자를 선형 좌굴(linear buckling)해석 그리고 후자를 비선형 좌굴(nonlinear buckling analysis)해석이라고 부른다. 두 가지 좌굴해석 기법 중에서 어느 것을 선택해야 하는지는 다음에서 설명하게 될 좌굴 고유치(eigen value)와 좌굴에 따른 최대 응력(maximum stress)에 의해 판단된다.

선형 정적해석에서는 구조물에 가해진 하중을 제거하게 되면 구조물은 초기의 변형 전 상태로 되돌아오게 된다. 하지만, 하중의 크기가 어느 값을 초과하게 되면 더 이상 하중이 증가하지 않더라도 변형은 계속되어 특정한 불안정한 변형 형상을 나타나게 된다. 이러한 좌굴현상은 압축하중에 따른 구조물의 막 변형률에너지(membrane strain energy)가 앞서 설명한 각종 불완전성(imperfection)에 의해 굽힘 변형률에너지(bending strain energy)로 전환될 때 발생하게 된다. 압축변형에서 굽힘변형으로 전환될 때의 하중크기를 임계 좌굴하중 P_{cr}이라고 부르며, 아래 식과 같이 일종의 고유치해석을 통해 계산된다.

$$([\boldsymbol{K}]+\lambda[\boldsymbol{K}_G])\{\boldsymbol{u}_{bck}\} = \{\boldsymbol{0}\} \tag{4.32}$$

위 식에서 $[\boldsymbol{K}]$와 $[\boldsymbol{K}_G]$는 각각 구조물의 강성행렬 그리고 기하 강성행렬(geometry stiffness matrix)이다. 그리고 고유치 λ는 구조물에 실제 작용하는 압축하중 P_a에 대한 좌굴하중계수(BLF, buckling load vector)이며 $\{\boldsymbol{u}_{bck}\}$는 좌굴된 구조물의 형상인 좌굴모드(buckling mode)를 의미한다. 임의 압축하중을 부과하여 고유치가 계산되면 임계 좌굴하중 P_{cr}은 다음 식으로 계산된다.

$$P_{cr} = \lambda P_a \tag{4.33}$$

서두에서 언급한 바와 같이 이러한 측면에서 구조물의 좌굴모드와 고유 진동모드는 동일하며, 그림 4.2.7은 선형 좌굴해석과 모달해석으로 구한 구조물의 좌굴모드와 고유진동모드를 예시적으로 보여주고 있다.

강성행렬 $[\boldsymbol{K}]$는 구조물의 재질, 크기와 형상 그리고 구속조건에 의해 결정되는 반면, 기하 강성행렬 $[\boldsymbol{K}_G]$는 구조물에 하중이 작용한 후 내부에 발생하는 응력에 의해 결정되는 강성이다. 구조물은 하중을 받아 변형하게 되면 강성이 변하게 되는데, $[\boldsymbol{K}]$는 일정한 값으로 유지되기 때문에 이러한 강성변화는 $[\boldsymbol{K}_G]$로 표현된다. 다시 말해, 구조물의 전체 강성 $[\boldsymbol{K}]+[\boldsymbol{K}_G]$는 변형량에 따라 변화며 압축하중을 받을 경우에는 감소하는 반면(즉, $[\boldsymbol{K}_G]$의 크기가 음수) 인장하중을 받게 되면 증가한다(즉, $[\boldsymbol{K}_G]$의 크기가 양수). 따라서, 좌굴은 기하 강성행렬이 음의 값으로 증가하여 그 크기가 구조물의 강성행렬 $[\boldsymbol{K}]$의 크기와 같아져 전체 강성행렬이 0이 되는 시점에서 발생하는 현상이다.

식 (4.33)으로부터 알 수 있듯이 좌굴 하중계수 λ가 1보다 클수록 구조물은 좌굴에 대해 안정하며 반대로 1보다 작을수록 불안정하다. 만약, 좌굴 하중계수 λ가 음수가 되는 경우에는 작용하중 P_a가 좌굴이 발생시키는 하중과 반대방향으로 작용하고 있음을 뜻한다. 일반적으로 좌굴은 1차 좌굴모드에서 발생하지만, 구조물의 형상에 따라 간혹 2차 혹은 3차 좌굴모드에서 발생하기도 한다.

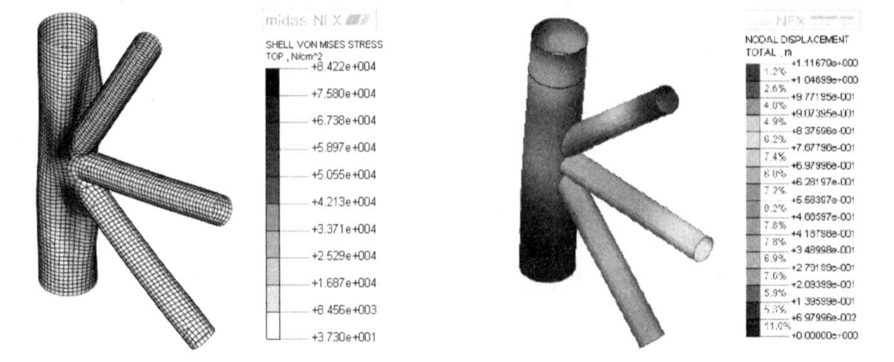

(a) (b)

그림 4.2.7 구조물: (a) 좌굴모드 (b) 기본 고유 진동모드

선형 좌굴해석의 절차는 선형 정적 구조해석을 수행하는 절차와 거의 유사하지만 차이점을 요약하면 다음과 같다.

① 선형 좌굴해석에서는 자중과 관성력을 포함하지 않기 때문에 밀도값을 입력할 필요가 없으며, 탄성계수와 프와송비만 입력하면 된다.

② 기하 강성행렬 $[\boldsymbol{K}_G]$를 계산하기 위해 입력해야 할 외부하중 P_a의 크기는 임의대로 설정할 수 있으나, 1로 설정하게 되면 고유치 λ가 바로 임계 좌굴하중 P_{cr}이 되어 편리하다.

③ 좌굴여부를 판단하고 분석하기 위하여 필요한 구조물 내 최대 응력 $\sigma_{\max}$를 구하기 위해 선형 정적 구조해석도 동시에 수행해야 한다.

그림 4.2.8은 선형 좌굴해석을 설정하는 입력창을 보여주고 있다. 필수사항으로 되어 있는 선형 정적 구조해석과 선형 좌굴해석을 다중 해석케이스로 정의한다. 해석모델을 생성함에 있어 요소의 크기는 좌굴에 따른 구조물의 굽힘거동을 충분히 표현할 수 있도록 작게 설정해야 한다. 특히, 굽힘이 예측되는 국부영역에 요소크기를 부분적으로 작게 하는 비균등 요소망을 생성하는 것을 권장한다. 선형 정적 구조해석을 우선 수행하여 구조물 내 최대 응력을 구함과 동시에 변형 형태를 파악한다. 그 다음으로 필요시 요소망을 조정하여 선형 좌굴해석을 수행하는 순차적인 방법이 다중 하중케이스를 이용하여 동시에 해석을 수행하는 것보다 효과적이다.

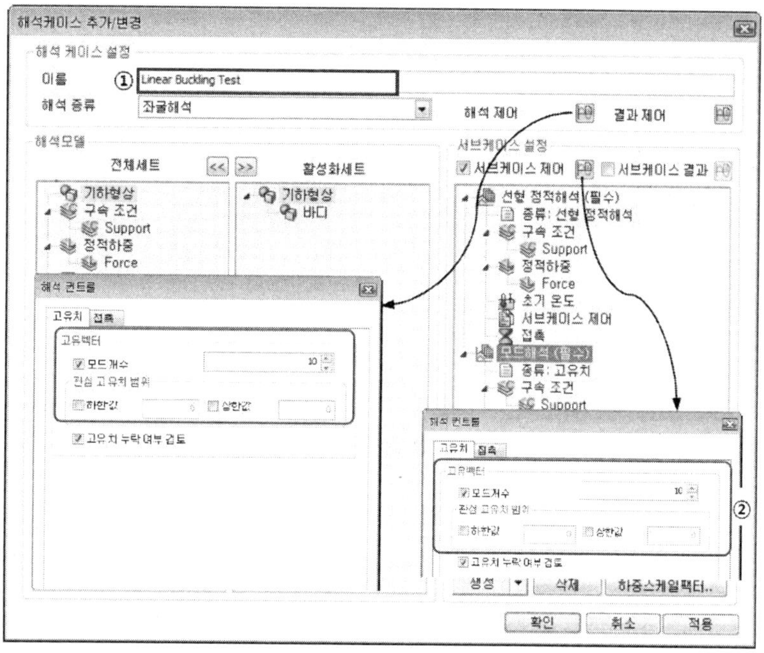

그림 4.2.8 선형 좌굴해석 케이스를 정의하는 절차

표 4.10 고유치 λ와 최대 응력 σ_{max}에 따른 좌굴거동의 분석과 판단

조 건		분석 및 판단
$\lambda<1$	$\sigma_{max}<\sigma_{ut}$	구조물은 선형 불안정성을 나타내며, 선형좌굴에 의한 파괴가 의심되는 경우.
	$\sigma_{max}\geq\sigma_{ut}$	구조물의 선형 또는 비선형 불안정성을 나타냄. 만약 λ가 1보다 작고 σ_{max}의 크기가 σ_{ut}의 크기와 유사하다면 구조물은 선형좌굴에 더욱 취약하다고 볼 수 있음. 반대로 λ가 1에 가깝고 σ_{max}가 σ_{ut}보다 훨씬 큰 값을 갖는다면 좌굴현상은 비선형이 될 가능성이 높음. 따라서 비선형 구조해석과 비선형 좌굴해석을 수행하여 보다 세밀한 검토가 요구됨.
$\lambda\geq 1$	$\sigma_{max}<\sigma_{ut}$	구조물의 선형 안정성을 의미.
	$\sigma_{max}\geq\sigma_{ut}$	구조물이 선형 안정성을 보이나, 비선형 재료거동이 나타나기 때문에 비선형 구조해석을 수행할 필요가 있음.

표 4.10은 선형 좌굴해석으로 구한 고유치 λ와 선형 정적해석으로 구한 최대 응력 σ_{max}으로 좌굴거동을 분석하고 판단하는 방법을 요약하고 있다. 표로부터 알 수 있듯이 가장 심각한 경우가 λ가 1보다 현저히 작고 그리고 최대 응력 σ_{max}가 극한강도

σ_{ut}보다 큰 경우이다. 반대로 λ가 1보다 현저히 크고 그리고 최대 응력 $\sigma_{\max}$가 극한강도보다 작은 경우에는 좌굴현상이 발생하지 않은 안정적인 상태에 있다. 아래 그림은 얇은 보강판의 고유치와 1차 좌굴모드 형상을 보여주고 있다. 고유치는 모두 1보다 큰 값을 나타내고 있음을 확인할 수 있다. 따라서, 좌굴에 대한 보강판의 구조안정성은 선형 정적해석을 수행하여 최대 응력을 구하여 보강판의 극한강도와의 비교를 통해 판단해야 한다.

REAL EIGENVALUES			
MODE NUMBER	EIGENVALUE	RADIANS	CYCLES
1	2,965375e+001	5,445526e+000	8,666024e-001
2	3,078222e+001	5,548173e+000	8,830191e-001
3	3,155569e+001	5,617445e+000	8,940442e-001
4	3,268803e+001	5,717345e+000	9,099437e-001
5	4,961414e+001	7,043731e+000	1,121045e+000

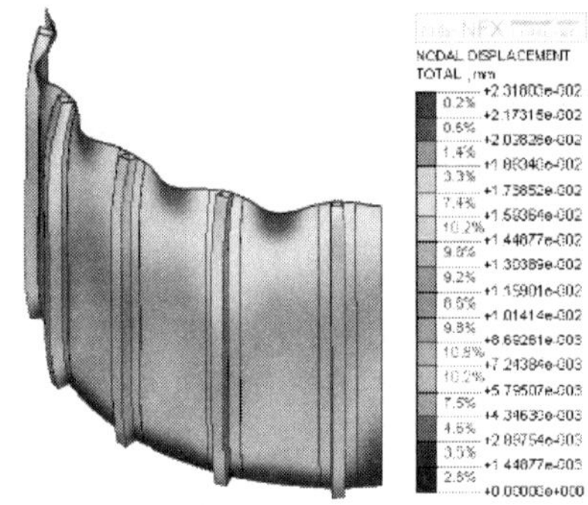

그림 4.2.9 선형 좌굴해석: 고유치와 1차 좌굴모드

4.2.3 피로해석

극한강도나 심지어 항복강도를 초과하지 않는 크기의 하중을 받는 경우에도 물체는 파괴 될 수 있는데, 그 대표적인 예가 피로파괴(fatigue failure)이다. 철사나 사무용 클립(clip)을 손으로 구부렸다 폈다 하는 반복 하중을 가하게 되면 끊어지는 현상이 이 경우에 해당된다. 사람도 과도한 업무를 지속적으로 수행하게 되면 몸에 피로가 쌓이듯이 물체도 하중을 반복적으로 받게 되면 물체 내부에 피로가 누적되어 외력에 저항하는 강도가 저하되고 결국에는 파괴에 이르게 된다.

다음 그림과 같이 금속은 잘 정돈된 규칙적인 분자구조로 되어 있지만, 인장과 압축이 반복되는 교번하중(alternating load)을 받게 되면 분자들의 규칙적인 구조가 파괴되는 전위(dislocation)에 의해 슬립면(slip surface)이 생성된다. 그리고 이러한 슬립면들은 균열(crack)을 야기시키는 특정한 결정핵(crystalline germ)을 생성시키게 된다.

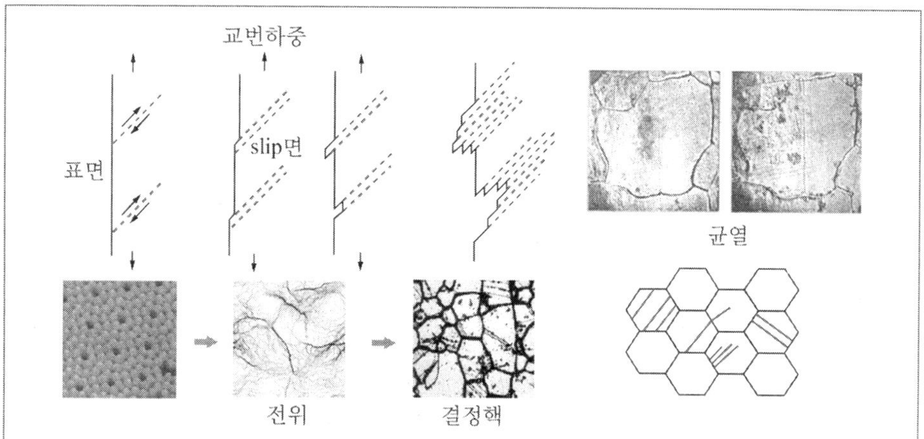

그림 4.2.10 교번하중을 받는 물체 내 분자구조의 전위와 결정핵 생성

반복적인 슬립에 의해 형성되는 결정핵은 원래 금속이 지니고 있는 연성을 상실하고 취성을 가지게 된다. 그 결과 다음의 그림 4.2.11과 같이 결정핵 사이로 균열이 발생하게 된다. 금속 내부에 균열이 발생하게 되면 균열선단(crack tip)에 응력이 집중되어 선단 주위에 소성영역이 형성된다. 그리고 균열선단의 소성영역을 따라 균열이 계속해서 전파되는 균열진전이 이루어지게 되어 금속의 강도는 점진적으로 낮아지게 된다. 그리고 균열에 따른 강도 저하로 외부 하중을 지탱할 수 없게 되면 물체는 파괴에 이르게 된다. 따라서, 피로파괴란 교번하중에 따른 물체 내 균열발생으로 강도가 저하되어 발생하는 파괴모드이다.

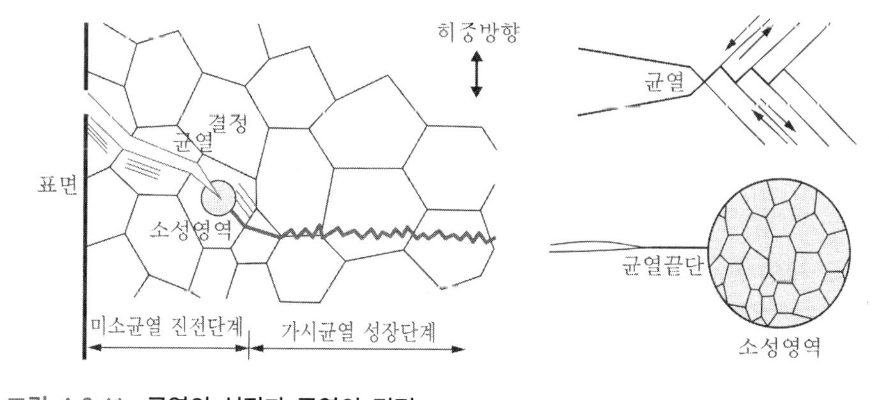

그림 4.2.11 균열의 성장과 균열의 진전

균열은 매우 미세하기 때문에 육안으로는 관찰하기 힘들며 균열진전은 서서히 이루어지기 때문에 비파괴 검사(NDE: non-destructive evaluation)나 파괴가 발생한 이후에야 명확히 판단할 수 있는 현상이다. 변동하중을 받고 있는 구조물이 내부 균열발생과 균열진전으로 파단되기까지 견딜 수 있는 변동하중의 최대 사이클 횟수(혹은 사이클을 시간으로 환산)를 피로수명(fatigue life)이라고 부른다. 따라서, 피로수명이 큰 값일수록 피로파괴가 발생할 때까지 걸리는 사이클 횟수(혹은 동하중을 지탱하는 시간)가 증가한다. 예를 들어, 피로수명이 1×10^5사이클이라면 피로파괴에 도달하기까지 견딜 수 있는 변동하중 지속 사이클 횟수가 1×10^5회라는 뜻이다. 만약, 변동하중 한 사이클에 걸리는 시간이 1초라고 한다면, 피로파괴까지 견딜 수 있는 기간은 $1\times10^5\times1$초$=27.8$시간이 된다.

표 4.11 피로수명 예측기법의 분류

접근법	균열핵 생성기법	균열성장기법
원리	▪ 해당 지점의 응력, 변형률 혹은 변형률에너지로 예측 ▪ 공학자들에 친숙한 연속체 역학에 기초하고 있음	▪ 최종 피로파괴를 야기시키는 초기 균열을 예측 ▪ 파괴역학(fracture mechanics)에 기초하고 있음
특징	▪ 유한요소 해석을 활용하여 쉽게 구현할 수 있음 ▪ *S-N* 혹은 *E-N*선도와 유한요소 해석과 병합하여 구현	▪ 피로파괴를 야기시키는 초기 균열 선정과 균열성장 예측이 힘듦 ▪ 아직까지 수치해석적으로 구현되지 못하고 이론적 연구에 국한

피로수명을 예측하기 위한 기법은 표 4.11과 같이 균열핵 생성기법(crack nucleation approach)과 균열성장기법(crack growth approach)으로 크게 구분할 수 있다. 표에 요약되어 있는 것과 같이 현재 실무에서 많이 사용하고 있는 피로해석(fatigue analysis)은 균열핵 생성기법을 수치해석적으로 구현한 것이다. 이 기법은 관심이 되는 물체 내 지점에서의 응력 혹은 변형률의 변동하중에 따른 변동을 수치해석적으로 구한 후, 재질의 고유한 *S-N* 혹은 *E-N*선도에 적용하여 피로수명을 예측하고 있다. 공학자들에 있어 응력과 변형률은 친숙한 물리량일뿐더러 유한요소 해석으로 이 값을 쉽게 구할 수 있기 때문에 이 방법이 실무에서 많이 사용되고 있다. 본 절에서는 균열핵 생성기법에 국한하여 설명하기로 한다.

대상이 되는 구조물의 피로수명을 예측하기 위해서는 피로수명 예측이 필요한 지점을 선정하고, 구조물에 작용하는 동하중의 한 주기 사이클 하중을 정의해야 하며, 또한 해당 재료의 *S-N* 혹은 *E-N*선도를 구비하고 있어야 한다. 일반적으로 피로해석이라고 하면 별도의 전용 소프트웨어가 있는 것으로 알고 있는데, 엄밀한 의미에서 피로해석은 선형 정적 구조해석 결과의 후처리 작업에 불과하다. 그리고 시중에 시판되고 있는 피로해석 소프트웨어는 해석자에게 편의성을 제공하기 위해 이러한 후처리 작업을 하나의 모듈로 개발한 것이다. 따라서, *S-N* 혹은 *E-N*선도만 구할 수 있다면 선형 정적 구조해석 결과만으로도 피로수명을 예측할 수 있으며, 피로해석은 그림 4.2.12를 참고하여 다음의 절차를 따라 수행할 수 있다.

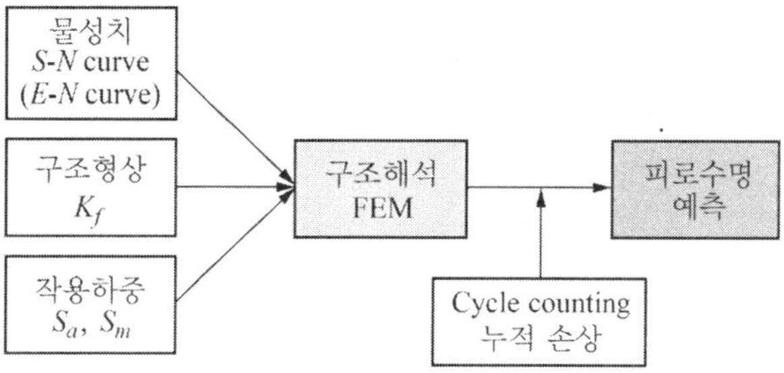

그림 4.2.12 균열핵 생성기법에 기초한 피로해석의 순차적인 절차

- 우선, 대상이 되는 구조물에 대한 *S-N* 혹은 *E-N*선도를 확보하고 구조물에 작용하고 있는 변동하중의 한 주기 동안의 하중 사이클을 정의한다. 그리고 *S-N*선도를 측정하기 위한 실험조건과 시편형상 대비 실제 구조물의 형상 및 사용환경과의 차이에 따른 보정계수 K_f를 결정한다.
- 한 주기 하중 사이클 내 몇 개의 시점에서의 하중값으로 선형 정적 구조해석을 수행하고, 해석결과로부터 피로파괴가 예상되는 물체 내 지점에서의 응력 혹은 변형률의 시간변동 사이클을 그린다.
- 다음으로, 복합 주기로 구성된 응력 혹은 변형률 시간응답 그래프에서 각각의 주기에 해당하는 변동응력 혹은 변동 변형률의 진폭을 찾아낸다. 이러한 카운팅(counting) 작업에 대한 상세한 설명은 뒷부분에서 설명하기로 한다.
- 해당 재료에 대한 *S-N* 혹은 *E-N*선도로부터 각 응력 혹은 변형률 진폭에 대한 한 사이클 동안의 피로누적량(fatigue accumulation)을 구한다.
- 각각의 응력 혹은 변형률 사이클에 대한 피로누적량을 합산하여 해당 지점의 총 피로누적량을 구하고, 이 값으로부터 해당 지점의 피로수명을 계산한다.

위 절차에서 등장하는 주요 용어인 피로파괴가 예상되는 지점, 하중 그리고 응력, 변형률 사이클, 카운팅(counting), *S-N* 그리고 *E-N*선도, 피로누적량과 피로수명 계산에 대하여 보다 상세히 학습하기로 한다.

우선, 물체에 작용하는 변동하중은 아래 그림과 같이 하나의 주기를 가지는 단순 사이클 하중과 하나 이상의 주기를 가진 사이클 하중들의 조합으로 표현되는 복잡 사이클 하중으로 구분할 수 있다. 단순 사이클 하중은 물체 내 응력과 변형률 역시 하나의 주기를 가진 단순 사이클 시간변동을 야기시킨다. 그리고 복합 사이클 하중은 하나 이상의 주기를 가진 복합 사이클로 표현되는 응력과 변형률 시간변동을 만들어낸다. 실무에 있어서 직면하게 되는 피로해석 문제는 거의 대부분 복합 사이클을 가진 응력과 변형률을 일으키는 시간변동 하중을 받고 있다.

이러한 시간변동 하중에 있어 한 사이클 동안의 하중을 정의하는 것이 피로해석을 위한 첫 단계가 된다. 단순 사이클 하중에 있어서는 단순히 한 주기 동안의 하중을 선택하면 되는 반면, 복합 사이클 하중에 있어서는 가장 긴 주기를 기준으로 한 주기 동안의 하중을 선택해야 한다. 복합 사이클 하중의 경우에는 한 주기 내에 하나 이상의 주기를 가진 단주기 하중들이 포함되어 있다.

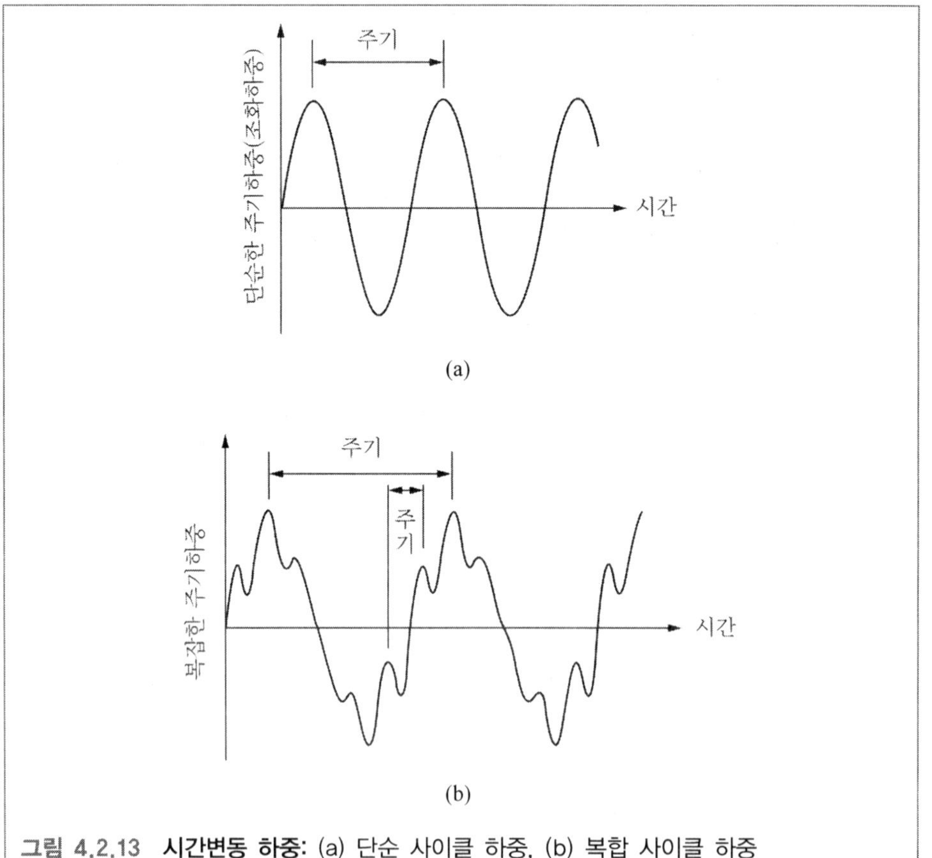

그림 4.2.13 시간변동 하중: (a) 단순 사이클 하중, (b) 복합 사이클 하중

한 사이클의 시간변동 하중이 정의되면 이 사이클 하중을 적용하여 물체 내 응력 혹은 변형률의 시간이력(time history)을 계산해야 한다. 동해석을 수행하게 되면 연속적인 시간변동 하중을 그대로 입력하여 연속적인 응력 시간이력을 구할 수 있다. 하지만, 선형 정적 구조해석의 경우에는 한 사이클 내 특정한 지점에서의 하중값을 선택하여 구조해석을 수행할 수밖에 없다. 이 경우, 한 사이클 내 특정한 시점은 매우 신중하게 선택해야 한다. 그렇지 않으면, 연속적인 사이클 하중에 의해 발생되는 물체 내 응력의 시간이력을 제대로 표현할 수 없기 때문이다. 따라서, 응력의 시간이력 상의 극점(peaks)이 빠짐없이 표현될 수 있도록 사이클 내 지점들을 선정하여 각 지점에서의 하중값으로 선형 정적 구조해석을 수행해야 한다.

아래 그림 4.2.14는 하나의 주기로 표현되는 단순 변동하중에 있어, 동해석을 적용하여 구한 연속적인 응력 시간이력과 다수의 선형 정적 구조해석을 적용하여 구한 응력값을 선형적으로 연결한 응력 시간이력을 보여주고 있다. 응력 시간이력을 구하는 방법과 무관하게 응력 시간이력 그래프로부터 피로해석을 위해 필요한 값들은 평균 응력(mean stress) σ_m과 응력진폭(stress amplitude) σ_a이다. 다음에서 설명하게 될 Goodman 피로 방정식으로부터 확인할 수 있듯이 변동하중을 받는 물체의 피로파괴 여부는 이 두 가지 응력값에 의해 좌우되기 때문이다.

만약 하나 이상의 주기를 가지는 복합 사이클 하중의 경우에는 응력의 시간이력 역시 복합 사이클로 표현되게 된다. 따라서, 복합 사이클 응력 시간이력을 여러 개의 단순 사이클 시간이력으로 분해하게 되면 서로 다른 평균 응력과 응력진폭이 정의된다. 하지만, 피로해석에서는 이와 같이 복합 사이클 시간이력을 단순 사이클 시간이력으로 분해하지 않고 응력 사이클 카운팅(counting)이라 불리는 별도의 카운팅 기법을 사용하여 각각의 응력진폭을 계산한다. 피로해석을 위해 널리 사용되는 응력 사이클 카운팅 기법에 대해서는 뒤 부분에서 상세히 다루기로 한다.

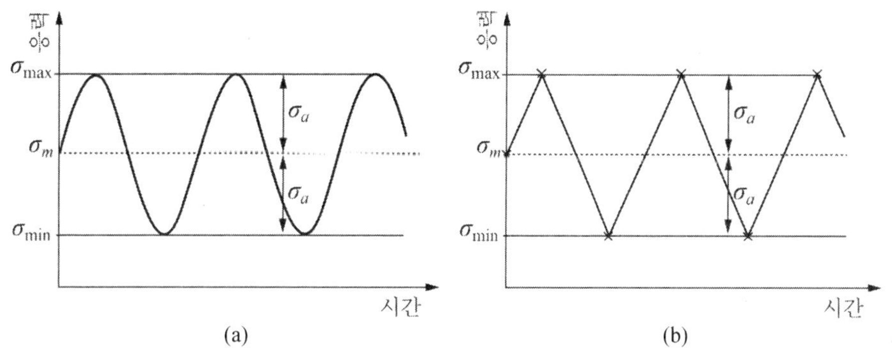

그림 4.2.14 단순 사이클 응력 시간이력: (a) 동해석, (b) 다지점 선형 정적해석

한 사이클의 변동하중에 의해 물체 내부에 발생하는 응력 시간이력을 구한 다음, 피로파괴 발생여부를 사전에 판단하는 방법으로 Goodman 피로방정식이 널리 사용되고 있다. 이 피로방정식은 석유 탐사를 위한 굴삭기 축의 피로파괴 가능성을 판단하기 위해 제안된 것으로 아래 식으로 표현된다.

$$\frac{\sigma_a}{S_e} + \frac{\sigma_m}{S_{ut}} = \frac{1}{N_{sf}} \tag{4.34}$$

위 식에서 σ_m과 σ_a는 각각 평균 응력과 응력진폭(stress amplitude)을 나타내고, S_e와 S_{ut}는 재료의 고유한 피로한계응력(fatigue limit stress)과 극한 인장강도(ultimate tensile strength)를 나타낸다. 이 값들은 실험으로 구해지며 재료의 성질을 수록하는 전문 도서에서 찾을 수 있다. 그리고 N_{sf}는 설계 안전계수(design safety factor)를 의미한다.

그림 4.2.15는 이 방정식을 도식적으로 나타낸 것으로서, 수평축과 수직축을 각각 평균 응력 σ_m과 응력진폭 σ_a으로 설정한다. 그리고 재료의 극한강도 S_{ut}와 피로한계응력 S_e를 각각 수평축과 수직축 상에 설정하고 이 두 지점을 연결한다. 이 직선이 피로파괴 여부의 한계선으로서 만약 응력 시간이력 상의 평균 응력과 응력진폭으로 지정되는 지점이 이 직선 위에 위치하면 피로파괴가 발생하게 된다. 그렇지 않고 지점이 이 직선 아래에 위치하게 되면 피로파괴는 발생하지 않는 것으로 판단한다.

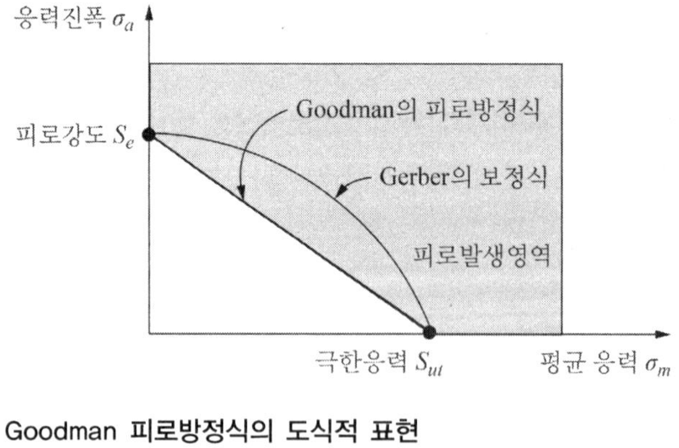

그림 4.2.15 Goodman 피로방정식의 도식적 표현

Gerber는 평균 응력 σ_m이 피로수명에 미치는 영향을 반영한 수정식을 제시하였으며, 그림과 같이 직선이 아닌 포물선 형태의 판정식을 제시하였다. 수정된 방정식은 피로파괴에 대해 보다 관대하며 평균 응력의 크기가 증가할수록 Goodman 방정식에 비해 피로수명이 증가함을 보여주고 있다.

$$\frac{\sigma_a}{S_e} + \left(\frac{\sigma_m}{S_{ut}}\right)^2 = \frac{1}{N_{sf}} \tag{4.35}$$

한편, 만약 피로파괴의 기준으로 항복에 더 관심이 있으면 Soderberg 관계식을 사용해야 하고, 이를 위해 S_{ut}를 인장항복강도 S_{yt}로 대체하면 된다. 엔지니어는 이들 관계식들 중 하나를 이용하여 변동하중 환경에서 교번응력 진폭과 평균 응력 중 어느 하나의 변경이 초래하는 변화를 평가할 수 있다.

사인파 단순 반복하중 하에서 재료가 파괴될 때까지 걸리는 반복횟수를 실험으로 구하여 표로 작성한 것을 S-N선도라고 한다. 다음의 그림 4.2.16은 반복 굽힘하중을 가하여 금속 시편의 S-N선도를 구하는 실험장치의 예를 보여주고 있다. 일정한 방향으로 굽힘모멘트가 가해지지만 금속 시편이 회전하기 때문에 시편 내에 발생하는 굽힘응력은 그래프와 같이 사인파 형태의 시간이력을 나타내게 된다. 시편의 중앙에 가해지는 수직하중의 크기를 변화시키면 시편 내에 발생하는 응력진폭도 변하게 되고 피로파괴가 발생하는 사이클 횟수도 달라진다. 2차원 선도의 수직축을 응력진폭 S로 설정하고 수평축을 각 응력진폭에 대한 피로파괴가 발생하는 사이클 N으로 하여 실험 data를 구축한다.

산포되어 있는 실험 data로부터 S-N선도를 구하기 위해 몇 가지 방식이 있으며, 이에 대한 설명은 본 도서에서 생략하기로 한다. S-N선도는 log-log 스케일로 작성되며, log-log 스케일 상에서 S-N선도는 직선으로 표현된다. 그림 4.2.16의 실험장치에 있어 금속 시편은 굽힘변형에 따른 축방향으로의 일축 인장응력 혹은 일축 압축응력을 나타낸다. 하지만, 실제 상황에서 구조물은 3축 응력상태를 나타내기 때문에 응력진폭을 선정하는데 의문을 가질 수 있다. 왜냐하면, 각각의 응력성분의 진폭이 다르기 때문이다. 일반적으로는 3축 응력상태에 있는 물체의 임의 한 지점에서의 응력의 절대적인 크기를 잘 나타내는 von Mises 응력이라 불리는 등가응력(effective stress)이 주로 사용된다. 하지만, 만약 제1 주응력(principal stress)이 등가응력보다 큰 경우에는 제1 주응력의 진폭을 사용하는 것이 설계 안전율 측면에서 바람직하다. 물체에 작용하는 하중상태가 현저히 큰 어느 한 응력성분을 유발시킬 경우, 제1 주응력이 등가응력보다 큰 값을 가질 수 있다.

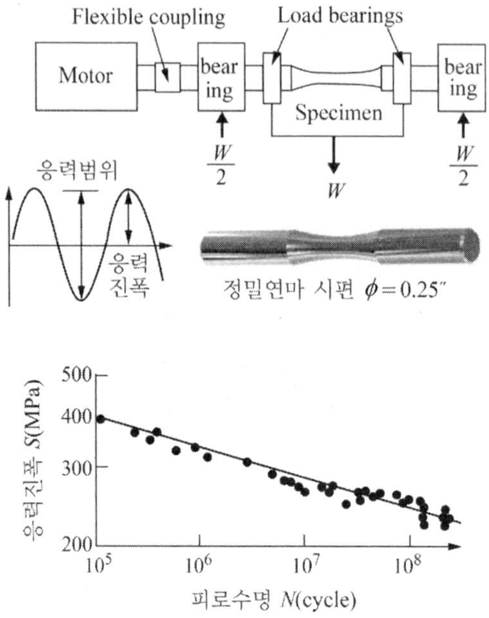

그림 4.2.16 *S*−*N*선도를 구하기 위한 굽힘 피로시험 장치

금속재료와 달리 고무와 같은 초탄성체(hyperelastic material)의 경우에는 응력진폭을 사용하는 *S*-*N*선도가 아닌 변형률 진폭(strain amplitude) ϵ_a을 수직축으로 하는 *E*-*N*선도를 사용한다. 그 이유는 고무와 같은 초탄성체의 응력값은 변형률로부터 Mooney-Rivlin 모델과 같은 변형률 밀도함수(strain energy density function)로부터 응력값을 계산하기 때문이다. 이러한 재료모델은 금속재료와 달리 변형률 값에 대하여 높은 비선형성을 나타내기 때문에 계산된 응력값의 신뢰성이 낮기 때문이다. *E*-*N*선도는 응력진폭 대신 변형률 진폭을 사용한다는 점 외는 *S*-*N*선도와 동일하다.

S-*N*선도를 구하기 위한 실험방법에는 응력진폭을 제어하는 방법만 존재하지만, *E*-*N*선도를 구하기 위한 실험방법에는 크게 3가지로 분류된다. 첫째는 변위의 진폭을 제어하는 방법, 다음으로는 변형률의 진폭을 제어하는 방법, 마지막으로는 변형률에너지 진폭을 제어하는 방법으로 나뉜다. 하지만, 일반적으로는 변형률 진폭을 제어하는 방법이 많이 사용되며, 3축 변형상태에 있는 실제 고무제품의 피로수명은 금속재료와 유사하게 등가변형률(equivalent strain) 혹은 제1 주변형률(principal strain)을 피로수명 예측에 사용한다.

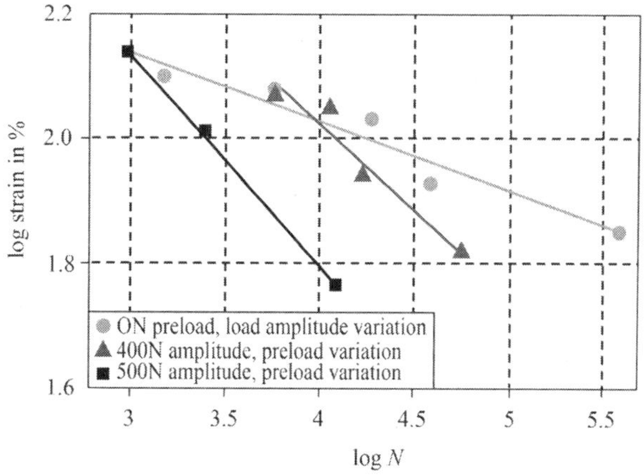

(a)

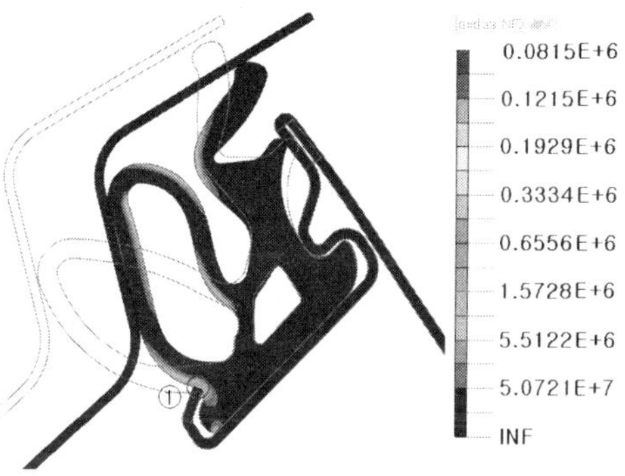

(b)

그림 4.2.17 자동차 도어 웨더스트립의 피로해석: (a) E–N선도, (b) 피로수명 분포

그림 4.2.17은 천연고무(NR: natural rubber)로 제작된 자동차 도어의 웨더스트립(weather strip)의 E-N선도와 피로해석을 통해 구한 피로수명 분포를 보여주고 있다. E-N선도와 피로수명은 모두 제1 주변형률로 측정되었으며, 자동차 도어의 개폐에 따른 피로수명을 평가한 결과이다. 그림에서 색상범례 상의 숫자는 도어 개폐 사이클 수를 나타내며, INF는 피로수명 사이클이 무한대임을 의미한다. 유한요소 해석을 통해 고무제품 내 제1 주변형률 분포를 계산한 후 각 지점에서의 제1 주변형률 값을 E-N선도에 대입하여 피로수명을 계산한 것이다. 참고로 그림에서 E-N선도는 S-N선도와 동일하게 log-log 스케일로 작성되며 선도는 다음과 같이 기울기 m과 절편 C로 다음과 같이 표현된다.

$$\epsilon_1^m N = C \tag{4.36}$$

기울기 m은 음수를 가지며 절편 C와 같이 재료의 고유한 상수이다.

다음으로 S-N선도의 특성과 하나 이상의 주기로 표현되는 복합사이클 응력 시간이력에 대한 응력사이클 카운팅기법과 피로수명 예측기법에 대하여 학습하기로 한다. 아래 그림 4.2.18은 금속의 전형적인 S-N선도를 나타내고 있으며, 피로한계응력 S_e와 극한 인장강도 S_{ut} 그리고 선도의 기울기 m으로 특징지어 진다. 피로한계응력 이하의 응력진폭에서는 피로파괴가 발생하지 않기 때문에 무한한 피로수명을 가지게 된다. 반면, 극한 인장강도에 해당하는 크기의 응력진폭이 작용할 경우에는 곧바로 파괴가 일어나기 때문에 피로수명은 0이 된다.

선도의 또 다른 하나의 특징은 극한 인장강도의 0.9배 이내의 응력진폭에서는 S-N선도의 기울기가 보다 완만하다는 점이다. 이것은 S-N선도가 응력진폭의 크기에 매우 민감하기 때문이며, 이러한 이유로 $0.9S_{ut}$을 초과하는 응력진폭에 대한 피로수명 사이클은 그 신뢰성을 보장할 수가 없으며, 실무 적용 시 주의를 요한다. S-N선도를 적용할 경우, 반드시 기억해야 될 사항은 이 선도는 정해진 기준에 따라 제작된 시편을 사용하여 특정한 조건하에서 구해진 것이라는 점이다. 따라서, 시편을 이용한 실험조건과 제품이 실제로 적용되고 있는 환경과의 차이를 감안하여 피로수명을 보정해야 한다.

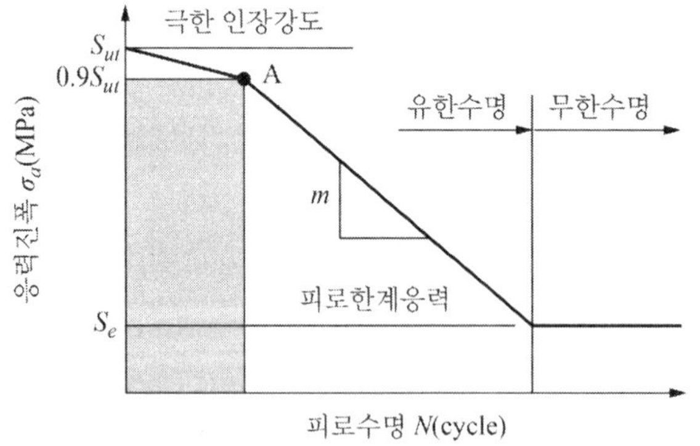

그림 4.2.18 금속의 전형적인 S–N선도

시편실험 조건과 실제 상황에서의 대표적인 환경차이를 열거하면 다음과 같다.

- 우선, 실제 제품의 크기는 시편보다 크며, 물체의 크기가 증가할수록 한계피로수명

은 줄어든다. 이러한 크기효과를 나타내는 보정계수 k_{size}는 다음과 같이 제품의 유효직경(effective radius) d로 $k_{size} = 0.869d^{-0.097}(0.3'' \le d \le 10'')$와 같이 계산된다(만약, 유효직경이 0.3″ 이하에서는 $k_{size} = 1$).

- 다음으로는 하중효과로서, 시편실험에서는 순수 굽힘하중만 작용하지만 실제 상황에서는 인장 그리고 뒤틀림 하중이 복합적으로 작용한다. 이러한 하중효과에 따른 보정계수 k_{load}는 인장하중 시 $k_{load} = 0.70$가 되고 뒤틀림하중에서는 $k_{load} = 0.577$이 된다.
- 피로수명이 길어질수록 표면처리가 미치는 영향이 증가하며, 온도와 같은 기타 주위 환경도 피로수명에 영향을 끼친다.

이러한 보정계수들은 아래 식 (4.37)과 같이 피로한계응력 S_e'에 곱해 보정된 피로한계응력 S_e'을 구할 수 있다. 앞에서도 확인하였듯이 각각의 보정계수는 1보다 작기 때문에, 보정된 피로한계응력은 낮아지게 되고 그림 4.2.18을 참고하면 유한수명과 무한수명의 임계지점이 수평축에서 오른쪽으로 이동가게 된다. 그 결과, 보다 낮은 응력진폭에서도 피로파괴가 발생하게 된다.

$$S_e' = k_a k_b k_c k_d k_e S_e' = \frac{1}{K_f} S_e' \tag{4.37}$$

위 식에서 k_a는 표면계수, k_b는 크기계수, k_c는 하중계수, k_d는 온도계수, k_e는 기타 다른 영향들을 모두 포함한 혼합계수이다. 이들 중 어떤 계수 값은 구하기가 거의 불가능하며, 이들 보정계수들을 모두 곱한 값의 역수인 K_f를 강도 감소계수(strength reduction coefficient)라고 부른다.

하나 이상의 주기로 구성된 복합 응력 사이클에 있어 각각의 응력진폭과 동일한 응력진폭의 횟수를 계산하는 방법에는 Reservoir 카운팅 방법과 Rainflow 카운팅 방법이 많이 사용되고 있다. 그림 4.2.19는 Reservoir 카운팅 방법을 적용한 예를 보여주고 있다. 이 기법은 Reservoir란 용어가 의미하듯이 응력 시간이력 그래프에서 가장 깊은 골짜기 순서로 채워나가면서 응력진폭 σ_a와 이 응력진폭이 반복되는 횟수 n을 계산한다. 이 카운팅 방법을 적용하기 위한 규칙과 순서를 정리하면 다음과 같다.

- 응력 시간이력에서 한 주기에 해당되는 응력 사이클을 선정하고, 그림 4.2.19와 같이 응력이 가장 큰 두 지점, 즉 G와 G를 연결하여 수평선을 긋는다.
- 이 수평선과 아래에 있는 응력 시간이력 그래프를 외곽으로 하는 하나의 폐공간을 정의한다.

- 응력진폭이 가장 큰 두 지점, 즉 G와 L을 선정하고 아래 지점 L에서부터 G까지 영역을 채운다. 단, 지점 J, M, T 그리고 A 아래에 형성되어 있는 보다 작은 영역들은 채우지 않는다. 이렇게 영역을 채우는 작업을 drain작업이라고 부른다.
- Drain작업에 의해 지점 J, M, T 그리고 A에는 새로운 수평선들이 정의되며, 이 수평선들과 가장 아래에 위치한 해당되는 응력지점들에서 출발하여 채워지지 않은 영역들을 채워나가는 drain작업을 실시한다.
- 폐공간이 완전히 메워질 때까지 이러한 drain작업을 순차적으로 수행한다.
- 각각의 drain작업에 있어 응력진폭 σ_a의 크기와 동일한 응력진폭을 갖는 drain작업의 횟수를 계산하여 그림 4.2.19에 나타낸 표와 같이 정리한다.

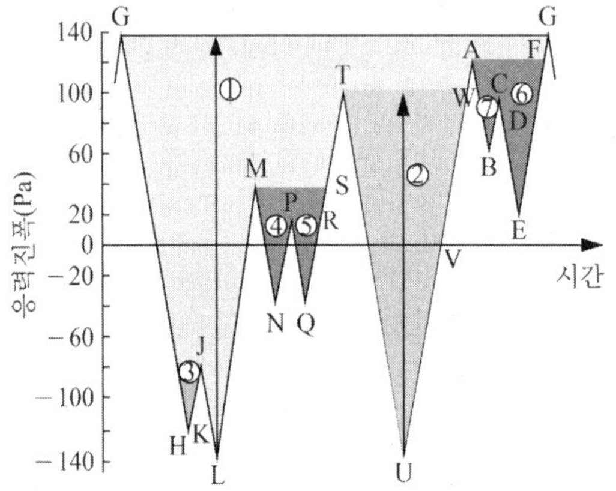

응력진폭 (Pa)	사이클 횟수	Draining 작업
280	1	①
260		
240	1	②
220		
200		
180		
160		
140		
120		
100	1	⑥
80	1	④
60	1	⑤
40	2	③, ⑦
20		

그림 4.2.19 Reservoir 사이클 카운팅의 예

Rainflow 카운팅 방법에서는 다음 그림 4.2.20과 같이 한 사이클에 해당되는 응력 시간이력 그래프를 시계방향으로 90° 회전시킨 후 응력진폭과 반복횟수를 계산한다. Rainflow란 용어가 암시하듯이 이 방법에서는 빗물이 시간이력 그래프를 따라 흘러가다가 떨어지는 지점까지의 거리를 응력진폭으로 한다. 이 카운팅 방법의 규칙과 카운팅 절차를 정리하면 다음과 같다.

- 복합 응력시간이력에서 한 사이클에 해당되는 시간이력을 선정하고, 그림 4.2.20과 같이 복합 응력 사이클을 시계방향으로 90° 회전시킨다.
- 그래프의 A지점에서 빗물이 출발하여 B지점을 거쳐 응력이 가장 낮은 D지점에서 떨어지게 된다. 다음으로 빗물이 떨어진 지점 B에서 새로운 빗물이 출발하여 C지점에서 떨어지게 된다.

- 이렇게 앞의 빗물이 떨어진 지점에서 새로운 빗물이 출발하여 떨어지는 지점 혹은 이전 빗물이 아래로 떨어지는 지점까지의 거리를 응력진폭 σ_a으로 계산한다. 그리고 동일한 응력진폭을 갖는 rainflow의 개수 n을 계산한다.

그림 4.2.19와 4.2.20의 비교로부터 두 방법으로 구한 응력진폭과 반복횟수는 동일함을 확인할 수 있다. 두 카운팅 방법 중에서 어느 방법을 사용할 것인가는 해석자의 선호도에 의해 결정된다.

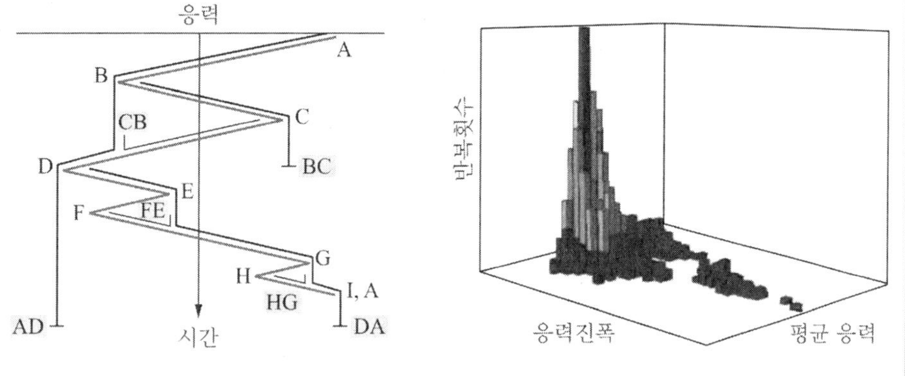

그림 4.2.20 Rainflow 사이클 카운팅의 예

하나 이상의 주기로 구성된 복합 응력 사이클에 대한 피로수명은 선형누적법이라 불리는 마이너 누적법(Palmgren-Miner)을 이용하여 예측할 수 있다. 아래 식 (4.38)은 N개의 주기로 구성된 복합 응력 사이클에 대한 마이너 누적법 공식을 나타낸다.

$$D = \frac{n_1}{N_1} + \frac{n_2}{N_2} + \cdots + \frac{n_N}{N_N} = \sum_{i=1}^{N} \frac{n_i}{N_i} = \sum_{i=1}^{N} D_i < 1, \qquad D_i = \frac{n_i}{N_i} \tag{4.38}$$

위 식에서 n_i와 N_i는 i번째 응력진폭에 대한 사이클 횟수와 S-N선도로부터 구한 피로수명을 의미한다. 앞의 그림 4.2.19에 나타낸 표를 예로 들면, 응력주기의 개수 N은 6 그리고 응력진폭 280 Pa이 반복되는 횟수 n_1은 1이 된다. 그리고 이 응력진폭에 대한 피로수명 N_1은 S-N선도에 280 Pa을 적용하여 구할 수 있다. 한편, $D_i = n_i/N_i$는 단위사이클당 i번째 응력진폭에 의해 발생되는 피로누적량이 되고, 이들을 합산한 D가 바로 모든 응력진폭에 의해 발생되는 단위사이클당 총 피로누적량이 된다. 그리고 다음 식과 같이 총 피로누적량의 역수 $1/D$가 바로 복합 주기로 구성된 변동 응력에 의한 피로수명 사이클이 된다.

$$\text{Life(cycle)} = \frac{1}{D} \tag{4.39}$$

상용 유한요소 해석 소프트웨어에서 제공하는 피로해석 모듈에는 각종 재료의 S-N 선도를 DB형식으로 제공하고 있지만, 만일 제공되지 않는 재료에 대해서는 사용자가 실험 혹은 문헌을 통해 구한 S-N선도를 추가해야 한다. 그리고 한 사이클에 해당하는 변동 응력을 반드시 입력해야 하는데 다음의 그림 4.2.21과 같이 한 사이클 내 특징적인 시점에서 선형 정적해석으로 구한 응력값을 표 형식으로 입력하게 된다. 한 사이클 내 특징적인 시점과 시점의 개수는 피로수명 예측의 정확도와 직결되기 때문에 응력의 실제 사이클을 가능한 한 잘 표현할 수 있도록 선정해야 한다.

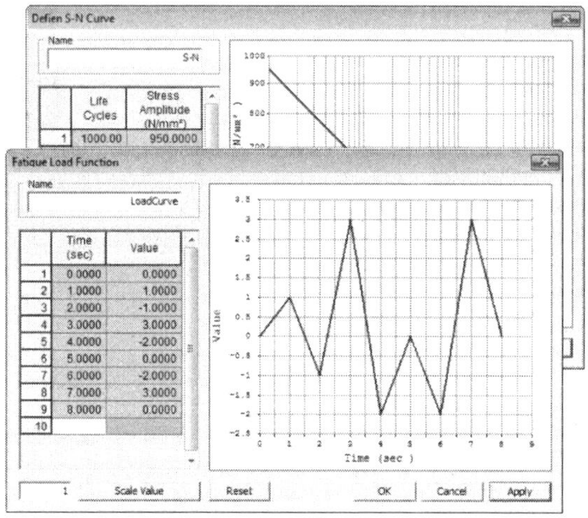

그림 4.2.21 상용 유한요소 해석 소프트웨어에서의 S–N선도와 응력 사이클 입력

다음 그림 4.2.22는 midas NFX에서 제공하는 피로해석 모듈의 입력창을 보여주고 있다. 입력창에서 해석자는 피로해석에 사용할 응력의 유형을 선정하고 해당 재료에 대한 S-N선도를 DB로부터 선택하든지 추가한다. 다음의 그림 4.2.23은 끝단에 변동하중을 받고 있는 지지부재의 피로해석 결과를 보여주고 있다. 우측 그림은 지지부재 내 피로수명 분포를 나타내며 피로수명 사이클 횟수가 낮을수록 그만큼 피로파괴에 취약하다. 동일한 변동하중이 작용하지만 하중 작용방향에 따라 피로수명이 판이하게 달라짐을 확인할 수 있다. 일반적으로 응력 레벨이 높은 지점이 낮은 피로수명을 나타내지만 보다 정확히는 응력의 변동폭, 즉 응력진폭이 큰 지점일수록 피로수명이 낮아진다.

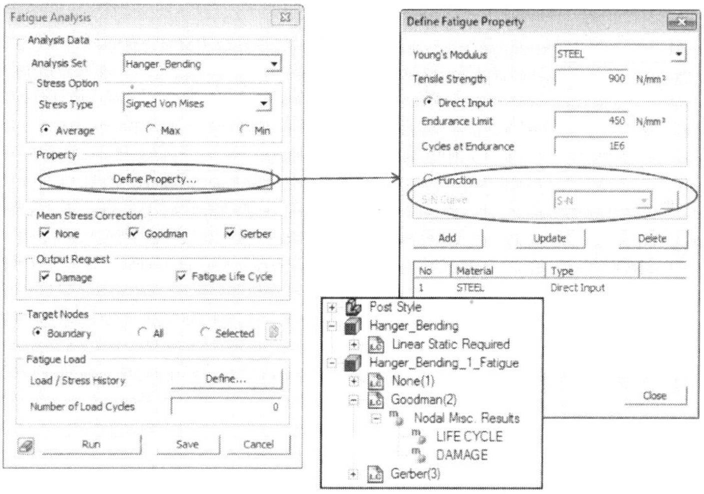

그림 4.2.22 midas NFX에서의 피로해석을 위한 입력창

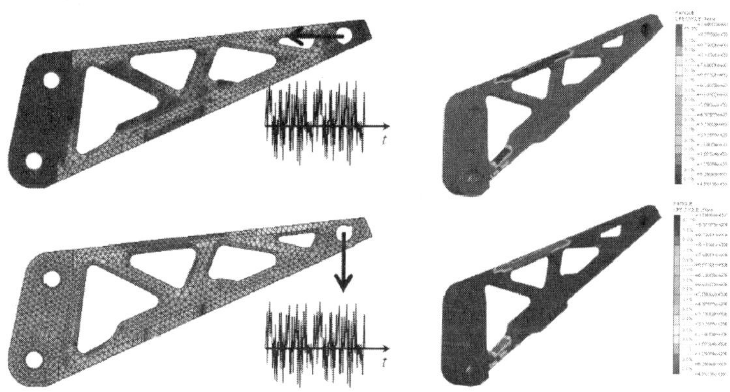

그림 4.2.23 midas NFX에서의 피로해석 파라메터 설정과 피로해석 결과

부재와 부재가 결합되는 용접부위는 특히 피로파괴에 취약하며, 피로해석의 상당부분이 용접부에 집중되어 있다. 하지만, 용접부는 용접 후 용접부의 재료물성치와 모재와 용접부 사이의 경계면을 명확히 파악하기 어렵기 때문에 응력을 평가하기가 쉽지 않다. 이러한 이유로 용접부위를 모재와 동일한 재질로 모델링하여 해석을 수행한 후, 핫스팟 응력(HSS: Hot Spot Stress)으로 용접부에 발생하는 응력을 예측하고 있다. 핫스팟 응력을 예측하기 위한 방법으로는 그림 4.2.24에 나타낸 바와 같이 크게 세 가지가 사용되고 있다. 첫 번째 방법으로는 용접부 모서리에서 모재 두께 t의 1.0 그리고

0.4배 지점에서 모재의 응력으로 외삽(extrapolation)하는 것이고, 두 번째 방법은 용접부 모서리에서 $0.5t$ 되는 지점에서 모재의 응력을 사용하는 것이다. 마지막 방법으로 용접부 모서리에서 $1.5t$ 그리고 $0.5t$ 되는 지점의 모재 응력으로 외삽하는 것으로 선급에서 주로 사용하는 방법이다.

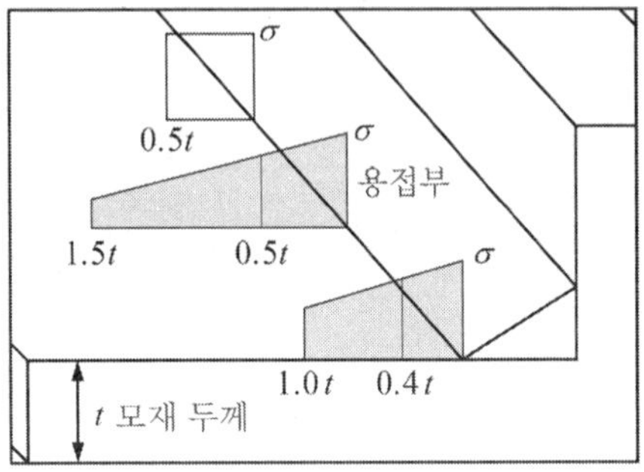

그림 4.2.24 용접부 응력을 평가하기 위한 핫스팟 응력

마지막으로 피로해석을 위해 사용할 수 있는 유한요소 해석의 유형을 열거하면 다음과 같다.

- **선형 정적해석** : 앞서 설명한 바와 같이 변동하중 한 사이클 내 특징적인 시점들을 선정하고 각 시점에서의 하중값으로 선형 정적해석을 수행한다. 그리고 각 시점에서 구한 응력값을 선형보간하여 응력 사이클을 작성하게 된다.
- **시간응답 해석** : 한 사이클 변동하중을 직접 입력하여 물체 내 원하는 지점에서의 응력 시간응답을 직접 출력하게 된다. 선형 정적해석보다 해석시간은 많이 소요되지만 보다 정확한 응력 사이클을 도출할 수 있다.
- **모드중첩법** : 시간응답 해석을 적용하기에 해석문제가 과도하게 큰 경우에 해석시간을 줄이기 위해 사용할 수 있다. 해석으로 구한 응력 시간응답의 정확성이 고유모드의 개수에 영향을 받기 때문에 외부 변동하중의 최고차 주파수의 3배 이내에 포함되는 고유모드들을 모두 포함시켜야 한다. 만약, 외부 변동하중이 높은 주파수로 되어 있는 경우에는 해석시간은 그다지 단축되지 않는다.
- **파워 스펙트럴 밀도를 이용하는 방법** : 랜덤한 진동을 나타내는 동적 시스템은 매우 복잡한 시간응답을 나타내기 때문에 시간응답을 주파수가 서로 다른 단순 조화응답 사이클들로 분리하는 작업은 거의 불가능하다. 이러한 경우에는 시간응답을

푸리에 변환을 통해 파워 스펙트럴 밀도함수로 변환하여 주파수 영역에서 피로수명을 예측할 수밖에 없다. 이와 같이 파워 스펙트럴 밀도함수를 이용하여 피로수명을 예측하는 기법을 랜덤진동 피로해석(random vibration fatigue analysis)이라고 부른다. 이 기법에 대해서는 다음 절에서 상세히 다루기로 한다.

4.2.4 랜덤진동 피로해석

주행 중인 자동차는 노면으로부터 불규칙한 진동하중을 받게 되고, 일반 건축물 역시 불규칙한 지진파를 받게 된다. 그 결과, 실제 동적 시스템은 카운팅(counting)이 가능한 규칙적인 정현파의 조합이 아닌 카운팅이 불가능한 매우 복잡한 형태의 시간응답을 나타낸다. 다음의 그림 4.2.25는 랜덤진동(random vibration)에 따른 불규칙한 시간응답의 단편적인 예를 보여주고 있다. 이러한 랜덤응답은 주기성(periodicity)을 찾기가 어려울 뿐더러, 재현성이 없어서 측정할 때 마다 매번 다른 시간응답을 나타낸다. 따라서, 시간응답을 주기가 명확한 다수의 정현파로 분리할 수 없기 때문에 4.2.3절에서 소개한 정현파 사이클 카운팅(cycle counting) 기반의 Minor 누적손상법을 적용할 수 없다.

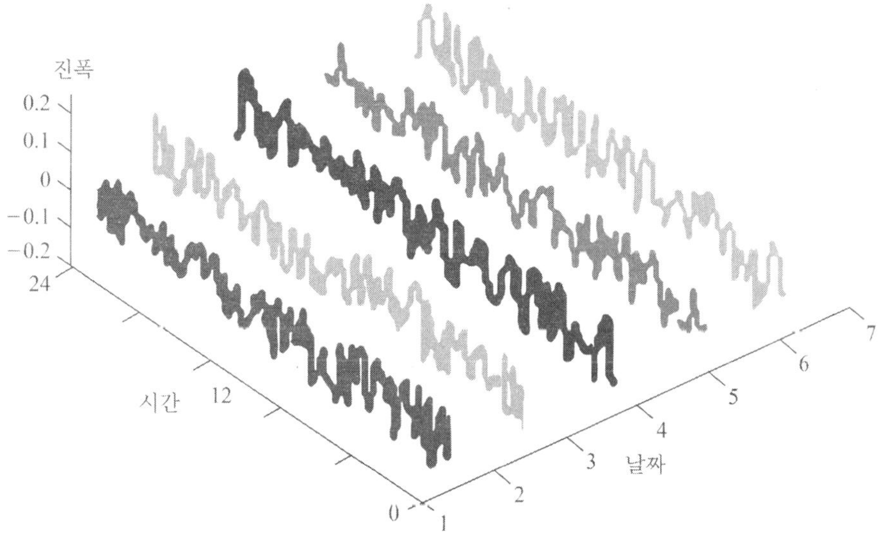

그림 4.2.25 날짜별로 달라지는 재현성이 없는 랜덤한 시간응답

주기성을 찾기가 거의 힘든 매우 불규칙한 시간응답에 대해서는 정현파로 분리하여 각 정현파의 진폭을 계산하는 대신, 동일(혹은 유사한) 크기의 진폭이 발생하는 빈도를

통계학적으로 계산하여 피로수명을 평가하는 방법이 효과적이다. 이렇게 확률밀도분포(PDD: probability density distribution)를 이용하여 피로수명을 예측하는 기법을 랜덤 진동 피로해석(random vibration fatigue analysis)이라고 부른다. 다음의 그림 4.2.26은 특정한 시간 내에서 동일한 크기의 진폭이 발생하는 횟수를 확률밀도분포로 나타낸 것이다. 특정 진폭크기의 발생횟수가 n이라고 할 때, 이 진폭크기의 확률밀도분포는 전체 카운팅 개수 N에 대한 상대적인 비(n/N)로 계산된다.

이처럼 진폭의 확률밀도를 이용하게 된 기본 배경은 그림 4.2.18의 S-N선도에 나타나 있듯이 피로수명은 응력진폭(혹은 변형률 진폭)의 크기에 의해 좌우되기 때문이다. 그리고, 하나 이상의 정현파로 구성된 복합 시간응답의 경우, 피로수명은 각 정현파들의 사이클 횟수에 영향을 받고 이 사이클 횟수는 확률밀도로 대체할 수 있기 때문이다. 4.2.3절에서 다룬 시간응답의 정현파 사이클 카운팅 방법과 비교할 때, PDD를 이용한 방법이 갖는 차별성을 아래와 같이 요약할 수 있다.

- **평균 진폭 개념** : 복합 시간응답을 구성하는 정현파들을 분리하고 각 정현파의 진폭을 다루지 않고, 구성하고 있는 모든 정현파들의 평균 진폭, 분산 그리고 확률밀도분포(PDD)를 다룸.
- **시간 단축** : 엄청나게 많은 구성 정현파들을 카운팅할 필요가 없기 때문에 시간측면에서 매우 효율적임. 하지만, 이 방법은 정현파들로 분리하지 않지 않기 때문에 각 정현파들의 주파수(즉, 사이클 횟수) 특성이 반영되지 않음.

아래 그림에서 1σ, 2σ 그리고 3σ는 평균 진폭으로부터 진폭의 크기가 표준편차 σ의 ±1, ±2 그리고 ±3배가 되는 지점을 각각 나타낸다.

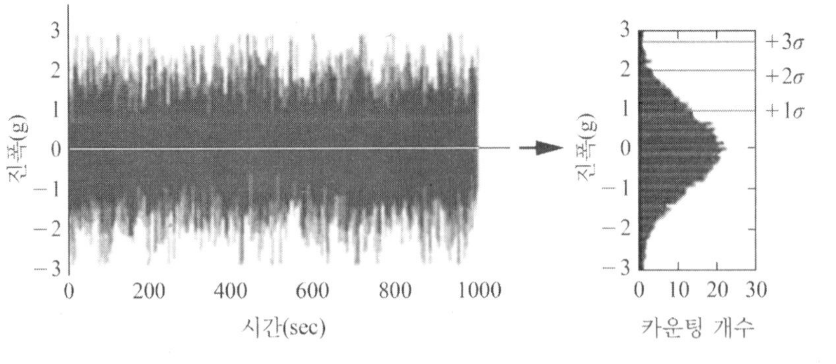

그림 4.2.26 시간응답의 확률밀도 분포(probability density distribution)

파워 스펙트럴 밀도(PSD)는 시간파가 지니고 있는 에너지 강도를 나타내는 것으로서 구조물에 작용하였을 때 미치게 될 손상의 심각성을 의미한다. 시간영역에서 랜덤한 가속도 신호의 주파수별 진폭은 수시로 변하지만 모든 주파수 진폭의 평균값은 거의 일정하게 유지되기 때문에, 특정한 주파수 범위 내에서 주파수별 진폭들의 평균값을 이용하여 구조물에 미치게 되는 피로손상을 평가하게 된다. 다음의 그림 4.2.27은 시간응답에 대한 파워 스펙트럴 밀도를 보여주고 있으며, 그래프 아래 총면적은 에너지 강도를 의미하고 주파수별 가속도 진폭의 크기를 한 눈에 파악할 수 있다.

파워 스펙트럴 밀도의 주파수 범위는 굉장히 넓어 전 주파수 영역을 다룰 수 없기 때문에 일반적으로 20～2000 Hz 범위 내 PSD만을 대상으로 한다. 랜덤진동 피로해석은 다음과 같은 절차로 수행된다.

- **단계 1 (PDD 계산)** : 구조물의 랜덤한 시간응답에 대한 확률밀도 분포를 계산하여 평균 진폭과 1σ, 2σ 그리고 3σ에 해당하는 진폭값을 구한다.
- **단계 2 (구조해석)** : 1σ, 2σ 그리고 3σ에 해당하는 진폭으로 구조해석을 수행하고, 관심이 되는 구조물 내 특정 지점에서의 응력진폭을 S-N선도에 대입하여 세 경우에 대한 피로수명 사이클 N을 계산한다.
- **단계 3 (피로수명 계산)** : 1σ, 2σ 그리고 3σ 진폭이 발생하는 확률로부터 세 가지 진폭상태가 물체에 가해지는 총 사이클 횟수 n을 결정한다. 1σ, 2σ 그리고 3σ 진폭상태에 대한 피로수명 사이클 N과 하중 사이클 n을 마이너(minor) 누적손상 법칙 (4.38)에 대입하여 구조물의 피로수명을 결정한다.

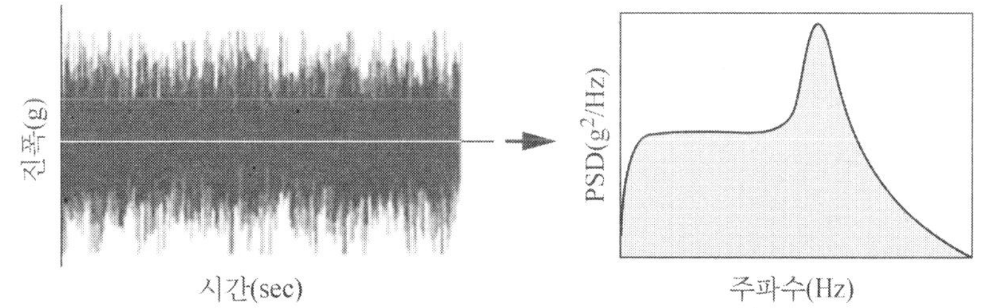

그림 4.2.27 시간 신호의 파워 스펙트럴 밀도(PSD)

다음으로 랜덤진동을 받는 구조물에 대한 피로해석의 예를 제시하고자 한다. 그림 4.2.28(a)는 좌측 단이 고정되어 있고 우측 단에는 물체가 부착되어 있는 단면적이 일정한 사각보이다. 우측 단에 부착된 물체는 20～200 Hz 주파수 영역에서 일정한 가속도 진폭 0.5 g/Hz으로 가진 되고 있다. 그리고 구조물의 감쇠비는 3%이고 외부 동하중은 2시간 동안 지속되었을 때, 이 보구조물이 견딜 수 있는 피로수명을 랜덤진동 피로해석으로 계산하고자 한다.

그림 4.2.28(b)는 최대 응력을 나타내는 외팔보 지지 단에서의 굽힘응력 시간응답을 퓨리에 변환하여 구한 응답 파워 스펙트럴 밀도(RSPD: response power spectral density) 분포이다. 최대 굽힘응력은 60 Hz에서 발생하며, 이때의 RPSD값의 제곱근(square root)한 값이 1σ 응력진폭 S_1에 해당된다. 만약 이 값이 50 MPa이라고 하면, 구조변형의 선형적 변화에 따라 2σ 그리고 3σ에 해당되는 응력진폭 S_2와 S_3는 각각 $S_2 = 2\times 50 = 100$ MPa 그리고 $S_3 = 3\times 50 = 150$ MPa이 된다.

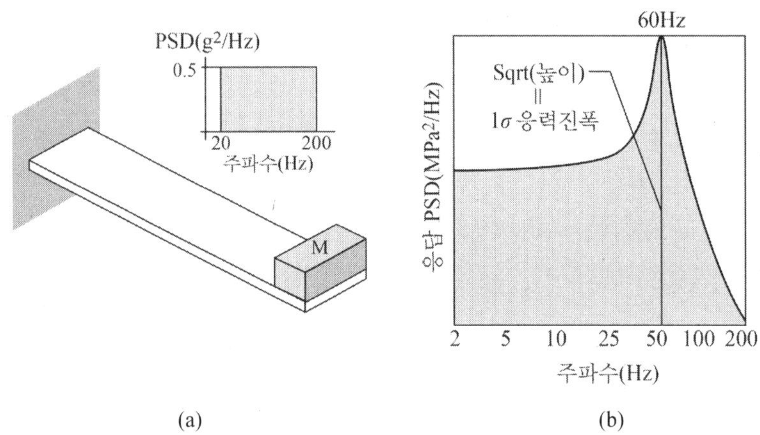

그림 4.2.28 랜덤진동 피로해석 예제: (a) 일단지지 보, (b) 보 지지 단에서의 굽힘 응력응답 파워 스펙트럴 밀도(RPSD) 분포

한편, 1σ, 2σ 그리고 3σ에 해당되는 응력진폭이 발생하는 빈도는 그림 4.2.26에 예를 든 것과 같이 지지 단에서의 굽힘응력 시간응답에서 각 피크치를 카운팅하여 정규분포를 구한 다음 계산된다. 본 절에서는 랜덤진동 피로해석의 예를 보여주기 위해 1σ, 2σ 그리고 3σ에 해당되는 응력진폭의 발생빈도를 각각 P_1, P_2 그리고 P_3로 표기하기로 한다. 다음으로, S-N선도로부터 S_1, S_2 그리고 S_3에 해당하는 피로수명을 결정한다. 그림 4.2.29에 나타나 있듯이 응력진폭 값에 해당되는 피로수명을 눈으로 찾게 되면 오차가 많다. 따라서, 선도상에서 S와 N값이 명확히 명시되어 있는 지점을 참고로 하여 아래 식 (4.40)을 이용하여 결정하는 것이 좋다.

$$N_1 = N_r (S_r / S_1)^m \tag{4.40}$$

위 식에서 S_r과 N_r은 선도의 좌측 상단의 꺾인 점에서의 응력진폭과 피로수명을 나타내고 m은 선도의 기울기를 의미한다.

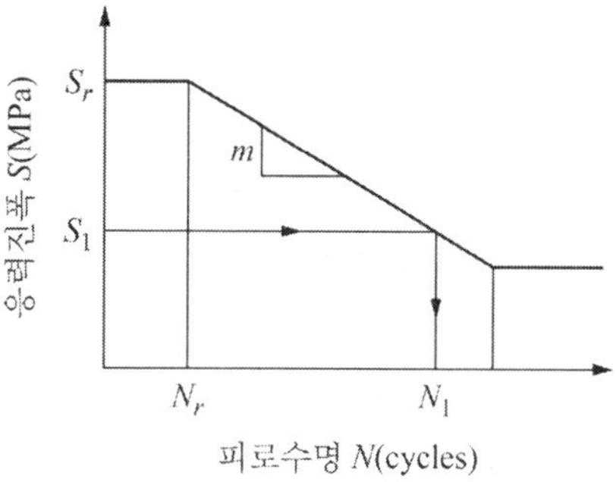

그림 4.2.29 $S-N$선도로부터 피로수명 N_1의 결정

이렇게 S_1, S_2 그리고 S_3에 해당하는 피로수명 N_1, N_2 그리고 N_3가 결정되면, 1σ, 2σ 그리고 3σ가 2시간 동안 반복되는 사이클 횟수를 발생빈도 확률 P_1, P_2 그리고 P_3를 이용하여 아래와 같이 계산한다.

$$n_1 = 60/\mathrm{sec} \times (2 \times 3{,}600) \times P_1 \tag{4.41a}$$

$$n_2 = 60/\mathrm{sec} \times (2 \times 3{,}600) \times P_2 \tag{4.41b}$$

$$n_3 = 60/\mathrm{sec} \times (2 \times 3{,}600) \times P_3 \tag{4.41c}$$

여기서 60이라는 숫자는 그림 4.2.28(b)에 나타나 있듯이 응력진폭의 최댓값이 60 Hz에서 발생하기 때문에 초당 반복되는 사이클 수는 60이 된다. 각 응력진폭에 대한 반복 사이클 수와 피로수명이 결정되면, 복합 사이클 하중 하에서 구조물의 피로수명을 예측하는 마이너(Minor) 누적손상법 (4.38)에 대입하여 피로손상 사이클 비율(fatigue damage cycle ratio) R을 아래와 같이 계산한다.

$$R = \frac{n_1}{N_1} + \frac{n_2}{N_2} + \frac{n_3}{N_3} \tag{4.42}$$

그리고 랜덤진동에 따른 구조물의 총 피로 안전수명은 아래 공식에 따라 계산된다.

$$T_{\text{피로}} = 2\text{시간} \times (1/R), \quad R < 1.0 \tag{4.43}$$

Chapter 5

선형 동해석

순간적인 자극이나 시간에 따라 변하는 하중을 받는 물체의 거동은 시간과 더불어 변동하는 응답을 나타낸다. 이러한 물체의 동적 응답(dynamic response)을 분석하는 작업을 동해석(dynamic analysis)이라고 부르며, 정해석(static analysis)과는 달리 시간이라는 또 다른 하나의 변수가 추가된다. 그 결과, 물체는 보다 복잡한 응답을 나타내며 정해석에 비해 한 단계 높은 해석기술을 요구한다. 또한, 정적 거동에 비해 동적 응답은 응답의 특성에 따라 고유진동, 과도응답, 정상상태응답, 주파수응답으로 다양하게 분류되며, 이들 응답들은 감쇠(damping)와 비선형성(nonlinearity)의 포함 여부에 따라 또 다시 분류된다. 비선형 동해석은 물체거동의 시간에 대한 의존성은 물론 거동에 따른 각종 비선형성을 포함하기 때문에 본 장에서는 선형 동해석에만 국한하기로 한다. 물체의 동적 거동은 거동의 시간에 따른 1차 혹은 2차 변화율로도 분류할 수 있다. 전자는 열전달과 같이 시간과 더불어 일정한 값으로 수렴하는 반면 후자는 진동을 수반하게 된다. 아래 그림 5.1.1은 물체의 동적 응답의 유형 그리고 시간과 주파수 영역에서의 동해석 유형을 도식적으로 보여주고 있다.

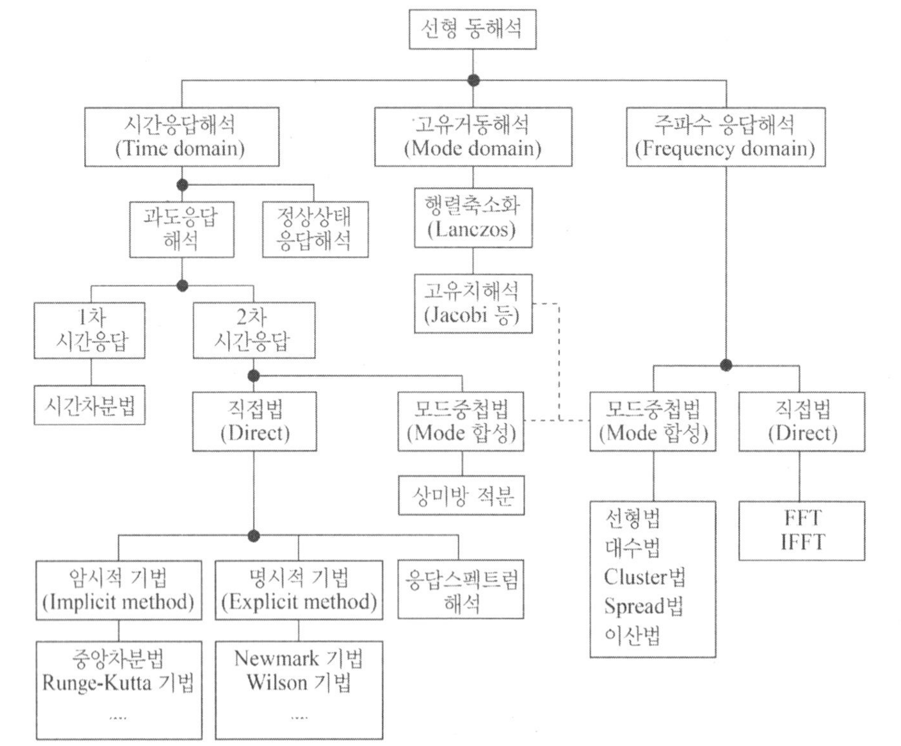

그림 5.1.1 응답유형, 시간 그리고 주파수 영역에 따른 동해석의 분류

본 장에서는 물체의 선형 동응답의 특성을 역학적으로 고찰하고 이러한 선형 동응답을 분석하기 위한 수치기법을 학습하기로 한다. 물체의 고유진동, 시간응답 그리고 주파수응답을 분석하기 위한 대표적인 수치기법과 시간에 따라 안정적이고 정확성을 가진 동적 응답을 구하기 위한 방법들을 학습하기로 한다. 본 장의 내용을 학습함으로써 해석자는 물체의 동적 유형의 물리적인 의미를 이해함과 더불어 각 유형의 동해석 문제를 분석하기 위한 해석기법에 익숙하게 될 것이다. 또한, 원하는 수준의 동응답 결과를 도출하기 위한 전문지식을 익히게 될 것이다.

5.1 고유진동 해석(Free Vibration Analysis)

5.1.1 고유주파수와 고유모드

모든 물체는 각기 고유한 동특성을 지니고 있으며, 고유한 동특성이란 용어는 고유진동(natural vibration) 혹은 자유진동(free vibration) 특성이라고도 불린다. 고유진동 특성이란 해당 물체의 고유주파수(natural frequency)와 고유모드(natural mode)를 말하며, 이러한 물리량을 분석하는 작업을 모드해석(modal analysis)이라고 부른다. 물리적인 측면에서 고유한 동특성이란 물체에 작용하는 동하중을 제거하였을 때 물체가 자유로이 진동하게 되는 주파수와 진동 형태를 의미한다.

아래 그림 5.1.2는 좌측 단이 고정되어 있는 외팔보(cantilever beam)의 고유주파수와 고유모드를 보여주고 있다. 그림에서 알 수 있듯이 고유주파수와 고유모드의 개수는 다음에 설명하게 될 물체의 자유도(DOF: Degree of Freedom)와 비례한다. 그리고 주파수가 높아질수록 고유모드 형상은 복잡해진다. 물리적인 측면에서 물체가 변형하기 쉬운 형상일수록 고유주파수는 낮아지며 고유모드의 형상도 단순해진다. 이러한 물리적인 특성은 외팔보를 통해서 쉽게 이해할 수 있을 것이다.

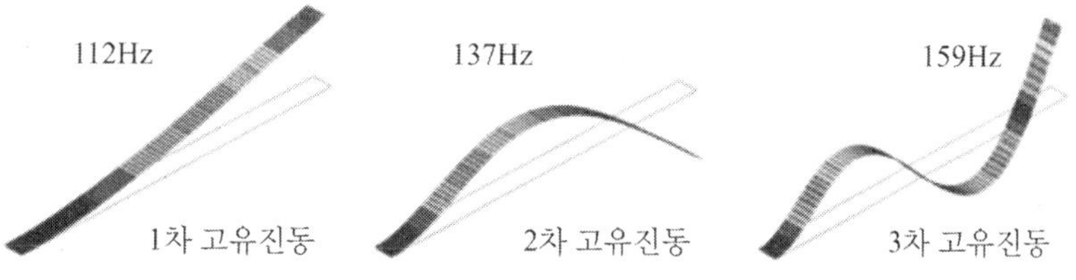

그림 5.1.2 외팔보의 저차 고유주파수와 고유모드

고유진동과 관련된 두 가지 용어인 "고유거동" 그리고 "자유거동"의 보다 상세한 의미를 정리하면 다음과 같다.

- **고유거동** : 이 용어는 특정한 형상, 구속조건 그리고 재질을 지닌 물체는 이 물체만의 독특한 고유주파수와 고유모드를 지니게 됨을 의미한다. 앞서 예를 든 외팔보에 있어, 좌우 양단이 고정되게 되면 고유주파수와 고유모드는 달라지게 된다. 따라서, 고유주파수와 고유모드의 분석은 해당 물체의 독특한 동특성을 파악하는데 중요한 정보를 제공한다.
- **자유거동** : 외부로부터 동하중이 작용하였을 때 물체가 나타내는 동적 거동을 강제진동(forced vibration)이라고 부르며, 동하중이 작용하는 위치, 방향 그리고 크기와 주파수에 따라 동적 거동은 달라지게 된다. 반면, 동하중이 작용하지 않은 상태에서의 자유진동에서는 언제나 물체의 고유주파수와 고유모드로 진동하게 된다.

고유주파수와 고유모드의 개념은 공학분야에만 국한되지 않고 모든 분야에 포괄적으로 사용되는 개념이다. 일반적으로 "고유치(eigen value)" 그리고 "고유형상(eigen mode)"으로 불리며, 대상이나 거동의 고유한 특성을 정의하기 위해 사용되고 있다. 예를 들어, 원이나 구의 고유치는 반경이 되며 일정한 반경을 가진 2차원 곡선 혹은 3차원 곡면형상은 고유형상에 해당된다. 타원이나 럭비공의 경우 장축 그리고 단축방향으로의 두 개의 반경이 고유치에 해당되며, 고유형상은 두 개의 반경으로 정의되는 2차원 곡선 혹은 3차원 곡면이 된다.

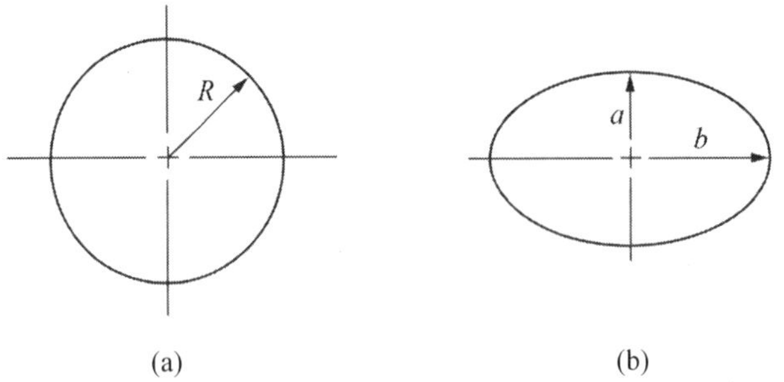

그림 5.1.3 (a) 하나의 고유치를 가지는 원, (b) 두 개의 고유치를 가진 타원형

고유치는 앞서 언급한 자유도와 연관성이 있으며, 대상이나 거동은 자유도 개수만큼 고유치를 가지게 된다. 자유도는 해당 문제에 따라 다양한 방법으로 표현되고 있으며,

포괄적인 의미로 정의하기 위해서는 두 가지 항목이 결정되어야 한다. 첫째는 사건, 동작, 거동 혹은 현상 등과 같이 '무엇에 대한 것인가'이다. 둘째는 '무엇이라는 것을 구속하는 인자가 무엇인가'이다. 다음의 그림 5.1.4는 3차원 공간상에서 로봇 암의 위치, 사람의 특정 손가락의 위치 그리고 항공기 조종석의 위치에 대한 자유도를 예로 보여주고 있다. 만약, 항공기의 무게중심의 3차원 공간상의 위치가 대상이 될 경우에 자유도는 6개에서 3개로 줄어들게 된다. 그리고 사람이나 로봇 암의 경우에 있어 일부 관절이 고정되어 있고 나머지 관절들에 의해 자유로이 움직일 수 있는 로봇 암과 특정 손가락 위치의 자유도는 그만큼 줄어들게 될 것이다.

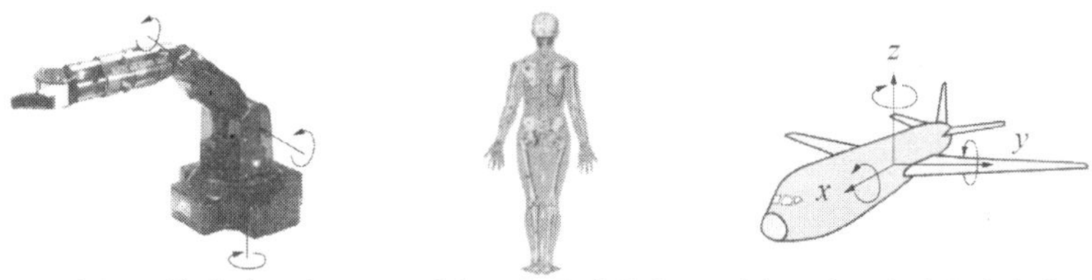

그림 5.1.4 물체 내 특정 지점의 3차원 공간상에서 위치에 대한 자유도

수학에 있어 자유도는 주로 미지수로 표현되며, 아래 식과 같이 크기가 ($N \times N$)인 행렬방정식을 푸는 경우를 생각해 보자. 이 행렬방정식은 N개의 연립방정식을 푸는 문제로 아무런 구속조건이 없는 상태에서는 풀어야 할 미지수의 개수는 N개가 된다. 그리고 이 미지수의 개수가 바로 자유도에 해당된다.

$$[\boldsymbol{A}]\{\boldsymbol{x}\} = \{\boldsymbol{b}\} \tag{5.1}$$

하지만 이 행렬방정식에 n개의 미지수에 대한 조건식이 부과되어 있다면 미지수는 ($N - n$)개가 되어 자유도는 n개만큼 줄어들게 된다.

한편 위 행렬방정식의 특성은 행렬 $[\boldsymbol{A}]$에 의해 좌우되며, 이 행렬의 고유한 특성을 나타내는 것으로 고유치와 고유벡터(eigen vector)가 있다. 고유치 λ와 고유벡터를 $\{\boldsymbol{x}\}_\lambda$라고 표시하면 이들은 다음 식을 계산하여 구할 수 있다.

$$[\boldsymbol{A}]\{\boldsymbol{x}\}_\lambda = \lambda[\boldsymbol{I}]\{\boldsymbol{x}\}_\lambda \quad \rightarrow \quad \{[\boldsymbol{A}] - \lambda[\boldsymbol{I}]\}\{\boldsymbol{x}\}_\lambda = \{\boldsymbol{0}\} \tag{5.2}$$

위 식에서 $[\boldsymbol{I}]$는 대각선상에 1의 값을 가지고 나머지는 모두 0인 항등행렬(identity matrix)을 나타낸다. 위 식의 수학적인 의미는 행렬 $[\boldsymbol{A}]$에 고유벡터 $\{\boldsymbol{x}\}_\lambda$를 곱한 행렬연산 결과는 고유벡터 $\{\boldsymbol{x}\}_\lambda$를 λ배 한 것과 같다는 것이다. 즉, 고유벡터 $\{\boldsymbol{x}\}_\lambda$에 대해서는 행렬 $[\boldsymbol{A}]$를 항등행렬을 λ배 한 $\lambda[\boldsymbol{I}]$로 둘 수 있다는 것이다.

식 (5.2)에서 만약 구속조건식이 전혀 없다고 하면 고유치와 고유벡터는 각각 N개가 계산되지만, n개의 구속조건이 부과되어 있다면 고유치와 고유벡터의 개수는 각각 $(N-n)$개로 줄어들게 된다.

$$\lambda_1 \rightarrow \{\boldsymbol{x}\}_{\lambda_1},\quad \lambda_2 \rightarrow \{\boldsymbol{x}\}_{\lambda_2},\quad \cdots,\quad \lambda_{(N-n)} \rightarrow \{\boldsymbol{x}\}_{\lambda_{(N-n)}} \tag{5.3}$$

이러한 측면에서 “고유치”, “미지수” 그리고 “자유도”는 일맥상통한 의미를 지니고 있으며, 전자의 두 용어는 주로 수학에서 그리고 마지막 용어는 주로 물리에서 사용되고 있다는 구분만 존재할 뿐이다. 엄밀한 의미에서 이러한 구분도 의미가 없을 수 있는데, 그 이유는 물리적 현상에 대한 수학적 표현식을 수치적으로 계산하기 위해 행렬방정식으로 전환되기 때문이다. 다시 말해, 행렬방정식은 물리적 현상의 또 다른 형태의 표현식이라는 것이다.

식 (5.1)로 표현되는 행렬방정식은 2.3.1절에서 배운 가우스 소거법(Gauss elimination)으로 역행렬 $[\boldsymbol{A}]^{-1}$을 계산하여 미지수 $\{\boldsymbol{x}\}$를 구할 수 있다. 한편, 식 (5.2)로 표현되는 고유치 행렬방정식은 5.1.2절에서 배우게 될 고유치 연산기법으로 고유치와 고유벡터를 계산하게 된다.

앞서 학습한 자유도, 고유치 그리고 고유형상을 보다 구체적인 공학예제를 통해 이해하기로 한다. 다음 그림 5.1.5는 질량과 스프링으로 구성된 1차원 2자유도 비감쇠(undamped) 진동계를 나타내고 있다. 물체의 동적 거동에 대한 수학적 표현식과 관성력(inertia force), 감쇠력(damping force) 그리고 복원력(restoring force)에 대해서는 5.3절에서 상세히 다루기로 한다. 기초 물리학을 참고하면 외력이 작용하지 않은 상태에서 이 진동계의 수평방향으로의 운동방정식은 아래와 같이 표현된다.

$$\begin{bmatrix} m_1 & 0 \\ 0 & m_2 \end{bmatrix}\begin{Bmatrix} \ddot{x}_1 \\ \ddot{x}_2 \end{Bmatrix} + \begin{bmatrix} (k_1+k_2) & -k_2 \\ -k_2 & (k_2+k_3) \end{bmatrix}\begin{Bmatrix} x_1 \\ x_2 \end{Bmatrix} = \begin{Bmatrix} 0 \\ 0 \end{Bmatrix} \tag{5.4}$$

여기서 x_1과 x_2는 각각 질량 m_1과 m_2의 수평방향으로의 절대 변위량을 나타내며, 위 두 개의 선형 연립방정식은 다음과 같이 질량행렬 $[\boldsymbol{M}]$, 강성행렬 $[\boldsymbol{K}]$ 그리고 변위벡터 $\{\boldsymbol{x}\}$로 간단히 나타낼 수 있다.

$$[\boldsymbol{M}]\{\ddot{\boldsymbol{x}}\} + [\boldsymbol{K}]\{\boldsymbol{x}\} = \{\boldsymbol{0}\} \tag{5.5}$$

이 행렬방정식으로부터 2개의 고유치인 고유진동수와 각 고유진동수에 해당하는 고유모드를 구해보기로 한다.

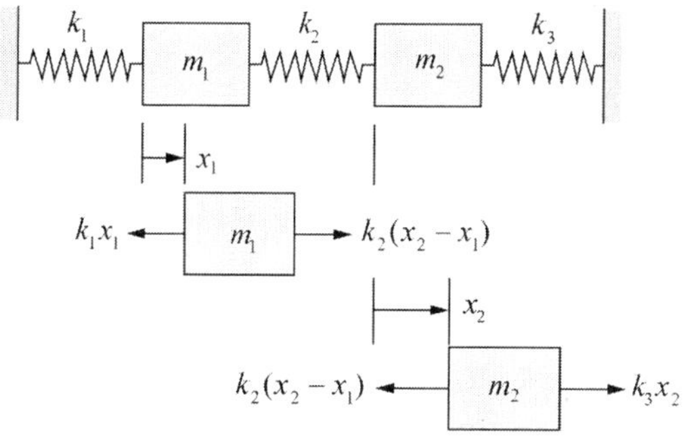

그림 5.1.5 수평방향으로의 1차원 2자유도 비감쇠 진동계

외력이 없는 운동방정식 (5.5)의 물리적인 의미는 진동계의 질량에 의한 관성에너지(kinetic energy)와 스프링에 축적되는 탄성에너지(elastic energy)는 서로 주고받으면서 특정한 주파수 ω와 일정한 진폭 X로 무한히 진동한다는 것이다. 여기서 특정한 주파수와 일정한 진폭이 바로 진동계의 고유주파수와 고유모드의 크기를 의미한다. 외력을 가해 진동계를 진동시킨 후 외력을 제거하면 진동계는 고유주파수로 자유 진동하게 되며, 자유 진동 중인 진동계의 동변위(dynamic displacement)는 시간에 대해 조화운동(harmonic motion)이란 특성을 지니게 된다.

조화운동이란 시간에 따른 동변위가 사인 혹은 코사인 함수로 표현되는 것으로서, 일정한 각속도로 진동하는 시계추를 예로 들 수 있다. 다음 그림 5.1.6에 나타낸 것과 같이 시계추가 수평으로 이동한 거리 x는 $\ell\sin\theta$로 계산되며 회전각도 θ는 각속도와 시간의 곱인 ωt로 계산된다.

$$x = \ell\sin\omega t = \ell\sin\left(\frac{2\pi}{T}t\right) \tag{5.6}$$

수평거리가 최대가 되는 시점은 시계추가 순간적으로 정지할 때이며, 그 때의 수평거리가 진동중인 시계추의 진폭이 된다. 조화운동의 가장 큰 특징은 변위가 0인 지점에서 변위의 증가량은 최대가 되고 진폭값에 가까워질수록 변위의 증가량은 둔화된다는 점이다.

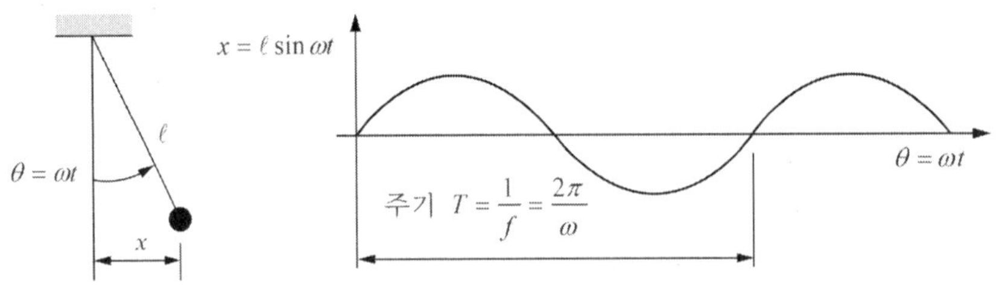

그림 5.1.6 조화운동 중인 시계추의 수평 이동거리

시계추의 1자유도 진동을 그림 5.1.5의 2자유도 진동계로 확장하면 조화운동 중인 변위벡터 $\{\boldsymbol{x}\}$는 다음과 같이 진폭과 조화함수의 곱으로 표현할 수 있다.

$$\{\boldsymbol{x}\} = \begin{Bmatrix} x_1 \\ x_2 \end{Bmatrix} = \begin{Bmatrix} X_1 \\ X_2 \end{Bmatrix} e^{i\omega t} = \{\boldsymbol{X}\} e^{i\omega t} = \begin{Bmatrix} X_1 \\ X_2 \end{Bmatrix} (\sin\omega t + i\cos\omega t) \tag{5.7}$$

진동하는 물체의 변위를 이처럼 복소수(complex variable)로 표현하는 이유는 감쇠에 따른 물체 동응답의 위상 차이(phase difference)를 표현하기 위함이다. 보다 상세한 내용은 5.3절에서 다루겠지만, 감쇠가 존재하게 되면 물체의 동응답은 외부하중보다 시간적으로 다소 지연되게 된다. 그리고 시간적으로 외부하중보다 지연되는 정도를 위상 차이로 나타내며, 이러한 위상 차이는 그림 5.1.7과 같이 복소수 좌표계를 통하여 표현하게 된다. 복소수 좌표계란 수평축을 실수로 하고 수직축을 허수로 하는 좌표축으로서, 그림과 같이 진폭을 위치벡터로 하여 시간경과와 더불어 시계반대방향으로 물체의 동변위를 나타내게 된다. 감쇠를 포함하게 되면 물체의 운동방정식은 복소수 형태로 표현되게 되며, 복소수 방정식을 풀어 물체의 동응답을 계산하게 된다. 복소수로 표현되는 물체의 동응답에 있어 물리적으로 의미를 갖는 것은 실수부에 해당된다.

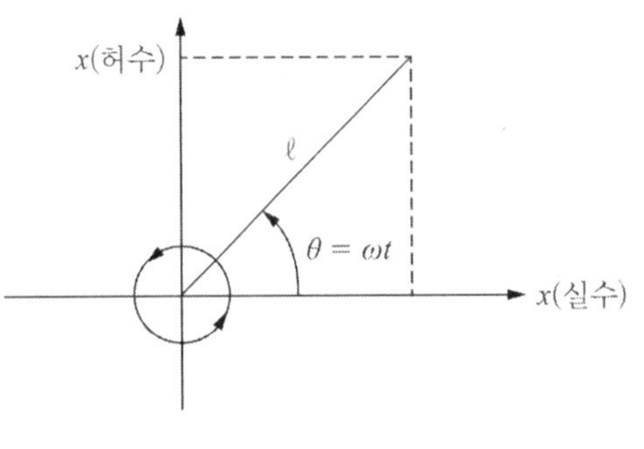

그림 5.1.7 복소수 평면상에서 표현되는 진동계의 시간응답

조화함수로 표현되는 물체의 변위벡터 (5.7)을 2자유도 비감쇠 운동방정식 (5.5)에 대입하게 되면 다음의 행렬방정식을 구할 수 있다. 이 식과 식 (5.2)를 비교하면 ω^2을 λ로 하는 고유치 방정식으로 귀착된다. 그리고 이 식을 풀면 그림 5.1.5의 2자유도 진동계의 고유주파수 (ω_1, ω_2)와 고유모드 ($\boldsymbol{X}_1$, $\boldsymbol{X}_2$)를 구할 수 있다.

$$\left([\boldsymbol{K}]-\omega^2[\boldsymbol{M}]\right)\{\boldsymbol{x}\} = \{\boldsymbol{0}\} \tag{5.8}$$

2자유도 진동계에 있어 식 (5.8)의 $\left([\boldsymbol{K}]-\omega^2[\boldsymbol{M}]\right)$의 행렬식(determinant)은 다음과 같이 계산되고, 고유주파수에 대한 방정식을 풀게 되면 두 개의 고유주파수를 구할 수 있다.

$$\det\left([\boldsymbol{K}]-\omega^2[\boldsymbol{M}]\right) = \omega^4-(k_1+2k_2+k_3)\omega^4+k_1k_2+k_1k_3+k_2k_3 = 0 \tag{5.9}$$

그리고 각각의 고유주파수 ω_1과 ω_2를 식 (5.8)에 대입하여 두 개의 연립방정식을 풀게 되면 두 개의 고유모드 $\boldsymbol{X}_1$과 $\boldsymbol{X}_2$를 구할 수 있다. 참고로 각각의 고유주파수에 대해 두 개의 연립방정식은 동일한 방정식이 되며, x_1을 1로 두면 x_2를 결정할 수 있다.

$$\boldsymbol{X}_1 = \begin{Bmatrix} x_1 \\ x_2 \end{Bmatrix}^{(1)}, \quad \boldsymbol{X}_2 = \begin{Bmatrix} x_1 \\ x_2 \end{Bmatrix}^{(2)} \tag{5.10}$$

대부분의 물체들은 무한개의 입자들이 빽빽하게 밀집되어 있는 연속체(continuum body)로서, 입자와 입자 사이의 탄성력과 슬립에 의한 감쇠력이 존재하게 된다. 진동학 측면에서 탄성체의 내부는 그림 5.1.8과 같이 무한개의 질량 m, 스프링 k 그리고 대시포프(dash port) c로 모델링 힐 수 있다. 따라서, 연속체는 무한개의 지유도를 가지며 무한개의 고유주파수와 고유모드를 지니게 되어, 고유진동해석을 위한 행렬방정식 (5.8)은 그 크기가 무한대가 된다. 그리고 탄성체의 경계에는 별도의 스프링 그리고 감쇠장치가 부착될 수 있으며 경계의 일부는 구속되어 있다. 경계에서의 이러한 외력과 변위 구속은 경계조건으로 처리된다.

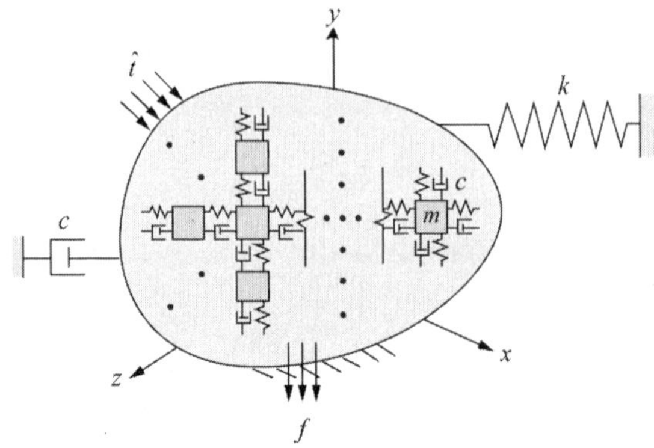

그림 5.1.8 무한개의 질량, 스프링 그리고 대시포트로 구성된 연속체

그리고 스프링 상수 k와 대시포트의 감쇠계수 c가 비선형성을 나타내지 않는 선형인 경우에 있어서, 연속체의 고유모드들 $\boldsymbol{X}_1$, $\boldsymbol{X}_2$, $\cdots$, $\boldsymbol{X}_\infty$는 물체의 질량행렬 $[\boldsymbol{M}]$에 대하여 식 (5.11)로 표현되는 직교성(orthogonality)을 나타내며, 고유모드들의 이러한 직교성을 특별히 M-직교성(M-orthogonality)이라고 부른다.

$$\boldsymbol{X}_I{}^T[\boldsymbol{M}]\boldsymbol{X}_J = \begin{cases} 1, & \text{만약 } I = J \\ 0, & \text{만약 } I \neq J \end{cases} \tag{5.11}$$

물리적인 개념을 살펴보면 서로 다른 고유모드들은 독립성을 지니고 있어 어떠한 고유모드도 나머지 고유모드들의 조합으로는 표현되지 않는다는 점이다. 이러한 M-직교성은 5.3절에서 다루게 될 시간응답 해석을 위한 행렬방정식의 상호 연계성을 분리시켜 준다. 다시 말해, 상호 연관성을 가지고 서로 얽혀 있는 연립방정식들을 각각 독립된 방정식으로 분리시킴으로써, 모든 방정식들을 연관 지어 풀지 않고 하나하나씩 독립적으로 풀 수 있다.

5.1.2 고유치 연산기법(Eigen Value Solving Methods)

고유주파수와 고유모드를 계산하는 수치기법을 총칭하여 고유치 연산기법이라고 부르며 여러 가지 방법들이 소개되어 있다. 본 절에서는 무한개로 구성된 연속체의 고유치 특성을 고찰하고 실무에서 많이 사용되고 있는 고유치 연산기법을 학습하기로 한다. 연속체의 고유주파수와 고유모드는 다음과 같은 특징을 지니고 있으며, 이러한 특징은 고유치 계산과 동적 응답 해석에 주요한 개념을 제공한다.

• **표현성** : 외란에 의한 물체의 실제 동적 응답 $u(\boldsymbol{x}, t)$은 고유모드의 선형조합으로 구성되며, 선형조합에 있어 고유모드의 크기에 해당하는 기여도 $q_I(t)$는 5.2절에서 다루게 될 시간응답 해석으로 계산할 수 있다.

$$\begin{aligned} u(\boldsymbol{x}, t) &= q_1(t)\boldsymbol{X}_1(\boldsymbol{x}) + q_2(t)\boldsymbol{X}_2(\boldsymbol{x}) + \cdots \\ &= \sum_{I=1}^{\infty} q_I(t)\boldsymbol{X}_I(\boldsymbol{x}) \end{aligned} \tag{5.12}$$

모든 물체의 동적 응답이 이처럼 고유모드의 선형조합으로 표현되는 이유는 고유모드들 자체가 물체의 모든 변형 가능한 형상을 나타내기 때문이다. 또한 식 (5.11)에서 설명한 바와 같이 모든 고유모드들은 서로 직교하기 때문에, 동적 응답을 표현하기 위한 최적의 기저함수(basis function)를 만족한다.

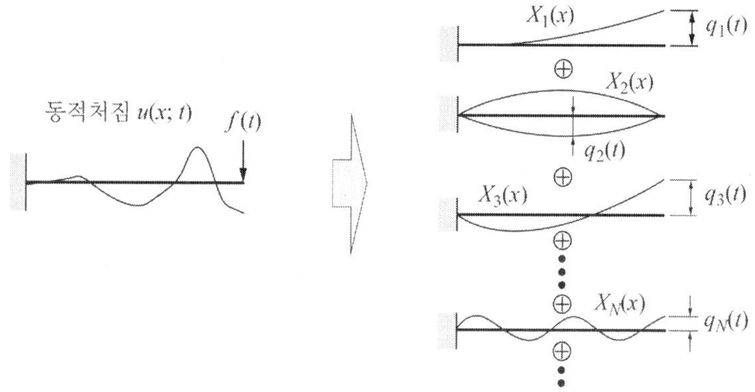

그림 5.1.9 고유모드의 선형조합으로 표현되는 물체의 동적 거동

• **기여도** : 무한개의 고유주파수들이 물체의 동적 응답에 모두 동일한 기여도를 가지고 있는 것은 아니다. 외부에서 가해지는 동하중이 가진 주파수에 따라 그 기여도가 좌우되긴 하지만, 일반적으로 기여도는 주파수가 높을수록 낮아지게 된다. 따라서, 기여도 측면에서 모든 고유주파수가 필요로 하는 것은 아니며, 기여도를 무시할 수 없는 범위 내에 속하는 고유주파수와 고유모드만으로 충분히 물체의 동응답을 표현할 수 있다.

• **계산순서** : 고유주파수와 고유모드는 M-직교성을 이용하여 최저차 주파수로부터 고차 주파수 순으로 순차적으로 계산된다. 그리고 이러한 계산순서는 고유모드의 기여도 측면에서 합리성을 제공한다. 만약, 고유주파수와 고유모드가 최고차 주파

수부터 계산된다면 모든 고유주파수와 고유모드들을 계산해야 하는 어려움에 직면하게 될 것이다.

고유치 연산기법에 들어가지 전에 우선 고유치 행렬방정식 (5.8)의 축소(truncation)에 대하여 학습하기로 한다. 앞서 설명한 바와 같이 연속체는 무한개의 자유도를 가지고 있어 고유주파수와 고유모드 역시 무한개를 가지게 된다. 하지만 그림 5.1.10과 같이 유한요소(FEM) 요소망을 생성하게 되면 요소망의 자유도 개수만큼 고유주파수의 개수도 줄어들게 된다.

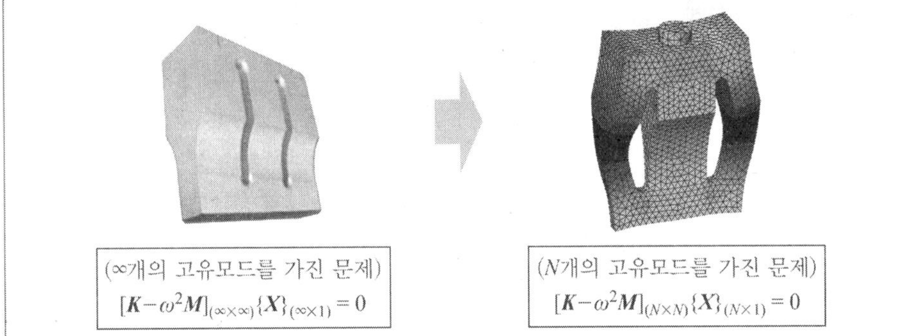

그림 5.1.10 FEM 요소망 생성에 따른 연속체의 유한개의 고유치 문제로의 축소

연속체와 유한요소 모델은 엄밀한 의미에서 서로 다른 동적 시스템이라고 생각해야 한다. 우선, 자유도의 개수가 줄어들기 때문에 그만큼 동적 유연성(dynamic flexibility)이 떨어지게 된다. 그리고 최저차부터 계산되는 고유치의 계산순서에 따라 저차의 고유주파수는 연속체의 고유주파수와 큰 차이가 없지만 고차로 갈수록 연속체의 고유주파수와의 차이가 커지게 된다. 따라서, 유한요소 모델로 계산한 고유주파수와 고유모드는 저차에서만 그 신뢰성이 보장되고, 고차로 갈수록 그 신뢰성은 현저히 낮아지게 된다. 따라서, 해석자는 실제 물체와 유한요소 모델의 이러한 차이점을 항상 기억하고 있어야 한다.

그렇다면 유한요소 모델에서 계산한 고유주파수와 고유모드는 저차로부터 몇 차까지 신뢰할 수 있을까? 이 질문에 대한 해답은 아래 고유모드 공간의 축소에서 다루기로 한다. 답변을 하기 전에 유한요소 모델에서의 자유도는 실제로 필요로 하는 고유주파수의 개수보다 충분히 커야 한다는 점이다. 고유모드 공간의 축소란 유한요소 모델에 대한 고유치 행렬방정식을 고유치 계산을 수행할 행렬방정식의 크기로 축소시키는 것을 의미한다. 다음 그림 5.1.11을 참고하면, 유한요소 모델에 대한 고유치 행렬방정식의 크기는 $(N\times N)$이다. 하지만 실제로는 이 행렬방정식 모두를 풀지 않고 이보다 작은 크기인 $(n\times n)$ 행렬방정식을 풀게 된다.

고유모드 공간을 축소시키기 위해 유한요소 모델로 계산된 $(N\times N)$ 행렬방정식의 맨 위에서부터 $(n\times n)$ 크기만큼 잘라내어서는 안 된다. 이렇게 단순하게 행렬방정식을 절단하여 축소시키게 되면 실제 문제와 전혀 다른 고유주파수와 고유모드를 구하게 된다. 고유모드 공간을 축소시키기 위해 사용되는 대표적인 기법으로 란초스(Lanczos) 알고리듬이 사용되고 있다. 이 알고리듬은 아래 식 (5.13)과 같이 유한요소 모델로 생성된 $(N\times N)$ 행렬방정식을 물체의 동적 고유특성을 유지시키면서 $(n\times n)$ 크기로 축소시키는 행렬축소 기법이다.

$$\left([\boldsymbol{K}]-\omega^2[\boldsymbol{M}]\right)_{(N\times N)}\{\boldsymbol{x}\}_{(N\times 1)}=\{\boldsymbol{0}\}\ \rightarrow\ \left([\boldsymbol{K}]-\omega^2[\boldsymbol{M}]\right)_{(n\times n)}\{\boldsymbol{x}\}_{(n\times 1)}=\{\boldsymbol{0}\} \tag{5.13}$$

이 알고리듬의 상세한 내용은 전산진동역학 도서를 참고하기 바라며, 그 개념만 간략히 설명하면 다음과 같다. 축소하기 전 $(N\times N)$ 행렬방정식으로 구하게 될 고유치와 축소한 후 $(n\times n)$ 행렬방정식으로 구할 고유치의 차이를 최소화시키기 위해, $(n\times n)$ 행렬방정식의 고유모두가 M-직교성을 유지하도록 축소행렬의 행렬요소들을 유도하게 된다.

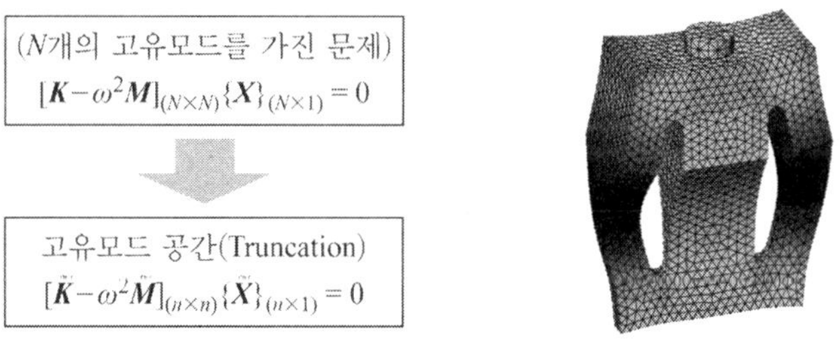

그림 5.1.11 유한요소 모델로 계산한 고유치 행렬방정식의 축소

축소된 행렬방정식의 크기 $(n\times n)$은 실제로 필요로 하는 고유치 개수보다 최소 3배는 되어야 한다. 실제로 필요로 하는 고유주파수의 개수를 p라고 하면 축소된 행렬방정식의 크기 n은 $n\geq 3p$이 되어야 한다. 예를 들어, 10개의 고유주파수가 필요로 할 경우, 축소 행렬방정식의 크기는 최소 (30×30)가 되어야 하며, 구하게 될 30개의 고유주파수들 중에서 저차 10개를 제외한 20개의 고차 고유주파수는 정확도 측면에서 신뢰할 수 없다. 다음 표 5.1은 연속체 자체와 연속체에 대한 유한요소 모델 그리고 축소 고유치 행렬방정식의 크기와 정확도 결정인자를 상대 비교한 것이다.

표 5.1 연속체, 유한요소 모델 그리고 축소 행렬방정식의 상대적인 비교

대 상	연속체	유한요소 모델	축소 행렬방정식
행렬방정식의 크기	∞	$N \gg n$	$n \geq 3p$
정확도 결정인자	정답	요소망의 크기	축소행렬의 크기

만약 연속체의 감쇠(damping)를 고려하게 되면, 고유치 행렬방정식 (5.8)은 아래 식과 같이 감쇠행렬(damping matrix) $[\boldsymbol{C}]$를 포함하게 될뿐더러, 복소행렬(complex matrix)로 표현되게 된다. 감쇠력은 물체의 속도와 감쇠계수의 곱으로 표현되기 때문에 식 (5.7)에서 조화함수로 표현되는 변위벡터 $\{\boldsymbol{x}\} = \{\boldsymbol{X}\}e^{i\omega t}$를 시간에 대해 미분하게 되면 복소행렬이 됨을 쉽게 이해할 수 있다.

$$([\boldsymbol{K}] + i\omega[\boldsymbol{C}] - \omega^2[\boldsymbol{M}])\{\boldsymbol{x}\} = \{\mathbf{0}\} \tag{5.14}$$

복소행렬이 됨에 따라 고유주파수 ω와 고유모드 $\boldsymbol{X}$ 역시 복소수가 되지만, 물리적으로 의미를 갖는 것은 실수값 부분이다. 고유치 계산 측면에서, 복소행렬은 실수행렬에 비해 그 크기가 4배로 증가하게 된다. 그 결과, 고유치 연산에 소요되는 시간이 증가할뿐더러 연산기법도 복잡하게 된다. 복소 고유치 행렬방정식을 축소시키기 위해서 복소 란초스(complex Lanczos) 알고리듬이 사용되며, 아래에 설명하게 될 고유치 연산기법 역시 복소행렬을 처리할 수 있는 복소 고유치(complex eigen value) 연산기법을 사용하게 된다.

5.3.1절에서 상세히 다루겠지만 감쇠를 고려한 고유치 행렬방정식 (5.14)로부터 구한 감쇠 고유주파수 ω_d는 다음과 같이 비감쇠 고유주파수 ω_n에 감쇠비(damping ratio) ζ $(0 \leq \zeta \leq 1)$를 곱한 값으로 계산된다.

$$\omega_d = \omega_n \sqrt{1-\zeta^2} \tag{5.15}$$

식으로부터 확인할 수 있듯이 감쇠를 포함하게 되면 고유주파수는 감소하게 되며, 감쇠비가 증가할수록 고유주파수는 비례적으로 감소하게 된다.

감쇠의 포함여부와 무관하게 고유주파수와 고유모드를 구하는 모달해석은 다음의 그림 5.1.12에 나타낸 절차에 따라 수행된다. 제일 먼저 대상이 되는 구조물에 대한 유한요소 모델을 생성한다. 요소망은 구하게 될 고유주파수의 개수를 반영하여 충분한 신뢰성을 제공할 수 있도록 요소밀도를 결정한다. 다음 단계로 그림 5.12에 예시한 바와 같이 모달해석 입력창을 통해 필요로 하는 고유주파수의 개수를 입력하고 고유치 계산에 사용할 연산기법을 선택한다. 마지막으로 모달해석을 수행하고 후처리기를 통해 계산된 고유주파수와 고유모드를 확인한다. 다시 한 번 강조하지만, 계산된 총 고유주파수

들 중에서 신뢰할 수 있는 개수는 최저차로부터 1/3 이내로 한정된다.

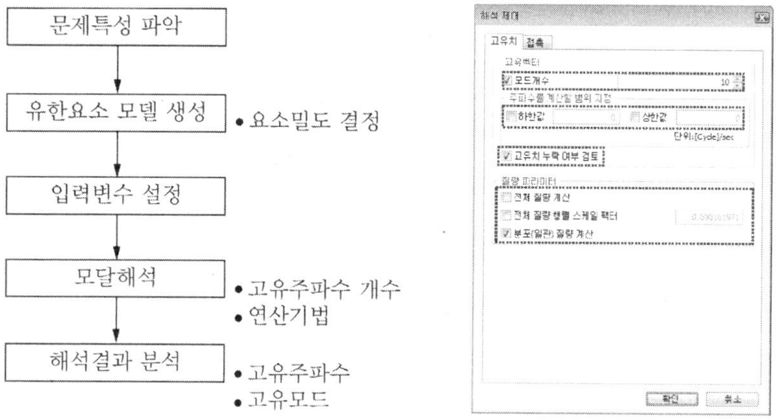

그림 5.1.12 모달해석 절차와 midas NFX에서의 입력변수 설정

실무적인 측면에서 모달해석을 오류없이 성공적으로 수행하고 또한 해석결과를 정확히 분석하기 위한 가이드라인을 정리하면 아래와 같다.

- **고유모드의 확인** : 모달해석에서 고유주파수 자체만 확인하는 경우가 많은데, 고유주파수 숫자 자체만으로는 구조물의 고유거동을 분석하였다고 말할 수 없다. 왜냐하면, 전혀 엉뚱한 고유모드 형상에 대한 고유주파수가 포함되어 있을 수도 있기 때문이다. 더욱이, 고유모드 형상을 확인하지 않고서는 구조물의 고유한 동적 거동을 파악할 수 없기 때문이다.
- **대칭모델** : 변위, 변형률 그리고 응력을 계산하기 위한 구조해석에서는 대칭모델을 사용하여 효과적으로 해석결과를 구할 수 있다. 하지만, 모달해석에 있어 대칭모델을 사용하게 되면 비대칭 고유모드는 배제되기 때문에 사용해서는 안 된다. 예를 들어 다음의 그림 5.1.13과 같이 반원 대칭모델을 사용하게 되면, 좌우가 대칭이 되는 대칭 고유모드만 계산되고, 좌우가 대칭이 되지 않는 비대칭 고유모드는 구할 수가 없게 된다.
- **인접한 고유주파수와의 간격** : 인접한 고유주파수들 사이의 간격이 매우 작은 구조물의 모달해석에 있어 간혹 계산오류가 발생할 수 있다. 이러한 계산오류는 고유주파수를 계산하는 과정 중에 필요한 행렬분해(matrix factorizing)의 정확도를 조절하는 파라메터 값이 너무 크게 설정되어 있기 때문이다. 다시 말해, 인접한 고유

주파수들 사이의 간격을 허용할 수 있도록 파라메터를 보다 낮은 값으로 변경하면 오류를 방지할 수 있다.

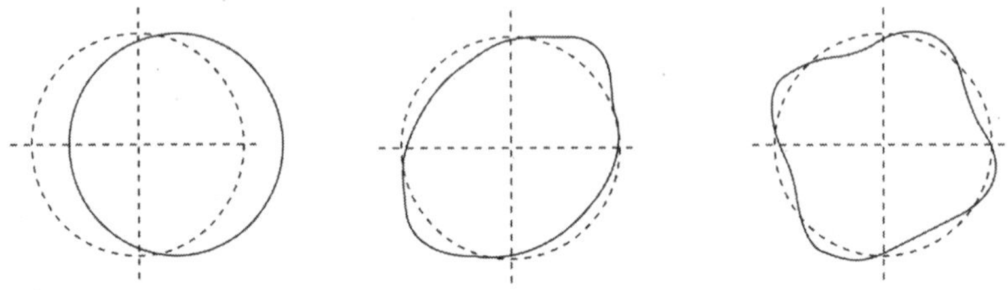

그림 5.1.13 반원 대칭모델로 구할 수 없는 비대칭 고유모드

고유치 행렬방정식 (5.8)을 풀어 고유주파수와 고유모드를 구하는 고유치 연산기법은 아래 표 5.2와 같이 벡터 반복법(vector iteration method), 변환법(transformation method), 다항식 반복법(polynomial iteration technique) 그리고 부공간 반복법(subspace iteration method)이 있다.

표 5.2 고유치 연산기법의 분류

유 형	알고리듬	특 징
벡터 반복법	▪ Inverse Iteration ▪ Forward Iteration ▪ Rayleigh Quotient Iteration	초기값 $\lambda=1$, $\{\boldsymbol{X}\}=1$을 $[\boldsymbol{K}]\{\boldsymbol{X}\}=\lambda\{\boldsymbol{X}\}$에 대입하여 수렴 시까지 반복 계산
변환법	▪ Jacobi Method ▪ Generalized Jacobi Method ▪ Householder-QR-Inverse Iteration Method	고유벡터의 $\{\boldsymbol{X}\}^T[\boldsymbol{K}]\{\boldsymbol{X}\}=[\boldsymbol{\Lambda}]$와 $\{\boldsymbol{X}\}^T[\boldsymbol{M}]\{\boldsymbol{X}\}=[\boldsymbol{I}]$ 특성을 이용하여 행렬 $[\boldsymbol{K}]$, $[\boldsymbol{M}]$을 대각행렬로 변환하여 연산
다항식 반복법	▪ Implicit Polynomial Iteration ▪ Explicit Polynomial Iteration ▪ Sturm Sequence Iteration	고유치 행렬의 행렬식 $p(\lambda)=\det([\boldsymbol{K}]-\lambda[\boldsymbol{M}])$, 즉 특성다항식에 대한 근을 계산
부공간 반복법	▪ Subspace iteration	$[\boldsymbol{K}]\{\boldsymbol{X}\}_{k+1}=[[\boldsymbol{M}]]\{\boldsymbol{X}\}_k$ 반복계산으로 고유벡터를 구함

실무적인 측면에서 Jacobi 기법이 가장 많이 사용되고 있으며, 행렬의 크기가 그다지 크지 않은 경우에는 Subspace 반복법도 많이 사용되고 있다.

5.2 1차 시간응답 문제(First-order Time Response Problem)

5.2.1 시간 이산화

정해석 문제와 달리 시간응답 문제에서는 물체의 거동이 공간좌표 $\boldsymbol{x}$뿐만 아니라 시간 t에도 의존하게 되어, 시간과 더불어 끊임없이 물체의 기하학적 형상, 하중조건, 구속조건 등이 변할 수 있다. 아래 그림 5.2.1은 시간응답 문제의 특징을 도식적으로 나타내고 있으며, 그림에서 물체의 영역과 경계, 재료물성치, 하중조건과 구속조건이 시간과 더불어 변할 수 있음을 보여주고 있다. 물론, 이들 변수가 동시에 모두 다 변하지는 않을지라도 최소한 일부는 변하게 된다.

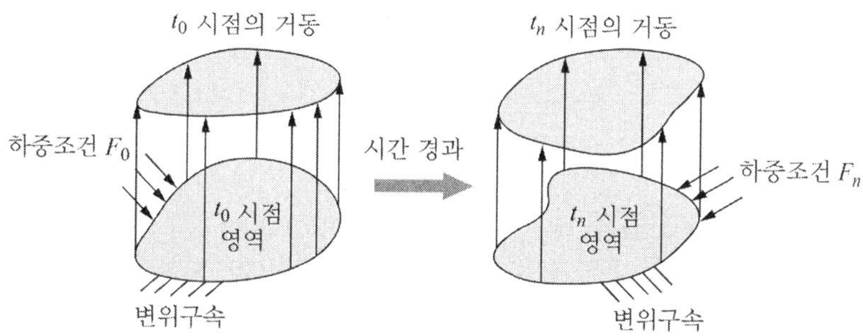

그림 5.2.1 시간응답 문제의 도식적 표현

시간응답 문제는 공간좌표뿐만 아니라 시간도 변수로 포함되기 때문에, 정해석에 비해 해석작업이 복잡해지고 해석시간도 증가하게 된다. 동해석 문제에 있어 물체의 시간응답 $\boldsymbol{u}(\boldsymbol{x}, t)$는 아래와 같이 1차 혹은 2차 시간변화율로 표현되게 된다.

$$a\dot{\boldsymbol{u}} + L(c\boldsymbol{u}) = \boldsymbol{f}(\boldsymbol{x}, t) \tag{5.16}$$

$$a\ddot{\boldsymbol{u}} + b\dot{\boldsymbol{u}} + L(c\boldsymbol{u}) = \boldsymbol{f}(\boldsymbol{x}, t) \tag{5.17}$$

위 식에서 a, b 그리고 c는 물체의 재료물성치를 나타내며 위치 그리고 시간의 함수로 표현되기도 한다. 한편, $L(\cdot)$과 $\boldsymbol{f}(\boldsymbol{x}, t)$는 각각 물체거동의 공간좌표에 대한 변화율과 물체에 작용하는 각종 하중을 의미한다. 일반적으로 물체거동은 공간좌표에 대해 최대 2차 미분으로 표현된다.

식 (5.16)과 같이 물체거동의 시간변화율이 최대 1차인 경우를 1차 시간응답 문제, 반면 최대 2차인 경우를 2차 시간응답 문제로 분류하기로 한다. 1차 시간응답 문제의 대표적인 예는 열전달 문제로서 물체 내 온도 $T(x, y, t)$는 다음의 수학적 표현식으로부터 구할 수 있으며

$$\rho c \frac{\partial T}{\partial t} - \kappa \left(\frac{\partial^2 T}{\partial x^2} + \frac{\partial^2 T}{\partial y^2} \right) = \dot{Q}(x, y, t) \tag{5.18}$$

여기서 ρ, c, κ 그리고 $\dot{Q}$은 각각 밀도, 비열, 열전달계수 그리고 열발생률이다. 앞의 식 (5.16)에서 상수 a는 ρc가 되며 $L(\cdot)$는 $\left(\frac{\partial^2}{\partial x^2} + \frac{\partial^2}{\partial y^2} \right)(\kappa T)$가 된다. 열전달 문제에 대한 유한요소 해석에 대해서는 5.2.2절에서 학습하기로 한다. 한편, 2차 시간응답 문제의 대표적인 예는 구조진동(structural vibration)으로서, 물체의 동적 변위 $\boldsymbol{u}(x, y, t)$는 다음의 운동방정식으로 표현된다.

$$m \frac{\partial^2 \boldsymbol{u}}{\partial t^2} + c \frac{\partial \boldsymbol{u}}{\partial t} + k\boldsymbol{u} = \boldsymbol{f}(x, y, t) \tag{5.19}$$

여기서, m, c, k 그리고 $\boldsymbol{f}$는 각각 물체의 질량, 감쇠계수, 강성계수 그리고 동하중을 의미한다. 그리고 이 경우, 공간좌표에 대한 변화율 $L(\cdot)$는 $k\boldsymbol{u}$가 된다.

식 (5.18)과 (5.19)로부터 확인할 수 있듯이 시간응답 문제에서는 물체거동에 대한 시간 변화율이 포함되어 있다. 물체거동의 위치에 따른 변화율을 수치적으로 근사화 하는 방법에 대해서는 1.2.3절에서 상세히 다루었다. 본 절에서는 물체거동의 시간에 대한 변화율을 수치적으로 처리하는 방법에 대하여 상세히 학습하기로 한다. 유한요소 근사화를 위해 물체의 영역을 다수의 요소로 분할하는 것과 같이 연속적인 시간구간 $t \in \lfloor 0, t^* \rfloor$ 역시 유한개의 시점으로 분할하게 된다.

$$t_0, t_1, t_2, \cdots, t_n, \cdots, t_N, \quad (t_0 = 0, \ t_N = t^*) \tag{5.20}$$

그리고 인접한 시점들과의 간격 $\Delta t_n = t_n - t_{n-1}$을 시간간격(time step)이라고 부르며, 전 구간에 걸쳐 균일할 수도 있고 그렇지 않을 수도 있다.

이렇게 연속적인 시간구간을 다수의 불연속적인 시점으로 나누는 작업을 시간 이산화(time discretization)라고 부른다. 초기시점 t_0에서 주어진 초기치(initial value) u_0로부터 다음 시점 t_1에서의 물체거동 u_1을 계산하게 된다. 그리고 이러한 계산작업을 순차적으로 진행하여 최종 시점인 t_N에서의 물체거동 u_N을 계산하게 된다. 그런 다음 각 시점에서의 분산된 물체거동을 보간(interpolation)하여 연속적인 근사해를 구하게 된다.

초기치로부터 각 시점에서의 물체거동을 계산하는 방법에는 다양한 수치기법들이 소개되어 있으며, 1차 그리고 2차 시간응답 문제에 따라서도 그 기법이 달라지게 된다.

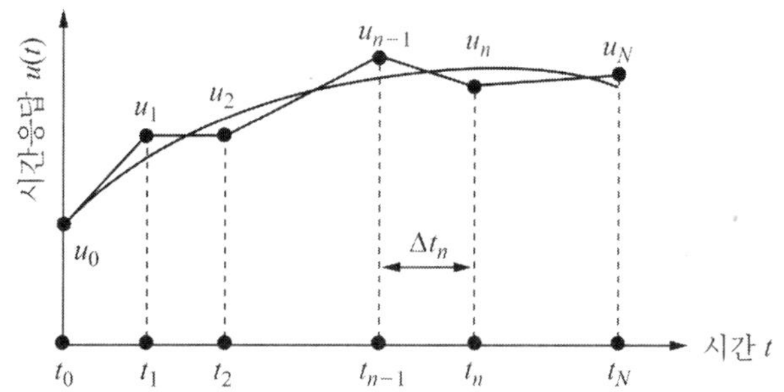

그림 5.2.2 연속적인 시간영역의 분할과 시간응답 $u(t)$의 근사화

앞의 수학적 표현식 (5.16)~(5.19)로부터 알 수 있듯이, 시간응답 문제에 대한 유한요소 해석은 다음과 같이 공간상에서의 수치 근사화와 시간영역에서의 수치 근사화 두 가지를 동시에 필요로 한다.

- **공간영역 근사화** : 정해석에서와 같이 물체의 기하학적 영역을 다수의 요소로 세분화하고 요소망 내 각 요소 절점에서의 거동값을 계산하게 된다. 그리고 요소망을 이용한 공간영역 근사화는 매 시점에서 수행되게 된다. 따라서, 시간응답 해석은 각 시점에서 매번 정해석을 수행하는 작업이라고 볼 수 있다.
- **시간영역 근사화** : 물체거동에 대한 시간변화율을 인접한 시점에서의 값들의 차분(difference)으로 대체하게 된다. 즉, 수학적 표현식에 있는 시간에 대한 미분항들이 모두 인접한 시점에서의 값들의 차분으로 대체되고, 초기시점에서의 초기값으로부터 각 시점에서의 물체응답을 순차적으로 계산하게 된다. 물체거동의 시간 변화율을 차분화 하는 방법과 초기시점으로부터 순차적으로 계산하게 되는 시간적분(time integration)에 대해서는 뒤에서 상세히 설명하기로 한다.

물체의 시간응답은 시간 의존성 여부에 따라 과도응답(transient response)과 정상상태 응답(steady state response)으로 구분된다. 다음의 그림 5.2.3에 나타낸 바와 같이 외란을 받는 동적 시스템은 초기에 요동이 심한 과도응답을 나타내다가 일정 시간이 경과하게 되면 거의 일정한 크기를 갖는 정상상태 응답을 나타낸다. 정상상태 응답은 시간에 따른 변화가 미소하기 때문에 엄밀한 의미에서 시간응답 해석이 아닌 정해석

문제의 범주에 속한다. 만약, 동적시스템의 정상상태에서의 거동만 필요한 경우에는 시간응답 해석을 수행할 필요 없이 곧바로 정해석을 수행하면 된다. 이러한 경우를 실무에서 종종 직면하게 되는데, 가장 대표적인 경우로 정상상태 열전달해석(steady state heat transfer analysis)을 들 수 있다.

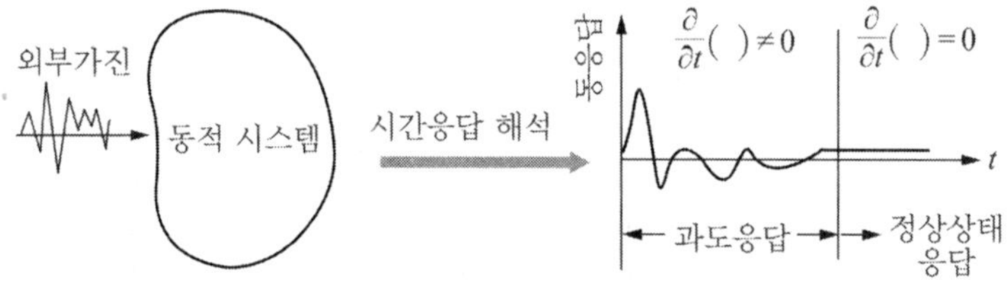

그림 5.2.3 시간의존성 여부에 따른 과도응답과 정상상태 응답

시간응답 해석결과의 정확도는 해의 안정성(stability)과 수렴성(convergence)으로 판단된다. 해의 안정성과 수렴성은 유사한 용어 같지만 확연히 다른 의미를 지니고 있다.

- **해의 안정성(stability)** : 물체의 실제 과도응답과 달리 시간응답 해석으로 구한 근사해는 본질적으로 시간 경과와 더불어 과도한 요동을 나타내게 되는데, 이러한 시간응답 해석으로 유발되는 요동의 크기가 시간 경과와 더불어 줄어들게 되면 근사해가 안정적이라고 부른다. 만약 그렇지 않고 요동의 크기가 줄어들지 않게 되면 근사해는 불안정하다고 말한다.
- **해의 수렴성(convergence)** : 요소망 내 요소의 크기 h와 시간간격 Δt를 작게 하면할수록 일률적으로 정답 u_{EX}에 접근하게 되면 근사해 u_h는 수렴성을 만족한다고 말한다.

$$\lim_{h\to 0,\ \Delta t\to 0} |u_h - u_{EX}| \ \to\ 0 \tag{5.21}$$

정해석의 경우에는 해의 수렴성만으로 해석결과의 정확성을 판단하게 되지만, 시간응답 해석에서는 해의 안정성과 수렴성 두 가지로 해석결과의 정확성을 판단하게 된다. 해의 안정성과 수렴성은 요소망 내 요소의 크기 h, 요소의 차수 p, 시간간격 Δt 그리고 시간변화율을 차분화 하는 방법, 이 4가지 인자에 의해 좌우된다. 따라서 안정적이고 수렴하는 시간응답을 구하기 위해서는 이들 4가지 인자의 선정에 유의해야 한다.

다른 한편, 동적시스템의 본질적인 시간응답의 특성도 안정적이고 수렴하는 근사해를 구하기 위해 반드시 고려되어야 할 항목이다. 시간에 따라 과도하게 변동하는 경우와 그렇지 않고 완만하게 변하는 두 가지 경우에 있어, 전자의 경우가 해의 안정성과 수렴성을 확보하기가 어렵다. 따라서, 시간응답 해석을 위해서는 대상이 되는 문제의 본질적인 거동을 사전에 역학적으로 유추하고, 이를 토대로 위에 열거한 4가지 인자를 선정하는 것이 바람직하다. 대상이 되는 시간응답 문제의 본질적인 특성을 유추하기 위해서는 역학적인 기본지식은 물론 시간응답 해석에 대한 많은 경험이 뒷받침되어야 한다.

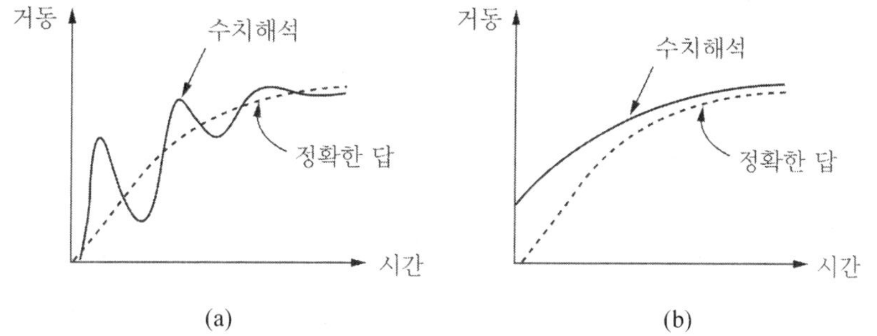

그림 5.2.4 시간응답의 특성: (a) 해의 안정성, (b) 해의 수렴성

임의 시점 t에서 물체거동의 시간 변화율 du/dt를 수치적으로 표현하기 위해 1.2.2절에서 다룬 테일러 급수전개(Taylor series expansion)를 적용하면, Δt만큼 떨어진 시점 $t+\Delta t$에서 물체의 거동은 다음과 같이 표현된다.

$$u(t+\Delta t) = u(t) + \left.\frac{du}{dt}\right|_t \Delta t + \frac{1}{2!}\left.\frac{d^2u}{dt^2}\right|_t \Delta t^2 + \cdots \tag{5.22}$$

식 (5.22)의 우변에서 1차 미분항 이상의 고차 미분항들을 무시하면 시간 변화율 du/dt는 이웃한 두 지점간의 거동의 차이와 시간간격의 비로 근사 시킬 수 있다.

$$\left.\frac{du}{dt}\right|_t \cong \frac{u(t+\Delta t)-u(t)}{\Delta t} \tag{5.23}$$

2차 이상의 미분항을 제외시키고 식 (5.23)과 같이 거동의 시간 변화율을 근사화 하는 방법을 시간응답의 선형 차분화(linear difference)라고 부른다. 앞의 그림 5.2.2의 시간 이산화를 위한 기호를 사용하면 시점 t_n에서의 시간 변화율은 다음 시점에서의 거동과의 차이로서 선형 차분화로 계산할 수 있다.

$$\left(\frac{du}{dt}\right)_n = \frac{\Delta u_{n+1}}{\Delta t_{n+1}} = \frac{u_{n+1} - u_n}{\Delta t_{n+1}} \tag{5.24}$$

만약 시간 증분을 다음 시점이 아닌 이전 시점으로 설정하면, 즉 $-\Delta t$를 식 (5.22)에 대입하여 선형 차분화에 의해 시간 변화율을 계산하게 되면 다음과 같이 표현된다.

$$\left(\frac{du}{dt}\right)_n = \frac{\Delta u_n}{\Delta t_n} = \frac{u_n - u_{n-1}}{\Delta t_n} \tag{5.25}$$

다음 시점으로 차분시킨 식 (5.24)와 이전 시점으로 차분시킨 식 (5.25)의 차이를 정리하면 다음과 같다.

- **식 (5.24)** : 현 시점 t_n에서 아직 계산되지 않은 다음 시점에서의 물체거동 u_{n+1}과 다음 시점과의 시간간격 Δt_{n+1}을 사용하여 거동의 시간 변화율을 계산하는 방법으로 전방 차분법(forward difference method)이라고 부른다.
- **식 (5.25)** : 미리 계산된 이전 시점에서의 물체거동 u_{n-1}과 이전 시점과의 시간간격 Δt_n을 사용하여 거동의 시간 변화율을 계산하는 방법을 후방 차분법(backward difference method)이라고 부른다.

이러한 전후방 선형 차분법 외에 크랭크 - 니콜슨 기법(Crank-Nicolson method)이라 불리는 중앙 차분법(centered difference method)이 있다. 이 기법은 현 시점 t_n이 아닌 두 개의 중앙시점 $t_{n+1/2}$과 $t_{n-1/2}$에서의 물체거동으로 시간 변화율을 계산하는 차분법이다.

$$\left(\frac{du}{dt}\right)_n = \frac{(\Delta u_n + \Delta u_{n+1})/2}{(\Delta t_n + \Delta t_{n+1})/2} = \frac{u_{n+1/2} - u_{n-1/2}}{(\Delta t_n + \Delta t_{n+1})/2} \tag{5.26}$$

세 가지 시간 차분법은 시간 변화율을 계산하기 위해 이웃한 시점을 어떻게 설정하느냐로 구분됨을 알 수 있다. 이러한 맥락에서 이웃한 시점은 현재 시점 t_n을 기준으로 $-\Delta t$와 Δt 사이의 임의 시점으로 설정할 수 있다. 따라서, 현재 시점을 기준하여 이웃한 임의 시점은 $\vartheta\Delta t(-1 \le \vartheta \le 1)$로 일반화 시킬 수 있다. 이렇게 일반화 된 인접한 시점 $t+\vartheta\Delta t$에서의 물체거동은 다음과 같이 표현되고

$$u(t+\vartheta\Delta t) = u(t) + \left.\frac{du}{dt}\right|_t (\vartheta\Delta t) + \frac{1}{2!}\left.\frac{d^2u}{dt^2}\right|_t (\vartheta\Delta t)^2 + \cdots \tag{5.27}$$

이 식으로부터 시점 t_n에서의 시간 변화율을 선형 차분화 시키면 다음과 같다.

$$\left(\frac{du}{dt}\right)_n = \frac{u_{n+\vartheta} - u_n}{\vartheta \Delta t_{n+1}} \tag{5.28}$$

다음의 그림 5.2.5은 일반화 된 선형 차분법을 도식적으로 보여주고 있다. 그림으로부터 확인할 수 있듯이, 전방, 후방 그리고 중앙 차분법으로 계산된 시간 변화율, 즉 물체 거동의 기울기는 서로 차이가 있다. 세 가지 선형 차분법 중에서 중앙 차분법으로 계산한 시간 변화율이 시점 t_n에서의 거동의 기울기와 가장 근접함을 확인할 수 있다. 이러한 측면에서 실무에서는 중앙 차분법을 가장 선호하고 있으며 시간 이산화에 따른 오차 역시 최소가 됨을 이 다음의 설명을 통해 알 수 있다.

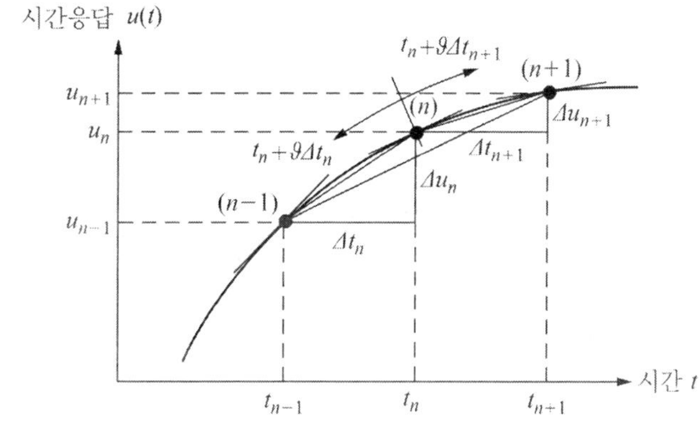

그림 5.2.5 시점 t_n에서의 시간 변화율에 대한 선형 차분화의 일반화된 도식

다음으로 전방, 후방 그리고 중앙 차분법의 안정성과 수렴성에 대하여 살펴보기로 한다. 표 5.3에 나타낸 바와 같이 전방 차분법을 적용하면 시간간격 Δt와 요소크기 h가 특정한 조건을 만족하지 않으면 무조건적으로 불안정하고 발산하게 된다. 이러한 측면에서 전방 차분법을 조건부 수렴성(conditionally convergence)을 나타낸다. 반면, 후방 차분법은 시간간격과 요소크기와 무관하게 항상 안정적이고 해가 수렴하게 된다. 따라서 후방 차분법은 무조건부 수렴성(unconditionally convergence)을 나타낸다. 마지막으로, 중앙 차분법은 해가 불안정하기는 하지만 시간과 더불어 수렴하는 무조건부 수렴성을 보장한다.

표 5.3 세 가지 선형 차분법의 상대 비교

항목	전방 차분법	중앙 차분법	후방 차분법
안정성	불안정	불안정	안정
수렴성	발산	수렴	수렴
특징	조건부 수렴성	무조건부 수렴성	무조건부 수렴성

그림 5.2.6는 시간간격과 요소크기가 특정한 조건상에 있지 않는 임의의 조합에 대하여 세 가지 선형 차분법으로 구한 시간응답의 차이를 보여주고 있다. 그림 5.2.6의 결과만으로 판단한다면, 전방 차분법으로 구한 시간응답은 수용할 수 없다. 반면 중앙 그리고 후방 차분법으로 구한 시간응답은 수렴성이 보장되기 때문에 해석결과를 수용할 수 있다. 참고로, 시간간격과 요소크기가 특정한 조건을 만족하면 전방 차분법으로 구한 시간응답도 안정적이고 수렴하게 된다.

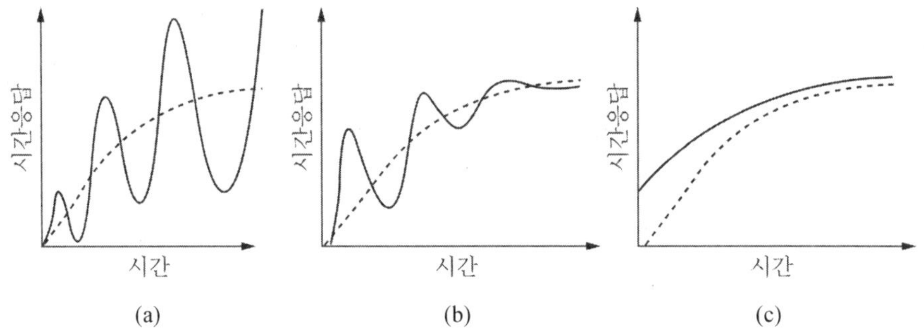

그림 5.2.6 **선형 차분법의 안정성과 수렴성:** (a) 전방 차분법, (b) 중앙 차분법, (c) 후방 차분법

앞서 일반화된 시간 이산화를 위해 소개한 변수 ϑ를 식 (5.29)에서와 같이 Θ로 변형하게 되면 세 가지 선형 차분법은 다음과 같이 구분된다. 그리고 Θ값을 0, 1/2 그리고 1 이외의 임의의 값을 선택하여도 시간 변화율을 계산할 수 있도록 상용 유한요소 해석 프로그램에서 기능을 제공하고 있다. 그리고, Θ는 임계값 1/2을 기준으로 하여, 1/2보다 작으면 전방 차분법의 특성을 그리고 1/2보다 큰 경우에는 후방 차분법의 특성을 나타내게 된다.

$$\Theta = \frac{(\vartheta+1)}{2} = \begin{cases} 0, & \text{전방 차분법(Euler scheme)} \\ 1, & \text{후방 차분법} \\ 1/2, & \text{중앙 차분법(Crank-Nicolson scheme)} \end{cases} \tag{5.29}$$

마지막으로 시작응답 해석에 있어서 해석결과의 오차에 대하여 학습하기로 한다. 시간응답 해석에 있어 오차는 한 시간스텝 사이의 오차(one step error)와 전체 시간영역에 대한 총 오차(total error)로 구분된다. 다음의 그림 5.2.7에 도식적으로 나타낸 것과 같이 한 시간스텝당 오차는 하나의 시점에서 다음 시점에서의 시간응답을 구하는 과정에서 발생하는 오차로, 식 (5.22)와 같이 테일러 급수전개에서 2차 미분항 이상의 고차항을 무시하고 선형 차분화로 발생하게 된다. 반면, 총 오차는 시간스텝당 오차가 누적되어 최종 시점에서 발생하게 되는 누적오차를 의미한다.

전방 그리고 후방 차분법은 1차 미분항까지만 포함시키기 때문에 한 시간스텝당 오차는 시간간격의 제곱, 즉 Δt^2에 의해 결정된다. 반면, 중앙 차분법은 전방 그리고 후방 차분법의 차이로 표현되기 때문에 결과적으로 테일러 급수전개에서 Δt의 홀수 곱 항들은 사라지게 된다. 그 결과, 한 시간간격당 오차에 가장 큰 영향을 미치는 항은 Δt^3이 되어, 시간간격에 대한 정확도가 한 차수가 높아지게 된다. 참고로, 오차계산에 있어 시간간격은 절대적인 값이 아니라 총 시간구간 t^*의 상대적인 값을 사용하기 때문에 항상 1보다 작음에 유의하기 바란다. 따라서, 동일한 시간간격이라 할지라도 한 시간스템당 오차는 중앙 차분법에서 보다 작음을 확인할 수 있다.

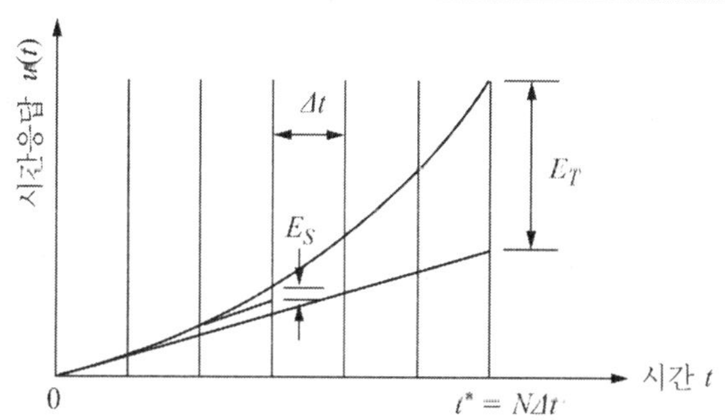

그림 5.2.7 시간 이산화에 따른 응답의 한 시간스텝당 오차 E_S와 총 오차 E_T

총 오차는 한 시간스텝당 오차를 합산하여 계산되므로 다음 식과 같이 구할 수 있는데, 이 과정에서 시간간격의 개수 N은 절대적인 수치인 총 시간구간 t^*로 변환해야 한다. 그 결과 총 오차는 한 시간스텝당 오차보다 한 차수 낮은 높은 오차를 가지게 된다.

$$\begin{aligned} E_T &= E_S \times N \\ &= \frac{E_S}{\Delta t}(N \Delta t) = \frac{E_S}{\Delta t} t^* \end{aligned} \tag{5.30}$$

아래 표 5.4는 세 가지 선형 차분법의 오차를 보여주고 있으며, 전후방 차분법은 총 오차가 시간간격 Δt에 비례하여 증가하는 반면, 중앙 차분법은 Δt^2에 비례하는 2차 차분법의 정밀도를 제공한다. 중앙 차분법은 기법 자체는 1차 차분법이지만 시간 변화율을 전후 시점의 중앙에서 계산하는 특성에 따라 이처럼 한 차수 높은 2차 차분법의 정밀도를 가진다. 이러한 특성 때문에 해의 안정성과 수렴성이 후방 차분법보다 못하지만 실무에서는 가장 많이 사용되고 있다.

표 5.4 세 가지 선형 차분법의 오차

항목	전방 차분법	중앙 차분법	후방 차분법
시간스텝 오차	$O(\Delta t^2)$	$O(\Delta t^3)$	$O(\Delta t^2)$
총 오차	$O(\Delta t)$	$O(\Delta t^2)$	$O(\Delta t)$
실제 차수	1차 차분법	2차 차분법	1차 차분법

앞서 전방 차분법과 중앙 차분법은 특정한 조건을 만족하지 않을 경우, 시간응답에 있어 안정성과 수렴성 혹은 안정성이 보장되지 않는다는 사실을 언급하였다. 여기서 특정한 조건이란 요소의 크기 h와 시간간격 Δt와의 관계로서, 만약 요소의 크기가 결정되어 있다면 시간간격은 요소크기를 기준하여 계산된 임계값보다 작아야만 해의 안정성과 수렴성이 확보될 수 있다. 이러한 임계값을 임계 시간간격(critical time step) Δt_{crit}라고 부르며, 다음 절에서 상세히 다루기로 한다.

5.2.2 선형 과도 열전달해석

4.1.4절에서 정상상태 열전달해석을 학습하였는데, 본 절에서는 온도의 시간변화를 고려한 선형 열전달해석을 다루기로 한다. 초기 물체 내 현저한 온도변화, 즉 과도응답(transient response)에 영향을 미치는 밀도, 비열 그리고 열전달계수의 물리적 의미를 살펴보기로 한다. 그리고 열전달 문제에 대한 공간좌표와 시간 변화율의 유한요소 근사화와 최종 행렬방정식의 특징을 살펴보고, 온도응답의 안정성과 수렴성을 보장하는 임계 시간간격 Δt_{crit}가 유도되는 과정을 상세히 학습하기로 한다. 그리고 시간에 따른

온도변화의 완급과 시간간격과의 연관성을 살펴보고, 해석시간을 최소화시키기 위해 시간간격을 조절하는 기법에 대해 학습하기로 한다. 본 절을 학습함으로써 선형 열전달 해석을 위한 경계조건과 최적의 선형 차분법 그리고 임계 시간간격 설정에 익숙하게 될 것이다.

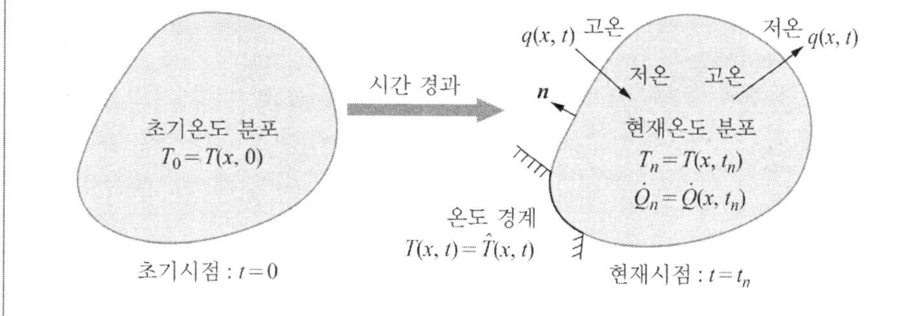

그림 5.2.8 선형 열전달 문제에서의 초기조건과 경계조건

그림 5.2.8을 참고하여 온도하중을 받는 물체 내 온도변화 $T(\boldsymbol{x},\ t)$는 다음과 같이 시간에 대한 1차 변화율과 공간좌표에 대한 2차 변화율로 표현된다.

$$\rho c \frac{\partial T}{\partial t} + \nabla \cdot (-\kappa \nabla T) = \dot{Q}(\boldsymbol{x},\ t) \tag{5.31}$$

여기서 ρ, c 그리고 κ는 각각 밀도(density), 비열(specific heat) 그리고 열전달계수(thermal conductivity)이고, $\dot{Q}$은 단위체적당 열발생률(heat generation rate)을 의미한다. 그리고 ∇T는 온도구배(temperature gradient)로서 다음과 같이 정의되며, 물체 내 각 지섬에서 x, y 그리고 z방향으로의 온도변화의 크기를 의미한다.

$$\nabla T = \frac{\partial T}{\partial x}\boldsymbol{i} + \frac{\partial T}{\partial y}\boldsymbol{j} + \frac{\partial T}{\partial z}\boldsymbol{k} \tag{5.32}$$

식 (5.32)는 온도가 시간뿐만 아니라 공간좌표에 따라서도 변하는 초기치 - 경계치 문제로, 하나의 유일한 온도분포 $T(\boldsymbol{x},\ t)$를 결정하기 위해서는 초기조건과 경계조건이 수어져야 한다. 초기조건은 초기시점 $t=0$에서 물체 내 각 지점에서의 온도분포 $T_0(\boldsymbol{x},\ 0)$를 의미한다. 반면 경계조건은 물체 경계에서 온도 혹은 열유속(heat flux) $q = -\kappa \nabla T \cdot \boldsymbol{n}$이 주어지게 된다.

$$T(\boldsymbol{x},\ t) = \hat{T}(\boldsymbol{x},\ t) \quad \text{혹은} \quad -\kappa \nabla T \cdot \boldsymbol{n} = q(\boldsymbol{x},\ t) \tag{5.33}$$

위 식에서 $\boldsymbol{n}$은 물체 경계에서 바깥방향으로 수직한 단위벡터를 의미하고, 열유속이란 물체 경계에서 수직한 방향으로의 온도구배 $-\nabla T\cdot\boldsymbol{n}$와 열전달계수의 곱으로 정의된다.

4.1.1절의 경계조건의 정의를 참고하면 식 (5.31)은 공간좌표에 대해 최대 2차 미분항을 가지기 때문에 1쌍의 경계조건이 존재한다. 식 (5.33)에서 온도조건은 변위 경계조건(essential boundary condition)에 해당되고 열유속은 하중 경계조건(natural boundary condition)에 해당되며, 이 둘을 곱하게 되면 물리적으로 일 혹은 에너지양이 된다. 물체의 경계를 통해 열이 유입되거나 방출되는 방식에는 전도(conduction) 외에 대류(convection)와 복사(radiation)가 있다. 각각의 열전달 경로에 대한 설명과 열유속을 계산하는 방법에 대해서는 4.1.4절의 정상상태 열전달해석을 복습하기 바란다.

식 (5.31)로 표현되는 온도 시간응답 미분방정식의 전방 차분법을 적용하게 되면 다음과 같이 현재 시점 t_n에서 다음 시점 t_{n+1}에서의 온도를 구하는 차분식이 된다.

$$\rho c\frac{T_{n+1}-T_n}{\Delta t}+\nabla\cdot(-\kappa\nabla T_n)=\dot{Q}_n \tag{5.34}$$

그리고 시점 t_n에서의 온도분포 T_n은 초기온도 T_0로부터 순차적으로 계산되어 결정된 값이기 때문에 아래 식과 같이 미지수 T_{n+1}을 좌변으로 모아 정리할 수 있다.

$$\rho cT_{n+1}+\Delta t\nabla\cdot(-\kappa\nabla T_n)=\rho cT_n+\Delta t\dot{Q}_n \tag{5.35}$$

이러한 차분식은 후방 그리고 중앙 차분법에 대해서도 구할 수 있으며, 1.2절에서 다룬 유한요소 근사화를 온도분포 T_n과 T_{n+1}에 적용하면 아래와 같이 일반화된 선형 차분법에 대한 유한요소 행렬방정식을 유도할 수 있다.

$$\{[\boldsymbol{C}]+\Theta\Delta t[\boldsymbol{K}]\}\{\overline{\boldsymbol{T}}\}_{n+1}=\{[\boldsymbol{C}]+(\Theta-1)\Delta t[\boldsymbol{K}]\}\{\overline{\boldsymbol{T}}\}_n+\Delta t\{\boldsymbol{F}\}_{n+\Theta} \tag{5.36}$$

위 식에서 Θ는 앞에서 정의한 바와 같이 시간 변화율 $\partial T/\partial t$를 계산하는 기준 시점을 설정하는 파라메터로 0과 1 사이의 값을 가진다. 한편, 행렬 $[\boldsymbol{C}]$, $[\boldsymbol{K}]$ 그리고 하중벡터 $\{\boldsymbol{F}\}_{n+\Theta}$는 각각 아래와 같이 계산된다.

$$[\boldsymbol{C}]=\int_\Omega \rho c\Phi^T\Phi\, dV \tag{5.37}$$

$$[\boldsymbol{K}]=\int_\Omega \kappa(\nabla\Phi)^T(\nabla\Phi)\, dV \tag{5.38}$$

$$\{\boldsymbol{F}\}_{n+\Theta} = \int_{\Omega} \Phi^T \dot{Q}_{n+\Theta} dV + \int_{\partial\Omega} \Phi^T q_{n+\Theta} ds \tag{5.39}$$

여기서 Φ는 요소망 내 각 절점(node)에서 1의 값을 가지고 나머지 절점에서는 0의 값을 가지는 기저함수 $\phi_J(\boldsymbol{x})$들로 구성된 벡터를 나타내며, 이들에 의해 요소망 내 온도 분포는 다음과 같이 근사화 된다.

$$\begin{aligned} T_h(\boldsymbol{x},\, t) &= \phi_1(\boldsymbol{x})\overline{T}_1(t) + \phi_2(\boldsymbol{x})\overline{T}_2(t) + \cdots + \phi_N(\boldsymbol{x})\overline{T}_N(t) \\ &= \{\phi_1\phi_2 \cdots \phi_N\}\{\overline{T}_1(t)\overline{T}_2(t) \cdots \overline{T}_N(t)\}^T = \Phi\{\overline{T}\} \end{aligned} \tag{5.40}$$

기저함수는 시간과 무관하지만 각 절점에서의 온도값 $\overline{T}_J(t)$는 시간에 따라 변하는 값이며 식 (5.36)의 차분식으로 계산되며, 시점 t_n에서의 절점 온도값 $\overline{T}_J(t_n)$들로 구성된 벡터를 $\{\overline{\boldsymbol{T}}\}_n$으로 표기한다.

식 (5.36) 속에 포함되어 있는 행렬들의 물리적 의미를 살펴보면 다음과 같다. 우선 행렬 $[\boldsymbol{C}]$는 열을 저장할 수 있는 능력을 나타내며 이 행렬의 크기가 클수록 열은 잘 전달되지 않고 보온성능이 증가한다. 예를 들어 콘크리트나 폼재는 강철보다 큰 보온성능을 지니고 있다. 다음으로 행렬 $[\boldsymbol{K}]$는 보온성능과 상반되는 열을 전달하려는 능력을 나타내며 이 행렬의 크기가 클수록 열은 한 지점에 보관되지 않고 신속히 이동된다. 마지막으로, 하중벡터 $\{\boldsymbol{F}\}_{n+\Theta}$은 시점 $t_{n+\Theta}$에서 물체에 부과되는 열적 하중(thermal load)으로서 물체 내부의 열발생률과 외부로부터 유입되는 열에 의해 그 크기가 결정된다. 만약 열이 빠져나가는 경우라면, 이 하중벡터는 (−)의 값을 가지며 물체 내 온도는 시간과 더불어 감소하게 된다. 하중벡터의 절대적인 크기가 증가할수록 물체 내 온도변화는 비례적으로 증가하게 된다.

다음의 그림 5.2.9는 물체의 열적 물성치 ρc와 κ의 상대적인 크기에 따른 물체의 시간에 따른 온도 구배를 보여주고 있다. 물체가 가열 혹은 냉각되는 경우에 있어 ρc가 상대적으로 큰 물체는 온도가 서서히 변화하는 반면, κ가 상대적으로 큰 경우에는 온도가 신속히 상승하거나 하강하게 된다. 이러한 시간응답 특성은 임계 시간간격 Δt_{crit}에도 영향을 미치게 되는데, 온도변화가 완만해지면 그만큼 임계 시간간격도 크게 설정할 수 있다. 물체거동의 시간응답도 6.2절에서 설명하게 될 해의 특이성(singularity)으로 분석할 수 있다. 즉, 온도 시간변화율이 급격해지면 그 만큼 특이성이 증가하게 되고 시간간격을 줄이지 않으면 이러한 급격한 시간 변화율을 정확하게 모사하기 어렵게 된다.

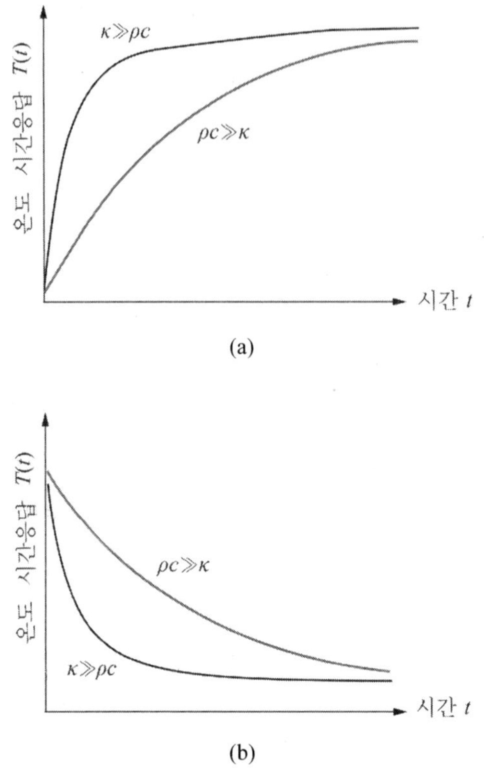

그림 5.2.9 물체의 시간응답 차이: (a) 가열하는 경우, (b) 냉각되는 경우

온도 시간응답을 순차적으로 계산하게 되는 차분 행렬방정식 (5.36)은 식 속에 포함되어 있는 Θ값에 따라 다음 표 5.5와 같이 구분된다. 그리고 앞서 언급한 바와 같이 해의 안정성과 수렴성은 후방 차분법이 가장 양호하지만, 정확도는 중앙 차분법이 한 차수 높기 때문에 이 기법이 가장 많이 사용되고 있다. 그리고 Θ는 0, 1/2 그리고 1 외에 0과 1 사이의 임의의 실수값을 선택할 수 있으며, 시간응답 결과는 세 가지 기법들 중에서 선택한 값과 가까운 기법의 특성을 나타내게 된다.

차분 행렬방정식은 물체의 초기온도를 $\{\overline{\boldsymbol{T}}\}_0$로 두고 또한 초기시점 $t_0+\Theta$에서의 열하중벡터 $\{\boldsymbol{F}\}_{0+\Theta}$를 계산한 후, 식을 풀게 되면 다음 시점 t_1에서의 온도 $\{\overline{\boldsymbol{T}}\}_1$을 구할 수 있다. 그리고 구한 $\{\overline{\boldsymbol{T}}\}_1$과 그 다음 시점 $t_1+\Theta$에서의 열하중벡터 $\{\boldsymbol{F}\}_{1+\Theta}$을 계산하여 식을 풀게 되면 그 다음 시점 t_2에서의 온도 $\{\overline{\boldsymbol{T}}\}_2$를 구할 수 있다. 이렇게 행렬방정식을 반복 계산하여 원하는 시점까지 물체의 온도응답을 구할 수 있다.

표 5.5 파라메터 Θ의 값에 따른 선형 열전달해석 기법의 구분

Θ의 값	0	1	1/2
선형 차분법 유형	전방 차분법	후방 차분법	중앙 차분법

다음의 그림 5.2.10은 선형 과도 열전달해석에 필요한 입력조건을 설정하는 입력창을 예시적으로 보여주고 있다. 다른 해석유형과 동일하게 기본적인 절차인 모델형상과 요소망을 생성하고 초기온도와 경계조건을 부여한다. 경계조건으로는 온도조건과 열유속 두 가지 형태가 있으며 단열조건은 열유속 조건에 해당된다. 과도 열전달과 관련된 재료물성치인 물체의 밀도, 비열과 열전달계수 그리고 열전달에 필요한 전도와 대류계수를 입력한다. 시간적분 계산과 관련된 시간간격과 총 스텝수를 설정하고 시간적분 중간과정에서 해석결과 data를 출력시킬 간격을 설정한다. 정해석과 달리 과도응답해석에서 매 시점마다 해석결과를 출력시키게 되면 메모리양이 방대해질뿐더러 출력에 소요되는 시간 때문에 해석시간이 증가하게 된다. 따라서 해석자는 꼭 필요한 시점에서만 해석결과를 출력시키는 것이 바람직하다. 그리고 마지막으로 원하는 온도까지 도달하게 되면 시간적분 계산과정을 종료시키기 위한 종료조건을 설정해야 한다. 아래 그림에서 센서기능은 종료조건의 하나로서 물체의 특정한 지점에서 원하는 온도값을 세팅하게 된다.

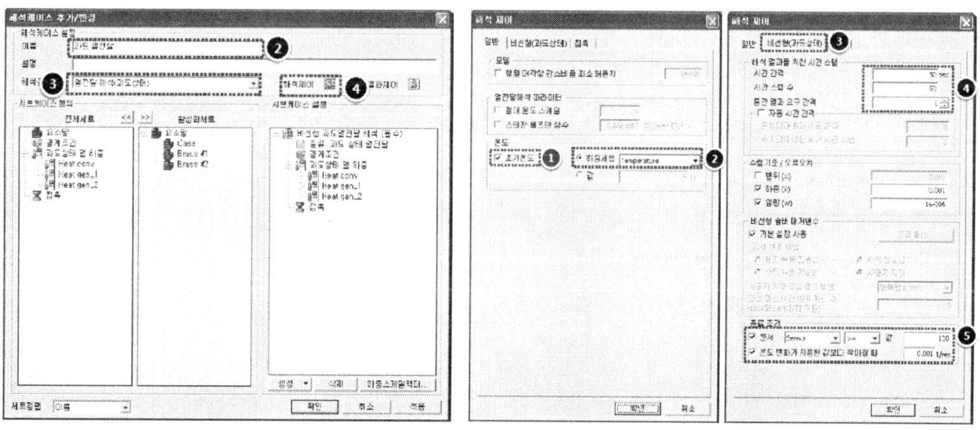

그림 5.2.10 midas NFX에서 선형 과도 열전달해석을 위한 입력창

다음으로 1차 시간응답 해석에서 해의 안정성과 수렴성을 확보하기 위한 임계 시간 간격 Δt_{crit}에 대하여 학습하기로 한다. 후방 차분법은 어떠한 크기의 시간간격에 대해서도 시간응답은 안정적이고 수렴하게 된다. 하지만, $\Theta \leq 1/2$인 경우에는 시간간격이 임계값보다 작지 않으면 해의 안정성과 수렴성은 보장되지 않는다는 사실을 앞에서 언급하였다. 그렇다면 임계 시간간격 Δt_{crit}가 어떻게 결정되는지 살펴보기로 한다. 우선 선형 차분 행렬방정식 (5.36)에서 열하중에 해당하는 $\{\boldsymbol{F}\}_{n+\Theta}$를 제외하고 아래와 같이 변형된 형태로 표현한다.

$$\{\overline{\boldsymbol{T}}\}_{n+1} = \frac{\{[\boldsymbol{C}]+(\Theta-1)\Delta t[\boldsymbol{K}]\}}{\{[\boldsymbol{C}]+\Theta\Delta t[\boldsymbol{K}]\}}\{\overline{\boldsymbol{T}}\}_n = \{\boldsymbol{A}\}\{\overline{\boldsymbol{T}}\}_n \tag{5.41}$$

열하중을 제외시킨 이유는 물체 내 온도의 시간응답 특성은 그림 5.2.9에서 확인하였듯이 물체의 고유한 열적 물성치에 의해 좌우되며 열하중과는 무관하기 때문이다. 식 (5.41)에서 행렬 $\{\boldsymbol{A}\}$는 시점 t_n에서의 온도값이 다음 시점 t_{n+1}에서 얼마나 증가 혹은 감소되는지를 결정하는 일종의 진폭행렬(amplitude matrix)로 생각할 수 있다. 다시 말해, 이 행렬의 특성에 따라 온도값이 증가 혹은 감소하게 된다.

설명을 보다 명확하고 간단화 하기 위하여 행렬 형태가 아닌 실수 형태의 단순한 식에 대하여 생각하기로 한다.

$$T_{n+1} = AT_n \tag{5.42}$$

차분 계산에 있어 T_n에는 항상 정답과 차이를 나타내는 오차가 포함되어 있는데 이 오차는 다음 시점에서의 값 T_{n+1}을 계산하는 과정에서 A값의 크기에 따라 다음과 같이 결정된다.

$$A = \begin{cases} >1, & \text{오차는 증가} \\ \leq 1, & \text{오차는 감소} \end{cases} \tag{5.43}$$

진폭 행렬 $[\boldsymbol{A}]$를 하나의 방정식에 대한 스칼라량으로 변환하면 다음과 같이 표현된다. 여기서 C와 K는 하나의 행렬요소를 가지는 행렬이 되게 된다.

$$A = \frac{C+(\Theta-1)\Delta t K}{C+\Theta\Delta t K} = \frac{1+(\Theta-1)\Delta t\omega}{1+\Theta\Delta t\omega}, \quad \omega = K/C \tag{5.44}$$

위 식은 Θ값에 따라 다음과 같은 특성을 나타내게 된다.

$$A = \begin{cases} \leq 1, & \Theta \geq 1/2 \\ > 1 \text{ 혹은 } \leq 1, & \Theta < 1/2 \end{cases} \tag{5.45}$$

즉, 후방 그리고 중앙 차분법에서는 반복적인 차분계산에 따라 오차가 증가하지는 않는다. 그 결과, 그림 5.2.6에서 나타낸 바와 같이 시간과 더불어 시간응답은 정답으로 수렴하게 된다. 하지만, 전방 차분법은 이러한 수렴성이 언제나 보장되는 것은 아니며, 시간간격이 다음 조건을 만족할 경우에만 수렴하게 된다.

$$\omega \Delta t \leq \frac{2}{1-2\Theta} \tag{5.46}$$

위 식에 $\Theta = 1/2$을 대입하면 Δt는 무한대가 되고 $\Theta = 1$을 대입하면 Δt는 (−)값이 됨을 알 수 있다. 즉, 후방 그리고 중앙 차분법에서는 Δt의 크기를 얼마로 설정하든지 항상 수렴성이 보장됨을 재확인시켜 준다. 반면, $\Theta = 0$를 대입하게 되면 시간간격은 다음 조건을 만족해야 한다.

$$\Delta t \leq \frac{2}{\omega} \quad \rightarrow \quad \Delta t_{crit} = \frac{2}{\omega} \tag{5.47}$$

이 조건을 코란트 조건식(Courant criterion)이라고 부르며, 전방 차분법을 포함한 $\Theta < 1/2$인 모든 선형 차분법을 사용할 경우, 해의 안정성과 수렴성을 보장하는 시간간격을 선정하는 식이 된다. 엄밀한 의미에서 식 (5.47)의 임계 시간간격 Δt_{crit}은 $\Theta = 0$를 기준으로 계산되었기 때문에, 0과 1/2 사이의 Θ값을 가지는 선형 차분법에서는 이보다 큰 시간간격을 설정하여도 무방하지만, 일반적으로 $\Theta = 0$에서 계산된 시간간격을 사용하고 있다. 아울러, 이 조건식으로 계산된 임계 시간간격을 중앙 차분법에 적용시키면 시간응답의 출렁임, 즉 해의 불안정성을 현저히 감소시킬 수 있기 때문에 중앙 차분법에서도 임계 시간간격을 사용하는 것을 추천하고 있다. 다만, 임계 시간간격을 사용할 경우 해석시간의 장기화에 큰 문제가 없을 경우에 한정하여 추천하고 있다.

선형 열전달해석에 있어 임계 시간간격을 계산해 보기로 한다. 1차원 선형 요소망을 사용할 경우, 식 (5.37)과 (5.38)의 행렬 $[\boldsymbol{C}]$와 $[\boldsymbol{K}]$의 각 요소에서의 크기는 다음과 같이 계산된다.

$$C = \int_0^h \rho c \phi_I(x) \phi_J(x) dx \approx \rho c h^3 \tag{5.48}$$

$$K = \int_0^h \kappa \frac{d\phi_I(x)}{dx} \frac{d\phi_J(x)}{dx} dx \approx \kappa h \tag{5.49}$$

따라서 임계 시간간격 Δt_{crit}는 아래와 같이 열적 물성치 ρc와 κ 그리고 요소크기 h의 함수로 표현된다.

$$\Delta t_{crit} = \frac{2}{\omega} = \frac{2C}{K} = 2\frac{\rho c}{\kappa}h^2 \tag{5.50}$$

위 식을 통해 확인할 수 있는 주요 사항을 정리하면 다음과 같다.

- **요소크기와의 관계** : 시간응답의 정확성을 높이기 위해 시간간격을 줄이고자 할 경우, 반드시 요소크기도 동시에 줄여야 한다. 그리고 시간간격을 1/2로 줄일 경우, 요소크기는 이것의 제곱인 1/4로 줄여야 한다는 점이다. 다음의 그림 5.2.11은 1차 시간응답 해석에 있어 시간간격 Δt와 요소크기 h의 세분화 방안을 보여주고 있다.
- **시간응답과의 관계** : 열을 보관하려는 성질 ρc는 임계시간을 크게 해 주는 반면, 열을 전달하려는 성질 κ는 임계시간을 작게 한다. 이러한 결과는 앞의 그림 5.2.9의 결과와 일치하는데, 온도가 급작스럽게 변하게 되면(즉, $\kappa \gg \rho c$인 경우) 그만큼 시간간격을 줄여야 한다는 사실과 일치한다.
- **요소차수 p 와의 관계** : 식 (5.50)은 2차 이상의 고차요소를 사용할 경우에도 동일한데, 그 이유는 행렬 C와 K는 각각 기저함수 $\phi_I(x)$ 자체와 이것의 미분을 각 요소 내에서 적분하여 계산되기 때문에 두 행렬의 비는 요소크기 h^2로 표현된다.

그림 5.2.11은 1차 시간응답 해석에 있어 요소망 세분화의 일례를 보여주고 있다. 시간응답의 안정성과 수렴성을 높이기 위해 단순히 시간간격만을 조절해서는 안 된다는 사실을 보여주는 예로서, 식 (5.50)에 따라 요소크기는 시간간격을 줄이는 비율의 제곱만큼 줄여야 한다는 사실을 명심하기 바란다.

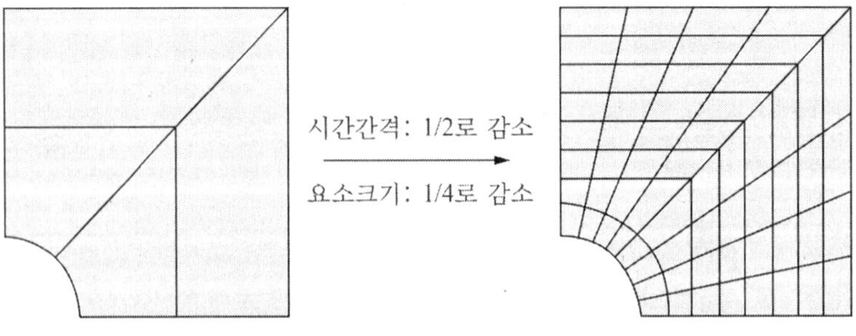

그림 5.2.11 1차 시간응답 해석에 있어 합리적인 요소망 세분화

다음의 그림 5.2.12는 자동차 새시용 스테인리스 강판을 압출하는 공정에서 균일한 온도를 유지시키기 위해 사용되는 방사열 공급 튜브(radiation tube)로서 파이프 상부에서 고온의 열이 유입되어 하부로 빠져나가게 된다. 실온의 초기 상태에서 상부에 고온의 열유동 주입에 따른 선형 열전달해석을 중앙 차분법으로 수행하였으며, 정상상태에 도달하였을 때의 온도분포를 그림 5.2.12(a)에 나타내었다. 그리고 우측 그래프는 시간간격에 따른 상부 입구 측에서의 온도 시간이력을 보여주고 있다. 시간간격이 3초인 경우에는 현저한 온도 출렁임이 관찰되지만, 0.1초로 설정한 경우에는 온도 출렁임이 거의 발생하지 않음을 확인할 수 있다. 따라서, 본 과도 열전달해석을 위한 임계 시간간격은 0.1초임을 해석결과로부터 유추할 수 있다. 물론, 앞의 식 (5.50)을 이용하게 되면 이론적으로도 임계 시간간격을 계산할 수 있다.

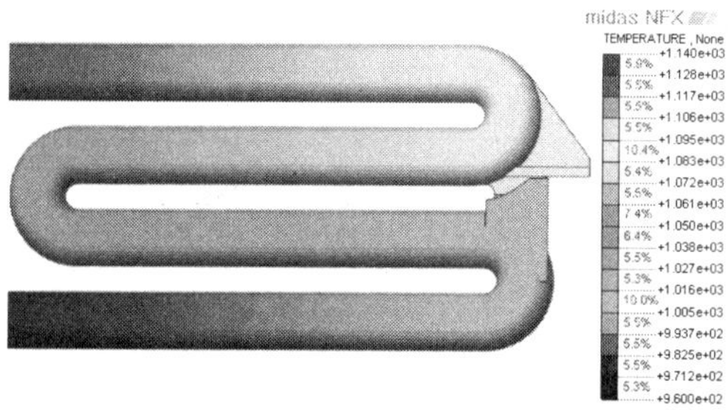

(a)

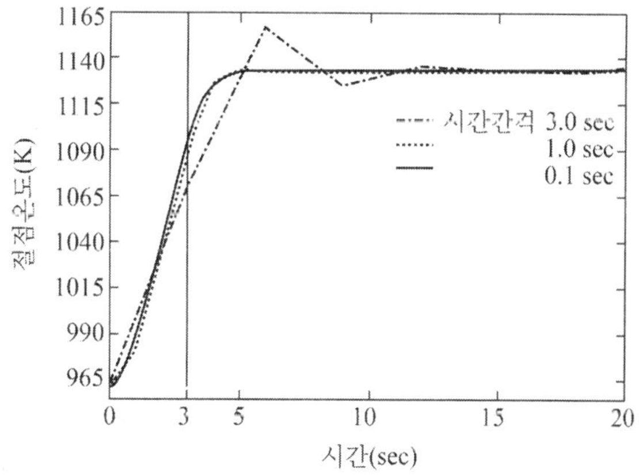

(b)

그림 5.2.12 과도 열응답 해석결과: (a) 물체 내 온도분포, (b) 상부 입구 지점에서의 온도 시간이력

적합한 시간간격은 물체거동의 시간응답의 완급성과 관련이 있다. 즉, 시간 변화율이 급격한 경우에는 시간간격을 줄여야 하지만, 그렇지 않고 완만한 경우에는 시간간격을 크게 설정하여도 무방하다. 물체거동의 시간응답과 시간간격과의 이러한 상관관계를 이용하여 시간응답 해석을 수행하는 과정에서 시간간격을 조절할 수도 있다. 하나의 시간응답 해석에서 시간간격을 일정한 값으로 고정시키지 않고 거동의 시간 변화율의 완급성에 따라 조절하는 기법을 적응적 시간간격 조절기법(adaptive time stepping)이라고 부른다. 아래 표 5.6은 선형 열전달해석 구간을 총 8개로 나누어 각 구간별로 차분법, 시간간격, 시간스텝의 개수 그리고 구간의 간격을 선별적으로 조절한 예를 보여주고 있다.

표 5.6 적응적 시간간격 조절의 예

구간	Θ의 값	시간간격 Δt(sec)	시간스텝 개수	시간응답 구간(sec)
I	0	0.1	1	0~0.1
II	0	0.1	19	0.1~2
III	1/2	2	9	2~20
IV	1/2	20	9	20~200
V	1/2	200	9	200~2,000
VI	1/2	1000	8	2,000~10,000
VII	1	10^6	1	10,000~1.01×10^6
VIII	1	10^6	1	1.01×10^6~2.10×10^6

이러한 적응적 시간간격 조절기법을 소프트웨어에서 자동적으로 구현하기 위한 다수의 알고리듬이 소개되어 있다. 이 조절기법의 기본적인 원리는 이전 시간스텝에서의 물체거동의 시간 변화율 값을 토대로 다음 단계에서의 Θ와 시간간격을 계산하게 된다. 이러한 적응적 시간간격 조절은 해석자도 수동으로 설정할 수가 있는데, 우선은 대상이 되는 해석문제의 시간응답을 경험적 노하우 혹은 사전 시간응답 해석을 바탕으로 미리 파악하고 있어야 한다.

5.3 2차 시간응답 문제(Second-order Time Response Problem)

물체의 운동방정식으로 대표되는 최대 2차의 시간 변화율로 표현되는 시간응답 문제는 앞 절에서 학습한 1차 시간응답 문제보다 시간 이산화가 보다 복잡하다. 시간의 1차 변화율뿐만 아니라 2차 변화율도 차분화 시켜야 하기 때문에, 차분 방정식을 유도하는 방법이 보다 다양하다. 2차 시간응답 문제는 시간영역 응답을 주파수 영역으로 변환하여 결과를 분석하기도 한다. 시간영역에서는 시간에 따른 동응답 특성을 분석하는 반면 주파수 영역에서는 주파수별 특성을 분석하게 된다. 시간응답 해석은 앞 절의 경우와 유사하게 시간 변화율을 계산하는 기준시점, 보다 엄밀하게는 물체의 동적 평형(dynamic equilibrium)을 어느 시점에 두느냐에 따라 수치기법이 분류된다. 한편, 물체의 동응답을 직접 공간좌표 상에서 표현하거나 아니면 고유모드를 조합한 모드좌표(modal coordinate) 상에서 표현하게 된다. 본 절에서는 2차 시간응답 해석을 위한 각종 수치기법을 학습하기로 한다.

5.3.1 동적 시스템

동적 시스템이란 질량, 감쇠 그리고 탄성을 지니고 있어 외부로부터 변동 하중을 받게 되면 시간과 더불어 변동하는 응답을 나타내는 물체 혹은 조립체를 일컫는다. 이해를 돕기 위해 아래 그림 5.3.1과 같이 수평방향으로 운동하는 1자유도 감쇠계를 살펴보기로 한다. 이 동적 시스템에 있어 질량 m의 수평방향으로의 동변위(dynamic displacement) $x(t)$는 다음과 같이 운동방정식으로 표현된다.

$$m\ddot{x} + c\dot{x} + kx = F_0 \sin\omega t \tag{5.51}$$

앞 절의 식 (5.31)과 비교하였을 때, 가장 큰 차이점은 시간에 대해 2차 변화율을 포함한다는 점이다. 방정식에 대한 해답을 찾기 위해 초기조건이 요구되는 공통점은 있지만, 시간에 대한 2차 변화율이 포함됨에 따라 시간응답의 특성뿐만 아니라 시간응답을 수치적으로 구하는 방법에 있어서 식 (5.31)과 뚜렷한 차이점이 있다는 것을 본 절을 통해 확인할 수 있을 것이다.

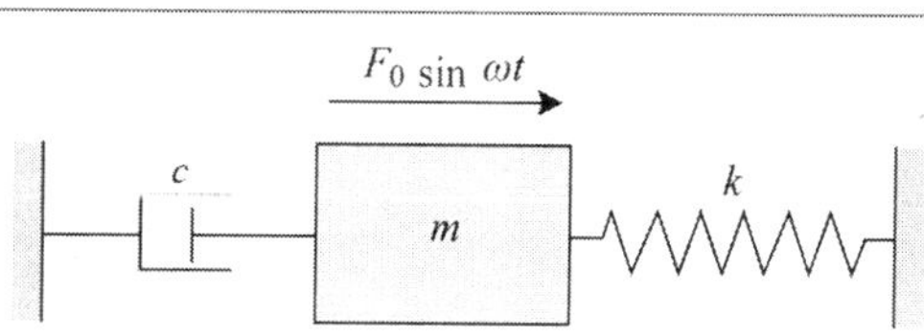

그림 5.3.1 조화가진을 받는 1자유도 감쇠계

본 절의 앞부분에서는 1자유도 감쇠계를 통해 감쇠 고유주파수와 감쇠 시간응답에 대해 이론적으로 고찰하고, 후반부에서는 다자유도계인 3차원 탄성체의 시간응답을 수치적으로 구하는 방법에 대하여 학습하기로 한다. 앞 절에서는 시간의 변화율을 계산하는 시점을 어디를 기준으로 하느냐에 따라 전방, 중앙 그리고 후방 차분법으로 구분되는 반면, 2차 시간응답 문제에 있어서는 명시적(explicit) 그리고 암시적(implicit) 기법으로 구분된다.

식 (5.51)에서 c는 감쇠계수(damping coefficient)로서 질량의 운동을 정지시키려는 힘으로서 질량이 지니고 있는 에너지를 소모시키게 된다. 관성력(inertia force) $m\ddot{x}$과 탄성력 kx은 에너지를 소모시키지 않기 때문에 보존력(conservative force)이라고 부르는 반면, 에너지를 소모시키는 감쇠력(damping force) $c\dot{x}$은 비보존력(non-conservative force)으로 분류된다. 수평 조화가진 $F_x = F_0\,\mathrm{sin}\omega t$은 진폭이 F_0 그리고 가진주파수(driving frequency)는 ω이다.

운동방정식 (5.51)의 좌변과 우변을 질량 m으로 나누고 고유진동수 $\omega_n^2 = k/m$을 이용하면 다음과 같이 표현할 수 있다.

$$\ddot{x} + 2\zeta\omega_n\dot{x} + \omega_n^2 x = \frac{F_0}{m}\mathrm{sin}\omega t \tag{5.52}$$

여기서 ζ는 감쇠비(damping ratio)로서 아래와 같이 정의되며, 동적 시스템의 감쇠의 척도로 사용된다.

$$\zeta = \frac{c}{2m\omega_n} \tag{5.53}$$

한편 분모 $2m\omega_n$을 동적 시스템의 임계감쇠(critical damping) c_c라고 부르며, 동적 시스템의 자유진동을 일으키지 않는 임계 감쇠계수이다. 운동방정식 (5.52)에 대한 해는 $x = A^{\lambda t}$ 형태의 조화해를 가정하여 식에 대입하여 풀게 되면 다음의 시간응답 $x(t)$를 구할 수 있다(A_1과 A_2는 시스템의 초기조건에 의해 결정되는 상수).

$$x(t) = A_1 e^{(-\zeta + \sqrt{\zeta^2 - 1})\omega_n t} + A_2 e^{(-\zeta - \sqrt{\zeta^2 - 1})\omega_n t} \tag{5.54}$$

감쇠는 동적 시스템의 진동 특성을 결정하는 감쇠비의 범위에 따라 다음과 같이 세 가지로 분류할 수 있다.

- $\zeta > 1$ **과도감쇠(over damping)** : 다음의 그림 5.3.2를 참고하면 이 경우에는 매우 쉽게 감쇠되므로, 단 한 번의 진동도 없이 바로 평형상태로 되돌아간다.

- **$\zeta=1$ 임계감쇠** : 이 경우에는 진동을 시작하기 직전이므로 가장 빨리 평형상태로 되돌아간다. 동적 시스템의 시간응답은 아래와 같다.

$$x(t) = (A_1 + A_2 t)e^{-\omega_n t} \tag{5.55}$$

- **$\zeta<1$ 과소감쇠(under damping)** : 이 시스템은 아래 식 (5.56)의 감쇠 고유진동수(damped natural frequency) ω_d로 시간과 더불어 줄어드는 진동을 나타낸다.

$$x(t) = Ce^{-\zeta\omega_n t}\sin(\omega_d t + \Psi), \quad \omega_d = \omega_n\sqrt{1-\zeta^2} \tag{5.56}$$

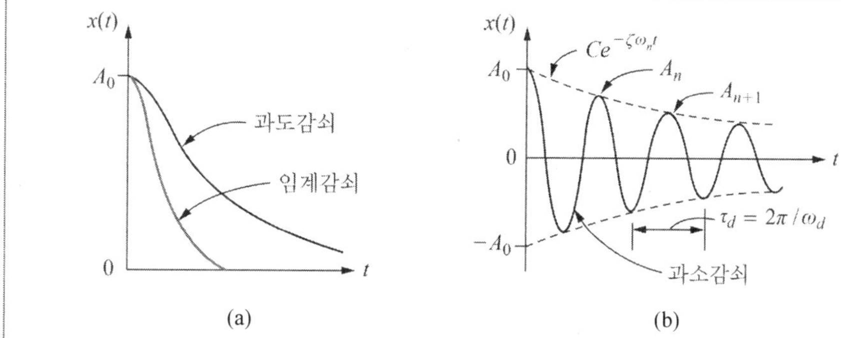

그림 5.3.2 (a) 과도감쇠와 임계감쇠 (b) $x_0 = A_0$와 $\dot{x}_0 = 0$인 과소감쇠

과소감쇠계에 있어 진동이 감소하는 비율은 다음과 같이 연속하는 두 진폭의 비로 평가된다.

$$\frac{A_n}{A_{n+1}} = e^{(2\pi\zeta/\sqrt{1-\zeta^2})} \tag{5.57}$$

대부분의 기계구조물의 감쇠비는 10% 이하로 과소감쇠를 나타내며, 식 (5.56)으로부터 10%의 감쇠비에 대한 비감쇠 고유진동수 ω_n과 감쇠 고유진동수 ω_d의 차이는 약 0.5%임을 확인할 수 있다. 따라서 모드해석에서는 일반적으로 감쇠를 고려하지 않는다.

감쇠를 유발시키는 메커니즘에 따라 그 유형을 분류하면 다음의 그림 5.3.3에 나타낸 것과 같이 마찰감쇠(frictional damping), 점성감쇠(viscous damping) 그리고 구조감쇠(structural damping)로 나눌 수 있다. 마찰감쇠는 건조상태에서 발생하는 쿨롱 마찰력(Coulomb frictional force)에 의한 감쇠효과로서 미끄러지는 두 물체 사이의 정전기력에 의해 물체의 운동에너지를 열로 소모시키게 된다. 점성감쇠는 윤활유나 자동차 압쇼버(absorber)내 유체의 유동에 따른 에너지 손실로서, 감쇠의 크기는 유동과 수직한 방향으로의 속도 변화율에 비례한다. 구조감쇠는 물체의 운동에너지가 전단 변형률에 너지로 흡수되는 일명 히스테리시스 손실(hysteretic loss)에 의한 감쇠로서 히스테리시스 감쇠라고도 불린다. 고무제품은 금속에 비해 전단변형이 매우 크기 때문에 금속표면에 고무층을 부착하게 되면, 금속판의 진동에너지를 고무층의 찌그러짐에 따른 전단 변형에너지로 흡수된다.

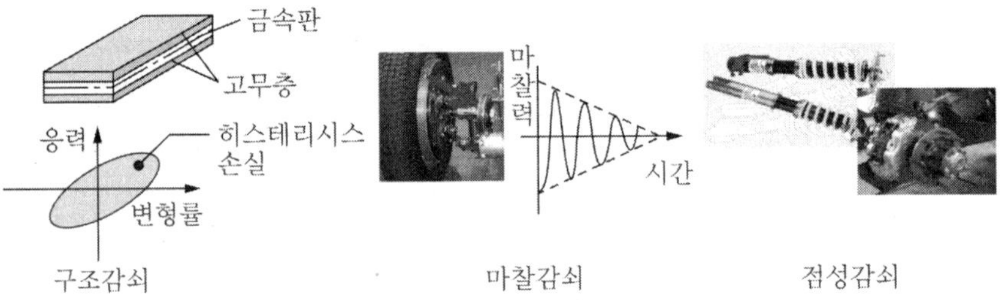

그림 5.3.3 감쇠의 대표적인 유형

식 (5.51)과 같이 시간영역의 운동방정식에서 감쇠의 크기를 나타내는 가장 보편적인 방법은 식 (5.51)과 같이 감쇠계수 c를 사용하는 것이다. 하지만, 구조감쇠의 주파수응답 해석에 있어서는 손실계수(loss factor) η를 도입하여 복소수 형식의 탄성계수 $E = E(1+i\eta)$ 혹은 전단 탄성계수 $G = G(1+i\eta)$ 형식으로 감쇠를 반영할 수 있다. 식 (5.51)을 주파수 영역으로 변환하게 되면 감쇠는 복소수로 표현되기 때문에, 이렇게 복소수 형태의 강성계수를 사용하게 되면 복소 강성계수가 바로 감쇠에 해당된다. 뒷부분에서 다루겠지만 복소 강성계수로 감쇠를 반영하는 것은 레일레이 감쇠(Rayleigh damping) 모델 중에서 강성 비례감쇠(stiffness proportional damping)에 해당된다.

표 5.7 산업분야에서 사용되고 있는 대표적인 물질의 감쇠비

시스템	감쇠비 ζ
탄성범위 내 금속	<0.01
조인트가 있는 금속 구조물	~ 0.03
알루미늄 또는 강 전송선	$\sim 410^{-4}$
자동차 완충기	~ 0.3
고무	~ 0.05
지진 상태의 대형 건물	$0.01 \sim 0.05$

감쇠의 크기는 본질적으로 주파수에 따라 변하기 때문에 감쇠의 크기를 주파수 함수로 입력하는 것이 원칙이다. 하지만, 주파수 의존성이 심하지 않은 경우에는 표 5.7에 나타낸 일정한 감쇠비를 사용해도 무방하기 때문에 실무에서는 거의 일정한 감쇠비를 적용하고 있다. 감쇠비 ζ와 손실계수 η는 시편실험으로 결정되며, 감쇠비는 주파수응답 그래프로부터 그리고 손실계수는 응력 - 변형률 히스테리시스 손실 그래프를 이용하여 결정한다. 레일레이 감쇠 모델의 두 상수 a와 b는 주파수응답 그래프에서 두 개의 주파수 값에서의 응답으로 결정하게 된다. 수치해석에 감쇠를 반영하는 방법에 대해서는 뒷부분에서 보다 상세히 다루기로 한다.

식 (5.51)에 대한 시간응답 $x(t)$의 해는 다음의 식 (5.58)과 같이 두 개의 부분 해로 구성된다. 우변의 첫 번째 항은 시간과 더불어 소멸되는 자유진동 해인 과도해(transient solution)이고, 우변의 두 번째 항은 시간과 더불어 일정한 크기를 나타내는 정상상태해(steady state solution)이다.

$$x(t) = Ce^{-\zeta\omega_n t}\sin(\omega_d t + \Psi) + \frac{F_0}{k}A\sin(\omega t - \phi) \tag{5.58}$$

위 식에서 A는 정상상태 해의 무차원 진폭비 또는 확대계수(magnification factor)이고, ϕ는 감쇠에 따른 시간응답의 지연(delay)을 나타내는 위상각(phase angle)이다. 무차원 진폭비 A와 위상각 ϕ는 다음과 같이 계산된다.

$$A = \left\{\left[1-\left(\frac{\omega}{\omega_n}\right)^2\right]^2 + \left[2\zeta\frac{\omega}{\omega_n}\right]^2\right\}^{-1/2}, \quad \phi = \tan^{-1}\left[\frac{2\zeta\frac{\omega}{\omega_n}}{1-\left(\frac{\omega}{\omega_n}\right)^2}\right] \tag{5.59}$$

다음의 그림 5.3.4는 여러 가지 감쇠비 ζ에 대해, 상대 주파수 ω/ω_n에 따른 A 및 ϕ의 변화를 나타낸다. 공진은 $\omega/\omega_n=1$인 점에서 발생하고, 감쇠가 작은 경우에는 동적 시스템이 공진주파수에 접근할수록 진폭비는 발산한다. 과도한 진폭은 바람직하지 않으므로 동적 시스템의 운영진동수가 시스템의 고유진동수로부터 멀리 떨어져 있어야 하는데, 그렇지 않은 경우에는 감쇠장치를 시스템에 부착해야 한다. 이것은 보통 고무와 같은 점탄성(viscoelastic) 재료로 제작한 감쇠재를 부착하여 해결할 수 있다. 가신진동수 ω가 0이 되면 진폭비는 1이 되어 정적 응답을 나타내며, 가진진동수가 무한대가 되면 진폭비는 0이 된다. 즉, 동적 시스템을 아주 빠르게 진동시키면 가진함수(driving function)의 진폭 F_0에 상관없이 응답크기는 0이 된다.

위상각은 0에서부터 180°까지 변할 수 있으며 이것은 정상상태응답이 가진함수 F_x보다 지연되는 정도를 나타낸다. 입력주파수가 0에서부터 무한대까지의 범위인 경우

시스템의 응답은 입력위상과 완전히 일치하는 경우(0° 지연)로부터 완전히 벗어나는 경우(180° 지연)까지 연속적으로 변하며, 공진에서는 항상 90°의 위상각을 가지게 된다. 또한 감쇠가 작은 경우에는 시스템의 응답이 언제나 입력위상과 일치하거나 벗어나 있으며, 공진에서는 급격한 위상차이가 발생한다. 앞에서 자유진동해석에서는 감쇠를 무시할 수 있는 것으로 가정했지만, 강제진동해석에서는 감쇠가 큰 역할을 하므로 무시할 수 없다.

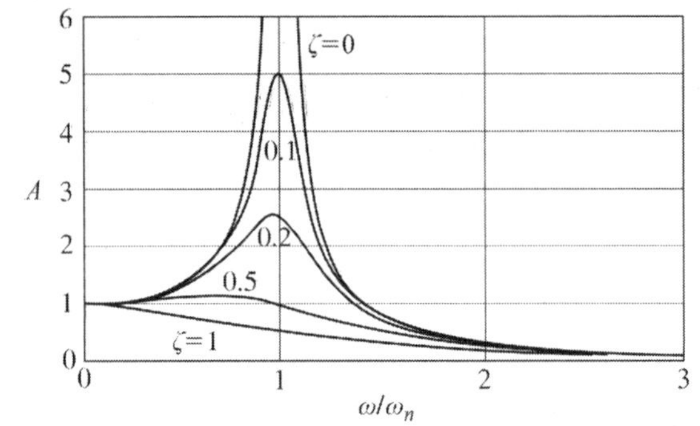

(a)

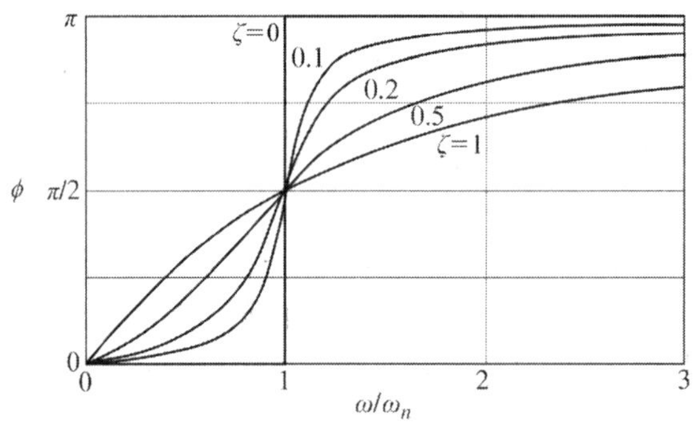

(b)

그림 5.3.4 주파수에 따른 감쇠응답 특성: (a) 진폭 (b) 위상각

1자유도계를 나타내는 그림 5.3.1에 있어서 질량 m은 정확히는 부피를 가지지 않는 질점(point mass)으로서 수평방향 병진운동만 가지며 회전운동은 존재하지 않는다. 만약, 부피를 가지는 3차원 강체에 대한 운동방정식은 다음과 같이 힘의 평형과 모멘트의 평형식으로 표현된다. 그림 5.3.5에 나타낸 바와 같이 3차원 강체의 동적 거동은 질량중심(center of mass)에서의 가속도 $\boldsymbol{a}$와 각가속도(angular acceleration) $\boldsymbol{\alpha}$로 총 6개의

자유도로 표현된다.

$$\sum \boldsymbol{F} = m\boldsymbol{a}, \quad \sum \boldsymbol{M} = I\boldsymbol{\alpha} \tag{5.60}$$

여기서 $\sum \boldsymbol{F}$는 물체에 작용하는 자중 $\boldsymbol{F}_g$, 감쇠력 $\boldsymbol{F}_d$ 그리고 스프링 하중 $\boldsymbol{F}_s$의 총 합을 의미한다. 한편, I는 질량중심에 대한 강체의 질량 관성모멘트(mass moment of inertia)로서 물체가 회전에 저항하려는 크기를 나타낸다. 그리고, $\sum \boldsymbol{M}$은 자중, 감쇠력 그리고 스프링 하중에 의해 발생하는 질량중심에 대한 모멘트의 총합을 의미한다.

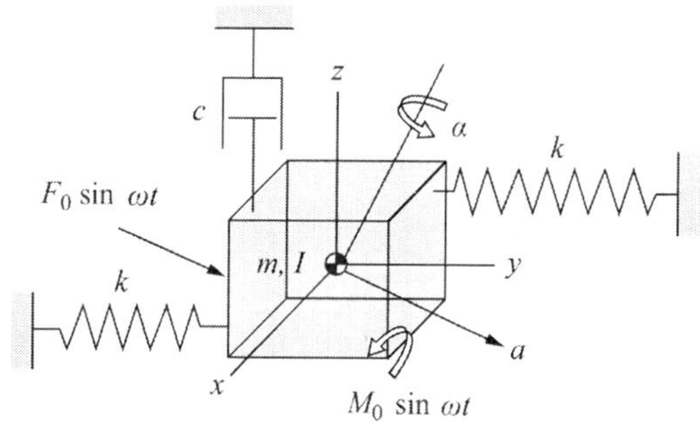

그림 5.3.5 6개의 자유도를 가지는 3차원 강체의 동적 거동

만약, 부피를 가지는 3차원 물체가 강체가 아닌, 즉 3차원 탄성체(elastic body)라고 하면, 물체의 운동방정식은 보다 복잡한 형태가 된다. 그 이유는 물체 내 각각의 지점은 변형에 따라 상대적인 운동이 발생하게 되어 강체에서와 같이 질량중심에서의 변위와 가속도로 단순히 표현할 수 없기 때문이다. 즉, 물체 내 각각의 입자들 사이에 내력(internal force)에 해당하는 응력이 존재하게 되고, 그 결과 탄성체의 운동을 표현하기 위해서는 무한개의 자유도가 요구되기 때문이다. 따라서, 3차원 탄성체의 동적 거동은 물체 전체가 아닌 물체 내 각 지점에서의 동적 평형방정식으로 표현된다. 아래 식은 3차원 탄성체내 각 지점에서의 x, y 그리고 z방향으로의 동적 평형을 나타내는 운동방정식이다.

$$\rho \frac{\partial^2 u_x}{\partial t^2} + c\frac{\partial u_x}{\partial t} - \left(\frac{\partial \sigma_{xx}}{\partial x} + \frac{\partial \sigma_{xy}}{\partial y} + \frac{\partial \sigma_{xz}}{\partial z} \right) = f_x \tag{5.61a}$$

$$\rho \frac{\partial^2 u_y}{\partial t^2} + c\frac{\partial u_y}{\partial t} - \left(\frac{\partial \sigma_{yx}}{\partial x} + \frac{\partial \sigma_{yy}}{\partial y} + \frac{\partial \sigma_{yz}}{\partial z} \right) = f_y \tag{5.61b}$$

$$\rho\frac{\partial^2 u_z}{\partial t^2}+c\frac{\partial u_z}{\partial t}-\left(\frac{\partial \sigma_{zx}}{\partial x}+\frac{\partial \sigma_{zy}}{\partial y}+\frac{\partial \sigma_{zz}}{\partial z}\right)=f_z \tag{5.61c}$$

여기서 ρ, c 그리고 f_i는 각각 밀도, 감쇠계수 그리고 단위체적당 자중을 나타낸다. 그리고 u_i는 각 지점에서 물체의 동변위(dynamic displacement)를 그리고 σ_{ij}는 3.1절에서 다루었던 응력을 나타낸다. 식 (5.61)에는 강체에 대한 식 (5.60)과 달리 모멘트 평형에 대한 식이 빠져 있는데, 그 이유는 3.1절에서도 설명하였듯이 모멘트 평형은 응력성분들의 대칭성(즉, $\sigma_{xy}=\sigma_{yx}$, $\sigma_{yz}=\sigma_{zy}$ 그리고 $\sigma_{zx}=\sigma_{xz}$)으로 만족되기 때문이다. 그리고, 탄성체의 경계에서 작용하는 감쇠력과 스프링 하중 그리고 하단부의 구속조건은 각각 하중 경계조건과 변위 경계조건으로 반영된다.

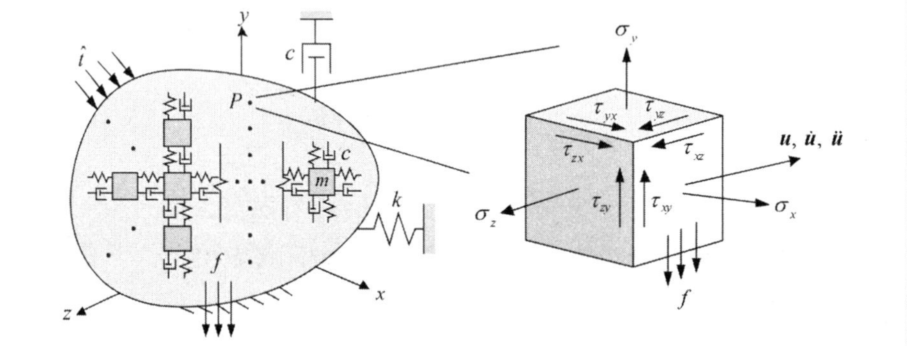

그림 5.3.6 무한 자유도를 가지는 3차원 탄성체의 동적 평형

부록 A.1.1에 소개한 벡터(vector)를 이용하면 식 (5.61)은 다음과 같이 보다 간략히 표현될 수 있다.

$$\rho\frac{\partial^2 \boldsymbol{u}}{\partial t^2}+c\frac{\partial \boldsymbol{u}}{\partial t}-\nabla\cdot\sigma=\boldsymbol{f} \tag{5.62}$$

여기서 $\boldsymbol{u}=\{u_x\ \ u_y\ \ u_z\}$와 $\boldsymbol{f}=\{f_x\ \ f_y\ \ f_z\}$이고 x, y, z방향으로의 응력성분은 $\{\sigma_{ix}\ \ \sigma_{iy}\ \ \sigma_{iz}\}(i=x,\ y,\ z)$가 된다. 그리고 위 식에 그림 5.3.6에 나타낸 물체의 경계 $\partial\Omega$에서의 변위 경계조건과 하중 경계조건이 추가적인 조건식으로 포함된다.

식 (5.62)를 1.2.3절에서 학습한 수치 근사화를 적용하면 다음의 행렬식으로 표현된 운동방정식을 구할 수 있다.

$$[\boldsymbol{M}]\{\ddot{\boldsymbol{u}}\}+[\boldsymbol{C}]\{\dot{\boldsymbol{u}}\}+[\boldsymbol{K}]\{\boldsymbol{u}\}=\{\boldsymbol{F}\} \tag{5.63}$$

여기서 $\{\boldsymbol{u}\}$는 요소망 내 각 절점에서의 탄성체의 절점 동변위(nodal dynamic displacement)들로 구성된 벡터이다. 한편, 질량행렬(mass matrix) $[\boldsymbol{M}]$, 감쇠행렬(damping matrix) $[\boldsymbol{C}]$, 강성행렬(stiffness matrix) $[\boldsymbol{K}]$ 그리고 하중벡터(load vector) $\{\boldsymbol{F}\}$는 다음과 같이 계산된다.

$$[\boldsymbol{M}] = \int_{\Omega} \rho \Phi^T \Phi \, dV \tag{5.64}$$

$$[\boldsymbol{C}] = \int_{\Omega} c \Phi^T \Phi \, dV \tag{5.65}$$

$$[\boldsymbol{K}] = \int_{\Omega} ([\boldsymbol{D}]\Phi)^T [\boldsymbol{E}] ([\boldsymbol{D}]\Phi) \, dV \tag{5.66}$$

$$\{\boldsymbol{F}\} = \int_{\Omega} \Phi^T \boldsymbol{f} \, dV + \int_{\partial\Omega} \Phi^T \hat{\boldsymbol{t}} \, ds \tag{5.67}$$

위 식에서 $\boldsymbol{\Phi}$는 탄성체의 동적 변위 $\boldsymbol{u}(\boldsymbol{x}, t)$의 공간상에서의 분포를 표현하기 위한 기저함수 $\phi_J(\boldsymbol{x})$로 구성된 기저함수 행렬을 나타내며, $[\boldsymbol{D}]$와 $[\boldsymbol{E}]$는 변형률을 정의하는 미분연산자 행렬 그리고 균질 등방성 재료의 물성치 행렬로서 다음과 같이 표현된다. 응력, 변형률 그리고 재료모델에 대해서는 3.1절을 참고하기 바란다.

$$[\boldsymbol{D}] = \begin{bmatrix} \partial/\partial x & 0 & 0 \\ 0 & \partial/\partial y & 0 \\ 0 & 0 & \partial/\partial z \\ \partial/\partial y & \partial/\partial x & 0 \\ 0 & \partial/\partial z & \partial/\partial y \\ \partial/\partial z & 0 & \partial/\partial x \end{bmatrix}, \quad [\boldsymbol{E}] = \begin{bmatrix} E_1 & E_2 & E_2 & 0 & 0 & 0 \\ E_2 & E_1 & E_2 & 0 & 0 & 0 \\ E_2 & E_2 & E_1 & 0 & 0 & 0 \\ 0 & 0 & 0 & E_3 & 0 & 0 \\ 0 & 0 & 0 & 0 & E_3 & 0 \\ 0 & 0 & 0 & 0 & 0 & E_3 \end{bmatrix} \tag{5.68}$$

식 (5.63)에서 우변의 하중벡터 $\{\boldsymbol{F}\}$를 $\{\boldsymbol{0}\}$로 두면 탄성체의 고유한 동적 특성을 나타내는 감쇠를 반영한 고유치 행렬방정식이 된다. 그리고 이 고유치 행렬방정식을 수치적으로 계산하게 되면, 탄성체의 감쇠 고유주파수 $\{\omega_d\}$와 감쇠 고유모드 $\{\boldsymbol{X}_d\}$를 구할 수 있다. 감쇠행렬을 구하는 방법에는 아래와 같이 직접 감쇠행렬과 비례 감쇠행렬의 두 가지 방법으로 구분할 수 있다. 감쇠행렬을 구하는 방법과 무관하게 실제 시간응답 혹은 주파수응답 해석에서는 감쇠행렬 자체를 구하는 경우는 거의 드물며, 응답을 구하는 연립 미분방정식에 감쇠비(damping ratio) ζ 혹은 손실계수(loss factor) η를 대입하는 것으로 감쇠를 반영하게 된다.

- **직접 감쇠행렬(direct damping matrix)** : 감쇠계수 c를 식 (5.65)에 대입하여 감쇠행렬을 직접 계산하는 경우를 말한다.
- **비례 감쇠행렬(proportional damping matrix)** : 감쇠행렬 $[\boldsymbol{C}]$를 식 (5.65)와 같이 직접 계산하지 않고 아래 식 (5.69)와 같이 질량행렬 $[\boldsymbol{M}]$과 강성행렬 $[\boldsymbol{K}]$의 선형 조합으로 구하는 방법이다.

$$[\boldsymbol{C}] = a[\boldsymbol{M}] + b[\boldsymbol{K}] \tag{5.69}$$

여기서 a와 b는 동적 시스템의 감쇠비와 관련된 상수로서 원칙적으로 시스템의 감쇠 동응답 실험결과를 이용하여 결정해야 한다. 식 (5.69)의 감쇠모델을 레일레이 비례감쇠(Rayleigh proportional damping)라고 부르며, 다음과 같이 질량 비례감쇠(mass proportional damping)와 강성 비례감쇠(stiffness proportional damping)로 단순화시키기도 한다.

$$[\boldsymbol{C}] = \begin{cases} a[\boldsymbol{M}], & \text{질량 비례감쇠} \\ b[\boldsymbol{K}], & \text{강성 비례감쇠} \end{cases} \tag{5.70}$$

다음의 그림 5.3.7에 예를 든 것과 같이 질량 비례감쇠는 물체의 운동에너지가 감쇠의 주요한 요인이 될 경우에 적용한다. 반면, 강성 비례감쇠는 물체 내 전단변형률이 감쇠를 주도할 경우에 적용한다. 그림에서 보듯이, 주행 중인 자동차의 측벽에서 발생하는 감쇠의 주요 요인은 고무의 출렁거림 운동인 반면, 지면과 접하는 트레드 부분에서의 감쇠는 고무의 전단변형에 의해 주로 발생한다.

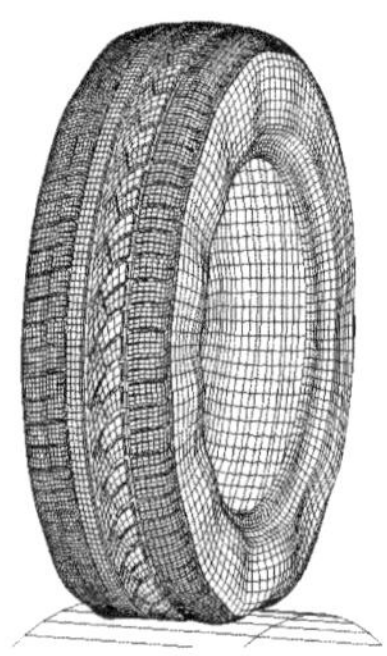

(a)

(b)

그림 5.3.7 간략화 된 비례감쇠를 적용한 예: (a) 질량 비례감쇠, (b) 강성 비례감쇠

앞서 소개한 구조감쇠(structural damping)는 강성 비례감쇠의 일종이다. 왜냐하면, 손실계수 η를 도입하여 탄성계수 혹은 전단 탄성계수를 복소계수로 전환하여 유한요소 행렬방정식을 유도하게 되면 손실계수는 복소수 형태의 강성행렬을 제공한다. 그리고 복소수 형태의 강성행렬 중에서 허수부분이 다름 아닌 감쇠행렬이 되기 때문이다.

5.3.2 시간응답 해석

탄성체 동응답에 대한 유한요소 행렬방정식 (5.63)을 푸는 방법에는 직접 시간영역에서의 응답을 구하는 시간응답 해석(time response analysis)과 주파수 영역으로 변환하여 응답을 구하는 주파수응답 해석(frequency response analysis)으로 크게 구분된다. 본 절에서는 시간응답 해석에 대해 학습하고, 주파수응답 해석은 5.3.3절에서 다루기로 한다.

5장의 서두에 나타낸 도식으로 다시 돌아가면 동응답 해석은 시간 혹은 주파수 영역으로 구분하는 것 외에도, 아래 표와 같이 기준 좌표계에 따라 직접법(direct method)과 모드중첩법(mode superposition)으로도 구분한다.

표 5.8 시간과 주파수 응답 해석에서의 직접법과 모드중첩법

해석기법	좌표계	계산방법
직접법	• 일반화된 좌표계 • $\boldsymbol{U}(\boldsymbol{x},\ t)$ 혹은 $\boldsymbol{U}(\boldsymbol{x},\ \omega)$ 그대로	• 시간적분(time integration)법 • 주파수적분법
모드중첩법	• 모드좌표계로 변환하여 고유모드 $\boldsymbol{X}_i$의 선형조합으로 변환 • $\boldsymbol{U}(\boldsymbol{x},\ t)=\sum q_i(t)\boldsymbol{X}_i(\boldsymbol{x})$ • $\boldsymbol{U}(\boldsymbol{x},\ \omega)=\sum q_i(\omega)\boldsymbol{X}_i(\boldsymbol{x})$	• 연립방정식을 각각 독립된 미분 혹은 주파수응답 방정식으로 변환 • 독립된 방정식으로부터 각 고유모드의 참여계수 $q_i(t)$ 혹은 $q_i(\omega)$를 계산

다시 정리하면, 동응답 해석은 응답을 관찰하는 영역에 따라 시간응답 그리고 주파수응답 해석으로, 반면 응답을 표현하는 좌표계에 따라 직접법과 모드중첩법으로 크게 구분된다. 직접법과 모드중첩법에서 절점 자유도의 차이를 그림 5.3.8에 비교하였다. 직접법에서는 이산화된 각 시점에서 절점에서의 $\boldsymbol{u}_I(t)$를 시간적분법으로 계산하는 반면, 모드중첩법에서는 I번째 고유모드 $\boldsymbol{X}_I$의 참여계수 $q_I(t)$를 아래에 설명하는 방법으로 2차 상미분방정식을 풀어서 구하게 된다.

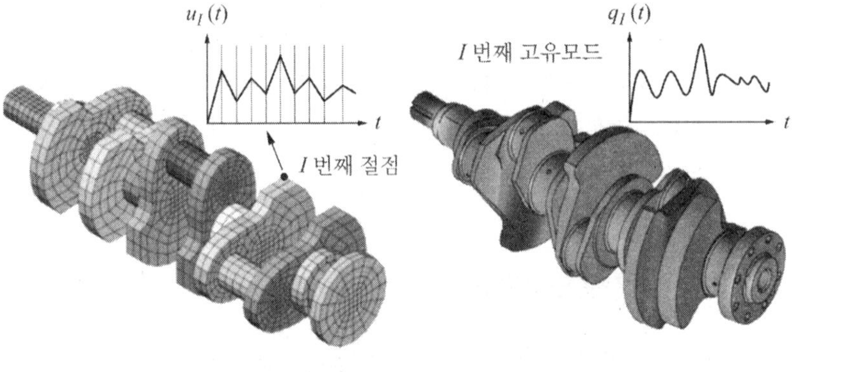

그림 5.3.8 시간응답 해석에 있어 직접법과 모드중첩법에서의 자유도 비교

시간응답 해석에 있어 모드중첩법의 기본 바탕은 5.1.2절의 그림 5.1.9에 나타낸 바와 같이 물체의 동응답은 그 물체의 고유한 고유모드의 선형조합으로 표현 가능한 표현성에 있다. 즉, 물체의 동변위 $\boldsymbol{u}(\boldsymbol{x},\ t)$는 다음과 같이 무한개의 고유모드 $\boldsymbol{X}_i(\boldsymbol{x})$로 표현된다.

$$\boldsymbol{u}(\boldsymbol{x},\ t) = q_1(t)\boldsymbol{X}_1(\boldsymbol{x}) + q_2(t)\boldsymbol{X}_2(\boldsymbol{x}) + \cdots + q_\infty(t)\boldsymbol{X}_\infty(\boldsymbol{x}) \tag{5.71}$$

여기서 계수 $q_i(t)$를 물체의 동응답에 미치는 각 고유모드의 기여도를 나타낸다는 의미에서 참여계수(participation coefficient)라고 부른다. 하지만, 유한요소 해석에서는 요소망 내 절점 자유도(nodal degrees of freedom) N에 해당하는 유한한 고유모드로 동변위가 표현되며, 이 유한한 개수의 고유모드로 표현되는 동변위를 행렬방정식 (5.63)에 대입하면 다음과 같다.

$$\sum_{j=1}^{N}\left\{\ddot{q}_j(t)[\boldsymbol{M}]\boldsymbol{X}_j + \dot{q}_j(t)[\boldsymbol{C}]\boldsymbol{X}_j + q_j(t)[\boldsymbol{K}]\boldsymbol{X}_j\right\} = \{\boldsymbol{F}\} \tag{5.72}$$

위 식의 좌우변에 임의의 고유모드 $\boldsymbol{X}_k$를 곱하게 되면 아래 식과 같게 되고

$$\sum_{j=1}^{N}\left\{\ddot{q}_j(t)\boldsymbol{X}_k^T[\boldsymbol{M}]\boldsymbol{X}_j + \dot{q}_j(t)\boldsymbol{X}_k^T[\boldsymbol{C}]\boldsymbol{X}_j + q_j(t)\boldsymbol{X}_k^T[\boldsymbol{K}]\boldsymbol{X}_j\right\} = \boldsymbol{X}_k^T\{\boldsymbol{F}\} \tag{5.73}$$

5.1.1절에서 소개한 고유모드들 사이의 M-직교성(M-orthogonality)에 따라서 다음과 같이 k번째 참여계수 q_k를 구하기 위한 독립된 2차 상미분방정식을 유도할 수 있다.

$$\ddot{q}_k(t) + 2\zeta_k\omega_k\dot{q}_k(t) + \omega_k^2 q_k(t) = Q_k \tag{5.74}$$

여기서 Q_k는 k번째 고유모드에 대한 정규화된 동하중(normalized dynamic force) $\boldsymbol{X}_k^T\{\boldsymbol{F}\}$를 의미하며, 좌변의 세 번째 항은 고유치 행렬방정식의 특성으로부터 계산된다. 그리고 좌변의 두 번째 항의 감쇠비 ζ_k는 다음 식으로 계산된다.

$$\zeta_k = \frac{\boldsymbol{X}_k^T[\boldsymbol{C}]\boldsymbol{X}_j}{2\omega_k} \tag{5.75}$$

만약 1자유도 문제라고 하면 식 (5.75)는 5.3.1절의 임계 감쇠비 $\zeta = c/2m\omega_n$이 됨을 쉽게 이해할 수 있다. 만약 식 (5.69)의 레일레이 비례감쇠를 사용한다고 하면 감쇠비 ζ_k는 다음과 같이 표현되며

$$\zeta_k = \frac{a}{2\omega_k} + b\frac{\omega_k}{2} \tag{5.76}$$

따라서 두 개의 미지상수 a와 b는 서로 다른 두 주파수에서 구한 동적 시스템의 감쇠비를 이용하여 결정할 수 있다.

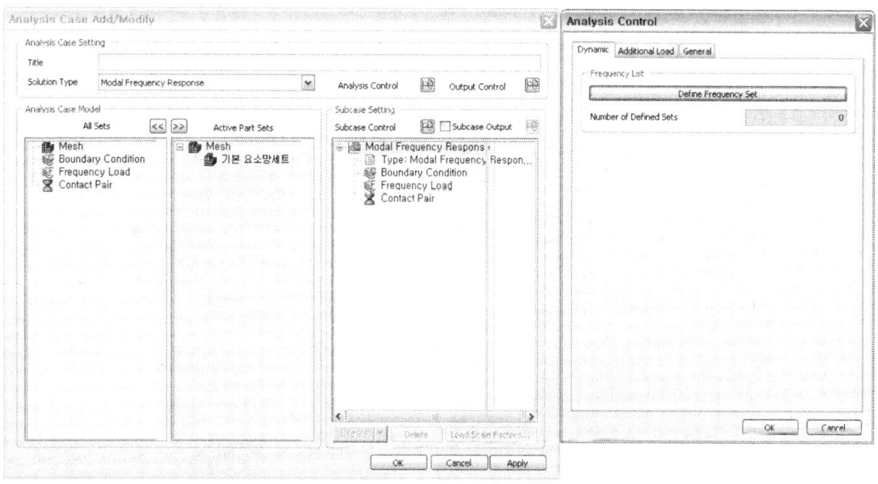

그림 5.3.9 midas NFX에서 모드중첩법 실행을 위한 입력창

식 (5.72)에 또 다른 고유모드를 곱하게 되면 또 다른 참여계수를 계산하기 위한 2차 상미분방정식을 유도할 수 있다. 따라서, 이러한 방법으로 N개의 고유모드의 참여계수를 구하기 위한 N개의 독립된 2차 상미분방정식을 유도할 수 있다. 그리고 각각의 2차 상미분방정식을 풀어서 참여계수들 q_k를 구해 식 (5.71)에 대입하게 되면 동적 시스템의 동변위 $\boldsymbol{u}(\boldsymbol{x}, t)$를 구할 수 있다. 따라서, 이산화된 각 시점에서의 동변위를 순차적으로 계산하는 직접법과 달리 모드중첩법에서는 시간에 대해 연속적인 함수 형태의 참여계수를 미분방정식을 풀어서 구하게 된다.

다음으로 시간적분법으로 이산화된 각 시점에서 시스템의 동변위, 속도 그리고 가속도를 순차적으로 계산하는 직접법(direct method)에 대해 학습하기로 한다. 수식기호의 복잡성을 줄이기 위해 유한요소 행렬방정식 (5.63)을 아래와 같이 행렬기호 [ ]와 벡터기호 { }를 제외하고 보다 간략히 표현하기로 한다.

$$\boldsymbol{M\ddot{U}} + \boldsymbol{C\dot{U}} + \boldsymbol{KU} = \boldsymbol{F} \tag{5.77}$$

여기서 $\boldsymbol{U}$는 요소망 내 각 절점에서의 절점 동변위들을 나타내며, 3차원 탄성체의 경우 각 절점에서 x, y 그리고 z방향으로 3개의 동변위 성분을 절점 자유도로 가지게 된다. 5.2절의 1차 시간응답 문제에서와 같이 구하고자 하는 시간응답 구간 $\lfloor 0, t^* \rfloor$을 그림 5.1.15에서와 같이 N개의 유한한의 시점 t_n으로 이산화시킨다. 그리고 인접한 두 시점 사이의 시간간격을 Δt로 표기한다.

$$t_n = t_{n-1} + \Delta t, \quad n = 0, 1, 2, \cdots, N \tag{5.78}$$

그리고 식 (5.77)을 각 시점에서 변위 $\boldsymbol{U}_n$, 속도 $\dot{\boldsymbol{U}}_n$ 그리고 가속도 $\ddot{\boldsymbol{U}}_n$를 순차적으로 계산하기 위해 이산화된 행렬방정식으로 표현하게 된다.

직접법은 이산화된 행렬방정식의 동적 평형상태를 어느 시점으로 두느냐에 따라 명시적 방법(explicit method)과 암시적 방법(implicit method)으로 구분한다. 다음의 그림 5.3.10과 표 5.9에 나타나 있는 바와 같이 명시적 방법에서는 동적 평형상태를 현 시점 t_n에 두고 미지수인 다음 시점에서의 변위 $\boldsymbol{U}_{n+1}$, 속도 $\dot{\boldsymbol{U}}_{n+1}$ 그리고 가속도 $\ddot{\boldsymbol{U}}_{n+1}$을 계산하게 된다. 이와 달리, 암시적 방법에서는 동적 평형상태를 풀어야 할 다음 시점 t_{n+1}에 두고 변위 $\boldsymbol{U}_{n+1}$, 속도 $\dot{\boldsymbol{U}}_{n+1}$ 그리고 가속도 $\ddot{\boldsymbol{U}}_{n+1}$을 계산한다.

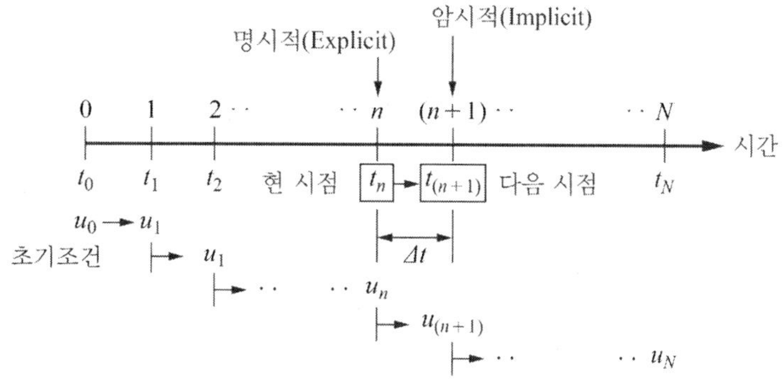

그림 5.3.10 명시적 그리고 암시적 시간적분법(속도 $\dot{U}_{n+1}$ 그리고 가속도 $\ddot{U}_{n+1}$에 대해서도 동일)

다음 시점 t_{n+1}에서의 동응답을 계산하기 위한 이산화된 행렬방정식의 동적 평형상태를 어디에 두느냐에 따라 수치기법의 유형과 특성은 큰 차이를 나타낸다. 표 5.9는 이러한 차이를 요약한 것으로서 대형 동해석 문제에서는 CPU 시간상의 문제로 거의 명시적 방법이 사용되고 있다. 명시적 방법으로 중앙 차분법(central difference method)이 가장 널리 사용되며, 암시적 방법으로는 뉴막 β 기법(Newmark β method)이 주로 사용되고 있다.

표 5.9 직접법(direct method)의 유형과 특징

유형	특 징	대표적인 기법
명시저 (Explicit)	• 동적 평형상태를 현시점에 둠 $\boldsymbol{M}\ddot{\boldsymbol{U}}_n + \boldsymbol{C}\dot{\boldsymbol{U}}_n + \boldsymbol{K}\boldsymbol{U}_n = \boldsymbol{F}_n$ • Mass lumping을 적용하여 CPU시간 단축이 가능함 • 해의 안정성과 수렴성을 위해 시간간격(Δt)과 요소크기(h) 중요	• 중앙 차분법(CDM: central difference method) • 수정된 중앙 차분법 • Explicit Runge-Kutta 기법 • 기타 방법
암시적 (Implicit)	• 동적 평형상태를 다음 시점에 둠 $\boldsymbol{M}\ddot{\boldsymbol{U}}_{n+1} + \boldsymbol{C}\dot{\boldsymbol{U}}_{n+1} + \boldsymbol{K}\boldsymbol{U}_{n+1} = \boldsymbol{F}_{n+1}$ • 변위, 속도, 가속도 방정식을 연립해서 계산 CPU시간 장기화 • 시간간격과 요소크기와 무관하게 항상 안정적인 해를 제공함	• Newmark β method • Wilson θ method • Houbolt method • HHT α method • 기타 방법

다음으로 두 가지 방법 중에서 가장 많이 사용되고 있는 중앙 차분법과 뉴막 β 기법에 대하여 보다 상세히 다루기로 한다. 우선, 중앙 차분법에서는 질량 럼핑(mass lumping)기법에 따라 대각화 시킨 질량행렬 $\widetilde{\boldsymbol{M}}$의 역행렬을 식 (5.77)의 우변에 곱하여 아래

와 같이 차분화 된 행렬방정식으로 변형시킨다.

$$\ddot{\boldsymbol{U}}_{n+1} = \widetilde{\boldsymbol{M}}^{-1}\left\{\boldsymbol{F}_n - \boldsymbol{C}\dot{\boldsymbol{U}}_n - \boldsymbol{K}\boldsymbol{U}_n\right\}, \quad n = 0,\ 1,\ 2,\ \cdots \tag{5.79}$$

이 식에 초기시점($n=0$)에서의 초기조건(initial condition)인 동변위 $\boldsymbol{U}_0$와 속도 $\dot{\boldsymbol{U}}_0$ 그리고 하중벡터 $\boldsymbol{F}_0$를 대입하여 다음 시점에서의 가속도 $\ddot{\boldsymbol{U}}_1$을 계산한다. 그리고 현 시점과 다음 시점의 중앙 시점에서의 속도 $\dot{\boldsymbol{U}}_{1/2}$를 아래 식을 이용하여 계산한다. 만약 $n=0$인 경우에는 $\dot{\boldsymbol{U}}_{-1/2}$와 Δt_{-1}으로 설정한다.

$$\dot{\boldsymbol{U}}_{n+1/2} = \dot{\boldsymbol{U}}_{n-1/2} + \frac{(\Delta t_{n-1} + \Delta t_n)}{2}\ddot{\boldsymbol{U}}_n \tag{5.80}$$

그리고 다음 시점의 동변위 $\boldsymbol{U}_1$은 이전 시점의 동변위와 중앙 시점에서 계산된 속도를 이용하여 다음과 같이 계산한다.

$$\boldsymbol{U}_{n+1} = \boldsymbol{U}_n + \Delta t_n \dot{\boldsymbol{U}}_{n+1/2} \tag{5.81}$$

중앙 차분법의 특징을 요약하면, 우선 수치 정확도를 높이기 위해 속도항을 앞서 1차 시간응답 해석에서와 같이 두 시점의 중앙에서 계산한다는 점이다. 그리고 식 (5.79)에서 알 수 있듯이 질량럼핑에 따라 매 시점에서의 가속도 $\ddot{\boldsymbol{U}}_n$를 선형 정적해석으로 구할 수 있다는 점이다. 하지만, 시간간격 Δt과 요소망 내 요소크기 h가 아래에 소개할 특정한 조건식을 만족하지 않으면 동응답 결과의 안정성과 수렴성이 보장되지 않는다는 점이다.

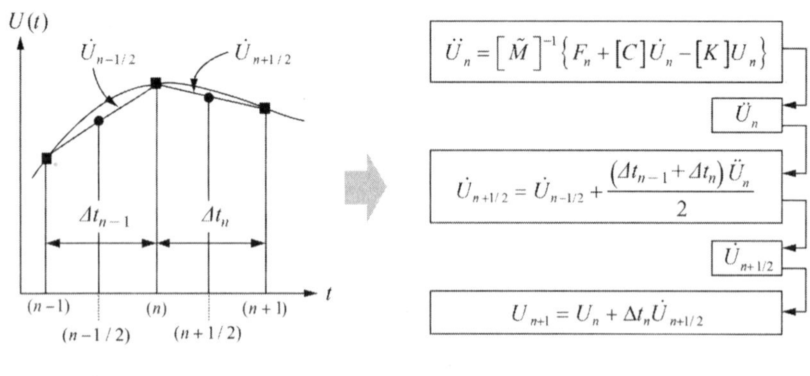

그림 5.3.11 중앙 차분법의 도식적인 표현

2.2.3절에서 학습한 바와 같이 유한요소법으로 계산한 질량행렬 **M**과 강성행렬 **K**는 요소망 내 기저함수들의 오버랩(overlap) 특성에 따라 0이 아닌 행렬요소가 행렬의 대각선 주위에만 띠형상으로 밀집되어 있다. 그럴지라도, 이러한 행렬의 역행렬을 구하는 작업은 행렬의 크기가 증가할수록 엄청난 계산시간을 요구하기 때문에, 중앙 차분법에서와 같이 행렬을 대각화 하게 되면 계산시간 측면에서 대단히 유리하다. 질량행렬 **M**을 대각화 시키게 되면 아래 식과 같고, 대각행렬의 역행렬은 각 행렬요소의 역수를 취하면 되기 때문에 계산이 매우 간단하다.

$$\begin{bmatrix} M_{11} & M_{12} & M_{13} & M_{14} & M_{15} \\ M_{21} & M_{22} & M_{23} & M_{24} & M_{25} \\ M_{31} & M_{32} & M_{33} & M_{34} & M_{35} \\ M_{41} & M_{42} & M_{43} & M_{44} & M_{45} \\ M_{51} & M_{52} & M_{53} & M_{54} & M_{55} \end{bmatrix} \Rightarrow \begin{bmatrix} \widetilde{M}_{11} & 0 & 0 & 0 & 0 \\ 0 & \widetilde{M}_{22} & 0 & 0 & 0 \\ 0 & 0 & \widetilde{M}_{33} & 0 & 0 \\ 0 & 0 & 0 & \widetilde{M}_{44} & 0 \\ 0 & 0 & 0 & 0 & \widetilde{M}_{55} \end{bmatrix} \tag{5.82}$$

질량럼핑의 물리적인 의미는 아래 그림 5.3.12와 같이 물체 내 균일하게 분포되어 있는 매질을 각 절점에 집중된 질량으로 변환시키는 것이다. 위 식 (5.82)에서 대각 행렬요소가 아닌 $M_{ij}(i \neq j)$가 바로 이렇게 공간상에 균일하게 분포되어 있는 매질을 반영하는 것이고 대각행렬은 각 절점에 집중되어 있는 매질을 나타낸다. 공간상에 매질이 균일하게 분포되어 있는 물체와 절점으로 매질을 집중시킨 이산화 된 매질은 동응답 특성이 다를 수밖에 없다. 따라서, 두 매질의 동응답 차이를 최소화시키기 위해 대각행렬의 총 합은 물체의 총 질량과 동일해야 한다.

$$\sum_{i=1}^{N} \widetilde{M}_{ii} = \int_{\Omega} \rho dV = \sum_{i,\,j=1}^{N} M_{ij} \tag{5.83}$$

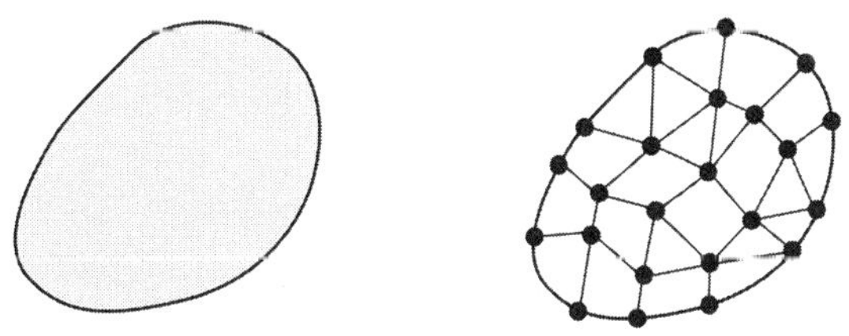

그림 5.3.12 질량행렬 럼핑의 도식적 표현

질량럼핑은 2.1.2절에서 소개한 특수용도 유한요소에도 적용되고 있는데, 조립체 구성품의 일부를 집중질량으로 단순화 시키고 강체요소(rigid body element)를 이용하여 조립체에 부착하게 된다.

질량럼핑 기법은 다음의 표 5.10에 나타낸 바와 같이 크게 3가지 유형이 있다. 열합산(row sum) 기법은 질량행렬 내 동일 열(row)에 속하는 행렬요소를 모두 합산하여 해당 열의 대각 행렬요소에 집중시키게 된다. 다음으로 대각 스케일링(diagonal scaling) 기법은 대각 행렬요소에 스케일링 파라메터 α를 곱하는 것으로서 이 파라메터는 식 (5.83)을 이용하여 계산한다. 마지막으로 적분점 이동기법은 행렬요소를 수치적분(numerical integration)으로 계산할 때 2.2.2절에서 다룬 가우스 적분법(Gauss integration points)을 사용하지 않고 요소 내 절점위치에서 적분하여 비대각 행렬요소가 자동적으로 0이 되도록 한다. 아래 표에서 확인할 수 있듯이 선형요소에 있어서는 3가지 기법 모두 동일한 질량럼핑 결과를 나타낸다. 하지만, 2차 요소의 경우에는 열합산 기법과 적분점 이동기법은 동일한 결과를 보이는 반면, 대각 스케일링 기법은 다른 결과를 제공한다. 표에서 각 절점에 나타낸 숫자는 요소 내 총 질량을 1이라고 하였을 때 각 절점에 집중되는 질량의 상대 비율을 의미한다.

표 5.10 질량럼핑 기법의 유형과 특징

유 형	공 식	사각형 요소에서의 절점질량
열합산 (row sum)	질량행렬 내 각 열의 행렬요소를 합산하여 해당 열의 대각요소로 함: $\widetilde{M}_{ii} = \sum_{j=1}^{N} M_{ij}$	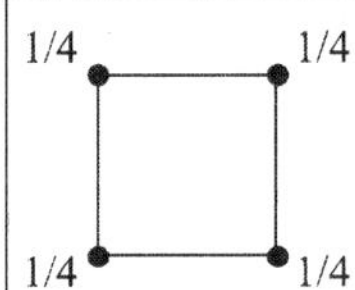 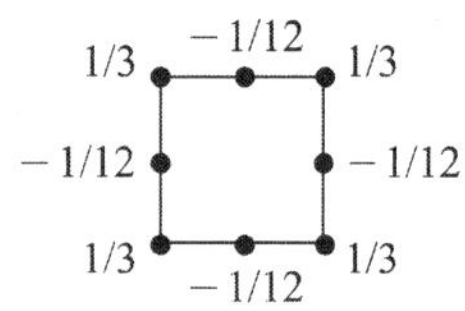
대각 스케일링 (diagonal scaling)	식 (5.83)을 만족시키는 스케일링 계수 α를 계산하여 질량행렬 내 대각요소에 단순히 곱함: $\widetilde{M}_{ii} = \alpha M_{ii}$	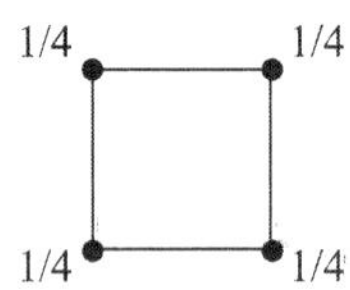 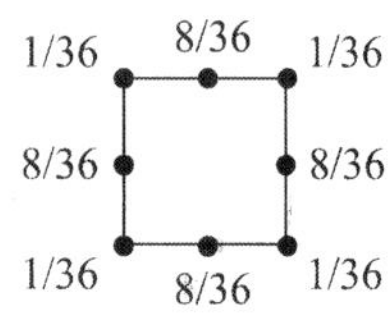
적분점 이동법	질량행렬 $\boldsymbol{M}$을 수치적분으로 계산할 때, 절점위치를 적분점으로 하여 계산함. → 자동적으로 $M_{ij} \rightarrow 0 \ (i \neq j)$	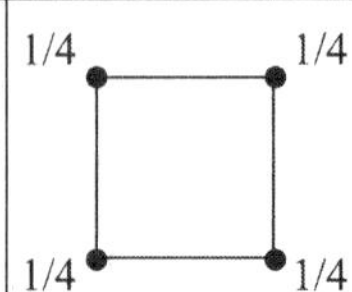 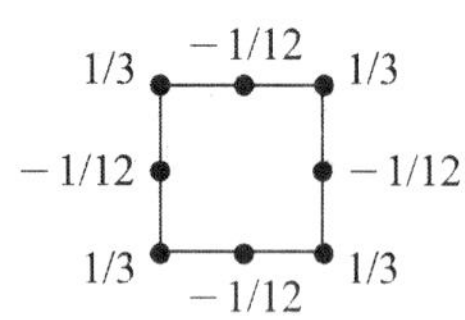

중앙 차분법에서 만일 질량행렬을 대각화시키지 않을 경우에는 아래 가속도와 속도 차분식 (5.84)를 운동방정식 (5.77)에 대입하여 각 시점에서 동변위 $\boldsymbol{U}_{n+1}$을 계산한다. 그리고 계산된 동변위를 식 (5.84)에 다시 대입하여 가속도 $\ddot{\boldsymbol{U}}_n$와 속도 $\dot{\boldsymbol{U}}_n$를 결정한다.

$$\ddot{\boldsymbol{U}}_n = \frac{1}{\Delta t^2}(\boldsymbol{U}_{n+1} - 2\boldsymbol{U}_n + \boldsymbol{U}_{n-1}), \qquad \dot{\boldsymbol{U}}_n = \frac{1}{2\Delta t}(\boldsymbol{U}_{n+1} - \boldsymbol{U}_{n-1}) \tag{5.84}$$

$$\left[\frac{\boldsymbol{M}}{\Delta t^2} + \frac{\boldsymbol{C}}{2\Delta t}\right]\boldsymbol{U}_{n+1} = F_n - \left[\boldsymbol{K} - \frac{2\boldsymbol{M}}{\Delta t^2}\right]\boldsymbol{U}_n - \left[\frac{\boldsymbol{M}}{\Delta t^2} - \frac{\boldsymbol{C}}{2\Delta t}\right]\boldsymbol{U}_{n-1} \tag{5.85}$$

중앙 차분법으로 시간응답을 구할 경우, 시간간격(time step) Δt를 적절하게 선정하지 않으면 매우 불안정한 시간응답을 구하게 된다. 안정적인 시간응답을 보장하기 위해서 시간간격은 아래 조건식을 만족해야 한다.

$$\Delta t = 0.85\Delta t_{crit}, \qquad \Delta t_{crit} = 2/\omega_{\max} \tag{5.86}$$

만약 감쇠를 고려할 경우에는 임계 시간간격(critical time step) Δt_{crit}은 감쇠비 ζ의 크기에 비례하여 증가한다.

$$\Delta t_{crit} = \frac{2}{\omega_{\max}}\left(\sqrt{1+\zeta^2} - \zeta\right) \tag{5.87}$$

식 (5.86)과 (5.87)에서 $\omega_{\max}$는 주어진 요소망에서 물체의 최대 고유진동수를 나타내며, 물체의 탄성계수(Young's modulus) E, 밀도(density) ρ 그리고 요소크기 h에 의해 결정된다. 보다 정확하게 말하면, $\omega_{\max}$는 $\sqrt{E/\rho}$에 비례하며 요소크기 h에 반비례한다. 따라서, 탄성계수가 높을수록 그리고 밀도와 요소크기가 작을수록 시간간격을 낮게 설정해야 한다.

다음의 그림 5.3.13은 중앙 차분법을 이용한 두 물체의 충돌응답해석에 있어 시간간격의 크기가 해의 안정성에 미치는 영향을 잘 보여주고 있다. 동일한 두 물체가 동일한 속도로 접근하여 충돌할 경우에 있어 충돌면에서의 접촉하중(contact force)은 접촉하는 순간 순간적으로 증가하여 매우 짧은 구간 동안 일정한 값을 유지하다가 두 물체가 반대방향으로 이탈되면서 순간적으로 감소해야 한다. 시간간격이 0.13 msec인 좌측 그래프는 원하는 동응답 결과를 제공하는 반면, 시간간격이 0.15 msec로 매우 미소하게 증가하게 되면 우측 그래프와 같이 출렁임이 매우 심한 불안정하고 부정확한 응답을 나타낸다.

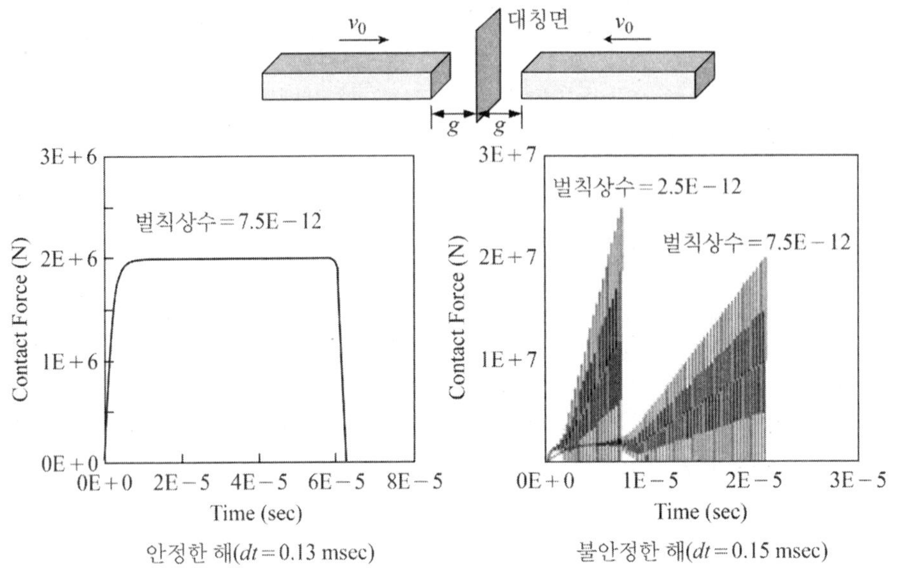

그림 5.3.13 중앙 차분법에 의한 시간응답 해석의 시간간격과 응답의 안정성

다음의 그림 5.3.14를 참고하여 명시적 동응답 해석은 우선 해석기법을 선택하고 원하는 응답구간을 설정한다. 다음으로 해석결과를 출력할 시점을 설정하고 감쇠를 반영할 경우, 감쇠의 유형과 감쇠비를 입력한다. 그리고 마지막으로 초기변위와 초기속도를 입력하게 된다. 이러한 입력변수 설정과정에서 해석결과를 출력할 시점을 한정적으로 제한하는 이유는 동응답 해석결과의 방대한 양 때문이다. 만약 모든 시점에서 동응답 결과를 출력하게 되면 해석시간을 길게 할 뿐더러 방대한 양의 컴퓨터 저장공간을 필요로 하기 때문이다. 따라서 해석자는 필요로 하는 물체 내 지점과 시점을 지정함으로써 해석시간과 컴퓨터 저장공간을 최소화 시킬 수 있다.

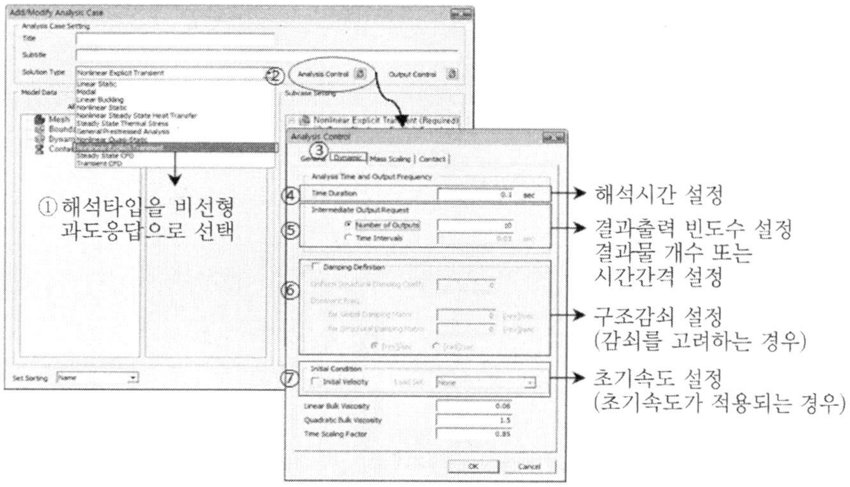

그림 5.3.14 midas NFX에서 Explicit해석을 위한 입력변수 설정 장면

다음은 암시적 해석기법에 대하여 학습하기로 한다. 암시적 방법은 표 5.9에 간단히 소개되어 있는 바와 같이 물체의 동적 평형상태를 풀어야 할 다음 시점 t_{n+1}에 두게 된다. 그 결과, 행렬 방정식 (5.77) 속의 동변위 $\boldsymbol{U}_{n+1}$, 속도 $\dot{\boldsymbol{U}}_{n+1}$ 그리고 가속도 $\ddot{\boldsymbol{U}}_{n+1}$ 모두가 미지수가 되기 때문에, 명시적 방법에서와 같이 질량럼핑을 이용한 선형 정적해석이 불가능하다. 따라서, 변위, 속도 그리고 가속도를 구하는 3개의 연립방정식을 유도하여 풀게 된다. 표 5.9에 열거되어 있는 바와 같이 암시적 방법에는 다수의 기법들이 소개되어 있지만, 거의 대부분 다음의 그림 5.3.15에 나타낸 선형가속도기법(linear acceleration method)에 근간을 두고 있다. 그리고 각 기법의 차이점은 보다 큰 시간간격으로 보다 정확하고 안정적인 응답을 구하기 위해 이 기본형을 개량했다는 점이다.

선형가속도기법은 인접한 두 시점 사이에서 가속도가 선형적으로 변한다고 가정하고, 두 지점 사이에서 정의되는 지역적인 시간변수 τ로 가속도 $\ddot{\boldsymbol{U}}_{n+\tau}(\tau)$를 표현한다. 그리고 이 가속도 방정식 $\ddot{\boldsymbol{U}}_{n+\tau}(\tau)$을 적분하여 속도 그리고 변위를 구하는 방정식을 유도하고, 세 개의 연립방정식을 풀어 다음 시점 t_{n+1}에서의 변위, 속도 그리고 가속도를 계산하게 된다.

$$\ddot{\boldsymbol{U}}_{n+\tau}(\tau) = \ddot{\boldsymbol{U}}_{n} + \frac{\tau}{\Delta t}\left(\ddot{\boldsymbol{U}}_{n+1} - \ddot{\boldsymbol{U}}_{n}\right) \tag{5.88}$$

$$\dot{\boldsymbol{U}}_{n+\tau}(\tau) = \dot{\boldsymbol{U}}_n + \ddot{\boldsymbol{U}}_n\tau + \frac{\tau^2}{2\Delta t}\left(\ddot{\boldsymbol{U}}_{n+1} - \ddot{\boldsymbol{U}}_n\right) \tag{5.89}$$

$$\boldsymbol{U}_{n+\tau}(\tau) = \boldsymbol{U}_n + \dot{\boldsymbol{U}}_n\tau + \frac{1}{2}\ddot{\boldsymbol{U}}_n\tau^2 + \frac{\tau^3}{6\Delta t}\left(\ddot{\boldsymbol{U}}_{n+1} - \ddot{\boldsymbol{U}}_n\right) \tag{5.90}$$

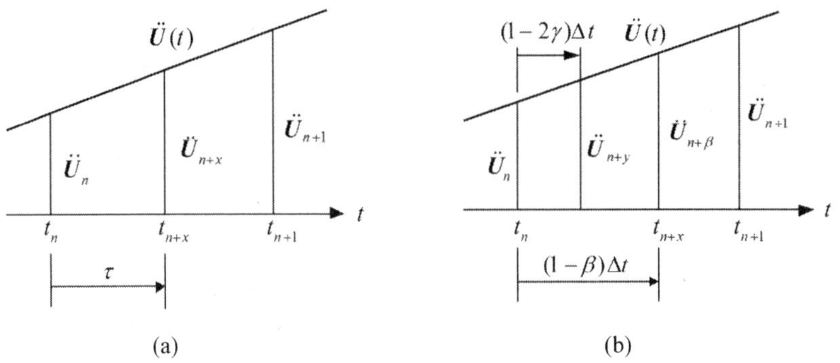

그림 5.3.15 암시적 해석기법: (a) 선형가속도기법, (b) Newmark β 기법

뉴막 β 기법에서는 $\tau=(1-\beta)$가 되는 시점에서의 가속도로 속도를 계산하고 $\tau=(1-2\gamma)$가 되는 시점에서의 가속도로 동변위를 계산한다. 따라서, 시점 t_{n+1}에서의 속도와 동변위는 아래와 같이 표현된다.

$$\dot{\boldsymbol{U}}_{n+1} = \dot{\boldsymbol{U}}_n + \left[(1-\beta)\ddot{\boldsymbol{U}}_n + \beta\ddot{\boldsymbol{U}}_{n+1}\right]\Delta t \tag{5.91}$$

$$\boldsymbol{U}_{n+1} = \boldsymbol{U}_n + \dot{\boldsymbol{U}}_n\Delta t + \left[(1/2-\gamma)\ddot{\boldsymbol{U}}_n + \gamma\ddot{\boldsymbol{U}}_{n+1}\right]\Delta t^2 \tag{5.92}$$

식 (5.92)에서 $\ddot{\boldsymbol{U}}_{n+1}$을 $\boldsymbol{U}_{n+1}$으로 표현하고 이것을 식 (5.91)에 대입하면 $\boldsymbol{U}_{n+1}$으로 표현된 $\dot{\boldsymbol{U}}_{n+1}$을 구할 수 있다. 이 두 식들을 아래 행렬방정식에 대입하여 시점 t_{n+1}에서의 동변위 $\boldsymbol{U}_{n+1}$을 구하게 된다.

$$\boldsymbol{M}\ddot{\boldsymbol{U}}_{n+1} + \boldsymbol{C}\dot{\boldsymbol{U}}_{n+1} + \boldsymbol{K}\boldsymbol{U}_{n+1} = \boldsymbol{F}_{n+1} \tag{5.93}$$

계산된 $\boldsymbol{U}_{n+1}$으로부터 역으로 $\ddot{\boldsymbol{U}}_{n+1}$을 계산하고 그 다음으로 $\dot{\boldsymbol{U}}_{n+1}$을 계산한다.

뉴막 β 기법의 안정성과 정확도는 두 개의 파라메터 β와 γ에 영향을 받는데, 시간간격의 크기와 무관하게 무조건적으로 안정적인 동응답을 위해 두 파라메터는 $\beta \geq 1/2$ 그리고 $\gamma \geq (0.5+\beta)^2/4$ 범위에서 선택된다. 가장 보편적으로 사용되는 값은 $\beta=1/2$ 그리고 $\gamma = 1/4$로서, 이 경우를 특별히 일정 평균 가속도 기법(constant-average-acceleration method) 혹은 사다리꼴 법칙(trapezoidal rule)이라고 부른다. 그림 5.3.15(b)를 참고하면, 이 경우는 인접한 두 시점 사이의 평균 가속도로 속도와 동변위를 계산함을 확인할 수 있다. 그리고 이 경우는 시간간격에 대해 2차의 정확도를 제공하며 특히 저차수 주파수에 해당하는 응답특성이 중요한 구조진동 문제에 적합한 것으로 알려져 있다.

아래 그림 5.3.16은 앞서 명시적 해석기법에서 소개한 충돌해석 문제로서 시간간격을 0.15 msec로 설정하였을 때 벌칙상수(penalty parameter) 값에 따른 접촉하중 시간응답을 보여주고 있다. 앞서 명시적 해석에서는 그림 5.3.13에서 확인할 수 있듯이 이 크기의 시간간격에서 충격하중이 발산하였다. 하지만, 암시적 기법에서는 벌칙상수 값에 따라 요동은 발생하지만 응답 자체는 언제나 수렴함을 확인할 수 있다.

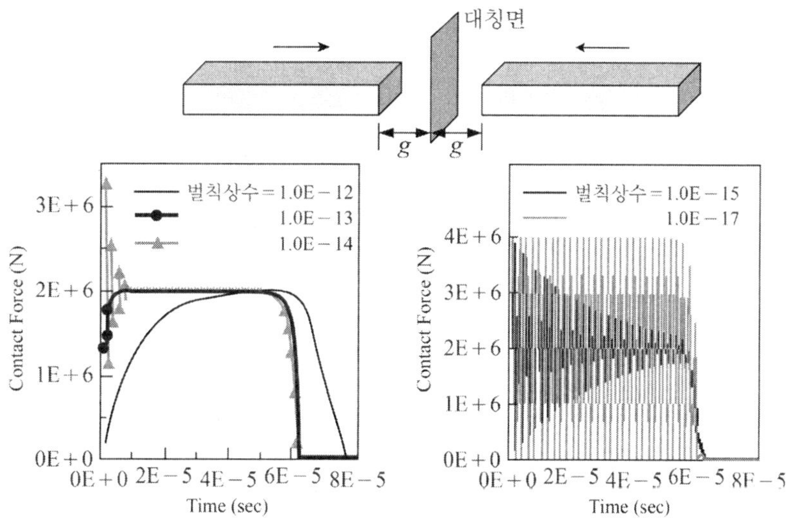

그림 5.3.16 Newmark β 기법에 의한 시간응답 해석의 응답의 안정성($\Delta t = 0.15$ msec, $\beta = 0.5$ 그리고 $\gamma = 0.25$)

시간응답 해석에 있어 명시적 그리고 암시적 기법은 서로 상반되는 특성을 지니고 있다. 총 해석시간 측면에서 비교하면 명시적 기법이 암시적 기법에 비해 현저히 짧기 때문에 대형 동응답 문제에 적합하다. 반면, 응답의 안정성과 정확도 측면에서 암시적 기법은 시간간격의 크기와 무관하게 항상 안정적인 응답을 제공하는 반면, 명시적 기법은 시간간격과 요소크기가 특정한 조건을 만족시켜야 한다. 따라서, 해석문제의 사이즈가 작을 경우에는 암시적 기법이 보다 적합하다고 볼 수 있다.

5.3.3 응답 스펙트럼 해석

직접 시간응답 해석의 또 다른 하나의 방법으로 응답 스펙트럼 해석기법이 있다. 이 기법은 지진하중을 받는 구조물에 있어 최대 변위, 최대 속도 그리고 최대 가속도만이 필요로 한 경우에 매우 유용하게 사용할 수 있다. 본 절에서는 응답 스펙트럼 해석기법의 개념을 내진해석의 예를 통해 학습하기로 한다. 응답 스펙트럼 해석기법을 학습함으로써 복잡한 시간응답 혹은 주파수응답 해석을 수행하지 않고서도 최대 응답을 매우 빠른 시간 내에 효과적으로 구해낼 수 있을 것이다.

지진하중과 같은 동하중을 받는 구조물의 시간응답을 구하는 방법에는 아래 표 5.11과 같이 정적인 방법과 동적이 방법으로 구분된다. 정적인 방법은 외부 동하중을 등가의 정하중으로 산정하여 정해석을 수행하여 구조물의 변위와 응력을 계산하게 된다. 따라서, 이 방법으로는 구조물의 시간이력은 구할 수 없다. 하지만, 최대 응답이 예상되는 시점에서 단 한 번의 정해석만을 수행하기 때문에 해석시간을 대폭적으로 단축시킬 수 있는 반면, 해석의 신뢰성은 산정된 정하중의 정확도에 의해 크게 영향을 받게 된다. 한편, 동적인 방법은 5.2.2절에서 다룬 시간이력 해석과 본 절에서 다루게 될 응답 스펙트럼 해석으로 나눌 수 있다. 시간이력 해석은 구조물의 실제적인 응답을 제공하지만, 해석에 필요한 동하중 data를 확보하기가 쉽지 않은 단점이 있다. 반면, 응답 스펙트럼 해석은 응답이 감쇠비와 외부 동하중에 대해 선형적으로 변한다고 가정하기 때문에 비선형 해석에는 적용할 수 없는 단점을 지니고 있다.

표 5.11 실무에서 사용되고 있는 시간응답 해석기법의 분류

방법	정적해석 방법	동적해석 방법	
	등가 정적해석	시간이력 해석	응답 스펙트럼 해석
정의	동하중을 등가의 정하중으로 산정하여 정적해석을 수행하는 방법	동하중을 직접 구조물에 부과하여 시간에 따른 동응답을 구하는 방법	동하중을 받을 때 구조물에 발생하는 응답의 최대치를 구하는 방법
장점	• 해석시간이 적게 소요 • 간단하게 해석이 가능	구조물의 실제적인 거동을 파악할 수 있음	• 해석시간이 적게 소요 • 변위, 응력의 최대치를 간단히 구할 수 있음
단점	세 가지 방법 중 정확도가 가장 낮음	• 동하중 자료를 얻기 힘듦 • 해석시간이 많이 소요	비선형 해석인 경우에 사용할 수 없음

응답 스펙트럼 해석의 근간이 되는 역학적 원리를 이해하기 위하여 지반 동하중을 받고 있는 구조물의 동응답을 고려하기로 한다. 구조물의 절대변위 u_t는 지반변위 u_g와 지반에 대한 구조물의 상대변위 u의 합이기 때문에, 구조물의 운동방정식은 다음과 같이 표현된다.

$$m(\ddot{u}+\ddot{u}_g)+c\dot{u}+ku = 0 \tag{5.94}$$

따라서, 구조물의 변형률과 응력을 계산하기 위한 상대변위 동응답 $u(t)$는 다음 식으로 표현되며, 우변이 다름 아닌 지반운동이 구조물에 미치는 유효 지진하중(effective seismic force)이 된다. 지금까지 발생한 지진 data를 거의 대부분 확보하고 있기 때문에 해당되는 지역의 지반 가속도를 사용하여 유효 지진하중을 계산할 수 있다.

$$m\ddot{u} + c\dot{u} + ku = -m\ddot{u}_g \tag{5.95}$$

아래 그림 5.3.17의 좌측 그림은 식 (5.94)를 그리고 우측 그림은 식 (5.95)를 각각 도식적으로 보여주고 있다.

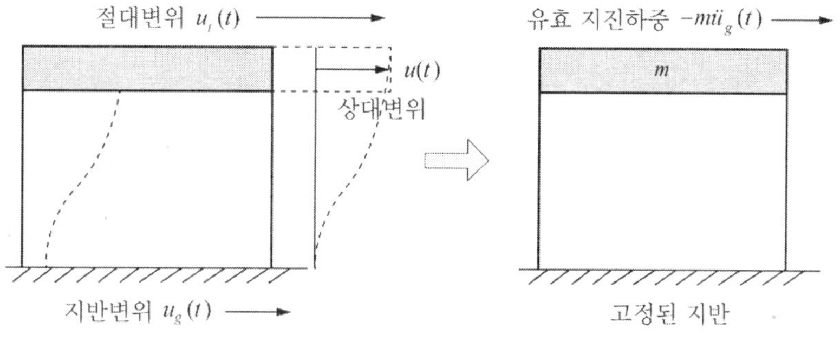

그림 5.3.17 지반 움직임이 구조물에 미치는 유효 지진하중

식 (5.95)를 고유주파수 ω_n과 감쇠비 ζ의 정의에 따라 아래와 같이 바꾸어 표현할 수 있다.

$$\ddot{u} + 2\zeta\omega_n\dot{u} + \omega_n^2 u = -\ddot{u}_g \tag{5.96}$$

위 식에서 구조물의 동응답 $u(t)$는 세 개의 변수, 즉 ω_n, ζ 그리고 $\ddot{u}_g$에 의해 좌우됨을 확인할 수 있다. 만약, 구조물의 동응답이 세 변수들의 크기에 선형적인 관계에 있다고 가정하면 위 식은 구조물들의 동응답을 계산하기 위해 아주 효과적으로 사용될 수 있다. A라는 구조물과 B라는 구조물이 비록 형상과 크기가 다르다고 할지라도 고유주파수, 감쇠비 그리고 외부 가속도 하중의 크기가 α배 만큼 크거나 작다고 가정한다. 그럴 경우, A의 동응답을 단순히 α배 하게 되면 B의 동응답이 된다. 이러한 역학적 특성을 토대로 구조물의 동응답을 계산하는 방법이 바로 응답 스펙트럼 해석이다.

동일한 지역대에 위치하고 있는 구조물이 받는 지반 가속도는 일정하며 구조물의 감쇠비 역시 크게 차이가 나지 않기 때문에, 고유주파수가 유사한 구조물들의 동응답은 기준이 되는 구조물의 동응답 결과를 활용하여 간단히 계산할 수 있다. 이를 위해 기준이 되는 구조물의 변위, 속도 그리고 가속도 응답을 계산하여 그래프 형식으로 작성한 것을 변위, 속도 그리고 가속도 응답 스펙트럼이라고 부른다. 이러한 응답 스펙트럼을 구하는 방법을 다음 예제를 통해 살펴보기로 한다.

그림 5.3.18은 1940년에 미국 샌프란시스코 엘센트로(El Centro)에서 발생한 지반 가속도를 받고 있는 구조물을 각 고유모드로 분해한 것이다. 각 단자유도의 고유주파수 ω_1, ω_2 그리고 ω_3를 식 (5.96)에 대입하여 동응답 $u_1(t)$, $u_2(t)$ 그리고 $u_3(t)$를 구할 수 있다. 그림 5.3.19의 우측 시간응답은 감쇠비 $\zeta = 0.02$를 적용하여 구한 각 고유모드에 대한 동응답 결과를 보여주고 있다. 각 동응답 그래프로부터 최대 변위값을 찾아서 수평축을 고유주기로 하는 그래프를 만들게 된다.

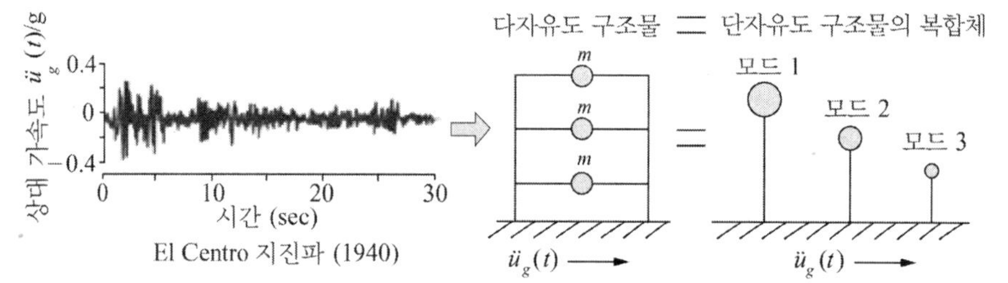

그림 5.3.18 다자유도 구조물의 단자유도 구조물로의 분해

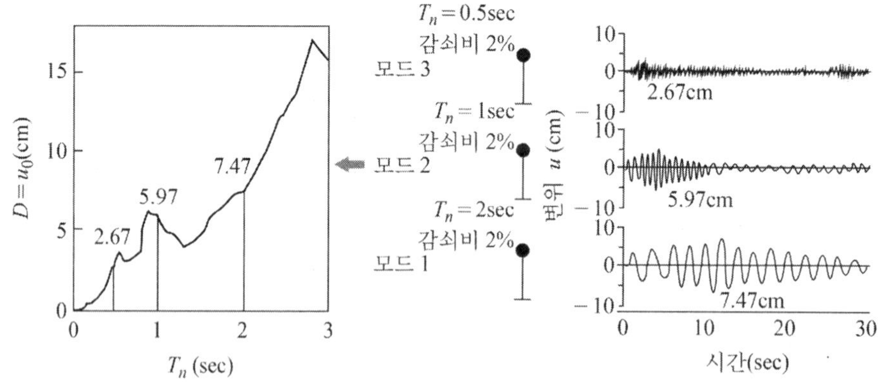

그림 5.3.19 각 고유주기에 대한 단자유도 최대 변위 응답을 연결하여 구한 변위 응답 스펙트럼

변위 응답 스펙트럼에 있어 수평축은 외부하중이 가하진 이후의 시간 경과를 나타내는 것이 아니라 고유주기이고 수직축은 구조물 전체를 대상으로 한 최대 변위값임에 유의하기 바란다. 이러한 변위 응답 스펙트럼과 동일한 감쇠비와 외부 가속도 하중을 받는 구조물이 있다면, 이 구조물이 가지는 고유주기에 해당하는 최대 변위값은 응답 스펙트럼 상의 고유주기에 해당하는 변위값이 된다.

한편, 속도 그리고 가속도 응답 스펙트럼은 구조물이 선형 조화응답을 나타낸다는 가정 하에서 아래 식과 같이 최대 변위값에 고유주파수 그리고 고유주파수의 제곱을 곱하여 구하게 된다.

$$S_v(=\dot{u}_{\max}) = \omega_n S_d \tag{5.97}$$

$$S_a(=\ddot{u}_{\max}) = \omega_n^2 S_d \tag{5.98}$$

아래 그림 5.3.20은 변위 응답 스펙트럼에 고유주파수와 고유주파수의 제곱을 곱하여 구한 속도 그리고 가속도 응답 스펙트럼을 각각 나타내고 있다. 변위 응답 스펙트럼은 고유주기에 비례하여 증가하는 경향을 나타내는 반면, 변위와 가속도 응답 스펙트럼은 거의 상반되는 경향을 나타낸다. 그 이유는 고유주파수는 고유주기가 낮을수록 큰 값을 가지기 때문이다.

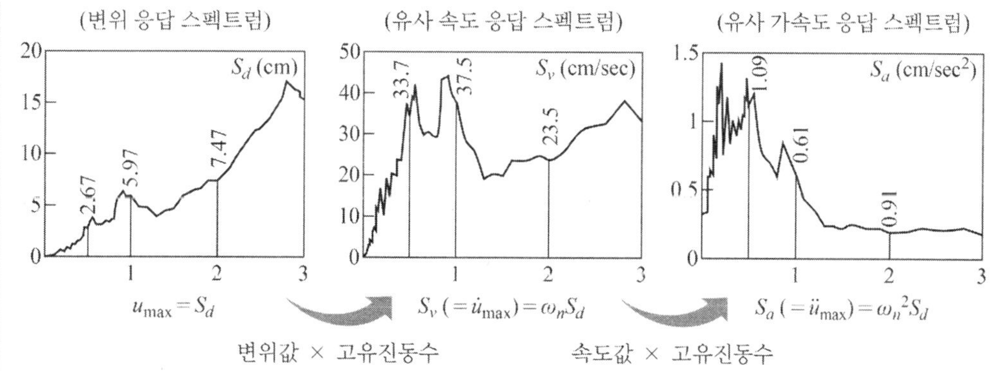

그림 5.3.20 변위 응답 스펙트럼으로부터 구한 유사 속도 스펙트럼과 유사 가속도 스펙트럼

5.3.4 주파수응답 해석

물체의 동응답을 시간영역이 아닌 주파수 영역에서 분석하는 작업을 주파수응답 해석이라고 부른다. 시간응답 해석은 외란이 작용한 시점을 기준으로 최대 동응답이 발생하는 시점이나 물체 내 위치를 찾아내는데 유용하게 사용된다. 하지만, 시간응답 해석으로 예측이 쉽지 않은 물체의 동특성이 있으며, 그 대표적인 것이 공진(resonance) 현상이다. 잘 알고 있는 바와 같이 공진은 외란의 주파수가 물체의 고유주파수에 근접할 때 동변위가 급작스럽게 증가하여 물체가 파괴되는 현상이다. 물론, 물체의 고유주파수를 이미 알고 있다면 시간응답 해석으로도 이러한 공진현상을 사전에 예측할 수 있지만, 많은 경우에는 고유거동해석을 하지 않고 곧바로 동응답해석을 수행하게 된다. 이뿐만 아니라, 주파수응답 해석은 진동소음 연구에 있어 많은 유익한 정보를 제공한다. 시간영역의 외란 신호를 주파수 영역으로 변환하게 되면 외란 신호에 대해 보다 많은 정보를 얻을 수 있다. 그리고 물체의 시간응답을 주파수 영역으로 변환하게 되면 물체가 어떠한 주파수에 민감하고 또한 취약한지 한 눈에 쉽게 파악할 수 있다.

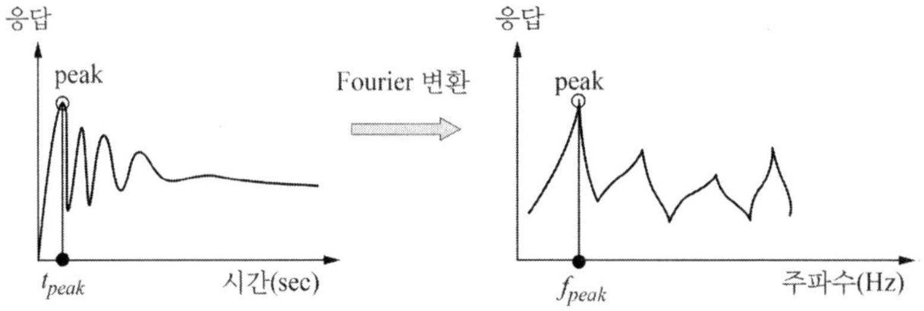

그림 5.3.21 푸리에 변환(Fourier transform)에 의한 시간 신호(time signal)의 주파수 신호로의 변환

주파수응답을 보다 쉽게 이해하기 위해서는 시간 신호를 주파수 영역으로 변환시키는 푸리에 변환(FT: Fourier transform)의 수학적 그리고 물리적 의미를 살펴볼 필요가 있다. 물체의 시간응답 $f(t)$를 주파수응답 $F(\omega)$로 변화시키는 푸리에 변환식은 식 (5.99)로 정의되며, 수학적으로는 실수함수 $f(t)$를 복소함수로 변환하게 된다. 복소함수로 표현되는 주파수응답 $F(\omega)$에 있어 실수값은 응답의 크기(amplitude)를 나타내고 허수값은 위상(phase)을 나타내게 된다.

$$\text{FT} : f(t) \rightarrow F(\omega), \quad F(\omega) = \int_{-\infty}^{+\infty} f(t) e^{-i\omega t} dt \tag{5.99}$$

푸리에 변환은 푸리에 급수전개(Fourier series expansion)에 기초하고 있는데, 잘 아는 바와 같이 모든 시간함수는 주기(주파수)가 다른 사인(sine) 혹은 코사인(cosine) 함수의 조합으로 표현이 가능하다는 개념에 착안한 것이다. 보다 상세히 설명하면, 식 (5.99) 속의 지수함수(exponential function)는 주파수를 변수로 하는 실수의 코사인함수와 복소수의 사인함수를 나타낸다. 그리고, 시간함수 $f(t)$ 역시 주파수가 서로 다른 사인 혹은 코사인 함수들의 조합으로 표현되기 때문에 식 (5.99)와 같이 적분하게 되면 사인/코사인 함수들의 직교성(orthogonality)에 의해 $f(t)$의 주파수별 크기를 찾아낼 수 있다. 보다 상세한 설명은 푸리에 급수와 푸리에 변환에 대한 수학도서를 참고하기 바란다.

아래 그림 5.3.22는 단순 사인파와 사각파 시간 신호의 푸리에 변환을 보여주고 있다. 단순 사인파는 하나의 주파수를 지니고 있기 때문에 푸리에 변환을 하게 되면 해당되는 주파수에서만 0이 아닌 진폭을 나타내게 된다. 하지만 사각파 신호는 거의 모든 주파수에서 0이 아닌 진폭을 보여주고 있으며, 사각파 신호는 무한개의 서로 다른 주파수를 가진 사인파의 조합으로 급수전개 되기 때문이다.

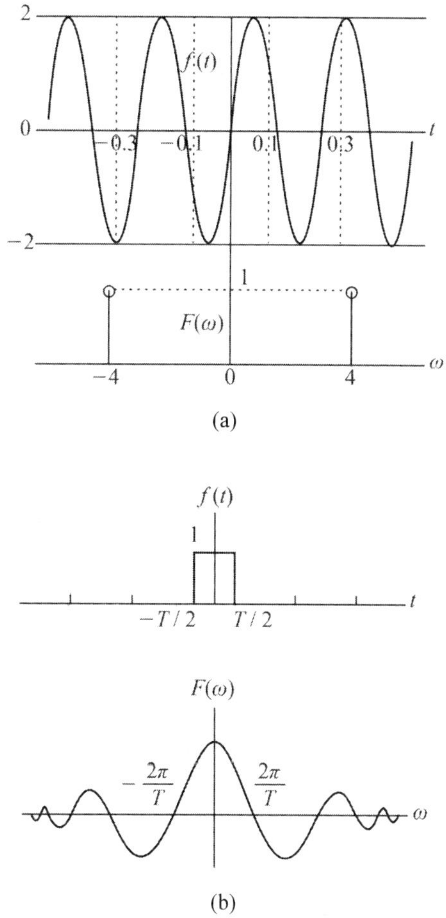

그림 5.3.22 주파수 변환의 예: (a) 사인파, (b) 사각파

푸리에 변환의 역변환, 즉 주파수 영역에서의 함수 $F(\omega)$를 시간영역의 함수 $f(t)$로 변환하는 경우를 푸리에 역변환(IFT: inverse Fourier transform)이라고 부르면 아래 식과 같이 계산된다.

$$\text{IFT} : F(\omega) \rightarrow f(t), \quad f(t) = \frac{1}{2\pi}\int_{-\infty}^{+\infty} F(\omega)e^{i\omega t}d\omega \tag{5.100}$$

식 (5.99)와 식 (5.100)은 푸리에 변환과 푸리에 역변환을 계산하기 위한 이론적인 공식으로 단순한 형태의 시간 신호에만 적용이 가능하다. 다시 말해, 시간 신호가 복잡하여 이론적으로 적분을 수행할 수 없는 경우에는 수치적인 방법을 적용해야 한다. 수치적으로 푸리에 변환 그리고 푸리에 역변환을 계산하는 방법을 각각 이산 푸리에 변환(DFT: discrete Fourier transform) 그리고 이산 푸리에 역변환(DIFT: discrete inverse Fourier transform)이라고 하며, 각각에 대한 공식은 아래와 같다.

$$\text{DFT} : x_n \rightarrow X_n, \ X_k = \sum_{n=0}^{N-1} x_n e^{-\frac{2\pi i}{N}kn}, \ k = 0, 1, 2, \cdots, N-1 \tag{5.101}$$

$$\text{DIFT} : X_n \rightarrow x_n, \ x_n = \frac{1}{N}\sum_{k=0}^{N-1} X_k e^{\frac{2\pi i}{N}kn}, \ n = 0, 1, 2, \cdots, N-1 \tag{5.102}$$

그리고 이산화 된 변환공식을 컴퓨터로 처리하기 위한 알고리듬은 고속 푸리에 변환(FFT: fast Fourier transform) 그리고 고속 푸리에 역변환(IFFT: inverse fast Fourier transform) 기법이라고 부른다.

이산 푸리에 변환 (5.101)과 이론적인 푸리에 변환 (5.99)와의 사이에는 크게 두 가지 차이점이 존재한다. 우선, 이론적인 푸리에 변환에서는 적분구간이 무한한 시간영역인 반면, 이산 푸리에 변환은 유한한 시간영역 T 사이의 시간 신호를 한 주기로 간주하여 이 구간만을 대상으로 한다. 다시 말해, 주기 T로 무한히 반복되는 시간 신호로 가정하고, 주기적인 시간 신호의 주파수 특성을 모두 담고 있는 한 주기만 주파수 변환하게 된다. 둘째로, 이론적인 푸리에 변환과 달리 이산 푸리에 변환에서는 연속적인 시간 신호가 아닌 N개의 샘플링 시간 신호 $x_n(n = 0, 1, 2, \cdots, N-1)$를 주파수 영역으로 변환한다. 그 결과 N개의 이산화된 주파수 신호 $X_n(n = 0, 1, 2, \cdots, N-1)$가 계산되게 된다. 따라서, 각 샘플링 시간 신호 사이의 시간간격 Δt는 $\Delta t = T/N$이 되며, 주기 T와 주파수 대역 F는 아래 관계식으로 계산된다.

$$\frac{T}{\Delta t} = \frac{F}{\Delta f} = N \tag{5.103}$$

여기서 T를 한 주기로 설정하였기 때문에 한 주기 안의 N개의 이산 신호를 이산화된 주파수 신호로 변환하였을 때 인접한 주파수 신호 사이의 간격 Δf는 $\Delta f = 1/T$가 된다. 이론적 푸리에 변환은 $T=\infty$이기 때문에 푸리에 변환에서 인접한 주파수 신호의 간격 $\Delta f \to 0$가 된다. 식 (5.103)으로부터 이산 신호의 시간간격을 Δt로 설정하게 되면 주파수 대역 F는 $1/\Delta t$가 됨을 알 수 있다. 다음의 그림 5.3.23은 이산 푸리에 변환에 있어 이산 시간 신호 x_n과 이산 주파수 신호 X_n과의 상관관계를 보여주고 있다. 이론적 푸리에 변환식 (5.99)로부터 이산 푸리에 변환식 (5.101)이 유도되는 과정은 이러한 상관관계로부터 쉽게 이해할 수 있을 것이다. 푸리에 역변환 역시 이러한 상관관계에 대한 결과이다.

다음으로 시간 신호 $x(t)$가 지니고 있는 에너지를 표현하는 방법에 대하여 살펴보기로 한다. 동적 시스템이 외부로부터 외란을 받는다는 것은 에너지를 공급받는 것으로서, 외란이 전달하는 에너지양과 주파수별 에너지 분포 특성을 파악하는 일은 외란이 전달하는 동적 강도(dynamic strength)나 시스템의 동응답 분석을 위해 필요하다. 예를 들어, 랜덤진동(random vibration)을 받고 있는 구조물의 피로수명은 단순조화 신호의 합성으로 피로 누적량을 계산할 수가 없다. 이러한 경우에는 랜덤 신호가 구조물에 전달하는 주파수별 에너지 분포를 토대로 피로수명을 예측하게 된다. 이러한 방법을 랜덤진동 피로해석(random vibration fatigue analysis)이라고 부르며, 4.2.3절에서 학습한 바가 있다.

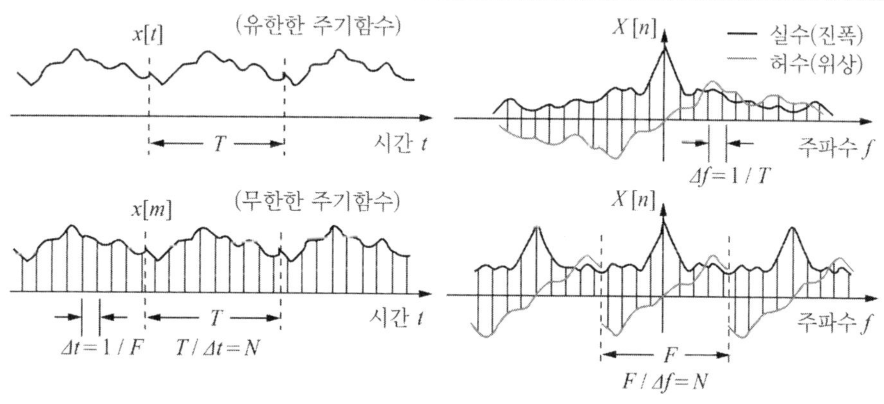

그림 5.3.23 이산 푸리에 변환(DFT)에서의 시간 신호와 주파수 신호의 상관관계

어떠한 시간 신호 $x(t)$가 지속되는 총 시간 동안 공급하게 되는 총 에너지양은 다음과 같이 계산되고

$$E = \int_{-\infty}^{\infty} |x(t)|^2 dt \tag{5.104}$$

이것을 주파수 영역에서 표현하게 되면 아래와 같이 에너지 혹은 파워 스펙트럴 밀도 함수(PSD: power spectral density function) $|X(\omega)|^2$의 적분으로 변환할 수 있다.

$$E = \frac{1}{2\pi} \int_{-\infty}^{\infty} |X(\omega)|^2 d\omega \tag{5.105}$$

위 식에서 $X(\omega)$는 아래와 같이 시간 신호 $x(t)$의 푸리에 변환으로 정의된다.

$$X(\omega) = \int_{-\infty}^{\infty} x(t) e^{-i\omega t} dt \tag{5.106}$$

다음의 그림 5.3.24는 시간 신호 $x(t)$와 이것을 푸리에 변환한 절대값의 제곱인 파워 스펙트럴 밀도 $|X(\omega)|^2$을 각각 나타낸 것으로, 파워 스펙트럴 밀도는 단위주파수당 에너지양을 의미한다. 파워 스펙트럴 밀도는 지진파, 소음, 해양파와 같이 공기나 고체를 통해 전달되는 모든 실시간 파형이 전달하는 에너지의 주파수별 특성을 나타낸다. 따라서 $|X(\omega)|^2$의 구체적인 단위는 시간 신호가 무엇인가에 따른 결정된다. 예를 들어, 지진파의 경우에는 (g^2/Hz), 소음인 경우에는 (dB^2/Hz) 그리고 파고인 경우에는 (m^2/Hz)로서, 단위 Hz당 시간 신호가 표현하는 물리량 제곱의 단위를 가지게 된다.

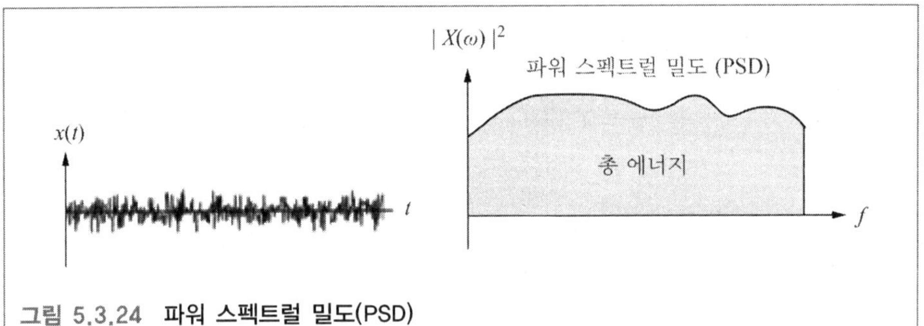

그림 5.3.24 파워 스펙트럴 밀도(PSD)

지금까지 시간함수로 표현되는 시간 신호를 주파수 함수로 전환하는 푸리에 변환과 다시 시간함수로 역치환 시키는 푸리에 역변환에 대하여 학습하였다. 그리고 시간 신호가 지니고 있는 에너지의 주파수별 특성을 표현하는 파워 스펙트럴 밀도(PSD)에 대해 살펴보았다. 이러한 주파수 영역으로의 변환은 모든 시간함수는 조화함수의 조합으로 표현이 가능하다는 푸리에 급수전개(Fourier series expansion)에 기초하고 있다. 이러한 주파수 변환에 대한 개념을 토대로 5.3.1절에서 다루었던 동적 시스템의 시간응답 행렬방정식 (5.63)을 주파수 영역으로 변환하여 푸는 주파수응답 해석(frequency response analysis)에 대하여 학습하기로 한다. 5장의 첫 부분에서 나타낸 그림 5.1.1에서 확인할 수 있듯이 주파수응답 해석도 물체의 동응답을 일반화된 좌표계로 표현하여 계산하는 직접법(direct method)과 모드좌표계(modal coordinates)에서 고유모드의 조합으로 표현하여 계산하는 모드중첩법(mode superposition)으로 구분된다. 일반화된 좌표계와 모드좌표계로 물체의 응답을 표현하는 개념에 대해서는 5.3.2절의 표 5.8과 그림 5.3.8을 통해 학습하였다.

우선 물체 내 각 지점에서의 응답을 공간좌표로 표현하는 직접법에 대해 학습하기로 한다. 물체응답 $\boldsymbol{u}(t)$와 외부 동하중 $\boldsymbol{f}(t)$는 푸리에 급수전개에 따라 조화함수의 조합으로 표현할 수 있으므로, 아래와 같이 공간함수와 조화함수의 곱으로 분리한다.

$$\boldsymbol{u}(\boldsymbol{x},\, t) = \overline{\boldsymbol{U}}(\boldsymbol{x})e^{i\omega t}, \quad \boldsymbol{f}(\boldsymbol{x},\, t) = \overline{\boldsymbol{F}}(\boldsymbol{x})e^{i\omega t} \tag{5.107}$$

이렇게 분리된 동응답과 외부하중을 5.3.1절의 운동방정식 (5.63)에 대입하게 되면 조화함수의 미분특성에 따라 다음과 같이 요소망 내 각 절점에서의 응답 $\{\overline{\boldsymbol{U}}(\boldsymbol{x})\}$를 구하는 식으로 전환된다.

$$(-\omega^2[\boldsymbol{M}] + i\omega[\boldsymbol{C}] + [\boldsymbol{K}])\{\overline{\boldsymbol{U}}\} = \{\overline{\boldsymbol{F}}\} \tag{5.108}$$

그리고 좌변 괄호 속의 주파수 함수와 행렬을 $[\boldsymbol{H}(\omega)]$로 표시하면, 아래 식과 같이 요소망 내 각 절점에서의 응답 $\{\overline{\boldsymbol{U}}\}$를 계산하는 식을 유도할 수 있다.

$$\{\overline{\boldsymbol{U}}\} = [\boldsymbol{H}(\omega)]^{-1}\{\boldsymbol{F}\}, \quad [\boldsymbol{H}(\omega)] = -\omega^2[\boldsymbol{M}] + i\omega[\boldsymbol{C}] + [\boldsymbol{K}] \tag{5.109}$$

위 식에서 $[\boldsymbol{H}(\omega)]$를 복소 컴플라이언스(complex compliance) 행렬이라고 부른다. 식 (5.109)는 복소수로 표현되는 행렬방정식으로서 복소행렬 계산 알고리듬을 이용하여 계산된다. 관심의 대상이 되는 주파수 영역 $[F_1,\ F_2]$을 유한 개(N_F)의 주파수 값으로 분할하여 각 주파수 값을 식 (5.109)에 대입하여 구조물의 응답을 계산하게 된다. 복소수로 표현되는 응답 $\{\overline{\boldsymbol{U}}\}$에서 실수부는 진폭(amplitude)을 반면 허수부는 위상각(phase angle)을 각각 나타낸다. 다음 그림 5.3.25(a)에 나타나 있듯이 진폭은 정하중 작용시의 변위값에 대한 상대비율로 표시하며 이 상대적인 진폭을 동적 증폭계수(DAF: dynamic amplitude factor)라고 부른다. 이렇게 상대적인 값을 사용함으로써 해석자는 동하중이 구조물에 미치는 강도를 보다 현실감 있게 평가할 수 있게 된다.

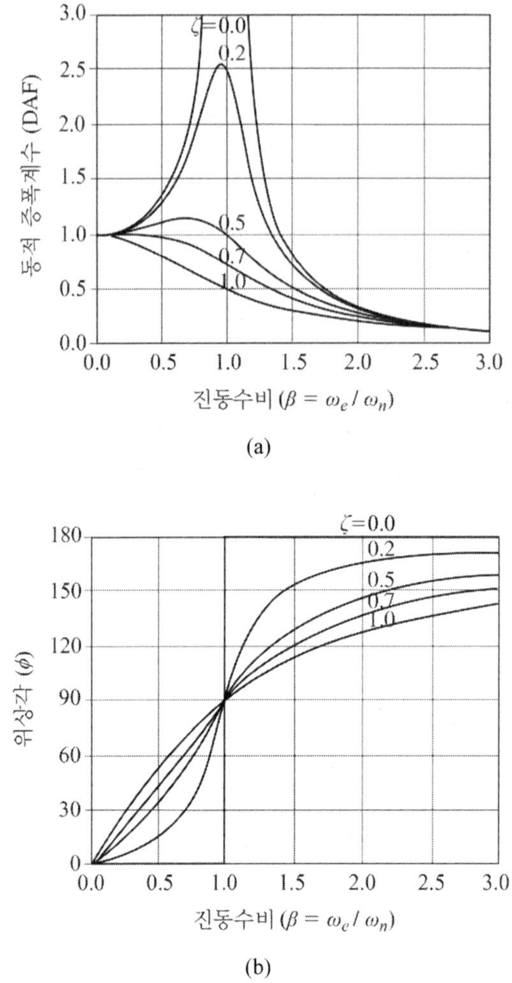

그림 5.3.25 주파수응답 해석결과: (a) 실수부인 진폭, (b) 허수부인 위상각

응답을 구할 주파수 구간을 분할하는 방법에는 다음의 표 5.12에서와 같이 5가지가 있으며, 그 중에서 클러스터(cluster)법이 가장 많이 사용된다. 선형법과 대수법은 공진이 발생하는 고유주파수가 제외될 수 있기 때문에 바람직하지 않다. 스프레이드법은 고유주파수 부근에만 분할하기 때문에 공진응답을 파악하는데 효과적인 반면 전 주파수 구간에서의 응답특성을 파악하는 데는 한계가 있다. 이산법은 해석자가 분할할 주파수 값을 직접 선정하여 입력할 수 있지만 입력할 수 있는 주파수 값의 개수가 제한적인 단점이 있다. 그림 5.3.26(a)는 주파수 구간의 하한과 상한 그리고 분할방법을 입력하는 창을 보여주고 있으며, 그림 5.3.26(b)는 선형법으로 분할하여 구한 주파수응답 곡선을

보여주고 있다. 분할된 각각의 주파수 값에 대하여 식 (5.109)를 계산하여 이산화된 응답값 $\{\overline{\boldsymbol{U}}\}$을 구하고 복간시켜 매끄러운 응답선도를 출력하게 된다. 주어진 주파수 구간에 대해 분할개수가 증가하면 보다 정확하고 매끄러운 곡선을 구할 수 있지만 그만큼 계산시간이 증가하게 된다.

표 5.12 주파수 구간의 분할방법과 특징

방 법	특 징
선형법(linear)	• 주파수 구간을 일정한 간격으로 분할 • 고유진동수에 해당하는 주파수가 제외될 수 있음
대수법(logarithmic)	• 주파수 간격을 $f_{i+1}/f_i = (F_2/F_1)^{1/N_F}$으로 증가 • 고유진동수에 해당하는 주파수가 제외될 수 있음
클러스터법(cluster)	• 고유주파수를 필히 포함시키고 인접한 두 고유주파수 사이 구간을 선형법 혹은 대수법으로 분할 • 고유주파수를 필히 포함하기 때문에 가장 많이 사용
스프레이드법(spread)	• 고유주파수 부근에서만 주파수를 분할하기 때문에 modal 주파수응답 해석에만 적용
이산법(discrete)	• 선택된 주파수 값으로만 분할하면, 최대 5개의 주파수 값만 지정 가능

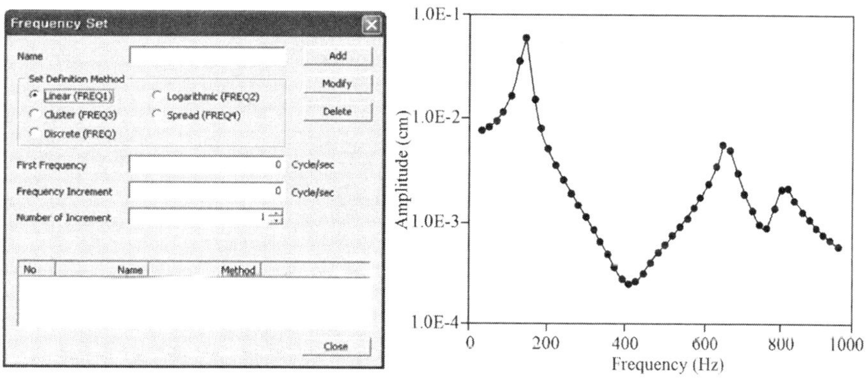

그림 5.3.26 주파수 구간과 분할방식을 설정하는 입력창과 선형법으로 균등하게 주파수 구간을 분할시킨 경우

지금까지 직접법으로 주파수응답을 구하는 방법에 대해 학습하였다. 다음으로 구조물의 응답을 고유모드의 조합으로 표현하여 주파수응답을 구하는 모드중첩법을 학습하기로 한다. 그림 5.3.8로 다시 돌아가서 두 가지 방법의 차이점을 복습하면 직접법에서는 요소망 내 각 절점에서의 주파수응답을 미지수로 하는 반면, 모드중첩법에서는 각각의 고유모드가 주파수응답에 미치는 기여도를 미지수로 한다. 식 (5.71)을 이용하여 식

(5.108)을 고유모드 벡터로 구성된 모드공간 $\boldsymbol{X}$으로 변환시키는 것이며 다음 식으로 표현된다.

$$\left(-\omega^2[\boldsymbol{M}]\boldsymbol{X}+i\omega[\boldsymbol{C}]\boldsymbol{X}+[\boldsymbol{K}]\boldsymbol{X}\right)\{\boldsymbol{q}(\omega)\} = \{\overline{\boldsymbol{F}}\} \tag{5.110}$$

여기서 $\boldsymbol{X}$는 n개의 고유모드 벡터로 구성된 행렬이고 $\{\boldsymbol{q}(\omega)\}$는 n개 고유모드의 기여도를 나타내는 참여계수 벡터이다.

위 식을 풀기 위해서는 우선 구조물의 모드형상을 구해야 한다. 물론 많은 수의 자유도를 가진 시스템에 대해서는 이 방법을 적용할 수 없다. 하지만 적어도 동적 시스템의 최고 작동진동수의 2~3배 되는 진동수 범위 내의 모드만으로 동응답을 충분히 표현 가능한 경우에는 모드 주파수응답 해석을 이용하는 것이 좋다. 왜냐하면 대부분의 경우 이 모드 수는 동적 시스템에 대한 요소망 내 절점 자유도보다 적기 때문이다. 이 방법은 선택된 n개의 고유모드만으로 응답을 표현하기 때문에 직접 주파수응답 해석보다는 정확하지 않지만 계산시간 측면에서는 매우 효과적일 수 있다. 만약 모델이 작거나 짧은 시간구간 동안 동하중을 받거나, 아니면 높은 가진 진동수를 받는 경우에는 직접 주파수응답 해석을 적용해야 한다. 또한 높은 수준의 정확도가 필요할 경우에도 이 방법을 적용해야 한다. 반면에 해석모델이 크거나 가진 진동수가 많은 경우에는 모드 주파수응답 해석을 선택하는 것이 좋다.

Chapter 6

해석결과의 신뢰성

유한요소 해석을 수행하는 궁극적인 목적은 관심의 대상이 되는 물체의 거동(behavior)을 정확하게 모사하는 것이다. 본 장에서는 우선 유한요소 해석결과의 특징을 살펴보고 해석결과를 분석하는 방법을 제시하고자 한다. 그리고 특수한 조건하에서 물체의 거동은 특정 부위 혹은 시점에서 매우 특이한 거동을 나타낸다. 따라서 이러한 특이거동(singular behavior)을 유발시키는 근본적인 원인을 파악함으로써, 특이거동을 정확하게 모사할 수 있는 요소망을 효과적으로 생성할 수 있을 것이다. 또한, 오차평가(error estimation)기법을 학습함으로써 해석결과의 신뢰성을 정량적으로 분석하고 해석오차를 효과적으로 줄일 수 있는 유한요소 해석능력을 확보하게 될 것이다.

6.1 유한요소 해석결과

구조물의 선형 정적해석을 예로 들면, 유한요소 해석을 통해 다음의 행렬방정식을 풀어서 구조물의 변형, 변형률 그리고 응력 등을 분석하게 된다.

$$[\boldsymbol{K}]\{\overline{\boldsymbol{u}}\} = \{\boldsymbol{f}\} \tag{6.1}$$

일반적으로 하나의 유한요소 해석 작업을 수행하게 되면 하나 이상의 물리량을 분석하게 되는데, 이러한 물리량들은 해석유형과 무관하게 물체의 1차, 2차 거동 그리고 거동의 변화율로 구분된다.

- **1차 거동** : 유한요소 행렬방정식 (6.1)로부터 직접 계산되는 절점 자유도(nodal DOF) $\{\overline{\boldsymbol{u}}\}$를 말하며 상태변수(state variable)라고도 불린다. 구조물의 변위, 온도, 유동의 속도 등이 1차 거동의 대표적인 예이다.
- **2차 거동** : 물체의 1차 거동과는 달리 유한요소 행렬방정식으로부터 직접 계산되지 않고, 1차 거동의 공간상의 변화율 $\{\overline{\boldsymbol{u}}'\} = \{d\overline{\boldsymbol{u}}/dx\}$과 구성방정식(constitute relation)을 이용한 후처리 작업으로 계산되며 플럭스(flux)라고도 불린다. 대표적인 예로 응력과 열유속(heat flux)을 들 수 있다.
- **거동의 변화율** : 1, 2차 거동의 위치 그리고 시간에 따른 변화율을 의미한다. 1차 거동의 공간상의 변화율로 변형률과 온도 구배를 들 수 있으며, 시간에 따른 변화율로는 속도를 예로 들 수 있다. 그리고 2차 거동의 위치 그리고 시간에 따른 변화율로 응력 구배 그리고 가속도를 예로 들 수 있다.

해석 유형과 무관하게 모든 정해석 문제의 2차 거동은 다음과 같이 1차 거동의 변화율과 구성방정식의 곱으로 표현된다.

$$\text{2차 거동(flux)} = \text{구성방정식} \cdot \text{1차 거동의 변화율} \tag{6.2}$$

구성방정식은 3.1.4절에서 열거한 것과 같이 문제 유형에 따라 각기 다른 형태로 표현되며 고유한 명칭을 지니고 있다. 예를 들어, 응력과 변형률은 후크(Hooke)의 법칙 그리고 온도구배와 열유속은 푸리에 법칙(Fourier law)에 의해 관계를 맺고 있다.

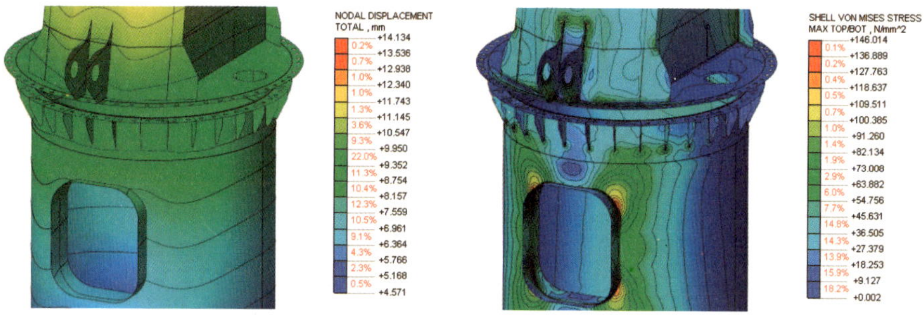

(a) (b)

그림 6.1.1 구조해석 결과에 대한 윤곽출력(contour plot): (a) 변위(1차 거동), (b) 등가응력(2차 거동)

유한요소 해석을 통해 어떠한 거동을 분석할 것인가는 해석을 수행하는 목적에 따라 좌우되기 때문에, 동일한 해석문제일지라도 해석목적에 적합하도록 해석결과를 분석해야 한다. 다음의 그림 6.1.2에 예시한 자동차 웨더스트립 구조해석을 고려해 보기로 하자. 웨더스트립은 자동차 도어(door)의 가장자리를 따라 부착되어 있는 고무부품으로서 빗물, 먼지 그리고 소음을 차단하는 기능을 담당하고 있다. 이 부품은 조립 시 치수공차는 물론 잦은 자동차 도어 개폐에 대해서도 구조적 손상 없이 차단 성능을 유지해야 한다. 잦은 도어 개폐에 따른 구조적 손상은 주로 웨더스트립의 피로파괴(fatigue failure)로 야기되기 때문에, 고무제품의 피로파괴에 영향을 미치는 주변형률(principal strain) 혹은 등가변형률(equivalent strain)을 분석해야 한다. 반면에 차단 성능은 웨더스트립(weather strip)이 자동차 도어에 얼마나 잘 밀착되어 있는가로 판단되기 때문에, 도어가 닫힌 상태에서 도어와 접촉하고 있는 웨더스트립 접촉면에 발생하는 접촉압력을 분석해야 한다.

해석목적에 부합되는 해석결과를 선정하고 또한 해석결과로부터 요구되는 성능을 평가하는 작업은 유한요소 해석의 궁극적인 목표를 실현하는 대단히 중요한 단계이다. 왜냐하면 현재 실무에서 고민하고 있는 문제점이나 도출한 설계 안에 대한 분석과 평가의 신뢰성은 선택한 해석결과와 분석방법의 적합성과 직결되기 때문이다. 따라서 유한요소 해석의 진정한 의미는 해석결과를 성공적으로 도출하는 것 그 자체가 아니라 해석목적에 부합하도록 해석결과를 정확하게 분석하는 것이다.

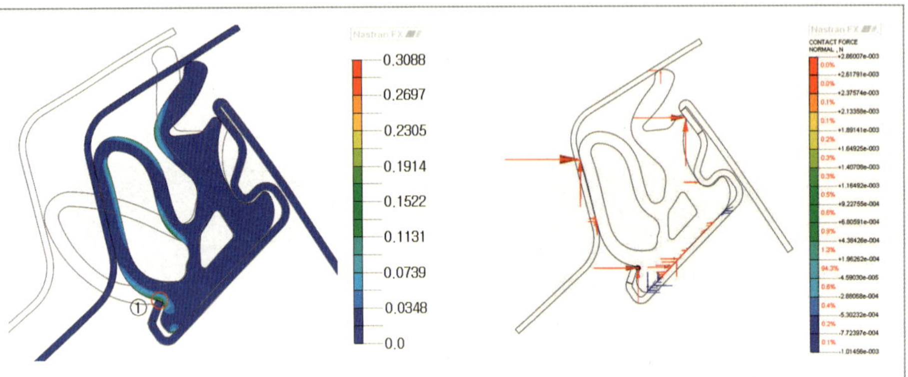

(a) (b)

그림 6.1.2 자동차 웨더스트립(weather strip) 해석결과: (a) 피로수명 예측을 위한 주변형률 분포, (b) 밀폐 성능 평가를 위한 접촉압력

6.1.1 해석결과의 특성

2장에서 설명하였듯이 유한요소법에서는 요소망 전체에 걸쳐 연속성을 만족하는 기저함수(basis function) $\phi_i(\boldsymbol{x})$를 이용하여 물체의 1차 거동에 대한 근사해 $u_h(\boldsymbol{x})$를 다음과 같이 표현한다.

$$u_h(\boldsymbol{x}) = \bar{u}_1\phi_1(\boldsymbol{x}) + \bar{u}_2\phi_2(\boldsymbol{x}) + \cdots + \bar{u}_N\phi_N(\boldsymbol{x}) \tag{6.3}$$

기저함수가 요소망 전체에 걸쳐 연속적이기 때문에 물체의 1차 거동 역시 요소망 전체에 걸쳐 연속적인 분포를 나타낸다. 만약 기저함수 $\phi_i(\boldsymbol{x})$가 요소망 내 i번째 절점 $\boldsymbol{x}_i$에서는 1이 되고 나머지 모든 절점에서는 0이 되는 성질을 만족한다면, 즉 라그랑지 유형(Lagrange type)의 함수라면, i번째 절점에서 물체의 거동 $u_h(\boldsymbol{x}_i)$은

$$\begin{aligned} u_h(\boldsymbol{x}_i) &= \bar{u}_1\phi_1(\boldsymbol{x}_i) + \bar{u}_2\phi_2(\boldsymbol{x}_i) + \cdots + \bar{u}_i\phi_i(\boldsymbol{x}_i) + \cdots + \bar{u}_N\phi_N(\boldsymbol{x}_i) \\ &= \bar{u}_1\delta_{1i} + \bar{u}_2\delta_{2i} + \cdots + \bar{u}_i\delta_{ii} + \cdots + \bar{u}_N\delta_{Ni} = \bar{u}_i \end{aligned} \tag{6.4}$$

과 같이 계산된다. 즉, i번째 절점에서의 절점 자유도(nodal DOF) $\overline{u}_i$가 바로 그 절점에서 물체의 거동이 된다.

거의 대부분의 상용 유한요소 해석 프로그램에서는 라그랑지 유형의 기저함수를 사용하기 때문에 절점 자유도로부터 곧바로 각 절점에서의 거동값을 제공한다. 하지만 만약 기저함수가 위에서 설명한 성질을 만족하지 않는다고 가정하면, 식 (6.4)와 같이 요소망 내 모든 절점 자유도와 기저함수의 조합으로 표현된 수식을 직접 계산해야 한다. 요소망의 크기가 작은 경우라면 그다지 문제시 되지 않지만 그렇지 않은 경우에는 매우 번거로운 해석결과의 후처리 작업(post processing)을 거쳐야 한다. 라그랑지 유형의 기저함수를 선호하는 또 다른 이유가 바로 여기에 있다.

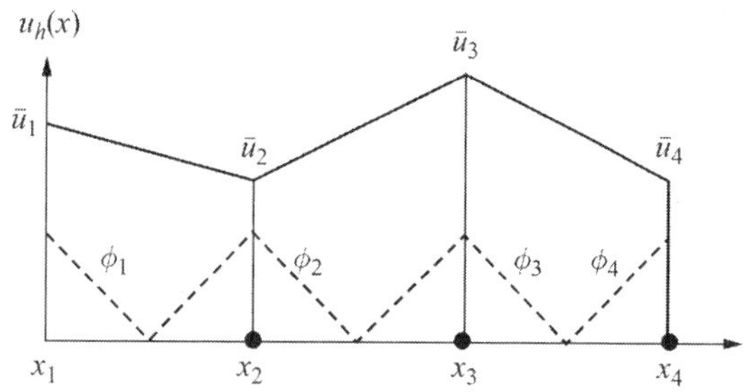

그림 6.1.3 라그랑지 기저함수를 이용한 물체거동의 근사화

위치에 따라 변하는 물체의 거동 $u(\boldsymbol{x})$를 공간상의 좌표로 표현하면 본질적으로 아래와 같이 고차함수로 전개된다. 고차함수의 최대 차수는 물체의 기하학적 형상 그리고 외부로부터 가해지는 하중의 복잡성에 비례하여 증가하며, 많은 경우 무한한 차수를 가진다.

$$u(\boldsymbol{x}) = u_0 + u_1 x + u_2 x^2 + \cdots + u_n x^n \tag{6.5}$$

하지만 유한요소 해석은 요소망 내 요소들의 요소차수까지 물체의 거동을 제한하여 근사하기 때문에 요소차수 이상의 고차항들은 무시된다. 예를 들어, 요소망 내 요소들의 차수가 p라고 가성하면 유한요소 해석결과의 변화율 $u_h{}'(\boldsymbol{x})$는 아래와 같이 x^p항이 주도적인 오차를 나타낸다.

$$|u_h{}'(\boldsymbol{x}) - u'(\boldsymbol{x})| \propto O(x^p) + \text{HOT} \tag{6.6}$$

위 식에서 $O(\cdot)$와 HOT(higher-order terms)는 각각 주도적인 오차항과 이 항보다 높은 모든 고차항들을 의미한다.

만일 1차 요소로 물체의 거동을 해석하게 되면 해석결과는 각 요소 내에서 일정한 변화율을 가지게 된다. 다음의 그림 6.1.4(a)는 두 절점 A와 B로 구성된 요소크기가 h인 1차원 1차 선요소를 보여주고 있다. 식 (6.5)를 참조하여 이 요소 내에서 실제거동의 변화율은 요소크기 h가 작아지면 고차항들은 무시되므로 $du/dx \sim u_1 + 2u_2x$가 된다. 반면, 1차 요소로 구한 해석결과의 변화율은 $du_h/dx = u_1^h$가 되어 그림 6.1.4(a)와 같이 수평선으로 표현된다. 유한요소 해석은 2장에서 설명한 바와 같이 실제거동과 차이가 최소가 되는 해석결과를 구하기 때문에, 그림 6.1.4(a)에 음영처리된 면적이 최소가 되어야 한다. 음영처리된 면적이 최소가 되기 위해 기울어진 직선과 수평선은 반드시 중간지점에서 교차해야 한다. 그 결과, 해석결과의 변화율 du_h/dx는 1차 선요소의 중앙지점에서 실제거동의 변화율 du/dx에 가장 근접하게 된다.

한편, 2차 요소로 물체의 거동을 근사하게 되면 해석결과는 그림 6.1.4(b)와 같이 한 요소 내에서 직선적인 변화율 du_h/dx를 나타내게 된다. 그리고 식 (6.6)을 참고하면 실제거동의 변화율과의 차이는 x^2항이 주도적이기 때문에, 실제거동의 변화율 du/dx는 고차항을 무시하면 2차 곡선으로 표현할 수 있다. 유한요소 해석은 2차 곡선과 직선의 차이, 즉 음영 처리된 면적을 최소화 시키는 해석결과를 구하기 때문에 2차 곡선과 직선은 두 지점에서 교차하게 된다. 2차 곡선과 직선이 두 지점에서 교차할 때 음영 면적이 최소가 된다는 사실은 쉽게 이해할 수 있을 것이다.

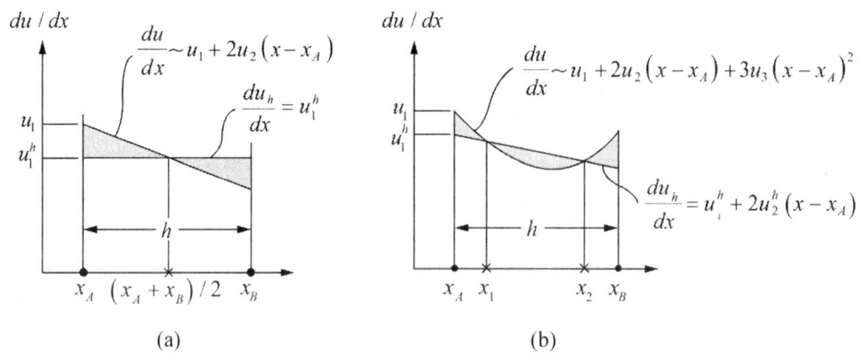

그림 6.1.4 해석결과 변화율의 극도수렴: (a) 1차 요소, (b) 2차 요소

그림 6.1.4에서 1차 요소의 중앙지점과 2차 요소의 두 지점 x_1과 x_2는 다름 아닌 강성행렬(stiffness matrix)의 수치적분에 사용되는 적분점(integration point)이다. 그리고

해석결과의 변화율, 즉 물체의 2차 거동은 이러한 적분점에서 실제거동의 변화율에 보다 근접하게 되는 향상된 정확도를 제공한다. 유한요소 해석결과가 적분점에서 보다 정확한 변화율을 나타내는 특성을 극도수렴(super convergence)이라고 부른다.

각 요소의 절점에서 1차 거동의 값을 선택하는 것과는 달리 응력과 변형률과 같은 물체의 2차 거동은 적분점에서 그 값을 계산하는 이유가 바로 이러한 극도수렴성 때문이다. 상용 유한요소 해석 프로그램에서 제공하는 응력과 변형률은 요소망 내 모든 적분점에서의 값들을 이용하여 요소망 내에서 연속적인 분포가 되도록 보간(interpolation)하는 후처리 과정을 거치게 된다. 다시 말해, 그림 6.1.5에 도시한 것과 같이 요소망 전체에 걸쳐 불연속인 변화율 분포를 적분점에서의 변화율을 이용하여 요소망 전체에 걸쳐 연속적인 분포로 재구성하게 된다.

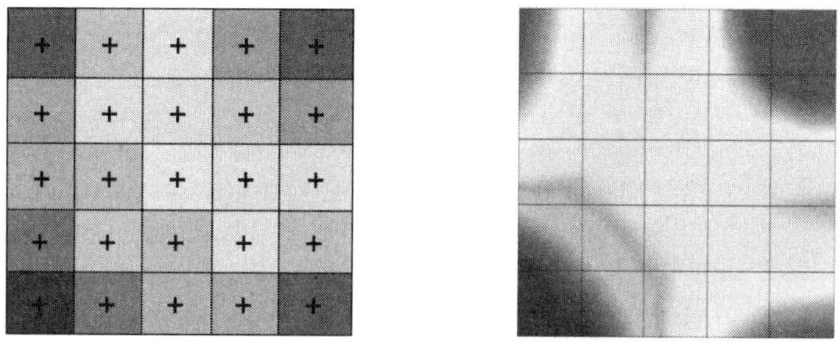

(a) (b)

그림 6.1.5 **8절점 2차 요소로 구성된 요소망(+는 적분점을 나타냄):** (a) 불연속적인 응력분포, (b) 보간을 통해 재구성한 연속적인 응력분포

6.1.2 해석결과의 출력

해석이 완료되면 해석결과를 출력하여 해석목적에 따라 결과를 분석하는 과정을 진행하게 된다. 정확한 해석결과를 구하기 위해 전처리 과정에서 입력하는 모든 정보에 대해 각별히 유의해야 하는 것처럼, 이 과정 역시 절대로 소홀히 생각해서는 안 된다. 유한요소 해석의 궁극적인 목적은 해석결과로부터 부품 혹은 조립제의 성능과 안전성을 판단하는 것이기 때문에 해석결과 중에서 어떠한 항목을 출력하고 어떠한 기준으로 분석할 것인가는 대단히 중요한 작업이다. 본 절에서는 해석결과를 출력하는 다양한 방식과 결과를 분석하는 방법에 대하여 살펴보기로 한다.

선형 정적해석에 있어 관심의 대상이 되는 해석결과 항목들은 아래와 같이 요약할 수 있다. 6.1절에서 언급한 바와 같이 솔버로부터 직접 계산하게 되는 1차 거동은 절점

값을 사용해도 무방하지만, 후처리 과정을 거쳐 제공되는 2차 거동값은 적분점에서의 값을 사용해야 정확성을 보장할 수 있다.

- **구조해석** : 일반적으로 구조물의 최대 변위, 최대 변형률 그리고 최대 응력과 발생 위치를 파악하게 된다. 하지만 기능상 구조물 내 특정한 지점에서의 값들만 필요로 하는 경우가 있으며, 이 경우에는 해당 지점에서 관심이 되는 항목만 출력하여 목표를 만족하는지 판단하면 된다.
- **구조 안전성** : 구조물의 안전성은 4.2.1절에서 열거한 파괴모드에 따라 분석해야 할 항목이 달라진다. 항복이나 공진에 따른 구조 안전성은 등가응력 그리고 주파수응답으로부터 바로 판단할 수 있지만, 피로파괴와 같은 구조 안전성은 해석결과를 관련된 수식에 대입하여 판단해야 한다.
- **열전달해석** : 구조해석과 유사한 방법으로 구조물 내 전체 온도 그리고 열유속 분포를 파악하거나 특정한 지점에서의 온도와 열유속이 관심의 대상이 된다. 정상상태 응답에서는 해석결과가 시간과 무관하기 때문에 최댓값이나 분포만으로 판단하면 되지만, 과도 열전달해석이 경우에는 시간에 따른 온도변화 추이를 파악해야 한다. 특히, 시간 경과에 따라 온도변화가 심하기 때문에 관찰해야 할 시간구간을 충분히 길게 선정해야 한다.
- **시간응답 해석** : 특정 지점에서의 시간에 따른 동변위, 속도, 가속도와 접촉하중의 변화 추이나 이러한 물리량들의 최댓값과 최대 변화율이 발생하는 시점과 지점을 파악하게 된다.
- **모달해석과 주파수응답 해석** : 물체의 고유진동수와 고유모드를 파악하고 외란에 따른 FRF를 분석하여 최대 응답이 발생하는 주파수와 피크값을 분석하게 된다. 특히, 공진 발생의 가능성과 감쇠특성을 분석하게 된다.

다음으로 해석결과의 출력 양식에 대하여 살펴보기로 한다. 그림 6.1.6(a)는 부품의 변위량을 프린지(fringe) 형태로 출력한 것이다. 그림의 우측에 있는 수직방향의 띠는 색상범례로서 변위값의 크기를 몇 단계로 구분하여 서로 다른 색상으로 표현한 것이다. 색상범례는 칼라 혹은 회색조(grey) 두 가지로 선택할 수 있으며 전자는 프리젠테이션용으로 반면 후자는 흑백 출력의 보고서용으로 적합하다. 색상범례의 최솟값과 최댓값은 기본적으로 물체 내 변위값의 최소 그리고 최댓값으로 선택되지만, 해석자의 필요에 의해 이들 하한과 상한값을 변경할 수 있도록 되어 있다. 변위는 방향별 성분과 절대적인 크기 네 가지 유형 중에서 원하는 항목을 출력할 수 있다.

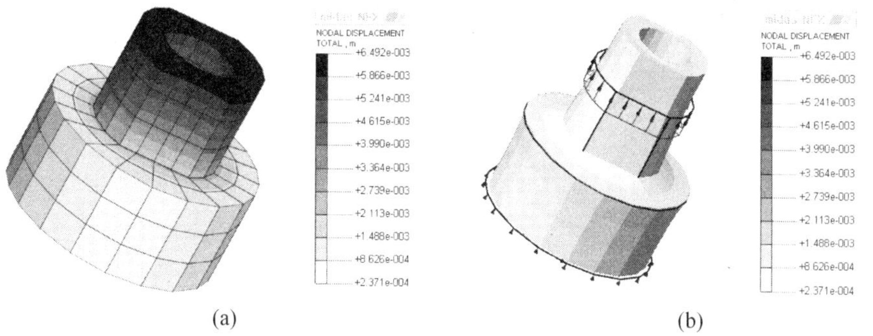

그림 6.1.6 서스펜션 부품의 변형 출력: (a) 프린지 출력 (b) 애니메이션 출력

회색조의 색상범례에서는 검은색일수록 큰 변위를 나타내며, 칼라 색상범례에서는 변위의 크기는 청색으로부터 붉은색으로 갈수록 증가한다. 또한 물체 변위를 보다 생동감 있게 표현할 수도 있는데 이 기능을 애니메이션(animation)이라고 한다. 그림 6.1.6 (b)는 애니메이션 기능을 화살표를 이용하여 도식적으로 표현하고 있다. 애니메이션은 물체의 변형과정을 몇 단계로 나누어 각 단계에서의 변위 분포를 순차적으로 보여줌으로써 물체가 실제로 변형되는 현상을 재현하게 된다. 프린지 출력만으로 물체의 변형 형태를 정확히 파악하기 힘든 경우에 애니메이션 출력을 사용하면 아주 편리하다.

해석결과를 전체 모델이 아닌 일부 부품 혹은 일부 영역에 대해서만 출력할 필요가 발생할 수 있다. 전체 영역을 출력하게 되면 종종 결과값이 상대적으로 작은 관심 영역에서는 결과값의 차이를 파악하기 힘든 경우가 발생한다. 조립체의 경우에는 특정 부품에 한정하여 해석결과를 출력할 수도 있고, 단일 부품의 경우에도 특정 영역에 국한하여 해석결과를 출력시킬 수 있다. 이렇게 부분적으로 한정하여 해석결과를 출력하게 되면 색상범례의 하한과 상한은 출력되는 영역 내 결과값의 최소 그리고 최댓값으로 선택되기 때문에 해석결과 분포를 명확히 분석할 수 있다.

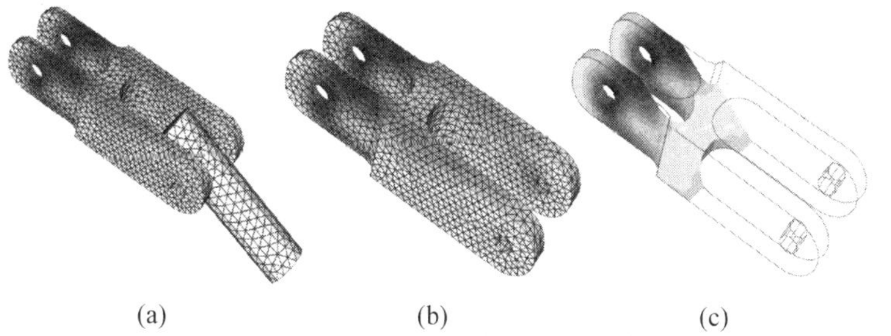

그림 6.1.7 해석결과의 출력 영역: (a) 조립품 전체 (b) 구성부품 (c) 절단된 일부

6.2절에서 상세히 다루겠지만 변형률과 응력은 변위값 계산결과로부터 변형률 계산 공식 그리고 응력과 변형률 관계식을 이용하여 계산된다. 그 결과 변위는 물체 내에서 연속적인 분포를 가지지만 변형률과 응력은 본질적으로 요소별로 불연속이 된다. 따라서, 이러한 결과값들을 몇 가지 다른 방식으로 출력이 가능하다. 아래 그림 6.1.8(a)에 나타낸 것과 같이 표준 색조 출력에서는 불연속인 상태로 출력시키는 것으로서 요소간 변형률과 응력값의 차이가 심하지 않은 경우에는 불연속성이 크게 부각되지 않지만 그렇지 않은 경우에는 이상하게 보일 수도 있다. 이러한 문제점을 해소하는 방법에는 크게 두 가지가 있는데 그 중 첫 번째가 그림 6.1.8(b)에 나타낸 것과 같이 인접한 요소들간의 변형률과 응력값의 평균을 취하여 연속성을 강제로 부여하는 방법이다. 이 방법으로 결과를 출력하게 되면 연속적인 분포는 보여주지만 전체적인 분포가 실제와 상이하게 표현될 가능성이 있다. 두 번째 방법은 요소망 내 모는 요소의 적분점에서의 변형률과 응력값들을 선형보간(linear interpolation)하여 연속적인 분포를 만드는 것이다. 그림 6.1.8(c)에서 보듯이 해석결과의 정확성이 높을 뿐만 아니라 물체 내 실제 분포에 가장 근접한 결과를 제공한다.

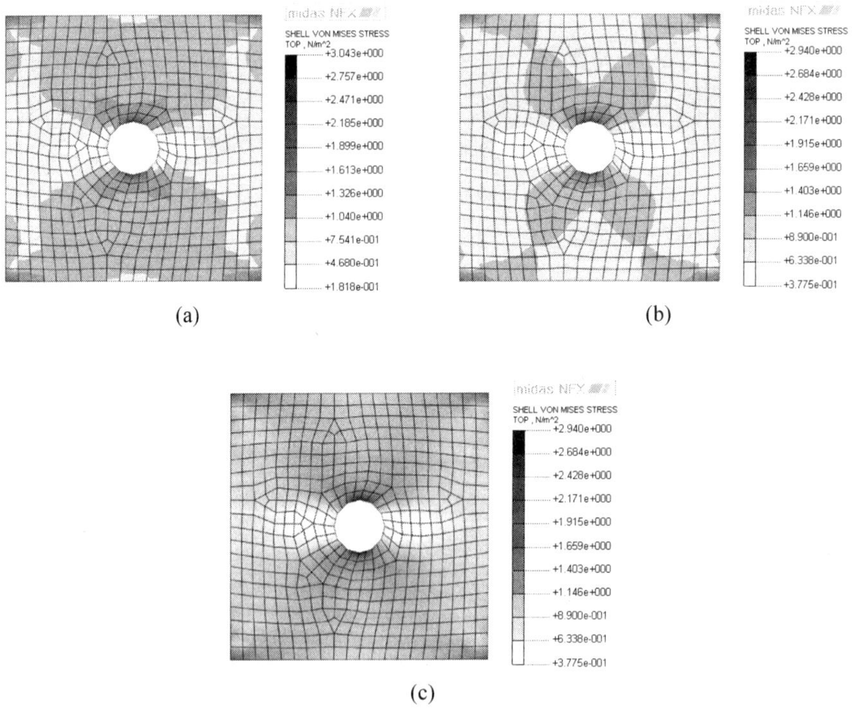

그림 6.1.8 **von Mises 응력 출력의 색조(tone):** (a) 표준 색조 (b) 평균화된 색조 (c) 연속적인 색조

변형률과 응력도 변위와 마찬가지로 좌표축 방향으로의 성분별로 혹은 등가변형률과 등가응력(혹은 von Mises 응력)과 같이 절대적인 크기를 출력할 수도 있다. 또한 변형률과 응력의 방향성 분석이 필요한 경우에는 주변형률과 주응력을 출력할 수도 있는데, 어떠한 결과값을 출력할 것인지는 해석의 목적에 부합하도록 해석자가 결정해야 한다. 변형률과 응력의 어떠한 성분을 선택할 것인가에 대해서는 3.1절의 내용을 다시 복습하기 바란다.

1차원이나 2차원 물체의 경우에는 프린지 출력으로도 결과값의 레벨을 명확히 파악할 수 있지만, 3차원 특히 복잡한 형상에서는 곤란한 경우가 종종 발생한다. 이러한 경우에는 그림 6.1.9에 나타낸 등치선(isoline) 혹은 등치면(isosurface) 출력을 이용하면 결과값의 레벨을 아주 뚜렷이 구분할 수 있다. 등치선과 등치면은 지도에서 지형의 고도의 나타내는 방식과 같이 색상범례에서 레벨의 경계를 표시한 것으로서 아무리 복잡한 물체일지라도 쉽게 결과값의 레벨을 파악할 수 있다. 등치선과 등치면의 레벨을 보다 쉽게 파악하기 위해 등치선과 등치면 출력에 레벨값을 동시에 출력시킬 수도 있다.

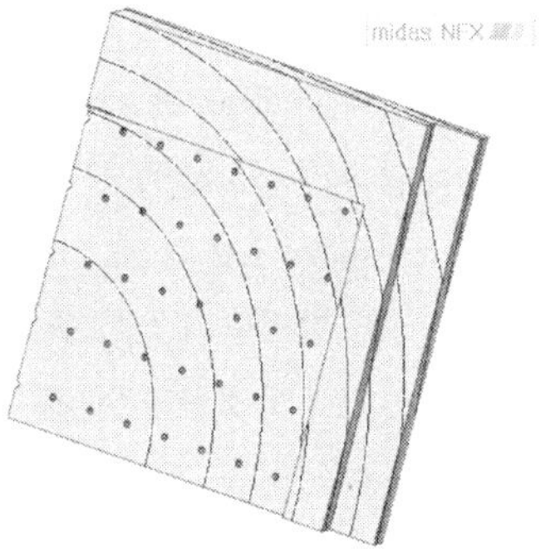

(a)

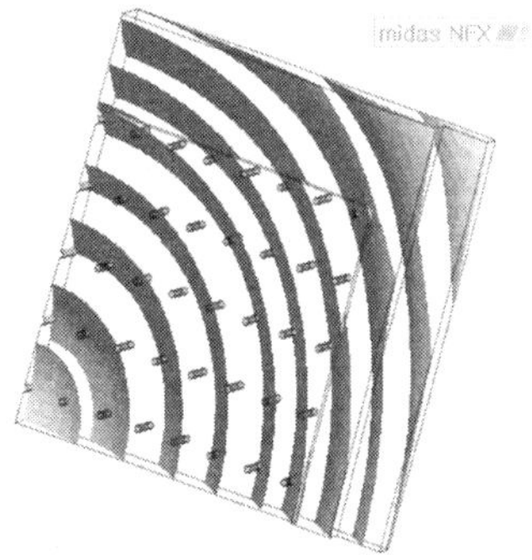

(b)

그림 6.1.9 3차원 솔리드 해석결과의 표현: (a) 등치선(isoline) 출력 (b) 등치면(isosurface) 출력

조회기능(query function)을 이용하면 프린지 출력 상에서 결과값을 화면에 출력시킬 수 있다. 마우스를 프린지 출력 상에서 이리저리 옮김에 따라 해당되는 지점에서의 결과값이 출력되기 때문에 색상범례를 이용하여 해당 지점의 결과값을 유추하는 것보다 정확하게 확인할 수 있다. 한편, 물체가 변형되는 방향과 크기를 파악하고 싶은 경우에는 그림 6.1.10(b)와 같이 벡터출력(vector plot) 기능을 사용하면 된다. 특히, 유동해석에서는 흐름의 방향과 크기가 중요하기 때문에 이 기능이 필수적으로 사용되고 있다. 벡터출력에 있어 화살표의 방향은 물체가 이동하는 방향을 그리고 화살표의 길이는 이

동량의 크기를 각각 나타낸다. 벡터출력은 애니메이션 기능을 화살표로 대체시킨 것으로 생각할 수 있다.

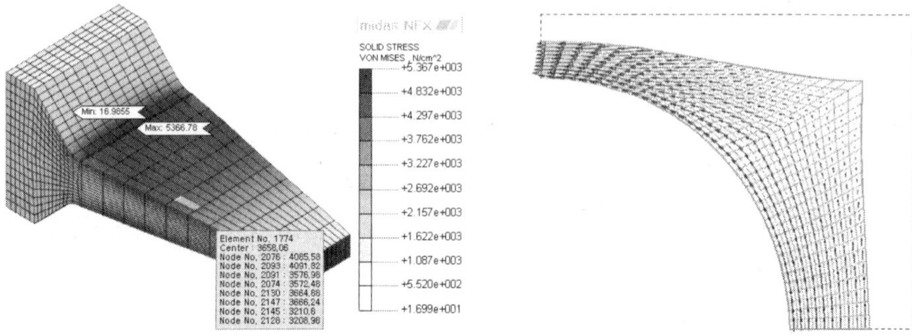

(a) (b)

그림 6.1.10 (a) 프린지 출력에서의 결과값의 조회 (b) 최대 주응력의 벡터출력

3.2절에서 학습한 박판 구조물(thin-walled structure)의 경우, 구조물 변형의 두께방향으로의 변화가 미소하기 때문에 요소망을 중립축(neutral axis) 혹은 중립면(neutral surface)에만 생성하게 된다. 그 결과, 보(beam)나 아치(arch)로 구성된 구조물의 요소망은 1차원 선이나 곡선이며, 평판이나 쉘로 구성된 구조물의 요소망은 2차원 평면이나 곡면이 된다. 따라서 해석자가 추가 출력옵션을 지정하지 않으면 프로그램은 그림 6.1.11과 같이 중립축 혹은 중립면에서의 값을 출력하게 된다. 하지만, 중립축이나 중립면이 아닌 단면상의 다른 지점에서의 결과를 출력할 수도 있는데, 이를 위해서 해석자는 전치리 과정에서 미리 응력복원(stress recovery) 기능을 설정해야 한다.

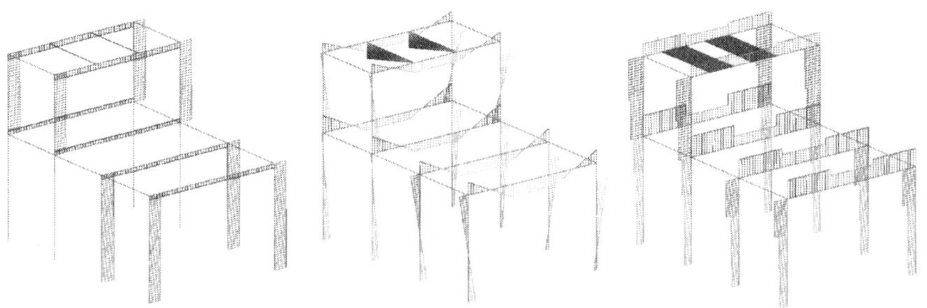

(a) (b) (c)

그림 6.1.11 I형 단면을 가진 보 구조물의 응력결과 출력: (a) 축응력 (b) 굽힘응력 (c) von Mises 응력

아래 그림 6.1.12는 I형 단면보 구조물의 경우에 있어 중립축이 아닌 단면상의 지점에서의 응력을 출력하기 위해 응력복원점을 설정하는 장면을 보여주고 있다. 응력복원점은 단면상의 임의 위치에 있는 지점으로서 하나 이상 여러 지점들도 지정이 가능하다. 이러한 지점에서의 응력값은 중립면에서의 변위값을 박판 구조물 변형이론에 대입하여 이론적으로 계산되기 때문에 후처리 작업을 통해 이루어진다. 실무에 있어 중립축이나 중립면이 아닌 단면상의 임의 지점에서 응력값이 필요한 경우가 종종 발생한다. 단순한 예로 굽힘하중을 받는 경우에는 박판 구조물의 표면에서 최대 응력이 발생하기 때문에 구조 안전성은 이 지점에서의 응력값으로 평가하게 된다.

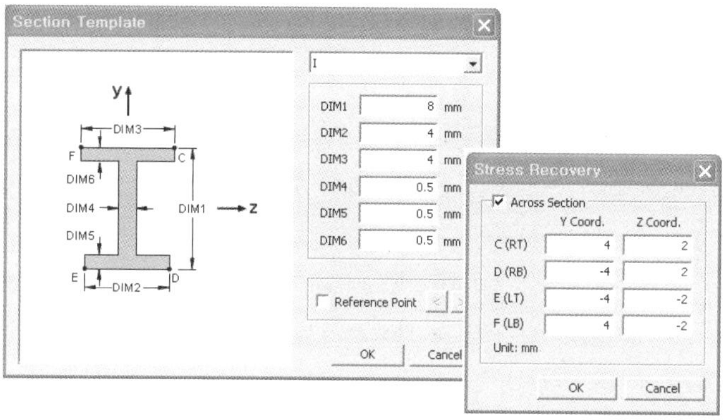

그림 6.1.12 I형 단면 보 구조물에서 중립축 이외의 지점에서 응력을 출력하기 위한 응력복원점의 설정

지금까지는 해석모델 전체에 걸쳐 결과를 출력하는 양식에 대하여 설명하였는데, 경우에 따라서는 물체 내 특정한 경로를 따라서 결과를 분석해야 할 경우가 있다. 예를 들어, 그림 6.1.13의 구멍 테두리에서의 등가응력 변화를 파악하고 최댓값이 발생하는 지점과 정량적인 응력집중계수(SIF: stress intensity factor)를 구해야 하는 경우이다. 이렇게 물체 내 특정한 경로를 따라 결과를 컨토(contour)가 아닌 그래프 형식으로도 출력할 수 있다.

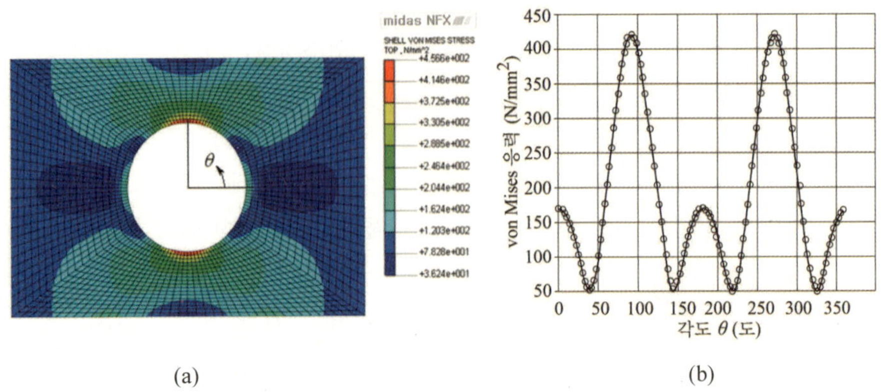

그림 6.1.13 **구멍 주위의 응력 출력:** (a) 프린지 출력 (b) von Mises 응력 그래프

다음의 그림 6.1.14는 주응력과 등가응력 분포의 차이를 보여주고 있다. 3.1.3절에서 설명한 바와 같이 주응력은 전단응력이 0가 되는 좌표축을 기준으로 측정한 값인 반면, 등가응력은 좌표축과는 무관한 응력의 크기를 나타내는 값이다. 아래 그림에서 확인할 수 있듯이, 주응력과 등가응력은 서로 다른 분포를 나타낼 뿐만 아니라, 최소 그리고 최대 주응력 역시 서로 다른 분포를 나타낸다. 따라서, 해석자는 해석목적에 따라 어떠한 응력값으로 응력의 분포를 출력할 것인가를 신중히 검토하여 선택해야 한다.

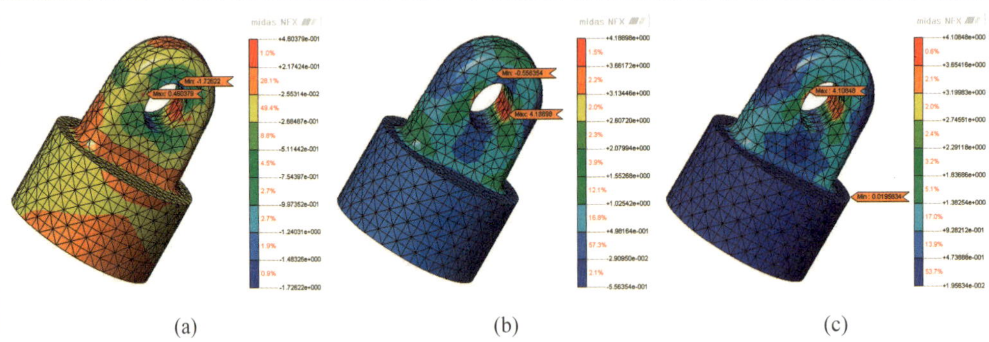

그림 6.1.14 **러그부품의 응력분포 출력:** (a) 최소 주응력 (b) 최대 주응력 (c) von Mises 응력

6.2 물체의 특이거동

물체가 특정 부위나 시점에서 나타내는 거동의 특이성(singularity)은 아래 그림 6.2.1과 같이 크게 세 가지 유형으로 분류할 수 있다. 첫 번째 유형은 균열선단(crack tip) 혹은 집중하중이 작용하는 지점에서의 응력집중(stress concentration)과 같이 거동이 무한대로 커지는 것으로서, 이러한 거동을 수치해석으로 정확하게 모사하기란 거의 불가능하다. 두 번째 유형은 서로 다른 두 매질이 접하고 있는 공통 경계면을 가로질러 불연속성을 나타내는 것으로서, 적층복합재(laminated composite)와 같이 물체의 물성치(material property)가 접합면에서 불연속성을 나타내는 경우에 발생한다. 그리고 마지막 유형으로는 거동이 특정 구간에서 매우 급격하게 변동하는 것으로서, 일반적으로 요동이 심한 동하중(dynamic load)을 받고 있는 동적시스템의 시간응답에서 발견할 수 있다.

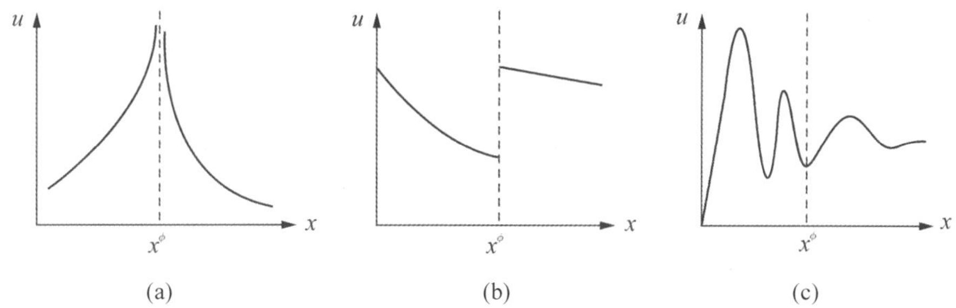

그림 6.2.1 거동의 특이성: (a) 무한한 증가, (b) 불연속, (c) 급격한 변동

이러한 물체거동 자체의 특이성을 유발하는 원인을 정리하면 다음과 같이 네 가지로 분류할 수 있다.

- **물체의 코너(corner)부위 혹은 경계** : 물체의 기하학적 형상이 180° 이상으로 꺾여 있는 코너부위 혹은 3장에서 설명한 경계층 효과(boundary layer effect)가 존재하는 물체의 경계
- **집중하중 및 집중구속** : 점하중(point load)이나 점구속(point constraint)과 같이 하중이나 구속이 매우 좁은 영역에 부과되어 있는 경우

- **서로 다른 매질이 접하는 면** : 서로 다른 재질이 접합되어 있어 있거나 재료의 물성이 예리한 불연속성을 나타내는 접합면
- **변동이 심한 동하중** : 동하중이 순간적으로 작용하는 임펄스(impulse)나 온도가 급격히 증가하는 열충격(thermal shock)과 같이 변동이 심한 동하중(dynamic load)이 작용하는 경우

참고로 점하중이란 하중이 작용하는 면적이 0인 경우를 의미하는 것으로 실제로는 존재하지 않는 가상의 하중이다. 아무리 뾰족한 바늘의 끝단도 유한한 크기의 면적을 지니게 되는데, 유한요소 모델링 과정에서 이러한 상황을 점하중으로 단순화 시키는 경우가 많다. 한편, 위에서 열거한 물체의 특이거동은 3장에서 소개한 잠김현상(locking phenomenon)과는 본질적인 차이를 지니고 있는데, 전자는 수치해석과는 무관하게 물체 그 자체에 내포되어 있는 본질적인 거동인 반면, 후자는 해석자의 불충분한 해석기술에 의해 유발되는 특이거동이다.

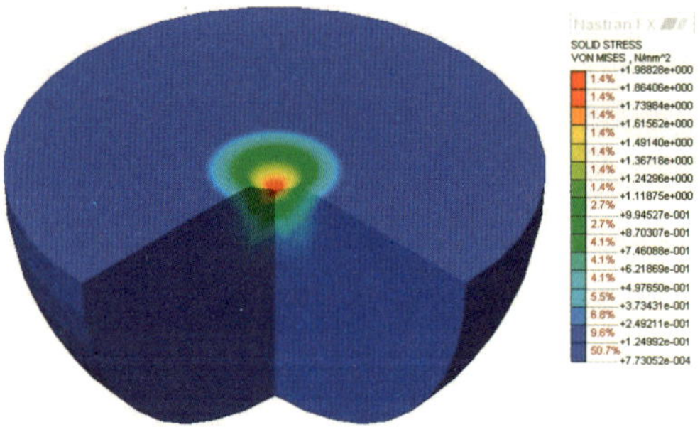

(a)

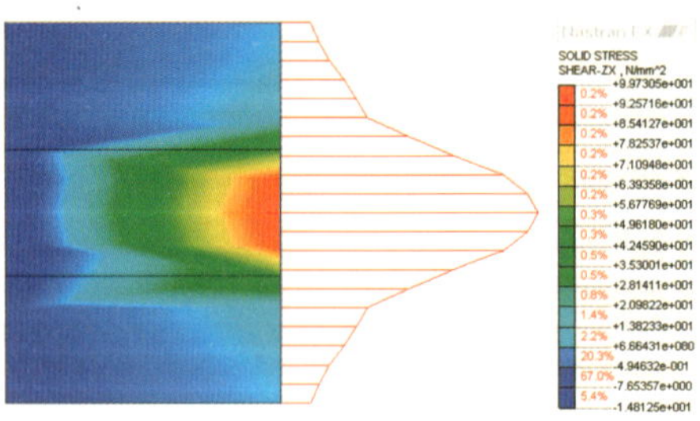

(b)

그림 6.2.2 특이거동: (a) 수직방향 점하중을 받는 탄성체, (b) 서로 다른 두 매질이 접합되어 있는 3층 적층복합재에서의 전단응력 분포

시간과 더불어 변하지 않는 정적인 거동의 경우, 거동의 특이성은 일반적으로 물체의 1차 거동에서는 거의 발견되지 않으며, 1차 거동의 공간상의 변화와 연관되어 있는 2차 거동에서 주로 발생한다. 예를 들어, 구조해석에 있어 변위 그 자체가 특이한 거동을 나타내는 경우는 거의 없으며, 변위의 변화율과 연관되어 있는 변형률(strain)과 응력(stress)에서 특이성이 발생한다.

6.2.1 이론적 고찰

본 절에서는 균열(crack) 선단에서의 응력집중과 같이 물체의 꺾인 영역에서 물체가 특이한 거동을 나타내는 원인을 이론적으로 고찰하고자 한다. 3장에서의 연속체에 대한 정의를 상기하여, 물체가 파괴로 인해 두 개로 쪼개지지 않는 한 변형은 유한한 값을 가지게 된다. 따라서, 물체 내 응력이 집중되는 부분이 존재하더라도 물체 변형 $\boldsymbol{u}$에 의한 총 변형률에너지(strain energy) $U(\boldsymbol{u})$는 아래 식과 같이 무한대(∞)가 아닌 유한한 값을 가지게 된다.

$$U(\boldsymbol{u}) = \frac{1}{2}\int_{\Omega} \sigma(\boldsymbol{u}) : \epsilon(\boldsymbol{u})\, dV < \infty \tag{6.7}$$

여기서 Ω는 물체가 차지하고 있는 공간상의 영역을, $\boldsymbol{u}$는 물체의 변형을, σ와 ϵ은 각각 응력과 변형률을 나타내며, $\sigma : \epsilon$은 응력과 변형률의 곱을 의미한다. 변형률, 응력 그리고 변형률에너지에 대한 상세한 설명은 3장을 참조하기 바란다.

다음의 그림 6.2.3의 쐐기형상을 지닌 2차원 물체의 본질적인 거동, 즉 균질해(homogeneous solution)를 통해 꺾여진 코너부위에서 물체가 특이한 거동을 나타내게 되는 원인을 살펴보기로 하자. 균질해란 외부로부터 아무런 외란이 작용하지 않은 상태에서 물체가 지니고 있는 고유한 거동을 의미한다. 외란을 받고 있는 물체가 나타내는 실제거동은 균질해의 조합으로 표현되기 때문에, 물체의 특이거동은 균질해를 통해서 충분히 파악할 수 있다.

설명을 간략화 하기 위하여 물체의 변위(displacement)를 간단히 u라고 표기하고 쐐기의 중심점에 극좌표를 설정하기로 하자. 그리고 쐐기의 윗면과 아랫면에는 $u=0$라는 경계조건이 부여되어 있다. 앞서 3장에서 물체 내 임의 지점에서의 변형률(strain)은 변위의 공간상의 변화율로 표현되고, 그 지점에서의 응력(stress)은 변형률에 물체 강성의 곱으로 계산된다. 쐐기형상의 변위는 이론적으로 유도가 가능하며 변위로부터 변형률과 응력을 유도하여 식 (6.7)에 대입하여 r만의 함수로 총 변형률에너지를 정리하면 다음과 같다.

$$U(u) \propto \int_0^\beta \left[\int_0^r r^{2\lambda_n - 1} dr \right] d\theta \qquad (6.8)$$

여기서 λ_n은 $n\pi/\beta$로 정의되는 값이며 총 변형률에너지를 r만의 함수로 정리한 이유는 쐐기형상의 물체가 r방향으로만 특이한 거동을 나타내기 때문이다.

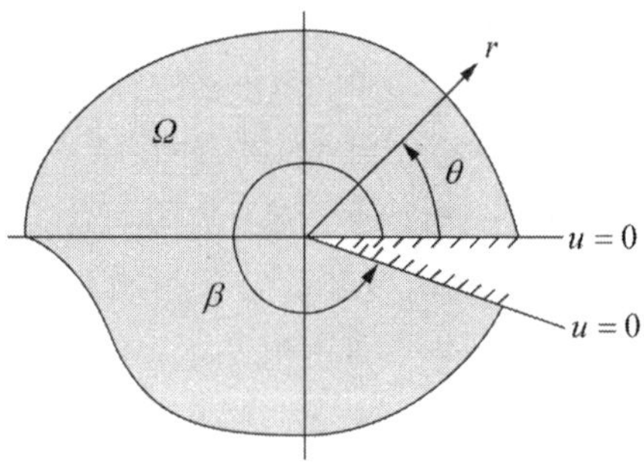

그림 6.2.3 특이거동의 이론적 분석을 위해 사용되는 2차원 쐐기형상 문제

식 (6.8)에 있어 만약 r의 지수 $(2\lambda_n - 1)$이 음의 값을 가지게 되면 적분값은 $r=0$인 지점에서 무한히 증가하게 된다. 하지만, 연속체의 총 변형률에너지는 유한한 값을 가져야 하는 물리적 요구조건 (6.7)을 만족하기 위해 λ_n은 반드시 다음의 조건식을 만족해야 한다.

$$2\lambda_n - 1 \geq 0 \quad \Rightarrow \quad \lambda_n = \frac{n\pi}{\beta} \geq \frac{1}{2} \quad \Rightarrow \quad n \geq \frac{\beta}{2\pi} \qquad (6.9)$$

만약 β가 270° 즉 $3\pi/2$라고 가정하면 $n \geq 1$이 되어야 하므로, 쐐기형상의 변위는 $\lambda_1 = 2/3$로 시작되는 항들의 조합으로 표현된다.

$$u(r,\, \theta) = \sum_{n=1}^{\infty} D_n r^{\lambda_n} \sin n\theta = D_1 r^{2/3} \sin\theta + D_2 r^{4/3} \sin 2\theta + D_3 r^2 \sin 3\theta + \cdots \qquad (6.10)$$

여기서 D_i는 실제로 쐐기에 외부하중이 가해지게 되면 값이 결정되는 상수들이다.

쐐기의 변형률과 응력에 직결되는 변위의 r에 대한 변화율은 다음과 같이 표현되고

$$\frac{\partial u(r,\, \theta)}{\partial r} = D_1 \frac{\sin\theta}{r^{1/3}} + 2D_2 r^{1/3} \sin 2\theta + 3D_3 r \sin 3\theta + \cdots \qquad (6.11)$$

위 식으로부터 해의 1차 거동 u는 쐐기의 중심으로 갈수록(즉, $r \to 0$) 무한대로 증가하지 않지만, 식 (6.11)에서 r에 대한 변화율의 첫 번째 항이 쐐기의 중심에서 무한대로 커지는 특이거동을 확인할 수 있다. 이러한 특이거동은 β가 180°보다 커지는 순간부터 발생하게 되며 β가 증가할수록 특이거동의 강도(intensity)는 비례적으로 증가하게 된다. 예를 들어, $\beta = 270°$인 경우에는 식 (6.9)와 (6.11)에서 확인할 수 있듯이 u의 변화율이 쐐기 중심에서 $1/\sqrt[3]{r}$의 특이성을 나타내지만, 균열에 해당되는 $\beta = 360°$인 경우에는 쐐기 중심에서 $1/\sqrt{r}$이라는 가장 높은 응력의 특이성을 나타낸다. 균열선단(crack tip)에서의 $1/\sqrt{r}$ 특이성에 대한 보다 상세한 설명은 파괴역학을 다루는 문헌을 참조하기 바란다.

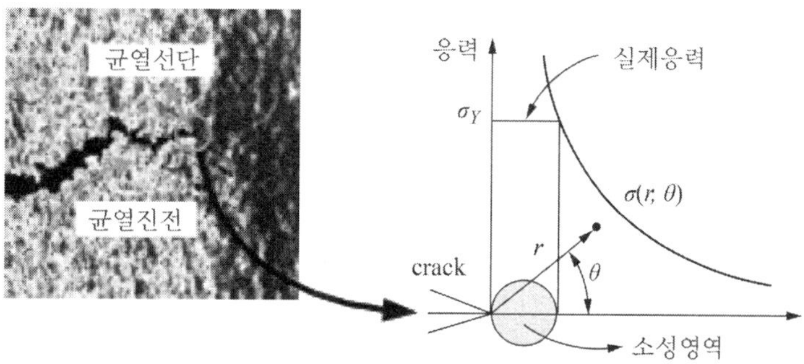

그림 6.2.4 선단으로 갈수록 응력이 $1/\sqrt{r}$로 급증하는 균열에서의 특이거동

그림 6.2.4는 균열선단에서의 응력집중 현상을 도식적으로 나타낸 것으로, 물체가 영구변형을 일으키지 않는다는 가정 하에서 구한 그래프이다. 하지만 이러한 가정 하에서 계산한 응력은 균열선단에서 항복응력을 초과하기 때문에 실제로는 소성변형이 발생하게 되고 응력값은 항복응력 수준으로 제한된다.

하중 혹은 구속조건이 매우 좁은 영역에 국한되어 있거나 180° 이상의 각도로 꺾여 있는 코너부에 발생하는 거동의 특이성은 다음과 같은 공통점을 지니고 있다.

- 꺾어진 각도가 180° 이상이 되는 코너부위에서는 변형률과 응력과 같은 물체의 2차 거동은 매우 큰 값으로 증가하는 특이거동을 나타낸다. 그리고 특이거동의 강도는 꺾어진 각도에 비례하여 커지며, 360°의 꺾임각을 갖는 균열에서 최대가 된다.
- 코너부의 중심에 설정한 극좌표계를 기준으로 거동의 특이성은 θ방향으로는 나타나지 않으며 r방향으로만 존재한다. 그리고 특이성의 강도는 r이 감소하는 방향으로 증가하며 코너의 중심에서 최대가 된다.

- 이러한 특이거동을 모사하기 위해서는 코너의 중심으로 갈수록 요소의 크기가 점진적으로 줄어드는 편향 요소망이 효과적이며, θ방향으로는 편향 요소망을 적용할 필요가 없다.

물체의 특이거동을 효과적으로 모사할 수 있는 요소망과 해석기법에 대해서는 다음의 6.2.2절에 공학예제와 더불어 상세히 설명되어 있다.

특이거동의 강도를 정량적으로 평가하는 잣대로 응력집중계수(stress intensity factor) K가 사용되고 있으며, 약어로 SIF라고 불리기도 한다. 응력집중계수는 식 (6.12)과 같이 계산되며, 응력의 크기를 나타내는 등가응력뿐만 아니라 각각의 응력성분에 대해서도 적용된다.

$$K = \frac{\sigma_{\max}}{\sigma_0} \tag{6.12}$$

여기서 $\sigma_{\max}$는 특이거동에 의해 발생하는 최대 응력을 그리고 σ_0는 특이거동이 존재하지 않는 물체의 나머지 영역에서의 평균 응력값을 의미한다. 따라서, 물체 내 특이지점에서의 최대 응력과 특이성이 없는 나머지 영역에서의 평균 응력과의 차이가 커질수록 응력집중계수는 커지게 된다.

응력집중계수는 대부분 실험을 통해 구해지며 대표적인 공학문제에 대한 응력집중계수들은 파괴역학을 다루는 각종 문헌에 표로 제공되어 있다. 아래 그림 6.2.5(a)는 270°로 꺾어진 코너부를 가진 L자형 평판에 수직 분포하중이 작용할 경우, 코너부의 중심으로 갈수록 응력이 집중되는 현상을 보여주고 있다. 그리고 그림 6.2.5(b)는 그림 6.2.6에 나타낸 수평 인장하중을 받는 내공을 갖는 무한한 평판(infinite plate)을 길이가 유한한 대칭모델을 사용하여 해석한 등가응력 분포를 보여주고 있다.

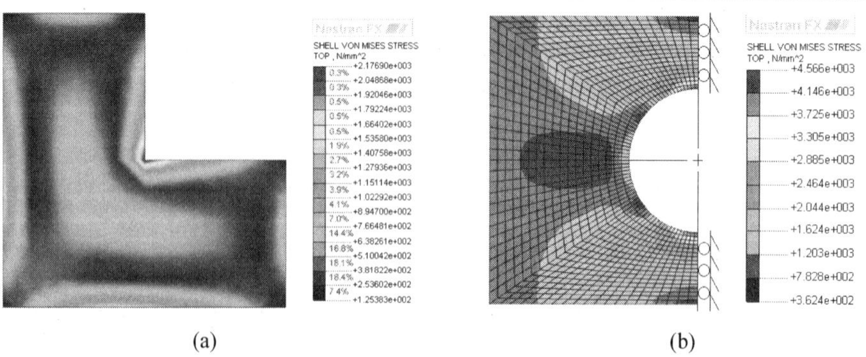

그림 6.2.5 (a) L자형 평판 그리고 (b) 내공을 갖는 무한평판에서의 응력집중

내공의 중심에 설정한 극좌표계를 기준으로 평판 내부에 발생하는 응력을 이론적으로 유도하면 아래 식 (6.13)과 같다. 식 (6.13b)로부터 원주방향으로의 응력성분 $\sigma_{\theta\theta}$는 $\theta=0$ 그리고 180°가 되는 지점 2에서 최솟값 $\sigma_{\theta\theta}=-T_x$를, 반면 $\theta=90°$ 그리고 270°가 되는 지점 1에서 최댓값 $\sigma_{\theta\theta}=3T_x$가 됨을 확인할 수 있다. 만약 내공이 없다면 지점 1에서의 원주방향으로의 응력 $\sigma_{\theta\theta}$는 T_x가 되므로, 이 평판은 지점 1에서 $K=3$의 응력집중계수를 나타낸다.

$$\sigma_{rr} = \frac{T_x}{2}\left(1-\frac{A^2}{r^2}\right)+\frac{T_x}{2}\left(1-4\frac{A^2}{r^2}+3\frac{A^4}{r^4}\right)\cos 2\theta \tag{6.13a}$$

$$\sigma_{\theta\theta} = \frac{T_x}{2}\left(1+\frac{A^2}{r^2}\right)-\frac{T_x}{2}\left(1+3\frac{A^4}{r^4}\right)\cos 2\theta \tag{6.13b}$$

$$\sigma_{r\theta} = -\frac{T_x}{2}\left(1+2\frac{A^2}{r^2}-3\frac{A^4}{r^4}\right)\sin 2\theta \tag{6.13c}$$

지점 1에서 응력이 집중되는 현상은 위 그림 6.2.5(b)의 유한요소 해석결과에서도 확인할 수 있다.

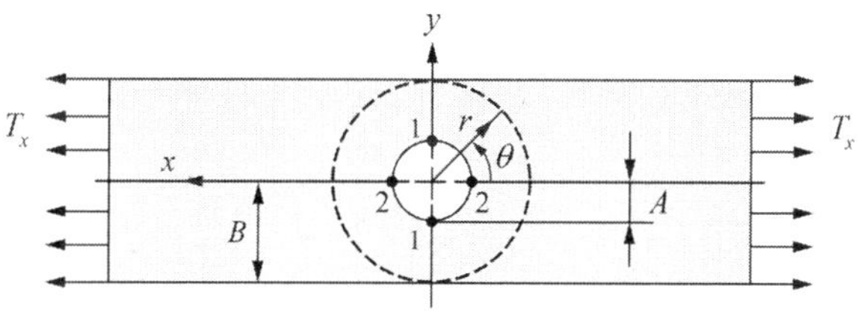

그림 6.2.6 내부에 구멍이 존재하는 수평방향으로 무한한 평판

6.2.2 특이거동을 위한 효과적인 요소망

앞서 2장에서 설명한 바와 같이 유한요소 해석에 있어 해석결과의 정확도는 요소크기(element size) h와 요소차수(element order) p에 영향을 받는다. 요소크기의 변화는 요소망 내 요소 수에 영향을 미치면서 총 절점수를 변화시키는 반면, 요소차수는 요소망 내 요소 수는 일정하게 유지하면서 총 절점수를 변화시키게 된다. 요소 수의 변화 여부와는 무관하게 두 인자의 변화는 공통적으로 요소망 내 총 절점수를 변화시키기 때문에 해석결과의 정확도에 영향을 미치게 된다.

유한요소 해석에 있어 해석결과의 정확도를 향상시키기 위해 요소망을 세밀화(mesh refinement)하는 기법에는 다음의 h- 그리고 p-method가 있다.

- **h−method** : 요소망 내 요소의 크기를 줄임으로써 총 요소 수를 증가시켜 해석의 정확도를 향상시키는 요소망 세밀화(mesh refinement) 기법을 일컫는다.
- **p−method** : 요소망 내 요소 수는 그대로 유지하면서 요소의 차수를 증가시킴으로써 해석의 정확도를 향상시키는 요소망 세밀화 기법을 일컫는다.

두 기법 모두 절점수의 증가로 해석의 정확도를 향상시키지만, 아래 그림 6.2.7(a)의 1차원 문제의 예와 같이 해가 특이한 거동을 보이는 영역에서는 저차요소를 이용한 h- 그리고 완만한 변화를 보이는 영역에서는 고차요소를 적용한 p-method가 효과적이다.

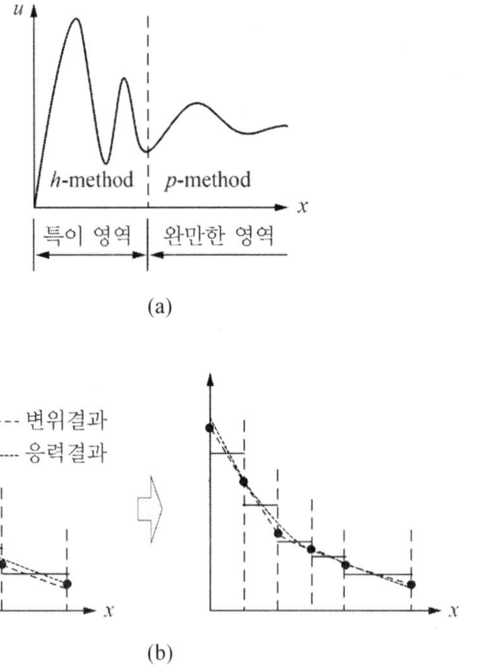

그림 6.2.7 1차원 문제의 예시: (a) 물체거동과 효과적인 요소망 세밀화 기법 그리고 (b) 선형 요소망 내 물체의 변화율

거동이 복잡해질수록 이에 비례하여 거동의 변화율이 증가한다는 사실은 그림 6.2.7 (a)로부터 확인할 수 있다. 이러한 특이영역에 1차 선형요소를 적용한다고 가정하면,

해석결과의 변화율은 두 절점 사이, 즉 각 요소 내에서는 일정한 값이 될 것이다. 그런데, 각 요소 내에서 일정한 변화율은 요소크기를 줄이게 되면 비례적으로 그 개수가 증가하게 되어 급격한 변화율을 보다 잘 표현할 수 있다. 따라서, 해의 특이성으로 야기되는 물체거동의 급격한 변화율은 1차 선형요소의 요소크기를 줄임으로써 보다 정확히 모사할 수 있다.

하지만 아래 그림 6.2.8과 같이 고차요소를 사용한다고 가정하면 거동의 변화율은 각 요소 내에서 한 차수 낮은 불연속적인 고차함수가 될 것이다. 그리고, 1차 선형요소와는 달리 요소차수를 증가시킨다고 하더라도, 요소 내 거동의 변화율은 차수는 증가할지라도 요소 사이의 간격은 일정하게 유지된다. 그 결과, 요소 수를 증가시키지 않고 단순히 요소차수만 높이게 되면 거동의 변화율은 요동(fluctuation)만 심해질 뿐, 특이거동에 따른 급격한 변화율을 보다 정확히 모사하지는 못한다.

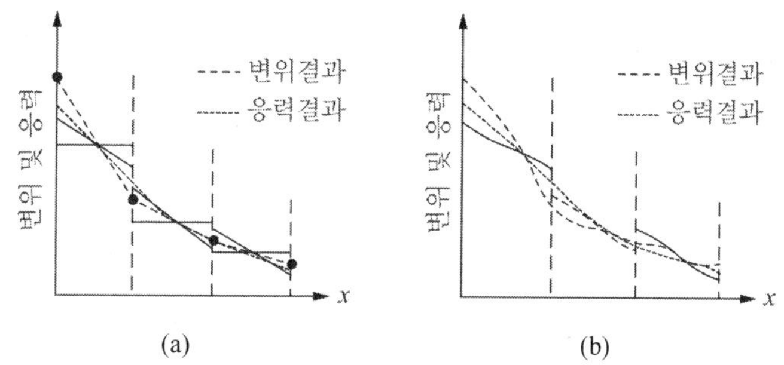

그림 6.2.8 고차 요소망 내 거동의 변화율: (a) 2차 요소 그리고 (b) 3차 요소

반면, 거동의 변화가 완만한 영역에 저차요소를 사용하게 되면 요소크기의 감소에 따라 해석결과의 정확도는 향상된다. 하지만, 많은 수의 저차요소를 사용하는 것보다 적은 수의 고차요소를 사용하는 것이 보다 적은 절점수로서 정확도를 향상시킬 수 있는 효과적인 방법이다. 왜냐하면, 앞의 그림 6.2.7(a)를 참고하여 해의 거동이 완만한 영역에서는 거동의 변화가 심하지 않아, 한 두 개의 고차요소로도 큰 무리 없이 거동의 변화를 잘 표현할 수 있기 때문이다.

다음으로, 특이거동 모사에 효과적인 h-method를 실무 해석에 적용하는 방안을 살펴보기로 한다. 그림 6.2.9(a)는 수직분포 하중을 지지하는 가장자리가 고정되어 있는 L자형 평판으로서, 응력은 270°로 꺾여 있는 코너부 중심에서 $1/\sqrt[3]{r}$ 의 특이성을 가지게 된다. 따라서, 코너부 중심으로 갈수록 급격히 증가하는 응력분포를 정확히 해석하기 위해서는 엄청나게 많은 저차요소로 구성된 조밀 요소망(fine mesh)을 사용해야 한다. 하지만, 코너부로부터 멀어질수록 평판의 거동은 완만(smooth)해지기 때문에 코너부를 제외한 나머지 영역에서는 조밀한 요소망이 필요치 않다. 만일, 코너부의 요소크기를 기준으로 평판 전 영역에 조밀한 요소망을 생성한다면 엄청나게 많은 요소가 필요하게 되고, 이러한 균일 요소망은 총 요소 수 대비 해석 정확도 향상에 비효율적이다.

이처럼 거동의 특이성이 특정 영역에만 국한되어 있는 경우에는, 그림 6.2.9(a)와 같이 코너부 중심을 향해 반경방향으로 요소크기가 점진적으로 줄어드는 편향 요소망(gradient mesh)이 효과적이다. 편향 요소망에 있어 특이성이 최대가 되는 코너부 중심에서의 요소크기가 해석결과의 정확도를 좌우하게 되는데, 이 요소크기를 결정할 수 있는 명확한 정량적 기준은 없다. 다만 아래 그림과 같이 코너부 중심에서의 요소와 인접한 요소까지의 거리를 10배로 하는 것을 추천하고 있다. 그림 6.2.9(b)는 코너부 중심에서의 요소크기를 균일 요소크기 h의 0.005, 0.01, 0.05배로 한 경우에 있어 수평라인 a-a'을 따른 수직응력 σ_{yy}의 분포를 나타낸 것이다. 해석결과로부터 코너부 중심에서의 최대 응력값은 코너부 중심에서의 요소와 인접한 요소의 크기에 매우 민감함을 확인할 수 있다.

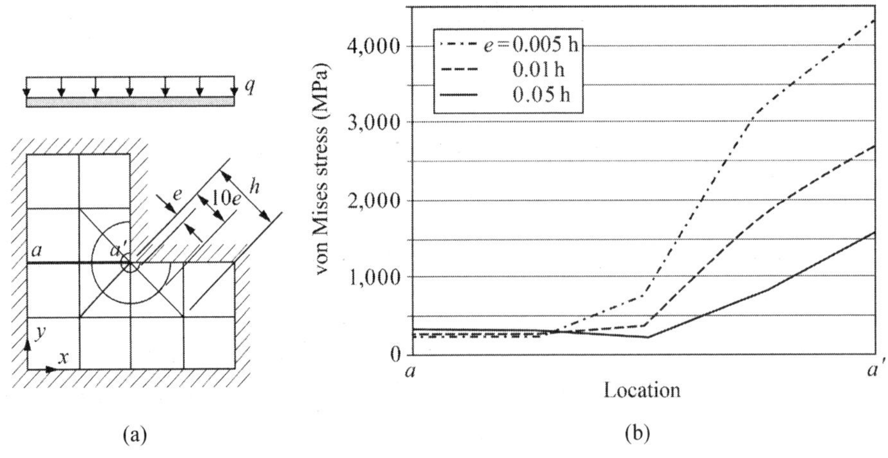

(a) (b)

그림 6.2.9 효과적인 요소망 생성: (a) 수직 분포하중을 받는 L자형 평판, (b) 코너부 중심의 요소크기와 해석으로 구한 응력분포

해의 특이성이 매우 심하지 않은 경우에는 많은 경우 저차의 편향 요소망을 이용하여 원하는 수준의 해석결과를 구할 수 있다. 하지만 해의 특이성이 매우 높은 경우에는 편향 요소망의 요소크기를 아무리 작게 하더라도 원하는 수준의 해석결과를 구하지 못

하는 경우가 종종 발생한다. 가장 대표적인 공학문제로 꺾임각도가 360°인 균열선단에서의 응력집중으로서, 3.2.3절에서 설명한 특이요소(special element)나 다음에 소개하는 J-적분법(J-integral method)을 적용하는 것이 효과적이다.

그림 6.2.10에 도시한 바와 같이 균열에는 열림 모드(opening mode), 미끄러짐 모드(sliding mode) 그리고 찢어짐 모드(tearing mode)의 세 유형으로 구분된다. 찢어짐 모드는 나머지 두 모드와는 달리 균열에 의한 변형이 동일 평면상에 존재하지 않는 차이점을 지니고 있다. 그림 6.2.4에서 설명한 균열선단에서의 소성변형을 무시하고 선형파괴역학으로 가정하면, 균열선단에서의 응력장은 균열모드에 무관하게 $\sigma(r,\ \theta) \sim \frac{K}{\sqrt{2\pi r}} \cdot fn(\theta)$로 미지수에 해당하는 응력집중계수 K와 이론적으로 유도가 가능한 θ의 함수곱으로 표현된다. 아래 식 (6.14)는 열림 모드에 있어 선형 파괴역학이론에 따라 유도한 균열선단에서의 응력장을 나타내고 있다.

$$\sigma_x = \frac{K_I}{\sqrt{2\pi r}} \cos\frac{\theta}{2}\left(1 - \sin\frac{\theta}{2}\sin\frac{3\theta}{2}\right) \tag{6.14a}$$

$$\sigma_y = \frac{K_I}{\sqrt{2\pi r}} \cos\frac{\theta}{2}\left(1 + \sin\frac{\theta}{2}\sin\frac{3\theta}{2}\right) \tag{6.14b}$$

$$\tau_{xy} = \frac{K_I}{\sqrt{2\pi r}} \sin\frac{\theta}{2}\cos\frac{\theta}{2}\cos\frac{3\theta}{2} \tag{6.14c}$$

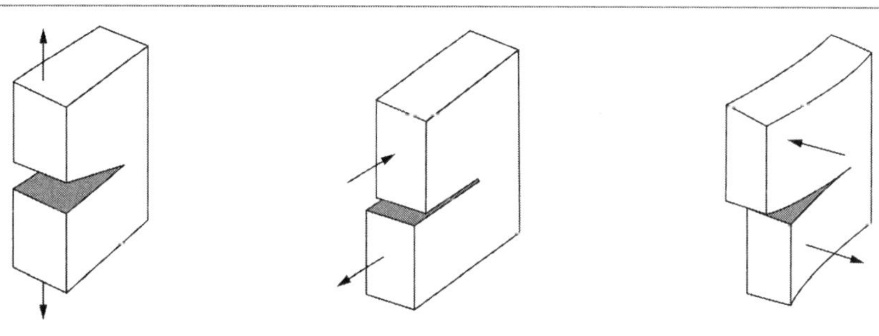

(a) (b) (c)

그림 6.2.10 세 가지 유형의 균열모드: (a) 열림 모드, (b) 미끄러짐 모드, (c) 찢어짐 모드

따라서, 응력집중계수 K값만 결정되면 해당 균열모드의 균열선단 부위에서의 응력분포를 정확하게 구해낼 수 있다. 응력집중계수는 그림 6.2.11(a)와 같이 균열선단에 매우 조밀한 요소망을 이용한 유한요소 해석이나 이론-수치기반(analytical-numerical based)의 J-적분법을 이용하여 계산할 수 있다. 하지만, 유한요소 해석을 이용하는 경우에는 균열선단에 아무리 작은 요소를 적용하더라도 원하는 정확도를 가진 K값을 구할 수 없는 단점이 있다. 한편 J-적분법은 점진적으로 증가하는 하중에 의해 발생하는 균열선단에서의 변형률에너지 방출률(strain energy release rate)을 균열선단을 포함하는 임의 폐곡선을 따라 선적분(line integration)하는 기법이다. 그리고 선적분을 통해 구한 값을 활용하면 각 균열모드의 응력집중계수를 정확히 계산할 수 있는 장점을 지니고 있다.

J-적분법은 1967년 Cherepanov와 1968년 Rice에 의하여 소개되었으며, 가장 큰 특징은 균열선단을 포함하는 폐곡선을 따라 계산한 적분값은 폐곡선의 경로에 무관하게 일정하다는 점이다. 그림 6.2.11(b)와 같이 2차원 균열문제를 예로 들면 J-적분은 다음과 같이 계산된다.

$$J = \oint_{\Gamma} \left[W dy - \boldsymbol{T} \cdot \frac{\partial \boldsymbol{u}}{\partial x} \right] ds \tag{6.15}$$

여기서 $W(x, y)$는 물체의 단위면적당 변형률에너지인 변형률에너지 밀도를 그리고 $\boldsymbol{u}(x, y)$는 물체의 변위를 나타낸다. 그리고 $\boldsymbol{T}(x, y)$는 폐곡선 상에서 물체에 작용하는 표면력(traction)으로, 폐곡선 상에서의 응력 σ와 폐곡선에서 바깥방향으로 수직한 단위벡터 $\boldsymbol{n}$을 이용하여 $\boldsymbol{T} = \boldsymbol{n} \cdot \sigma$로 계산된다. 표면력 계산에 대한 보다 상세한 설명은 3.1절을 참조하기 바란다.

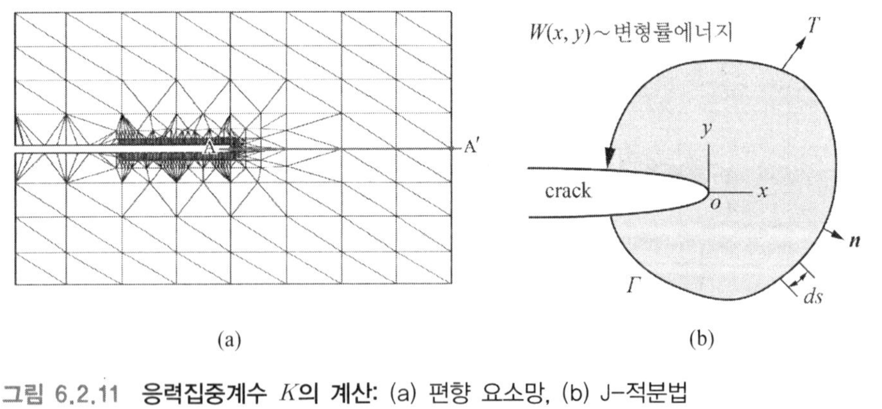

그림 6.2.11 응력집중계수 K의 계산: (a) 편향 요소망, (b) J-적분법

만약, 재료를 등방성(isotropic)의 선형탄성(linear elastic) 그리고 완전 취성(perfectly brittle)으로 가정하면, 그림 6.2.10에 나타낸 세 가지 균열모드에서의 응력집중계수와

J-적분값은 다음의 관계식을 만족한다.

$$J = \begin{cases} \dfrac{K_1^2}{E} & \text{평면응력상태} \\ \\ K_I^2\left(\dfrac{1-\nu^2}{E}\right) & \text{평면변형률상태} \end{cases} \tag{6.16a}$$

$$J = K_{II}^2\left[\frac{4(1-\nu^2)}{3E}\right] \tag{6.16b}$$

$$J = K_{III}^2\left(\frac{1+\nu}{E}\right) \tag{6.16c}$$

따라서, 그림 6.2.11(a)와 같은 요소망으로 균열해석을 수행한 후 균열선단을 포함하는 임의의 폐곡선을 따라 식 (6.10)의 J-적분값을 계산한 후, 위 관계식을 이용하여 해당 균열모드에 대한 응력집중계수 K를 결정할 수 있다. 그림 6.2.12는 그림 6.2.11(a)에 나타낸 수직방향으로 인장하중을 받는 평판에서 균열선단 부위의 수직응력 σ_{yy}를 보여주고 있다. 이론해와 비교하였을 때 J-적분법으로 구한 결과가 잘 일치함을 확인할 수 있다.

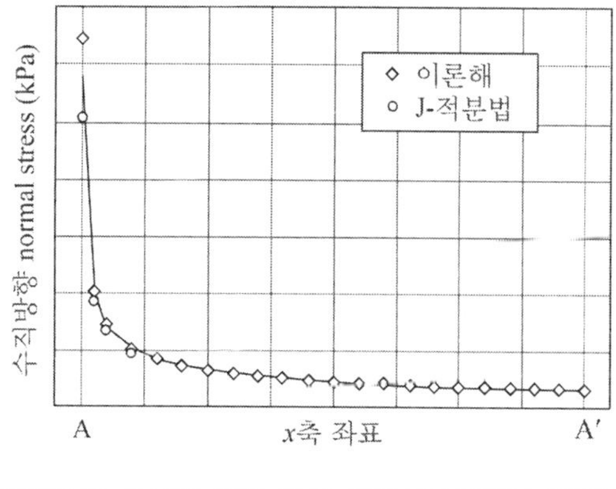

그림 6.2.12 J-적분법으로 계산한 열림 모드 균열선단에서의 응력분포

물체의 특이거동을 효과적으로 재현하기 위해 저차요소로 구성된 편향 요소망을 생성하는 방안을 요약하면 아래와 같다. 우선, 균열선단이나 점하중과 같이 특정지점을 중심으로 특이거동이 발생하는 경우에는

- 특이점에 극좌표계를 설정하였다고 가정하고, r방향으로는 요소크기를 점진적으로 줄이고 θ방향으로는 요소크기를 균일하게 생성한다.
- 요소크기는 r이 감소하는 방향으로 줄이고 특이점의 중심에 해당하는 $r=0$인 지점에서의 특이거동 모사에 지배적이므로 이 요소의 크기는 가능한 한 최소가 되도록 한다.
- 특이영역에서는 1차의 저차요소를 그리고 특이점에서 어느 정도 떨어진 완만한 영역에는 고차의 균일 요소망을 적용한다.

한편, 적층 복합재의 접합면이나 비행중인 항공기 날개 주위의 충격파(shock wave)와 같이 특정한 경계면에서의 재료물성치의 불연속으로 야기되는 특이거동을 효과적으로 재현하기 위해서는

- 접합면에 수직한 방향으로 편향 요소망을 적용하고 접합면과 나란한 방향으로는 균일 요소망을 생성한다.
- 접합면에 인접한 요소는 저차요소를 적용하고 계면과 수직한 방향으로의 요소크기를 최대한 작게 한다. 그리고 접합면에서 멀어질수록 요소크기를 점차 증가시키고 어느 정도 먼 영역에서는 고차요소를 적용한다.

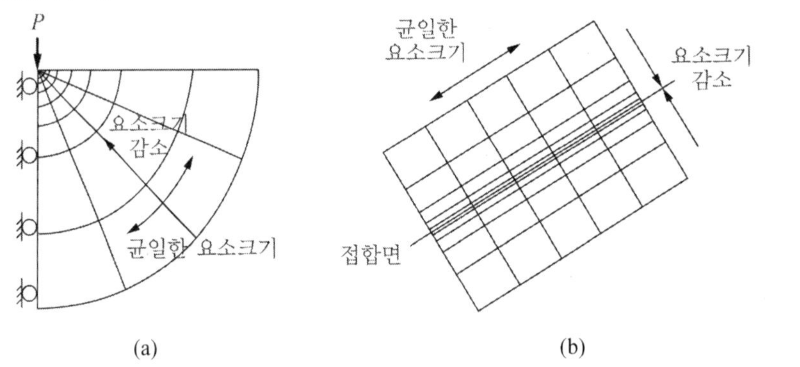

그림 6.2.13 특이거동 모사를 위한 효과적인 요소망: (a) 점하중에 기인한 특이성, (b) 접합면에서의 재료물성치 불연속에 기인한 특이성

다음 그림은 해의 특이성을 고려하여 생성한 비균일 요소망의 예를 보여주고 있다. 좌측 요소망을 살펴보면 코너부와 구멍주위에 상대적으로 작은 요소들이 생성되어 있다. 그리고 우측 요소망의 경우에는 파이프 상단 좌우에 작은 구멍을 통해 뿜어 나오는

유동을 정확히 모사하기 위해 그 주위에 상대적으로 작은 요소들이 생성되어 있음을 볼 수 있다. 이러한 비균일 요소망은 상용 소프트웨어에서 물체의 특징 부위를 따라 자동적으로 처리하는 기능을 탑재하고 있을뿐더러, 필요에 따라 해석자가 수동으로 요소망을 수정할 수도 있다.

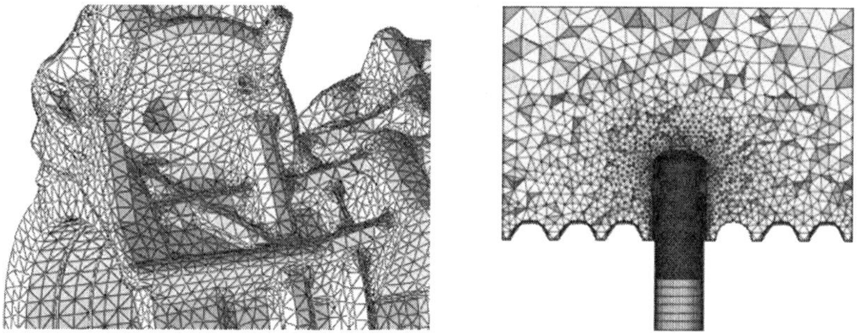

그림 6.2.14 해의 특이성을 고려하여 생성한 효과적인 비균일 요소망

6.3 해석결과의 신뢰성 평가

유한요소 해석결과의 정확성은 요소크기, 요소차수, 시간간격(time step) 그리고 수치기법과 직결되어 있다. 실무에서 접하게 되는 물체에 대한 정확한 거동은 거의 대부분 이론적으로 구할 수 없기 때문에, 해식결과의 신뢰성은 지금까지 실험과의 상대적인 비교에 의존해 왔다. 하지만, 실험은 시간과 경비 그리고 재현성 측면에서 매우 제한적이기 때문에 수치해석적으로 해석결과의 정확도를 평가하는 방법들이 최근 들어 소개되고 있다. 본 절에서는 해석결과의 신뢰성을 수치해석적으로 평가하는 오차평가(error estimation)기법을 소개하고자 한다. 아울러, 오차평가를 기반으로 해석자가 원하는 수준의 정확도를 만족시키는 해석결과를 제공하는 적응적 유한요소법(adaptive finite element method)을 소개하고자 한다. 본 절에서 소개하는 오차평가기법과 적응적 유한요소법을 학습함으로써, 해석결과에 대한 신뢰성을 가늠할 수 있을뿐더러 신뢰할 수 있는 유한요소 해석을 수행할 수 있게 될 것이다.

6.3.1 수치근사 오차

해석의 대상이 되는 물체거동의 수학적 표현식, 즉 수학적 모델에 대한 정답을 $\boldsymbol{u}_M(\boldsymbol{x})$으로 표시하자. 그리고 이 수학적 모델을 유한요소 해석을 통해 구한 근사해를 $\boldsymbol{u}_h(\boldsymbol{x})$로 표시하면, 수치근사 오차(numerical approximation error) $\boldsymbol{e}(\boldsymbol{u})$는 다음과 같이 정의된다.

$$\boldsymbol{e}(\boldsymbol{u}) = \boldsymbol{u}_M(\boldsymbol{x}) - \boldsymbol{u}_h(\boldsymbol{x}) \tag{6.17}$$

이해를 돕기 위하여 1차원 문제를 예를 들면, 식 (6.17)로 정의되는 오차는 위치에 따라 변하는 값이다. 또한, 이 오차는 물체의 1차 거동에 대한 오차를 나타내는데, 거동의 변화율과 연관되어 있는 물체의 2차 거동(예, 변형률 혹은 응력)에 대한 오차도 동일하게 정의된다. 물체의 2차 거동에 대한 오차는 $\boldsymbol{e}(\boldsymbol{u}') = \boldsymbol{u}_M{}'(\boldsymbol{x}) - \boldsymbol{u}_h{}'(\boldsymbol{x})$ 혹은 $\boldsymbol{e}(\boldsymbol{u}') = \boldsymbol{e}'(\boldsymbol{u})$로 표시할 수 있다. 다시 말해, 물체의 2차 거동의 차이는 1차 거동에 대한 오차의 변화율과 동일하다. 여기서, $\boldsymbol{u}'$은 $d\boldsymbol{u}/dx$를 의미하며 오차의 정의 (6.17)은 구조물의 변위뿐만 아니라 어떠한 물리량에도 동일하게 적용된다.

앞의 1~3장에서 소개한 물체거동에 대한 수학적 표현식들을 아래 식 (6.18)과 같이 하나의 일반화 된 식으로 표현할 수 있다. 여기서 $L\boldsymbol{u}$는 미분을 포함하고 있는 수학적 표현식의 좌변을 총체적으로 나타내는 기호이고, $\boldsymbol{f}$는 물체에 작용하고 있는 모든 외력을 그리고 Ω는 물체가 차지하고 있는 기하학적 영역을 의미한다. 예를 들어, 4.1.1절의 Euler 보의 처짐을 표현하는 수학적 표현식 (4.1)에 있어 $L = EId^4(\cdot)/dx^4$이 되고, 보의 길이 [0, L]가 기하학적 영역 Ω에 해당된다.

$$L\boldsymbol{u}(\boldsymbol{x}) = \boldsymbol{f}(\boldsymbol{x}) \quad \text{in } \Omega \tag{6.18}$$

수학적 표현식의 우변과 좌변의 차이를 잔여(residual)라고 부르며 $\boldsymbol{r}(\boldsymbol{x})$로 표현하고 있다.

$$\boldsymbol{r}(\boldsymbol{x}) = \boldsymbol{f}(\boldsymbol{x}) - L\boldsymbol{u} \quad \text{in } \Omega \tag{6.19}$$

만약, 정해 $\boldsymbol{u}_M(\boldsymbol{x})$를 식 (6.19)에 대입하면 물체 내 모든 점에서 잔여는 $\boldsymbol{r} = 0$이 된다. 하지만 근사해 $\boldsymbol{u}_h(\boldsymbol{x})$를 대입하면 잔여는 $\boldsymbol{r} \neq 0$가 된다. 앞서 1장에서 설명한 바와 같이 모든 수치기법의 공통점은 그림 6.3.1(b)에 나타낸 물체 전 영역에 분포되어 있는 잔여를 최소화 시키는 근사해 $\boldsymbol{u}_h$를 구하는 것이다.

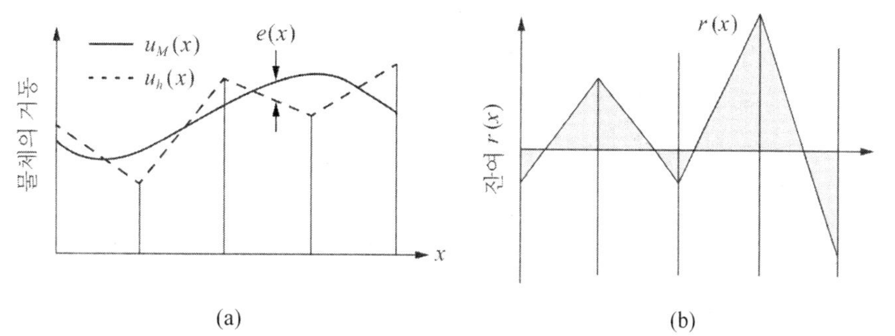

그림 6.3.1 1차원 문제에서의 도식적 표현: (a) 오차, (b) 잔여(residual)

근사해의 신뢰성을 평가하기 위해서 오차를 정량적으로 계산하기 위한 잣대가 필요하게 되는데, 이 잣대를 전문용어로 오차노옴(error norm)이라고 부른다. 앞의 그림 6.3.1(a)를 참고하면, 정해와 근사해의 절대적인 차이가 최대인 값 혹은 정해와 근사해 사이의 면적을 오차크기로 정의할 수도 있으며, 각각은 하나의 오차노옴으로 정의될 수 있다. 오차노옴의 정의는 획일적이지 않고 해석목적에 적합하도록 해석자가 임의로 정의할 수 있으며, 다음과 같은 특징을 지니고 있다.

- 해석문제의 유형에 따라 오차노옴의 정의는 달라질 수 있고,
- 동일한 유형의 해석문제에 있어서도 해석자의 해석목적에 따라 오차노옴은 다르게 정의된다.

공학문제 해석에 있어 가장 보편적으로 사용되고 있는 오차노옴에는 크게 ∞노옴, L^2 노옴 그리고 에너지노옴의 세 가지가 있다.

$$\| \boldsymbol{e}(\boldsymbol{u}) \|_{\infty} = \max_x |\boldsymbol{u}_{\boldsymbol{M}}(\boldsymbol{x}) - \boldsymbol{u}_{\boldsymbol{h}}(\boldsymbol{x})| \tag{6.20a}$$

$$\| \boldsymbol{e}(\boldsymbol{u}) \|_{L^2} = \sqrt{\int_{\Omega} |\boldsymbol{u}_M(\boldsymbol{x}) - \boldsymbol{u}_h(\boldsymbol{x})|^2 dx} \tag{6.20b}$$

$$\| \boldsymbol{e}(\boldsymbol{u}) \|_{E} = \sqrt{\int_{\Omega} |\boldsymbol{u}_M(\boldsymbol{x}) - \boldsymbol{u}_h(\boldsymbol{x})|^2 + |\boldsymbol{u}_M{}'(\boldsymbol{x}) - \boldsymbol{u}_h{}'(\boldsymbol{x})|^2 dx} \tag{6.20c}$$

첫 번째 오차노옴은 물체의 거동이 최대가 되는 지점에서의 해석결과의 정확도를 평가하는 반면, 두 번째 오차노옴은 물체 전 영역에 걸쳐 해석결과의 차이를 평가하는 잣대이다. 한편, 마지막 오차노옴은 물체 전 영역에 걸쳐 물체의 1차 그리고 2차 거동에서

의 오차를 모두 평가하는 잣대이다. 이 세 가지 대표적인 오차노옴 외에도 해석자는 해석목적에 합당한 오차노옴을 임의로 정의할 수 있다.

앞에서 오차노옴의 정의와 선택은 해석문제의 유형과 해석의 목적에 따라 달라진다고 언급하였는데, 해석문제의 유형이 달라지면 물체의 1차 거동에 해당하는 물리량의 유형과 개수가 달라지기 때문이다. 예를 들어, 구조해석의 경우에는 1차 거동이 변위뿐이지만, 유체 유동의 경우에는 밀도, 속도 그리고 압력의 세 가지 물리량이 1차 거동을 특정 짓게 된다. 그 결과, 오차노옴의 정의도 당연히 하나의 1차적 물리량을 갖는 문제 유형과는 달라질 수밖에 없다.

그리고, 동일한 문제유형이라고 할지라도 적용해야 할 오차노옴의 정의는 해석목적에 따라 달라질 수밖에 없다. 예를 들어, 그림 6.3.2(a)와 같은 구조물에 있어 파괴여부가 주관심이 되는 기둥과 평판의 연결부에서의 해석 신뢰도는 해석으로 구한 최대 본 마이제스 응력 σ_{vm}의 정확도로 평가되어야 한다. 반면, 최대 처짐이 주관심이 되는 평판 끝단에서의 해석 신뢰도는 해석으로 구한 최대 변위의 정확도로 판단되어야 한다.

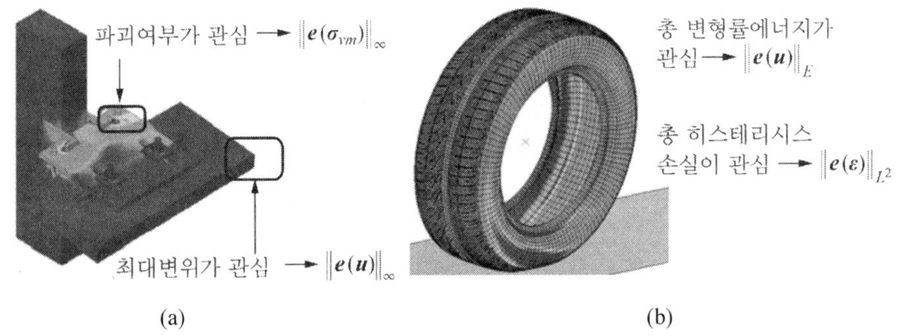

그림 6.3.2 해석목적에 따른 오차노옴의 선택: (a) ∞ 노옴 오차, (b) L^2 그리고 에너지노옴 오차

한편, 노면을 주행하는 차량에 탑재되어 있는 회전하는 타이어의 경우 총 변형률에너지는 제동 시 차량의 관성에너지 일부를 흡수하게 된다. 따라서 이러한 성능을 평가함에 있어 해석의 신뢰도는 해석으로 계산한 타이어의 총 변형률에너지의 정확도로 평가되어야 한다. 반면, 점탄성 소재인 타이어 고무의 변형률에 의해 야기되는 히스테리시스 손실(hysteretic loss)은 타이어의 회전을 방해할뿐더러 타이어 내부의 온도를 증가시키게 된다. 따라서, 타이어 해석결과로부터 계산되는 회전저항(rolling resistance)과 온도 분포의 신뢰성은 해석으로 구한 전체 변형률 분포의 정확도로 평가되어야 한다.

지금까지 설명한 오차는 절대적 개념의 오차크기를 제공하기 때문에 실무해석에서는

사용하기가 곤란하다. 그 이유로는

- 만약 $\| \boldsymbol{e}(\boldsymbol{u}) \|_{L^2}=0$이라면, 해석결과에 오차가 전혀 포함되어 있지 않다는 사실을 누구나 쉽게 이해할 수 있다. 하지만, $\| \boldsymbol{e}(\boldsymbol{u}) \|_{L^2}=1.508\times 10^{-5}$라는 오차값은 해석결과의 정확도가 어느 정도 수준인지 가늠하기 어렵다.
- 또한, 이러한 절대적 개념의 오차는 대상물체의 기하학적 크기, 재료물성치 그리고 작용하고 있는 하중의 크기에 따라 변하기 때문이다.

다음의 그림 6.3.3과 같은 외팔보의 처짐량 해석을 예를 들어 보자. 두 경우 모두 외팔보의 크기, 재료물성치 그리고 변위 구속조건은 동일할뿐더러 요소차수와 요소 수가 동일한 균일 요소망이 적용되었다. 하지만 우측 단에서의 처짐량에 대한 정답 $\boldsymbol{u}_M$과 근사해 $\boldsymbol{u}_h$는 우측 단에 작용하는 집중하중의 크기에 비례하여 증가한다. 따라서, 최대 처짐량에 대한 절대적인 오차 $\| \boldsymbol{e}(\boldsymbol{u}) \|_{\infty} = \max_x |\boldsymbol{u_M}(\boldsymbol{x}) - \boldsymbol{u_h}(\boldsymbol{x})|$ 역시 집중하중의 크기에 비례하여 증가하게 된다. 하지만, 이러한 절대적 개념의 오차값은 해석 신뢰도에 대한 잘못된 정보를 제공하고 있다. 왜냐하면 두 경우 모두 동일한 요소크기 h, 요소차수 p 그리고 요소망 패턴으로 구한 결과이기 때문에 해석의 신뢰도는 동일하다.

따라서, 절대오차값이 안고 있는 근본적인 문제점을 해결하기 위해 상대오차(relative error)라 불리는 오차값이 보편적으로 사용되고 있다. 상대오차는 해석결과 자체의 크기변화에 영향을 받지 않을뿐더러 해석자가 해석의 신뢰도를 명확하게 파악할 수 있도록 다음과 같이 정의된다.

$$\gamma = \frac{\| \boldsymbol{e}(\boldsymbol{u}_h) \|}{\sqrt{2\,U(\boldsymbol{u}_h)}} \times 100\% \tag{6.21}$$

여기서 $U(\boldsymbol{u}_h)$는 유한요소 해석으로 구한 물체의 총 변형률에너지를 나타낸다. 이와 같이 절대오차를 물체의 총 변형률에너지로 나누게 되면 오차값은 총 변형률에너지의 몇 %에 해당된다는 식으로 표현된다. 선형문제에 있어 총 변형률에너지의 크기는 물체의 크기, 재료물성치 그리고 외부하중에 비례하기 때문에, 상대오차는 앞서 언급한 절대적 오차값과는 달리 순수하게 수치근사 오차에 관련된 요소크기, 요소차수 그리고 요소망의 패턴에만 영향을 받게 된다. 따라서, 해석결과에 대한 신뢰도를 객관적으로 가늠할 수 있을뿐더러, 동일 업무에 종사하는 다른 사람들 사이에서 해석결과의 신뢰도가 혼동 없이 통용될 수 있다.

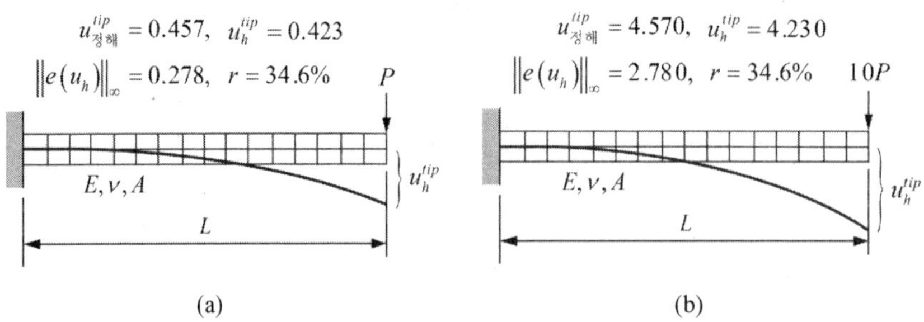

그림 6.3.3 외팔보 구조해석에 있어 절대오차와 상대오차의 예시: (a) 집중하중이 P인 경우, (b) 집중하중이 $10P$인 경우

그림 6.3.3에서 끝단 하중이 10배로 증가함에 따라 끝단 처짐에 대한 ∞노옴 오차 $\| \boldsymbol{e}(\boldsymbol{u}_h) \|_\infty$는 0.278에서 2.780으로 10배 증가하였다. 하지만 끝단 처짐량의 절대적 오차를 총 변형률에너지로 나눈 상대오차 γ는 두 경우에 있어 34.6%로 동일함을 확인할 수 있다.

6.3.2 오차평가기법

유한요소 해석결과에 포함되어 있는 수치근사 오차를 분석하는 작업을 오차평가(error estimation)라고 부르며, 오차평가는 크게 선 오차평가(a priori error estimation)와 후 오차평가(a posteriori error estimation)로 구분할 수 있다. 용어 그 자체가 암시하듯 전자는 유한요소 해석을 수행하기 전에 요소망의 정보를 이용하여 수치근사 오차를 정성적(qualitatively)으로 추정하는 방법인 반면, 후자는 유한요소 해석을 수행한 후 직접 해석결과를 이용하여 오차를 정량적(quantitatively)으로 계산하는 방법이다.

선 오차평가는 요소망이 거의 균일한 요소차수와 요소크기로 구성되어 있다는 가정 하에서 수학적으로 오차량을 유도하는 것으로서, 다음 식과 같은 정성적인 오차의 상한(upper bound)을 제공한다.

$$\| \boldsymbol{e}(\boldsymbol{u}_h) \|_\infty \text{ 혹은 } \| \boldsymbol{e}(\boldsymbol{u}_h) \|_{L^2} \leq Ch^{p+1},\ \ \| \boldsymbol{e}(\boldsymbol{u}_h) \|_E \leq Ch^p \qquad (6.22)$$

여기서 C는 임의의 상수를 나타내며, $h(=h/L \leq 1)$와 p는 각각 요소의 크기와 차수를 의미한다. 앞서 2장에서 설명한 바와 같이 요소크기 h는 물체의 최대 치수를 나타내는 특성길이(characteristic length) L에 대한 상대비로서 항상 1보다 작은 값을 가지게 된다. 식 (6.22)로부터 알 수 있듯이 선 오차평가는 명확한 정량적 오차값을 제공하지는 않는다. 하지만, 다음에 설명하게 될 수렴률(convergence rate)과 후 오차평가와 혼용하여 목표로 하는 정확도를 만족하는 해석결과를 구할 수 있는 요소크기와 요소차수를 결정하기 위한 과학적 근거를 제공한다.

이러한 정성적 오차는 물체의 거동 $\boldsymbol{u}$에 대한 테일러 급수전개(Taylor series)를 이용하여 유도되며, 에너지노옴 오차가 ∞노옴과 L^2노옴 오차보다 요소차수 p를 기준하여 한 차수 낮은 오차경향을 보이는데, 이것은 에너지노옴 오차계산에 해의 거동 $\boldsymbol{u}$뿐만 아니라 변화율 $\boldsymbol{u}'$도 포함되기 때문이다.

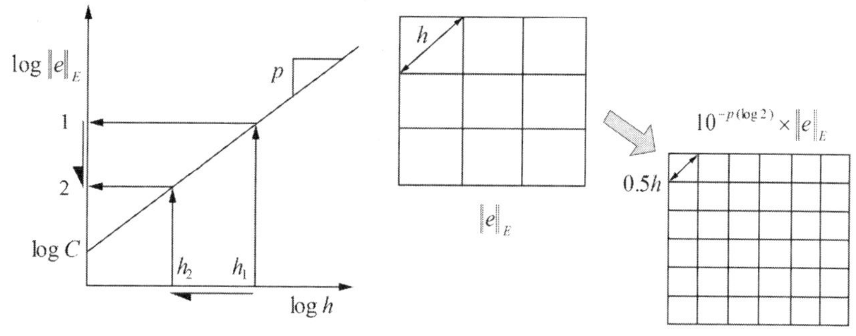

그림 6.3.4 요소크기 감소에 따른 에너지노옴 오차의 감소

선 오차평가로 구한 정성적인 표현식 (6.22)의 의미를 보다 구체적으로 파악하기 위하여 식의 좌우 변에 log를 취하면 아래와 같이 표현되고

$$\log \| \boldsymbol{e}(\boldsymbol{u}) \|_E \leq \log C + p \log h \tag{6.23}$$

이러한 log-log 표현식을 그래프로 나타내면 그림 6.3.4와 같다. 만약 p차 요소로 생성된 균일 요소망의 요소크기를 h_1에서 h_2로 줄이게 되면 오차는 기울기가 p인 직선을 따라 점 1에서 점 2로 감소하게 된다. 그리고 오차의 정량적인 감소량은 다음 식을 이용하여 계산할 수 있다.

$$\log\left(\frac{\| \boldsymbol{e} \|_{E,1}}{\| \boldsymbol{e} \|_{E,2}}\right) = p \times \log\left(\frac{h_1}{h_2}\right) \quad \Rightarrow \quad \| \boldsymbol{e} \|_{E,2} = 10^{-pa} \| \boldsymbol{e} \|_{E,1} \tag{6.24}$$

위 식에서 a는 $\log(h_1/h_2)$를 나타낸다. 따라서 요소크기 감소에 따른 오차량은 고차요소로 갈수록 보다 급격한 기울기로 줄어들게 된다.

해석결과의 정확도에 영향을 미치는 인자(factor), 즉 요소크기 h와 요소차수 p의 변화는 결과적으로 총 절점수와 자유도(DOF: degrees of freedom)를 변화시키게 된다.

이러한 해석인자와 자유도 변화에 따른 오차량의 변화율을 특별히 해석결과의 수렴률(convergence rate) C_r 이라고 한다.

$$C_r = \frac{\log \| \boldsymbol{e} \|_I}{\log(factor)}, \quad I = \infty,\ L^2 \text{ 혹은 } E \tag{6.25}$$

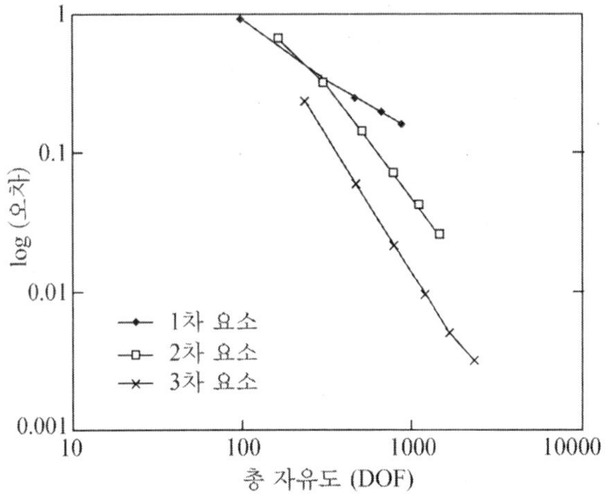

(a)

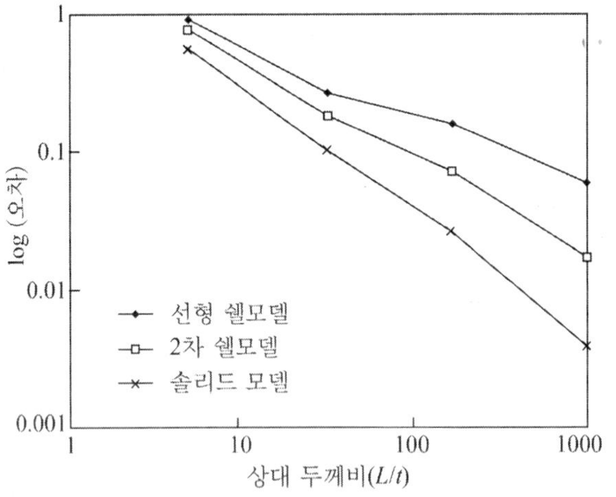

(b)

그림 6.3.5 총 자유도(DOF) 변화에 따른 수렴률 표현의 예시: (a) p-수렴률, (b) 구조물의 상대두께(L/t)에 따른 수렴률

수렴률은 해석인자의 log값을 수평축으로 그리고 오차량의 log값을 수직으로 한 log-log 그래프의 기울기에 해당된다. 앞의 그림 6.3.4의 경우는 요소크기 h에 대한 에너지노옴 오차의 수렴률을 나타내고 있으며, C_r은 다름 아닌 직선의 기울기 p가 된다. 그리고 요소크기 변화에 따른 해석결과의 수렴률을 특별히 h-수렴률(h-convergence rate)이라고 부르고, 요소의 차수 p의 변화에 따른 오차 수렴률을 p-수렴률(p-convergence rate)이라고 한다. 하지만, 많은 경우에는 해석인자에 따른 오차의 변화를 총 자유도를 수평축으로 그리고 오차를 수직축으로 하여 나타내고 있다.

해석인자의 변화에 따른 오차의 감소율, 즉 해석결과의 수렴률은 전술한 바와 같이 선 오차평가기법에 따라 수학적으로 유도가 가능하다. 이와 같이 선 오차평가에 의해 수학적으로 유도된 수렴률을 이상적(ideal)인 혹은 최적(optimum)의 수렴률이라 부른다. 이상적 혹은 최적이란 의미는 실제 해석결과의 수렴률이 이보다는 높게 나올 수 없는 이상적인 값이라는 뜻으로, 실제 해석에서는 거의 대부분 이보다 낮은 수렴률을 가지게 된다. 앞의 3장에서 설명한 박판 구조물에서의 잠김현상(locking phenomenon)이 대표적인 예로서, 잠김현상을 나타내는 해석결과는 선 오차평가로 유도한 이상적인 수렴률보다 현저히 낮은 수렴률을 보이게 된다. 이와 같이 실제 해석결과가 이상적인 수렴률보다 낮은 값을 가지게 되는 근본적인 이유는

- 이상적인 수렴률은 요소망이 균일한 요소차수와 요소크기로 생성되어 있고, 또한 총 요소 수가 일정 수준 이상으로 많다는 가정과
- 각 요소의 형상종횡비(aspect ratio)가 1이 되는, 즉 요소의 각 변의 길이가 같다는 가정 하에 유도되었고,
- 또한, 해석문제에 내포되어 있는 각종 구속조건에 의해 발생하는 해석 정확도의 저하를 반영할 수 없기 때문이다.

선 오차평가와 날리 후 오차평가에서는 수치근사 오차를 정량적으로 계산하기 위해 기준이 되는 물체거동에 대한 정답 $\boldsymbol{u}_M$이 필요하다. 하지만, 자연현상이나 실무에서 다루는 공학문제에 대한 정답은 거의 대부분 유도할 수가 없다. 그 이유는 자연현상이나 공학문제에 대한 수학적 표현식은 존재하지만, 대상이 되는 기하학적 형상이 복잡하기 때문에 이론적으로 정답 $\boldsymbol{u}_M$을 풀 수가 없기 때문이다. 따라서 정답에 매우 가까운 해를 사용할 수밖에 없는데, 이러한 근접해 $\hat{\boldsymbol{u}}$ 역시 수치해석으로 구해야 한다. 다음 그림 6.3.6을 참조하여, 근접해 $\hat{\boldsymbol{u}}$이 구해지면 이 근접해와 유한유소 해석결과 $\boldsymbol{u}_h$와의 차이를 오차로 대신하게 된다. 다시 말해, 해석결과에 대한 정량적 오차 $\boldsymbol{e}$ 역시 근사적으로 계산한 오차이며, 이 근사오차를 $\boldsymbol{e}_h$로 표현한다.

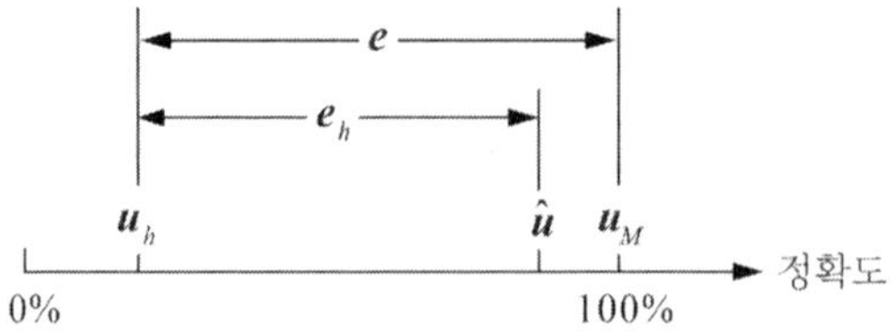

그림 6.3.6 정확한 오차 $e(u_h)$와 근사오차 $e_h(u_h)$

따라서, 후 오차평가 결과의 정확도는 얼마나 정답에 근접한 $\hat{\boldsymbol{u}}$을 구하느냐에 달려 있다. 후 오차평가기법의 신뢰성은 식 (6.26)로 정의되는 유효지수(effective index) θ로 평가된다. 유효지수는 정확한 오차 $\boldsymbol{e}$에 대한 근사오차 $\boldsymbol{e}_h$의 상대적인 비율로서, 일반적으로 0.8～1.2이면 무난한 것으로 알려져 있다. 하지만, 그림 6.3.6을 참조하면 $\boldsymbol{u}_h$가 $\boldsymbol{u}_M$에 가까워질수록 그리고 $\hat{\boldsymbol{u}}$이 $\boldsymbol{u}_M$으로부터 멀어질수록 유효지수는 1로부터 더 멀어지게 된다.

$$\theta = \frac{\| \boldsymbol{e}_h(\boldsymbol{u}_h) \|}{\| \boldsymbol{e}(\boldsymbol{u}_h) \|} = \frac{\| \boldsymbol{u}_M - \boldsymbol{u}_h \|}{\| \hat{\boldsymbol{u}} - \boldsymbol{u}_h \|} \tag{6.26}$$

다시 말해, 유한요소 해석결과 $\boldsymbol{u}_h$의 정확도가 높아지면 그만큼 후 오차평가의 신뢰성은 낮아지게 된다. 하지만 상용 유한요소 해석 소프트웨어에서는 주로 1, 2차 요소를 사용하기 때문에 근접해와 해석결과와의 차이가 근접해와 정답과의 차이보다 월등히 크기 때문에, 해의 특이성(singularity)이 존재하지 않는 거의 대부분의 해석문제에 대한 후 오차평가의 유효지수는 $0 \leq \theta \leq 1.2$를 만족한다.

한편, 후 오차평가와 선 오차평가는 독립적으로 사용되기 보다는 원하는 해석 정확도를 만족시킬 수 있는 요소크기 h와 요소차수 p를 과학적으로 결정하기 위해 함께 사용되고 있다. 두 오차평가를 혼용하여 원하는 요소크기와 요소차수를 결정하는 절차를 설명하면 다음과 같다.

- 동일한 초기 요소크기 h_{ini}와 초기 요소차수 p_{ini}로 생성된 초기 균일 요소망으로 해석을 수행한다. 대부분의 경우, 저차의 엉성한(coarse) 요소망을 초기 요소망으로 한다.
- 해석결과 $\boldsymbol{u}_h$로부터 다음 절에 설명한 후 오차평가기법으로 정량적인 수치근사 오차 $\| \boldsymbol{e}_h(\boldsymbol{u}_h) \|$를 계산한다.
- 앞의 그림 6.3.4를 참고하여 log-log 스케일의 요소크기 - 오차 그래프에 초기 요소

크기 h_{ini}와 정량적인 오차 $\| \boldsymbol{e}_h(\boldsymbol{u}_h) \|$에 해당하는 위치를 결정하고, 이 지점에서 초기 요소차수 p_{ini}를 기울기로 하는 직선을 긋는다.

- 그래프의 수직축에 목표로 하는 오차값의 log값에 해당되는 점에서 수평선을 그어 기울어진 직선과 교차점을 찾는다. 이 교차점에서 수직으로 내려 수평축과 만나는 지점에서의 요소크기로 초기 요소망 내 요소크기를 균일하게 세분화한다.
- 마지막 단계로 세분화된 요소망으로 다시 해석결과를 구하고, 후 오차평가기법으로 정량적인 오차값을 계산하여 원하는 정확도를 만족하는지 확인한다.

만약, 초기 요소망의 요소차수 p_{ini}보다 높은 차수로 해석을 수행하고자 하면, log-log 스케일의 요소크기 - 오차 그래프 상의 직선의 기울기를 원하는 고차로 변경하여 요소크기를 결정하면 된다. 그리고 위에서 설명한 요소망 세밀화는 요소망 내 모든 요소를 균일한 요소크기와 요소차수로 세분화 시키는 방법이지만, 각각의 요소에 대해서도 동일한 절차에 따라 개별적으로 요소크기와 요소차수를 세분화 시킬 수 있다. 이러한 비균등 요소망 세분화 기법이 다름 아닌 6.3.3절에서 설명하게 될 적응적(adaptive) 유한요소 해석기법이다.

6.3.3 후 오차평가

유한요소 해석을 통해 구한 해석결과 $\boldsymbol{u}_h$는 본질적으로 다음과 같은 두 가지 주요한 특성을 지니고 있다.

(특징 1) 해석결과 $\boldsymbol{u}_h$는 요소와 요소 사이에서 연속적이지만, 해석결과의 공간상의 변화율 $\boldsymbol{u}_h' = d\boldsymbol{u}_h/dx$는 인접한 두 요소 사이의 공통 경계변(interface side)에서 더 이상 연속적이지 않다.

(특징 2) 다음 그림 6.3.7에 도시한 바와 같이 해석결과 $\boldsymbol{u}_h$는 요소망 전체에 대해서는 정적인 평형(static equilibrium)을 만족시키지만, 각 요소 내에서는 결코 정적인 평형을 만족하지 않는다.

여기서 정적인 평형이란 물체에 작용하는 모든 힘의 합과 모든 모멘트의 합이 각각 0이 되는 것을 말한다.

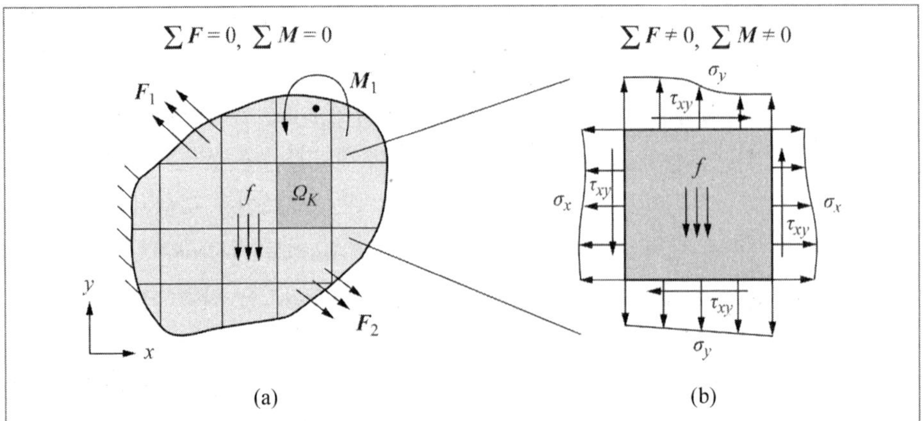

그림 6.3.7 해석결과의 특성: (a) 물체 전체의 정적 평형, (b) 요소별 정적 불평형

특징 1은 물체의 거동을 근사적으로 표현하기 위해 사용되는 기저함수(basis function)의 고유한 성질에 기인한 것이고, **특징 2**는 근사해 $\boldsymbol{u}_h$를 구하는 수치기법이 안고 있는 공통적인 성질에 기인한다. 기저함수에 대해서는 2장에서 자세히 설명하고 있다. 기본적으로 모든 수치기법은 대상이 되는 물체 전체가 정적으로 평형이 되게끔 하는 근사해를 구하기 때문에, 그림 6.3.7(a)와 같이 해석으로 구한 응력값을 물체의 테두리에 적용시키면 물체 전체는 정적인 평형을 만족시킨다. 하지만, 그림 6.3.7(b)와 같이 임의한 요소의 테두리에 해석으로 구한 응력값을 대입하면 해당 요소는 정적인 평형을 만족시키지 않는다.

유한요소 해석결과의 이러한 두 가지의 특징은 후 오차평가를 위해 필수적인 근접해 $\hat{\boldsymbol{u}}$을 구할 수 있는 기틀을 제공한다. 해석결과의 공간상의 변화율 $\boldsymbol{u}_h'$는 인접한 요소와 요소 사이의 공통 경계변에서는 불연속적이지만, 6.1절에서 설명한 바와 같이 요소 내 각 적분점(integration point)에서는 그 정확도가 가장 높은 극도수렴성(super convergence)을 나타낸다. 따라서, 요소 내 각 적분점에서의 $\boldsymbol{u}_h'$값들을 전 요소망에 걸쳐 보간 한다면 보다 정확한 연속적인 분포를 구할 수 있다. 한편, 이렇게 전체 요소망 상에서 연속적인 분포가 되도록 보간 한 변화율 $\hat{\boldsymbol{u}}_h'$는, 그림 6.3.8(a)에 도시한 바와 같이 인접한 두 요소의 공통 경계변에서 두 요소의 불연속적인 변화율 값들의 평균이 된다. 이러한 개념에 기초하여 근접해 $\hat{\boldsymbol{u}}$을 구하는 방법을 플럭스 평균화 기법(flux averaging method)이라고 부르며, 그림 6.3.8(b)는 2차원 삼각형 요소망에 있어 인접한 두 요소의 공통 요소변에서의 평균화된 응력분포를 보여주고 있다. 참고로 플럭스(flux)란 물체 내부로 유입되거나 빠져나가는 단위시간당 물리량을 총칭하는 용어이다. 구조해석에 있어서는 변형률과 응력 그리고 열전달해석에 있어서는 열유속(heat flux)도 플럭스의 대표적인 예이다.

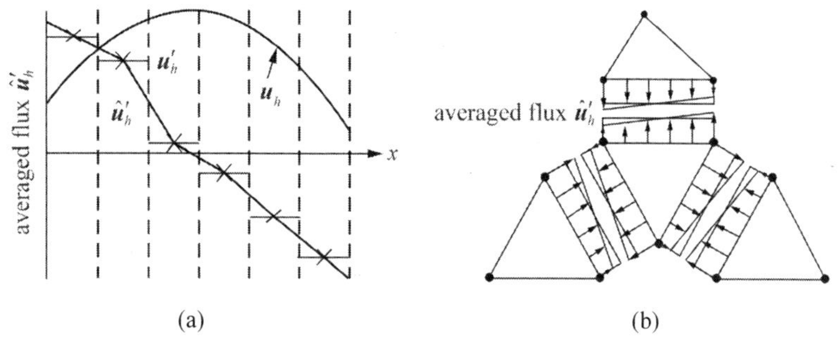

그림 6.3.8 플럭스 평균화 기법: (a) 거동 변화율의 선형보간, (b) 삼각형 요소망 내 공통 요소 경계변에서의 평균화된 응력분포

이러한 플럭스 평균화 작업은 요소별로 수행되며, 요소 내 각 절점에서의 평균화된 변화율 $\hat{\boldsymbol{u}}_h{}'$을 보간 함으로서 각 요소 내에서 평균화된 변화율 분포를 구할 수 있다. 요소망 내 모든 요소에 대하여 플럭스 평균화 작업이 완료되면, 각 요소 내에서 해석결과의 수치근사 오차는

- 1차 거동 $\boldsymbol{u}_h$의 오차는 미미하다고 가정하고 거동의 변화율에서의 차이 즉, $(\hat{\boldsymbol{u}}_h{}' - \boldsymbol{u}_h{}')$만으로 오차를 계산하거나,
- 평균화 된 플럭스로 정적인 평형을 만족하는 각 요소에 대하여 요소별로 유한요소 해석을 수행하여 해석결과보다 정확도가 높은 근접해 $\hat{\boldsymbol{u}}$을 구하여 오차를 계산할 수 있다.

여기서 각 요소별로 수행히는 유한요소 해석을 국부해석(local analysis)이라 부르며, 전체 요소망을 대상으로 유한요소 해석을 수행하는 전역해석(global analysis)과 구별하고 있다.

정량적 오차는 요소별로 계산되며 각 요소 내에서 계산된 오차를 요소별 오차(element-wise error) 혹은 오차지수(error indicator) η_K로 정의하고 있다.

$$\eta_K = \| \boldsymbol{e}_h(\boldsymbol{u}_h) \|_K \tag{6.27}$$

여기서 하첨자 K는 요소번호를 나타내며, 오차노옴은 앞의 식 (6.20)과 같이 해석의 목적에 적합하도록 해석자가 선택하면 된다. 만약 전체 요소망이 N개의 요소로 구성

되어 있다면, 물체 내 전체 영역 Ω에서의 총 오차 $\| \boldsymbol{e}_h(\boldsymbol{u}_h) \|_{\Omega}$는 다음과 같이 계산할 수 있다.

$$\begin{aligned} \| \boldsymbol{e}_h(\boldsymbol{u}_h) \|_{\Omega} &= \left\{ \| \boldsymbol{e}_h(\boldsymbol{u}_h) \|_1^2 + \| \boldsymbol{e}_h(\boldsymbol{u}_h) \|_2^2 + \cdots + \| \boldsymbol{e}_h(\boldsymbol{u}_h) \|_N^2 \right\}^{1/2} \\ &= \left\{ \sum_{K=1}^{N} \eta_K^2 \right\}^{1/2} \end{aligned} \tag{6.28}$$

한편, 각 요소별 오차를 총 변형률에너지 $U(\boldsymbol{u}_h)$로 나눈 오차를 상대오차지수(relative error indicator) γ_K로 정의한다.

$$\gamma_K = \frac{\eta_K}{\sqrt{2U(\boldsymbol{u}_h)}} \times 100\% \tag{6.29}$$

그리고 상대오차지수로부터 물체 전체에 걸친 총 상대오차 γ는 다음과 같이 계산할 수 있다.

$$\begin{aligned} \gamma &= \frac{\| \boldsymbol{e}_h(\boldsymbol{u}_h) \|_{\Omega}}{\sqrt{2U(\boldsymbol{u}_h)}} \\ &= \left\{ \frac{\| \boldsymbol{e}_h(\boldsymbol{u}_h) \|_1^2 + \| \boldsymbol{e}_h(\boldsymbol{u}_h) \|_2^2 + \cdots + \| \boldsymbol{e}_h(\boldsymbol{u}_h) \|_N^2}{2U(\boldsymbol{u}_h)} \right\}^{1/2} \\ &= \left\{ \sum_{K=1}^{N} \gamma_K^2 \right\}^{1/2} \end{aligned} \tag{6.30}$$

오차지수는 요소망 내 각 요소의 오차크기를 제공하기 때문에 해석자는 이 정보를 통해 오차가 높은 요소들을 세분화 할 수 있다. 즉, 해석자가 목표로 하는 해석 정확도를 달성하기 위해 오차지수가 높은 요소 순서로 요소크기를 줄이거나 요소차수를 증가시킬 수 있다. 다음 그림 6.3.9에서 오차지수가 가장 높은 L자 코너부는 평판의 특이거동에 기인하기 때문에, 이 영역에서의 오차를 감소시키기 위해서는 요소크기를 줄이는 것이 효과적이다. 반면, 이 영역에서 조금 떨어져 있는 영역에서는 거동의 특이성이 높지 않기 때문에 요소차수를 증가시키는 것이 오차를 효과적으로 감소시킬 수 있다.

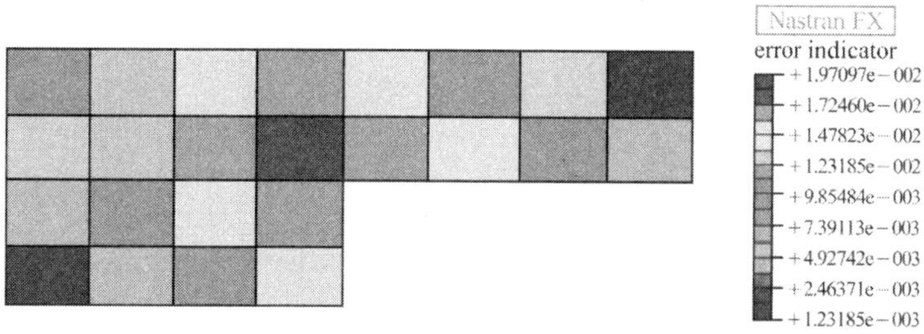

그림 6.3.9 L자형 평판의 후 오차평가를 통해 계산한 오차지수의 분포의 예시

플럭스 평균화 기법은 인접한 두 요소의 공통 경계변에서의 플럭스 값을 평균하면 되기 때문에 계산이 간단하다. 또한, 해석결과 $\boldsymbol{u}_h$가 정답에 가까워짐에 따른 오차평가의 정확도가 저하되는 문제점이 없다. 하지만, 공통 요소 경계변에서 플럭스 값을 단순히 산술적으로 평균하기 때문에 각 요소는 여전히 정적으로 불평형 상태에 있게 되고, 오차평가의 정확도가 다음에 소개하게 될 자기평형화 기법(self-equilibrium method)보다 낮은 단점을 지니고 있다.

자기평형화 기법(self-equilibrium method)은 유한요소 해석에 있어 정적으로 불평형 상태에 놓여 있는 요소망 내 각각의 요소를 정적으로 평형이 되도록 한 후, 유한요소 해석을 다시 수행하여 정답에 가까운 근사해 $\hat{\boldsymbol{u}}$를 구하여 오차를 계산하는 방법이다. 각 요소가 정적으로 평형이 되도록 요소 경계에 부과해야 할 플럭스를 결정하기 위해서는 다소 복잡한 수학적 계산과정이 필요하다. 하지만, 플럭스 평균화 기법과는 달리 정적으로 평형상태에 놓여 있는 각 요소로부터 근접해를 구하기 때문에 보다 정확한 근접해를 구할 수 있다.

평균화된 플럭스는 인접하고 있는 두 요소에서의 플럭스값을 평균하기 때문에 공통 요소 경계변에서 두 요소에 부과되는 플럭스 분포는 동일하다. 하지만, 다음 그림 6.3.10 (b)와 같이 자기평형화 기법으로 구한 플럭스는 공통 요소 경계변에서 두 요소는 서로 다른 플럭스 분포를 가지게 된다.

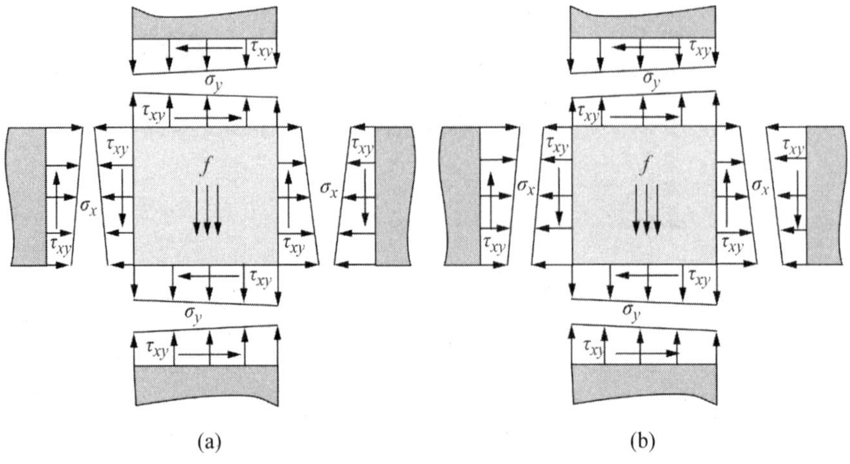

그림 6.3.10 **요소 경계변에서의 플럭스 분포:** (a) 평균화된 플럭스, (b) 정적 평형을 만족시키는 플럭스

두 기법을 비교하면 서로 상반된 특성을 나타낸다. 오차평가의 정확도 측면에서 저차요소에서는 자기평형화 기법이 보다 정확하지만, 요소의 차수가 높아지게 되면 플럭스 평균화 기법이 보다 안정적이고 정확한 오차를 제공한다. 그 이유는 오차의 차수가 높아지면 해석결과의 정확도도 높아지게 되어, 인접한 두 요소간의 플럭스의 차이는 줄어들게 되어 평균한 값에 근접하게 된다. 반면, 인접한 두 요소간의 플럭스 차이가 줄어들면 정적 평형을 만족하는 플럭스 계산과정에서 수치적 불안정이 발생하게 되어 자기평형화 기법의 오차는 오히려 감소하게 된다.

오차평가 소요시간 측면에서 자기평형화 기법은 정적으로 평형을 만족시키는 플럭스를 계산하는데 거의 대부분의 시간을 소요하고, 이 계산과정에 소요되는 시간은 요소망의 크기가 커질수록 기하급수적으로 증가하게 된다. 따라서, 일반 상용 소프트웨어에서는 플럭스 평균화 기법을 채택하고 있으며, 자기평형화 기법은 연구자들이 연구의 목적으로 주로 사용하고 있다.

6.3.4 적응적 유한요소 해석

거의 동일한 요소크기와 요소차수로 구성된 균일 요소망(uniform mesh)으로 유한요소 해석을 수행하게 되면, 해석결과에 포함되어 있는 수치근사 오차는 6.3.3절의 그림 6.3.10과 같이 물체 내에서 불균일한 분포를 나타낸다. 이러한 불균일 오차분포는 다음의 두 가지 요인에 기인한다.

(**요인** 1) 물체의 형상과 재질은 물체 내에서 균일하지 않을뿐더러 하중과 구속조건이 특정 영역에 국한되어 있기 때문에, 물체 내 위치에 따라 거동 변화의 정도는 각기 다르다.

(**요인** 2) 동일한 요소크기와 요소차수에 있어 수치근사 오차는 거동의 변화가 심할수록 비례적으로 커지게 된다.

따라서 해석결과에 포함되어 있는 수치근사 오차를 줄이기 위해 불균일 요소망은 필수적이고, 이러한 불균일 요소망은 해석자가 생성한 초기 요소망의 세분화(refinement)를 통해 이루어진다.

아래 그림은 초기 균일 요소망으로 구한 구조해석 결과에 포함되어 있는 오차정보를 바탕으로 오차가 상대적으로 높은 국부영역의 요소크기를 줄이는 세분화 과정을 보여주고 있다. 요소망 세분화는 6.2.2절에서 소개한 h-, p-method 혹은 두 기법을 혼용한 hp-method를 통해 이루어진다. 여기서 h-와 p-method는 각기 오차를 줄이기 위해 요소크기 그리고 요소차수를 줄이는 방법을 말한다. 초기 해석결과에 대한 오차평가와 이를 토대로 초기 요소망을 세분화하는 과정은 해석자가 직접 처리하거나 아니면 프로그램 자체에서 자동적으로 수행될 수 있다.

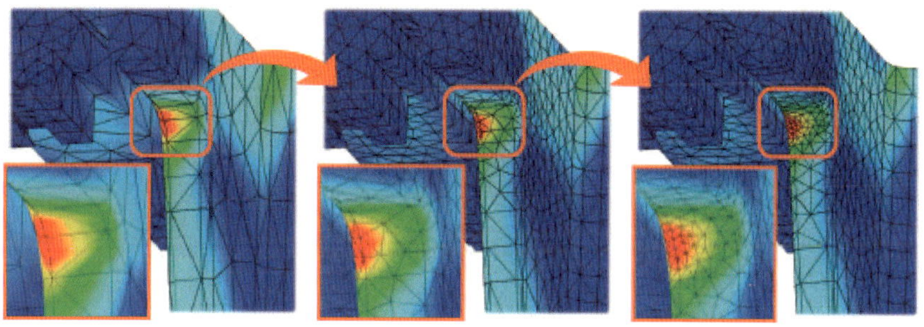

그림 6.3.11 오차정보를 토대로 한 초기 요소망의 국부적인 세분화

수동 혹은 자동적 수행여부와 무관하게 목표로 하는 해석의 정확도를 달성하기 위한 요소망 세분화 작업은 다음의 두 가지 의사결정 과정이 공통적으로 요구된다.

(**결정** 1) 오차를 줄이기 위해 세분화 되어야 할 초기 요소망 내 국부영역이 결정되어야 하고,

(**결정** 2) h-와 p-method 중에서 어느 방법을 적용할 것이지, 그리고 각 방법에 있어 줄여야 할 요소크기와 증가시켜야 할 요소차수를 결정해야 한다.

두 가지 결정은 해석자의 경험을 토대로 결정할 수도 있지만, 그렇게 되면 엄청나게 많은 시행착오를 겪어야 할뿐만 아니라 원하는 결과를 얻지 못할 수도 있다.

이러한 시행착오를 겪지 않고 두 가지 사항을 결정할 수 있는 방법이 바로 적응적 유한요소 해석기법(adaptive finite element analysis)으로서, 일명 적응적 hp-유한요소법(adaptive hp-finite element method)이라고도 불린다. 이 기법은 6.3.2절에서 소개한 선 오차평가와 후 오차평가를 통하여 과학적으로 두 가지 사항을 결정하게 된다. 목표로 하는 해석 정확도를 만족시키기 위해 오차를 줄여나가는 과정도 일종의 최적화(optimization) 기술에 해당된다. 왜냐하면, 해석의 정확도를 만족시키는 최적의 방법은 물체 전체 영역에 오차값이 균일하게 분포하도록 오차를 줄이는 것이기 때문이다.

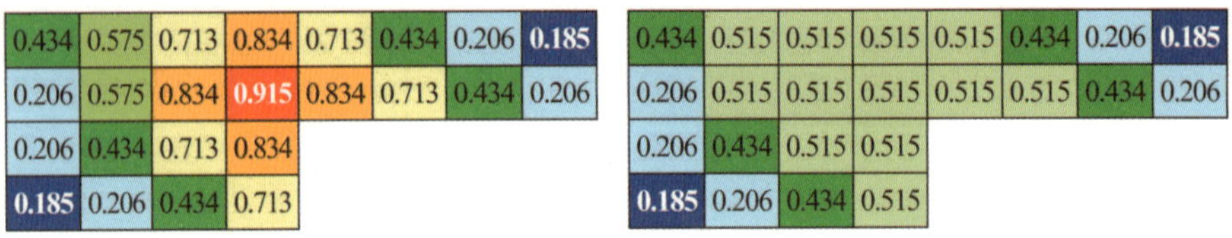

(a) (b)

그림 6.3.12 상대오차지수(relative error indicator) 분포: (a) 초기 해석결과의 불균일한 분포, (b) 해석 정확도를 만족시키고자 설정한 분포

그림 6.3.12는 이러한 개념을 도식적으로 나타내는 하나의 예로서, 초기 해석결과는 좌측 그림과 같이 요소별 상대오차지수(relative error indicator) γ_K가 불균일한 분포를 나타낸다. 균일 요소망을 사용하여 구한 해석결과에 대해 오차를 계산하게 되면 거의 대부분 오차는 불균일한 분포를 나타낸다. 한편, 우측 그림은 목표로 하는 해석 정확도를 만족시키도록 계산한 상대오차지수 분포를 보여주고 있다. 만약 목표로 하는 전체 상대오차 γ가 주어지면 다음의 관계식으로부터 요소별 상대오차지수 γ_K를 계산할 수 있다.

$$\gamma = \frac{\| \boldsymbol{e}_h(\boldsymbol{u}_h) \|_{\Omega}}{\sqrt{2U(\boldsymbol{u}_h)}} = \left\{ \sum_{K=1}^{N} \gamma_K^2 \right\}^{1/2} \tag{6.31}$$

해석의 정확도를 만족시키는 요소별 상대오차지수가 전체 요소망에서 균일하다고 가정하면, γ_K는 총 요소 수 N과 γ로부터 손쉽게 계산할 수 있다.

$$\gamma_K = \frac{\gamma}{\sqrt{N}} \tag{6.32}$$

이렇게 계산된 요소별 상대오차지수 목표치가 0.515이라고 가정하면, 각 요소에 목표 값을 설정하기 위해서 두 가지 방법을 생각할 수 있다. 첫 번째는 그림 6.3.12(b)와 같이 목표치보다 낮은 상대오차지수를 가지는 요소들은 제외하고, 목표치보다 높은 오차지수를 갖는 요소에만 오차지수를 목표치인 0.515로 수정하는 방법이다. 그리고 나머지 방법은 모든 요소를 대상으로 오차지수를 목표치인 0.515로 수정하는 것이다. 첫 번째 방법을 적용하면 목표치보다 낮은 오차지수를 갖는 요소의 크기와 차수는 요소망 세분화 과정에서 변하지 않는 반면, 두 번째 방법에서는 요소들은 크기가 증가하고 차수는 감소하게 된다.

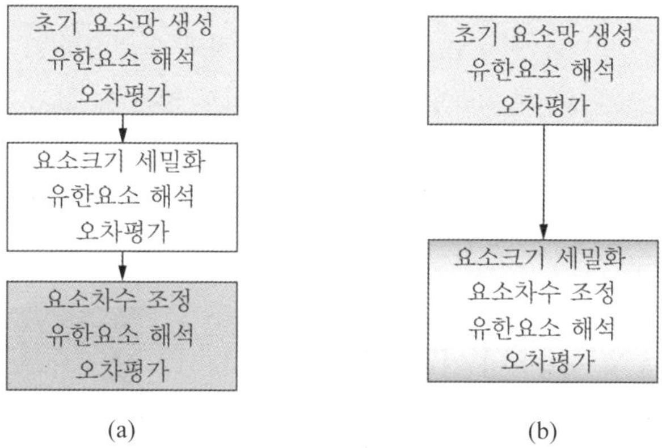

그림 6.3.13 적응적 유한요소 해석 절차: (a) 3단계 기법, (b) 2단계 기법

어느 방법을 선택하든지 간에 요소망 세분화는 다음과 같이 3단계 혹은 2단계 과정을 통해 이루어진다.

(3단계 기법) 단계 1 : 초기 요소망으로 구한 해석결과에 대한 오차평가,
단계 2 : 오차가 높은 국부 영역을 대상으로 요소크기 세분화와 재해석 그리고 오차평가,
단계 3 : 마지막으로 여전히 오차가 높은 국부영역에 대한 요소차수 조정과 재해석 그리고 오차평가를 수행한다.

(2단계 기법) 단계 1 : 초기 요소망으로 구한 해석결과에 대한 오차평가,
단계 2 : 오차가 높은 국부영역을 대상으로 요소크기와 차수를 동시에 세분화하고 재해석을 수행한 후 오차를 평가한다.

3단계 기법에 있어 요소크기와 차수를 순차적으로 조정하기 위해 목표로 하는 오차값보다 다소 높은 오차값으로 요소크기를 결정하고, 최종 오차값에 도달하지 못하는 부분은 요소차수를 조정하여 만족시키게 된다. 반면, 2단계 기법은 3단계 기법과 거의 동일한 방법으로 요소크기와 차수를 조정하지만, 차이점은 요소크기를 세밀화한 후 재해석과 오차평가를 생략한다는 점이다. 그림 6.3.13은 두 가지 적응적 해석기법에 대한 절차를 도식적으로 보여주고 있다.

그림 6.3.14는 해석자가 생성한 초기 균일 요소망으로 시작하여 해석을 수행한 후 해석결과에 대한 오차평가 결과와, 오차평가를 토대로 목표로 하는 오차값을 만족시키기 위해 국부적으로 요소크기와 차수를 세분화시킨 요소망을 보여주고 있다. 그림으로부터 오차가 집중되어 있는 코너부는 요소크기가 세분화 된 반면 중간 수준의 오차를 나타내는 영역에서는 요소차수가 높게 조정된 것을 확인할 수 있다. 그리고 오차값이 작은 영역의 요소는 크기와 차수가 변경되지 않은 채 초기 요소망을 유지하고 있음을 알 수 있다.

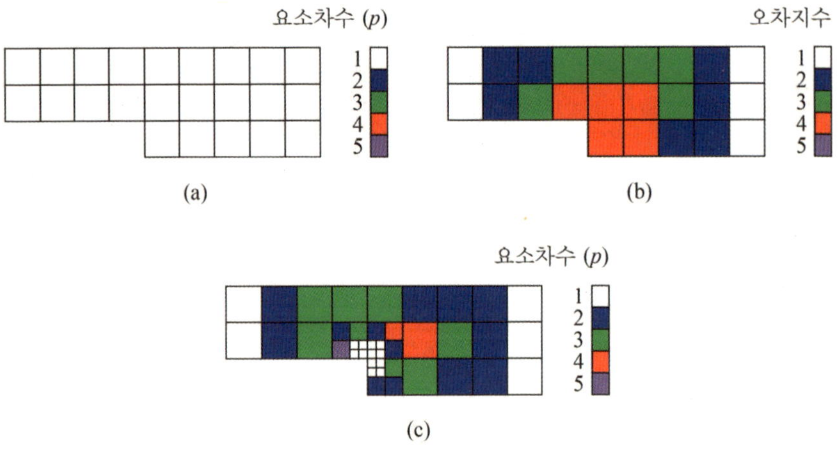

그림 6.3.14 적응적 유한요소 해석의 예: (a) 초기 요소망, (b) 초기 해석결과의 요소별 오차지수 분포, (c) 요소크기와 차수가 조정된 요소망

적응적 유한요소 해석은 단 한 번에 완성되는 경우도 있지만 경우에 따라서는 한번 이상 반복되는 경우도 있는데, 이렇게 반복과정을 거치게 되는 이유는 다음과 같이 설명할 수 있다.

• 목표로 하는 해석의 정확도를 만족시키는 요소크기와 차수를 계산하기 위해서 사

용되는 수렴률은 이상적인 값으로서 실제 유한요소 해석은 이보다 낮은 수렴률을 가지게 된다.

- 또한, 물체거동의 특이성은 물체 내 각 지점마다 다르기 때문에 수렴률 역시 요소망 내 요소별로 일정하기 않기 때문이다.

한편, 요소크기를 줄이고 차수를 증가시키는 요소망 세분화와는 정반대로 요소크기를 증가시키고 요소차수를 감소시키는 경우도 있는데 이러한 작업을 요소망 엉성화(mesh unrefinement)라고 부른다. 아래 그림 6.3.15는 2차 요소로 구성된 초기 요소망으로 구한 해석결과의 오차지수 분포와 요소망 엉성화 기능으로 부분적으로는 요소크기가 증가하고 차수가 감소된 조정된 요소망을 보여주고 있다. 그림 6.3.15(c)에서 물체의 좌측단과 우측 아랫부분에 있는 요소들은 하나로 합쳐져서 요소의 크기가 증가하고 요소차수는 1차로 감소된 것을 확인할 수 있다.

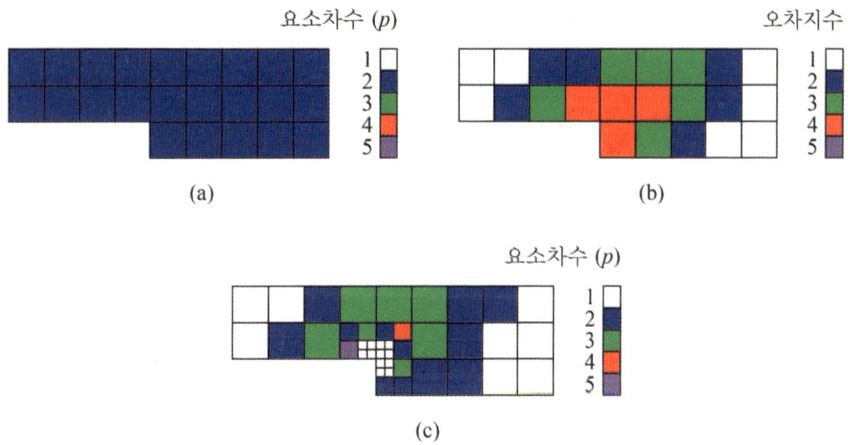

그림 6.3.15 요소망 엉성화가 포함된 적응적 유한요소 해석의 예: (a) 초기 요소망, (b) 초기 해석결과의 오차지수 분포, (c) 조정된 요소망

적응적 유한요소 해석에 필수적인 요소망 세분화와 엉성화는 오차가 상대적으로 높은 국부영역의 요소크기와 차수를 조정하게 되므로, 요소크기와 요소차수가 이웃하는 요소와 다르게 된다. 이러한 요소간의 차이를 해결하기 위해 몇 가지 방법들이 사용되고 있다. 우선 요소차수의 차이는 다음 그림과 같이 두 요소가 만나는 공통 요소변(element side) 상에서 두 요소의 차수를 같게 함으로서 해결할 수 있다. 이 경우, 공통 요소변 상에서의 차수는 낮은 차수의 요소를 기준으로 할 수도 있고 반대로 높은 차수

의 요소를 기준할 수도 있다. 일반적으로는 해석의 정확도를 높이기 위해 후자를 선택하고 있다.

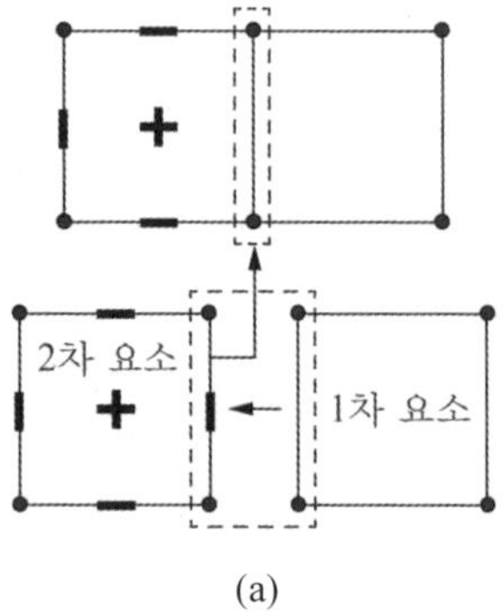

그림 6.3.16 공통 요소변 상에서 요소차수를 통일시키는 방법: (a) 낮은 요소차수를 기준한 경우, (b) 높은 요소차수를 기준한 경우

한편, 요소크기의 차이는 요소망을 편향시키거나 아니면 비정규 요소망(irregular mesh)을 적용하여 해결할 수 있다. 요소망의 편향은 그림 6.3.17(a)과 같이 요소크기를 조정해야 할 국부영역 내 요소들을 보다 작은 요소들로 재배치시키는 방법으로서, 이 방법에 의하면 요소들은 공통 요소 경계변에서 항상 하나의 요소와 접하기 때문에 이웃하는 요소와 절점을 공유하게 된다. 그 결과 물체의 거동은 요소와 요소 사이에서 자동적으로 연속성을 만족하게 되어, 연속성을 만족시키기 위한 추가적인 처리가 필요하지 않다. 따라서 이 방법은 일반 상용 소프트웨어에 많이 적용되고 있다.

비정규 요소망을 적용하는 경우에는 요소크기 조정이 필요한 요소들만 그림 6.3.17(b)와 같이 하나 이상의 요소들로 순차적으로 재분할된다. 그 결과 하나의 큰 요소와 두 개의 작은 요소들이 만나게 되는 공통 요소변이 발생하게 된다. 그림을 참조하면 큰 요소 A의 두 절점 1과 2는 작은 요소 B와 C의 좌우 절점과 공유되고, 작은 요소 B의 절점 3은 작은 요소 C의 좌측 절점과 공유된다. 하지만, 절점 3은 큰 요소 A의 두 절점 1과 2의 어느 것과도 공유되지 않기 때문에, 이 절점의 자유도를 큰 요소 A의 두 절점의 자유도에 구속시키기 위한 추가적인 수치기법이 필요하게 된다. 절점 3은 큰 요소와 작은 두 요소의 공통 경계변의 중앙지점에서 물체의 거동값을 자유도로 갖도록 라그랑지 승수법(Lagrange multiplier method)을 이용하여 구속시키게 된다.

비정규 요소망은 요소 수 증가를 최소화 하면서 목표로 하는 요소의 크기를 효과적으로 줄일 수 있는 장점을 지니고 있지만, 복잡한 형상을 지닌 3차원 문제로의 확장과 라그랑지 승수법에 따른 자유도의 증가라는 문제점을 안고 있다. 따라서, 비정규 요소망을 이용한 적응적 유한요소 해석은 연구용 프로그램이나 형상이 복잡하지 않는 특수한 해석문제에만 적용되고 있다.

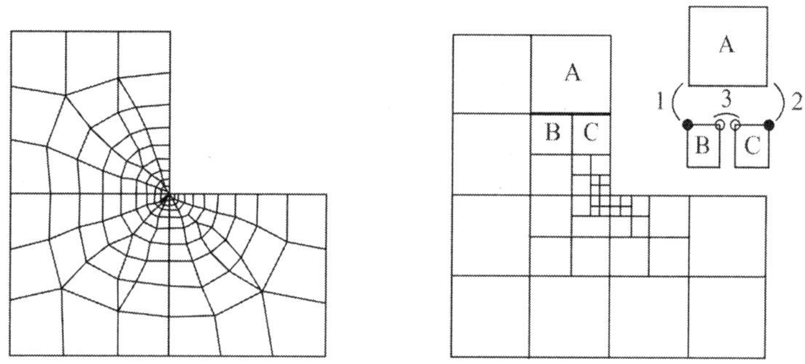

(a) (b)

그림 6.3.17 요소크기 차이의 해결: (a) 요소망의 편향, (b) 비정규 요소망의 적용

Appendix

부　　록

A.1 벡터(vector)와 색인기호(indicial notation)

A.1.1 벡터의 내적과 외적

3차원 공간상에서 한 지점의 위치를 표현하기 위해서 그림 A.1.1과 같이 원점 O와 직교하는 세 축으로 구성된 직교 좌표계를 사용하기로 한다. 직교하는 세 축의 방향은 크기가 1인 단위벡터(unit vector) $\boldsymbol{e}_i$를 사용하면, 좌표계의 원점에서 점 P로 향하는 위치벡터 $\boldsymbol{A}$는 다음과 같이 표현된다.

$$\boldsymbol{A} = A_1\boldsymbol{e}_1 + A_2\boldsymbol{e}_2 + A_3\boldsymbol{e}_3 \tag{A.1.1}$$

여기서 A_1, A_2 그리고 A_3는 각각 벡터 $\boldsymbol{A}$의 x_1, x_2 그리고 x_3방향으로의 성분을 의미한다.

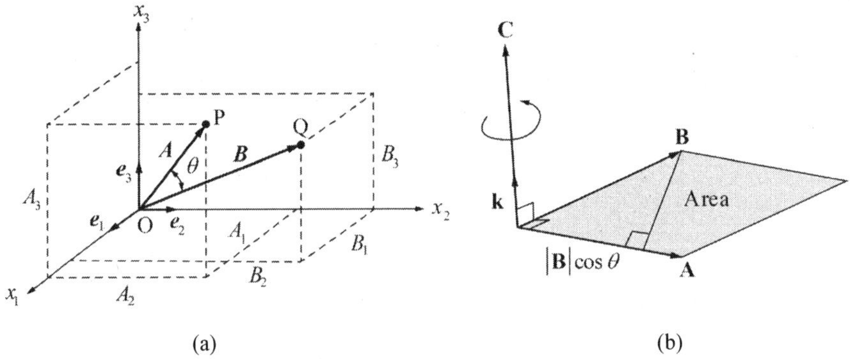

그림 A.1.1 (a) 3차원 직교 좌표계를 이용한 벡터 표현, (b) 두 벡터의 내적과 외적

벡터의 대표적인 연산으로 내적(inner product)과 외적(cross product)이 있으며, 전자는 연산의 결과가 스칼라량이 되는 반면 후자의 연산결과는 여전히 벡터가 된다. 위 그림 A.1.1에 도시한 두 벡터 $\boldsymbol{A}$와 $\boldsymbol{B}$의 내적은

$$\begin{aligned}\boldsymbol{A} \cdot \boldsymbol{B} &= (A_1\boldsymbol{e}_1 + A_2\boldsymbol{e}_2 + A_3\boldsymbol{e}_3) \cdot (B_1\boldsymbol{e}_1 + B_2\boldsymbol{e}_2 + B_3\boldsymbol{e}_3) \\ &= |\boldsymbol{A}||\boldsymbol{B}|\cos\theta = A_1B_1 + A_2B_2 + A_3B_3\end{aligned} \tag{A.1.2}$$

과 같이 계산되며, $|\boldsymbol{A}|$와 $|\boldsymbol{B}|$는 두 벡터의 크기 즉 길이를 나타낸다. 내적은 벡터 $\boldsymbol{A}$

의 크기와 이 벡터에 투영된 벡터 $\boldsymbol{B}$의 크기 곱으로서, 두 벡터가 이루는 각 θ가 0°가 될 때 내적의 크기는 최대가 된다.
한편, 두 벡터 $\boldsymbol{A}$와 $\boldsymbol{B}$의 외적은 다음과 같이 계산되며, 그림 A.1.1(b)에 도시한 것과 같이 두 벡터 $\boldsymbol{A}$와 $\boldsymbol{B}$에 수직한 방향의 벡터 $\boldsymbol{C}$가 된다. 그리고 이 벡터 $\boldsymbol{C}$는 두 벡터 $\boldsymbol{A}$와 $\boldsymbol{B}$에 의해 형성되는 사각형의 면적(area)을 크기로 가진다.

$$\begin{aligned}\boldsymbol{A}\times\boldsymbol{B} &= \begin{vmatrix} \boldsymbol{e}_1 & \boldsymbol{e}_2 & \boldsymbol{e}_3 \\ A_1 & A_2 & A_3 \\ B_1 & B_2 & B_3 \end{vmatrix} \\ &= (A_2B_3 - A_3B_2)\boldsymbol{e}_1 + (A_3B_1 - A_1B_3)\boldsymbol{e}_2 + (A_1B_2 - A_2B_1)\boldsymbol{e}_3 \\ &= \boldsymbol{C} \end{aligned} \tag{A.1.3a}$$

$$\boldsymbol{C} = (\text{Area})\boldsymbol{e}_3 \tag{A.1.3b}$$

공학적인 측면에서 물체에 가해진 힘이 한 일(work)과 이 힘에 의해 유발되는 모멘트(moment)는 벡터의 대표적인 내적과 외적에 해당된다. 아래 그림 A.1.2(a)와 같이 물체에 가해진 힘 $\boldsymbol{F}$와 이 물체가 이동한 거리 $\boldsymbol{s}$에 의해 한 일 W는 $\boldsymbol{F}$와 $\boldsymbol{s}$의 내적으로서 $W = \boldsymbol{F}\cdot\boldsymbol{s}$로 계산된다. 따라서 물체가 이동하는 방향으로 힘이 작용할 때 일은 최대가 되고, 이동하는 방향과 수직하게 작용하는 하중은 아무런 일을 하지 않게 된다.

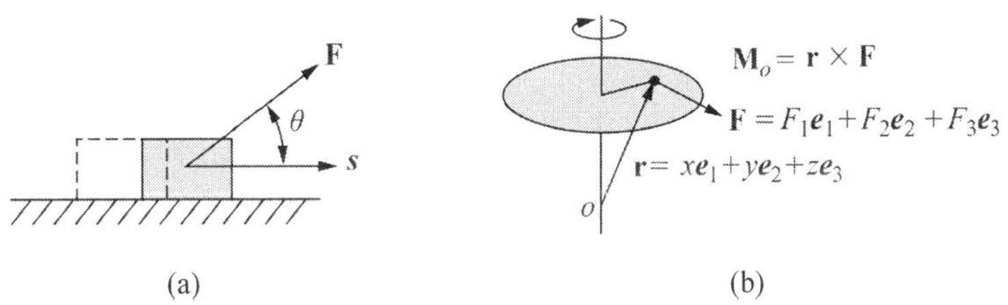

그림 A.1.2 공학: (a) 힘이 한 일(내적), (b) 힘에 의한 모멘트(외적)

A.1.2 색인기호

벡터는 하나 이상의 성분들로 구성되어 있기 때문에 벡터를 포함한 수식 전개가 복잡해질뿐더러 긴 문장으로 표현해야 하는 번거로움을 피할 수 없다. 이러한 단점을 극복하기 위한 방안으로 색인기호라 불리는 간결한 표현방법이 널리 사용되고 있다. 예들 들어, $\sum$를 생략하고 3개의 성분을 가지는 벡터 $\boldsymbol{A}$를 다음과 같이 표현할 수 있다.

$$\begin{aligned} \boldsymbol{A} &= A_1\boldsymbol{e}_1 + A_2\boldsymbol{e}_2 + A_3\boldsymbol{e}_3 \\ &= \sum_{i=1}^{3} A_i\boldsymbol{e}_i = \prod_{i=1}^{3} A_i\boldsymbol{e}_i = A_i\boldsymbol{e}_i \end{aligned} \tag{A.1.4}$$

이와 같이 간결하게 표현하기 위해서는 하첨자 사용에 대한 별도의 규칙을 따라야 한다. 첫 번째 규칙은 색인기호의 합산 규칙(summation convention)으로서 수식 속의 한 항(term)에 중복되는 하첨자는 합산을 의미한다. 위 식 (A.1.4)에서 $A_i\boldsymbol{e}_i$라는 항 속에는 i라는 하첨자가 중복되므로 이 항을 $i=1$에서부터 3까지 합한다는 의미를 나타낸다. 이와 같이 합산을 나타내는 중복되는 하첨자를 특별히 모조 색인(dummy index)이라고 부르며, i가 아닌 다른 어떠한 글자의 하첨자가 사용되어도 무방하다.

또 다른 하나의 규칙은 색인기호의 콤마 규칙(comma convention)으로서 다음과 같이 공간 좌표 x_j에 대한 미분을 의미한다.

$$A_{i,j} = \frac{\partial A_i}{x_j} \tag{A.1.5}$$

합산 규칙과 콤마 규칙은 함께 사용될 수가 있으며 다음의 경우는 벡터 $\boldsymbol{A}$의 각 성분을 각각 좌표 x_1, x_2 그리고 x_3에 대하여 미분하여 합산한다는 의미이다. 이 경우 하첨자는 모조 색인이기 때문에 $A_{j,j}$ 혹은 $A_{k,k}$ 등으로 표현해도 동일한 의미를 나타낸다.

$$A_{i,i} = \frac{\partial A_1}{\partial x_1} + \frac{\partial A_2}{\partial x_2} + \frac{\partial A_3}{\partial x_3}, \qquad A_{i,i} \text{ (no sum)} \tag{A.1.6}$$

만약, 합산을 하지 않으면서 동일한 하첨자를 굳이 중복해서 사용해야 하는 경우에는 반드시 "(no sum)"이라는 표시를 해야 한다. 이 경우에는 하첨자 i에 특정한 숫자가 들어간다는 의미로 사용된다. 예를 들어, 식 (A.1.6)에서 i가 1을 나타낸다면 합산이 아닌 단지 $\partial A_1/\partial x_1$을 나타내게 된다.

모조 색인 외에 자유 색인(free index)으로 사용되는 하첨자도 있으며, 자유 색인은 모조 색인과는 달리 다음의 예와 같이 하나의 수식 속에서 통일된 하나의 하첨자를 사용해야 한다.

$$A_{ij,j} + B_{ik,k} = f_i$$

$$\frac{\partial A_{i1}}{\partial x_1} + \frac{\partial A_{i2}}{\partial x_2} + \frac{\partial A_{i3}}{\partial x_3} + \frac{\partial B_{i1}}{\partial x_1} + \frac{\partial B_{i2}}{\partial x_2} + \frac{\partial B_{i3}}{\partial x_3} = f_i \tag{A.1.7}$$

위 식에서 하첨자 j와 k는 합산을 나타내는 모조 색인인 반면, 하첨자 i는 자유 색인으로서 수식 내 3개의 항에 동일하게 적용되고 있다. 만약, 자유 색인 i가 1부터 3까지 범위라고 가정하면, 식 (A.1.7)은 독립된 3개의 수식을 나타내는 간결한 표현이다.

이러한 색인기호는 아인슈타인(Einstein)이 그의 연구과정에서 수식 전개의 간결한 표현을 위해 도입하게 되었으며, 이러한 근원에서 아인슈타인 색인기호로 불리기도 한다. 색인기호는 오래 전부터 수학분야는 물론 자연과학과 공학분야에 이르기까지 간결한 수식 표현을 위해 매우 광범위하게 사용되고 있다.

A.1.3 벡터 연산자(vector operator)

본 절에서는 벡터연산에 있어 대표적인 세 가지 연산자인 gradient, divergence 그리고 curl의 정의와 물리적인 의미를 살펴보기로 한다. 연산자들을 소개하기 전에 스칼라 함수와 벡터 함수를 각각 $f(x_1,\ x_2,\ x_3)$ 그리고 $\boldsymbol{f}(x_1,\ x_2,\ x_3)$로 기호의 진하기 차이로 구분하기로 한다.

첫 번째 벡터 연산자인 **gradient**는 다음과 같이 스칼라 함수의 각 좌표축 방향으로의 변화율을 계산하게 되며, 연산의 결과는 벡터 함수가 된다.

$$\nabla(\ )\ :\ \text{스칼라 함수} \rightarrow \text{벡터 함수}$$

$$\nabla f = \frac{\partial f}{\partial x_1}\boldsymbol{e}_1 + \frac{\partial f}{\partial x_2}\boldsymbol{e}_2 + \frac{\partial f}{\partial x_3}\boldsymbol{e}_3 \tag{A.1.8}$$

예를 들어, 스칼라 함수 f가 물체 내 온도분포라고 가정하면, 온도분포의 gradient는 벡터 함수가 되며, 각 성분은 해당 좌표축 방향으로의 온도 변화율을 의미하게 된다. 임의 지점에서 온도 변화율이 양의 값을 가지면 온도가 좌표축 방향으로 증가하는 반면 음의 값은 해당 지점에서 온도가 좌표축을 따라 감소함을 의미한다.

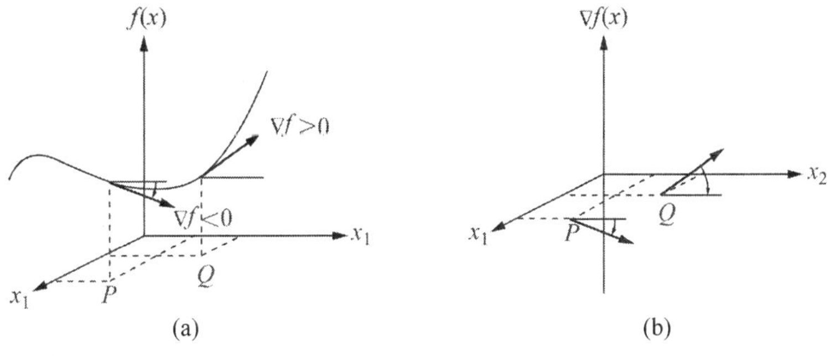

그림 A.1.3 (a) 기울기 벡터로 정의되는 gradient ∇f, (b) ∇f의 $x-y$ 평면상에서의 표현

다음으로 **divergence**는 다음의 식 (A.1.9)와 같이 gradient와 벡터 함수의 내적(inner product)으로 정의되며, 연산의 결과는 스칼라 함수가 된다. Gradient가 특정 지점에서 물체거동의 방향별 변화율 크기를 나타낸다면, divergence는 특정 지점에서 물체거동의 방향별 변화율 성분들의 합을 의미한다. 다시 말해, $\nabla \cdot \boldsymbol{f}$는 특정 지점에서 벡터 함수 $\boldsymbol{f}$의 단위체적당의 변화율을 나타낸다. 유체 속도를 예로 들면, 유체 속도의 divergence는 특정 지점에서 단위체적당 유량의 증가율을 나타낸다.

$\nabla \cdot (\ )$: 벡터 함수 → 스칼라 함수

$$\nabla \cdot \boldsymbol{f} = \frac{\partial f_1}{\partial x_1} + \frac{\partial f_2}{\partial x_2} + \frac{\partial f_3}{\partial x_3} \tag{A.1.9}$$

길이가 a인 정사각형 물체가 변형되는 경우, 변형벡터(deformation vector)의 divergence는 단위체적당 체적변화율을 의미하게 된다. 만약 물체가 수평과 수직방향으로 동일하게 압축된다면 물체의 체적은 감소하게 되고 divergence는 음의 값이 된다. 반면, 동일한 양으로 체적은 증가하게 되고 divergence는 양의 값이 되지만, 동일한 양으로 수평으로는 줄어들고 수직방향으로는 증가하면 물체의 체적변화는 없으며 divergence는 0이 된다.

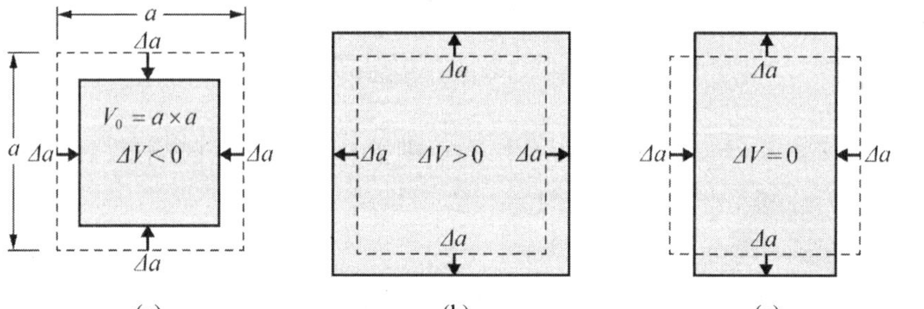

그림 A.1.4 물체 체적변화를 이용한 divergence $\nabla \cdot \boldsymbol{f}$의 이해: (a) 음의 값, (b) 양의 값, (c) 0인 경우

마지막으로 **curl**은 식 (A.1.10)과 같이 gradient와 벡터 함수의 외적(cross product)으로 정의되며, 특정 지점에서 물체거동 변화율 벡터의 회전능력의 크기를 의미한다.

$\nabla \times (\ )$: 벡터 함수 → 벡터 함수

$$\nabla \times \boldsymbol{f} = \begin{vmatrix} \boldsymbol{e}_1 & \boldsymbol{e}_2 & \boldsymbol{e}_3 \\ \dfrac{\partial}{\partial x_1} & \dfrac{\partial}{\partial x_2} & \dfrac{\partial}{\partial x_3} \\ f_1 & f_2 & f_3 \end{vmatrix}$$

$$= \left(\frac{\partial f_3}{\partial x_2} - \frac{\partial f_2}{\partial x_3}\right)\boldsymbol{e}_1 + \left(\frac{\partial f_1}{\partial x_3} - \frac{\partial f_3}{\partial x_1}\right)\boldsymbol{e}_2 + \left(\frac{\partial f_2}{\partial x_1} - \frac{\partial f_1}{\partial x_2}\right)\boldsymbol{e}_3 \quad \text{(A.1.10)}$$

그림 A.1.5를 참고하여 좌표축 원점을 중심으로 세 개의 단위벡터로 구성된 위치벡터 $\boldsymbol{E}$와 물체거동의 변화율 벡터 ∇f의 모멘트가 바로 $\nabla \times \boldsymbol{f}$이며, 그 크기는 두 벡터가 이루는 사변형의 면적에 해당된다.

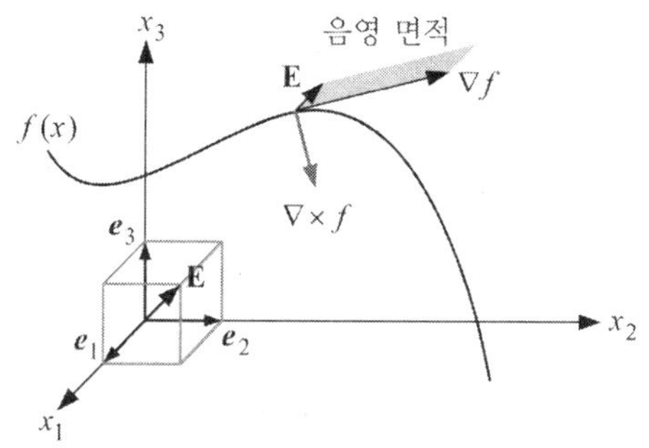

그림 A.1.5 변화율과 단위벡터를 이용한 curl $\nabla \times f$의 이해

벡터 연산과 관련하여 유용하게 사용되는 몇 가지 정리들이 있으며, 그 중에서 수치해석에서 중요하게 취급되는 것으로 Gauss 정리가 있다. 이 정리는 Green 정리의 변형된 형태늘 중의 하나로 다음과 같이 표현되며, 물체 내 거동 변화율의 총합은 물체의 표면에서 거동이 수직으로 빠져나가는 총 합과 같다.

체적(면적) 적분 → 표면(선) 적분

$$\int_V \nabla \cdot \boldsymbol{f}\, dV = \int_S \boldsymbol{f} \cdot \boldsymbol{n}\, dA \quad \text{(A.1.11)}$$

예를 들어, 비압축성 유동 중에 고정된 가상의 영역을 설정하면 이 영역 내에서 유속 변화율의 총 합은 영역의 표면을 통해 수직으로 빠져나가는 총 유량과 같게 된다.

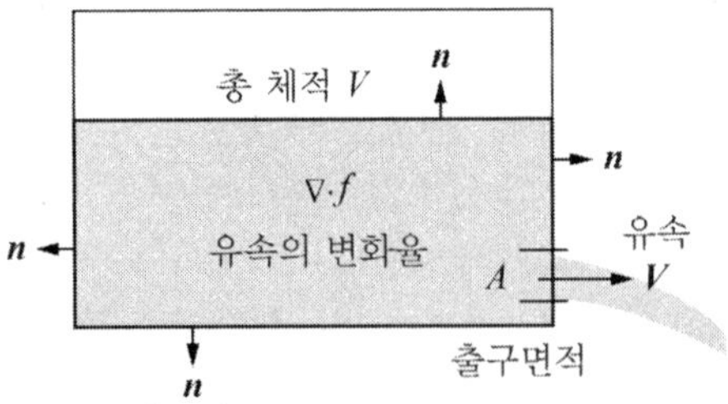

그림 A.1.6 물탱크 속의 비압축성 유동을 통한 가우스 정리의 이해

가우스 정리는 수학적으로 체적(면적) 적분을 표면(선) 적분으로 변환시킬 수 있다는 점과 위에서 설명한 물리적 의미 외에, 수치해석에서 대단히 유용한 도구로 사용되고 있다. 물체거동에 대한 수학적 표현식인 지배방정식(governing equation)은 거의 대부분 거동의 변화율을 포함하고 있으며, 이 표현식의 체적 적분을 가우스 정리를 이용하여 표면 적분으로 전환시키면 물체 경계에서의 조건, 즉 경계조건을 정의할 수 있다. 앞의 1.2.3절에서 설명한 변분정식화도 다름 아닌 가우스 정리를 이용한 결과이다.

A.1.4 자코비언(Jacobian)의 물리적 의미

다음 그림 A.1.7을 참고하면 두 벡터 $\boldsymbol{A}$와 $\boldsymbol{B}$의 외적(cross product) $\boldsymbol{A} \times \boldsymbol{B}$는 행렬을 이용하여 다음과 같이 계산된다.

$$\begin{aligned} \boldsymbol{A} \times \boldsymbol{B} &= \begin{vmatrix} \boldsymbol{i} & \boldsymbol{j} & \boldsymbol{k} \\ A_x & A_y & A_z \\ B_x & B_y & B_z \end{vmatrix} \\ &= (A_y B_z - A_z B_y)\boldsymbol{i} + (A_z B_x - A_x B_z)\boldsymbol{j} + (A_x B_y - A_y B_x)\boldsymbol{k} \end{aligned} \tag{A.1.12}$$

물리적으로 외적 $\boldsymbol{A} \times \boldsymbol{B}$는 두 벡터가 이루는 평면에 수직한 벡터 $\boldsymbol{C}$가 되며 그 크기 $|\boldsymbol{A} \times \boldsymbol{B}|$는 두 벡터가 이루는 평행사변형의 면적이 된다.

$$\begin{aligned} \boldsymbol{C} = \boldsymbol{A} \times \boldsymbol{B} &= |\boldsymbol{A} \times \boldsymbol{B}|\boldsymbol{k} \\ &= (\text{Area})\boldsymbol{k} \end{aligned} \tag{A.1.13}$$

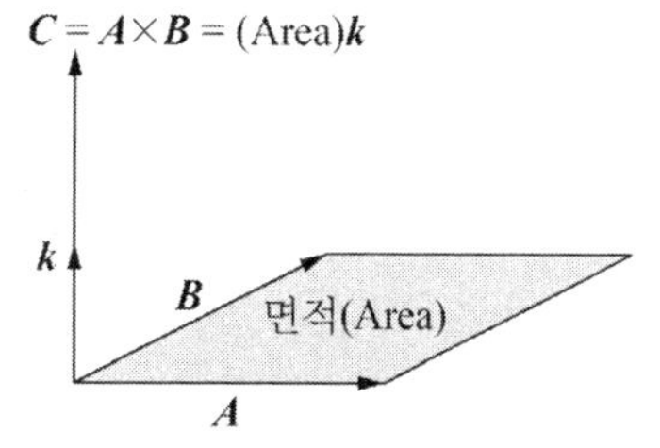

그림 A.1.7 두 벡터 A와 B의 외적(cross product)과 면적

아래 그림은 $(\xi,\ \eta)$ 좌표계에서 정의된 변의 길이가 2인 정사각형이 $(x,\ y)$ 좌표계에서 정의된 임의 사각형으로의 좌표변환을 보여주고 있다.

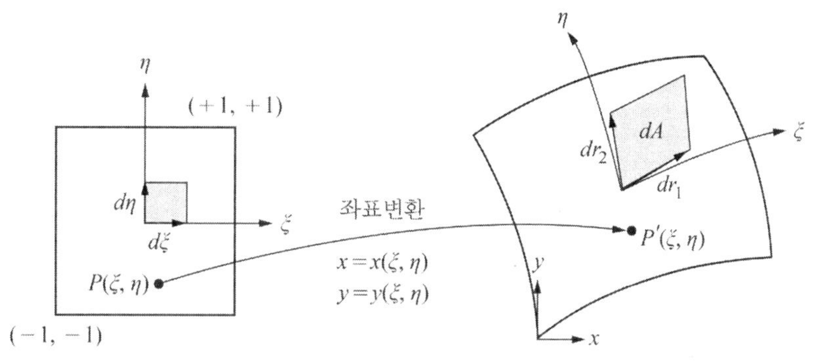

그림 A.1.8 서로 다른 두 좌표계에서 정의된 두 사각형 사이의 좌표변환

좌표변환에 좌측 정사각형 내 임의 지점 P에 대응되는 P' 지점이 반드시 우측 사각형 내부에 존재하게 된다. 그리고 좌측 정사각형 내부의 미소면적 $d\hat{A}$은 좌표변환에 따라 우측 사각형 내부에 음영 처리된 미소면적 dA로 변환되게 된다. 그렇다면 정사각형 내 미소면적 $d\hat{A}$과 우측 사각형 내 미소면적 dA는 어떠한 관계에 있는지 살펴보기로 하자.

우측의 사각형 내부에 음영 처리된 작은 사각형이 두 변을 각각 $d\boldsymbol{r}_1$과 $d\boldsymbol{r}_2$의 두 벡터로 표시하면, 두 벡터는 다음과 같이 표현할 수 있다.

$$d\boldsymbol{r}_1 = dx\boldsymbol{i} + dy\boldsymbol{j} = \frac{\partial x}{\partial \xi}d\xi\boldsymbol{i} + \frac{\partial y}{\partial \xi}d\xi\boldsymbol{j} \tag{A.1.14a}$$

$$d\boldsymbol{r}_2 = dx\boldsymbol{i} + dy\boldsymbol{j} = \frac{\partial x}{\partial \eta} d\eta\boldsymbol{i} + \frac{\partial y}{\partial \eta} d\eta\boldsymbol{j} \tag{A.1.14b}$$

위 식들에서 전미분(total differentiation) dx와 dy는 체인룰(chain rule)에 따라 각각 다음과 같이 표현된다.

$$dx = \frac{\partial x}{\partial \xi} d\xi + \frac{\partial x}{\partial \eta} d\eta, \quad dy = \frac{\partial y}{\partial \xi} d\xi + \frac{\partial y}{\partial \eta} d\eta \tag{A.1.15}$$

그런데 $d\boldsymbol{r}_1$은 ξ축에 접선이기 때문에 $\partial/\partial\eta$는 0이 되고, $d\boldsymbol{r}_2$는 η축에 접선이기 때문에 $\partial/\partial\xi$가 0이 된다.

그림 A.1.7과 식 (A.1.13)에서의 두 벡터가 이루는 면적을 계산하는 공식을 적용하면 $d\boldsymbol{r}_1$과 $d\boldsymbol{r}_2$가 이루는 사각형의 미소면적 dA는 다음과 같이 계산된다.

$$\begin{aligned} dA &= |d\boldsymbol{r}_1 \times d\boldsymbol{r}_2| = \det\left(\begin{vmatrix} \boldsymbol{i} & \boldsymbol{j} & \boldsymbol{k} \\ \dfrac{\partial x}{\partial \xi} d\xi & \dfrac{\partial y}{\partial \xi} d\xi & 0 \\ \dfrac{\partial x}{\partial \eta} d\eta & \dfrac{\partial y}{\partial \eta} d\eta & 0 \end{vmatrix} \right) \\ &= \left(\frac{\partial x}{\partial \xi}\frac{\partial y}{\partial \eta} - \frac{\partial x}{\partial \eta}\frac{\partial y}{\partial \xi} \right) d\xi\, d\eta = |\boldsymbol{J}|\, d\hat{A} \end{aligned} \tag{A.1.16}$$

위 식에서 $d\hat{A} = d\xi d\eta$는 좌표변환 전 정사각형 내 미소면적을 의미하고, $|\boldsymbol{J}|$는 자코비언(Jacobian)을 의미한다.

자코비언은 2장 2.2.1절에서 소개한 서로 다른 두 좌표계에서 정의된 형상들 사이의 좌표변환 관계를 나타내는 자코비 행렬(Jacobi matrix) $[\boldsymbol{J}]$의 행렬식(determinant) det$([\boldsymbol{J}])$이다.

식 (A.1.16)으로부터 좌표변환 관계에 있는 두 사각형의 미소면적들은 다음과 같은 관계식을 만족함을 알 수 있다.

$$dA = |\boldsymbol{J}|\, d\hat{A}, \quad |\boldsymbol{J}| = \frac{dA}{d\hat{A}} \tag{A.1.17}$$

그림 A.1.8에서 우측 사각형 내 미소면적 dA는 좌표변환 전 정사각형 내 미소면적 $d\hat{A}$에 자코비언을 곱한 값으로 계산되며, 자코비언은 좌표변환 전후 두 형상 내 미소면적의 비율이란 물리적 의미를 지니고 있다. 만약, 형상이 1차원 물체라면 자코비언은 좌표변환 전후 두 물체의 미소길이의 비율, 그리고 3차원 물체라면 자코비언은 미소체적의 비율을 의미한다.

임의 두 형상의 좌표변환에 한정하면 자코비언은 항상 양의 값을 지녀야 한다. 그 이유는 면적의 물리적인 조건과 자코비 행렬의 역행렬 존재라는 수학적 조건을 만족해야 하기 때문이다. 다시 말해, 면적은 음의 값을 가질 수 없고, 자코비언이 0이 되면 자코비 행렬의 역행렬 $[\boldsymbol{J}]^{-1}$가 존재하지 않아 역 좌표변환이 성립되지 않기 때문이다.

A.2 행렬(matrix)

A.2.1 양정치 행렬

크기가 $(N\times N)$인 대칭행렬 $[\boldsymbol{A}]$에 크기가 $(N\times 1)$인 벡터 $\boldsymbol{x}=\{x_1 x_2 \cdots x_N\}^T$를 아래와 같이 행렬 $[\boldsymbol{A}]$의 좌우변에 곱하는 경우를 생각해 보자.

$$\boldsymbol{x}^T[\boldsymbol{A}]\boldsymbol{x} = \{x_1 x_2 \cdots x_N\}\begin{bmatrix} a_{11} & a_{12} & \cdots & a_{1N} \\ a_{21} & a_{22} & \cdots & a_{2N} \\ \vdots & \vdots & \vdots & \vdots \\ a_{N1} & a_{N2} & \cdots & a_{NN} \end{bmatrix}\begin{Bmatrix} x_1 \\ x_2 \\ \vdots \\ x_N \end{Bmatrix} \tag{A.2.1}$$

만약 **0**이 아닌 모든 벡터 $\boldsymbol{x}$에 대하여 이 행렬 계산값이 항상 0보다 큰 양수가 된다면, 대칭행렬 $[\boldsymbol{A}]$를 양정치 행렬(positive definite matrix)이라고 부른다. 그렇지 않고 0을 포함한 양수가 되거나 혹은 항상 음수가 된다면, 대칭행렬 $[\boldsymbol{A}]$를 각각 준양정치(semi-positive definite) 혹은 비양정치(non-positive definite) 행렬이라고 부른다.

양정치가 되는 대칭행렬은 다음의 두 가지 뚜렷한 특징을 지니고 있다. 첫째, 행렬 $[\boldsymbol{A}]$의 고유치(eigen value) λ는 모두 양의 값을 갖는다. 둘째, 행렬 $[\boldsymbol{A}]$의 행렬식(determinant)과 모든 주 마이너 행렬식(principal minor determinant)이 양의 값을 가지게 된다. 예를 들어, (4×4) 대칭행렬은 다음의 4개의 (3×3) 주 마이너 행렬과

$$\begin{bmatrix} a_{11} & a_{12} & a_{13} \\ a_{21} & a_{22} & a_{23} \\ a_{31} & a_{32} & a_{33} \end{bmatrix}, \begin{bmatrix} a_{22} & a_{23} & a_{24} \\ a_{32} & a_{33} & a_{34} \\ a_{42} & a_{43} & a_{44} \end{bmatrix}, \begin{bmatrix} a_{11} & a_{12} & a_{14} \\ a_{21} & a_{22} & a_{24} \\ a_{41} & a_{42} & a_{44} \end{bmatrix}, \begin{bmatrix} a_{11} & a_{13} & a_{14} \\ a_{31} & a_{33} & a_{34} \\ a_{41} & a_{43} & a_{44} \end{bmatrix} \tag{A.2.2}$$

6개의 (3×3) 주 마이너 행렬을 가지게 된다.

$$\begin{bmatrix} a_{11} & a_{12} \\ a_{21} & a_{22} \end{bmatrix}, \begin{bmatrix} a_{22} & a_{23} \\ a_{32} & a_{33} \end{bmatrix}, \begin{bmatrix} a_{33} & a_{34} \\ a_{34} & a_{44} \end{bmatrix}, \cdots, \begin{bmatrix} a_{22} & a_{24} \\ a_{42} & a_{44} \end{bmatrix} \tag{A.2.3}$$

따라서 (4×4) 행렬 자체의 행렬식은 물론 10개의 주 마이너 행렬들의 행렬식 모두가 양의 값을 가질 때 양정치 행렬이 된다.

양정치 행렬이 되면 행렬 $[\boldsymbol{A}]$는 역행렬(inverse matrix) $[\boldsymbol{A}]^{-1}$을 가지지만, 그렇지 않은 경우에는 역행렬이 존재하지 않는다. 정해석 문제에 대한 유한요소 해석은 다음의 행렬식으로 표현되고, 강성행렬 $[\boldsymbol{K}]$의 역행렬 $[\boldsymbol{K}]^{-1}$을 하중벡터 $\{\boldsymbol{f}\}$에 곱하여 절점 변위(nodal displacement)벡터 $\{\overline{\boldsymbol{u}}\}$를 구하게 된다.

$$[\boldsymbol{K}]\{\overline{\boldsymbol{u}}\} = \{\boldsymbol{f}\} \quad \Rightarrow \quad \{\overline{\boldsymbol{u}}\} = [\boldsymbol{K}]^{-1}\{\boldsymbol{f}\} \tag{A.2.4}$$

따라서 유한요소 해석결과를 구하기 위해서는 역행렬 $[\boldsymbol{K}]^{-1}$가 반드시 존재해야 하며, 그렇지 않은 경우에는 “Non-positive definite error!!”이라는 오류 메시지 출력과 함께 프로그램이 중단하게 된다. 다시 말해, 역행렬이 존재하지 않아 유한요소 해석결과를 구할 수 없게 된다. 유한요소 해석에서 이러한 오류 메시지가 발생하게 되는 원인에 대해서는 2.2절에서 상세히 설명되어 있으므로 참고하기 바란다.

자연계에서 발생하는 모든 현상을 수학적인 표현식으로 모델링하고 이 모델링을 유한요소 근사화를 통해 행렬방정식으로 전환하게 되면, 모델링과 근사화 과정에 문제가 없다면 방정식 속에 포함되어 있는 행렬들은 반드시 양정치 행렬이 되어야 한다. 왜냐하면 자연계에서 발생하는 현상은 실제 존재하는 현상이기 때문에 유한요소 해석에서도 반드시 하나의 유일(unique)한 해석결과가 존재(existence)해야 하기 때문이다. 이러한 사실을 입증하기 위한 대표적인 공학예제를 제시하면 다음과 같다.

우선, 외부하중에 의해 변형되는 구조물 내부에 축적되는 변형률에너지 U는 구조물의 강성행렬 $[\boldsymbol{K}]$와 절점 변위벡터(nodal displacement vector) $\{\overline{\boldsymbol{u}}\}$를 이용하여 아래와 같이 계산된다. 구조물의 변형률에너지는 0 혹은 음의 값이 될 수 없기 때문에, 앞의 식 (A.2.1)로부터 강성행렬 $[\boldsymbol{K}]$는 반드시 양정치 행렬이 되어야 한다.

$$U = \frac{1}{2}\{\overline{\boldsymbol{u}}\}^T[\boldsymbol{K}]\{\overline{\boldsymbol{u}}\} > 0 \tag{A.2.5}$$

다음으로 구조물의 고유진동수는 $[\boldsymbol{K}] - \lambda[\boldsymbol{M}]$이라는 행렬의 고유치에 해당되고, 구조물의 고유진동수는 항상 0보다 큰 양수이다. 따라서 행렬 $[\boldsymbol{K}] - \lambda[\boldsymbol{M}]$의 모든 고유치가 양의 값을 가지기 위해서는, 강성행렬과 질량행렬 $[\boldsymbol{M}]$은 반드시 양정치 행렬이 되어야 한다.

A.3 단위계(unit system)

모델의 기하학적 크기, 재료물성치와 하중을 정의할 때, 한 모델 내에 일관된 단위(units)가 사용되었는지 항상 확인해야 한다. 미터 단위계의 형상모델에 파운드 단위의 힘이 작용된 경우를 종종 발견할 수 있다. 실수로 단위계를 혼용하여 사용하면, 모델 자체로서는 잘못이 없으므로 오류를 찾기가 어렵다. 전 세계적으로 단일 단위계를 사용할 때까지는 필연적으로 단위계의 사용에 주의해야 한다. 단일 단위계를 사용한 시스템 내에서도, 피트 - 파운드와 인치의 혼용과 같은 불일치를 방지하기 위해 매우 조심해야 한다. 표 A.1과 A.2는 표준 강의 재료물성치를 서로 다른 단위계로 표현한 경우와 가장 많이 사용되는 인치 - 파운드 - 초(inch-pound-seconds, I-P-S)와 밀리미터 - 뉴턴 - 초(millimeter-Newton-seconds, mm-N-S) 단위계 사이의 변환관계를 나타내고 있다.

해석에서 단위계 간의 변환이 요구될 때 이 표를 참조하면 편리하다. 한 회사 내에서는 일관된 단위계를 사용할지라도, 외부로부터 입수한 재료물성치는 다른 단위계로 표현되어 있을 뿐만 아니라 서로 다른 단위계가 혼용되어 있을 수가 있다. 따라서 해석을 수행하기 전에 치수, 재료물성치 그리고 경계조건에 사용되고 있는 단위계를 면밀히 확인해야 하며, 필요 시 하나의 통일된 단위계로 데이터를 변환하는 습관을 가져야 한다. 특히 중량은 밀도에 중력 가속도가 곱해진 값이기 때문에 밀도와 중량의 차이를 명확히 인지해야 한다. 해석을 수행한 후 해석결과를 분석할 경우에도 어떠한 좌표계를 사용하여 해석을 수행하였는지 확인할 필요가 있다. 해석을 위해 사용한 좌표계와 다른 좌표계 상의 단위계로 해석결과를 잘못 분석하게 되면 엄청난 실수를 하게 된다.

표 A.1 단위계에 따른 표준 강의 재료물성치

구 분	인치 - 파운드 - 초	밀리미터 - 뉴턴 - 초
탄성계수	30×10^6 pounds/square inch (psi)	2.07×10^5 megapascals (MPa)
질량 밀도	7.324×10^4 pounds mass/inch cubed (lb_m/in^3)	7.83×10^{-9} metric tones/millimeter cubed (mt/mm^3)
프와송비	0.30	0.30
열팽창계수	6.5×10^{-6} inch/inch/degrees Fahrenheit (in/in/°F)	11.7×10^{-6} millimeter/millimeter/degrees Celsius (mm/mm/℃)
열전도도	2.071 British thermal units/hour-inch-degrees Fahrenheit [Btu/(hr-in-°F)]	0.043 watts/millimeter-degrees Celsius [W/(mm-℃)]

표 A.2 단위계 사이의 변환

구 분	단위계	변환 상수	변환 결과
탄성계수 또는 응력	psi	6.895×10^{-3}	MPa
길이	in	25.4	mm
힘 또는 중량	lb_f	4.4484	N
단위무게	lb_f	1/386.4	lb_m
단위무게	N	1.02×10^{-4}	mt
질량	lb_m	0.17524	mt
질량 밀도	lb_m/in^3	1.0694×10^{-5}	mt/mm^3
밀도	specific gravity	9.344×10^{-5}	lb_m/in^3
일률(power)	Btu/hr	0.2931	W
온도	°F	(°F − 32)/1.80	℃
열팽창계수	in/in/°F	1.80	mm/mm/℃
열전도도	Btu/(hr-in-°F)	6.411×10^{-3}	W/mm/℃
대류계수(convection coefficient)	Btu/(hr-in^2-°F)	0.02077	W/(mm-℃)

찾아보기

저자 : **조진래**

- 서울대학교 항공공학과, 공학사
- LG전자 정보기기연구소, 선임연구원
- 텍사스 주립대학, 공학석사 및 공학박사
- 부산대학교 기계공학부, 교수
- ㈜마이다스아이티 기술연구소, 부소장
- (현재) 홍익대학교 조선해양공학과, 교수

유한요소법의 이론과 적용 정가 25,000원

발 행 2019년 9월 10일 초판 1쇄
저 자 조진래
발행인 정우용
발행처 도서출판 동화기술
경기도 파주시 광인사길 201(문발동, 파주출판도시)
Tel (031)955-4211~6 donghwapub@nate.com
Fax (031)955-4217 www.donghwapub.co.kr
(등록) 1977년 12월 19일/9-16호

Printed in Korea
ISBN 978-89-425-9246-3